9 Basis

Schlüssel zur Mathematik

Rheinland-Pfalz

Unter Beratung von
Manuela Becker (Edenkoben)
Marion Heller (Bobenheim-Roxheim)
Luitgard Schatral (Speyer)
Sebastian Schönthaler (Eisenberg)
Diana Tibo (Winnweiler)

Cornelsen

Teile dieses Unterrichtswerkes basieren auf Inhalten bereits erschienener Lehrwerke.
Diese wurden herausgegeben von Reinhold Koullen † und Udo Wennekers
sowie erarbeitet von:
Helga Berkemeier, Ilona Gabriel, Wolfgang Hecht, Barbara Hoppert, Ines Knospe, Reinhold Koullen †, Jeannine Kreuz, Frank Nix, Doris Ostrow, Hans-Helmut Paffen, Günther Reufsteck, Jutta Schaefer, Gabriele Schenk, Willi Schmitz, Ingeborg Schönthaler, Christine Sprehe, Herbert Strohmayer, Martina Verhoeven, Udo Wennekers, Rainer Zillgens

Unter Beratung von: Manuela Becker, Marion Heller, Luitgard Schatral, Sebastian Schönthaler, Diana Tibo

Redaktion: Kerstin Kälberer, Martin Karliczek, Christina Schwalm

Illustration: Roland Beier

Grafik: Christian Böhning, Ulrich Sengebusch †

Umschlaggestaltung und Layoutkonzept:
Syberg | Kirstin Eichenberg und Torsten Symank

Layout und technische Umsetzung:
CMS – Cross Media Solutions GmbH

Begleitmaterialien zum Lehrwerk			
für Schülerinnen und Schüler		**für Lehrerinnen und Lehrer**	
Arbeitsheft	978-3-06-040146-8	Lösungsheft	978-3-464-52326-1
Arbeitsheft Basis	978-3-06-040147-5	Handreichungen	978-3-06-040160-4
Begleitmaterial auf USB-Stick inkl. Unterrichtsmanager und E-Book			978-3-06-001004-2

www.cornelsen.de

Alle Drucke dieser Auflage sind inhaltlich unverändert
und können im Unterricht nebeneinander verwendet werden.

Dieses Werk enthält Vorschläge und Anleitungen für Untersuchungen und Experimente.
Vor jedem Experiment sind mögliche Gefahrenquellen zu besprechen.
Beim Experimentieren sind die Richtlinien zur Sicherheit im Unterricht einzuhalten.

Druck: Mohn Media Mohndruck, Gütersloh

1. Auflage, 1. Druck 2018
ISBN 978-3-46-452247-9 (Schülerbuch)
ISBN 978-3-46-452248-6 (E-Book)

PEFC
PEFC/04-31-1033

PEFC zertifiziert
Dieses Produkt stammt aus nachhaltig bewirtschafteten Wäldern und kontrollierten Quellen.
www.pefc.de

Inhalt

7 Lineare Gleichungssysteme

37 Themenfeld: Die erste eigene Wohnung

53 Potenzen und Wurzeln

81 Der Satz des Pythagoras

☐ Basis ◪ Basis/Erweiterung ☐ Erweiterung ■ Vertiefung Partnerarbeit Gruppenarbeit

105 Mathematik und Berufe im Überblick

113 Pyramide, Kegel, Kugel

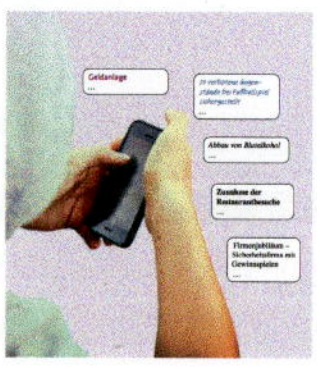

151 Themenfeld: Das Leben nach der Schule

169 Ähnlichkeit

193 Kannst du das?

209 Anhang

□ Basis ◩ Basis/Erweiterung ■ Erweiterung ■ Vertiefung Partnerarbeit Gruppenarbeit

Rallye durch dein Mathe-Buch

Auf diesen zwei Seiten findest du einige Hinweise zu deinem neuen Mathematikbuch.
Löse die Rätsel (ä, ö, ü und ß sind erlaubt).
Das Lösungswort verrät dir, was das Bild auf dem Umschlag zeigt.

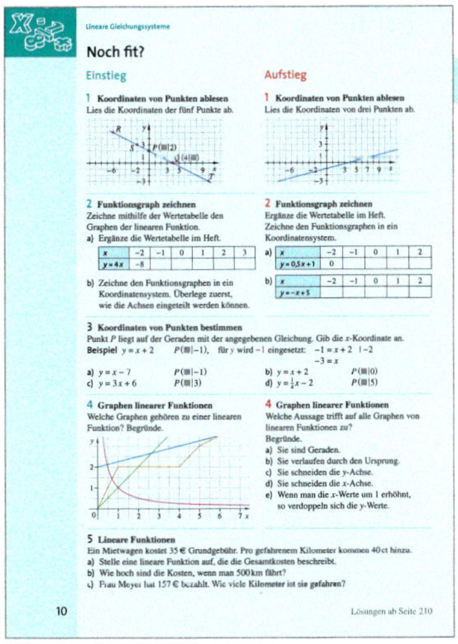

Noch fit?
Mit dem Einstiegstest kannst du dein bisher erworbenes Wissen testen. Deine Ergebnisse kannst du mit den Lösungen im Anhang vergleichen.
Rätsel zum Noch fit? im Kapitel Lineare Gleichungssysteme:
Wer in Aufgabe 5 hat 157 € bezahlt?
_ _ 9 _ _ _ _ _ _

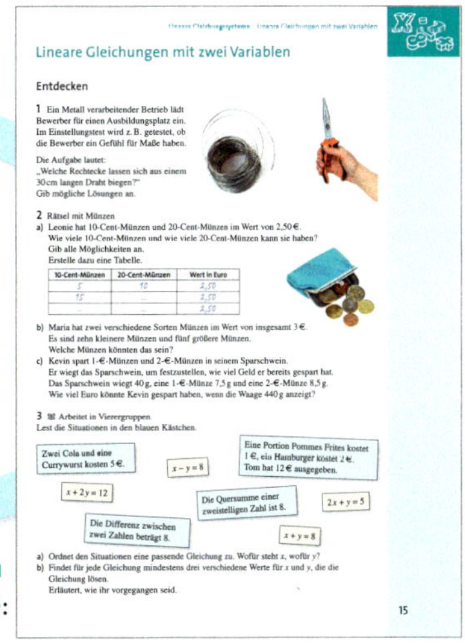

Entdecken
Jede Lerneinheit beginnt mit einführenden Aufgaben, die zum Ausprobieren und Entdecken anregen.
Rätsel zum Entdecken – Lineare Gleichungssysteme zeichnerisch lösen im Kapitel Lineare Gleichungssysteme:
Was stellt der Konditor in Aufgabe 3 außer Nusstorten noch her?
_ _ _ 11 _ _ _ _ 5 _ _ _ _

Verstehen
Der neue Unterrichtsstoff wird anhand von Merksätzen und Beispielen erklärt.
Rätsel zum Verstehen – Zahlen in Zehnerpotenzschreibweise im Kapitel Potenzen und Wurzeln:
In welcher Einheit wird die Frequenz angegeben (siehe Randspalte)?
8 _ _ _ _

Üben und anwenden
Die Aufgaben trainieren den neu gelernten Unterrichtsstoff.
Rätsel zum Üben und anwenden – Berechnung von Seitenlangen im Kapitel Satz des Pythagoras:
Welche Dachform hat das Einfamilienhaus in Aufgabe 11?
7 _ _ _ _ 4 _ _ 2 _

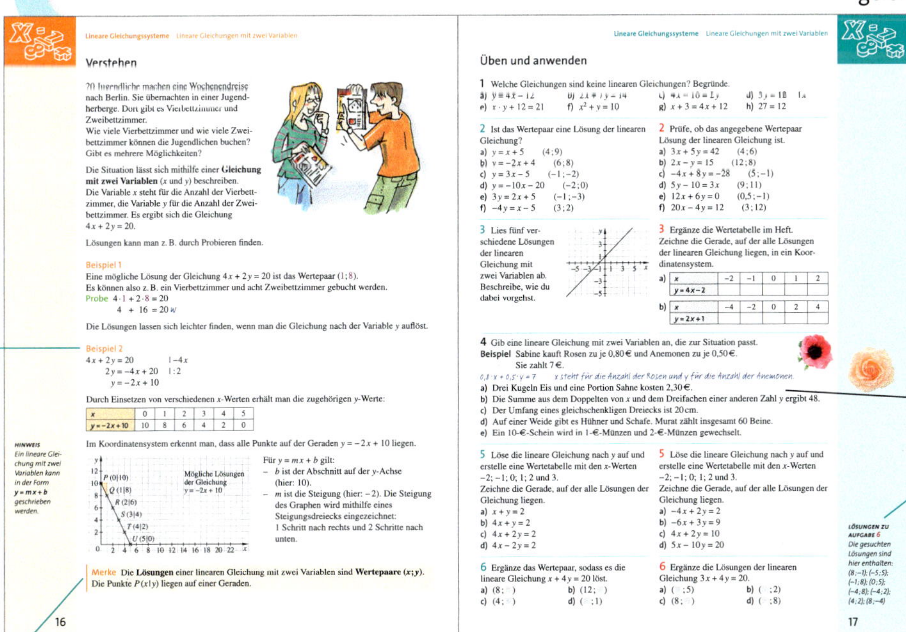

Beispiel

Mittelschwere Aufgaben haben eine schwarze Aufgabennummer.

In der Randspalte stehen zusätzliche Informationen, Aufgaben und Lösungshinweise.

Wichtiger Merkstoff

Die linke Spalte enthält leichtere Aufgaben.

Die rechte Spalte enthält schwierigere Aufgaben.

Die Symbole in den oberen Ecken stehen für bestimmte Bereiche in der Mathematik:

Zahlen und Variablen

Geometrie

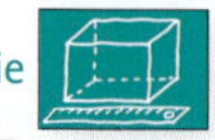

Funktionen

Daten und Zufall

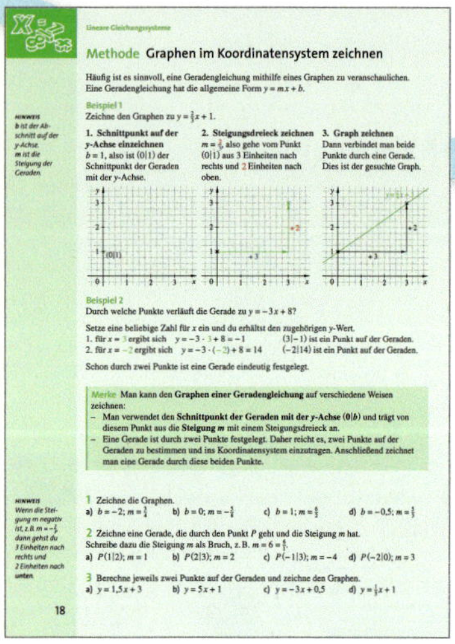

Methode und Thema

Auf den Methodenseiten werden die wichtigsten mathematischen Methoden vorgestellt und geübt. Die Themenseiten zeigen mathematische Inhalte aus verschiedenen Lebensbereichen.

Rätsel zur Methode: Schrägbilder zeichnen im Kapitel Pyramide, Kegel, Kugel:

Welche Form hat das Grabmal des römischen Amtsträgers Gaius Cestius Epulo in Aufgabe 13?

_ _ _ _ 10 _ _ _

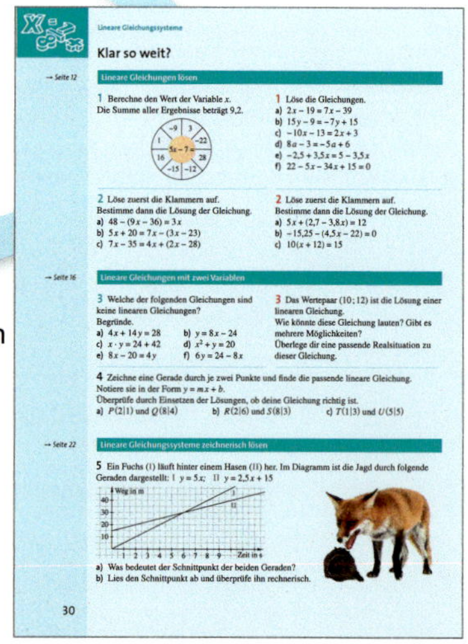

Klar so weit?

Mit dem Zwischentest kannst du überprüfen, ob du den neuen Unterrichtsstoff verstanden hast. Deine Ergebnisse kannst du mit den Lösungen im Anhang vergleichen.

Rätsel zum Klar so weit? im Kapitel Lineare Gleichungssysteme:

Wem läuft der Fuchs in Aufgabe 5 hinterher?

_ _ 1 _

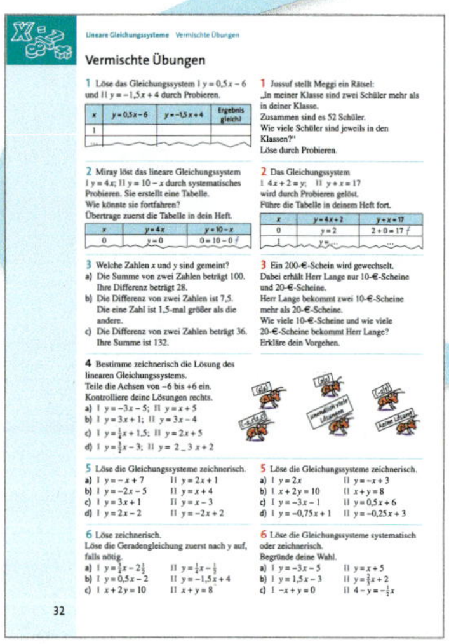

Vermischte Übungen

Die Seiten enthalten Aufgaben zu allen Lerneinheiten eines Kapitels.

Rätsel zu den Vermischten Übungen im Kapitel Ähnlichkeit:

Welchen Begriff kannst du im Anhang nachschlagen (Hinweis zu Aufgabe 7)?

_ _ _ 14 _ _ _

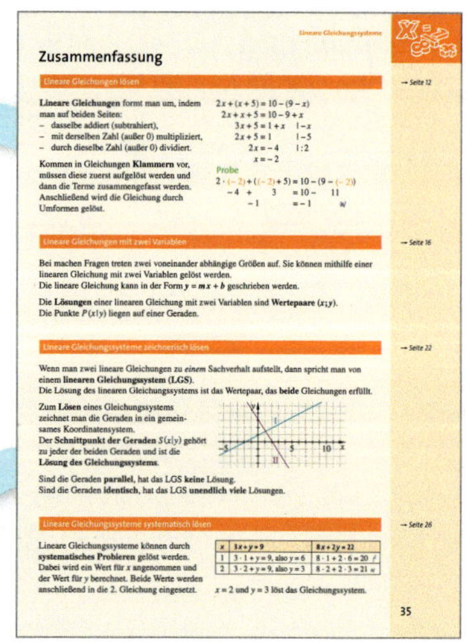

Zusammenfassung

Die Zusammenfassung am Ende eines Kapitels enthält die wichtigsten Merksätze zum Nachschlagen.

Rätsel zu der Zusammenfassung im Kapitel Potenzen und Wurzeln:

Woraus bestehen Potenzen außer dem Exponenten noch? _ 12 _ _ 6

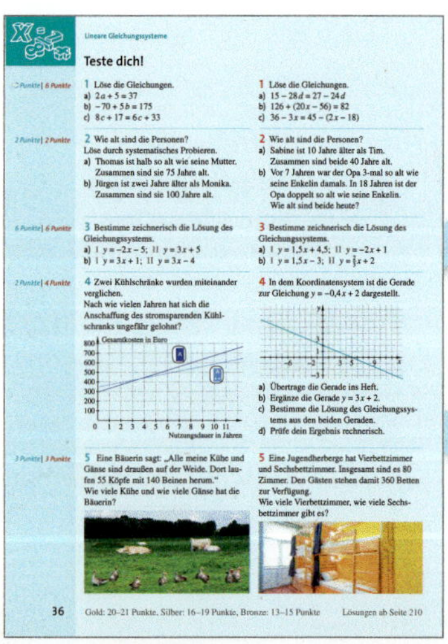

Teste dich!

Überprüfe zur Vorbereitung auf die Klassenarbeit dein Können. Die Lösungen zum Abschlusstest findest du im Anhang.

Rätsel zum Teste dich! im Kapitel Satz des Pythagoras:

Was lässt Tim in Aufgabe 5 steigen?

_ _ _ 13 3 _ _

Wie lautet das Lösungswort?

1	2	3	4	5	6	7		8	9	10	11	12	13	14

Lineare Gleichungssysteme

Transport und Verkehr erfordern viel Koordination. Bei der Planung muss man gleichzeitige Abfahrten und Anschlussverbindungen berechnen. Dabei spielt mathematisch auch das Lösen von Gleichungssystemen eine Rolle.

Wiederholung

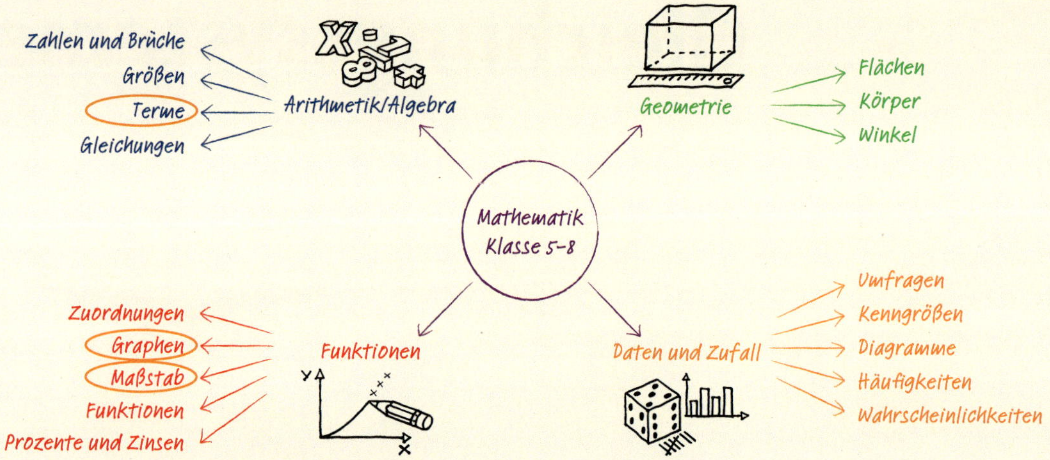

Erinnere dich **Terme** sind Verbindungen von Variablen, Zahlen und Rechenzeichen. Setzt man für jede Variable eine Zahl ein, kann man den **Wert des Terms** berechnen.

Beispiel
Term: $2 \cdot y - 6$
für y wird 7 eingesetzt: $2 \cdot 7 - 6$
Wert des Terms: $2 \cdot 7 - 6 = 14 - 6 = 8$

Erinnere dich Terme kann man umformen:
- Beim **Addieren** und **Subtrahieren** kann man gleiche Variablen zusammenfassen.
- Gleiche Faktoren kann man zu einer **Potenz** zusammenfassen.
- **Klammern** kann man auflösen. Achtung bei Klammern, vor denen ein – steht!

Beispiel
$2x + 3y + x - 5y = 3x - 2y$

$\underbrace{x \cdot x}_{\text{3-mal}} \cdot \overbrace{y \cdot y}^{\text{2-mal}} \cdot x = x^3 \cdot y^2$

$2x + (3y - z) = 2x + 3y - z$

$x - (y - z) = x - y + z$ (Vorzeichen ändern!)

HINWEIS
Der Gesamtpreis enthält auch den Grundpreis in Höhe von 3,60 €.

Erinnere dich So stellt man Terme auf:
① Variablen festlegen (z. B. a, x, y)
② einzelne Terme bilden (z. B. $6a$, $x + 2$)
③ einzelne Terme zusammenfügen

Beispiel Eine Taxifahrt wird berechnet:
① Länge der Fahrstrecke in km: x
② Anzahl km mal Preis pro km: $x \cdot 1{,}60$
③ Gesamtpreis in €: $x \cdot 1{,}60 + 3{,}60$ (Grundpreis)

Erinnere dich **Lineare Funktionen** sind besondere Funktionen. Alle Punkte liegen auf einer Geraden. Die Geradengleichung wird in der Form $\boldsymbol{y = mx + b}$ geschrieben.

Die Gerade hat die **Steigung** $\boldsymbol{m}$.
Die Gerade schneidet die y-Achse im Punkt $P(0|b)$. $\boldsymbol{b}$ ist der **y-Achsenabschnitt**.

Ist die Steigung **positiv**, dann **steigt** der Funktionsgraph.

Ist die Steigung **negativ**, dann **fällt** der Funktionsgraph.

Beispiel

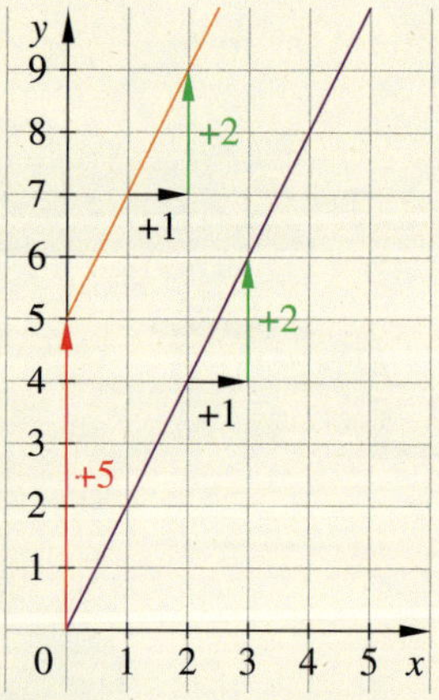

$y = 2x$ hat die Steigung $m = 2$ und schneidet die y-Achse im Punkt $P(0|0)$.

$y = 2x + 5$ hat die Steigung $m = 2$ und schneidet die y-Achse im Punkt $P(0|5)$.
5 ist der y-Achsenabschnitt.

1 Terme erkennen
Handelt es sich um einen Term?

a) $a + b$

b) $2 \cdot (a + b)$

c) $2 \cdot (a + b) = 10$

d) $2 \cdot (a + b) < 25$

2 Terme bilden
Bilde verschiedene Terme. Verwende Rechenzeichen (+; –; ·; :) und Klammern.

Beispiele $2 \cdot x$; $2 \cdot x + y$; $2 \cdot x + (-3) \cdot y$

x | 2 | y | -3 | $\frac{1}{2}$ | $4x$

3 Aussagen und Terme einander zuordnen
Ordne jeweils den passenden Term zu.

a) doppeltes Volumen

b) Mantel von Zylindern

c) Umfang von Kreisen

d) Volumen von Zylindern

① $2 \cdot \pi \cdot r$ ② $2V$ ③ $2\pi r \cdot h_k$ ④ $G \cdot h$

4 Als Terme schreiben
Schreibe als Term.

a) das Dreifache einer Zahl x

b) ein Fünftel einer Zahl x

c) die Summe aus dem Doppelten einer Zahl x und 17

5 Termwerte überprüfen
Wurde der Wert des Terms richtig berechnet? Korrigiere, falls nötig.

a) $6 \cdot x = 36$ für $x = 5$

b) $6 \cdot x = 12$ für $x = -2$

c) $6 \cdot x = 64$ für $x = 8$

d) $6 \cdot x = 18$ für $x = 3$

e) $6 \cdot x = 10$ für $x = 1{,}5$

6 Termwerte berechnen
Setze für x die Werte 2; 5 und 10 ein. Berechne jeweils den Wert des Terms.

a) $4 \cdot x$ **Beispiel** $4 \cdot 2 = 8$; $4 \cdot 5 = \ldots$

b) $4x + 3$

7 Termwerte berechnen
Berechne den Wert des Terms.

a) $8x + 3$ für $x = 1{,}5$

b) $10 - 2x - y$ für $x = 4$ und $y = 1$

c) $4x + 5y$ für $x = -2$ und $y = 1$

8 Terme zusammenfassen
Fasse so weit wie möglich zusammen.

a) $x + x + 2x$

b) $7x + 9y + 4x - 3y$

c) $x \cdot y \cdot y \cdot y \cdot x \cdot y$

d) $x \cdot x + y \cdot y + x + 4x$

e) $x + (y - z)$

f) $x - (2x - y)$

9 Terme zusammenfassen
Korrigiere die Fehler.

a) $x + 2y + 3x = 6x$

b) $x + 8y + 4x - 2y = 11xy$

c) $x + y - x + y - x = x + 2y$

d) $y - (2x - y) = -2x$

e) $x \cdot 2x + x = 3x^2$

10 Terme aufstellen
Stelle einen Term auf. Wähle als Variable h für Himbeeren und b für Bananenstücke.

11 Terme aufstellen
Gib einen Term zur Berechnung der Kosten an. Wofür steht die Variable x?

a) Die Miete für einen Tag beträgt 8 €.

b) Die Grundgebühr beträgt 5 €. Pro Stunde fällt eine Gebühr von 3 € an.

12 Lineare Funktionen beschreiben
Lies Steigung m und y-Achsenabschnitt b ab.

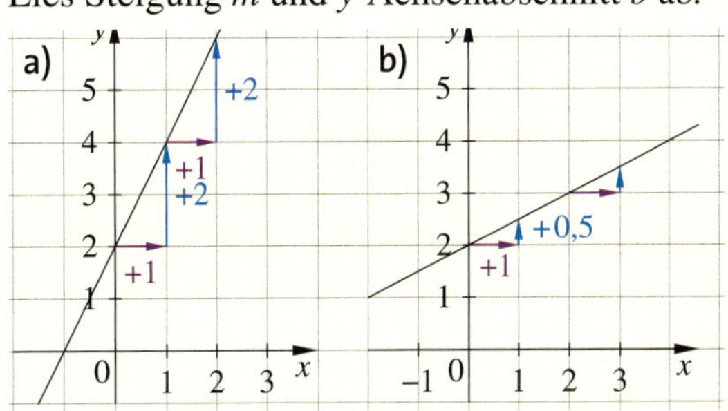

Lösungen ab Seite 210

Noch fit?

Einstieg

1 Koordinaten von Punkten ablesen

Lies die Koordinaten der fünf Punkte ab.

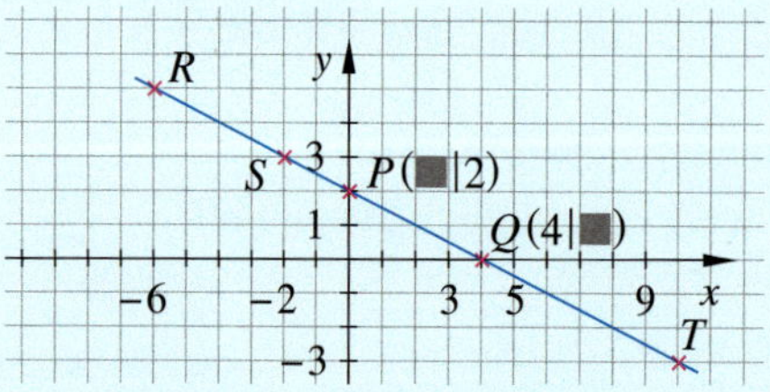

2 Funktionsgraph zeichnen

Zeichne mithilfe der Wertetabelle den Graphen der linearen Funktion.

a) Ergänze die Wertetabelle im Heft.

x	−2	−1	0	1	2	3
$y = 4x$	−8					

b) Zeichne den Funktionsgraphen in ein Koordinatensystem. Überlege zuerst, wie die Achsen eingeteilt werden können.

Aufstieg

1 Koordinaten von Punkten ablesen

Lies die Koordinaten von drei Punkten ab.

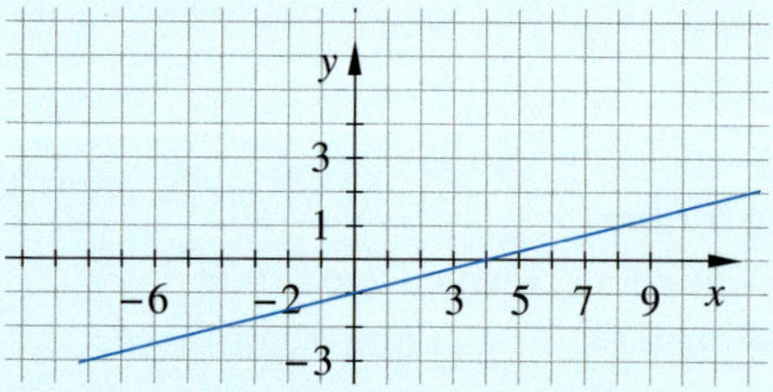

2 Funktionsgraph zeichnen

Ergänze die Wertetabelle im Heft. Zeichne den Funktionsgraphen in ein Koordinatensystem.

a)

x	−2	−1	0	1	2
$y = 0{,}5x + 1$	0				

b)

x	−2	−1	0	1	2
$y = -x + 5$					

3 Koordinaten von Punkten bestimmen

Punkt P liegt auf der Geraden mit der angegebenen Gleichung. Gib die x-Koordinate an.

Beispiel $y = x + 2$ $\quad P(■|-1)$, für y wird -1 eingesetzt: $-1 = x + 2 \quad | -2$

$-3 = x$

a) $y = x - 7$ $\quad P(■|-1)$

b) $y = x + 2$ $\quad P(■|0)$

c) $y = 3x + 6$ $\quad P(■|3)$

d) $y = \frac{1}{4}x - 2$ $\quad P(■|5)$

Einstieg

4 Graphen linearer Funktionen

Welche Graphen gehören zu einer linearen Funktion? Begründe.

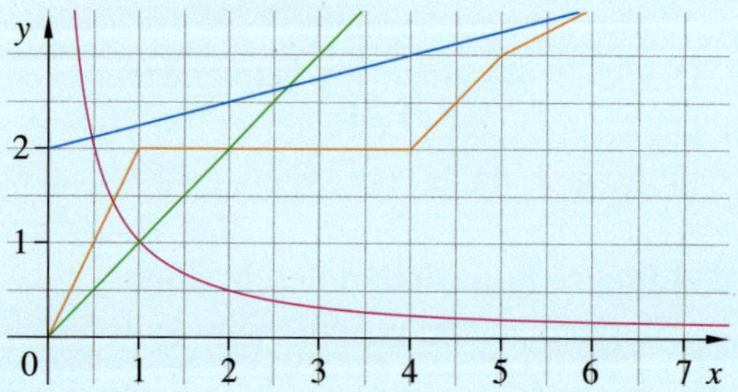

Aufstieg

4 Graphen linearer Funktionen

Welche Aussage trifft auf alle Graphen von linearen Funktionen zu? Begründe.

a) Sie sind Geraden.

b) Sie verlaufen durch den Ursprung.

c) Sie schneiden die y-Achse.

d) Sie schneiden die x-Achse.

e) Wenn man die x-Werte um 1 erhöhnt, so verdoppeln sich die y-Werte.

5 Lineare Funktionen

Ein Mietwagen kostet 35 € Grundgebühr. Pro gefahrenem Kilometer kommen 40 ct hinzu.

a) Stelle eine lineare Funktion auf, die die Gesamtkosten beschreibt.

b) Wie hoch sind die Kosten, wenn man 500 km fährt?

c) Frau Meyer hat 157 € bezahlt. Wie viele Kilometer ist sie gefahren?

Lösungen ab Seite 210

Lineare Gleichungen lösen

Entdecken

1 Erkläre die Abbildung.

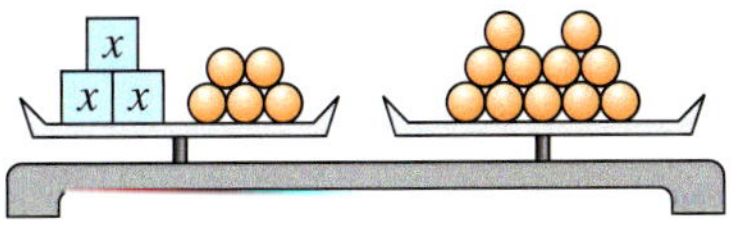

a) Stelle eine passende Gleichung auf.
b) Forme die Gleichung um und löse sie.

2 Übertrage die beiden Gleichungen mit den Markierungen ins Heft.

① $4x + 7 = 6x + 1$ ② $3x + 5 = 2x + 1$

(Markierungen jeweils mit „?“)

a) Ordne die Begriffe *Variable*, *Term* und *Gleichung* den Markierungen zu.
b) Probiere, den Wert der Variable x durch Einsetzen von natürlichen Zahlen zu bestimmen.
c) Löse die Gleichung durch Umformen.

3 Die Balkenwaage ist im Gleichgewicht, wenn das Gewicht auf der linken Schale genauso groß ist wie das Gewicht auf der rechten Schale.

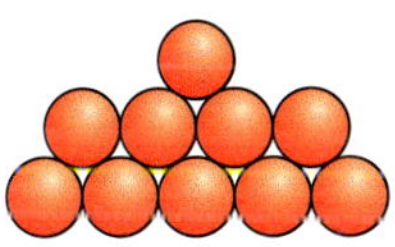

Stellt euch vor, so viele Pakete und Kugeln wie möglich in die Waagschalen zu legen. Dabei muss die Waage im Gleichgewicht bleiben.
Erklärt euch gegenseitig, wie ihr dabei vorgehen könnt.
Skizziert eure Lösung im Heft.

4 Was darfst du beim Umformen der Gleichung $4x + 8 = 10x - 4$ tun, was nicht? Begründe.
Überlege zuerst allein. Besprecht euch dann zu zweit. Beantwortet die Frage schließlich in der Klasse.
① Auf beiden Seiten 4 addieren.
② Nur auf der linken Seite $4x$ subtrahieren.
③ Auf beiden Seiten 10 addieren.
④ Nur auf der rechten Seite 4 addieren.
⑤ $4x$ und $10x$ zusammenfassen zu $14x$.
⑥ Beide Seiten durch Null dividieren.
⑦ Die Terme auf beiden Seiten durch 2 dividieren.

Verstehen

Lukas findet in einem Knobelbuch folgende Aufgabe:
Die eine Seite eines rechteckigen Gartens ist 5 m länger als die andere Seite.
Der Umfang des Gartens beträgt 74 m.
Wie lang und wie breit ist der Garten?
x ist die Länge der kürzeren Seite in Metern (m).

① *Skizze anfertigen:*

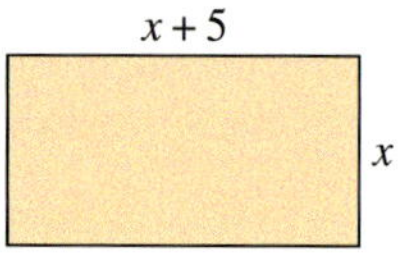

② *Gleichung aufstellen und zusammenfassen:*

$$(x+5)+x+(x+5)+x=74$$
$$4x+10=74$$

③ *Gleichung umformen:*

$$4x+10=74 \quad | -10$$
$$4x=64 \quad | :4$$
$$x=16$$

④ *Antwort:* Der Garten ist 16 m breit und 21 m lang.

Merke Beim **Umformen von Gleichungen** sind folgende Rechenschritte erlaubt:
- Auf *beiden Seiten* denselben Term *addieren* oder *subtrahieren*.
- Auf *beiden Seiten* mit demselben Term *multiplizieren* (außer mit 0)
- Auf *beiden Seiten* durch denselben Term *dividieren* (außer durch 0).

Wenn in Gleichungen **Klammern** vorkommen, so müssen diese zuerst aufgelöst werden. Dann werden die Terme auf jeder Seite der Gleichung zusammengefasst. Anschließend wird die Gleichung durch Umformen gelöst.

Eine Zahl heißt **Lösung** einer Gleichung, wenn beim Einsetzen der Zahl in die Gleichung eine **wahre Aussage** entsteht.

Beispiel 1

$$4x+4=2x+8 \quad | -2x$$
$$2x+4=8 \quad | -4$$
$$2x=4 \quad | :2$$
$$x=2$$

Probe

$$4\cdot 2+4=2\cdot 2+8$$
$$8+4=4+8$$
$$12=12 \quad w$$

Die Lösung $x=2$ ist richtig.

Beispiel 2

$$5-(2x+7)=3(2x+4)-2 \quad | \text{ Klammern auflösen}$$
$$5-2x-7=6x+12-2 \quad | \text{ zusammenfassen}$$
$$-2x-2=6x+10 \quad | +2x$$
$$-2=8x+10 \quad | -10$$
$$-12=8x \quad | :8$$
$$-1{,}5=x$$

Probe

$$5-[2\cdot(-1{,}5)+7]=3[2\cdot(-1{,}5)+4]-2$$
$$5-(-3+7)=3(-3+4)-2$$
$$5-4=3\cdot 1-2$$
$$1=1 \quad w$$

Die Lösung $x=-1{,}5$ ist richtig.

Üben und anwenden

1 Welche Gleichungen sind auf den Waagen dargestellt? Ordne zu.

①
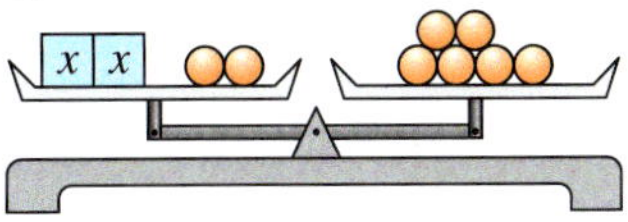

Ⓐ $x = 2$

②
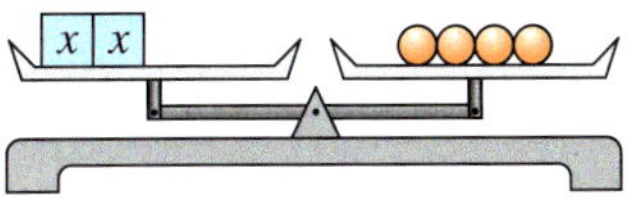

Ⓑ $2x + 2 = 6$

③
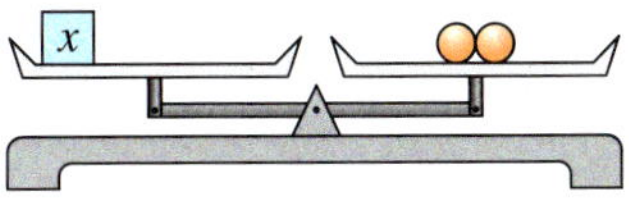

Ⓒ $2x = 4$

1 Die roten Kästchen stehen für Streichholzschachteln und die Striche für Streichhölzer. Bei jeder Aufgabe sind in den Schachteln jeweils gleich viele Hölzer.

a) Übersetze die Aufgaben in Gleichungen.

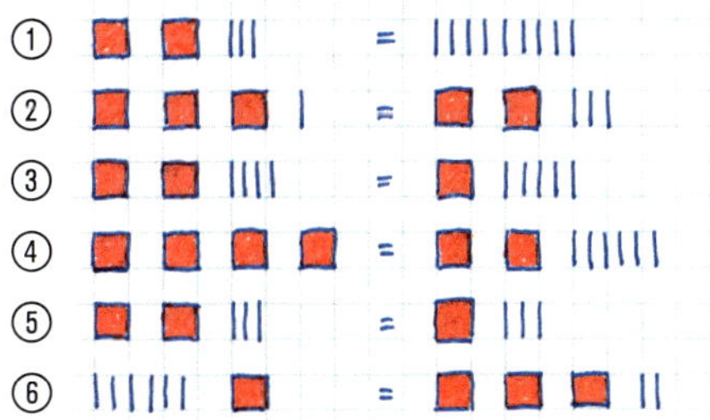

b) Zeichne ein Bild, das zur Gleichung $4x + 3 = 15 + 2x$ passt.

2 Die Gleichung $5x + 2 = x + 14$ wurde mithilfe einer Waage gelöst. Notiere die Umformungen zu den einzelnen Schritten.

①

②
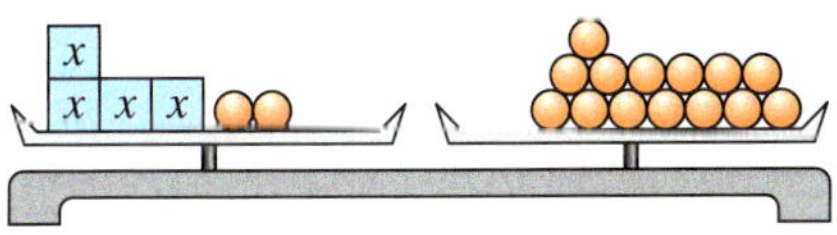

③
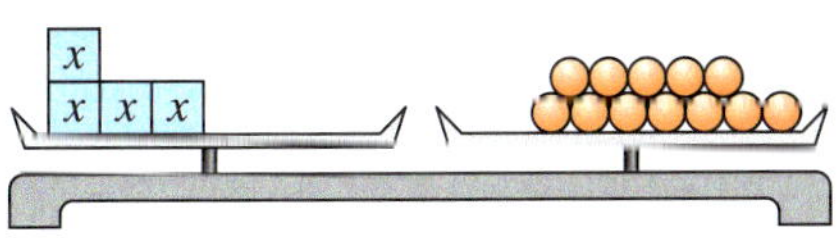

④
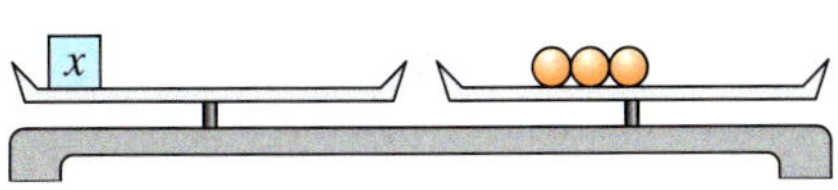

2 Gib Gleichungen zu den Waagen an und löse sie.
Notiere die Umformungen.

a)
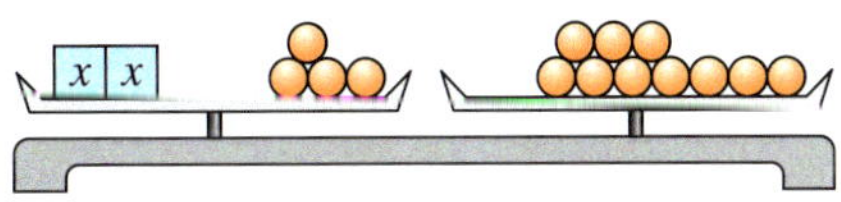

b)
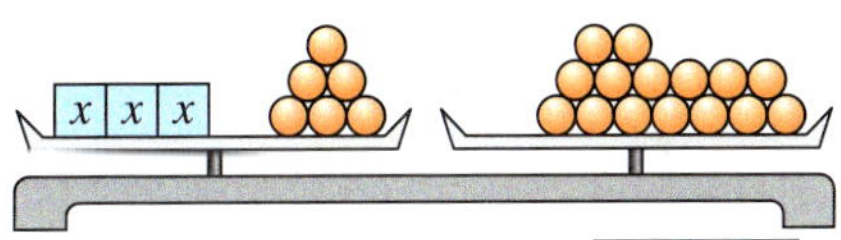

c)
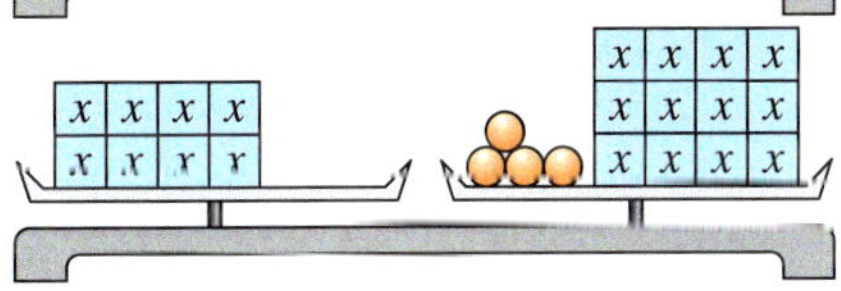

d)
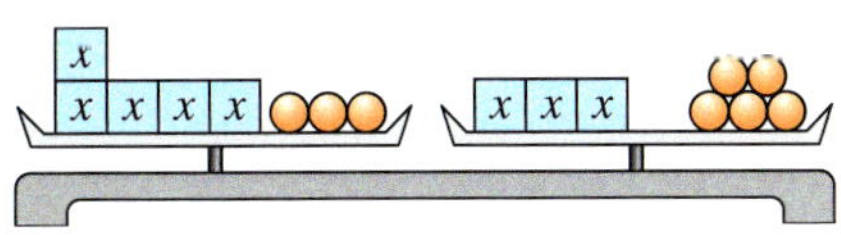

3 Welche Gleichungen sind *nicht* durch Umformungen aus der Gleichung $4x - 6 = 10$ entstanden? Begründet.

① $4x - 16 = 0$ ② $4x = 16$
③ $-6 = 10 - 4x$ ④ $-6 = 10 - 8x$
⑤ $4x - 10 = 6$ ⑥ $x = 2$

3 Löse die Gleichungen. Die erste Äquivalenzumformung ist jeweils angegeben.

a) $2x + 3 = 7$ $\quad | -10$
b) $-10 = -5x + 5$ $\quad | -5$
c) $3(x - 1) = -6$ $\quad | :3$
d) $20 + 8x = 16$ $\quad | -8x$

4 Nimm das Zehnfache einer Zahl x und subtrahiere davon 12.
Als Ergebnis erhältst du 68.
Finde die Zahl mithilfe einer Gleichung.

4 Nimm das Achtfache einer Zahl und subtrahiere davon 18.
Du erhältst genauso viel, wenn du das Doppelte dieser Zahl um 18 vermehrst.

5 Löse die Gleichungen. Die Lösungen stehen in den Kästchen.

a) $8 - 4x = 24$
b) $5x - 8 - 3x = 0$
c) $-5x + 3{,}8 = -4x$
d) $12x - 3 = 33 + 3x$
e) $2x - 4 = 6x - 9$

4 | −4 | 1,25 | 6 | 4 | 3,8 | 7

5 Löse die Gleichungen. Rechne die Probe.

a) $x + 9 = 25$
b) $y - 26 = 4$
c) $14 + a = 20$
d) $3x = 21$
e) $-15 = 5x$
f) $9a - 12 = 15$
g) $4x + 20 = -4$
h) $19 - 3x = 25$
i) $-12 = 4a - 18$
j) $-8 - y = -18$

6 Überprüfe, welche Fehler beim Umformen gemacht wurden. Forme richtig um.
Tipp: Es ist immer mehr als ein Fehler.

a)
$8x - 12 = 4x + 16 \quad | -4x$
$4x - 12 = 16 \quad | -12$
$4x = 4 \quad | :4$
$x = 4$

b)
$-3x + 12 = 8x - 10 \quad | -8x$
$5x + 12 = 10 \quad | -12$
$5x = -2 \quad | :5$
$x = 0{,}4$

7 Löse zuerst die Klammer auf und fasse die Terme zusammen. Löse dann die Gleichung.

a) $15 = (x + 12) - 1$
b) $(x + 1) - 1 = 1$
c) $12 = 7x - (2x - 2)$
d) $-(x + 2) = -2x$
e) $1 + (8x - 6) = 9x - 6$
f) $x + (x + 2) - 10 = -4 + x$

7 Schreibe ohne Klammern. Fasse zusammen und löse dann die Gleichung.

a) $12 + (x + 5) = 26$
b) $12 + (-y - 6) = -10$
c) $(y + 5) - 12 = -19$
d) $(x + 2) - 7x = -34$
e) $3b - (2b + 4) = 4$
f) $5 - (3 - 2x) = 10$

8 Erstelle eine Skizze und berechne die Seitenlänge a des Dreiecks ABC.
Das Dreieck hat einen Umfang von 35 cm.
Die Seite b ist 4 cm kürzer als die Seite a.
Die Seite c ist 3 cm länger als die Seite a.

8 Bei einem Rechteck ist Seite a um 5 cm länger als Seite b. Der Umfang beträgt 34 cm.
Fertige eine Skizze an.
Stelle eine Gleichung auf und berechne dann die Seitenlängen des Rechtecks.

9 Die Mitgliedschaft im Sportverein kostet pro Monat 11,30 €.
Zu Beginn zahlt man eine einmalige Aufnahmegebühr in Höhe von 50 €.

a) Mit welcher Gleichung kann man den Mitgliedsbeitrag m für das erste Jahr berechnen? Begründe. Wofür steht x?
① $50 \cdot x + 11{,}30 = m$
② $11{,}30 + m = 50$
③ $50 + 11{,}30 \cdot x = m$
b) Wie hoch ist der Mitgliedsbeitrag im ersten Jahr? Wie hoch ist er im zweiten Jahr?

9 Eine Taxifahrt kostet 1,50 € pro Kilometer.
Hinzu kommt eine Grundgebühr von 3,50 €.
Die Fahrt kostet 21,50 €.

a) Wie lang war die Fahrstrecke?
b) Welche Gleichung passt zur Aufgabe? Begründe.
① $3{,}50 \cdot x + 1{,}50 = 21{,}50$
② $3{,}50 + 1{,}50 \cdot x = 21{,}50$
③ $1{,}50 + 3{,}50 + 21{,}50 = x$

10 Ina und Max haben zusammen 500 € gespart. Ina hat 38 € mehr gespart als Max.
Stelle eine sinnvolle Frage und beantworte sie mithilfe einer Gleichung.

10 Ben kauft Apfelsaft (65 Cent pro Packung) und fünf Packungen Orangensaft (75 Cent pro Packung). Er bezahlt 5,05 €.
Stelle eine sinnvolle Frage und beantworte sie.

Lineare Gleichungen mit zwei Variablen

Entdecken

1 Ein Metall verarbeitender Betrieb lädt Bewerber für einen Ausbildungsplatz ein. Im Einstellungstest wird z. B. getestet, ob die Bewerber ein Gefühl für Maße haben.

Die Aufgabe lautet:
„Welche Rechtecke lassen sich aus einem 30 cm langen Draht biegen?"
Gib mögliche Lösungen an.

2 Rätsel mit Münzen

a) Leonie hat 10-Cent-Münzen und 20-Cent-Münzen im Wert von 2,50 €.
Wie viele 10-Cent-Münzen und wie viele 20-Cent-Münzen kann sie haben?
Gib alle Möglichkeiten an.
Erstelle dazu eine Tabelle.

10-Cent-Münzen	20-Cent-Münzen	Wert in Euro
5	10	2,50
15	...	2,50
...	...	2,50

b) Maria hat zwei verschiedene Sorten Münzen im Wert von insgesamt 3 €.
Es sind zehn kleinere Münzen und fünf größere Münzen.
Welche Münzen könnten das sein?

c) Kevin spart 1-€-Münzen und 2-€-Münzen in seinem Sparschwein.
Er wiegt das Sparschwein, um festzustellen, wie viel Geld er bereits gespart hat.
Das Sparschwein wiegt 40 g, eine 1-€-Münze 7,5 g und eine 2-€-Münze 8,5 g.
Wie viel Euro könnte Kevin gespart haben, wenn die Waage 440 g anzeigt?

3 Arbeitet in Vierergruppen.
Lest die Situationen in den blauen Kästchen.

Zwei Cola und eine Currywurst kosten 5 €.

$x - y = 8$

Eine Portion Pommes Frites kostet 1 €, ein Hamburger kostet 2 €. Tom hat 12 € ausgegeben.

$x + 2y = 12$

Die Quersumme einer zweistelligen Zahl ist 8.

$2x + y = 5$

Die Differenz zwischen zwei Zahlen beträgt 8.

$x + y = 8$

a) Ordnet den Situationen eine passende Gleichung zu. Wofür steht x, wofür y?

b) Findet für jede Gleichung mindestens drei verschiedene Werte für x und y, die die Gleichung lösen.
Erläutert, wie ihr vorgegangen seid.

Verstehen

20 Jugendliche machen eine Wochenendreise nach Berlin. Sie übernachten in einer Jugendherberge. Dort gibt es Vierbettzimmer und Zweibettzimmer.
Wie viele Vierbettzimmer und wie viele Zweibettzimmer können die Jugendlichen buchen? Gibt es mehrere Möglichkeiten?

Die Situation lässt sich mithilfe einer **Gleichung mit zwei Variablen** (x und y) beschreiben.
Die Variable x steht für die Anzahl der Vierbettzimmer, die Variable y für die Anzahl der Zweibettzimmer. Es ergibt sich die Gleichung
$4x + 2y = 20$.

Lösungen kann man z. B. durch Probieren finden.

Beispiel 1

Eine mögliche Lösung der Gleichung $4x + 2y = 20$ ist das Wertepaar $(1; 8)$.
Es können also z. B. ein Vierbettzimmer und acht Zweibettzimmer gebucht werden.

Probe $4 \cdot 1 + 2 \cdot 8 = 20$

$4 + 16 = 20$ w

Die Lösungen lassen sich leichter finden, wenn man die Gleichung nach der Variable y auflöst.

Beispiel 2

$$4x + 2y = 20 \quad | -4x$$
$$2y = -4x + 20 \quad | :2$$
$$y = -2x + 10$$

Durch Einsetzen von verschiedenen x-Werten erhält man die zugehörigen y-Werte:

x	0	1	2	3	4	5
$y = -2x + 10$	10	8	6	4	2	0

HINWEIS
Ein lineare Gleichung mit zwei Variablen kann in der Form $y = mx + b$ *geschrieben werden.*

Im Koordinatensystem erkennt man, dass alle Punkte auf der Geraden $y = -2x + 10$ liegen.

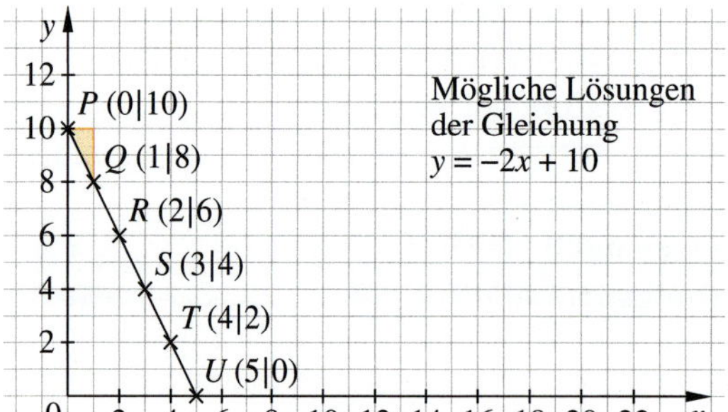

Für $y = mx + b$ gilt:
- b ist der Abschnitt auf der y-Achse (hier: 10).
- m ist die Steigung (hier: -2). Die Steigung des Graphen wird mithilfe eines Steigungsdreiecks eingezeichnet: 1 Schritt nach rechts und 2 Schritte nach unten.

Merke Die **Lösungen** einer linearen Gleichung mit zwei Variablen sind **Wertepaare** $(x; y)$.
Die Punkte $P(x|y)$ liegen auf einer Geraden.

Üben und anwenden

1 Welche Gleichungen sind keine linearen Gleichungen? Begründe.

a) $y = 4x - 12$ **b)** $2x + 7y = 14$ **c)** $4x - 10 = 2y$ **d)** $3y = 12 - 4x$

e) $x \cdot y + 12 = 21$ **f)** $x^2 + y = 10$ **g)** $x + 3 = 4x + 12$ **h)** $27 = 12$

2 Ist das Wertepaar eine Lösung der linearen Gleichung?

a) $y = x + 5$ $(4;9)$
b) $y = -2x + 4$ $(6;8)$
c) $y = 3x - 5$ $(-1;-2)$
d) $y = -10x - 20$ $(-2;0)$
e) $3y = 2x + 5$ $(-1;-3)$
f) $-4y = x - 5$ $(3;2)$

2 Prüfe, ob das angegebene Wertepaar Lösung der linearen Gleichung ist.

a) $3x + 5y = 42$ $(4;6)$
b) $2x - y = 15$ $(12;8)$
c) $-4x + 8y = -28$ $(5;-1)$
d) $5y - 10 = 3x$ $(9;11)$
e) $12x + 6y = 0$ $(0{,}5;-1)$
f) $20x - 4y = 12$ $(3;12)$

3 Lies fünf verschiedene Lösungen der linearen Gleichung mit zwei Variablen ab. Beschreibe, wie du dabei vorgehst.

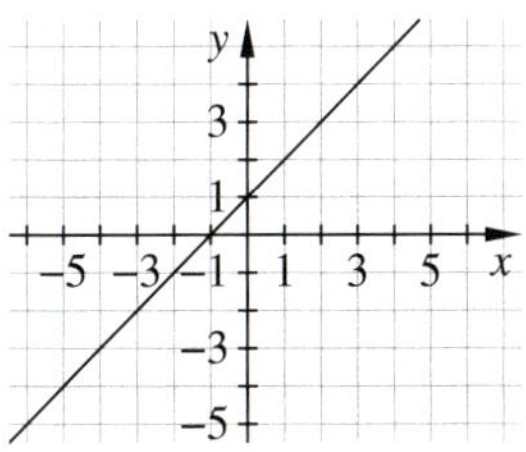

3 Ergänze die Wertetabelle im Heft. Zeichne die Gerade, auf der alle Lösungen der linearen Gleichung liegen, in ein Koordinatensystem.

a)

x	–2	–1	0	1	2
y = 4x – 2					

b)

x	–4	–2	0	2	4
y = 2x + 1					

4 Gib eine lineare Gleichung mit zwei Variablen an, die zur Situation passt.

Beispiel Sabine kauft Rosen zu je 0,80 € und Anemonen zu je 0,50 €. Sie zahlt 7 €.

$0{,}8 \cdot x + 0{,}5 \cdot y = 7$ x steht für die Anzahl der Rosen und y für die Anzahl der Anemonen.

a) Drei Kugeln Eis und eine Portion Sahne kosten 2,30 €.
b) Die Summe aus dem Doppelten von x und dem Dreifachen einer anderen Zahl y ergibt 48.
c) Der Umfang eines gleichschenkligen Dreiecks ist 20 cm.
d) Auf einer Weide gibt es Hühner und Schafe. Murat zählt insgesamt 60 Beine.
e) Ein 10-€-Schein wird in 1-€-Münzen und 2-€-Münzen gewechselt.

5 Löse die lineare Gleichung nach y auf und erstelle eine Wertetabelle mit den x-Werten -2; -1; 0; 1; 2 und 3.
Zeichne die Gerade, auf der alle Lösungen der Gleichung liegen.

a) $x + y = 2$
b) $4x + y = 2$
c) $4x + 2y = 2$
d) $4x - 2y = 2$

5 Löse die lineare Gleichung nach y auf und erstelle eine Wertetabelle mit den x-Werten -2; -1; 0; 1; 2 und 3.
Zeichne die Gerade, auf der alle Lösungen der Gleichung liegen.

a) $-4x + 2y = 2$
b) $-6x + 3y = 9$
c) $4x + 2y = 10$
d) $5x - 10y = 20$

6 Ergänze das Wertepaar, sodass es die lineare Gleichung $x + 4y = 20$ löst.

a) $(8;\ \square)$ **b)** $(12;\ \square)$
c) $(4;\ \square)$ **d)** $(\square;\ 1)$

6 Ergänze die Lösungen der linearen Gleichung $3x + 4y = 20$.

a) $(\square;\ 5)$ **b)** $(\square;\ 2)$
c) $(8;\ \square)$ **d)** $(\square;\ 8)$

LÖSUNGEN ZU AUFGABE 6
Die gesuchten Lösungen sind hier enthalten: $(8;-1)$; $(-5;5)$; $(-1;8)$; $(0;5)$; $(-4;8)$; $(-4;2)$; $(4;2)$; $(8;-4)$

Methode Graphen im Koordinatensystem zeichnen

Häufig ist es sinnvoll, eine Geradengleichung mithilfe eines Graphen zu veranschaulichen. Eine Geradengleichung hat die allgemeine Form $y = mx + b$.

HINWEIS
***b** ist der Abschnitt auf der y-Achse.*
***m** ist die Steigung der Geraden.*

Beispiel 1

Zeichne den Graphen zu $y = \frac{2}{3}x + 1$.

1. Schnittpunkt auf der y-Achse einzeichnen
$b = 1$, also ist $(0|1)$ der Schnittpunkt der Geraden mit der y-Achse.

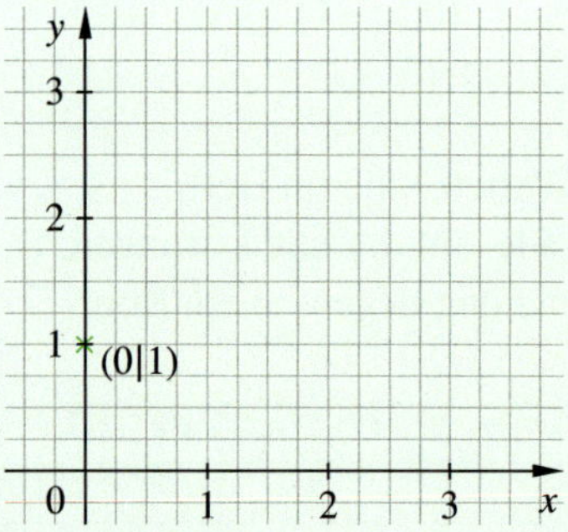

2. Steigungsdreieck zeichnen
$m = \frac{2}{3}$, also gehe vom Punkt $(0|1)$ aus 3 Einheiten nach rechts und 2 Einheiten nach oben.

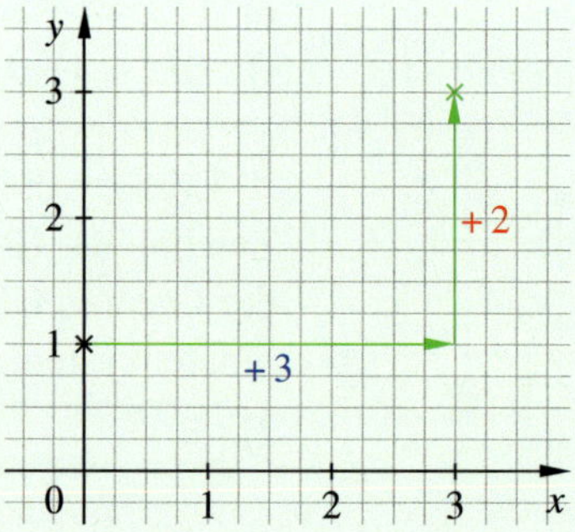

3. Graph zeichnen
Dann verbindet man beide Punkte durch eine Gerade. Dies ist der gesuchte Graph.

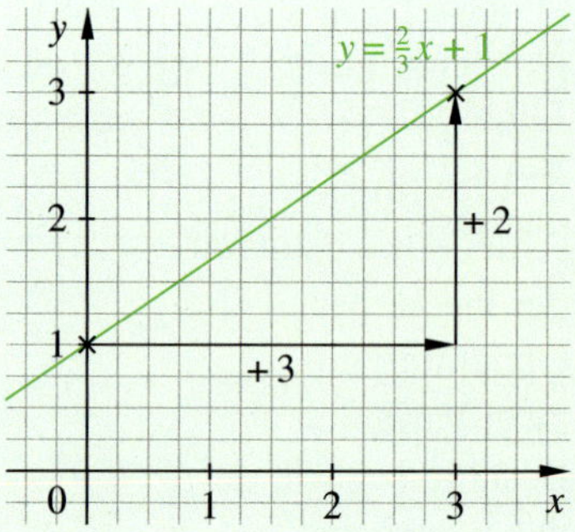

Beispiel 2

Durch welche Punkte verläuft die Gerade zu $y = -3x + 8$?

Setze eine beliebige Zahl für x ein und du erhältst den zugehörigen y-Wert.
1. für $x = 3$ ergibt sich $y = -3 \cdot 3 + 8 = -1$ $(3|-1)$ ist ein Punkt auf der Geraden.
2. für $x = -2$ ergibt sich $y = -3 \cdot (-2) + 8 = 14$ $(-2|14)$ ist ein Punkt auf der Geraden.

Schon durch zwei Punkte ist eine Gerade eindeutig festgelegt.

Merke Man kann den **Graphen einer Geradengleichung** auf verschiedene Weisen zeichnen:
- Man verwendet den **Schnittpunkt der Geraden mit der y-Achse** $(0|b)$ und trägt von diesem Punkt aus die **Steigung** m mit einem Steigungsdreieck an.
- Eine Gerade ist durch zwei Punkte festgelegt. Daher reicht es, zwei Punkte auf der Geraden zu bestimmen und ins Koordinatensystem einzutragen. Anschließend zeichnet man eine Gerade durch diese beiden Punkte.

HINWEIS
*Wenn die Steigung m negativ ist, z. B. $m = -\frac{2}{3}$, dann gehst du 3 Einheiten nach rechts und 2 Einheiten nach **unten**.*

1 Zeichne die Graphen.
a) $b = -2$; $m = \frac{3}{4}$ b) $b = 0$; $m = -\frac{5}{8}$ c) $b = 1$; $m = \frac{6}{2}$ d) $b = -0{,}5$; $m = \frac{5}{3}$

2 Zeichne eine Gerade, die durch den Punkt P geht und die Steigung m hat.
Schreibe dazu die Steigung m als Bruch, z. B. $m = 6 = \frac{6}{1}$.
a) $P(1|2)$; $m = 1$ b) $P(2|3)$; $m = 2$ c) $P(-1|3)$; $m = -4$ d) $P(-2|0)$; $m = 3$

3 Berechne jeweils zwei Punkte auf der Geraden und zeichne den Graphen.
a) $y = 1{,}5x + 3$ b) $y = 5x + 1$ c) $y = -3x + 0{,}5$ d) $y = \frac{1}{3}x + 1$

Methode Arbeiten mit einem Funktionenplotter

Ein Funktionenplotter ist ein Computerprogramm, das Graphen von Funktionen zeichnen kann.

In eine Eingabezeile oder ein Eingabefeld gibt man die rechte Seite der Geradengleichung ein. Beachte, dass bei manchen Programmen ein Punkt statt eines Kommas gesetzt werden muss (z. B. 3.5 statt 3,5). Einige Programme fordern ein Malzeichen zwischen dem Faktor und der Variable ($3 \cdot x$ statt $3x$).

Wenn du die Geradengleichung anschließend veränderst, dann passt sich die Gerade automatisch an.

Einige Funktionenplotter können Schnittpunkte des Funktionsgraphen mit der x-Achse direkt angeben:
Wähle dazu das Werkzeug, mit dem zwei Objekte geschnitten werden. Schneide dann den Funktionsgraphen und die x-Achse.
Lassen sich der Graph oder die Achse nicht direkt anwählen, kannst du sie mit einer Geraden nachzeichnen.

HINWEIS
Es gibt viele kostenlose Funktionenplotter im Internet.

Beispiel $y = 0{,}5 \cdot x + 2$

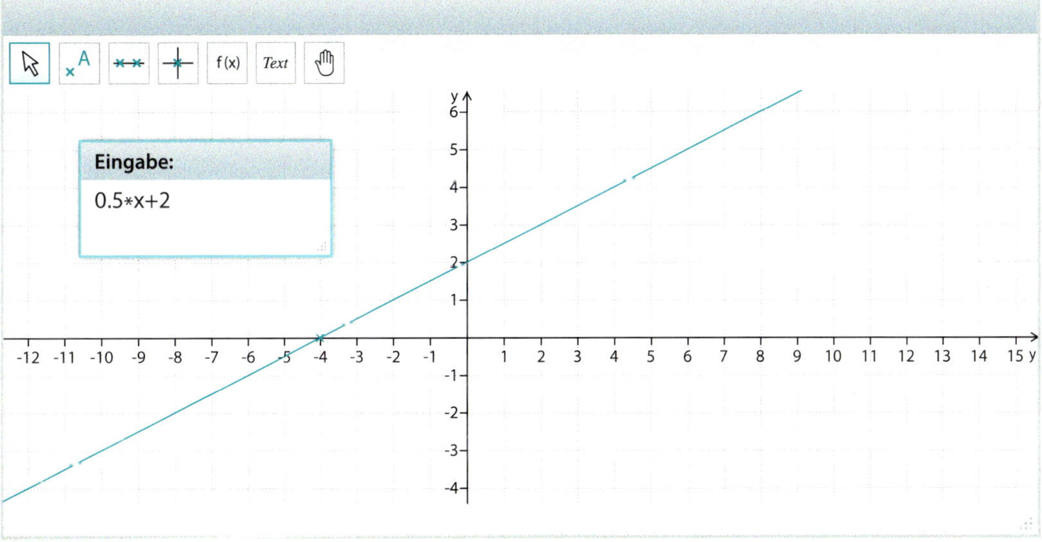

1 Zeichne die Funktionen mit einem Funktionenplotter.
a) $y = 3x + 4$ b) $y = -2x + 5$ c) $y = \frac{1}{3}x - 2$

2 Gib je eine Gleichung für eine lineare Funktion an, die durch die angegebenen Punkte geht.
Überprüfe mithilfe des Funktionenplotters, ob die Geradengleichung richtig ist.
a) $P(0|3)$, $Q(6|0)$ b) $R(1|2)$, $S(3|6)$ c) $A(-2|0)$, $B(4|-3)$

3 Zeichne die vier Funktionsgraphen rechts mit einem Funktionenplotter nach. Beschreibe, wie du vorgehst.

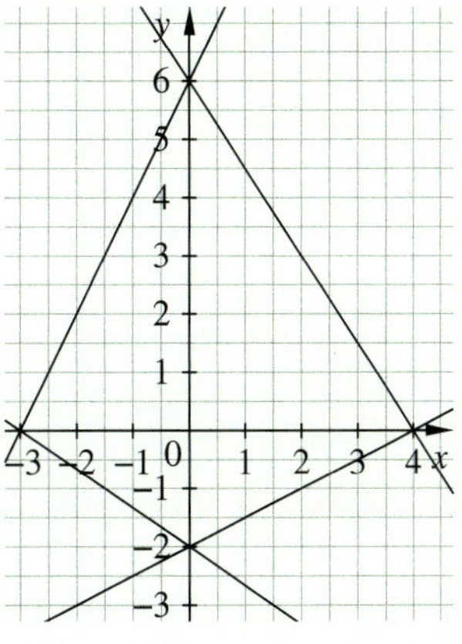

HINWEIS
Für einen Bruch benutzt man häufig den Schrägstrich, z. B. 1/5.

7 Ordne die Gleichungen den Geraden zu.

a) $y = x + 1$

b) $y = -2x - 1$

c) $y = -\frac{1}{2}x + 2$

d) $y = 2x - 1$

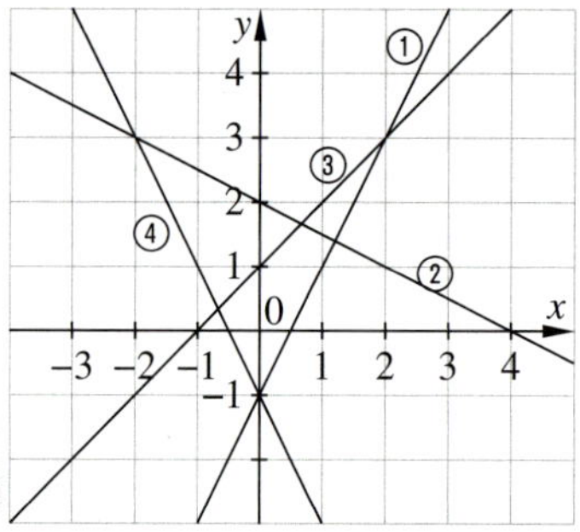

7 Ordne die Gleichungen den Geraden zu.

a) $-x + y = 1$

b) $2x + y = -1$

c) $-2x - 4y = -8$

d) $2x - y = 1$

---

8 Alexandra hat zwei Lösungen einer linearen Gleichung bestimmt:
(1 ; 2) und (3 ; 4)

a) Trage die beiden Lösungen als Punkte in ein Koordinatensystem ein. Zeichne die Gerade der linearen Funktion.

b) Gib noch eine dritte Lösung an und trage sie auf der Geraden ein.

8 Tim hat drei Lösungen einer linearen Gleichung bestimmt: (1 ; 2), (3 ; 3) und (4 ; 5)
Marvin überlegt kurz, macht sich eine Skizze und behauptet dann, dass Tim einen Fehler gemacht hat.

a) Erkläre, woran Marvin erkannt hat, dass eine Lösung falsch sein muss.

b) Gib jeweils eine lineare Gleichung an, die zwei der oben genannten Wertepaare als Lösungen hat.

---

9 Issam hat zwei Lösungen der Gleichung $y = x - 1$ mithilfe einer Zeichnung bestimmt.

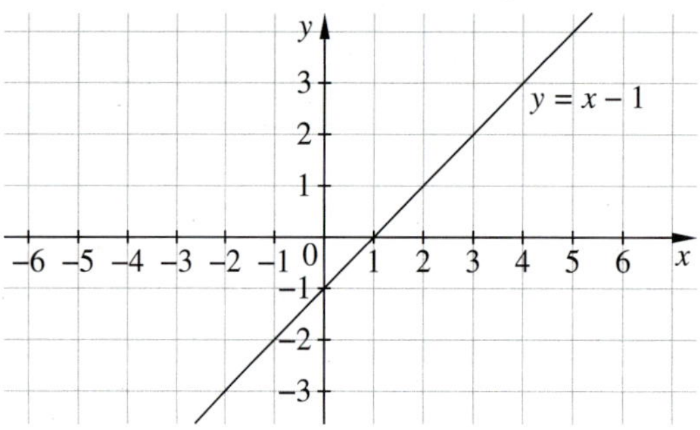

a) Überprüfe, ob die Lösungen (1 ; 0) und (2 ; 1) richtig sind.

b) Wie gehst du bei der Überprüfung vor? Beschreibe.

9 Carina hat fünf Lösungen der Gleichung $2x - 5y = -10$ mithilfe einer Zeichnung bestimmt.

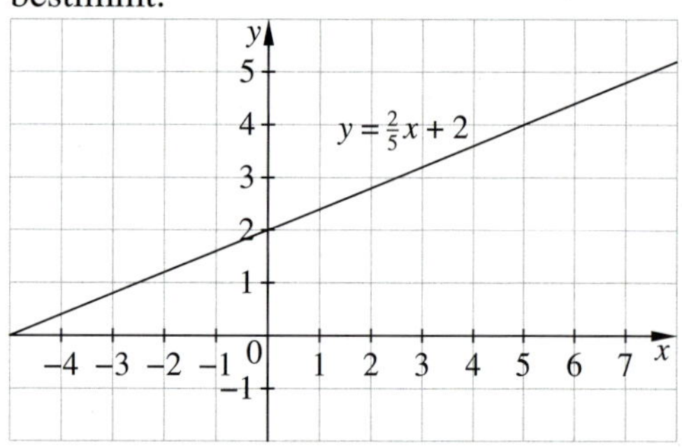

a) Überprüfe, ob ihre Lösungen richtig sind.
A (0 | 2), B (1 | 2,5), C (2 | 2,8), D (4 | 3,5), E (5 | 4)

b) Beschreibe, wie du dabei vorgehst.

---

10 Kai hat für seine Geburtstagsparty für 20 € Saft und Limonade eingekauft. Eine Flasche Saft kostet 1,20 €. Für jede Flasche Limonade hat er 1 € bezahlt.

a) Wie viele Flaschen hat Kai von jeder Sorte gekauft? Stelle eine Gleichung auf. Notiere, wofür die Variablen stehen.

b) Begründe, warum die zugehörige lineare Gleichung nur drei sinnvolle Lösungen hat.

c) Bei welcher Lösung erhält Kai die größte Anzahl an Flaschen?

Lineare Gleichungssysteme zeichnerisch lösen

Entdecken

1 Zeichnet die Geraden $y = 2x - 4$ und $y = -x + 5$ in ein Koordinatensystem.

a) In welchem Punkt schneiden sich die Geraden?

b) Setzt die Koordinaten des Schnittpunkts in jede Geradengleichung ein. Was fällt euch auf?

2 Auf dem Trödelmarkt

Jette zahlt 4 € Standgebühr und verkauft jede CD für 1 €.
Marc zahlt 8 € Standgebühr und verkauft jede CD für 1,50 €.

a) Ordnet Jette und Marc jeweils eine Geradengleichung zu.

b) Beschreibt den Verlauf der beiden Geraden. Wofür steht der Schnittpunkt S?

c) Wer nimmt mehr ein, wenn sechs CDs gekauft wurden? Wer nimmt mehr ein, wenn neun CDs gekauft wurden?

d) Was bedeutet der Schnittpunkt einer Gerade mit der x-Achse?

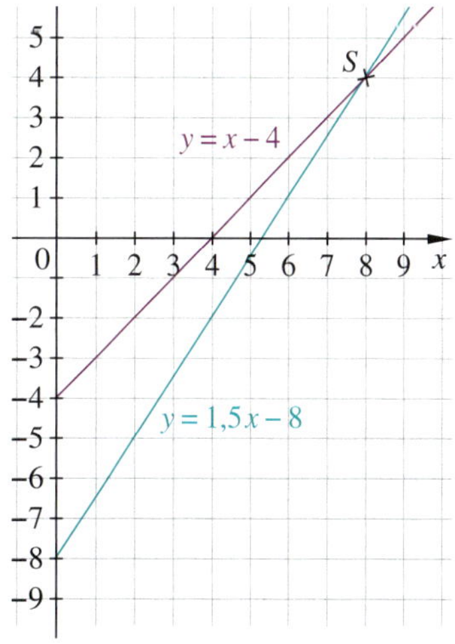

3 Rätsel aus der Konditorei

Ein Konditor stellt Erdbeertorten und Nusstorten her.
An einem Nachmittag hat er insgesamt 56 Torten hergestellt.
Die Anzahl der Erdbeertorten ist 3-mal so groß wie die Anzahl der Nusstorten.
Wie viele Erdbeertorten und wie viele Nusstorten sind das?

Mark hat zwei Gleichungen aufgestellt:

① $x + y = 56$

② $y = 3 \cdot x$

a) Erklärt die beiden Gleichungen.

b) Stellt die erste Gleichung nach y um.

c) Zeichnet dann beide Geraden in ein Koordinatensystem.

d) Wie kann man die Lösung der Aufgabe ablesen?

4 Ben leiht sich einen Helm zum Snowboardfahren.

① Helmverleih „Board fun“
Leihgebühr pro Tag: 2 €
Versicherung einmalig: 12 €

② Helmverleih „Helmet“
Leihgebühr pro Tag: 3 €
Versicherung einmalig: 7 €

a) Vergleicht beide Angebote.

b) Stellt jeweils die Kosten im Koordinatensystem dar.

c) Bei welcher Leihdauer spielt es keine Rolle, welchen Helmverleih Ben wählt?

d) Für welchen Anbieter sollte sich Ben entscheiden?

Verstehen

Anne wechselt einen 10-€-Schein.
Sie erhält insgesamt acht Münzen.
Es sind nur 1-€-Münzen und 2-€-Münzen.
Wie viele Münzen von jeder Sorte erhält sie?

x ist die Anzahl der 1-€-Münzen.
y ist die Anzahl der 2-€-Münzen.
Für die *Anzahl* der Münzen gilt: $x + y = 8$.
Für die *Beträge* gilt: $x \cdot 1€ + y \cdot 2€ = 10€$.
Man erhält zwei Gleichungen:
I $x + y = 8$ und **II** $1x + 2y = 10$

BEACHTE
Die Gleichungen eines Gleichungssystems werden mit römischen Ziffern nummeriert.

Merke Wenn man zwei lineare Gleichungen zu *einem* Sachverhalt aufstellt, dann spricht man von einem **linearen Gleichungssystem (LGS)**.
Die Lösung des linearen Gleichungssystems ist das Wertepaar, das *beide* Gleichungen erfüllt.

Das lineare Gleichungssystem kann man zeichnerisch lösen. Dazu stellt man beide Gleichungen nach y um und zeichnet dann die Geraden im Koordinatensystem.

I $x + y = 8 \quad | -x$
$y = -x + 8$

und

II $1x + 2y = 10 \quad | -x$
$2y = -x + 10 \quad | :2$
$y = -\frac{1}{2}x + 5$

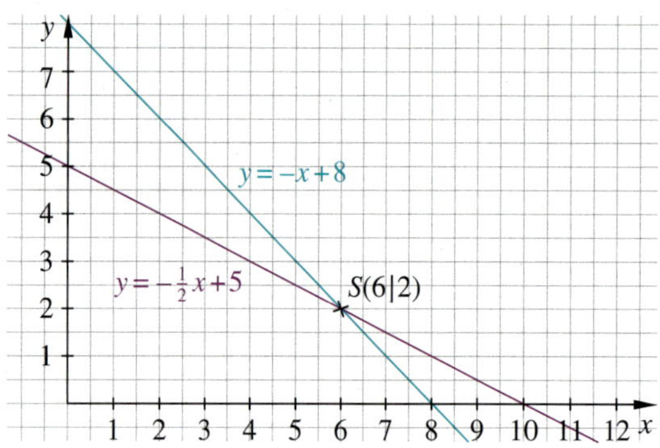

Die Geraden schneiden sich in einem gemeinsamen Punkt S.
Der Schnittpunkt $S(6|2)$ ist die Lösung des Gleichungssystems.
Anne hat sechs 1-€-Münzen und zwei 2-€-Münzen erhalten.

Probe $6 + 2 = 8$ w und
$6 + 2 \cdot 2 = 10$ w

Merke Beim **Lösen** eines Gleichungssystems zeichnet man die Graphen der Geradengleichungen in dasselbe Koordinatensystem.
Der **Schnittpunkt der Geraden** $S(x|y)$ gehört zu jeder der beiden Geraden und ist die **Lösung** des Gleichungssystems.

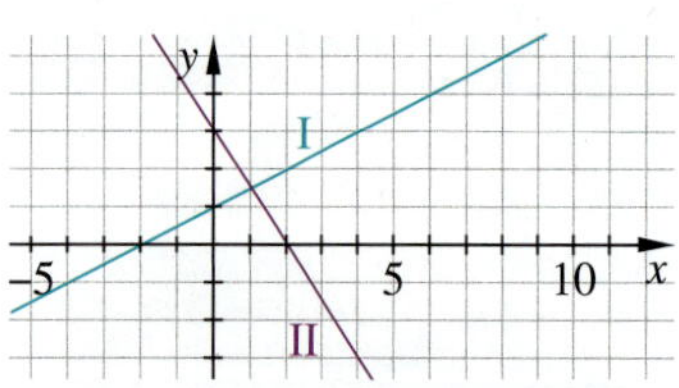

Die Geraden schneiden sich in einem Punkt. Das LGS hat **eine Lösung $S(x|y)$**.

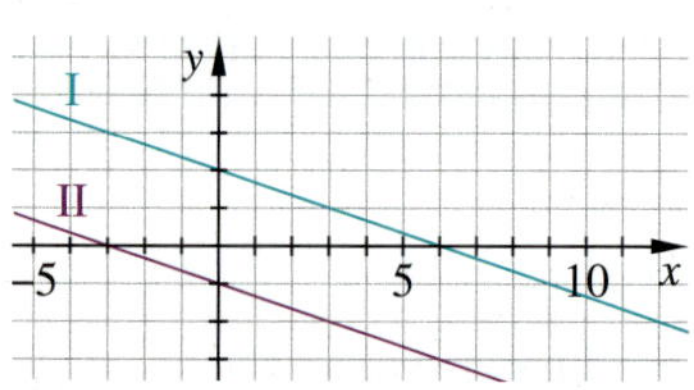

Die Geraden sind parallel. Das LGS hat **keine Lösung**.

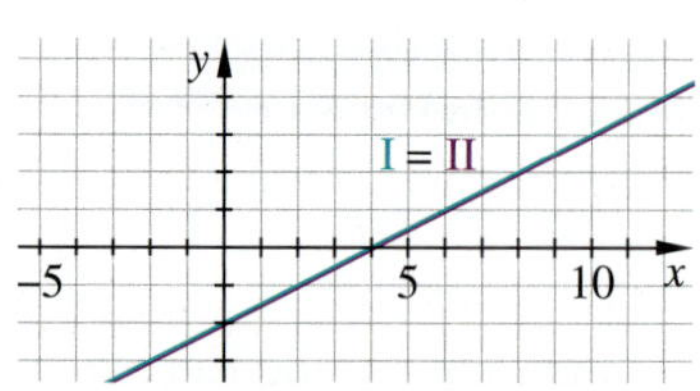

Die Geraden sind identisch, das LGS hat **unendlich viele Lösungen**.

Üben und anwenden

1 Stelle ein lineares Gleichungssystem auf und löse die Aufgabe.
Leon sagt: „Zusammen haben wir 117 Aufkleber."
Marie sagt: „Ich habe doppelt so viele Aufkleber wie du."
Wie viele Aufkleber hat jeder?

2 Erkläre deinem Nachbarn, wie du ein lineares Gleichungssystem zeichnerisch löst. Gebt dann jeweils die Lösung an.

Beispiel I $y = x + 1$; II $y = 4x - 2$
Ich zeichne die beiden Geraden wie folgt: ...
Dann lese ich den Schnittpunkt ab: S(1|2)

a) I $y = 10 - x$; II $y = 2x + 1$
b) I $y = x + 3$; II $y = 3x + 1$
c) I $y = x + 7$; II $y = -\frac{1}{2}x - 2$

3 Löse die Gleichungssysteme zeichnerisch.
a) I $y = 2x$ und II $y = -x + 3$
b) I $y = 2x - 4$ und II $y = x + 1$
c) I $y = -3x - 1$ und II $y = 0{,}5x + 6$
d) I $y = -0{,}4x + 1$ und II $y = 2x - 1{,}4$
e) I $y = 2x - 3$ und II $y = -3x + 7$
f) I $y = 0{,}25x - 2$ und II $y = -0{,}8x + 4{,}3$

4 In welchem Punkt treffen sich die beiden Graphen?

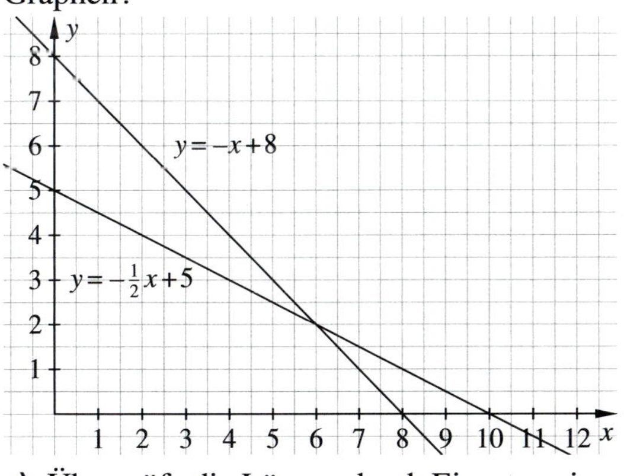

a) Überprüfe die Lösung durch Einsetzen in die beiden Geradengleichungen.
b) Stell dir vor, eine dritte Gerade geht durch den Schnittpunkt der beiden Geraden und durch (0|0).
Kannst du ihre Gleichung angeben?

1 Stelle ein lineares Gleichungssystem auf und löse die Aufgabe.
Bei einem Basketballspiel gab es insgesamt 47 Körbe.
Mannschaft A hat sieben Körbe weniger als Mannschaft B.
Wie viele Körbe haben die Mannschaften jeweils geworfen?

2 Vervollständige den Lerntagebucheintrag im Heft. Ergänze jeweils ein Beispiel.

Man kann die Lösungen von einem linearen Gleichungssystem finden, indem man zwei Geraden zeichnet.
Dabei können drei Fälle auftreten:
1. Die Geraden schneiden sich, dann hat das LGS ...
2. Die Geraden ...

3 Stelle die Gleichungen zuerst in die Form $y = mx + b$ um.
Löse das Gleichungssystem zeichnerisch.
a) I $2y - x = 4$ und II $2y + 3x = 12$
b) I $-x + 2y = 10$ und II $-1{,}5x + y = 5$
c) I $3y = 6x - 21$ und II $2x + y = 5$
d) I $2y + 1{,}4x = 30$ und II $4{,}2x = y + 34$

4 Übertrage den Graphen der linearen Funktion ⓪ $y = \frac{1}{4}x + 3$ in dein Heft.

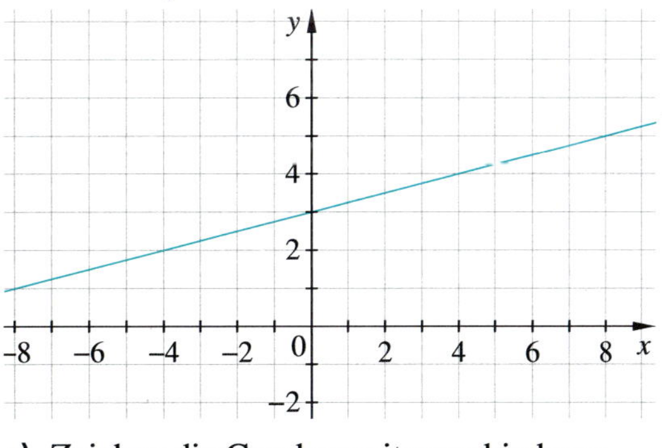

a) Zeichne die Graphen mit verschiedenen Farben in dasselbe Koordinatensystem.
① $y = x$
② $y = 4x + 3$
③ $y = \frac{5}{4}x - 3$

b) Bestimme die Lösungen der Gleichungssysteme aus ⓪ und und ①, dann aus ⓪ und ② und zuletzt aus ⓪ und ③.

TIPP
Ob deine Lösung stimmt, kannst du auch mithilfe eines Funktionenplotters überprüfen.

LÖSUNGEN ZU AUFGABE 6
Die gesuchten Lösungen sind hier enthalten:
(−1|−2); (−2|1); (−1|3); (2|−2); (−5|−1); (−5|1); (−2|−1); (6|2)

5 Zeichne ein Koordinatensystem, teile die Achsen von −6 bis +6 ein.
Zeichne jeweils die Geraden I und II ein und lies den Schnittpunkt ab. Rechne die Probe.
a) I $y = x$; II $y = 2x + 2$
b) I $y = 2x - 4$; II $y = x + 1$
c) I $y = x - 6$; II $y = -x + 2$
d) I $y = 4x - 4$; II $y = -4x + 4$

5 Zeichne ein Koordinatensystem mit Achsen von −6 bis +6. Zeichne jeweils die Geraden eines linearen Gleichungssystems ein und lies den Schnittpunkt ab. Rechne die Probe.
a) I $y = 3x + 1$; II $y = x - 3$
b) I $y = 2x - 2$; II $y = -2x + 2$
c) I $y = 7 - x$; II $y = 2x + 1$
d) I $y = x - 3$; II $y = 2x - 5$

6 Bringe die Gleichungen zuerst auf die Form $y = mx + b$.
Löse das Gleichungssystem zeichnerisch.
Überprüfe durch eine Probe.
a) I $y = 2x - 5$; II $x + y = 1$
b) I $y - 2x = -7$; II $2x + y = 5$
c) I $2x + y = -2$; II $y - \frac{1}{2}x = -4$
d) I $4x - 2y = -10$; II $10x + 2y = -4$

6 Bringe die Gleichungen zuerst auf die Form $y = mx + b$.
Löse das Gleichungssystem zeichnerisch.
Überprüfe durch eine Probe.
a) I $x + 2y = 10$; II $x + y = 8$
b) I $2x - y = -5$; II $5x + y = -2$
c) I $6x + 3y = -9$; II $2x - 4y = -8$
d) I $-4y - 1 = x$; II $2y = x + 7$

7 Gegeben sind zwei Gleichungssysteme.
① I $2y = -2x + 2$; II $y = -x + 1$
② I $2y = 5x + 6$; II $2y - 5x = -4$
a) Löse die Gleichungssysteme zeichnerisch. Was stellst du fest?
b) Erkläre, warum die Gleichungssysteme nicht genau eine Lösung haben.

7 Gegeben sind zwei Gleichungssysteme.
① I $2x + 3y = 4{,}5$; II $6y = -4x + 6$
② I $-\frac{3}{4}x + y = 1{,}5$; II $-3x + 4y = 6$
a) Löse die Gleichungssysteme zeichnerisch. Was stellst du fest?
b) Erkläre, warum die Gleichungssysteme nicht genau eine Lösung haben.

8 Ergänzt die Platzhalter so, dass das lineare Gleichungssystem I $y = 4x + 2$ und II $y = ■x + ▲$ folgende Eigenschaften hat.
Begründet eure Wahl.
a) Das LGS hat unendlich viele Lösungen.
b) Das LGS hat keine Lösung.
c) Das LGS hat genau eine Lösung.

9 Merat möchte einen Fitness-Vertrag abschließen.
Welches Studio soll er nehmen?

	Aufnahmegebühr	Monatsbeitrag
Ever Fit	19 €	19,90 €
Fit life	49 €	15,90 €

a) Stelle jeweils die Geradengleichung auf und zeichne die Geraden.
b) Wovon hängt Merats Entscheidung ab?

9 Eine Firma möchte Werbegeschenke bestellen. Sie hat zwei Anbieter in die engere Wahl genommen:

Werbehaus
0,70 € pro Geschenk,
Versandkosten inklusive

Kundenzieher
0,50 € pro Geschenk,
10 € Versandkosten

a) Stelle pro Anbieter eine Gleichung auf.
b) Zeichne die Geraden in ein gemeinsames Koordinatensystem.
Tipp: Schreibe die Steigung als Bruch: $0{,}3 = \frac{3}{10}$.
c) Welchen Anbieter sollte die Firma wählen? Wovon hängt die Entscheidung ab?

Lineare Gleichungssysteme systematisch lösen

Entdecken

1 In einem Ferienlager gibt es 2-Personen-Zelte und 3-Personen-Zelte.
30 Jugendliche werden auf insgesamt 13 Zelte aufgeteilt.

a) Alle Zelte sind voll belegt. Wie viele 2-Personen-Zelte, wie viele 3-Personen-Zelte gibt es?
b) Wie sieht die Lösung aus, wenn ein Platz frei bleibt?
c) Gestaltet ein Plakat oder eine Folie und stellt eure Lösungen in der Klasse vor.

2 Rätsel auf dem Bauernhof
Auf einem Bauernhof gibt es Hühner und Kühe.
Es gibt doppelt so viele Hühner wie Kühe.
Alle Tiere zusammen haben 400 Beine.
Wie viele Hühner und wie viele Kühe gibt es auf dem Bauernhof?
Özlem überlegt sich verschiedene Werte.
Sie berechnet jeweils die Anzahl der Beine.

	Anzahl Kühe	Anzahl Kühe mal zwei gleich Anzahl Hühner	Anzahl Hühner	Anzahl Kühe mal vier plus Anzahl Hühner mal zwei
1. Versuch	20	$20 \cdot 2 = 40$	40	$20 \cdot 4 + 40 \cdot 2$ $80 + 80$ $160 < 400$ Die Anzahl der Kühe muss größer sein.
2. Versuch	60	$60 \cdot 2 = 120$	120	$60 \cdot 4 + 120 \cdot 2$ $240 + 240$ $480 > 400$ Die Anzahl der Kühe muss kleiner sein.
3. Versuch	…	…	…	…

a) Begründet Özlems Rechenschritte.
b) Wie entscheidet sich Özlem für den nächsten Wert, den sie für die Anzahl der Kühe einsetzt?
c) Wie könnte der dritte Versuch aussehen? Setzt die Tabelle im Heft fort, bis ihr das Rätsel gelöst habt.
d) Ermittelt das Ergebnis zeichnerisch. Erklärt den Zusammenhang zwischen der zeichnerischen und der rechnerischen Lösung.

Verstehen

Es ist Frühling. Frau Jähring und Herr Klein bepflanzen ihre Balkone.

Frau Jähring kauft drei Geranien und einen Blumenkasten. Sie zahlt dafür 9 €.

Herr Klein kauft acht Geranien und zwei Blumenkästen und bezahlt 22 €.

Wie viel kostet eine Geranie?
Wie viel kostet ein Blumenkasten?

Zu dieser Aufgabe kann man zwei Gleichungen aufstellen. Dabei ist x der Preis für eine Geranie und y der Preis für einen Blumenkasten (jeweils in Euro).

I Frau Jährings Einkauf: $3x + y = 9$
II Herr Kleins Einkauf: $8x + 2y = 22$

Gleichungssysteme kann man zeichnerisch lösen, aber das Zeichnen der beiden Graphen ist oft aufwändig und kann ungenau sein. Daher gibt es ein weiteres Lösungsverfahren:
Es werden systematisch Werte für x eingesetzt, der Wert für y bestimmt und überprüft, ob für beide Gleichungen eine wahre Aussage entsteht.

Eine Tabelle hilft bei der übersichtlichen Darstellung.

Beispiel

	Preis einer Geranie x	Preis eines Blumenkastens $y = 9 - 3x$	Gesamtpreis für Hrn. Klein $8x + 2y = 22$
1. Versuch: Es wird angenommen, dass eine Geranie 1 € kostet.	1	$9 - 3 \cdot 1 = 6$	$8 \cdot 1 + 2 \cdot 6 = 20 < 22$

Der Preis x für eine Geranie ist zu niedrig angesetzt.
Im nächsten Versuch wird ein höherer Preis x für eine Geranie genommen.

2. Versuch: Es wird angenommen, dass eine Geranie 3 € kostet.	3	$9 - 3 \cdot 3 = 0$	$8 \cdot 3 + 2 \cdot 0 = 24 > 22$

Der Preis x für eine Geranie ist zu hoch angesetzt.
Im nächsten Versuch wird ein niedrigerer Preis x für eine Geranie genommen.

3. Versuch: Es wird angenommen, dass eine Geranie 2 € kostet.	2	$9 - 3 \cdot 2 = 3$	$8 \cdot 2 + 2 \cdot 3 = 22$

$x = 2$; $y = 3$ ist Lösung beider Gleichungen. Damit ist das Gleichungssystem gelöst.

Probe

Die Probe mit $x = 2$, $y = 3$ ergibt:

I $3 \cdot 2 + 3 = 9$ w
II $8 \cdot 2 + 2 \cdot 3 = 22$ w

Beide Aussagen sind wahr.

Merke Lineare Gleichungssysteme können durch **systematisches Probieren** mithilfe einer Tabelle gelöst werden.

Üben und anwenden

1 Suche zu den beiden Gleichungen $y = 2x$ und $y = x + 4$ das Wertepaar, das beide Gleichungen löst.
Finde die Lösung durch Probieren.

x	$y = 2x$	$y = x + 4$	Ergebnis gleich?
0	$y = 2 \cdot 0 = 0$	$y = 0 + 4 = 4$	nein
1	$y = 2 \cdot 1 = 2$	$y = 1 + 4 = 5$	nein
…			

1 Löse das Gleichungssystem durch Probieren: I $y = 2x + 8$ und II $y = -0{,}5x + 18$
Arbeitet dann zu zweit.
Beschreibt euch gegenseitig euer Vorgehen.

x	$y = 2x + 8$	$y = -0{,}5x + 18$	Ergebnis gleich?
0	8	18	nein
1	10	17,5	nein
…			

2 Lea möchte das Gleichungssystem I $y = 2x$; II $x + y = 15$ durch systematisches Probieren mit einer Tabelle lösen.
Wie könnte sie fortfahren?
Übertrage zuerst die Tabelle in dein Heft.

x	$y = 2x$	$x + y = 15$
1	$y = 2$	$1 + 2 = 3$

2 Das Gleichungssystem
I $3x + 1 = y$; II $y - x = 7$
wird durch Probieren gelöst.
Führe die Tabelle in deinem Heft fort.

x	$y = 3x + 1$	$y - x = 7$
1	$y = 4$	$4 - 1 = 3$
2	$y = 7$	…

3 Löse das Gleichungssystem durch systematisches Probieren mit einer Tabelle.

a) I $x + y = 19$; II $2x = y + 5$

x	y	$x + y = 19$	$2x = y + 5$
1	18	$1 + 18 = 19$	$2 \cdot 1 < 18 + 5$

b) I $3x + y = 15$; II $8x + 2y = 38$

3 Löse das Gleichungssystem durch systematisches Probieren.
Eine Tabelle kann dabei helfen.

a) I $2x + y = 23$; II $3x + 3y = 39$
b) I $3x - y = 11$; II $2x + y = 14$
c) I $5x + 2y = 24$; II $3x - y = 10$
d) I $2{,}2x + y = 4{,}6$; II $x + y = 1$

4 Frau Blüte ist Klassenlehrerin der Klasse 9a. Sie stellt ihrer Kollegin von der Klasse 9b eine Aufgabe.
Löst die Aufgabe durch systematisches Probieren.

„Zusammen haben wir in unseren beiden Klassen 52 Schülerinnen und Schüler. In der Klasse 9a sind zwei Schüler mehr als in der Klasse 9b. Wie viele Schüler sind jeweils in den Klassen 9a und 9b?“

5 Löse die Rätsel.

a) Jonas ist zwei Jahre älter als seine Schwester. Zusammen sind sie 30 Jahre alt.
Wie alt sind Jonas und seine Schwester?
b) Herr Berger hat insgesamt 21 Dienstreisen nach Koblenz oder Trier gemacht.
Davon war er doppelt so oft in Trier wie in Koblenz.
Wie oft war Herr Berger in Trier?

5 Stelle eine Frage und formuliere deine Lösung in einem Antwortsatz.

a) Frau Yilmaz kauft Kartoffeln und Äpfel. Die Kartoffeln wiegen 3-mal so viel wie die Äpfel.
Insgesamt sind es 6 kg.
b) $x + y$ ist 40 und $x - y$ ist 6.
c) Die Summe von zwei Zahlen ist 28, ihre Differenz beträgt 2.

6 Löst durch systematisches Probieren.

a) I $2x + y = 1$; II $y + 2 = x$
b) I $3x + y = 1$; II $4 + y = -2x$
c) I $x + y = 3$; II $y = x + 1$
d) I $7x - 2y = 15$; II $5x + y = 18$

Methode Das Additionsverfahren

Nele ist Lukas' ältere Schwester. Zusammen sind die Geschwister 30 Jahre alt. Die Differenz zwischen dem Alter von Nele und Lukas beträgt vier Jahre.
Wie alt sind die beiden jeweils?
Zu der Frage lassen sich zwei Gleichungen aufstellen. Das Alter von Nele wird mit x bezeichnet, das Alter von Lukas mit y: I $x + y = 30$; II $x - y = 4$

Lineare Gleichungssysteme können rechnerisch mit dem Additionsverfahren gelöst werden. Dabei werden die Gleichungen so umgeformt, dass bei der Addition der beiden Gleichungen eine Variable wegfällt.

Beispiel 1 Die Variable y fällt weg.
(Es muss nicht umgeformt werden.)
I $x + y = 30$ und II $x - y = 4$

1. I und II werden addiert:

$$\begin{array}{lrl} \text{I} & x + y = 30 & \\ \text{II} & x - y = 4 & \\ \hline \text{I + II} & 2x = 34 & \mid :2 \\ \hline & x = 17 & \end{array}$$

2. In Gleichung I wird für x der Wert 17 eingesetzt und y bestimmt:

$$\begin{array}{rl} 17 + y = 30 & \mid -17 \\ y = 13 & \end{array}$$

3. **Probe** I $17 + 13 = 30$ w; II $17 - 13 = 4$ w
4. Nele ist 17 und Lukas ist 13 Jahre alt.

Merke Beim **Additionsverfahren** werden die Gleichungen so umgeformt und addiert, dass eine Variable wegfällt.
1. Beide Gleichungen werden addiert. Die Gleichung mit nur einer Variable wird gelöst.
2. Der Wert der zweiten Variable wird durch Einsetzen der Lösung in eine der Ausgangsgleichungen gefunden. Die so berechneten Werte für x und y sind die Lösung des Gleichungssystems.
3. Die Lösung wird geprüft.
4. Die Antwort wird formuliert.

HINWEIS
Oft müssen eine oder sogar beide Gleichungen vor dem Addieren zunächst umgeformt werden.

Beispiel 2 Die Gleichungen werden so umgeformt und addiert, dass eine Variable wegfällt.
I $2x + 3y = 38$; II $5x - 4y = 3$.

Hier wird so umgeformt, dass y wegfällt.

$$\begin{array}{lrl} \text{I} & 2x + 3y = 38 & \mid \cdot 4 \\ \text{II} & 5x - 4y = 3 & \mid \cdot 3 \\ & & \\ \text{I}' & 8x + 12y = 152 & \\ \text{II}' & 15x - 12y = 9 & \\ \hline \text{I}' + \text{II}' & 23x = 161 & \mid :23 \\ & x = 7 & \end{array}$$

$x = 7$ einsetzen in I

$$\begin{array}{rl} 2 \cdot 7 + 3y = 38 & \mid -14 \\ 3y = 24 & \mid :3 \\ y = 8 & \end{array}$$

Probe (in II) $5 \cdot 7 - 4 \cdot 8 = 3$ w

Hier wird so umgeformt, dass x wegfällt.

$$\begin{array}{lrl} \text{I} & 2x + 3y = 38 & \mid \cdot 5 \\ \text{I} & 5x - 4y = 3 & \mid \cdot (-2) \\ & & \\ \text{I}' & 10x + 15y = 190 & \\ \text{II}' & -10x + 8y = -6 & \\ \hline \text{I}' + \text{II}' & 23y = 184 & \mid :23 \\ & y = 8 & \end{array}$$

$y = 8$ einsetzen in I

$$\begin{array}{rl} 2x + 3 \cdot 8 = 38 & \mid -24 \\ 2x = 14 & \mid :2 \\ x = 7 & \end{array}$$

Probe (in II) $5 \cdot 7 - 4 \cdot 8 = 3$ w

1 Wie viel wiegt ein Hase und wie viel wiegt ein Meerschweinchen?
Schreibt zu jeder Waage eine Gleichung auf. Wählt h für das Gewicht des Hasen und m für das Gewicht des Meerschweinchens (jeweils in kg).

2 Erläutere die einzelnen Schritte beim Lösen des Gleichungssystems. Rechne die Probe.

I $\quad 2x + 4y = 14$
II $\quad 5x - 4y = 7$
I + II $\quad 7x = 21$
$\qquad x = 3$

in I einsetzen: $2 \cdot 3 + 4y = 14 \quad |-6$
$\qquad 4y = 8 \quad |:4$
$\qquad y = 2$

Lösung: $x = 3$ und $y = 2$

3 Antonia hat noch Probleme mit dem Additonsverfahren.
Was hat sie falsch gemacht? Gib die richtige Lösung an.

I $\quad x + 4y = 9$
II $\quad 3x - 4y = 1$
I + II $\quad 4x = 9 \quad |:4$
$\qquad x = 2{,}25$

4 Erkläre die Umformungen und berechne die Lösung des Gleichungssystems.

a) I $\quad 2x + 3y = 10 \quad | \cdot 2$
I′ $\quad 4x + 6y = 20$
II $\quad -4x + 2y = 12$
I′ + II $\quad 8y = 32$

b) I $\quad 3x + 2y = 6$
II $\quad 6x - y = 2$
II′ $\quad 12x - 2y = 4$

5 Löse mit dem Additionsverfahren.

a) I $2x + 2y = 4$ II $3x - 2y = 21$
b) I $5x + 2y = 15$ II $-5x + 6y = 25$
c) I $-3x - y = 4$ II $3x + 5y = 4$
d) I $5x + y = 22$ II $2x + y = 10$

6 Forme jeweils eine der Gleichungen um und löse dann das Gleichungssystem.

a) I $3x + 4y = 8$ II $-6x + 2y = 1$
b) I $5x + 3y = 21$ II $5y + x = 2$
c) I $7x + 8y = -10$ II $7x + 2y = 8$
d) I $2x - 5y = 17$ II $-5y + 6x = 1$

7 Simon und Tim lösen das Gleichungssystem I $2x + 4y = 30$; II $-6x - 2y = -50$ auf verschiedene Weise. Probiere beide Wege aus.
Welcher Weg gefällt dir besser? Begründe.

a) Simon multipliziert die Gleichung I mit 3, damit bei der Addition der beiden Gleichungen x wegfällt.
b) Tim multipliziert Gleichung II mit 2, damit bei der Addition der beiden Gleichungen y wegfällt.

Klar so weit?

→ Seite 12

Lineare Gleichungen lösen

1 Berechne jeweils den Wert der Variable x. Die Summe aller Ergebnisse beträgt 9,2.

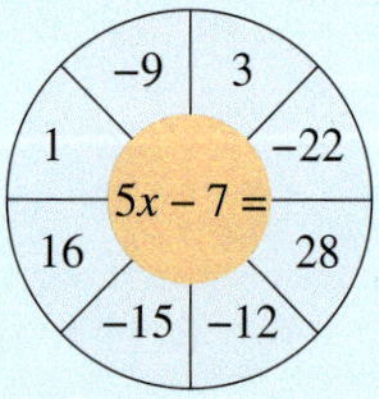

1 Löse die Gleichungen.

a) $2x - 19 = 7x - 39$
b) $15y - 9 = -7y + 15$
c) $-10x - 13 = 2x + 3$
d) $8a - 3 = -5a + 6$
e) $-2{,}5 + 3{,}5x = 5 - 3{,}5x$
f) $22 - 5x - 34x + 15 = 0$

2 Löse zuerst die Klammern auf. Bestimme dann die Lösung der Gleichung.

a) $48 - (9x - 36) = 3x$
b) $5x + 20 = 7x - (3x - 23)$
c) $7x - 35 = 4x + (2x - 28)$

2 Löse zuerst die Klammern auf. Bestimme dann die Lösung der Gleichung.

a) $5x + (2{,}7 - 3{,}8x) = 12$
b) $-15{,}25 - (4{,}5x - 22) = 0$
c) $10(x + 12) = 15$

→ Seite 16

Lineare Gleichungen mit zwei Variablen

3 Welche der folgenden Gleichungen sind keine linearen Gleichungen? Begründe.

a) $4x + 14y = 28$
b) $y = 8x - 24$
c) $x \cdot y = 24 + 42$
d) $x^2 + y = 20$
e) $8x - 20 = 4y$
f) $6y = 24 - 8x$

3 Das Wertepaar (10; 12) ist die Lösung einer linearen Gleichung. Wie könnte diese Gleichung lauten? Gibt es mehrere Möglichkeiten? Überlege dir eine passende Realsituation zu dieser Gleichung.

4 Zeichne eine Gerade durch je zwei Punkte und finde die passende lineare Gleichung. Notiere sie in der Form $y = mx + b$. Überprüfe durch Einsetzen der Lösungen, ob deine Gleichung richtig ist.

a) $P(2|1)$ und $Q(8|4)$
b) $R(2|6)$ und $S(8|3)$
c) $T(1|3)$ und $U(5|5)$

→ Seite 22

Lineare Gleichungssysteme zeichnerisch lösen

5 Ein Fuchs (I) läuft hinter einem Hasen (II) her. Im Diagramm ist die Jagd durch folgende Geraden dargestellt: I $y = 5x$; II $y = 2{,}5x + 15$

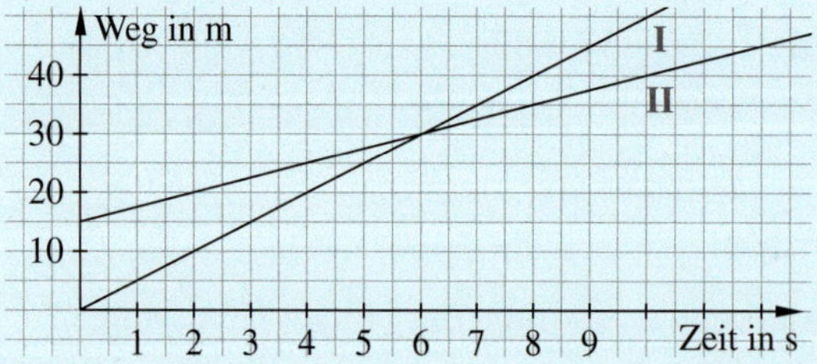

a) Was bedeutet der Schnittpunkt der beiden Geraden?
b) Lies den Schnittpunkt ab und überprüfe ihn rechnerisch.

6 Lies die Lösung des Gleichungssystems ab.
I $y = x + 2$; II $y = -\frac{1}{2}x + 5$
Erkläre, wie du vorgehst.
Überprüfe deine abgelesene Lösung, indem du die Lösung in beide Gleichungen einsetzt.

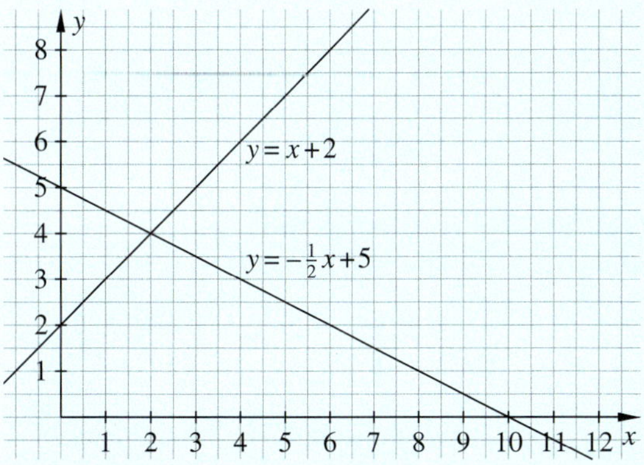

6 Ein Motorradfahrer folgt einem Rollerfahrer. Wann treffen sie sich?
Lies die Zeit ab, stelle zwei Gleichungen auf und rechne die Probe.

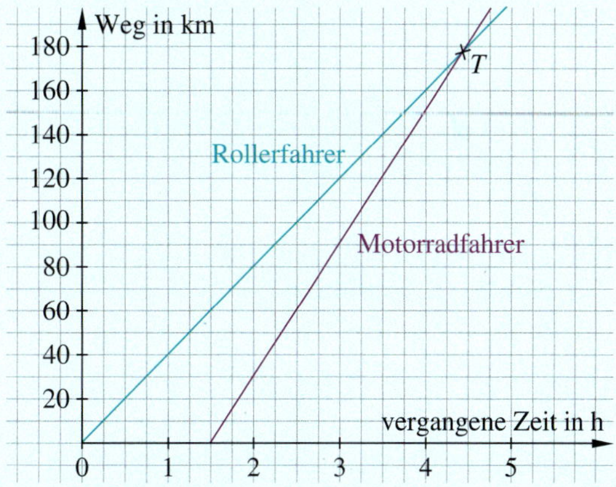

7 Ergänze die Tabelle im Heft und zeichne die Geraden. Löse das Gleichungssystem.

x	−3	−2	−1	0	1	2	3
$y = 2x - 1$							
$y = 3x - 2{,}5$							

7 Erstelle eine Wertetabelle im Bereich von −4 bis +4 und zeichne die Geraden in ein Koordinatensystem.
Lies aus der Zeichnung den Schnittpunkt ab.
a) I $y = 1 - x$; II $y = 2x + 1$
b) I $y = x - 3$; II $y = 2x - 8$

8 Jannik zieht in eine eigene Wohnung und hat die Wahl zwischen zwei Stromanbietern.
a) Stelle zuerst die Geradengleichungen auf. x steht für Kilowattstunden (kWh).
b) Zeichne beide Geraden in ein gemeinsames Koordinatensystem.
c) Bei wie vielen Kilowattstunden (kWh) unterscheiden sich die Tarife nicht?

	Grundgebühr	Arbeitspreis
①	12 € pro Monat	0,24 € pro kWh
②	7 € pro Monat	0,26 € pro kWh

Lineare Gleichungssysteme systematisch lösen

→ Seite 26

9 Setze die Tabelle fort: Die Werte für x müssen größer sein als 60 und kleiner als 80.

x	$y = 2x$	$x + y = 225$
60	120	$180 < 225$
80	160	$240 > 225$

9 Löse das lineare Gleichungssystem durch systematisches Probieren. Eine Tabelle hilft.
I $x + y = 3$; II $x = 4 - 2y$

10 Antonia ist zwei Jahre älter als Lea. Zusammen sind sie 26 Jahre alt.
Bestimme das Alter von Antonia und von Lea durch systematisches Probieren.

10 Max kauft für 4 € vier Brötchen und drei Croissants.
Tim zahlt 5,50 € sechs Brötchen und vier Croissants. Finde die Preise durch Probieren.

Vermischte Übungen

1 Löse das Gleichungssystem I $y = 0{,}5x - 6$ und II $y = -1{,}5x + 4$ durch Probieren.

x	$y = 0{,}5x - 6$	$y = -1{,}5x + 4$	Ergebnis gleich?
1			
…			

1 Jussuf stellt Meggi ein Rätsel:
„In meiner Klasse sind zwei Schüler mehr als in deiner Klasse.
Zusammen sind es 52 Schüler.
Wie viele Schüler sind jeweils in den Klassen?"
Löse durch Probieren.

2 Miray löst das lineare Gleichungssystem I $y = 4x$; II $y = 10 - x$ durch systematisches Probieren. Sie erstellt eine Tabelle.
Wie könnte sie fortfahren?
Übertrage zuerst die Tabelle in dein Heft.

x	$y = 4x$	$y = 10 - x$
0	$y = 0$	$0 = 10 - 0$ f

2 Das Gleichungssystem
I $4x + 2 = y$; II $y + x = 17$
wird durch Probieren gelöst.
Führe die Tabelle in deinem Heft fort.

x	$y = 4x + 2$	$y + x = 17$
0	$y = 2$	$2 + 0 = 17$ f
1	$y = …$	…

3 Welche Zahlen x und y sind gemeint?

a) Die Summe von zwei Zahlen beträgt 100. Ihre Differenz beträgt 28.

b) Die Differenz von zwei Zahlen ist 7,5. Die eine Zahl ist 1,5-mal größer als die andere.

c) Die Differenz von zwei Zahlen beträgt 36. Ihre Summe ist 132.

3 Ein 200-€-Schein wird gewechselt.
Dabei erhält Herr Lange nur 10-€-Scheine und 20-€-Scheine.
Herr Lange bekommt zwei 10-€-Scheine mehr als 20-€-Scheine.
Wie viele 10-€-Scheine und wie viele 20-€-Scheine bekommt Herr Lange?
Erkläre dein Vorgehen.

4 Bestimme zeichnerisch die Lösung des linearen Gleichungssystems.
Teile die Achsen von −6 bis +6 ein.
Kontrolliere deine Lösungen rechts.

a) I $y = -3x - 5$; II $y = x + 5$

b) I $y = 3x + 1$; II $y = 3x - 4$

c) I $y = \frac{1}{4}x + 1{,}5$; II $y = 2x + 5$

d) I $y = \frac{3}{2}x - 3$; II $y = 2\_3\ x + 2$

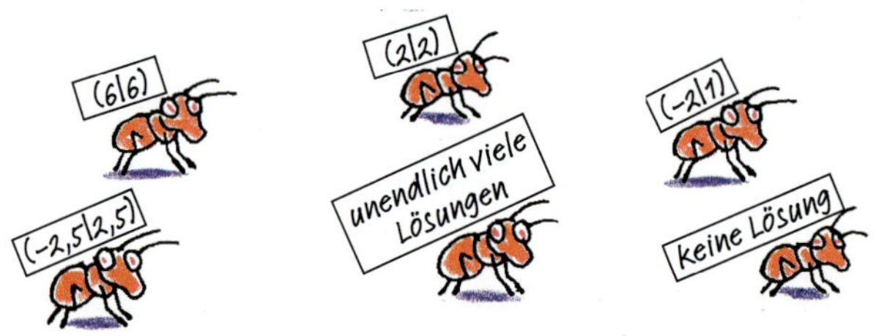

5 Löse die Gleichungssysteme zeichnerisch.

a) I $y = -x + 7$ II $y = 2x + 1$

b) I $y = -2x - 5$ II $y = x + 4$

c) I $y = 3x + 1$ II $y = x - 3$

d) I $y = 2x - 2$ II $y = -2x + 2$

5 Löse die Gleichungssysteme zeichnerisch.

a) I $y = 2x$ II $y = -x + 3$

b) I $x + 2y = 10$ II $x + y = 8$

c) I $y = -3x - 1$ II $y = 0{,}5x + 6$

d) I $y = -0{,}75x + 1$ II $y = -0{,}25x + 3$

6 Löse zeichnerisch.
Löse die Geradengleichung zuerst nach y auf, falls nötig.

a) I $y = \frac{3}{4}x - 2\frac{1}{2}$ II $y = \frac{1}{4}x - \frac{1}{2}$

b) I $y = 0{,}5x - 2$ II $y = -1{,}5x + 4$

c) I $x + 2y = 10$ II $x + y = 8$

6 Löse die Gleichungssysteme systematisch oder zeichnerisch.
Begründe deine Wahl.

a) I $y = -3x - 5$ II $y = x + 5$

b) I $y = 1{,}5x - 3$ II $y = \frac{2}{3}x + 2$

c) I $-x + y = 0$ II $4 - y = -\frac{1}{2}x$

7 Betrachtet das Diagramm und beschreibt, was dargestellt ist.

a) Erfindet zu dem Diagramm eine „Verfolgungsgeschichte".

b) Welche Geschwindigkeit müsste der „Verfolger I" haben, um II bereits nach vier Minuten einzuholen?
Beachtet: Geschwindigkeiten werden als Weg pro Zeit angegeben, z. B. als $\frac{\text{km}}{\text{h}}$.

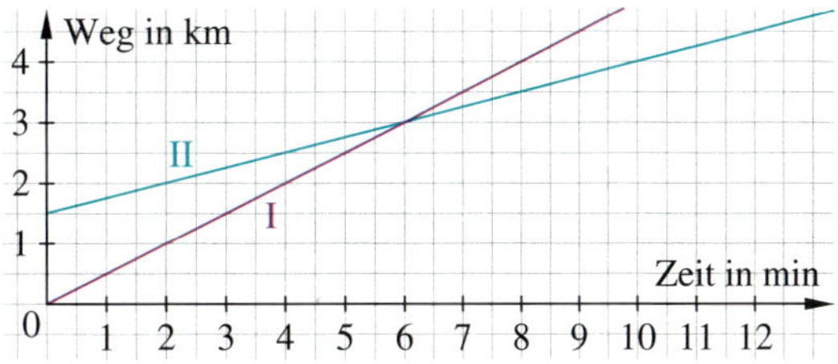

8 Gib die Geradengleichungen der linearen Funktionen an.
Berechne ihren Schnittpunkt.

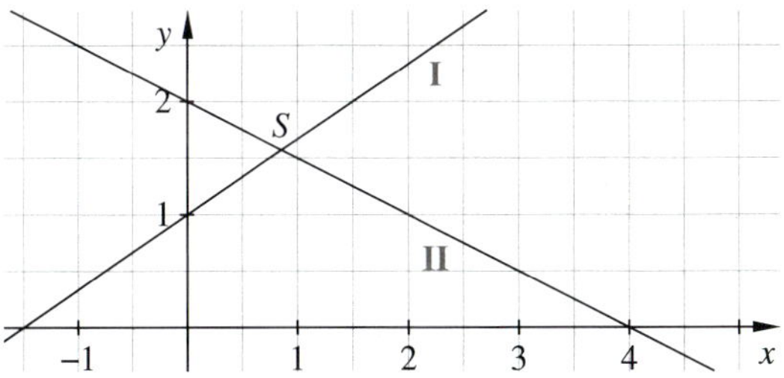

8 Bestimme jeweils rechnerisch die Schnittpunkte der Geraden.

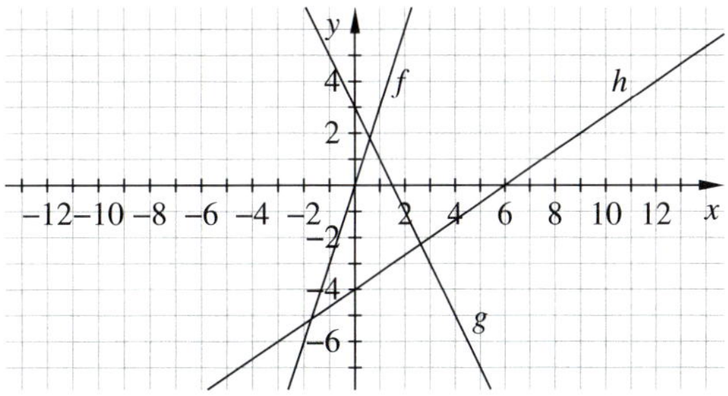

9 Rechteckrätsel

a) Ein Rechteck hat einen Umfang von 48 cm. Es ist doppelt so lang wie breit.

b) Der Umfang eines Rechtecks beträgt 100 cm. Seine Breite ist um 25 cm kleiner als die Länge.
Berechne seinen Flächeninhalt.

9 Rechteckrätsel

a) Ein Rechteck ist 3,5-mal so lang wie breit. Sein Umfang beträgt 63 cm.
Berechne seinen Flächeninhalt.

b) Ein Rechteck hat einen Umfang von 64 cm. Es ist 3-mal so lang wie breit.
Berechne seinen Flächeninhalt.

10 Die Eheleute Glomp planen ihren Urlaub.
Sie können fünf Nächte im Hotel und sieben Nächte in einer Pension für 930 € bleiben.
Für zwei Nächte im Hotel und zwölf Nächte in der Pension würden sie 970 € bezahlen.
Wie viel kostet jeweils eine Übernachtung?

Auszug aus einem Eignungstest

1 Berechnen Sie.

a) $18\,024 + 256 + 20\,147 + 2\,308$

b) $14\,987 - 2\,547 - 8\,835$

c) $45\,027 \cdot 2\,065$

d) $78\,012 : 12$

2 Achten Sie auf die Reihenfolge.

a) $1\,364 : 31 - 225 \cdot 4$

b) $655 - 14 \cdot (37 + 85) + 216 : (199 - 187)$

3 Rechnen Sie vorteilhaft im Kopf.

a) $86 + 573 + 207 - 36$

b) $25 \cdot 7 \cdot 4 \cdot 5$

4 Beachten Sie die Rechenregeln.

a) $(147 + 105) \cdot 23 + 64$

b) $147 + 105 \cdot (23 + 64)$

c) $2\,867 - 523 \cdot 4 + 689 - 1\,988 : 2$

d) $13(-20 + 18) - (900 - 650) : 5 + 22$

ANLAGENMECHANIKER/IN
Die Ausbildung dauert $3\frac{1}{2}$ Jahre. Suche nach weiteren Informationen über den Beruf z. B. im Internet oder im BIZ.

Beruf **Anlagenmechaniker/in für Sanitär-, Heizungs- und Klimatechnik**

Anlagenmechaniker und Anlagenmechanikerinnen bauen z. B. Waschbecken, Toiletten oder Duschkabinen in Badezimmer ein und schließen sie ans Frisch- und Abwassersystem an.
Sie versorgen Gebäude mit Heizanlagen und Lüftungsanlagen.
Sie reparieren defekte Anlagen oder stellen sie neu ein.
Außerdem beraten sie Kunden z. B. vor dem Einbau umweltschonender Neuanlagen und erklären ihnen die Bedienung.

11 Kosten für einen Reparaturauftrag berechnen

Die Preise für Reparaturen berechnen sich aus einer Anfahrtspauschale von 35 € (brutto) und einem Stundenlohn von 40 € (brutto).

a) Ergänzt die Wertetabelle im Heft.

Zeit in h	1	2	3	…
Kosten in €				

b) Zeichnet den Graphen der Funktion *Zeit* → *Kosten*.
Teilt das Koordinatensystem so ein, dass gilt: 1 h ≙ 2 cm, 50 € ≙ 1 cm.

c) Gebt die Geradengleichung an.

d) Für einen Reparaturauftrag werden 3,5 Stunden eingeplant.
Wie hoch sind die voraussichtlichen Kosten?

12 Kupferrohre bestellen

In der Grafik sind zwei Angebote von verschiedenen Zulieferfirmen für Kupferrohre dargestellt.
Das Angebot setzt sich aus einer Lieferpauschale und dem Stückpreis des Rohrs zusammen.

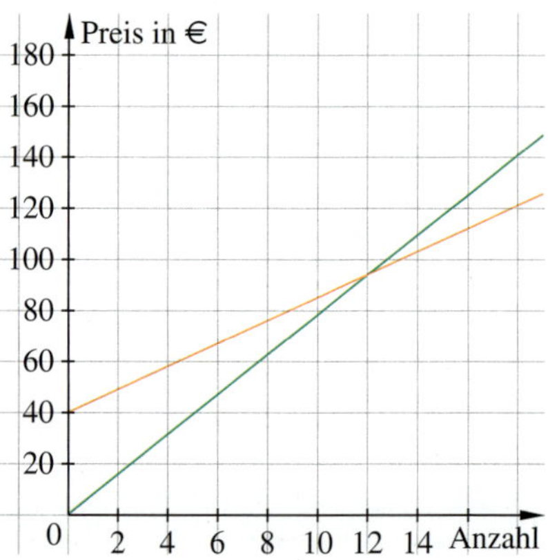

a) Welcher Graph gehört zu welcher Geradengleichung? Begründet.
① $y = 7{,}80x$
② $y = 4{,}50x + 39{,}60$

b) Es sollen 14 Kupferrohre bestellt werden.
Für welches Angebot würdet ihr euch entscheiden? Begründet.

13 Badezimmer modernisieren

Auf einer Großbaustelle werden in insgesamt 56 Wohnungen die Badezimmer modernisiert.

a) 18 Wohnungen haben zwei Waschbecken, alle anderen Wohnungen haben nur eins.
Wie viele Wasserhähne werden benötigt?

b) Es gibt zwei Angebote:
① 20 € Stückpreis und 29 € Lieferpauschale
② 21 € Stückpreis und 9 € Lieferpauschale
Welches Angebot ist günstiger?

c) Bei welcher Stückzahl sind beide Angebote gleich?

Zusammenfassung

Lineare Gleichungen lösen

→ Seite 12

Lineare Gleichungen formt man um, indem man auf beiden Seiten:
- dasselbe addiert (subtrahiert),
- mit derselben Zahl (außer 0) multipliziert,
- durch dieselbe Zahl (außer 0) dividiert.

Kommen in Gleichungen **Klammern** vor, müssen diese zuerst aufgelöst werden und dann die Terme zusammengefasst werden. Anschließend wird die Gleichung durch Umformen gelöst.

$$
\begin{aligned}
2x + (x + 5) &= 10 - (9 - x) \\
2x + x + 5 &= 10 - 9 + x \\
3x + 5 &= 1 + x \quad | -x \\
2x + 5 &= 1 \quad | -5 \\
2x &= -4 \quad | :2 \\
x &= -2
\end{aligned}
$$

Probe

$$
\begin{aligned}
2 \cdot (-2) + ((-2) + 5) &= 10 - (9 - (-2)) \\
-4 + 3 &= 10 - 11 \\
-1 &= -1 \quad w
\end{aligned}
$$

Lineare Gleichungen mit zwei Variablen

→ Seite 16

Bei machen Fragen treten zwei voneinander abhängige Größen auf. Sie können mithilfe einer linearen Gleichung mit zwei Variablen gelöst werden.
Die lineare Gleichung kann in der Form $\boldsymbol{y = mx + b}$ geschrieben werden.

Die **Lösungen** einer linearen Gleichung mit zwei Variablen sind **Wertepaare** $(\boldsymbol{x;y})$.
Die Punkte $P(x|y)$ liegen auf einer Geraden.

Lineare Gleichungssysteme zeichnerisch lösen

→ Seite 22

Wenn man zwei lineare Gleichungen zu *einem* Sachverhalt aufstellt, dann spricht man von einem **linearen Gleichungssystem (LGS)**.
Die Lösung des linearen Gleichungssystems ist das Wertepaar, das **beide** Gleichungen erfüllt.

Zum **Lösen** eines Gleichungssystems zeichnet man die Geraden in ein gemeinsames Koordinatensystem.
Der **Schnittpunkt der Geraden** $S(x|y)$ gehört zu jeder der beiden Geraden und ist die **Lösung des Gleichungssystems**.

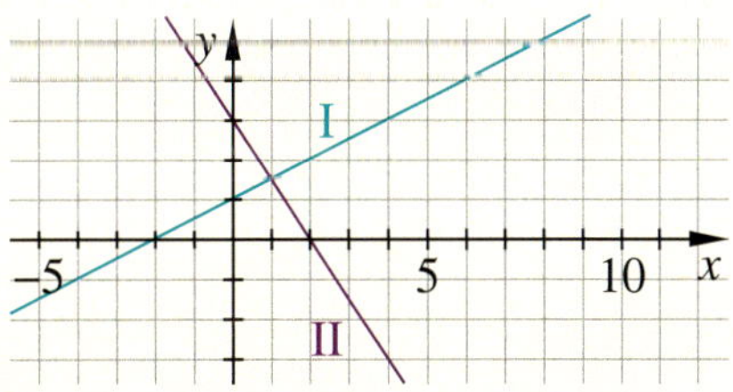

Sind die Geraden **parallel**, hat das LGS **keine** Lösung.
Sind die Geraden **identisch**, hat das LGS **unendlich viele** Lösungen.

Lineare Gleichungssysteme systematisch lösen

→ Seite 26

Lineare Gleichungssysteme können durch **systematisches Probieren** gelöst werden. Dabei wird ein Wert für x angenommen und der Wert für y berechnet. Beide Werte werden anschließend in die 2. Gleichung eingesetzt.

x	$3x + y = 9$	$8x + 2y = 22$
1	$3 \cdot 1 + y = 9$, also $y = 6$	$8 \cdot 1 + 2 \cdot 6 = 20$ f
2	$3 \cdot 2 + y = 9$, also $y = 3$	$8 \cdot 2 + 2 \cdot 3 = 21$ w

$x = 2$ und $y = 3$ löst das Gleichungssystem.

Teste dich!

3 Punkte | 6 Punkte

1 Löse die Gleichungen.
a) $2a + 5 = 37$
b) $-70 + 5b = 175$
c) $8c + 17 = 6c + 33$

2 Punkte | 2 Punkte

2 Wie alt sind die Personen?
Löse durch systematisches Probieren.
a) Thomas ist halb so alt wie seine Mutter. Zusammen sind sie 75 Jahre alt.
b) Jürgen ist zwei Jahre älter als Monika. Zusammen sind sie 100 Jahre alt.

6 Punkte | 6 Punkte

3 Bestimme zeichnerisch die Lösung des Gleichungssystems.
a) I $y = -2x - 5$; II $y = 3x + 5$
b) I $y = 3x + 1$; II $y = 3x - 4$

2 Punkte | 4 Punkte

4 Zwei Kühlschränke wurden miteinander verglichen.
Nach wie vielen Jahren hat sich die Anschaffung des stromsparenden Kühlschranks ungefähr gelohnt?

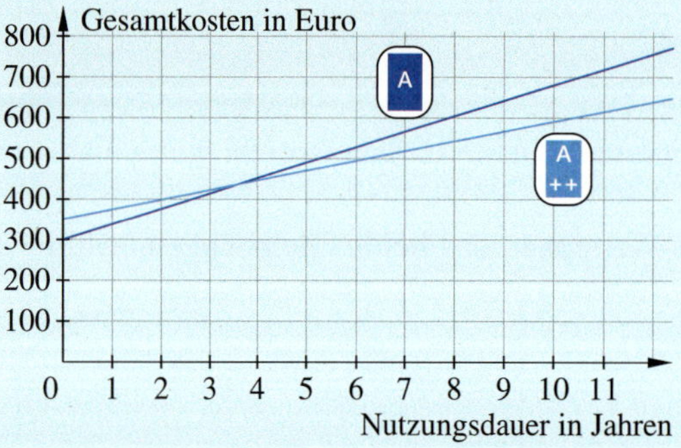

3 Punkte | 3 Punkte

5 Eine Bäuerin sagt: „Alle meine Kühe und Gänse sind draußen auf der Weide. Dort laufen 55 Köpfe mit 140 Beinen herum."
Wie viele Kühe und wie viele Gänse hat die Bäuerin?

1 Löse die Gleichungen.
a) $15 - 28d = 27 - 24d$
b) $126 + (20x - 56) = 82$
c) $36 - 3x = 45 - (2x - 18)$

2 Wie alt sind die Personen?
a) Sabine ist 10 Jahre älter als Tim. Zusammen sind beide 40 Jahre alt.
b) Vor 7 Jahren war der Opa 3-mal so alt wie seine Enkelin damals. In 18 Jahren ist der Opa doppelt so alt wie seine Enkelin. Wie alt sind beide heute?

3 Bestimme zeichnerisch die Lösung des Gleichungssystems.
a) I $y = 1{,}5x + 4{,}5$; II $y = -2x + 1$
b) I $y = 1{,}5x - 3$; II $y = \frac{2}{3}x + 2$

4 In dem Koordinatensystem ist die Gerade zur Gleichung $y = -0{,}4x + 2$ dargestellt.

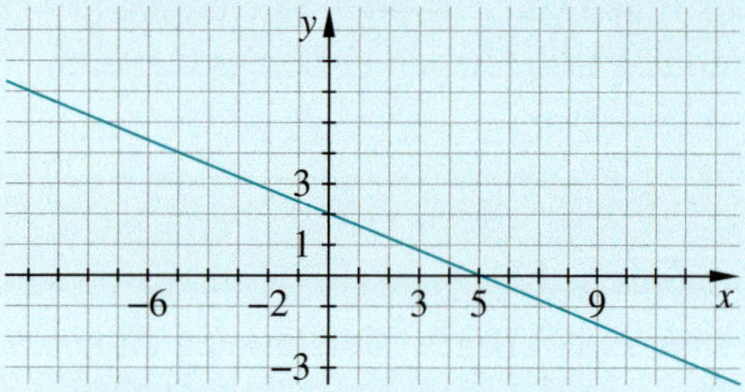

a) Übertrage die Gerade ins Heft.
b) Ergänze die Gerade $y = 3x + 2$.
c) Bestimme die Lösung des Gleichungssystems aus den beiden Geraden.
d) Prüfe dein Ergebnis rechnerisch.

5 Eine Jugendherberge hat Vierbettzimmer und Sechsbettzimmer. Insgesamt sind es 80 Zimmer. Den Gästen stehen damit 360 Betten zur Verfügung.
Wie viele Vierbettzimmer, wie viele Sechsbettzimmer gibt es?

Gold: 20–21 Punkte, Silber: 16–19 Punkte, Bronze: 13–15 Punkte

Lösungen ab Seite 210

Themenfeld: Die erste eigene Wohnung

Das Themenfeld zeigt verschiedene Aspekte, mit denen sich Auszubildende und junge Erwachsene auf Wohnungssuche beschäftigen.

Mit den Übungsaufgaben wiederholt ihr viele Bereiche der Mathematik. Nutzt, falls nötig, beim Lösen der Aufgaben die Formelsammlung.

Mindmap

Schaut euch die Mindmap zum Thema „Mathematik im Alltag“ an. Sie zeigt verschiedene Bereiche, in denen euch auch außerhalb der Schule Mathematik begegnen kann.

In diesem Buch werden **zwei Themenfelder** ausführlich behandelt. Dabei geht es einerseits rund um die erste eigene Wohnung und andererseits um den Alltag im Ausbildungsberuf.

Überlegt, welche Themen euch besonders interessieren. Findet euch in Gruppen zusammen und bearbeitet die entsprechenden Themen auf den folgenden Seiten.

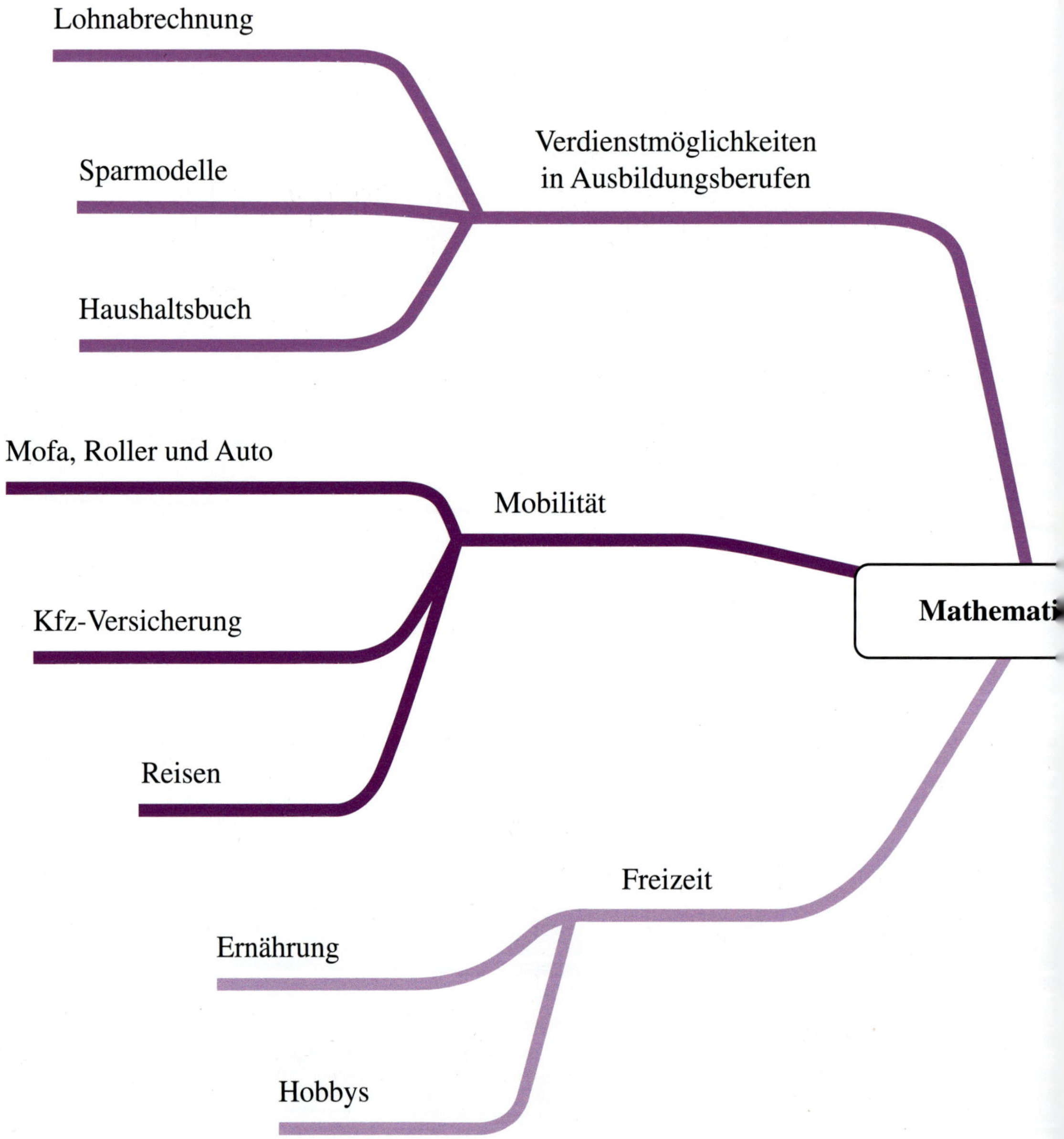

Fehlt ein Thema in der Mindmap? Dann untergliedert das Thema und bearbeitet es selbstständig. Präsentiert eure Ergebnisse in der Klasse.

Die Übersicht zu Medien und Werkzeugen in der Mathematik auf den folgenden beiden Seiten kann euch dabei helfen.

In der Formelsammlung im Anhang könnt ihr mathematisches Wissen nachschlagen.

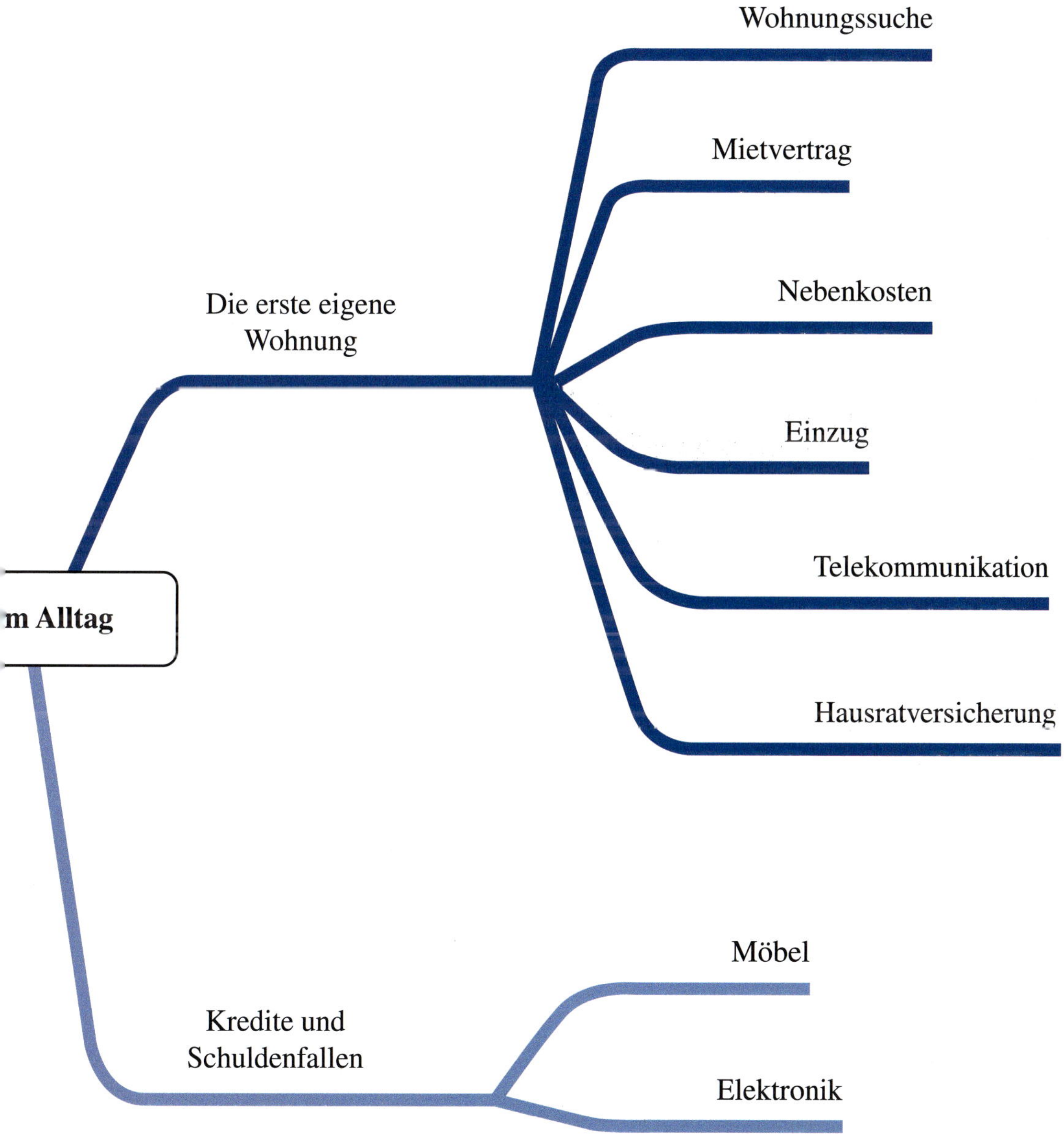

Methode Medien und Werkzeuge in der Mathematik

Viele mathematische Fragestellungen lassen sich mithilfe von Werkzeugen beantworten. Oft fehlen aber auch wichtige Informationen, bevor man sich für das richtige Werkzeug entscheiden kann.
Meistens können verschiedene Medien oder Werkzeuge verwendet werden, um dieselbe Frage zu beantworten.

Informationbeschaffung

Informationen findest du im Schulbuch, im Lexikon, in einer Formelsammlung oder im Internet.
Schlage im Inhaltsverzeichnis oder im Stichwortverzeichnis den gesuchten Begriff nach.
Im Internet hilft dir die Suchfunktion (z. B. Strg + F).
Beachte, dass einige Inhalte nicht der Wahrheit entsprechen oder veraltet sein können. Suche deshalb an verschiedenen Stellen.

Werkzeuge Zirkel, Lineal und Geodreieck

Zum Konstruieren verwendet man Zirkel, Lineal und Geodreieck. Achte darauf, dass die Mine des Zirkels spitz ist.
Zum Messen und genauen Zeichnen arbeitet man mit einem Geodreieck. Achte auf eine spitze Bleistiftmine.

Werkzeug Taschenrechner

Der Taschenrechner ist schnell einsatzbereit und liefert schnell Ergebnisse. Überschlage zur Kontrolle deine Rechnungen.
Beachte, dass die Tastenfolge bei einer Berechnung vom Modell abhängt ebenso wie die Anzahl der Stellen, auf die gerundet wird.

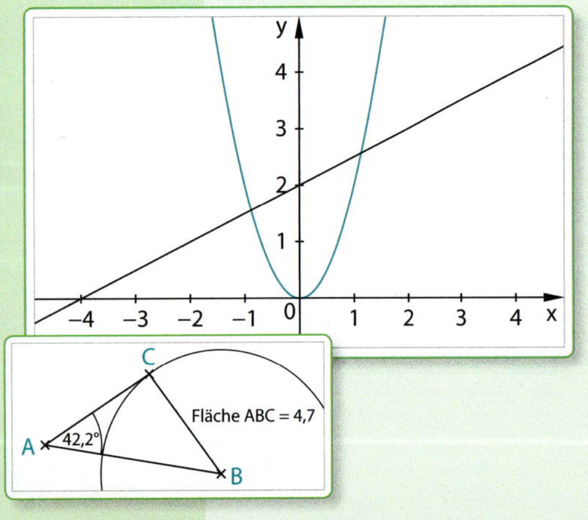

Werkzeug DGS und Funktionenplotter

Mit einer dynamischen Geometrie-Software können Figuren schnell und genau konstruiert, bewegt und dynamisch verändert werden. Die Software kann Berechnungen ausführen, z. B. für Längen, Flächen und Winkel.
Fertige Zeichnungen können zusammen mit dem Konstruktionsprotokoll gespeichert und ausgedruckt werden.
Ein Funktionenplotter stellt Funktionsgraphen im Koordinatensystem dar. Das Programm berechnet meist auch z. B. Nullstellen und Schnittpunkte.

	A	B	C	D	E	F	G
1	Montag bis Donnerstag	Freitag	Samstag	Sonntag	keine Angabe		
2	4	21	89	79	24		

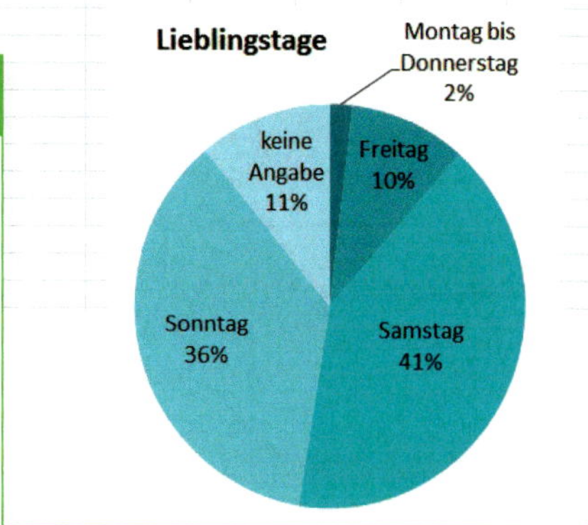

Werkzeug Tabellenkalkulation

Eine Tabellenkalkulation hilft dir bei der Erfassung, Auswertung und Darstellung von Daten.
Elektronisch erfasste Daten können einfach sortiert und nach bestimmten Eigenschaften gefiltert werden. Bei der Auswertung können mithilfe von Formeln z. B. Mittelwerte und Summen bestimmt werden. Achte auf die richtige Eingabe von Formeln, die Formatierung der einzelnen Zellen sowie auf absolute und relative Zellbezüge (**A1** und **A1**).
Daten können in unterschiedlichen Diagrammen dargestellt werden, z. B. in Balken-, Säulen-, Kreis- und Liniendiagrammen.

Dokumentation

Bei einer Dokumentation stellst du deinen Lernweg oder einen Vorgang schriftlich z. B. in einem Lerntagebuch oder Merkheft dar. Schreibe alle Fragen auf, die dich vor oder während der Bearbeitung beschäftigt haben. Danach werden alle einzelnen Arbeitsschritte notiert.
Schreibe die Dokumentation so ausführlich, dass du und andere Personen alle Arbeitsschritte auch später problemlos nachvollziehen können.

Präsentation

Ergebnisse können auf unterschiedliche Arten präsentiert werden: an der Tafel, auf Folien und Plakaten, mit einem Präsentations-Programm, in einem Blog oder in einem Video.
Stelle zu Beginn der Präsentation dein Thema vor und fasse am Ende die wichtigsten Aussagen zusammen. Unterstütze deine Ergebnisse bildlich.
Notiere z. B. auf Karteikarten die wichtigsten Stichwörter, aber keine ganzen Sätze. Schaue deine Zuhörer beim Sprechen an, rede laut und deutlich.
Gib den Zuhörern am Schluss die Möglichkeit, Fragen zu stellen.

Beruf **Polster- und Dekorationsnäher/in**

Melissa ist 18 Jahre alt und hat gerade ihre zweijährige Ausbildung zur Polster- und Dekorationsnäherin abgeschlossen.
Sie hat verschiedene Stoffe und ihre Eigenschaften kennengelernt. Sie kann nach einem Schnittmuster den Stoff zuschneiden und an der Nähmaschine zusammennähen.
Später möchte sie eine Weiterbildung zur Textil- und Modeschneiderin machen.

1 Melissa näht zwei rechteckige Kissenbezüge. Die fertigen Bezüge haben folgende Maße: 40 cm × 40 cm und 60 cm × 60 cm.
Die gepunktete Fläche im Schnittmuster entspricht der Nahtzugabe.

a) Wie groß schneidet Melissa die beiden Stoffstücke zu?

b) Berechne für jeden Kissenbezug den prozentualen Anteil der Nahtzugabe.

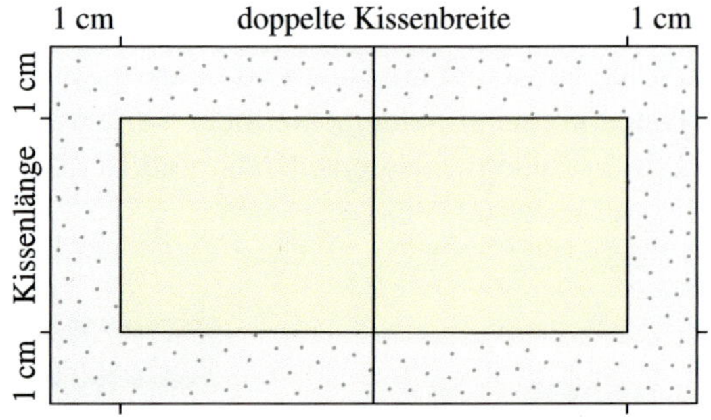

Erinnere dich

Den **Prozentsatz** kann man mit der Formel oder mit dem Dreisatz berechnen.

Prozentwert $p\,\% = \frac{W}{G}$

Beispiel

60 € von 400 €:
$p\,\% = \frac{60\,€}{400\,€} = 15\,\%$

Preis	Anteil
400 €	100 %
4 €	1 %
60 €	15 %

2 Im Großhandel beträgt die Mindestbestellmenge 6 m. Der laufende Meter kostet 4,50 € ab einer Bestellmenge von 6 m. Ab einer Bestellmenge von 50 m reduziert sich der Preis auf 3,60 €.
Wie hoch ist der Mengenrabatt in Prozent?

3 Für einen runden Kissenbezug hat Melissa eine Schablone zum Schnittmuster erstellt. Dazu hat sie aus einem 42 cm × 59,4 cm großen Stück Pappe einen Kreis mit einem Durchmesser von 42 cm ausgeschnitten.
Wie groß ist der Verschnitt?
Gib in Prozent an.

4 Melissa soll einen 3 m langen Vorhang nähen. Der gewünschte Stoff läuft beim Waschen ca. 3 % ein, deshalb wird der Stoff vor dem Nähen gewaschen.
Wie viel Zentimeter läuft der Vorhang ein, wenn der Stoff ungewaschen verarbeitet wird?

Erinnere dich

Den **Prozentwert** kann man mit der Formel oder mit dem Dreisatz berechnen.

Prozentwert $W = \frac{G \cdot p}{100}$

Beispiel

5 % von 400 €:
$W = \frac{400\,€ \cdot 5}{100} = 20\,€$

Preis	Anteil
400 €	100 %
4 €	1 %
20 €	5 %

5 Die Rechnung für zwei Vorhangschals wird erstellt.
Der Preis für den Stoff, der Preis für das Nähen sowie die Mehrwertsteuer werden berechnet.

a) Wie lang sind die Vorhangschals? Woran könnt ihr das erkennen?
b) Übertragt die Tabelle ins Heft. Ergänzt sie.

Menge	Grundpreis	Rechnung für zwei Vorhangschals	
6,68 m	29 €	Stoff	€
2 m	23 €	Saum (oben u. unten)	€
12 m	3 €	Seitennaht	€
		19 % MwSt.	€
		Rechnungsbetrag	€

6 Verdienst im ersten Lehrjahr

a) Seht euch die Verdienstabrechnung aus Melissas erstem Lehrjahr an. Welche Begriffe sind euch unklar? Schlagt sie nach.
b) Wie hoch waren Melissas Sozialabgaben in einem Monat?
c) Wie hoch war der Unterschied zwischen dem Bruttogehalt und dem Nettogehalt? Gebt in Euro und in Prozent an.
d) Im zweiten Lehrjahr betrug Melissas Gesamtbrutto 525 €. Stellt für das zweite Lehrjahr eine Verdienstabrechnung auf.
e) In welchem Monat hat Melissa ihre Ausbildung begonnen? Woran könnt ihr das in der Verdienstabrechnung erkennen?

Verdienstabrechnung (November)		
1. Lehrjahr	Monat	Jahreswerte
Gesamtbrutto	450,00 €	1350,00 €
Lohnsteuer	0,00 €	0,00 €
Solidaritätszuschlag	0,00 €	0,00 €
Kirchensteuer	0,00 €	0,00 €
Sozialabgaben		
Krankenversicherung (7,3 %)	32,85 €	98,55 €
Pflegeversicherung (1,275 %)	5,73 €	17,19 €
Rentenversicherung (9,35 %)	42,07 €	126,21 €
Arbeitslosenversicherung (1,5 %)	6,75 €	20,25 €
Nettogehalt	€	€

7 Im Großhandel gibt es Stoffe zu reduzierten Preisen. Der Ballen wurde um 25 % reduziert und kostet nur noch 77,25 €.
Wie hoch war der ursprüngliche Preis?

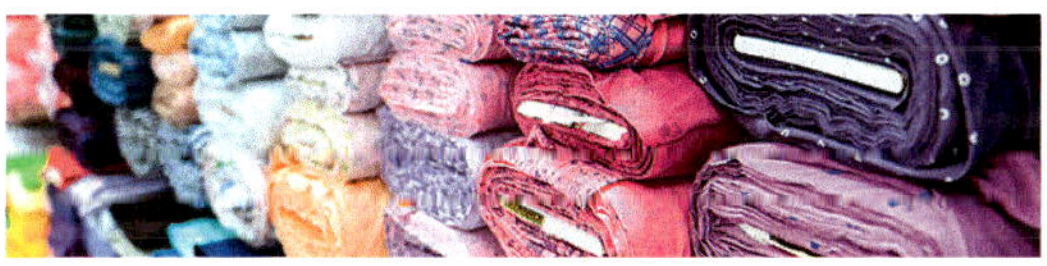

Erinnere dich
Den **Grundwert** kann man mit der Formel oder mit dem Dreisatz berechnen.

Grundwert $G = \frac{W \cdot 100}{p}$

Beispiel
80 % sind 400 €:

$G = \frac{400\,€ \cdot 100}{80}$

$G = 500\,€$

Anteil	Preis
80 %	400 €
1 %	5 €
100 %	500 €

8 Melissa erhält zu Weihnachten eine Prämie in Höhe von 40 % ihres Bruttoverdienstes. Damit steigt ihr Gesamtbrutto auf 735 €.

a) Wie hoch ist ihr Gesamtbrutto ohne die Prämie?
b) In welchem Ausbildungsjahr wurde die Prämie gezahlt? In Aufgabe 6 erhältst du die nötigen Informationen zur Beantwortung dieser Frage.

9 Auf einen Rechnungsbetrag gewährt Melissas Firma 2 % Rabatt und 3 % Skonto. Dem Kunden wird eine Summe in Höhe von 1 357,67 € in Rechnung gestellt.
Wie hoch war die Rechnungssumme ohne Rabatt und Skonto?

Beruf **Gebäudereiniger/in**

Marc ist 17 Jahre alt und hat vor kurzem seine dreijährige Ausbildung zum Gebäudereiniger begonnen.
Nach einem mehrwöchigen Praktikum hat er sich für diese Berufsausbildung entschieden. Er hat verschiedene Arbeitsorte kennengelernt wie Bürogebäude, Schulen und Arztpraxen. Er hat sowohl Innenräume gereinigt als auch Fenster geputzt und Rasenflächen gemäht. Nach erfolgreich abgeschlossener Ausbildung kann er eine Weiterbildung zum Gebäudereinigermeister machen.

1 Marc wird in seinem Beruf an verschiedenen Standorten arbeiten. Daher möchte er bald einen Führerschein Klasse B machen.
Er erwartet, dass er insgesamt 2 000 € dafür bezahlen muss.

a) Recherchiere die Preise einer Fahrschule in deiner Nähe. Liste die einzelnen Posten auf und überschlage die Kosten.
b) Zu seinem 10. Geburtstag haben Marcs Großeltern 500 € auf einem Sparkonto mit einer jährlichen Verzinsung in Höhe von 2 % angelegt.
Wie viel Geld hat er an seinem 18. Geburtstag zur Verfügung?
c) Wie lange muss Marc für den restlichen Betrag sparen, wenn er in jedem Monat 150 € zurücklegt?

Erinnere dich

Die **Zinsen** kann man mit der Formel oder mit dem Dreisatz berechnen.

Zinsen $Z = \frac{K \cdot p}{100}$

Beispiel

200 € werden ein Jahr lang bei einem Zinssatz von 3 % angelegt:

$Z = \frac{200\,€ \cdot 3}{100}$

$Z = 6\,€$

Geld	Anteil
200 €	100 %
2 €	1 %
6 €	3 %

Werden die Zinsen nicht ausbezahlt, werden sie im nächsten Jahr mitverzinst.

200 € werden vier Jahre lang bei einem Zinssatz von 3 % angelegt:

Kapital zu Jahresbeginn	Zinsen	Kapital zum Jahresende
200 €	6 €	206 €
206 €	6,18 €	212,18 €
212,18 €	6,37 €	218,55 €
218,55 €	6,56 €	225,11 €

2 Bei einem Kundentermin lernt Marc die Preise für eine Schaufensterreinigung kennen. Marc trägt alle nötigen Daten in ein Formular ein. Daraus wird später ein Angebot erstellt.

a) Das Schaufenster ist 38 m lang und 3,50 m hoch. Berechne den Flächeninhalt des Schaufensters.
b) Das Schaufenster soll von innen und von außen gereinigt werden. Dafür berechnet die Firma 2,20 € pro Quadratmeter. Hinzu kommen 40 € für die Anfahrt. Erstelle ein Angebot für das Schuhgeschäft.
c) Schlage auf dein Ergebnis 19 % Mehrwertsteuer auf.

3 Der Fußboden in einem Schulgebäude wird an Werktagen nass gewischt. Dazu werden 20 ml eines Fußbodenreiniger-Konzentrats auf 8 l Wasser gegeben.
Ein Kanister Konzentrat enthält 10 l.
a) Für wie viele 8-l-Eimer reicht ein voller Kanister des Konzentrats?
b) Wie viel Liter enthält der Kanister, wenn bereits 14 Portionen des Konzentrats entnommen wurden?

Erinnere dich Volumenmaße

Liter (l)

1 l = 1 000 ml = 1 dm^3
1 ml = 1 cm^3

Beispiel
3,5 l = 3 500 ml

3 500 ml : 500 ml = 7

4 Zum Winterdienst gehört auch die Schneebeseitigung und das Ausbringen von Streugut.

a) Auf einem Firmengelände stehen verschieden große Behälter für Streugut. Berechne die Maße der Streugutbehälter.
550 l: 134 cm × 99 cm × □ cm
700 l: □ cm × 99 cm × 96 cm
1 100 l: 163 cm × □ cm × 101 cm
b) Wie viele 36-l-Streuwagen können aus den Streugutbehältern ungefähr gefüllt werden? Schätze zuerst, berechne dann genau.

5 Der Rasen auf einem Hockeyfeld soll in regelmäßigen Abständen gemäht werden. Das Feld ist 91,4 m lang und 55 m breit. Der Aufsitzrasenmäher hat eine Schnittbreite von 91 cm und fährt mit einer Geschwindigkeit von 7 km/h.

a) Wie viele Bahnen muss der Rasenmäher abfahren? Welche Gesamtstrecke ergibt das ungefähr?
b) Wie lange benötigt ein Arbeiter zum Mähen des Hockeyfeldes?

Thema Melissa zieht aus

Während ihrer Ausbildung hat Melissa noch zuhause gewohnt.
Von ihrer Ausbildungsvergütung konnte sie sich keine eigene Wohnung leisten.
Jetzt wurde Melissa von ihrem Betrieb übernommen und möchte in ihre erste eigene Wohnung ziehen.
Sie hat im Internet gelesen, dass man ca. zwei Monate für die Suche nach einer Wohnung einplanen soll.

Überblick über die Finanzen

Melissa möchte sich mit ihrer eigenen Wohnung nicht verschulden. Daher muss sie wissen, wie viel Geld sie monatlich ausgeben kann.

1 Verdienst nach der Ausbildung

a) Auf Seite 43 seht ihr die Verdienstabrechnung aus Melissas erstem Lehrjahr. Beschreibt die Unterschiede zur aktuellen Verdienstabrechnung.

b) Über welches monatliche Nettoeinkommen verfügt Melissa jetzt?

c) Nach einer Faustregel sollen Miete und Nebenkosten höchstens 30 % des Nettoeinkommens betragen.
Wie viel Geld sollte Melissa höchstens für Miete und Nebenkosten ausgeben?

Verdienstabrechnung	
	Monat
Gesamtbrutto	1597,68 €
Lohnsteuer	103,33 €
Solidaritätszuschlag	5,68 €
Kirchensteuer	9,29 €
Sozialabgaben	
Krankenversicherung (7,3 %)	116,63 €
Pflegeversicherung (1,275 %)	20,37 €
Rentenversicherung (9,35 %)	149,38 €
Arbeitslosenversicherung (1,5 %)	23,96 €
Nettogehalt	€

2 Welchen Beruf möchtet ihr erlernen? Tauscht euch darüber aus.

a) Erkundigt euch nach den Verdienstmöglichkeiten im ersten Lehrjahr.

b) Stellt eine Verdienstabrechnung für das erste Lehrjahr auf.
Auszubildende können von Lohnsteuer, Solidaritätszuschlag und Kirchensteuer befreit sein. Unter welchen Voraussetzungen gilt das?

3 Melissa stellt eine Übersicht über ihre Ausgaben auf.

Miete	€
Nebenkosten	€

Strom	€
Rundfunkbeitrag	€
Handy/Internet	€

Auto bzw. öffentliche Verkehrsmittel	€
Sonstiges:______	€

Schätzt die Höhe der einzelnen Ausgaben und ergänzt fehlende Punkte.

4 Melissa erstellt einen Haushaltsplan mit einem Tabellenkalkulationsprogramm.

a) Im Internet gibt es kostenlose Haushaltspläne. Wie sind diese Pläne aufgebaut?

b) Erstellt ein Tabellenblatt wie Melissa. Tragt das Nettogehalt ein und ergänzt dann alle Ausgaben. Schätzt die Beträge.

c) Welche Formeln könnt ihr in der Tabellenkalkulation nutzen? Diskutiert darüber.

d) Kann Melissa monatlich Geld sparen? Gebt in Prozent ihres Gesamtbruttos an.

	A	B	C	D	E
1	Haushaltsplan				
2					
3	Einnahmen		September	Oktober	November
4	Nettogehalt				
5					
6	Ausgaben				
7	Miete				
8	Nebenkosten				
9					

e) Stellt Melissas gesamte Ausgaben in einem geeigneten Diagramm dar.

Beginn der Wohnungssuche

Melissa kauft verschiedene Zeitungen und sucht im Internet nach passenden Anzeigen.

5 Melissa liest die Wohnungsanzeigen.

a) Lest die Anzeigentexte. Welche Begriffe versteht ihr nicht? Legt eine Tabelle an und notiert eure Fragen und Antworten.

b) Melissa möchte nicht im Erdgeschoss wohnen und wünscht sich eine zentrale Lage für ihre Wohnung. Welche Anforderungen müsste eure Wohnung jeweils erfüllen? Notiert eure Wünsche und bringt sie in eine Reihenfolge.

① **Genossenschaftswhg.**
1 Zi, 34 qm, 305 € inkl. 55 € NK, Gas-Etagenheizung, EG, frei ab 01.10., 3 Nettokaltmieten Gen.-Anteile

② **Single-Appartement**
1 Zi, 43,35 qm, 198,80 € kalt, 321 € warm, WBS erforderlich, 2. Etage, frei ab 01.11., 400 € Kaution

③ **Nachmieter gesucht**
1 ZKDu./WC, 32 qm, 220 € nettokalt, 120 € NK und Heizung, 3. Etage, Laminat, frei ab 15.11., 3 Nettokaltmieten Kaution

6 Melissa hat bei den drei Wohnungen einen Besichtigungstermin vereinbart.

a) Ordnet den drei Terminen die passende Wohnungsanzeige zu.
So, 11:00 Uhr, vor dem Haus, WBS mitbringen
Di, 18:30 Uhr, bei Biek klingeln
Fr, 16:00 Uhr, im Büro der Wohnungsgenossenschaft

b) Melissas Schwester kommt mit zur Wohnungsbesichtigung. Sie meint: „Der Termin um 18 : 30 Uhr ist für eine Besichtigung ungünstig.“ Wie meint sie das?

c) Melissa möchte einen guten Eindruck bei den Besichtigungsterminen hinterlassen. Sie hat gelesen, dass man sich ordentlich kleiden soll und Unterlagen zur Bonität braucht. Welche Unterlagen können von Vermietern gefordert werden?

7 Sucht selbst nach Wohnungsanzeigen.

a) Wo findet man noch Wohnungsanzeigen? Erstellt eine Übersicht.

b) Wie hoch ist die Miete bei Wohnungen in eurer Nähe?

8 Bei der Wohnungsbesichtigung hat Melissa die Zimmer ausgemessen und den Grundriss grob skizziert.

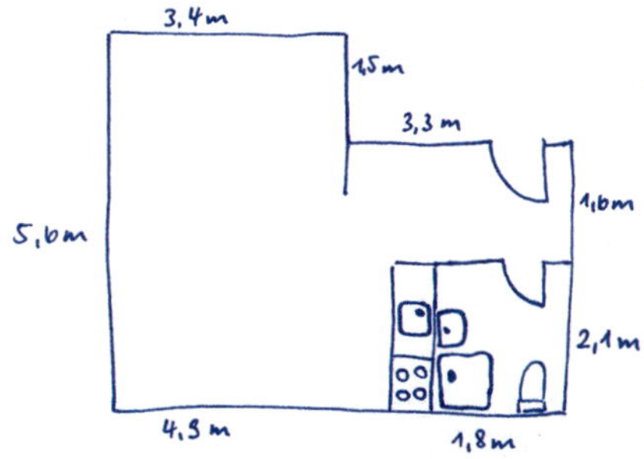

a) Zeichnet einen genauen Plan der Wohnung im Maßstab 1 : 50

b) Berechnet die Größe der Wohnung und vergleicht euer Ergebnis mit der Angabe in der Wohnungsanzeige.

9 Melissa hat für Wohnung ③ eine Zusage erhalten.
Zum Abschluss des Mietvertrags gehört auch die Zahlung einer Mietkaution.

a) Was ist eine Kaution? Zu welchem Zweck verlangt der Vermieter eine Kaution?

b) Wie hoch ist die Kaution?

c) Melissa kann die Kaution auf ein Mietkautionskonto bei ihrer Bank einzahlen: Dort erhält sie 0,4 % Zinsen pro Jahr. Sie darf aber für die Dauer des Mietverhältnisses das Konto nicht kündigen.
Wie ändert sich der Kontostand in den ersten drei Jahren?
Stellt eine Tabelle auf.

c) Wenn man nicht über die Kautionssumme verfügt, kann man eine Mietkautionsversicherung abschließen. Dabei muss Melissa jährlich 4,5 % der Kaution bezahlen.
Wie hoch ist der jährliche Beitrag?

d) Wie würdet ihr die Kaution bezahlen?
Informiert euch über die Bedingungen z. B. bei einer Kündigung und diskutiert Vor- und Nachteile der beiden Möglichkeiten.

Nach der Schlüsselübergabe

Nun kann Melissa die Wohnung für den Umzug vorbereiten. Sie führt Renovierungsarbeiten aus und plant die Einrichtung.

10 Das Badezimmer muss gestrichen werden. Melissa kauft Spezialfarbe für Feuchträume. Ein 5-l-Eimer kostet 39,95 € und reicht für 6,5 m^2 pro l.

a) Die Deckenhöhe in Melissas Wohnung beträgt 2,56 m. Empfohlen werden zwei Anstriche.
Wie viel Quadratmeter Wand muss Melissa insgesamt streichen? Vernachlässigt bei der Berechnung die Badezimmertür.

b) Für wie viel Quadratmeter reicht ein Eimer Farbe?

c) Wie viele Eimer Farbe würdet ihr kaufen? Gebt eine Einkaufsempfehlung für Melissa.

11 Melissa überlegt, wie sie ihre Möbel in der Wohnung stellen kann. Dazu hat sie ihre Möbel ausgemessen und im Maßstab 1 : 50 skizziert und ausgeschnitten. Nun kann sie die Möbelkärtchen auf den Grundriss legen und verschieben.

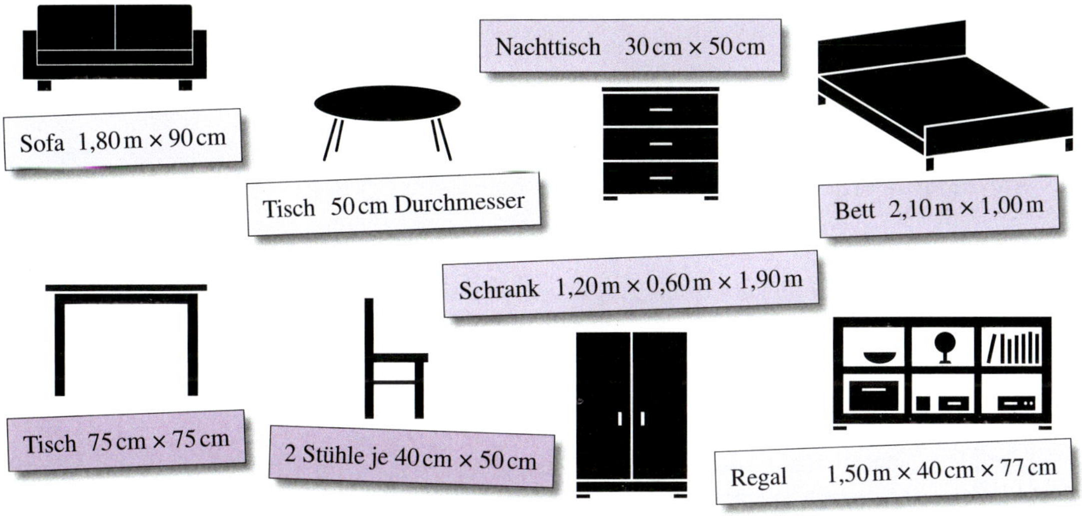

a) Begründet, warum Melissa den Maßstab 1 : 50 gewählt hat.
b) Wie würdet ihr Melissas Wohnung einrichten? Schneidet die Möbelkärtchen aus und verschiebt sie so lange auf dem Grundriss, bis euch das Ergebnis gefällt.
c) Klebt eure Lösung auf den Grundriss und präsentiert euer Ergebnis in der Klasse.

12 Im Flur und im Wohnbereich müssen alle Fußleisten erneuert werden.
Melissa lässt sich im Baumarkt beraten und entscheidet sich für weiße Fußleisten.
Die Leisten werden mit Leistenclips an der Wand befestigt. Im Abstand von 25 cm bis 50 cm zueinander werden die Clips an die Wand geschraubt.
Melissa kauft einen 100er Pack Schrauben und einen 100er Pack Dübel.
Zum Zuschneiden der Leisten braucht Melissa eine Gehrungssäge und eine Gehrungslade. Damit kann man die Leisten mit einem geraden Schnitt kürzen oder in einem Winkel von 45° für die Ecken zuschneiden.

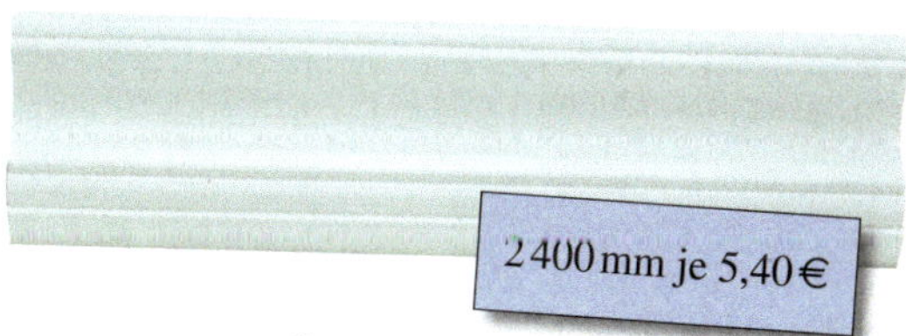

a) Wie viele Leisten braucht Melissa mindestens? Beachtet den Grundriss in Aufgabe 8.
b) Reicht eine Packung Leistenclips? Begründet.
c) Wie oft muss Melissa einen 45°-Schnitt ausführen?
Sind die Schnitte an jeder Ecke gleich?
d) Melissa hat einen Gutschein über 10 % auf ihren gesamten Einkauf. Welche Summe steht auf dem Kassenbon?

Vorbereitungen für den Umzug

Melissa freut sich sehr auf ihre eigenen vier Wände. Sie kann den Umzugstag kaum abwarten. Im Vorfeld muss sie Dinge aussortieren oder in Kartons verpacken. Am Umzugstag braucht sie viel Hilfe von ihren Freunden und der Familie.

13 Melissa sucht nach Umzugskartons.

a) In den Kleinanzeigen ihrer Stadt findet Melissa folgendes Angebot:
„11 Umzugskartons für 2 € und eine Tüte Gummibärchen."
Wie viel kostet ein Karton ungefähr? Schätzt zuerst.

b) Ein großer Karton hat die Maße 650 mm × 370 mm × 350 mm.
Er trägt bis zu 50 kg.
Wie viel Liter fasst ein Karton?
Wie viel Tüten Gummibärchen trägt ein Karton?

14 Für den Umzugstag hat Melissa einen Transporter reserviert.
In der Tabelle findet ihr Angaben der Autovermietung.
Auf dem Plan seht ihr die geplante Fahrstrecke.
Die Maße der Ladefläche stehen im grünen Kasten.

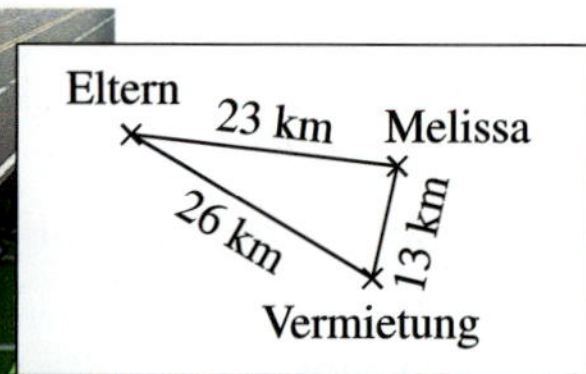

Ladefläche	2,70 m × 1,75 m
Stehhöhe	1,90 m

Transportervermietung BIG CAR	
Leihgebühr (24 Stunden)	
Mo–Do	39 €
Fr	69 €
Sa	75 €
So	59 €
100 km inklusive	
danach	0,25 €/km
Haftpflichtversicherung inklusive	
Kaution	250 €
erforderliche Papiere	
Führerschein Klasse B	
Ausweis mit deutscher Meldeadresse	

a) Am Sonntag ist es soweit. Sie holt den Transporter ab.
Wie viel Geld muss Melissa mindestens dabei haben?

b) Geplant sind zwei Touren von Melissas Elternhaus zur neuen Wohnung.
Wie viele Kilometer wird der Transporter mindestens gefahren?

c) Stellt folgende Zuordnung in einem geeigneten Diagramm dar:
gefahrene Kilometer → Preis

d) Wie viel Geld wird voraussichtlich von der Kaution am Ende des Tages als Kilometergeld einbehalten?

e) Wie viele Umzugskartons mit den Maßen 650 mm × 370 mm × 350 mm passen in den Transporter? Schätzt zuerst.

15 Melissa bestellt für ihr Umzugsteam Pizza.

a) Berechnet für jeden Durchmesser den Flächeninhalt einer Pizza.

b) Stellt für zehn Personen Pizzen mit drei verschiedenen Belägen zusammen.
Gebt die Kosten an.

c) Fügt zu euem Ergebnis 10 % Trinkgeld für den Fahrer hinzu.

Belag	d = 26 cm	d = 30 cm	d = 36 cm
Champignon	8,50 €	9,50 €	16,10 €
Hawaii	8,20 €	9,20 €	15,50 €
Salami	7,20 €	8,20 €	13,50 €
Veggie	10,50 €	11,50 €	20,10 €

Anmelden und ummelden

Nach dem Umzug muss Melissa verschiedene Fristen einhalten. Sie muss z. B. einen Vertrag mit einem Stromanbieter abschließen und sich selbst in der neuen Wohnung anmelden.

16 Nach folgender Faustformel kann man den Stromverbrauch pro Jahr abschätzen:

a) Welche Elektrogeräte könnte Melissa haben. Stellt eine Liste auf.
b) Berechnet Melissas ungefähren Stromverbrauch mithilfe der Faustformel.
c) Vergleicht euer Ergebniss mit durchschnittlichen Verbrauchswerten für einen 1-Personen-Haushalt z. B. aus dem Internet.

17 Melissa hat sich nach Stromtarifen erkundigt. Neben dem Grundversorger einer Region gibt es viele weitere Anbieter.

Stromtarif beim Grundversorger	
Arbeitspreis	25,20 ct/kWh
Grundpreis	9,90 €/Monat
Jahresverbrauch	2 000 kWh
Neukundenrabatt	60 €

a) Wie hoch sind die Kosten, die Melissa innerhalb eines Jahres an den Grundanbieter zahlen müsste?
b) Aus den erwarteten Kosten für ein Jahr wird die Höhe der monatlichen Zahlung an den Stromanbieter berechnet.
Diese Zahlung nennt man Abschlagszahlung.
Nach Ablauf eines Jahres wird der tatsächliche Verbrauch abgerechnet.
Hat Melissa weniger verbraucht, erhält sie eine Rückzahlung, sonst muss sie nachzahlen.
Wie hoch ist die Melissas monatliche Abschlagszahlung?
Beschreibt euren Rechenweg.
c) Findet für eure Region oder z. B. für die Region Koblenz den günstigsten Stromtarif.
Wie viel Geld könnte Melissa gegenüber dem Grundversorger sparen?

18 Nach einem Umzug muss man sich bei Ämtern, Firmen und anderen Einrichtungen an- bzw. abmelden.
Informiert euch darüber und erstellt eine Liste.
Notiert auch, innerhalb welcher Fristen eine Meldung erfolgen muss.

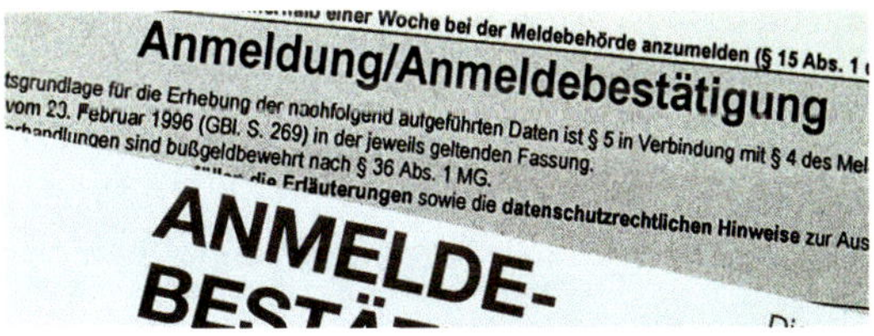

19 Melissa möchte in ihrer eigenen Wohnung fernsehen und das Internet nutzen.
a) Erkundigt euch über den Runkfunkbeitrag. Wie hoch ist der Beitrag und wofür wird er bezahlt?
b) Welche weiteren Kosten für einen Kabelanschluss kommen auf Melissa zu?
c) Melissa telefoniert mobil und braucht daher nur einen Internetanschluss.
Welche Kosten muss sie dafür einplanen?

Weitere Anschaffungen
Melissa hat bei ihren Eltern viele Geräte und Dinge mitbenutzt, die ihr jetzt fehlen. Übergangsweise kann sie z. B. einen Waschsalon nutzen oder bei ihren Eltern waschen, aber auf Dauer braucht sie eine eigene Waschmaschine. Sie muss nun einige Anschaffungen tätigen.

20 Zu Beginn von Melissas Ausbildung haben ihre Eltern für sie insgesamt 2 400 € auf einem Tagesgeldkonto angelegt. Der Zinssatz betrug 0,5 %. Bei der Kontoeröffnung haben sie einen Bonus in Höhe von 25 € erhalten.

a) Überschlagt das Endkapital nach einer Anlagezeit von zwei Jahren.
b) Berechnet das Endkapital genau.
c) Wie hoch ist der Gewinn durch Bonus und Zinsen insgesamt?
d) Wie viel Geld hätte Melissa monatlich zurücklegen müssen, um nach zwei Jahren über dieselbe Sparsumme zu verfügen?

21 Mit dem gesparten Geld aus Aufgabe 20 möchte Melissa die Erstausstattung für ihre Wohnung bezahlen.

a) Melissa notiert alle Dinge, die sie für ihre Küche benötigt.
Listet alle Dinge übersichtlich auf.
Geschirr, Nudelsieb, Wasserkocher, Gewürze, Mülleimer, Kühlschrank, Schneidebrett, Toaster, Gläser, Dosenöffner, Tassen, Mikrowelle, Kochmesser, Töpfe, Gemüseschäler, Pfannen, Kaffemaschine, Nudelsieb, Waage, Geschirrhandtücher, Besen, Müllschaufel, Kochlöffel, Schere, Topfhandschuhe

b) Viele Dinge braucht sie nicht sofort. Einige Dinge kann sie auch gebraucht kaufen. Kennzeichnet alle Dinge entsprechend in der Liste.
c) Recherchiert die Preise für Melissas Liste und vervollständigt sie.
d) Welche Dinge braucht Melissa noch in ihrem Haushalt? Stellt eine weitere Liste mit Preisen auf.

22 Wie hoch sind Melissas Gesamtausgaben im ersten Monat?
Berücksichtigt dabei folgende Punkte:
- Warmmiete
- Kaution
- Umzugskosten: Transporter und Kartons
- Renovierung
- Anschaffungen für die Erstausstattung
- Abschlagszahlung für Strom
- Rundfunkgebühr und Kabelanschluss
- Telefon und Internet

23 In einer Zeitung findet Melissa eine Anzeige eines Kreditgebers.
a) Ist der Zinssatz der Kredite immer gleich hoch?
b) Diskutiert:
Sollte man solche Angebote annehmen?
Warum werden Kredite nur an Volljährige vergeben?
Warum können Kredite zur Schuldenfalle werden?

KLEINKREDITE besonders günstig
Sofortige Auszahlung, Rückzahlung nach einem Jahr mit kleinem Aufpreis

für **500 €**	**62,50 €** Jahreszinsen
für **1000 €**	**150,00 €** Jahreszinsen
für **1500 €**	**250,00 €** Jahreszinsen

Potenzen und Wurzeln

Mit Elektronenmikroskop und Teleskop stößt der Mensch in unvorstellbar kleine und große Räume vor.

Bei elektronenmikroskopischen Aufnahmen von Viren sind Strukturen von 0,000 001 Millimeter noch sichtbar, und Teleskope blicken in Sternenwelten, die 280 000 000 000 000 000 000 und mehr Kilometer von uns entfernt sind. Wie kann man solche Größenangaben übersichtlich schreiben und mit ihnen sinnvoll rechnen?

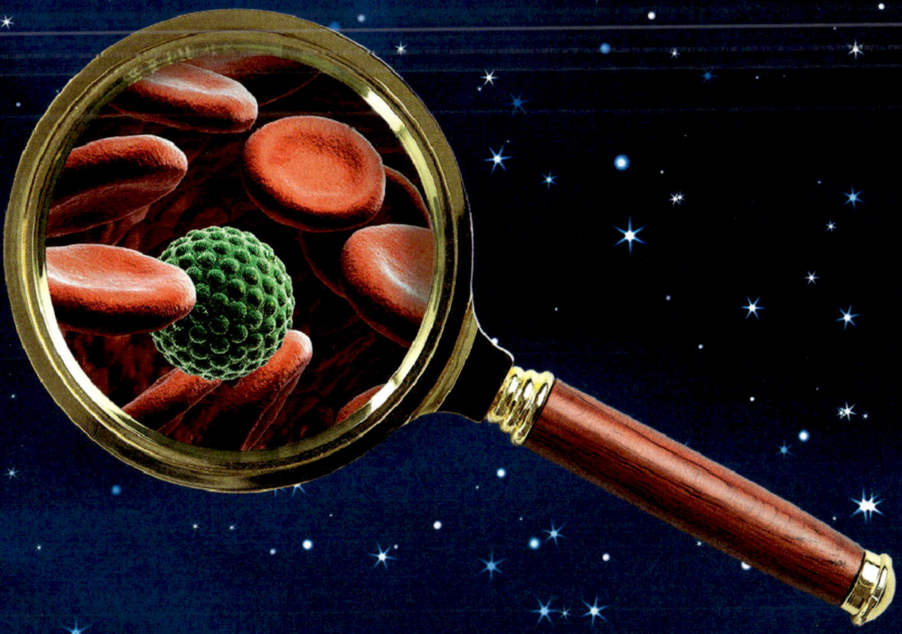

Wiederholung

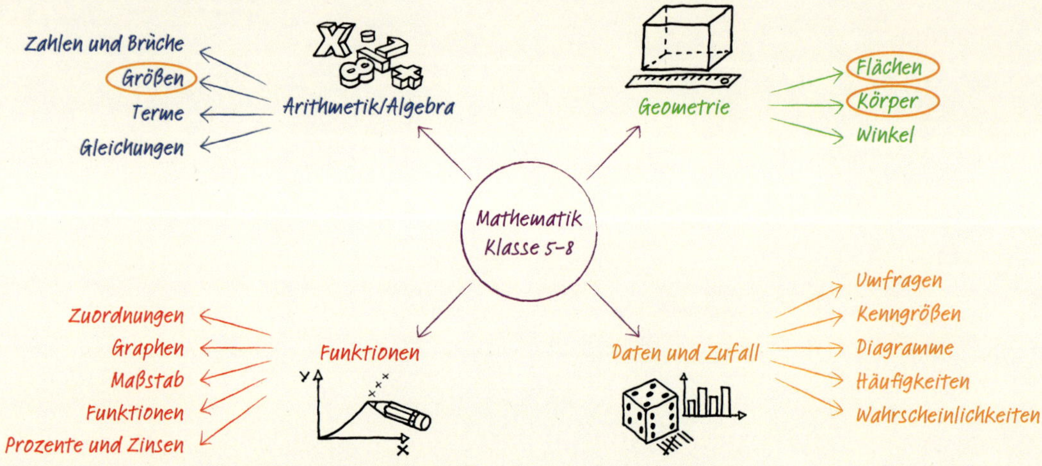

Erinnere dich
Summen aus gleichen Summanden kann man kürzer als **Produkt** schreiben.

Produkte aus gleichen Faktoren kann man kürzer als **Potenz** schreiben.

Beispiel

$\underbrace{3+3+3+3+3}_{5\text{-mal addieren}} = 5 \cdot 3 = 15$

$(-4)+(-4)+(-4) = 3 \cdot (-4) = -12$

$\underbrace{3 \cdot 3 \cdot 3 \cdot 3 \cdot 3}_{5\text{-mal multiplizieren}} = 3^5 = 243$

Erinnere dich
Für den **Flächeninhalt A eines Quadrats** gilt
$A = a \cdot a = a^2$

Für den **Flächeninhalt A eines Rechtecks** mit den Seitenlängen a und b gilt
$A = a \cdot b$

Beispiel

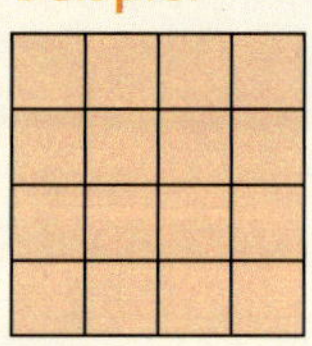

$a = 2\,\text{cm}$

$A = a \cdot a$
$A = 2\,\text{cm} \cdot 2\,\text{cm}$
$A = 4\,\text{cm}^2$

Erinnere dich
Für das **Volumen V** eines Würfels gilt
$V = a \cdot a \cdot a = a^3$

Beispiel

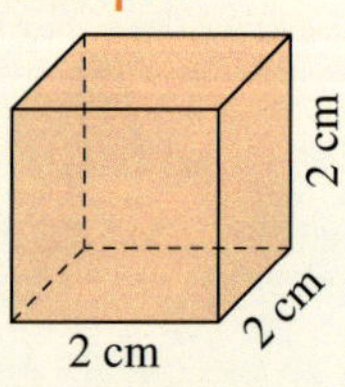

$V = a \cdot a \cdot a = a^3$
$V = 2\,\text{cm} \cdot 2\,\text{cm} \cdot 2\,\text{cm}$
$V = 8\,\text{cm}^3$

Erinnere dich Die Umrechnungszahl ist
– bei Längenmaßen 10
– bei Flächenmaßen 100
– bei Rauminhalten 1 000

Beispiel
$1\,\text{m} = 10\,\text{dm} = 100\,\text{cm} = 1\,000\,\text{mm}$
(aber $1\,\text{km} = 1\,000\,\text{m}$)
$1\,\text{m}^2 = 100\,\text{dm}^2 = 10\,000\,\text{cm}^2 = 1\,000\,000\,\text{mm}^2$
(aber $1\,\text{km}^2 = 1\,000\,000\,\text{m}^2$)
$1\,\text{m}^3 = 1\,000\,\text{dm}^3 = 1\,000\,000\,\text{cm}^3$
$= 1\,000\,000\,000\,\text{mm}^3$

1 Verkürzte Schreibweisen

Schreibe die Aufgabe verkürzt als Multiplikation und berechne.

Beispiel $8 + 8 + 8 + 8 = 4 \cdot 8 = 32$

a) $5 + 5 + 5 + 5 + 5 + 5$

b) $(-7) + (-7) + (-7) + (-7)$

c) $0{,}8 + 0{,}8 + 0{,}8 + 0{,}8 + 0{,}8$

d) $\frac{1}{3} + \frac{1}{3} + \frac{1}{3} + \frac{1}{3} + \frac{1}{3} + \frac{1}{3}$

2 Potenzen bilden

Schreibe als Potenz und berechne.

Beispiel $5 \cdot 5 \cdot 5 = 5^3 = 125$

a) $4 \cdot 4 \cdot 4$ b) $15 \cdot 15$

c) $(-2) \cdot (-2) \cdot (-2)$ d) $10 \cdot 10 \cdot 10 \cdot 10 \cdot 10$

3 Im Kopf multiplizieren

Multipliziere im Kopf.

a) $5 \cdot 7$ b) $7 \cdot 8$ c) $9 \cdot 6$

d) $8 \cdot 9$ e) $6 \cdot 7$ f) $7 \cdot 9$

g) $4 \cdot 5 \cdot 3$ h) $8 \cdot 6 \cdot 2$ i) $7 \cdot 3 \cdot 3$

4 Flächeninhalt von Quadraten berechnen

Berechne den Flächeninhalt des Quadrats.

a)
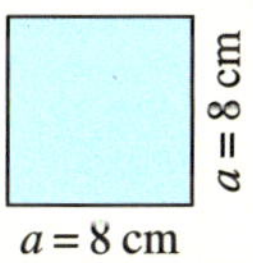

b)
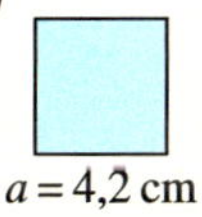

c) $a = 12{,}5\,\text{mm}$ d) $a = 0{,}35\,\text{m}$

5 Flächeninhalt von Rechtecken berechnen

Berechne den Flächeninhalt des Rechtecks.

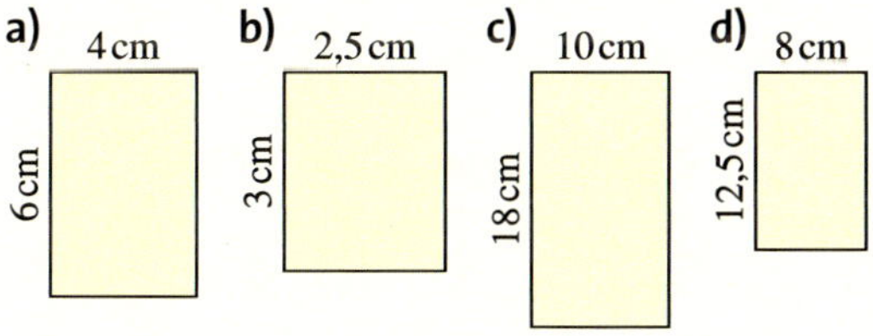

6 Volumen von Würfeln berechnen

Berechne das Volumen des Würfels.

a)
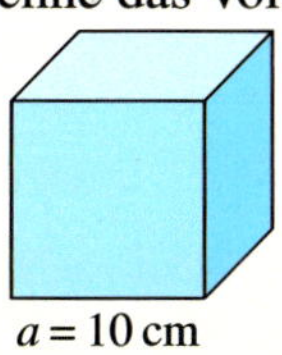

b)
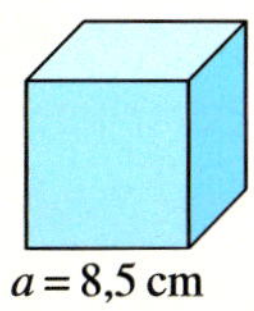

c) $a = 0{,}7\,\text{m}$ d) $a = 550\,\text{mm}$

7 Anzahlen von Würfeln bestimmen

Jasmin setzt aus kleinen Holzwürfeln größere Würfel zusammen. Sie setzt die Reihe bis zur Kantenlänge von 6 Würfeln fort.

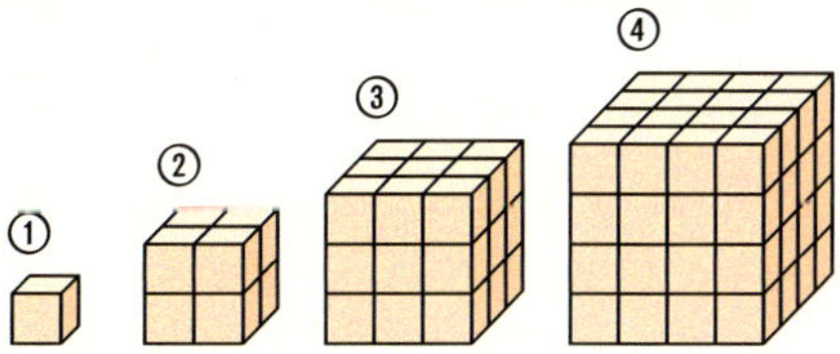

a) Wie viele kleine Würfel braucht sie jeweils?

b) Wie viele Würfel braucht sie insgesamt?

8 Längenmaße umwandeln

Ergänze die Lücken in deinem Heft.

a) 6 m = 600 ■ b) 3 ■ = 30 mm

c) 450 mm = 4,5 ■ d) 12,3 dm = ■ m

e) 1 000 mm = 100 ■ = 10 ■ = 1 ■

f) 0,7 ■ = 7 ■ = 70 cm = 700 ■

9 Flächenmaße umwandeln

Ergänze die Zahlen in deinem Heft.

a) $3\,\text{cm}^2$ = ■ mm^2 b) $400\,\text{mm}^2$ = ■ cm^2

c) $7\,\text{m}^2$ = ■ dm^2 d) $200\,000\,\text{cm}^2$ = ■ m^2

e) ■ $\text{dm}^2 = 1\,000\,\text{cm}^2$ f) $0{,}5\,\text{cm}^2$ = ■ mm^2

10 Raummaße umwandeln

Ergänze die Zahlen in deinem Heft.

a) $5\,\text{cm}^3$ = ■ mm^3 b) $2\,000\,\text{mm}^3$ = ■ cm^3

c) $3\,\text{m}^3$ = ■ dm^3 d) $90\,000\,\text{cm}^3$ = ■ dm^3

e) $0{,}3\,\text{dm}^3$ = ■ cm^3 f) $1\,\text{mm}^3$ = ■ cm^3

11 Größen vergleichen

Setze im Heft die Zeichen >, < oder = ein.

a) 35 cm ■ 300 mm

b) $0{,}7\,\text{m}^2$ ■ $70\,\text{dm}^2$

c) $100\,\text{cm}^3$ ■ $1\,000\,\text{mm}^3$

d) 450 cm ■ 4,5 m

e) $7\,500\,\text{cm}^2$ ■ $1\,\text{m}^2$

f) $1{,}5\,\text{m}^3$ ■ $150\,\text{dm}^3$

12 Größenangaben vergleichen

Ordne die Angaben der Größe nach.

a)
$5\,050\,\text{m}^2$
$0{,}555\,\text{km}^2$
$50\,000\,\text{mm}^2$
$5{,}55\,\text{m}^2$

b)
$50\,000\,\text{cm}^3$
$64\,\text{dm}^3$
$33{,}5\,\text{m}^3$
$2\,000\,\text{mm}^3$

Lösungen ab Seite 210

Noch fit?

Einstieg

1 Große Zahlen lesen
Lies die Zahlen in der Stellenwerttafel.

Milliarden			Millionen			Tausend					
							1	1	8	8	9
					9	9	8	7	3	4	7
1	1	1	5	0	3	0	0	2	3	8	6

2 Große Zahlen schreiben
Schreibe die Zahl mit Ziffern auf.
a) eintausendvierhundertfünfzig
b) drei Millionen zweihunderttausend
c) zehn Milliarden zwanzig Millionen dreißigtausend

3 Mit Zehnerzahlen multiplizieren
Multipliziere im Kopf. Gib die Anzahl der Nullen bzw. Stellen hinter dem Komma an.
a) $10 \cdot 10 \cdot 10 \cdot 10 \cdot 10 \cdot 10$
b) $100 \cdot 100 \cdot 100 \cdot 100$
c) $5 \cdot 10 \cdot 10 \cdot 10 \cdot 10 \cdot 10 \cdot 10$
d) $0{,}1 \cdot 0{,}1 \cdot 0{,}1 \cdot 0{,}1 \cdot 0{,}1$
e) $0{,}01 \cdot 0{,}01 \cdot 0{,}01$
f) $8 \cdot 0{,}1 \cdot 0{,}1 \cdot 0{,}1 \cdot 0{,}1$

4 Mehrfach multiplizieren
Übertrage und ergänze die Reihe im Heft.

3 —(· 3)→ ■ —(■)→ 27 —(· 3)→ ■ —(■)→ 243

5 Dezimalzahlen runden
Runde die Dezimalzahl 265,5276 auf …
a) Zehntel
b) Hundertstel
c) Tausendstel
d) Einer
e) Zehner
f) Hunderter

6 Rechnungen überschlagen
Ordne den Rechnungen jeweils ihr Ergebnis durch Überschlagen zu.
a) 865 + 155
b) 6 542 + 879
c) 9,8 + 4,21 + 0,7
d) 9 548 – 5 477
e) 65,33 – 14,84

1 020 | 14,71 | 4071 | 50,49 | 7 421

Aufstieg

1 Große Zahlen lesen
Lies die Zahlen in der Stellenwerttafel.

Milliarden			Millionen			Tausend					
						4	5	6	0	3	0
			8	0	9	0	3	0	2	0	5
3	0	1	7	0	0	4	0	0	0	6	0

2 Große Zahlen schreiben
Schreibe die Zahl mit Ziffern auf.
a) zweiundachtzigtausendsiebenhundert
b) siebzig Millionen einundzwanzigtausend
c) vierhunderttausendfünfhundertdreiunddreißig

3 Mit Zehnerzahlen multiplizieren
Übertrage und ergänze die Tabellen im Heft.

a)

·	10	100	1000	10 000
3,2				

b)

:	10	100	1000	10 000
68				

c) Was fällt dir bei der Multiplikation mit Zehnerzahlen auf? Was bei der Division?

4 Mehrfach dividieren
Übertrage und ergänze die Reihe im Heft.

512 —(: 2)→ ■ —(■)→ 128 —(: 2)→ ■ —(■)→ 32 ⇢ …

5 Dezimalzahlen runden
Überprüfe die Rundungsergebnisse.
a) 1,75 s ≈ 1,7 s
b) 4,007 s ≈ 4,1 s
c) 2,456 € ≈ 2,45 €
d) 0,770 m ≈ 0,77 m
e) 7,234 m ≈ 7,24 m
f) 39,9 mm ≈ 40 mm

6 Rechnungen überschlagen
Ordne den Rechnungen jeweils ihr Ergebnis durch Überschlagen zu.
a) 4,8 + 3,7 + 2,45
b) 0,34 + 2,57 + 3,9
c) 18,75 – 3,9
d) 6,301 + 7 + 4,66
e) 3,8 – 2,25

17,961 | 6,81 | 1,55 | 10,95 | 14,85

Lösungen ab Seite 210

Die Potenzschreibweise

Entdecken

1 Arbeitet nach der Anleitung.

①	Zeichnet auf ein Blatt Papier unten einen Stamm.	(1 Strich)
②	Der Stamm teilt sich in zwei Äste.	(2 Striche)
③	Aus jedem Ast wachsen zwei neue Äste.	(4 Striche)
④	Wieder wachsen aus jedem Ast zwei neue Äste.	(8 Striche)
⑤	…	

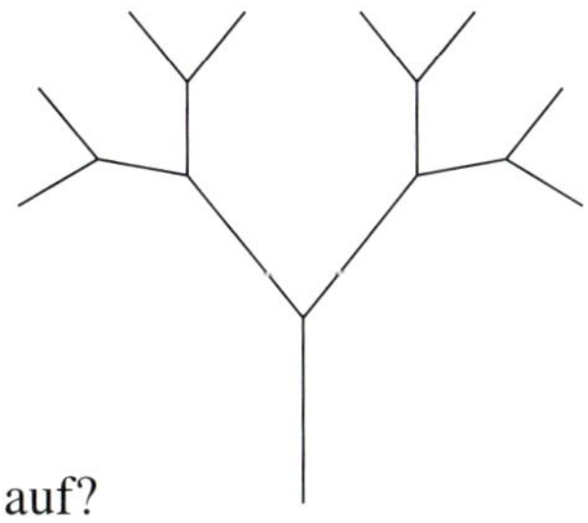

a) Setzt die Reihe um drei Schritte fort.
Notiert jeweils, wie viele Striche ihr macht.

b) Fällt euch bei den Anzahlen der Striche eine Regelmäßigkeit auf?

2 Was ist größer: $3 \cdot 3 \cdot 3 \cdot 3 \cdot 3$ oder $3 \cdot 3 \cdot 3 \cdot 3 \cdot 3 \cdot 3$?
Wie kann man das erkennen, ohne die Ergebnisse zu berechnen?

3 Erkennst du Muster in den Zahlenreihen?
Übertrage und ergänze die Zahlenreihen im Heft. Erläutere deine Lösung.

a) 1; 2; 4; 8; ■; ■; ■; ■; 256   b) 1; 3; 9; ■; ■; 243   c) 1; 4; 16; ■; ■; 1 024

4 Besorgt euch einen großen Bogen Papier, z. B. Zeitungspapier. Schätzt, wie oft ihr das Papier in der Mitte zusammenfalten könnt.

a) Probiert es aus und vergleicht mit eurer Schätzung.

b) Wie viele Papierschichten übereinander erhaltet ihr nach dem 1., 2., 3., …, 10. Falten?

c) Legt eine Tabelle an und sucht einen Rechenterm für die Anzahl der Schichten nach der x-ten Faltung.

5 Aus den Augenzahlen von drei Spielwürfeln soll eine möglichst große Zahl gebildet werden. Dabei sind alle Rechenoperationen und Kombinationen der Augenzahlen erlaubt.
Im Beispiel sind folgende Kombinationen möglich:
$6 \cdot 32$; $2 \cdot 6^3$; 623 usw.

a) Welches ist die größtmögliche Zahl, die man aus den Zahlen 3, 4, und 5 bilden kann?

b) Sucht die größtmögliche Zahl, die aus drei Sechsen entstehen kann.

c) Vergleicht in der Klasse: Wer hat die höchste Zahl gebildet?

6 Von Zeit zu Zeit tauchen per Post oder E-Mail sogenannte Kettenbriefe auf.
Jill hat einen solchen Brief erhalten. Sie rechnet aus:
Wenn sie ihn jetzt an zehn Leute weitersendet und jede dieser zehn Personen dasselbe tut usw., dann sind nach acht Runden theoretisch alle Einwohner von Deutschland (80,5 Mio.) erreicht. Stimmt das?

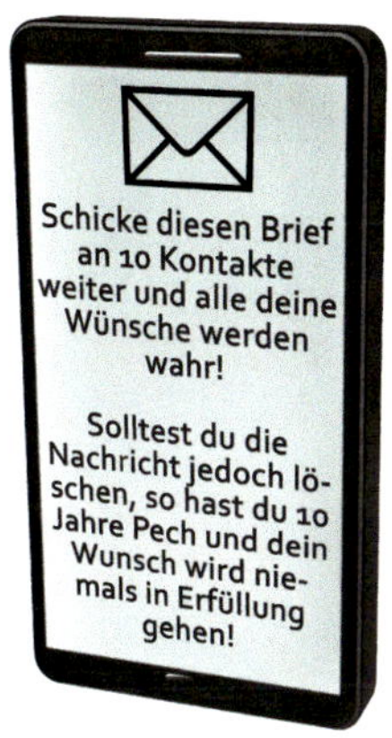

Verstehen

Ein Blatt Papier wird gefaltet.
Nach jedem Falten werden die Schichten gezählt, die übereinander liegen.

Faltung	⓪	①	②	③	④	⑤	…
Schichten	1	2	$\underbrace{2 \cdot 2}_{}$ = 4 2 Faktoren	$\underbrace{2 \cdot 2 \cdot 2}_{}$ = 8 3 Faktoren	$\underbrace{2 \cdot 2 \cdot 2 \cdot 2}_{}$ = 16 4 Faktoren	$\underbrace{2 \cdot 2 \cdot \ldots \cdot 2}_{}$ = 32 5 Faktoren	…

ERINNERE DICH
Faktor · Faktor = Produkt

Merke Produkte aus gleichen Faktoren kann man kurz als **Potenz** schreiben.

$\underbrace{5 \cdot 5 \cdot 5 \cdot 5}_{\text{4 Faktoren}} = 5^4$ ← Exponent; 5 ↑ Basis

Man sagt: „5 hoch 4“

Potenzen bestehen aus einer **Basis** (Faktor) und einem **Exponenten** (Anzahl gleicher Faktoren).

Jede Zahl hoch 0 ist 1, also $a^0 = 1$
Jede Zahl hoch 1 ist die Zahl selbst, also $a^1 = a$.

Beispiel 1

$2^5 = 2 \cdot 2 \cdot 2 \cdot 2 \cdot 2 = 32$
$0{,}1^4 = 0{,}1 \cdot 0{,}1 \cdot 0{,}1 \cdot 0{,}1 = 0{,}0001$
$(-9)^2 = (-9) \cdot (-9) = 81$
$84^1 = 84$

$7^3 = 7 \cdot 7 \cdot 7 = 343$
$\left(\frac{1}{3}\right)^2 = \frac{1}{3} \cdot \frac{1}{3} = \frac{1}{9}$
$(-9)^3 = (-9) \cdot (-9) \cdot (-9) = -729$
$72^0 = 1$

HINWEIS
Bei manchen Taschenrechnern werden Potenzen mit der Taste [^] *eingegeben. Wie funktioniert dein Taschenrechner? Probiere es aus.*

Merke
Am Taschenrechner kann man Potenzen mit der Taste [y^x] eingeben.
Das ist die Hochtaste bzw. die Potenztaste.

Beispiel 2

$3{,}8^4 = ■$

[3] [.] [8] [y^x] [4] [=]

Üben und anwenden

1 Ordne Produkte und Potenzen richtig zu.

Ⓐ $3 \cdot 3 \cdot 3$ Ⓑ $4 \cdot 4 \cdot 4 \cdot 4 \cdot 4$ Ⓒ $5 \cdot 5 \cdot 5 \cdot 5$ ① 3^5 ② 3^3 ③ 4^5
Ⓔ $a \cdot a \cdot a$ Ⓓ $3 \cdot 3 \cdot 3 \cdot 3 \cdot 3$ ④ 5^4 ⑤ a^3 ⑥ 1
Ⓕ 8^1 Ⓖ 25^0 Ⓗ $a \cdot a \cdot a \cdot a$ ⑦ 8 ⑧ a^4

2 Wie viele gleiche Faktoren sind es? Schreibe als Potenz.
Beispiel $7 \cdot 7 \cdot 7 \cdot 7 = 7^4$ (4 gleiche Faktoren)

a) $5 \cdot 5 \cdot 5 \cdot 5$
b) $4 \cdot 4 \cdot 4 \cdot 4 \cdot 4$
c) $3 \cdot 3 \cdot 3$
d) $6 \cdot 6 \cdot 6 \cdot 6$
e) $(-2) \cdot (-2)$
f) $\frac{1}{4} \cdot \frac{1}{4} \cdot \frac{1}{4}$

2 Schreibe als Potenz.

a) $4 \cdot 4 \cdot 4 \cdot 4$
b) $8 \cdot 8 \cdot 8 \cdot 8 \cdot 8$
c) $1{,}4 \cdot 1{,}4 \cdot 1{,}4$
d) $0 \cdot 0 \cdot 0 \cdot 0$
e) $(-3) \cdot (-3) \cdot (-3)$
f) $\left(\frac{1}{5}\right) \cdot \left(\frac{1}{5}\right) \cdot \left(\frac{1}{5}\right)$
g) $a \cdot a \cdot a$
h) $10 \cdot 10 \cdot 10 \cdot 10 \cdot 10$
i) $(xy) \cdot (xy) \cdot (xy)$

3 Schreibe als Produkt und berechne.

Beispiel $5^3 = 5 \cdot 5 \cdot 5 = 125$

a) 3^4 b) 6^2 c) 2^5
d) 3^5 e) 7^3 f) 6^4
g) 15^2 h) $(-3)^5$ i) $\left(\frac{1}{2}\right)^3$

3 Schreibe als Produkt und berechne.

a) 10^6 b) $0{,}3^4$ c) $0{,}25^3$
d) $0{,}4^3$ e) $0{,}2^2$ f) $\left(\frac{1}{8}\right)^3$
g) $\left(\frac{3}{4}\right)^2$ h) 7^2 i) $0{,}7^2$

4 Schreibt die Potenzen als Produkt und berechnet. Worin liegt der Unterschied?

a) -3^4 und $(-3)^4$
b) $\frac{2^2}{3}$ und $\left(\frac{2}{3}\right)^2$
c) $4 \cdot 5^3$ und $(4 \cdot 5)^3$

4 Warum sind die Ergebnisse verschieden?

a) $4v^3$ und $(4v)^3$
b) $a \cdot 5^2$ und $(a \cdot 5)^2$
c) $-x^6$ und $(-x)^6$
d) $\frac{b^4}{3}$ und $\left(\frac{b}{3}\right)^4$

5 Berechne mit dem Taschenrechner. Benutze die Taste y^x. Die Buchstaben in der Randspalte ergeben ein Lösungswort.

a) 5^1 b) 5^5 c) 4^8
d) 9^4 e) 7^7 f) 3^5
g) $1{,}2^3$ h) $1{,}5^4$ i) $2{,}33^2$

5 Berechne mit dem Taschenrechner. Runde das Ergebnis auf zwei Stellen nach dem Komma.

a) 15^4 b) 198^3 c) $(-20)^5$
d) $0{,}824^6$ e) $(-2{,}3)^4$ f) $1{,}5^5$
g) $12{,}16^5$ h) $1{,}216^3$ i) $45{,}38^3$

HINWEIS
Lösungswort zu Aufgabe 5 (türkis):
1,728 A
5 D
5,0625 L
5,4289 E
243 N
3125 I
6561 G
65536 A
823543 O

6 Übertrage und ergänze im Heft. Setze die passenden Zeichen ein: <, = oder >

a) 2^5 ■ 5^2 b) 3^2 ■ 2^3
c) 2^7 ■ 7^2 d) 6^2 ■ 2^6
e) 3^4 ■ 4^3 f) 12^0 ■ 7^1

6 Ordne die Potenzen nach ihrer Größe.

a) 3^2; 3^4; 12^1; 256^0; 2^8
b) 4^2; $(-4)^2$; $0{,}4^2$; $\left(\frac{1}{4}\right)^2$; 40^2; $(-400)^2$
c) 5^{10}; 5^0; 5^1; 5^2; 5^4; 55^2

7 Berechne. *Beachte*: Potenzrechnung geht vor Punktrechnung.

Beispiel $2 \cdot 3^4 = 2 \cdot 81 = 162$

a) $2 \cdot 5^4$ b) $7 \cdot 5^2$
c) $5 \cdot 6^2$ d) $8 \cdot 0{,}5^2$
e) $\frac{1}{2} \cdot 10^4$ f) $(-2) \cdot 4^5$
g) $22^0 \cdot 0{,}987$ h) $6 \cdot (-5)^2$

7 Berechne. *Beachte*: Potenzrechnung geht vor Punktrechnung.

a) $4 \cdot 15^2$ b) $0{,}8 \cdot 100^3$
c) $-2 \cdot 4^6$ d) $200 \cdot \left(\frac{1}{2}\right)^3$
e) $5 \cdot (-6)^2$ f) $3{,}2 \cdot 1{,}5^3$
g) $4 \cdot 0{,}5^2$ h) $1{,}3 \cdot (-5)^2$
i) $-1{,}3 \cdot (-5)^2$ j) $-1{,}3 \cdot 5^2$

8 Berechnet die Potenzen.
Formuliert dann eine Regel: Wie kann man Dezimalzahlen ganz einfach ohne Taschenrechner berechnen?

a)

$0{,}1^2$	$0{,}1^3$	$0{,}1^4$	…
$0{,}2^2$	$0{,}2^3$	$0{,}2^4$	…
$0{,}02^2$	$0{,}02^3$	$0{,}02^4$	…

b)

$0{,}11^2$	$0{,}12^2$	$0{,}13^2$	…
…	…	…	…

9 Bestimme das Vorzeichen der Potenz. Formuliere eine Regel.

a) -15^7 b) $(-15)^8$
c) $(-12)^3$ d) $(-0{,}8)^6$
e) -7^4 f) -2^3
g) $(-0{,}9)^5$ h) $(-12{,}2)^{10}$

9 Ist der Potenzwert positiv oder negativ? Erkläre, woran du das erkennst.

a) $-0{,}4^5$ b) $(-0{,}4)^5$
c) $(-0{,}4)^6$ d) $-0{,}4^6$
e) $(-1{,}2)^4$ f) $(-1{,}2)^7$
g) $-1{,}2^4$ h) $-1{,}2^{19}$

Thema: Kennst du deinen Taschenrechner?

TIPP
Unbedingt die Bedienungsanleitung deines Taschenrechners gründlich studieren und zum Nachschlagen bereithalten.

In den letzten Jahren ist dir dein Taschenrechner wohl zum ständigen Begleiter und Hilfsmittel im Mathematikunterricht geworden. Aber nutzt du seine vielen Funktionen auch wirklich aus? Diese Seite gibt dir Tipps, wie du noch effektiver mit ihm arbeiten kannst.
Da es hunderte unterschiedliche Taschenrechnertypen (verschiedene Hersteller/zahlreiche Modelle) und keine normierten Tastenbeschriftungen gibt, ist es wichtig, dass du dein eigenes Modell gut kennst.

1 Lege eine Tabelle mit den wichtigsten Tasten deines Taschenrechners an.

2 Betrachte die einzeln hervorgehobenen Tasten der obigen Grafik.
a) Überprüfe, welche dieser Tasten auf deinem Rechner vorhanden sind.
b) Finde heraus, was sie errechnen bzw. wie sie funktionieren.
c) Ermittle durch Vergleiche mit Mitschülern, welche Tasten abweichende Symbole haben.
d) Kennst du weitere Tasten und kannst deren Funktion erklären?

Für komplexere Aufgaben oder für Rechnungen mit immer wiederkehrenden Größen bietet sich die Speicherfunktion an. Hierzu benötigst du mehrere Tasten.

M+	Memory plus	speichert den angezeigten Wert oder addiert zum bereits vorhandenen Speicherwert
M–	Memory minus	speichert den angezeigten Wert mit negativem Vorzeichen oder subtrahiert vom bereits vorhandenen Speicherwert
MR	Memory recall	ruft den gespeicherten Wert wieder auf
MC	Memory clear	löscht den gesamten Speicherinhalt
Min	Memory in	löscht den vorhandenen Speicherwert und speichert stattdessen den neu angezeigten Wert

3 Mache dich mit den Speichertasten vertraut, indem du Zwischenergebnisse abspeicherst oder änderst und später wieder aufrufst. Probiere es mit Aufgaben wie den folgenden aus.
a) Speicher als Konstante nutzen: ① $\sqrt{2}$ M+ $+ 5$ ② MR $+ \sqrt{6}$ ③ MR $+ \sqrt{7}$ ④ MR $+ \sqrt{8}$ ⑤ MC
b) Ergebnis als Speicher weiterverwenden: ① $24 + 42$ M+ ② $\sqrt[3]{512}$: MR ③ $6{,}4 \cdot 10^5$: MR ④ MC
c) Speicherwert überschreiben: ① $10^5 : 2^5$ M+ ② $\sqrt[7]{25} \cdot$ MR Min ③ $\sqrt{1{,}25} \cdot$ MR ④ MC

Zahlen in Zehnerpotenzschreibweise

Entdecken

1 Bearbeite die Daten aus unserem Sonnensystem.

a) Schreibe alle Größenangaben als Zahlen aus und sortiere sie aufsteigend nach ihrer Größe.
b) Mache Vorschläge zur besseren Lesbarkeit solch großer Zahlen.

2 Berechnet mit dem Taschenrechner. Schreibt die Ergebnisse vom Display ab.
a) $570\,000 \cdot 640\,000$ b) $0{,}04 \cdot 0{,}089$ c) $0{,}07^{11}$ d) 15^9
Versucht zu erklären, was die angezeigten Ergebnisse bedeuten. Rechnet notfalls selber schriftlich aus. Ordnet dann die Ergebnisse aufsteigend von klein nach groß.

3 Dein Taschenrechner kann Ergebnisse unterschiedlich darstellen.
a) Schreibe jedes einzelne Ergebnis ins Heft. Notiere, wann die Darstellung des Ergebnisses „umspringt“. Rechne dann noch zwei Mal weiter.
① Nimm die Zahl 200 immer wieder mit sich selber mal.
② Teile die Zahl 0,2 immer wieder durch 10.
b) Finde allgemein heraus, wann dein Taschenrechner die Darstellungsweise des Ergebnisses ändert. Vergleiche mit anderen in deiner Klasse.

4 In einem Artikel über Mikrochips kann man folgendes lesen:

Neues Fertigungsverfahren ermöglicht ultradünne flexible Mikrochips.

Stuttgarter Institut stellt erstmals Chips mit $2 \cdot 10^{-2}$ mm Dicke her.
Der Trend in der Elektronikindustrie geht zu immer dünneren Mikrochips.
Die Strukturen auf den Mikrochips sind längst kleiner als 10^{-4} mm.
Zum Vergleich: Ein menschliches Haar besitzt einen Durchmesser von etwa $5 \cdot 10^{-2}$ mm.
Damit Mikrochips nicht zu leicht brechen, haben sie eine typische Dicke von $4 \cdot 10^{-1}$ mm.
Die elektrisch aktive Zone reicht aber nur etwa $5 \cdot 10^{-3}$ mm von der Chipoberfläche in die Tiefe.

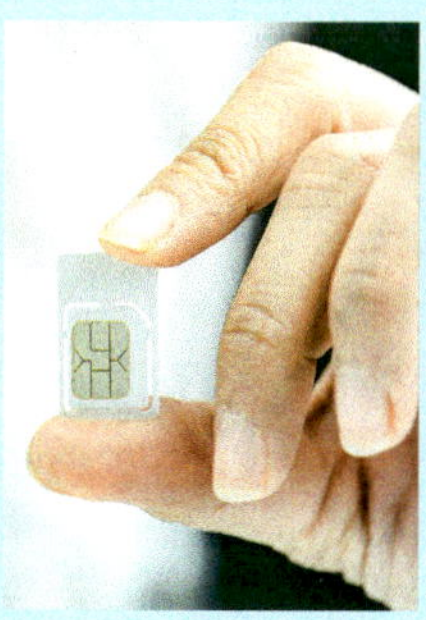

a) Schreibe alle Größenangaben in mm aus dem Text heraus.
Was fällt dir daran auf?
b) Ordne die Angaben aus dem Text den folgenden Größenangaben zu.
Wie bist du vorgegangen?

0,05 mm | 0,005 mm | 0,02 mm | 0,4 mm | 0,0001 mm

Verstehen

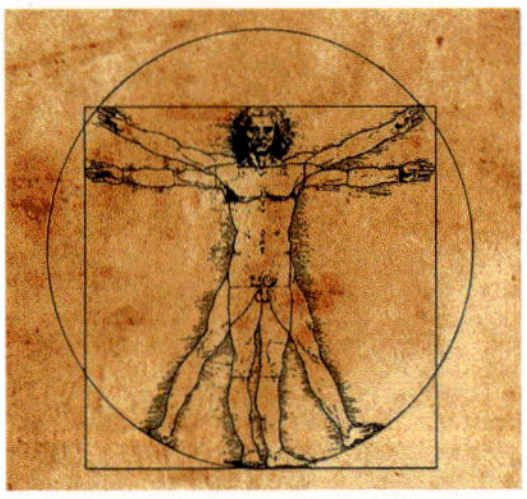

Ein erwachsener Mensch hat etwa 100 000 000 000 000 Körperzellen. Rote Blutkörperchen haben eine Dicke von 0,000 001 m.
Die Darstellung von sehr großen und sehr kleinen Zahlen wird schnell unübersichtlich. Außerdem kann der Taschenrechner nur eine begrenzte Anzahl von Stellen aufnehmen und anzeigen.
Hier ist die Zahlendarstellung mit Zehnerpotenzen sinnvoll.

Merke In der **Zehnerpotenzschreibweise** werden sehr große und sehr kleine Zahlen als Produkt dargestellt.
Der erste Faktor ist eine Zahl zwischen 1 und 10. Der zweite Faktor ist eine Zehnerpotenz.
Bei Zahlen zwischen 0 und 1 ist der Exponent der Zehnerpotenz negativ.

Beispiel 1

$100\,000\,000\,000\,000 = 1 \cdot 10^{14}$

$780\,000\,000 = 7{,}8 \cdot 10^{8}$

$0{,}000\,001 = 1 \cdot 10^{-6}$

$0{,}00108 = 4{,}085 \cdot 10^{-3}$

So kann man umgekehrt Zahlen in Zehnerpotenzschreibweise in Dezimalzahlen umwandeln:

Der Exponent der Zehnerpotenz gibt an, um wie viele Stellen das Komma des ersten Faktors verschoben wird:
- Wenn der **Exponent positiv** ist, dann verschiebt man das Komma nach rechts.
- Wenn der **Exponent negativ** ist, dann verschiebt man das Komma nach links.

Beispiel 2

$8{,}42 \cdot 10^{7} = 84\,200\,000$

Das Komma wird um 7 Stellen nach rechts verschoben. Füge dazu Nullen an.

$2{,}75 \cdot 10^{-4} = 0{,}000\,275$

Das Komma wird um 4 Stellen nach links verschoben.

Unterschiedliche Taschenrechner haben unterschiedliche Tasten für die Eingabe von Zehnerpotenzen:

[EXP] [EE] [$\times 10^{n}$] [$\times 10^{x}$]

Beispiel 3

Tastenfolge für $3{,}69 \cdot 10^{4}$:

[3] [·] [6] [9] [EE] [4] [=]

Auch die Darstellung der Zehnerpotenzen im Display ist unterschiedlich.

3.75 x10^11   3.75^11   3.75E-11

Einige Zehnerpotenzen können durch **genormte Vorsätze** ersetzt werden.

Zehnerpotenz	Bedeutung	Vorsatz	Beispiel
10^{-9}	Milliardstel	Nano (n)	$0{,}000\,000\,006\,s = 6 \cdot 10^{-9}\,s = 6\,ns$ (Nanosekunde)
10^{-6}	Millionstel	Mikro (µ)	$0{,}000\,008\,m = 8 \cdot 10^{-6}\,m = 8\,\mu m$ (Mikrometer)
10^{-3}	Tausendstel	Milli (m)	$0{,}004\,m = 4 \cdot 10^{-3}\,m = 4\,mm$ (Millimeter)
10^{-2}	Hundertstel	Zenti (c)	$0{,}09\,m = 9 \cdot 10^{-2}\,m = 9\,cm$ (Zentimeter)
10^{-1}	Zehntel	Dezi (d)	$0{,}35\,m = 3{,}5 \cdot 10^{-1}\,m = 3{,}5\,dm$ (Dezimeter)
10^{2}	Hundert	Hekto (h)	$700\,l = 7 \cdot 10^{2}\,l = 7\,hl$ (Hektoliter)
10^{3}	Tausend	Kilo (k)	$5\,600\,g = 5{,}6 \cdot 10^{3}\,g = 5{,}6\,kg$ (Kilogramm)
10^{6}	Million	Mega (M)	$1\,800\,000\,Hz = 1{,}8 \cdot 10^{6}\,Hz = 1{,}8\,MHz$ (Megahertz)
10^{9}	Milliarde	Giga (G)	$7\,000\,000\,000\,B = 7 \cdot 10^{9}\,B = 7\,GB$ (Gigabyte)
10^{12}	Billion	Tera (T)	$1\,500\,000\,000\,000\,B = 1{,}5 \cdot 10^{12}\,B = 1{,}5\,TB$ (Terabyte)

SCHON GEWUSST?
Hz (Hertz) ist eine Einheit für die Frequenz und gibt die Anzahl von Schwingungen pro Minute an.
B steht für Byte (Maßeinheit für eine Datenmenge von 8 Bit).

Üben und anwenden

1 Setze die Tabelle im Heft bis 10^0 fort.

Potenz	Zahl	Zahlwort
10^6	1 000 000	eine Million
		einhunderttausend
	10 000	

1 Schreibe als Zehnerpotenzen.

a) 1 000 000 b) 1 000 000 000
c) 100 000 d) 10 000 000
e) 100 f) 10
g) 1 000 h) 1
i) 20 000 j) 5 000 000

2 Ordne richtig zu.

Ⓐ 38 000 Ⓑ 280 000 000 Ⓒ 2 800 000 000 Ⓓ 3 000 000 Ⓔ 2 800 Ⓕ 300 Ⓖ 28 000 000 Ⓗ 300 000

① $2{,}8 \cdot 10^9$ ② $3 \cdot 10^5$ ③ $3 \cdot 10^2$ ④ $2{,}8 \cdot 10^8$ ⑤ $2{,}8 \cdot 10^7$ ⑥ $3 \cdot 10^6$ ⑦ $2{,}8 \cdot 10^3$ ⑧ $3{,}8 \cdot 10^4$

3 Rechne wie im Beispiel.

Beispiel $4 \cdot 10^2 = 4 \cdot 100 = 400$

a) 3 b) 5 c) 7
d) 2 e) $4 \cdot 10^2$ f) $9 \cdot 10^7$

3 Schreibe ausführlich.

Beispiel $5{,}9 \cdot 10^3 = 5{,}9 \cdot 1\,000 = 5\,900$

a) $4 \cdot 10^3$ b) $8 \cdot 10^6$ c) $5 \cdot 10^4$
d) $2{,}8 \cdot 10^5$ e) $4{,}3 \cdot 10^6$ f) $6{,}2 \cdot 10^8$

4 Schreibe ausführlich.

a) $5{,}2 \cdot 10^5$ b) $4{,}3 \cdot 10^3$
c) $3{,}9 \cdot 10^4$ d) $8{,}2 \cdot 10^4$
e) $4{,}9 \cdot 10^6$ f) $5{,}67 \cdot 10^5$

4 Schreibe die Zahl ohne Zehnerpotenz.

a) $9 \cdot 10^6$ b) $6 \cdot 10^9$ c) $2 \cdot 10^4$
d) $2{,}4 \cdot 10^3$ e) $1{,}7 \cdot 10^5$ f) $3{,}14 \cdot 10^7$
g) $2{,}406 \cdot 10^8$ h) $1{,}0275 \cdot 10^3$ i) $5{,}05 \cdot 10^{10}$

5 Schreibe mit Zehnerpotenzen.

Beispiel $48\,000 = 4{,}8 \cdot 10\,000 = 4{,}8 \cdot 10^5$

a) 1 000 000 b) 10 000 000 000
c) 7 000 000 000 d) 42 000 000

5 Schreibe mit Zehnerpotenzen.

a) 120 000 b) 5 700 000
c) 24 580 000 d) 4 509 000 000
e) 625 000 000 f) 120 030 000

6 Schreibe die Zahlen ohne Zehnerpotenzen und ordne sie nach der Größe.

a) In Bayern wurden Skelette von Flugsauriern gefunden. Ihr Alter: [1.5 ^{8}] Jahre.
b) Vor [4.8 ^{7}] Jahren lebte ein Fisch, der mit den heutigen Barschen verwandt ist.
c) Kopffüßer sind heute ausgestorben. Sie traten erstmals vor [4.1 ^{8}] Jahren auf.
d) Die älteste vollständige Versteinerung eines Insekts ist rund [3.7 ^{8}] Jahre alt.

7 Schreibe die Größen mithilfe der jeweils anderen Schreibweise.

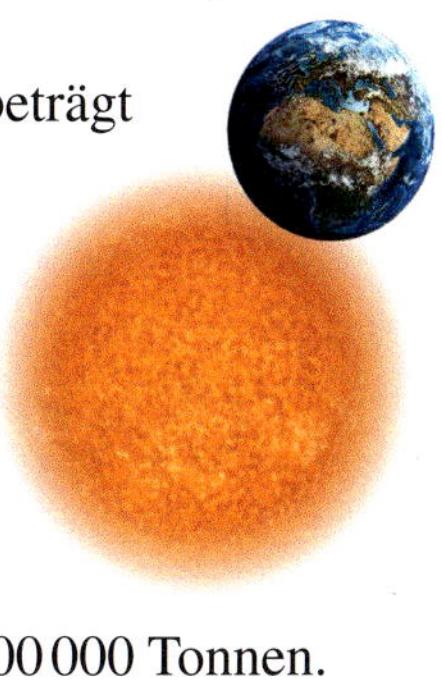

a) Der Radius der Sonne beträgt 696 000 km.
b) Die Oberfläche der Sonne ist rund $6{,}1 \cdot 10^{12}$ Quadratkilometer groß.
c) Das Gewicht der Erde beträgt rund 5 974 000 000 000 000 000 000 Tonnen.

7 Ordne richtig zu und ergänze die jeweils andere Schreibweise.

Beispiel Entfernung Berlin – München
$= 5 \cdot 10^2$ km $= 500$ km

$2{,}5 \cdot 10^2$ km 1,8 m 380 000 km 8 m $2{,}5 \cdot 10^1$ m $2 \cdot 10^0$ m $4 \cdot 10^2$ m

Länge eines Zollstocks Entfernung Hamburg – Berlin
Eine Runde um den Sportplatz Höhe eines Aussichtsturms
Körpergröße eines Erwachsenen Entfernung Erde – Mond
Länge eines Klassenzimmers

8 Übertrage die Tabelle in dein Heft.
Ergänze die fehlenden Schreibweisen und setze bis zu 10^{-6} fort.

Potenzschreibweise	als Dezimalbruch	als Bruch	als Zahlwort
10^{-1}	0,1	$\frac{1}{10}$	ein Zehntel
…	0,01	…	ein Hundertstel
…	…	…	…

9 Schreibe als Zehnerpotenzen.

a) 0,1 b) 0,01
c) 0,001 d) 0,0001
e) 0,00001 f) 0,000001

9 Schreibe als Zehnerpotenzen.

a) ein Zehntausendstel b) 0,000 001
c) 0,00000001 d) $\frac{1}{10000000}$
e) ein Milliardstel f) ein Billionstel

10 Schreibe ausführlich.

Beispiel $6{,}5 \cdot 10^{-3} = 0{,}0065$

a) $8 \cdot 10^{-2}$ b) $6 \cdot 10^{-3}$
c) $7 \cdot 10^{-4}$ d) $4{,}5 \cdot 10^{-3}$
e) $1{,}9 \cdot 10^{-4}$ f) $6 \cdot 10^{-5}$

10 Schreibe ausführlich.

a) $2 \cdot 10^{-4}$ b) $9 \cdot 10^{-5}$
c) $7 \cdot 10^{-6}$ d) $3{,}81 \cdot 10^{-3}$
e) $1{,}9 \cdot 10^{-6}$ f) $6{,}42 \cdot 10^{-3}$
g) $1{,}8 \cdot 10^{-7}$ h) $5 \cdot 10^{-9}$

11 Schreibe als Zehnerpotenzen.

Beispiel $0{,}007 = 7 \cdot 10^{-3}$

a) 0,0006 b) 0,000005
c) 0,003 d) 0,0038
e) 0,000026 f) 0,00000036
g) 0,0004 h) 0,0000000048

11 Schreibe in Zehnerpotenzschreibweise.

a) 0,01 b) 0,0002
c) 0,000204 d) 0,09075
e) 0,000000032 f) 0,00000000201
g) $\frac{4}{100}$ h) $\frac{2}{10000}$

12 Gib die Aufgaben in den Taschenrechner ein. Mit der [=]-Taste erhältst das Ergebnis.

a) $4 \cdot 10^{6}$ b) $7 \cdot 10^{3}$
c) $5 \cdot 10^{-4}$ d) $8 \cdot 10^{-7}$
e) $4{,}33 \cdot 10^{-2}$ f) $9{,}18 \cdot 10^{-5}$
g) $3{,}03 \cdot 10^{-6}$ h) $2{,}31 \cdot 10^{-3}$

12 Gib die Aufgaben in deinen Taschenrechner ein und notiere das Ergebnis.

a) $3 \cdot 10^{4} + 5 \cdot 10^{2}$ b) $4 \cdot 10^{3} + 8 \cdot 10^{6}$
c) $1{,}5 \cdot 10^{3} + 2 \cdot 10^{6}$ d) $5 \cdot 10^{2} + 1 \cdot 10^{4}$
e) $3 \cdot 10^{-5} + 2 \cdot 10^{-6}$ f) $2 \cdot 10^{-7} + 3 \cdot 10^{-2}$
g) $2{,}5 \cdot 10^{-3} + 1 \cdot 10^{-5}$ h) $7 \cdot 10^{-2} + 1{,}3 \cdot 10^{-4}$

13 Andi hat eine Wette verloren und musste sich die Haare kahl rasieren.
Wie lange muss er warten, bis seine Haare wieder 5 cm lang sind?
Ein Haar wächst täglich etwa $3 \cdot 10^{-2}$ cm.

13 Ein Gletscher hat eine durchschnittliche Fließgeschwindigkeit von $6{,}4 \cdot 10^{-6}\,\frac{m}{s}$.
Berechne die Zeit, die ein Gletscher benötigt, um sich 100 m weiter zu bewegen.
$\frac{m}{s}$ bedeutet Meter pro Sekunde.

14 Ordne den Aufgaben die richtige Zehnerpotenzschreibweise zu. Nutze den Taschenrechner.

- $0{,}0006^2$
- $3{,}6 \cdot 10^{-8}$
- $\frac{9}{1000} \cdot \frac{1}{1000} \cdot \frac{4}{1000}$
- $3{,}6 \cdot 10^{-7}$
- 9 Mrd. · 400
- $3{,}6 \cdot 10^{11}$
- 600000^2
- $3{,}6 \cdot 10^{12}$
- $3{,}6 \cdot 10^{10}$
- 40000 · 900000
- $3{,}6 \cdot 10^{-9}$
- 0,000004 · 0,0009

Quadratzahlen und Quadratwurzeln

Entdecken

1 Erkläre, nach welcher Regel das Punktmuster gebildet ist.

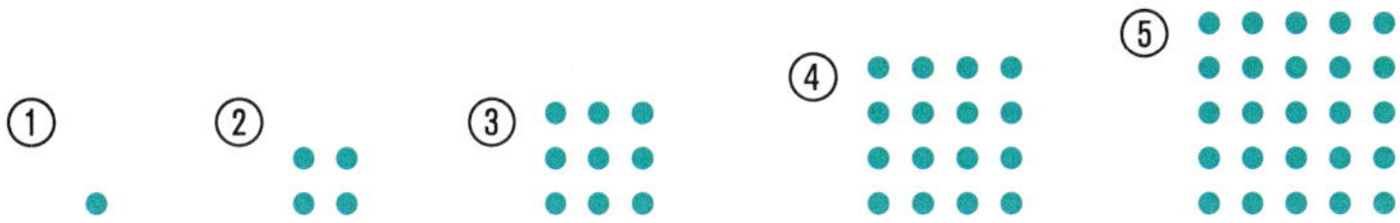

2 Quadrate aus Quadraten

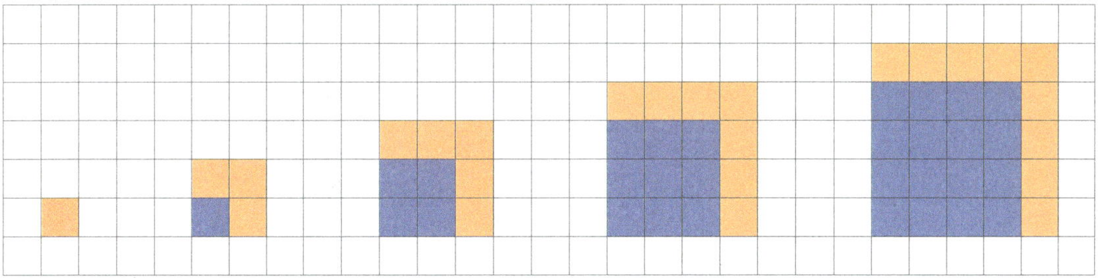

1 $\quad 1 + 3 = 4 \quad 1 + 3 + 5 = 9 \quad 1 + 3 + 5 + 7 = 16 \quad 1 + 3 + 5 + 7 \ldots$

a) Übertrage die Zeichnung in dein Heft und führe die Reihe für weitere fünf Quadrate fort.
b) Wie viele kleine Quadrate wird die 12. Zeichnung der Folge enthalten?
c) Bestimme die Seitenlänge und den Flächeninhalt der einzelnen Quadrate, wenn das erste Quadrat die Seitenlänge $a = 1\,\text{cm}$ hat.
d) Überprüfe die Aussage am Beispiel der Zahl 144:
„Jede Quadratzahl n^2 lässt sich als Summe der ersten n ungeraden Zahlen darstellen."

3 Arbeitet zu zweit.

1	4	9	16	25	36	49	64	81	100
121	144	169	196	225	256	289	324	361	400

a) Die Zahlen wurden alle nach dem gleichen Muster gebildet.
Beschreibt das Muster und ergänzt eine Zeile.
b) Was fällt euch bei den Zahlen auf, die untereinander stehen?

4 Mosaiksteine

a) Eine $50\,\text{cm} \times 50\,\text{cm}$ große Fläche soll mit Mosaiksteinen ausgelegt werden.
Jeder Mosaikstein ist $1\,\text{cm} \times 1\,\text{cm}$ groß.
Wie viele Mosaiksteine werden benötigt?
Hinweis: Fugen werden nicht berücksichtigt.
b) Eine andere quadratische Fläche wurde mit 1 600 Mosaiksteinen ausgelegt.
Wie viele Steine liegen jeweils in einer Reihe?
Berechne die Anzahl der Steine je Reihe auch für
– ein Quadrat mit 900 Mosaiksteinen und
– ein Quadrat mit 3 600 Mosaiksteinen.

Verstehen

Ein Quadrat hat die Seitenlänge $a = 8\,\text{cm}$.
Zur Berechnung des Flächeninhalts multipliziert man die Seitenlänge a mit sich selbst: $A = 8\,\text{cm} \cdot 8\,\text{cm} = 64\,\text{cm}^2$

Merke Eine Zahl wird **quadriert**, indem man sie mit sich selbst multipliziert.
Das Ergebnis heißt **Quadratzahl**.

$7^2 = 49$ ← Quadratzahl von 7

Beispiel 1

$8^2 = 8 \cdot 8 = 64$
Man schreibt: $8^2 = 64$
Man liest: 8 hoch 2 gleich 64
Im Taschenrechner tippt man z. B.: [8] [x^2] [=]

$(-5)^2 = (-5) \cdot (-5) = 25$
Man schreibt: $(-5)^2 = 25$
Man liest: -5 hoch 2 gleich 25
Taschenrechner: [(] [–] [5] [)] [x^2] [=]

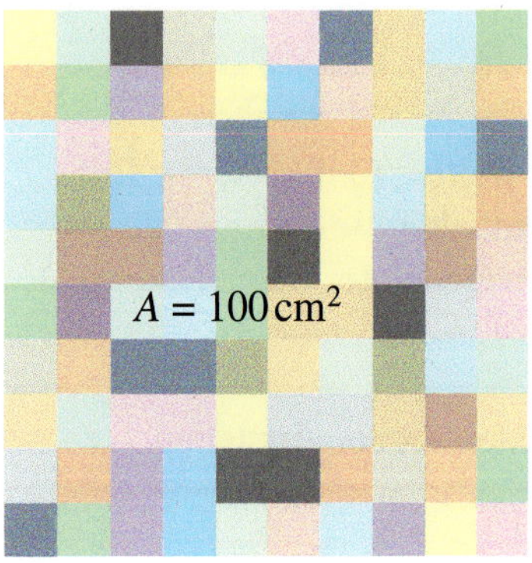

Gegeben ist ein Quadrat mit dem Flächeninhalt $A = 100\,\text{cm}^2$.

Zur Berechnung der Seitenlänge a überlegt man, welche Zahl mit sich selbst multipliziert 100 ergibt:
$a = 10\,\text{cm}$, denn $10\,\text{cm} \cdot 10\,\text{cm} = 100\,\text{cm}^2 = A$

Merke Die **Quadratwurzel** aus einer positiven Zahl x ist diejenige positive Zahl, die mit sich selbst multipliziert x ergibt.

Für die Quadratwurzel aus x schreibt man kurz $\sqrt{x}$.

$\sqrt{144} = 12$ ↑ Quadratwurzel aus 144

Beispiel 2

$\sqrt{121} = 11$, denn $11 \cdot 11 = 121$
Man schreibt: $\sqrt{121}$
Man liest: Wurzel aus 121 ist 11
Im Taschenrechner tippt man z. B.: [√] [1] [2] [1] [=]
Man rechnet: $\sqrt{121} = 11$, denn $11 \cdot 11 = 121$

$\sqrt{0{,}81} = 0{,}9$, denn $0{,}9 \cdot 0{,}9 = 0{,}81$

$\sqrt{x^2} = x$, denn $x \cdot x = x^2$

$\sqrt{\frac{9}{16}} = \frac{3}{4}$, denn $\frac{3}{4} \cdot \frac{3}{4} = \frac{9}{16}$

Wurzeln gehen nicht immer auf. Es muss dann gerundet werden: $\sqrt{10} \approx 3{,}16$, denn $3{,}16 \cdot 3{,}16 \approx 10$

Bei positiven Zahlen ist das Ziehen der Quadratwurzel die **Umkehrung des Quadrierens**.

Beispiel 3

Quadratwurzel ziehen →

$12^2 = 144$ $12 = \sqrt{144}$

← quadrieren

Üben und anwenden

1 Lege eine Liste mit den Quadratzahlen von $1^2 = 1$ bis $20^2 = 400$ an. Präge sie dir gut ein.

2 Berechne im Kopf.

a) 6^2 b) 9^2 c) 4^2
d) 12^2 e) 20^2 f) 11^2

2 Berechne im Kopf.

a) 8^2 b) 30^2 c) 25^2
d) $(-3)^2$ e) $(-10)^2$ f) $0{,}5^2$

3 Berechnet. Was fällt euch an den Ergebnissen auf? Formuliert eine Regel.

a) 50^2 | 5^2 | $0{,}5^2$ b) 70^2 | 7^2 | $0{,}7^2$ c) 12^2 | $1{,}2^2$ | $0{,}12^2$ d) 300^2 | 30^2 | 3^2 | $0{,}3^2$

4 Berechne. Achte auf Vorzeichen.

Beispiel $\left(\frac{2}{3}\right)^2 = \frac{2}{3} \cdot \frac{2}{3} = \frac{2^2}{3^2} = \frac{4}{9}$

a) 10^2; 20^2; 30^2; 40^2; 50^2
b) 2^2; $(-2)^2$; 3^2; $(-3)^2$; 4^2; $(-4)^2$
c) $\left(\frac{1}{2}\right)^2$; $\left(\frac{1}{3}\right)^2$; $\left(\frac{3}{4}\right)^2$; $\left(\frac{3}{10}\right)^2$

4 Berechne. So quadriert man den Bruch $\frac{a}{b}$:

$$\left(\frac{a}{b}\right)^2 = \frac{a}{b} \cdot \frac{a}{b} = \frac{a^2}{b^2}$$

a) 1^2; 10^2; 100^2; $1\,000^2$; $10\,000^2$
b) $(-2)^2$; $(-7)^2$; $(-12)^2$; $(-21)^2$; 0^2
c) $\left(\frac{3}{4}\right)^2$; $\frac{3^2}{4}$; $\frac{3}{4^2}$; $\left(-\frac{3}{4}\right)^2$; $-\left(\frac{3}{4}\right)^2$

5 Berechne mit dem Taschenrechner. Nutze die x^2-Taste.

a) 26^2 b) 43^2 c) 305^2 d) $2{,}34^2$ e) $16{,}88^2$ f) $0{,}99^2$ g) $7\,261^2$

6 Übertrage in dein Heft und ergänze.

a) $\sqrt{16}$ = ■, denn ■^{2} = 16
b) $\sqrt{81}$ = ■, denn ■^{2} = 81
c) $\sqrt{121}$ = ■, denn ■^{2} = 121
d) $\sqrt{400}$ = ■, denn ■^{2} = 400

6 Übertrage in dein Heft und ergänze.

a) $\sqrt{64}$ = ■, denn ■^{2} = 64
b) $\sqrt{■}$ = 12, denn 12^2 = ■
c) $\sqrt{625}$ = ■, denn ■^{2} = 625
d) $\sqrt{■}$ = 17, denn 17^2 = ■

7 Schätze ab: Zwischen welchen natürlichen Zahlen liegt der Wert der Wurzel?

Beispiel $\sqrt{30}$ liegt zwischen 5 und 6, weil gilt: $\sqrt{25} = 5$ und $\sqrt{36} = 6$ und $25 < 30 < 36$

a) $\sqrt{6}$ b) $\sqrt{40}$ c) $\sqrt{75}$ d) $\sqrt{111}$ e) $\sqrt{200}$ f) $\sqrt{450}$ g) $\sqrt{666}$ h) $\sqrt{1\,000}$

8 Nutze den Taschenrechner zum Wurzelziehen. Runde auf eine Nachkommastelle, wenn nötig.

a) $\sqrt{900}$ b) $\sqrt{2\,025}$ c) $\sqrt{12{,}25}$
d) $\sqrt{10}$ e) $\sqrt{0}$ f) $\sqrt{90}$
g) $\sqrt{1}$ h) $\sqrt{5{,}5}$ i) $\sqrt{500}$

8 Rechne mit dem Taschenrechner. Runde auf zwei Nachkommastellen, falls nötig.

a) $\sqrt{1\,600}$ b) $\sqrt{5\,625}$ c) $\sqrt{1\,024}$
d) $\sqrt{2}$ e) $\sqrt{50}$ f) $\sqrt{300}$
g) $\sqrt{16{,}9}$ h) $\sqrt{0{,}5}$ i) $\sqrt{9{,}9}$

9 Familie Hubertus lässt den Boden ihres Bads neu fliesen. Im Baumarkt wählen sie eine quadratische Fliese mit einer Kantenlänge von 15 cm.

a) Wie viel cm^2 Fußboden bedeckt eine solche Fliese?
b) Das Bad hat einen quadratischen Fußboden (Flächeninhalt 9 m^2). Wie viele Fliesen werden mindestens benötigt?
Wie viele Fliesen liegen in einer Reihe?
c) Eine andere Fliese hat eine doppelt so lange Kantenlänge. Wie viele Fliesen werden davon benötigt?

10 Ergänze im Heft. Überschlage zunächst. Überprüfe dann mit dem Taschenrechner.

a)

Quadratzahl	64	81	324	529	625
Quadratwurzel	8				

b)

Quadratzahl					
Quadratwurzel	11	17	21	32	40

10 Ergänze im Heft. Überschlage zunächst. Überprüfe dann mit dem Taschenrechner.

a)

Quadratzahl	169		196		1 024
Quadratwurzel		55		110	

b)

Quadratzahl	144		484		361
Quadratwurzel		26		50	

11 Übertrage ins Heft und ergänze.

a) $\sqrt{\frac{1}{4}} = \frac{1}{■}$
b) $\sqrt{\frac{■}{49}} = \frac{3}{7}$
c) $\sqrt{\frac{25}{36}} = ■$
d) $\sqrt{■} = \frac{4}{9}$
e) $\sqrt{\frac{■}{100}} = \frac{9}{■}$
f) $\sqrt{\frac{■}{■}} = \frac{11}{20}$

11 Berechne die Quadratwurzel.

a) $\sqrt{\frac{1}{9}}$
b) $\sqrt{\frac{1}{25}}$
c) $\sqrt{\frac{1}{121}}$
d) $\sqrt{\frac{81}{100}}$
e) $\sqrt{\frac{49}{144}}$
f) $\sqrt{\frac{361}{900}}$

12 Das Rechteck mit der gegebenen Länge und Breite soll in ein flächengleiches Quadrat umgewandelt werden.
Welche Seitenlänge hat das Quadrat?

a) $a = 24\,\text{m}$; $b = 6\,\text{m}$
b) $a = 7\,\text{m}$; $b = 28\,\text{m}$
c) $a = 18\,\text{m}$; $b = 0{,}5\,\text{m}$
d) $a = 0{,}27\,\text{m}$; $b = 3\,\text{m}$

12 Das Rechteck mit der gegebenen Länge und Breite soll in ein flächengleiches Quadrat umgewandelt werden.
Welche Seitenlänge hat das Quadrat?

a) $a = 1{,}25\,\text{m}$; $b = 5\,\text{m}$
b) $a = 10\,\text{m}$; $b = 4{,}225\,\text{m}$
c) $a = 0{,}005\,\text{m}$; $b = 0{,}5\,\text{m}$
d) $a = 25\,\text{m}$; $b = 5{,}29\,\text{m}$

13 Auf dem Schulhof soll ein $16\,\text{m}^2$ großes Schachfeld angelegt werden. Dazu braucht man 32 weiße und 32 schwarze quadratische Bodenplatten. Welche Seitenlänge haben die einzelnen Platten?

14 Ein $1\,\text{m}^2$ großes Quadrat wird vollständig mit 2 500 quadratischen Steinen ausgelegt. Rechne zuerst $1\,\text{m}^2$ in cm^2 um.

a) Welche Kantenlänge hat ein Stein?
b) Wie viele Steine benötigt man für eine Fläche von $72{,}75\,\text{m}^2$?

14 Der Thronsaal eines Schlosses ist mit einem Bodenmosaik aus quadratischen Steinen mit 1,5 cm Kantenlänge geschmückt. Aus wie vielen Steinen besteht der 15 m breite und 24 m lange Saal?

15 Die Abbildung zeigt, wie man seine Reaktionszeit testen kann. Aus dem Weg s (in m), den das Lineal durch die Finger der Testperson zurücklegt, lässt sich die Reaktionszeit t (in s) mit der Faustformel $t = \sqrt{\frac{s}{5}}$ berechnen.

a) Berechne die Reaktionszeiten bei 18 cm, 11 cm und 20 cm. Welche Wertung für die Reaktion wird jeweils gegeben?
b) Gib für die angegebenen Reaktionszeiten jeweils den Weg in Millimeter an.

Kubikzahlen, Kubikwurzeln, Wurzeln

Entdecken

1 Der abgebildete Holzwürfel hat ein Volumen von 125 cm³.
Die Formel für das Volumen ist $V = a \cdot a \cdot a$
$V = a^3$.

a) Welche Kantenlänge hat der Holzwürfel?
Probiert aus, indem ihr verschiedene Zahlen für a einsetzt und euch so einer Lösung nähert.

b) Welche Kantenlänge hätte der Holzwürfel bei einem Volumen von 343 cm³? Probiert mögliche Lösungen aus.

2 Die Zeilen wurden alle nach der gleichen Regel gebildet.

1	1	1
2	4	8
3	9	27
4	16	64
…	…	…

a) Findet und beschreibt die Regel.

b) Welche drei Zahlen passen in die 5. Zeile der Tabelle:
| 5 | 25 | 125 | oder | 5 | 25 | 100 | ?
Begründet eure Entscheidung.

c) Setzt die Tabelle um drei weitere Zeilen fort.

3 Wenn man ein Blatt Papier faltet, dann verdoppelt sich die Dicke bei jedem Falten. Ein Blatt Papier ist 0,1 mm dick.

a) Übertrage die Tabelle in dein Heft und fülle sie aus.

Anzahl Falten	1	2	3	4		
Dicke im mm	0,1	0,2				102,4

b) Wie oft muss man ein Papier falten, damit der Stapel etwa so hoch wie ein Mensch ist?

c) Kann man mit weniger als 25-mal Falten eine Dicke von 100 m erreichen?

d) Wie oft lässt sich ein Blatt Papier wirklich falten?
Probiere es an einem DIN-A4-Blatt aus.

4 Ordne den Aussagen die gesuchten Zahlen zu.

Eine Zahl wird mit sich selbst 3-mal hintereinander multipliziert und das Ergebnis ist 216.

Eine Zahl wird mit sich selbst 5-mal hintereinander multipliziert und das Ergebnis ist 1024.

Eine Zahl wird mit sich selbst multipliziert und das Ergebnis ist 49.

3 | 4 | 5 | 6 | 7 | 8

Eine Zahl wird mit sich selbst 4-mal hintereinander multipliziert und das Ergebnis ist 4 096.

Eine Zahl wird mit sich selbst 8-mal hintereinander multipliziert und das Ergebnis ist 6 561.

Eine Zahl wird mit sich selbst 6-mal hintereinander multipliziert und das Ergebnis ist 15 625.

Verstehen

Gegeben ist ein Würfel mit der Seitenlänge $a = 4\,\text{cm}$.
Zur Berechnung des Volumens multipliziert man die Seitenlänge dreimal mit sich selbst:
$V = 4\,\text{cm} \cdot 4\,\text{cm} \cdot 4\,\text{cm} = 64\,\text{cm}^3$

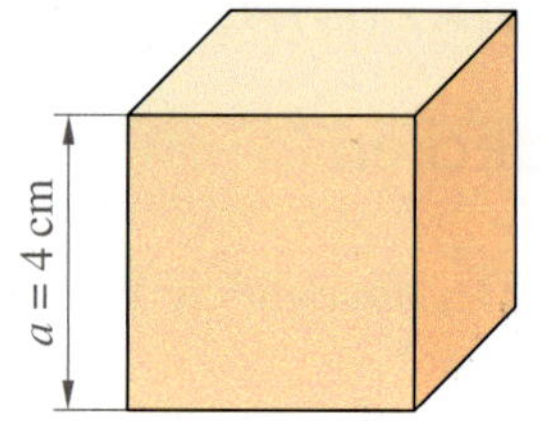

HINWEIS
Kubikzahlen mit dem Taschenrechner:
[7] [.] [2] [x^y] [3]
oder
[7] [.] [2] [^] [3] [=]

Merke Produkte aus drei gleichen Faktoren nennt man **Kubikzahlen**.

$8^3 = 512$
↑
dritte Potenz
Man sagt: „acht hoch drei“

Beispiel 1

$6^3 = 6 \cdot 6 \cdot 6$
$\quad = 216$

$(-4)^3 = (-4) \cdot (-4) \cdot (-4)$
$\quad = 16 \cdot (-4)$
$\quad = -64$

Gegeben ist ein Würfel mit dem Volumen $V = 1\,000\,\text{cm}^3$.
Zur Berechnung der Seitenlänge a überlegt man, welche Zahl dreimal mit sich selbst multipliziert 1 000 ergibt: $a = 10\,\text{cm}$, denn $10\,\text{cm} \cdot 10\,\text{cm} \cdot 10\,\text{cm} = 1\,000\,\text{cm}^3 = V$

HINWEIS
Kubikwurzeln mit dem Taschenrechner:
[7] [0] [$\sqrt[x]{y}$] [3] [=]
oder
[3] [$\sqrt[x]{y}$] [7] [0] [=]

Merke Die **Kubikwurzel** aus einer positiven Zahl a ist diejenige positive Zahl, die dreimal mit sich selbst multipliziert a ergibt.
Für die Kubikwurzel aus a schreibt man kurz $\sqrt[3]{a}$.
Es gilt: $\sqrt[3]{0} = 0$

$\sqrt[3]{125} = 5$
↑
Kubikwurzel aus 125,
denn $5^3 = 125$

Beispiel 2

a) $\sqrt[3]{27} = 3$, denn $3 \cdot 3 \cdot 3 = 27$

b) $\sqrt[3]{0{,}008} = 0{,}2$, denn $0{,}2 \cdot 0{,}2 \cdot 0{,}2 = 0{,}008$

Bei positiven Zahlen ist das Ziehen der Kubikwurzel die **Umkehrung des Potenzierens mit 3**.

Beispiel 3

$5^3 = 125$ —Kubikwurzel ziehen→ $5 = \sqrt[3]{125}$
$5 = \sqrt[3]{125}$ —potenzieren mit 3→ $5^3 = 125$

Das Ziehen der Quadratwurzel $\sqrt{x}$ ist die Umkehrung des Quadrierens: x^2.
Das Ziehen der Kubikwurzel $\sqrt[3]{x}$ ist die Umkehrung des Potenzierens mit 3: x^3.
Auch für Potenzen mit den Exponenten 4; 5; 6; … gibt es jeweils eine Umkehrung.

Merke Zerlegt man eine positive Zahl a in gleiche positive Faktoren x, so erhält man:

$$a = \underbrace{x \cdot x \cdot \ldots \cdot x}_{n \text{ Faktoren}} = x^n$$

Man nennt x die ***n*-te Wurzel** von a und schreibt kurz: $\sqrt[n]{a}$

Beispiel 4

$\sqrt[4]{625} = 5$, da $625 = \underbrace{5 \cdot 5 \cdot 5 \cdot 5}_{4 \text{ Faktoren}}$

$\sqrt[5]{100\,000} = 10$, da $100\,000 = \underbrace{10 \cdot 10 \cdot 10 \cdot 10 \cdot 10}_{5 \text{ Faktoren}}$

Üben und anwenden

1 Berechne.

Beispiel $2{,}5^3 = 2{,}5 \cdot 2{,}5 \cdot 2{,}5 = 15{,}625$

a) 20^3 b) 40^3 c) $0{,}5^3$
d) $(-2)^3$ e) $\left(\frac{1}{2}\right)^3$ f) 100^3

1 Berechne.

a) 12^3 b) 60^3 c) $0{,}4^3$
d) $(-15)^3$ e) 200^3 f) $0{,}8^3$
g) $\left(\frac{2}{3}\right)^3$ h) $0{,}7^3$ i) 0^3

2 Ordne richtig zu. Erkläre, wie du die Lösungen gefunden hast.

Ⓐ $\sqrt[3]{27}$ Ⓑ $\sqrt[3]{1000}$ Ⓒ $\sqrt[3]{512}$ Ⓓ $\sqrt[3]{1331}$ Ⓔ $\sqrt[3]{729}$ Ⓕ $\sqrt[3]{216}$ Ⓖ $\sqrt[3]{8}$

① 11 ② 8 ③ 9 ④ 10 ⑤ 6 ⑥ 3 ⑦ 2

3 Überprüfe jeweils mit der dritten Potenz.

Beispiel $\sqrt[3]{1000} = 10$, da
$10 \cdot 10 \cdot 10 = 10^3 = 1000$

a) $\sqrt[3]{64} = 4$ b) $\sqrt[3]{216\,000} = 60$
c) $\sqrt[3]{1} = 3$ d) $\sqrt[3]{11} = 1331$
e) $\sqrt[3]{250} = 5$ f) $\sqrt[3]{100} = 10$
g) $\sqrt[3]{729} = 9$ h) $\sqrt[3]{1\,000\,000} = 100$

3 Überprüfe jeweils durch Potenzieren.

a) $\sqrt[3]{\frac{1}{8}} \stackrel{?}{=} \frac{1}{2}$ b) $\sqrt[3]{0{,}0001} \stackrel{?}{=} 0{,}1$
c) $\sqrt[3]{\frac{1}{27}} \stackrel{?}{=} 0{,}3$ d) $\sqrt[3]{0{,}125} \stackrel{?}{=} 0{,}5$
e) $\sqrt[3]{0{,}064} \stackrel{?}{=} 0{,}4$ f) $\sqrt[3]{8000} \stackrel{?}{=} 20$
g) $\sqrt[3]{\frac{1}{64}} \stackrel{?}{=} 4$ h) $\sqrt[3]{900} \stackrel{?}{=} 30$

4 Berechne mit dem Taschenrechner.

a) $\sqrt[3]{512}$ b) $\sqrt[3]{18}$
c) $\sqrt[3]{1331}$ d) $\sqrt[3]{4{,}6}$
e) $\sqrt[3]{0{,}55}$ f) $\sqrt[3]{74{,}5}$

4 Berechne mit dem Taschenrechner.

a) $\sqrt[3]{2711}$ b) $\sqrt[3]{60}$
c) $\sqrt[3]{200}$ d) $\sqrt[3]{0{,}512}$
e) $\sqrt[3]{9{,}261}$ f) $\sqrt[3]{27{,}44}$

5 Übertrage in dein Heft. Setze <, > oder = passend ein.

a) $\sqrt[3]{125}$ ■ 4
b) $\sqrt[3]{1000}$ ■ 11
c) $\sqrt[3]{8008}$ ■ 20

5 Setze im Heft <, > oder = passend ein.

a) $\sqrt[3]{1\,000\,000}$ ■ 110
b) $\sqrt[3]{635}$ ■ 9
c) $\sqrt[3]{1431}$ ■ 11
d) $\sqrt[3]{3381}$ ■ 15

6 Dies ist ein Würfelhaus aus Holz.

Gib jeweils die Kantenlänge für folgenden Rauminhalt an:

a) $V = 64\,\text{m}^3$ b) $V = 125\,\text{m}^3$
c) $V = 343\,\text{m}^3$

6 Ein Würfel ist im Schrägbild dargestellt. Berechne die Kantenlänge a des Würfels aus dem gegebenen Volumen.

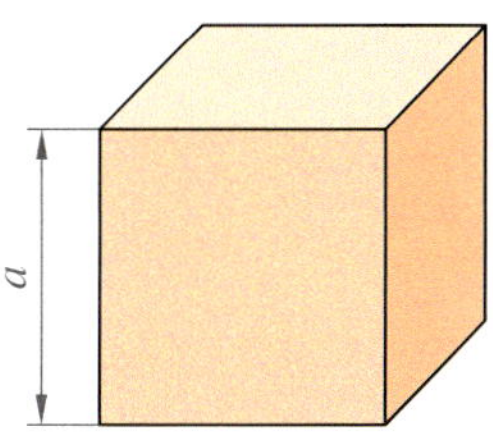

a) $V = 343\,\text{cm}^3$ b) $V = 27\,\text{m}^3$
c) $V = 64\,\text{mm}^3$ d) $V = 1728\,\text{dm}^3$
e) $V = 3375\,\text{l}$ f) $V = 0{,}125\,\text{dm}^3$

7 Berechne die gesuchten Größen im Würfel.

a) 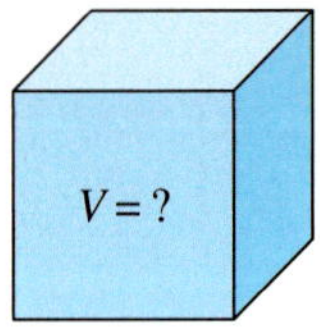

$a = 10\,\text{cm}$

b) 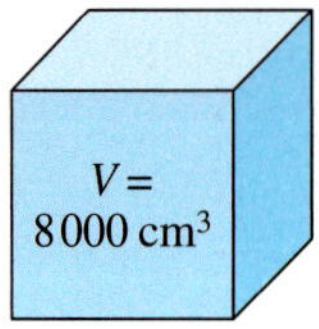

$a = ?$

7 Wie lang sind die Seiten bzw. Kanten?

a) 
$A = 64\,\text{cm}^2$

b) 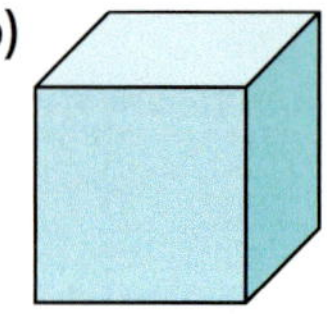
$V = 64\,\text{cm}^3$

---

8 Suche die Zahlen heraus, die du als Potenz mit der Basis 3 schreiben kannst.

Beispiel $729 = 3^6$

| 8 | 27 | 81 | 256 | 243 | 128 |

8 Schreibe die Zahl als Potenz entweder mit der Basis 4 oder mit der Basis 5, also als $4^{\blacksquare}$ oder als $5^{\blacksquare}$.

a) 125 b) 64 c) 16
d) 256 e) 625 f) 3 125

---

9 Aus den folgenden Zahlen lässt sich die Quadratwurzel oder die dritte Wurzel ziehen. Das Ergebnis ist immer eine natürliche Zahl.

Beispiel $\sqrt[3]{512} = 8$, denn $8 \cdot 8 \cdot 8 = 512$

a) 8 b) 144 c) 27
d) 729 e) 225 f) 1 024

9 Aus den folgenden Zahlen lässt sich die Kubikwurzel oder die vierte Wurzel ziehen. Das Ergebnis ist immer eine natürliche Zahl.

a) 10 000 b) 625 c) 125
d) 216 e) 81 f) 343
g) 256 h) 1 i) 1 331

---

10 Übertrage und ergänze im Heft. Die Lösungen sind unter den Zahlen 2; 3; 4 oder 5.

a) $2^{\blacksquare} = 32$ b) $6^{\blacksquare} = 216$
c) $70^{\blacksquare} = 4\,900$ d) $25^{\blacksquare} = 15\,625$
e) $(-6)^{\blacksquare} = 36$ f) $(-10)^{\blacksquare} = -1\,000$

10 Finde für x jeweils eine passende Zahl. Die Lösungen sind unter den Zahlen 0 bis 10.

a) $2^x = 256$ b) $8^x = 512$
c) $(-5)^x = 625$ d) $9871^x = 1$
e) $9^x = 59\,049$ f) $(-4{,}78)^x = -4{,}78$

---

11 Tabea sagt: „Hier gibt es gar nichts zu rechnen!" Was meint sie? Erkläre.

a) $\sqrt[3]{5^3}$ b) $\sqrt[3]{7^3}$ c) $\sqrt[3]{2^3}$ d) $\sqrt[3]{8{,}5^3}$

---

12 Zwischen welchen natürlichen Zahlen liegt der Wert der dritten Wurzel?

Beispiel $\sqrt[3]{50}$ $3^3 = 27$ und $4^3 = 64$, also $3 < \sqrt[3]{50} < 4$

a) $\sqrt[3]{10}$ b) $\sqrt[3]{100}$ c) $\sqrt[3]{480}$

12 Zwischen welchen natürlichen Zahlen liegt der Wert der Wurzeln?

Beispiel $\sqrt[3]{198}$ $5^3 = 125$ und $6^3 = 216$, also $5 < \sqrt[3]{198} < 6$

a) $\sqrt[3]{480}$ b) $\sqrt[4]{211}$ c) $\sqrt[5]{0{,}5}$

HINWEIS
$\sqrt[4]{70}$ mit dem Taschenrechner:
[7] [0] [$\sqrt[x]{y}$] [4] [=]
oder
[4] [$\sqrt[x]{y}$] [7] [0] [=]

13 Berechne mit dem Taschenrechner. Beachte die Randspalte.

a) $\sqrt[3]{3\,375}$ b) $\sqrt{7\,921}$
c) $\sqrt[4]{4\,477\,456}$ d) $\sqrt[5]{32\,768}$
e) $\sqrt[5]{161\,051}$ f) $\sqrt{788\,544}$

13 Berechne mit dem Taschenrechner. Beachte die Randspalte.

a) $\sqrt[3]{80\,726}$ b) $\sqrt[5]{5{,}887}$
c) $\sqrt[6]{827{,}11}$ d) $\sqrt{0{,}091}$
e) $\sqrt[4]{982\,771}$ f) $\sqrt[5]{938{,}4}$

---

14 Reiskörner werden auf einem Schachbrett verteilt: 1 Reiskorn auf dem ersten Feld, 2 Reiskörner auf dem zweiten Feld, $4 = 2^2$ Reiskörner auf dem dritten Feld, $8 = 2^3$ Reiskörner auf dem vierten Feld und so weiter. Auf welchem Feld liegen zum ersten Mal mehr als 1 000 Reiskörner?

Methode: Wurzelziehen mit einer Tabellenkalkulation

Die Quadratwurzel aus einer beliebigen Zahl x, also $\sqrt{x}$, soll berechnet werden.
Stell dir dazu ein Rechteck mit den Seitenlängen a_1 und b_1 und dem Flächeninhalt $x = a_1 \cdot b_1$ vor.
Das Rechteck wird nach und nach in ein Quadrat mit dem gleichen Flächeninhalt umgewandelt.

Beispiel Rechtecke mit dem Flächeninhalt x:

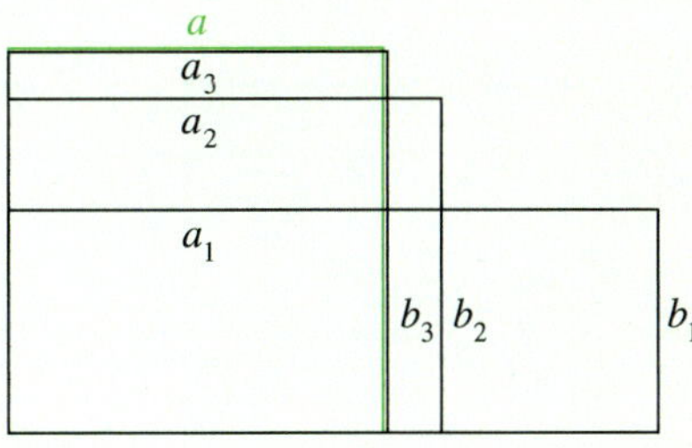

$a_1 \cdot b_1 = x \qquad a_1 > 0$ (Startwert ist beliebig); $b_1 = \frac{x}{a_1}$

$a_2 \cdot b_2 = x \qquad a_2 = \frac{(a_1 + b_1)}{2}$ und $b_2 = \frac{x}{a_2}$

$a_3 \cdot b_3 = x \qquad a_3 = \frac{(a_2 + b_2)}{2}$ und $b_3 = \frac{x}{a_3}$

und so weiter

Allgemein ist $a_{n+1} = \frac{(a_n + b_n)}{2}$ und $b_{n+1} = \frac{x}{a_{n+1}}$

also $a_{n+1} = \frac{1}{2} \cdot \left(a_n + \frac{x}{a_n}\right)$

Das Ziel ist es, dass die beiden Seitenlängen a_n und b_n gleich groß sind. Dann gilt nämlich $a_n = b_n = a$ und $a \cdot a = x$, also ist $a = \sqrt{x}$ die Quadratwurzel aus x.

HINWEIS
Das schrittweise Annähern an einen Wert nennt man ***Iteration****. Dabei wird der besser angenäherte Wert aus dem alten berechnet.*

1 In der Tabelle wurde $\sqrt{7}$ näherungsweise berechnet.

a) Gib den Wert für $\sqrt{7}$ an. Runde auf Tausendstel.

b) Welcher Startwert wurde gewählt?

c) Welche Formel enthält die Zelle **A5**?

d) Übertrage die Tabelle in ein Tabellenkalkulationsprogramm.
Untersuche, welche Auswirkung die Auswahl des Startwertes auf die Anzahl der Schritte bis zum Näherungswert 2,645 713 11 hat.

	A	B	C	D
1	Berechnung der Wurzel aus		7	
2				
3	a	b	Anzahl der Annäherungen	
4	3,5	?	1	
5	2,75		2	
6	2,647727273		3	
7	2,645752048		4	
8	2,645751311		5	
9	2,645751311		6	
10	2,645751311		7	

ZUR INFORMATION
Das Verfahren wird auch ***Heronverfahren*** *genannt. Heron von Alexandria war Mathematiker und lebte um 20 bis ca. 62 n. Chr.*

2 Übertrage die gegebene Tabelle in ein Tabellenkalkulationsprogramm und berechne die Wurzeln mit einer Genauigkeit von zehn Stellen nach dem Komma.

a) $\sqrt{8}$; $\sqrt{12}$; $\sqrt{222}$ **b)** $\sqrt{0{,}8}$; $\sqrt{1{,}2}$; $\sqrt{22{,}2}$ **c)** $\sqrt{0{,}08}$; $\sqrt{0{,}12}$; $\sqrt{2{,}22}$

3 Mit einem Tabellenkalkulationsprogramm kann man Wertetabellen für Quadratzahlen und Quadratwurzeln erstellen.
Nutze für das Potenzieren die Taste ^ und zum Wurzelziehen die Funktion **WURZEL()**.

a) Welche Formel wurde in Zelle **B4** eingetragen?

b) Welche Formel wurde in Zelle **C4** eingetragen?

c) Lege ein Tabellenblatt an und erstelle für beliebige Zahlen Wertetabellen zu Quadratzahlen und Quadratwurzeln.

	A	B	C
1	Quadratzahlen und Quadratwurzeln		
2			
3	Zahl	Quadratzahl	Quadratwurzel
4	5	25	2,236067977
5	55	3025	7,416198487
6	5,5	30,25	2,34520788
7	0,5	0,25	0,707106781
8	0,05	0,0025	0,223606798
9	500	250000	22,36067977

Klar so weit?

→ Seite 58

Die Potenzschreibweise

1 Schreibe als Potenz und berechne.
a) $7 \cdot 7 \cdot 7 \cdot 7 \cdot 7$
b) $(-2) \cdot (-2) \cdot (-2) \cdot (-2) \cdot (-2) \cdot (-2)$
c) $10 \cdot 10 \cdot 10 \cdot 10 \cdot 10 \cdot 10 \cdot 10$
d) $(-1,5) \cdot (-1,5) \cdot (-1,5)$
e) $\left(\frac{1}{5}\right) \cdot \left(\frac{1}{5}\right) \cdot \left(\frac{1}{5}\right) \cdot \left(\frac{1}{5}\right)$

2 Berechne im Kopf.
a) 5^2 b) 4^3 c) 6^3
d) $(-4)^2$ e) 3^3 f) $\left(\frac{1}{2}\right)^2$

3 Berechne im Kopf.
a) 1^4 b) 7^1 c) 0^4 d) 4^0
e) $(-1)^5$ f) $(-1)^6$ g) $7 \cdot (-1)^7$ h) $5^0 \cdot 2$

4 Setze im Heft <, = oder > passend ein.
a) 2^6 ■ 2^7 b) 5^6 ■ 5^9
c) 4^4 ■ 4^2 d) 4^6 ■ 2^6

5 Berechne mit dem Taschenrechner.
a) $3,8^4$ b) 12^4 c) 6^9
d) $(-2,87)^3$ e) $3,09^5$ f) $9,82^4$

1 Schreibe als Potenz und berechne.
a) $11 \cdot 11 \cdot 11$
b) $0,1 \cdot 0,1 \cdot 0,1 \cdot 0,1 \cdot 0,1 \cdot 0,1$
c) $(-2,5) \cdot (-2,5) \cdot (-2,5)$
d) $\left(\frac{4}{5}\right) \cdot \left(\frac{4}{5}\right) \cdot \left(\frac{4}{5}\right) \cdot \left(\frac{4}{5}\right) \cdot \left(\frac{4}{5}\right)$
e) $\left(-\frac{12}{13}\right) \cdot \left(-\frac{12}{13}\right) \cdot \left(-\frac{12}{13}\right)$

2 Berechne im Kopf.
a) $1,8^2$ b) 9^3 c) $(-10)^5$
d) 6^4 e) 2^9 f) $\left(\frac{3}{5}\right)^2$

3 Berechne im Kopf.
a) 1^7 b) 88^1 c) 0^{19} d) 19^0
e) $(-1)^{12}$ f) $(-1)^9$ g) $1^5 \cdot (-1)^7$ h) $5^0 \cdot 0^5$

4 Ordne jeweils der Größe nach.
a) 5^2; $(-4)^3$; 10^5; 54^2; 216^1
b) $0,3^2$; $(-5)^2$; $0,5^2$; $(-3)^2$; 3^2; $(-3)^3$

5 Berechne mit dem Taschenrechner.
a) $4 \cdot 5^3$ b) $5,2 \cdot 6^4$ c) $7,6 \cdot 1,3^5$
d) $4^3 \cdot 4,1$ e) $25 \cdot 2,5^2$ f) $18,1 \cdot 1,5^3$

→ Seite 62

Zahlen in Zehnerpotenzschreibweise

6 Schreibe in Dezimalschreibweise.
a) $5 \cdot 10^3$ b) $1,7 \cdot 10^6$
c) $9,45 \cdot 10^4$ d) $8 \cdot 10^{-2}$
e) $3 \cdot 10^{-4}$ f) $7,5 \cdot 10^{-5}$

7 Stelle in Zehnerpotenzschreibweise dar.
a) 2 800 000 000 b) 8 Millionen
c) 91 Milliarden d) 0,000 004 3
e) 0,000 000 112 f) 0,000 000 05

8 Bestimme die Längen in Meter in Zehnerpotenzschreibweise.
a) Durchmesser der Erde: $1,27 \cdot 10^4$ km
b) Durchmesser des Mars: $6,78 \cdot 10^3$ km
c) Länge eines Marienkäfers: 1 cm
d) Länge eines Pantoffeltierchens: 0,19 mm

6 Schreibe in Dezimalschreibweise.
a) $9,76 \cdot 10^6$ b) $8,321 \cdot 10^{11}$
c) $5,001 \cdot 10^8$ d) $1,54 \cdot 10^{-4}$
e) $3 \cdot 10^{-6}$ f) $2,1045 \cdot 10^{-7}$

7 Stelle in Zehnerpotenzschreibweise dar.
a) 63 400 000 000 b) 4 Trillionen
c) 5,8 Billiarden d) 0,012 08
e) 0,000 000 084 f) 0,000 070 50

8 Bestimme die Angaben in Zehnerpotenzschreibweise. Nutze die Einheit in Klammern.
a) Gewicht der Erde: $5,974 \cdot 10^{21}$ t (in kg)
b) Gewicht des Mars: $6,419 \cdot 10^{23}$ kg (in t)
c) Länge eines Nierentierchens: 0,1 mm (in m)
d) Länge eines Sonnentierchens: 0,03 cm (im m)

Quadratzahlen und Quadratwurzeln

→ Seite 66

9 Übertrage die Tabelle ins Heft. Fülle sie aus. Rechne möglichst im Kopf.

Quadratzahl	25		81		225		0,16		6,25		$\frac{1}{4}$		10000	
Quadratwurzel		1		11		21		0,01		1,5		$\frac{7}{8}$		0

10 Berechne im Kopf.
a) 8^2 b) 10^2 c) 4^2
d) $\sqrt{16}$ e) $\sqrt{36}$ f) $\sqrt{100}$

10 Berechne im Kopf.
a) 15^2 b) $0{,}6^2$ c) $(-7)^2$
d) $\sqrt{2500}$ e) $\sqrt{1{,}44}$ f) $\sqrt{0{,}81}$

11 Berechne mit dem Taschenrechner.
a) 92^2 b) $4{,}8^2$ c) $1{,}5^2$
d) $\sqrt{76}$ e) $\sqrt{82{,}5}$ f) $\sqrt{635}$

11 Berechne mit dem Taschenrechner.
a) $2{,}85^2$ b) $(-9{,}1)^2$ c) $1{,}041^2$
d) $\sqrt{4444}$ e) $\sqrt{82{,}42}$ f) $\sqrt{0{,}05}$

12 Ein quadratisches Baugrundstück ist 140 m² groß.
a) Wie lang ist die Seitenlänge?
b) Passt ein quadratisches Haus mit einer Seitenlänge von 12 m auf das Grundstück?

12 Eine 10 m² große, quadratische Terrasse wird mit 25 quadratischen Platten ausgelegt.
a) Welche Kantenlänge hat eine Platte?
b) Wie viele Platten benötigt man für eine Fläche von 72,75 m²?

13 Digitale Fotos bestehen aus sehr kleinen Quadraten, so genannten Pixeln. Alle Pixel sind gleich groß und haben jeweils nur eine Farbe. Das Foto ist 2 cm × 2 cm groß und besteht aus 2 116 Pixeln.
a) Wie viele dieser quadratischen Pixel sind in jeder Reihe?
b) Welche Seitenlänge hat ein einzelnes Pixel?

Kubikzahlen, Kubikwurzeln, Wurzeln

→ Seite 70

14 Berechne im Kopf.
a) 4^3 b) 6^3 c) $0{,}1^3$
d) $\sqrt[3]{1000}$ e) $\sqrt[3]{27}$ f) $\sqrt[3]{64}$

14 Berechne im Kopf.
a) 9^3 b) $(-4)^3$ c) $0{,}4^3$
d) $\sqrt[3]{216}$ e) $\sqrt[3]{10^6}$ f) $\sqrt[3]{0{,}008}$

15 Berechne mit dem Taschenrechner.
a) $2{,}4^3$ b) $0{,}16^3$ c) $5{,}8^3$
d) $\sqrt[3]{482}$ e) $\sqrt[3]{0{,}36}$ f) $\sqrt[3]{100}$

15 Berechne mit dem Taschenrechner.
a) $9{,}4^3$ b) $(-0{,}85)^3$ c) $16{,}54^3$
d) $\sqrt[3]{9180}$ e) $\sqrt[3]{14{,}85}$ f) $\sqrt[3]{0{,}0059}$

16 Bestimme die gesuchte Größe im Würfel.
a) $a = 10\,\text{cm}$; $V = ■$
b) $V = 8000\,\text{cm}^3$; $a = ■$

16 Die Kanten eines Quaders sind $a = 10\,\text{cm}$; $b = 6\,\text{cm}$ und $c = 3\,\text{cm}$ lang. Welche Kantenlänge hat ein Würfel mit gleichen Volumen?

17 Der Zauberwürfel hat ein Gesamtvolumen von 157,5 cm³.
a) Welche Kantenlänge hat er?
b) Überlege, aus wie vielen Einzelwürfeln der Zauberwürfel besteht.
c) Welches Volumen hat jeder dieser Einzelwürfel?
d) Wie groß ist die Würfeloberfläche?

Vermischte Übungen

1 Schreibe als Potenz und berechne.
- **a)** $8 \cdot 8 \cdot 8 \cdot 8$
- **b)** $(-7) \cdot (-7) \cdot (-7) \cdot (-7) \cdot (-7)$
- **c)** $(-0{,}5) \cdot (-0{,}5)$
- **d)** $\left(\frac{1}{4}\right) \cdot \left(\frac{1}{4}\right) \cdot \left(\frac{1}{4}\right) \cdot \left(\frac{1}{4}\right)$

2 Welche der Zahlen sind Kubikzahlen? Schreibe sie als Potenzen der Form $■^3$.

64 | 1 | 2 198 | −64 | 1 331 | 27 | 49 | 100 | 141 | 1 728 | 640 | 1 000 | 729 | 2 197 | 514 | 64 000

3 Welche Zahl ist größer? Löse im Kopf.
- **a)** 2^{10} oder 10^2
- **b)** 5^0 oder 0^5
- **c)** $(-7)^4$ oder $(-4)^7$
- **d)** 3^{-1} oder 1^{-3}
- **e)** $(-1)^6$ oder $(-6)^1$
- **f)** 9^{-2} oder $(-2)^9$

4 Wie schnell wird 1 000 erreicht?

2 | 3 | 4 | 5 | 6 | 7 | 8 | 9 | 10

Multipliziere jeweils die Zahlen so oft mit sich selbst, bis das Ergebnis größer oder gleich 1 000 ist.
Schreibe das Ergebnis als Potenz.

5 Schreibe ohne Zehnerpotenzen und gib das Ergebnis in Worten an.

Beispiel $6 \cdot 10^4 = 6 \cdot 10\,000$
sechzigtausend

- **a)** $4 \cdot 10^4$
- **b)** $1{,}3 \cdot 10^6$
- **c)** $6{,}7 \cdot 10^5$
- **d)** $3{,}08 \cdot 10^{13}$
- **e)** $2 \cdot 10^{-3}$
- **f)** $7 \cdot 10^{-2}$

6 Schreibe mit Zehnerpotenzen:
- **a)** 90 000
- **b)** 450 000
- **c)** 1 200
- **d)** 0,002
- **e)** 0,000 8
- **f)** 0,025

1 Schreibe als Potenz und berechne.
- **a)** $(-5) \cdot (-5) \cdot (-5) \cdot (-5)$
- **b)** $1{,}5 \cdot 1{,}5 \cdot 1{,}5 \cdot 1{,}5 \cdot 1{,}5 \cdot 1{,}5$
- **c)** $(-0{,}5) \cdot (-0{,}5) \cdot (-0{,}5)$
- **d)** $\left(\frac{3}{4}\right) \cdot \left(\frac{3}{4}\right) \cdot \left(\frac{3}{4}\right) \cdot \left(\frac{3}{4}\right)$

2 Ordne die Potenzen der Größe nach. Überprüfe danach mit dem Taschenrechner.

3^7 | 5^3 | 7^4 | 11^3 | 16^2 | 4^5 | 20^2 | 2^{10}

3 Setze >, < oder = passend ein.
- **a)** 3^5 ■ 5^3
- **b)** 32^0 ■ 0^{32}
- **c)** $\left(\frac{2}{5}\right)^3$ ■ $\frac{2^5}{3}$
- **d)** $\left(\frac{1}{2}\right)^3$ ■ $\left(\frac{1}{3}\right)^2$
- **e)** $(-13)^4$ ■ $(-4)^{13}$
- **f)** $(-3)^{16}$ ■ 16^{-3}

4 Spiegelzahlen
Berechne mit dem Taschenrechner:
11^2; 111^2; $1\,111^2$; $11\,111^2$; …
- **a)** Setze die Reihe um drei weitere Aufgaben fort.
- **b)** Warum nennt man die Ergebnisse auch Spiegelzahlen?

5 Schreibe ohne Zehnerpotenzen und gib das Ergebnis in Worten an.
- **a)** $5 \cdot 10^6$
- **b)** $9{,}5 \cdot 10^7$
- **c)** $2{,}31 \cdot 10^{10}$
- **d)** $4 \cdot 10^{-2}$
- **e)** $6 \cdot 10^{-1}$
- **f)** $3{,}03 \cdot 10^0$
- **g)** $1 \cdot 10^{-4}$
- **h)** $2 \cdot 10^{-3}$

6 Schreibe mit Zehnerpotenzen:
- **a)** 75 000
- **b)** 5 740 000
- **c)** 1 287
- **d)** 0,000 06
- **e)** 0,000 84
- **f)** 0,026 8

7 Ordne jeweils drei Kästchen einander zu. Sortiere dann der Größe nach.

Million | 10^{-2} | Zenti | Millionstel | Mega | Hekto | 10^9 | Giga | 10^6 | Hundert | 10^{-6} | 10^2 | Hundertstel | Milliarde | Mikro

8 Bestimme den Wert der Wurzel.

a) $\sqrt{484}$ b) $\sqrt{1296}$ c) $\sqrt{12{,}96}$
d) $\sqrt[3]{729}$ e) $\sqrt[3]{15625}$ f) $\sqrt[3]{4096}$
g) $\sqrt[3]{35973}$ h) $\sqrt[3]{1953{,}125}$ i) $\sqrt[3]{9{,}261}$

9 Übertrage und ergänze im Heft.

x		9		23		
x^2	64		324		625	
x^3						27

10 Schätze zuerst, dann suche die Quadratzahl durch sinnvolles Probieren weiter.

Beispiel $\sqrt{729}$
$20^2 = 400$, $30^2 = 900$; also $20 < \sqrt{729} < 30$
$25^2 = 625$ (zu klein),
$27^2 = 729$, also ist $\sqrt{729} = 27$

a) $\sqrt{961}$ b) $\sqrt{529}$
c) $\sqrt{1296}$ d) $\sqrt{2704}$
e) $\sqrt{361}$ f) $\sqrt{1369}$

11 Ein quadratischer Spiegel hat einen Flächeninhalt von $1369\,cm^2$.
Wie lang ist eine Seite?

8 Bestimme den Wert der Wurzel.

a) $\sqrt{1135{,}69}$ b) $\sqrt{2209}$ c) $\sqrt{44521}$
d) $\sqrt[3]{0{,}512}$ e) $\sqrt[3]{24389}$ f) $\sqrt[5]{16807}$
g) $\sqrt[3]{31255{,}875}$ h) $\sqrt[6]{46656}$ i) $\sqrt[4]{53{,}1441}$

9 Übertrage und ergänze im Heft.

x	2,1			−14	−8,1	
x^2		0,16	0			
x^3						0,008

10 Zwischen welchen natürlichen Zahlen liegt die Zahl $\sqrt{10}$?

Beispiel Die benachbarten Quadratzahlen sind $9 = 3^2$ und $16 = 4^2$.
Also gilt: $3 < \sqrt{10} < 4$.

a) Erkläre das Beispiel.
b) Gib ohne die Hilfe des Taschenrechners an, zwischen welchen natürlichen Zahlen $\sqrt{20}$ ($\sqrt{110}$; $\sqrt{200}$; $\sqrt{2400}$) liegt.

11 Ein quadratischer Spiegel hat eine Seitenlänge von 75 cm. Er besteht aus 625 kleinen Quadraten. Wie groß ist jedes einzelne Quadrat?

12 Felix will seine Eltern überreden, ihm am 1. Tag eines Monats nur 1 ct Taschengeld zu geben, am 2. Tag 2 ct, am 3. Tag 4 ct, am 4. Tag 8 ct usw.

a) Schätze, ob sich dieses „Taschengeldmodell" für Felix lohnt.
b) Wie viel Geld erhält Felix am 5. Tag, am 10. Tag und am 15. Tag?
c) Wie hoch wird das Taschengeld insgesamt für einen Monat mit 30 Tagen?

Auszug aus einem Eignungstest

1 Rechnen Sie die Angaben in die Einheit in Klammern um.

a) 14 dm (cm) b) 14,6 m (mm)
c) 8500 g (kg) d) 2,8 t (kg)
e) 2 h (min) f) 12 min (s)
g) 7 € 35 ct (€) h) 2005 ct (€)

2 Berechnen Sie. Geben Sie das Ergebnis in der kleineren Einheit an.

a) 3 m + 150 cm b) 1 h + 15 min
c) 2 kg − 250 g d) 45 km − 35 m

3 Berechnen Sie. Geben Sie das Ergebnis in der größeren Einheit an.

a) 5 kg + 350 g + 2 g + 2,5 kg
b) 3 cm + 21 mm + 15 m + 41 dm

4 Rechnen Sie die Angaben in die Einheit in Klammern um.

a) $2\,m^2$ (dm^2) b) $6000\,mm^2$ (cm^2)
c) $0{,}5\,km^2$ (m^2) d) 5 ha (m^2)
e) $1\,m^3$ (dm^3) f) $20\,dm^3$ (m^3)
g) $3000\,cm^3$ (l) h) $0{,}3\,m^3$ (l)

PARKETTLEGER/IN
Die Ausbildung dauert 3 Jahre. Suche nach weiteren Informationen über den Beruf z. B. im Internet oder im BIZ.

Beruf **Parkettleger/in**

Parkettleger/innen verlegen, behandeln, pflegen und restaurieren in erster Linie Parkettböden und andere Holzfußböden. Außerdem übernehmen sie das Verlegen von Laminatböden sowie textilen und elastischen Bodenbelägen. Sie arbeiten hauptsächlich im Ausbauhandwerk, das heißt in Betrieben, die speziell Parkett und Fußböden verlegen. Oder sie restaurieren Holzböden in Altbauten und historischen Bauwerken.

14 **Einen Raum parkettieren**

Ein 6 m langer und 4,5 m breiter Raum soll mit Mosaikparkett von 1 m^2 Größe ausgelegt werden. Jede Parkettplatte besteht aus 16 einzelnen Quadraten, die abwechselnd in Querrichtung verleimt sind.

a) Welche Maße hat ein einzelnes Quadrat?

b) Wie viele Platten werden für den Raum benötigt? Gib 10 % für Verschnitt hinzu.

c) Der Raum hat zwei Türen, die jeweils 1 m breit sind. Wie viel Meter Sockelleiste werden gebraucht?

15 **Ein Angebot erstellen**

Die Eingangshalle eines Hotels ist quadratisch und hat eine Seitenlänge von 12,5 m.
Eine Firma soll drei Angebote für diese Parkettarten erstellen:
① Stabparkett, 58 € pro m^2 ② Landhausdielen, 47,50 € pro m^2 ③ Laminatboden, 35 € pro m^2

a) Berechne den Flächeninhalt der Eingangshalle.

b) Wie hoch sind die Materialkosten für jede Parkettart?

c) Entwirf ein schriftliches Angebot. Bedenke, dass zu den Materialkosten 35 Arbeitsstunden zu je 45 € kommen. Zum Schluss wird auf alles 19 % Mehrwertsteuer erhoben.

16 **Ein besonderes Parkett verlegen**

Beim Stirnholz sind die einzelnen Stücke quadratisch und senkrecht zur Holzfaser geschnitten.

a) Es gibt Stücke mit Seitenlängen von 4 cm, von 6 cm und von 8 cm. Wie viele dieser Stücke braucht man jeweils pro Quadratmeter (m^2)?

b) Eine andere Firma bietet 400 quadratische Stücke pro m^2 an. Welche Maße hat ein einzelnes Stück?

17 **Ein besonderes Parkett verlegen**

Ein Kunde möchte, dass in seinen Holzfußboden dieses Muster eingearbeitet wird. Es ist quadratisch und nimmt eine Fläche von 0,49 m^2 ein.

a) Wie breit ist jeder einzelne Stab?

b) Aus wie vielen Stäben setzt sich das Muster zusammen?

c) Welche Länge hat ein hellbrauner Stab?

Zusammenfassung

Die Potenzschreibweise

→ Seite 58

Produkte aus gleichen Faktoren kann man kurz als **Potenz** schreiben.

$\underbrace{5 \cdot 5 \cdot 5 \cdot 5}_{\text{4 Faktoren}} = 5^4$ ← Exponent; 5 ↑ Basis

Potenzen bestehen aus einer **Basis** und einem **Exponenten** (Anzahl gleicher Faktoren).

Man sagt: „5 hoch 4“

Für alle $a \neq 0$ gilt: $a^0 = 1$ und $a^1 = a$.

$7^0 = 1$ $\left(\frac{3}{4}\right)^0 = 1$ $(-0{,}7)^1 = -0{,}7$

Aber: für 0^0 gibt es keine Lösung.

Am Taschenrechner kann man Potenzen mit der Taste y^x eingeben. Bei manchen Rechnern ist es die Taste ^

$3{,}8^4 = ■$

3 . 8 y^x 4 =

Zahlen in Zehnerpotenzschreibweise

→ Seite 62

In der **Zehnerpotenzschreibweise** schreibt man sehr große und sehr kleine Zahlen als Produkt.

Der erste Faktor ist eine Zahl zwischen 1 und 10. Der zweite Faktor ist eine Zehnerpotenz.
$300\,000\,000 = 3 \cdot 10^8$ $0{,}0057 = 5{,}7 \cdot 10^{-3}$

Bei Zahlen zwischen 0 und 1 ist der Exponent der Zehnerpotenz negativ.

Quadratzahlen und Quadratwurzeln

→ Seite 66

Eine Zahl wird **quadriert**, indem man sie mit sich selbst multipliziert. Das Ergebnis heißt **Quadratzahl**.

$7^2 = 49$ ← Quadratzahl von 7

Die **Quadratwurzel** aus einer positiven Zahl x ist diejenige positive Zahl, die mit sich selbst multipliziert x ergibt.
Man schreibt kurz $\sqrt{x}$.

$\sqrt{144} = 12$
↑
Quadratwurzel aus 144

Bei positiven Zahlen ist das Ziehen der Quadratwurzel die **Umkehrung des Quadrierens**.

Quadratwurzel ziehen →

$12^2 = 144$ $12 = \sqrt{144}$

← quadrieren

Kubikzahlen, Kubikwurzeln, Wurzeln

→ Seite 70

Produkte aus drei gleichen Faktoren nennt man **Kubikzahlen**.

$8^3 = 512$ ← dritte Potenz
Man sagt: „acht hoch drei“

Die **Kubikwurzel** aus einer positiven Zahl x ist diejenige positive Zahl, die dreimal mit sich selbst multipliziert x ergibt: $\sqrt[3]{x}$.

$\sqrt[3]{125} = 5$ ← Kubikwurzel aus 125,
denn $5^3 = 125$

Höhere Wurzeln ($\sqrt[4]{x}$, $\sqrt[5]{x}$ …) bezeichnet man als 4., 5., … ***n*-te Wurzel**. Man schreibt $\sqrt[n]{x}$.

$\sqrt[6]{1\,000\,000} = 10$,
denn $10 \cdot 10 \cdot 10 \cdot 10 \cdot 10 \cdot 10 = 1\,000\,000$

Teste dich!

4 Punkte | 4 Punkte

1 Schreibe als Potenz und berechne.

a) $7 \cdot 7 \cdot 7$
b) $19 \cdot 19$
c) $(-2) \cdot (-2) \cdot (-2) \cdot (-2) \cdot (-2) \cdot (-2) \cdot (-2)$
d) $(-0{,}1) \cdot (-0{,}1) \cdot (-0{,}1) \cdot (-0{,}1) \cdot (-0{,}1)$

1 Schreibe als Potenz und berechne.

a) $11 \cdot 11 \cdot 11$
b) $1{,}5 \cdot 1{,}5 \cdot 1{,}5 \cdot 1{,}5$
c) $\left(-\frac{1}{2}\right) \cdot \left(-\frac{1}{2}\right) \cdot \left(-\frac{1}{2}\right) \cdot \left(-\frac{1}{2}\right) \cdot \left(-\frac{1}{2}\right) \cdot \left(-\frac{1}{2}\right)$
d) $(-0{,}4) \cdot (-0{,}4) \cdot (-0{,}4) \cdot (-0{,}4) \cdot (-0{,}4)$

4 Punkte | 4 Punkte

2 Nenne je zwei Beispiele für Zehnerpotenzen mit einem Wert …

a) größer als 1.
b) zwischen 0 und 1.

2 Julian sagt: „10^3 ist doch das Gleiche wie $10 \cdot 3$, also 30.“
Erkläre seinen Fehler.

5 Punkte

3 Eine Frau hat fünf Töchter. Jede Tochter bekommt 5 Kinder, wenn sie erwachsen ist. Jedes dieser Kinder hat als Erwachsener wiederum 5 Kinder.

a) Wie viele Enkel und Urenkel hat die Frau?
b) Drücke die Zahlen von a) als Potenzen aus.
c) Alle der genannten Personen treffen sich. Wie viele sind es?

4 Punkte | 6 Punkte

4 Schreibe die Zahlen ausführlich bzw. in Zehnerpotenzschreibweise.

a) $2 \cdot 10^4$
b) $3{,}5 \cdot 10^9$
c) 17 Millionen
d) 2 400 000 000

4 Schreibe die Zahlen ausführlich bzw. in Zehnerpotenzschreibweise.

a) $7 \cdot 10^{11}$
b) $3{,}5 \cdot 10^{-4}$
c) $5 \cdot 10^{-7}$
d) 23 Billionen
e) 50 700 000
f) 0,000 071

8 Punkte | 8 Punkte

5 Übertrage die Tabelle ins Heft und fülle sie dort aus.

x	2			
x^2		81		100
x^3			125	

5 Übertrage die Tabelle ins Heft und fülle sie dort aus. Runde, wenn nötig.

x	64			
$\sqrt{x}$		25		1
$\sqrt[3]{x}$			2	

4 Punkte | 2 Punkte

6 Berechne. Runde auf zwei Kommastellen, wenn nötig.

a) $\sqrt{12{,}25}$
b) $\sqrt[3]{10^6}$
c) $\sqrt[4]{6{,}25}$
d) $\sqrt[5]{0{,}00001}$

6 Bestimme, wie groß x ist.

a) $\sqrt{x} = 24$
b) $\sqrt[x]{343} = 7$
c) $\sqrt[3]{0{,}001} = x$
d) $\sqrt[3]{x} = \frac{4}{5}$
e) $\sqrt[x]{625} = 5$
f) $\sqrt[6]{x} = 10$

2 Punkte | 2 Punkte

7 Die Seiten eines quadratischen Baugrundstücks sind 26,5 m lang.
Ein Quadratmeter Bauland kostet 225 €.

a) Berechne den Flächeninhalt.
b) Wie teuer ist das Grundstück?

7 Ein quadratischer Spielplatz ist 841 m² groß.
Der Zaun soll erneuert werden. Für den Eingang spart man 2 m Zaun ein.

a) Berechne die Seitenlänge des Spielplatzes.
b) Wie viel Meter Zaun werden benötigt?

Gold: 32–35 Punkte, Silber: 27–31 Punkte, Bronze: 21–26 Punkte

Lösungen ab Seite 210

Der Satz des Pythagoras

Dieser Baum wächst nach dem Satz des Pythagoras. Die Skulptur könnte man immer weiter fortführen, wodurch die Äste des Baums immer kleiner würden.

Solche Muster nennt man Fraktale.

Wiederholung

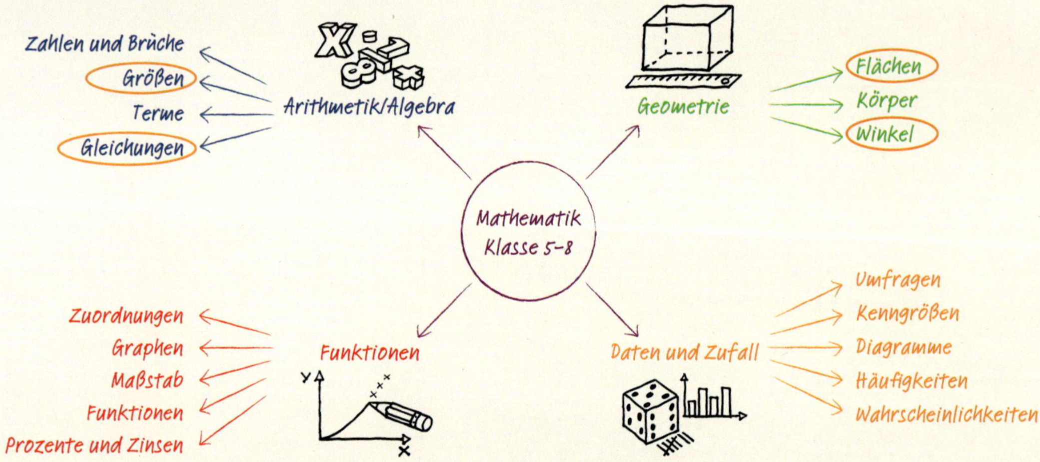

Erinnere dich So bezeichnet man die Eckpunkte, Seiten und Winkel eines Dreiecks:

In jedem Dreieck beträgt die **Summe der Innenwinkel** 180°.

Beispiel

ΔABC

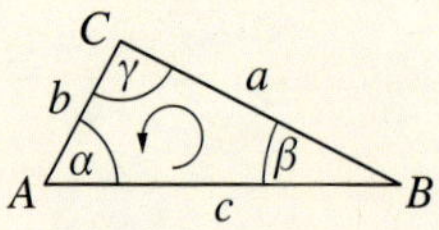

$\alpha + \beta + \gamma = 180°$ $\quad 180° - \alpha - \beta = \gamma$

Erinnere dich **Winkelarten** im Überblick

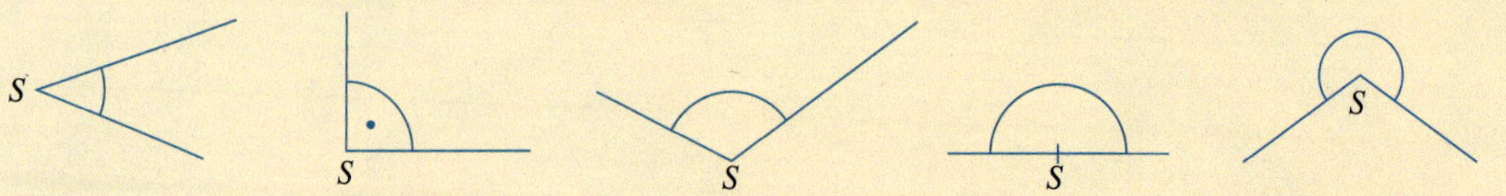

spitzer Winkel	**rechter Winkel**	**stumpfer Winkel**	**gestreckter Winkel**	**überstumpfer Winkel**
größer als 0°, kleiner als 90°	genau 90°	größer als 90°, kleiner als 180°	genau 180°	größer als 180°, kleiner als 360°

Erinnere dich
Für den **Flächeninhalt eines Dreiecks** gilt:
$A = \frac{g \cdot h}{2}$

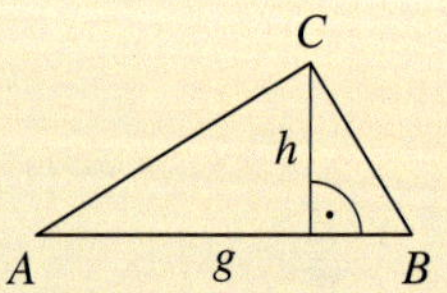

Man benötigt die Länge der Grundseite g und die Länge der dazugehörigen Höhe h.

Beispiel
gegeben: $g = 6{,}5\,\text{cm}$; $h = 3{,}6\,\text{cm}$
gesucht: A
Lösung: $A = \frac{g \cdot h}{2}$
$A = \frac{6{,}5\,\text{cm} \cdot 3{,}6\,\text{cm}}{2}$
$A = 11{,}7\,\text{cm}^2$

Erinnere dich
Für den **Flächeninhalt eines Parallelogramms** gilt:
$A = a \cdot h$

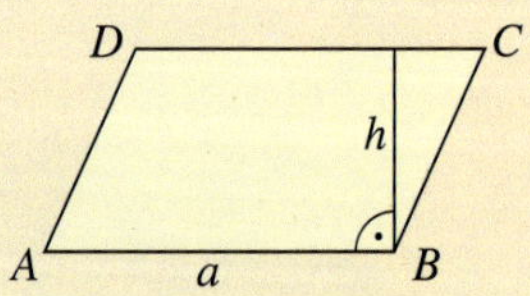

Man benötigt die Länge der Grundseite a und die Länge der dazugehörigen Höhe h.

Beispiel
gegeben: $a = 5{,}8\,\text{cm}$; $h = 4{,}1\,\text{cm}$
gesucht: A
Lösung: $A = a \cdot h$
$A = 5{,}8\,\text{cm} \cdot 4{,}1\,\text{cm}$
$A = 23{,}78\,\text{cm}^2$

1 Dreiecke zeichnen und beschriften
Zeichne ein Dreieck mit drei spitzen Winkeln und ein Dreieck mit einem rechten Winkel. Benenne alle Ecken, Seiten und Winkel.

2 Dreiecke zeichnen
Zeichne das Dreieck in dein Heft. Beginne mit einer Skizze. Markiere gegebene Größen rot.
a) $a = 4{,}0\,\text{cm}$; $b = 7{,}5\,\text{cm}$; $c = 8{,}5\,\text{cm}$
b) $a = 7{,}0\,\text{cm}$; $\beta = 45°$; $\gamma = 62°$
c) $\alpha = 75°$; $b = 6{,}0\,\text{cm}$; $c = 5{,}5\,\text{cm}$

3 Winkelgrößen schätzen
Schätze jeweils die Größe der fünf Winkel. Um welche Winkelart handelt es sich?

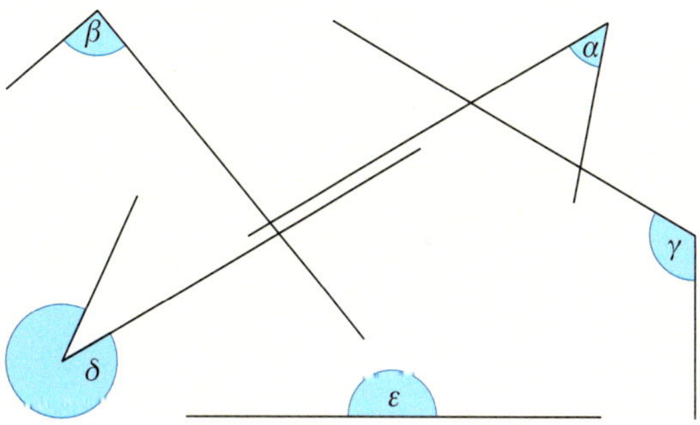

4 Winkelarten erkennen und zeichnen
Handelt es sich um einen spitzen, einen rechten, einen stumpfen oder einen überstumpfen Winkel? Zeichne den Winkel.
a) $\alpha = 65°$ b) $\beta = 120°$ c) $\gamma = 165°$
d) $\delta = 90°$ e) $\varepsilon = 270°$

5 Flächeninhalt von Dreiecken berechnen
Berechne den Flächeninhalt des Dreiecks. Miss zuerst die Länge der Grundseite und die Länge der Höhe. Miss und berechne auch den Umfang des Dreiecks.

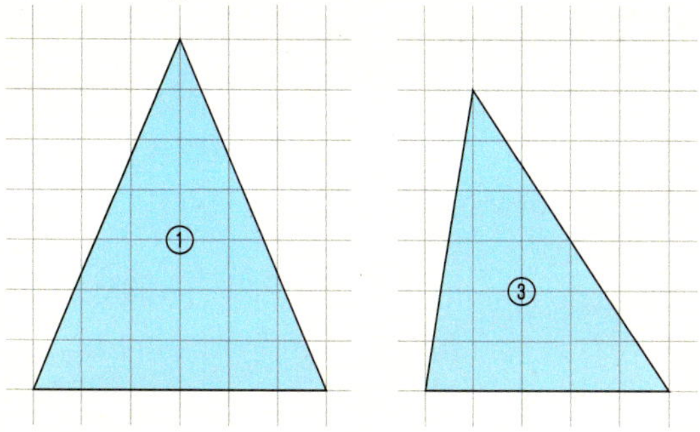

6 Flächeninhalt von Dreiecken berechnen
Berechne den Flächeninhalt des Dreiecks.
a) $g = 4{,}5\,\text{cm}$; $h = 3{,}0\,\text{cm}$
b) $g = 7{,}2\,\text{cm}$; $h = 2{,}8\,\text{cm}$
c) $g = 500\,\text{cm}$; $h = 3{,}5\,\text{m}$
d) $g = 5{,}3\,\text{cm}$; $h = 53\,\text{mm}$

7 Flächeninhalt verschieden berechnen
Zeichne das Dreieck mit den Seitenlängen $a = 6{,}0\,\text{cm}$; $b = 5\,\text{cm}$; $c = 7{,}5\,\text{cm}$.
Zeichne die Höhe auf a, die Höhe auf b und die Höhe auf c ein. Miss die Längen der drei Höhen. Berechne nun den Flächeninhalt des Dreiecks auf drei verschiedene Weisen:
① $A = \frac{a \cdot h_a}{2}$ ② $A = \frac{b \cdot h_b}{2}$ ③ $A = \frac{c \cdot h_c}{2}$
Vergleiche die drei Ergebnisse.

8 Seitenlängen von Dreiecken berechnen
Nutze die Formel für den Flächeninhalt im Dreieck und berechne die Länge der Grundseite g.
a) $A = 7\,\text{cm}^2$; $h = 4\,\text{cm}$
b) $A = 150\,\text{cm}^2$; $h = 15\,\text{cm}$
c) $A = 72\,\text{cm}^2$; $h = 12\,\text{cm}$
d) $A = 23{,}85\,\text{cm}^2$; $h = 5{,}3\,\text{cm}$

9 Flächeninhalt von Parallelogrammen
Berechne den Flächeninhalt und den Umfang des Parallelogramms.
a)
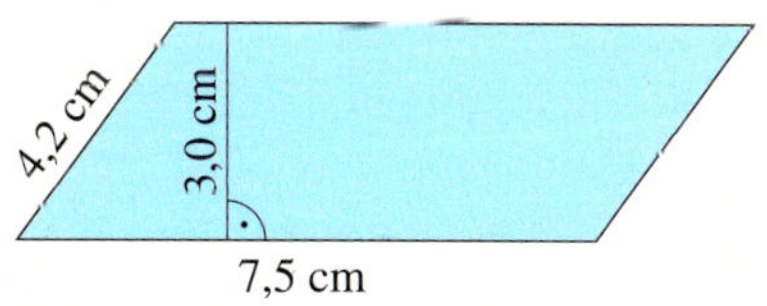

b)
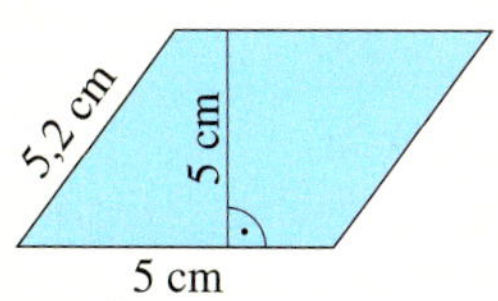

10 Flächeninhalt von Parallelogrammen
Zeichne das Parallelogramm in ein Koordinatensystem (1 Einheit ≙ 0,5 cm). Miss Grundseite und Höhe. Berechne den Flächeninhalt.
a) $A(2|2)$; $B(11|2)$; $C(14|6)$; $D(5|6)$
b) $A(3|0)$; $B(15|0)$; $C(12|5)$; $D(0|5)$
c) $A(3|1)$; $B(13|1)$; $C(17|9)$; $D(7|9)$

Lösungen ab Seite 210

Noch fit?

Einstieg

1 Einheiten umrechnen

Rechne in die Einheit um, die in Klammern steht.

a) 4 m (cm) b) 50 mm (cm)
c) 20 cm (m) d) 7,5 cm (mm)
e) 2,5 m (mm) f) 6,2 dm (cm)
g) 800 mm^2 (cm^2) h) 0,4 cm^2 (mm^2)
i) 10 000 cm^2 (m^2) j) 0,02 m^2 (cm^2)

2 Flächeninhalte berechnen

Berechne die gesuchte Größe.

a) Quadrat mit $a = 2{,}5\,\text{cm}$; $A = ?$
b) Quadrat mit $A = 3600\,\text{m}^2$; $a = ?$
c) Rechteck mit $a = 3\,\text{cm}$; $b = 12\,\text{cm}$; $A = ?$
d) Rechteck mit $a = 3{,}8\,\text{m}$; $b = 6\,\text{m}$; $A = ?$

Aufstieg

1 Einheiten umrechnen

Rechne in die Einheit um, die in Klammern steht.

a) 1,25 m (cm) b) 55 mm (cm)
c) 800 cm (m) d) 2,75 cm (mm)
e) 0,25 m (mm) f) 36,7 dm (cm)
g) 640 mm^2 (cm^2) h) 0,7 cm^2 (mm^2)
i) 4 500 cm^2 (m^2) j) 0,88 m^2 (cm^2)

2 Flächeninhalte berechnen

Berechne die gesuchte Größe.

a) Quadrat mit $a = 3{,}6\,\text{km}$; $A = ?$
b) Quadrat mit $A = 1505{,}44\,\text{m}^2$; $a = ?$
c) Rechteck mit $a = 8\,\text{cm}$; $b = 4{,}5\,\text{cm}$; $A = ?$
d) Rechteck mit $a = 6\,\text{m}$; $A = 108\,\text{m}^2$; $b = ?$

3 Rechte Winkel erkennen

Zeige und beschreibe, wo rechte Winkel in den Bildern vorkommen.

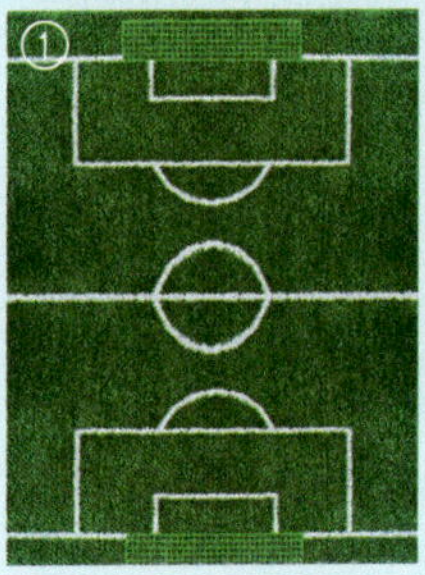

Einstieg

4 Gleichungen lösen

Löse die Gleichungen.
Rechne eine Probe.

a) $2x + 8 = 20$ b) $25 = 5x - 10$
c) $6a - 2a = 54$ d) $4y + 10 = 42 - 4y$

5 Zahlen quadrieren

Berechne so viele Aufgaben wie möglich im Kopf. Nutze sonst den Taschenrechner.

a) 6^2 b) 12^2 c) 76^2
d) $0{,}5^2$ e) $1{,}4^2$ f) $5{,}29^2$

6 Quadratwurzeln ziehen

Berechne. Begründe wie im Beispiel.

Beispiel $\sqrt{25} = 5$, denn $5 \cdot 5 = 25$

a) $\sqrt{16}$ b) $\sqrt{100}$ c) $\sqrt{900}$
d) $\sqrt{0{,}64}$ e) $\sqrt{1600}$ f) $\sqrt{0{,}09}$

Aufstieg

4 Gleichungen lösen

Löse die Gleichungen.
Rechne eine Probe.

a) $54 + 2x = 120$ b) $225 - 5x = -10$
c) $6y - 12 = -3 + 9y$ d) $7 \cdot (a + 10) = 84$

5 Zahlen quadrieren

Berechne so viele Aufgaben wie möglich im Kopf. Nutze sonst den Taschenrechner.

a) 25^2 b) 900^2 c) $1{,}6^2$
d) $98{,}554^2$ e) $(-0{,}8)^2$ f) $(-95{,}1)^2$

6 Quadratwurzeln ziehen

Berechne.
Begründe mithilfe der Umkehrrechnung.

a) $\sqrt{81}$ b) $\sqrt{0}$ c) $\sqrt{6400}$
d) $\sqrt{0{,}04}$ e) $\sqrt{62\,500}$ f) $\sqrt{4{,}9729}$

Lösungen ab Seite 210

Rechtwinklige Dreiecke

Entdecken

1 Es gibt verschiedene Dreiecksarten. Man kann sie nach Winkeln einteilen:

spitzwinklige Dreiecke | rechtwinklige Dreiecke | stumpfwinklige Dreiecke

a) Entscheidet euch für eine der drei genannten Dreiecksarten.
Erstellt gemeinsam ein Lernplakat mit Zeichnungen und Erklärungen zu eurer Dreiecksart.
Gebt auch Beispiele an, wo ihr solche Dreiecke in eurer Umgebung finden könnt.
b) Präsentiert das Plakat in der Klasse.

2 Übertrage das Koordinatensystem und die Dreiecke ins Heft.
a) Beschrifte an jedem Dreieck die Eckpunkte, Seiten und Winkel.
b) Miss alle Winkel.
Finde heraus, was alle Dreiecke gemeinsam haben.
c) Markiere jeweils die längste Seite eines Dreiecks farbig.
Was fällt dir auf?

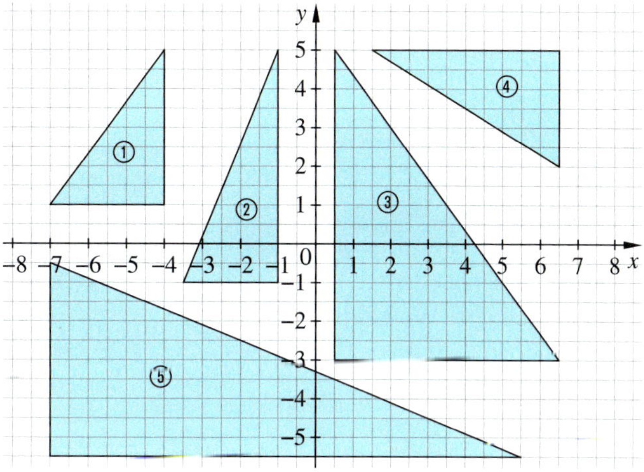

3 Seht euch die Bildfolge an und beschreibt sie.

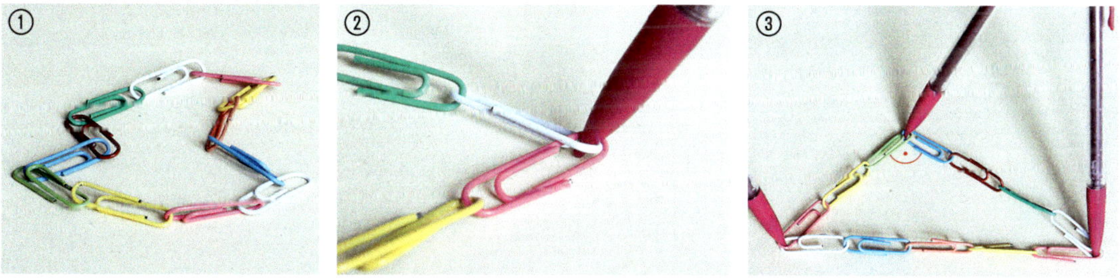

a) Legt ein Dreieck wie auf dem Foto ③. Wie viele Büroklammern benötigt ihr dazu?
b) Zu welcher Dreiecksart gehört das Dreieck auf dem Foto ③?
c) Kann man ein rechtwinkliges Dreieck aus 15 (24; 30) Büroklammern formen?

4 Stimmen die Aussagen für alle rechtwinkligen Dreiecke?
Begründe.

„Der rechte Winkel liegt der längsten Seite gegenüber."

„Rechtwinklige Dreiecke haben drei unterschiedlich lange Seiten."

Verstehen

Dächer werden oft mit Holzbalken gebaut.
Dabei entstehen häufig rechtwinklige Dreiecke.

Merke Die Eckpunkte, Seiten und Winkel eines **rechtwinkligen Dreiecks** werden wie in der Zeichnung benannt.

Die Seiten, die den rechten Winkel einschließen, nennt man **Katheten**.
Die Seite, die dem rechten Winkel gegenüberliegt, heißt **Hypotenuse**. Die Hypotenuse ist immer die längste Seite.

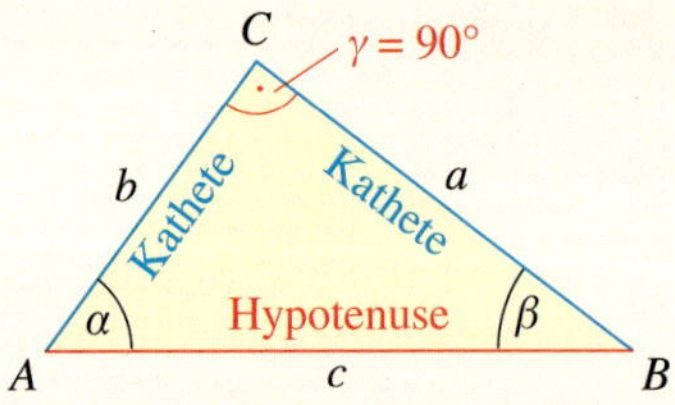

Beispiel 1

a)

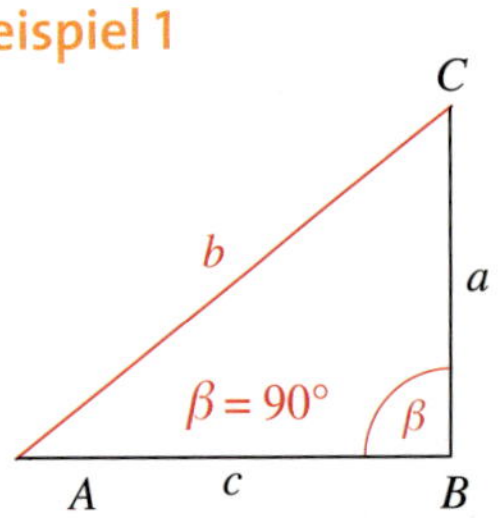

Die Hypotenuse ist b, da β der rechte Winkel ist. Die Katheten sind die Seiten a und c.

b)

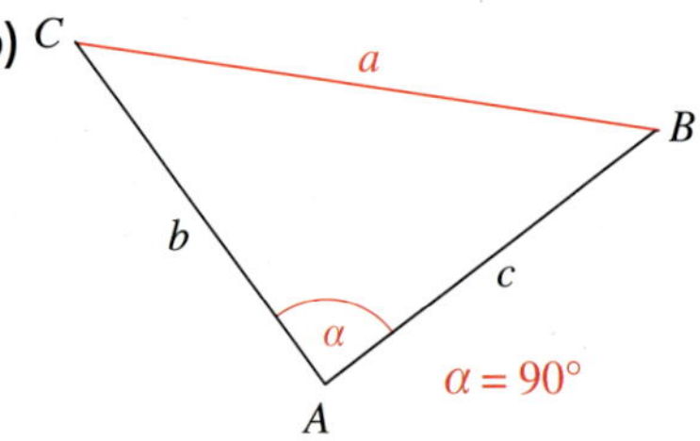

Die Hypotenuse ist a, da α der rechte Winkel ist. Die Katheten sind die Seiten b und c.

Üben und anwenden

1 Fülle die Tabelle für jedes Dreieck aus.

	rechter Winkel	Hypotenuse	Katheten
a)			
b)			

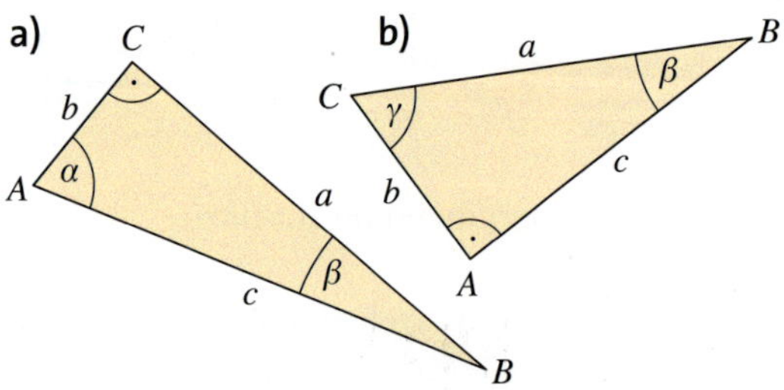

1 Gib für jedes rechtwinklige Dreieck den rechten Winkel, die Hypotenuse und die beiden Katheten an.

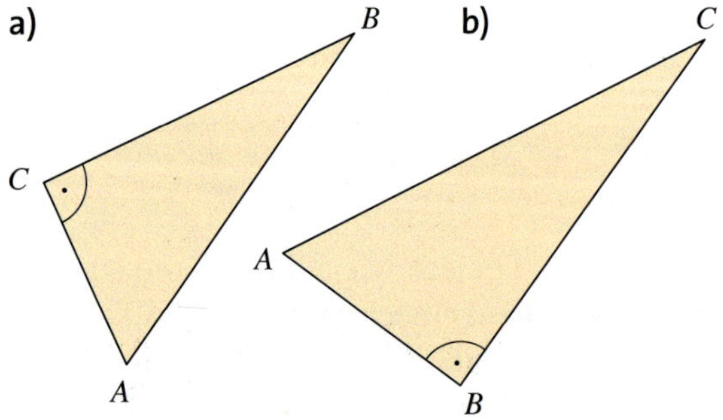

2 Zeichne drei unterschiedliche rechtwinklige Dreiecke in dein Heft.

a) Bezeichne die Eckpunkte, Seiten und Winkel wie in der Zeichnung im Merkkasten oben.

b) Markiere die Hypotenuse rot und die Katheten blau.

2 Trage die Punkte in ein Koordinatensystem ein und verbinde sie zu einem Dreieck. Markiere Katheten blau und Hypotenuse rot.

a) $A(5|0)$; $B(5|12)$; $C(0|0)$

b) $D(11|6)$; $E(11|10)$; $F(6|10)$

c) $G(2|8)$; $H(2|12)$; $I(-5|12)$

d) $J(1|0)$; $K(-3|7)$; $L(-5|3)$

3 Gib für jedes rechtwinklige Dreieck die Hypotenuse und die beiden Katheten an.

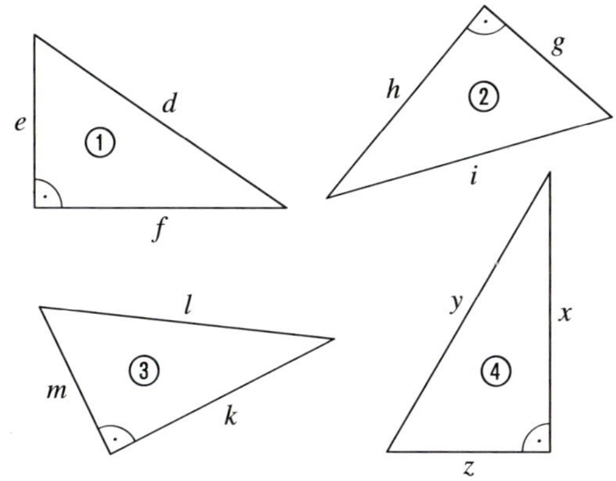

4 Bestimme den rechten Winkel im Dreieck. Gib Hypotenuse und Katheten an.

a) $a = 3\,\text{cm}$; $b = 4\,\text{cm}$; $c = 5\,\text{cm}$
b) $a = 6\,\text{cm}$; $b = 2{,}5\,\text{cm}$; $c = 6{,}5\,\text{cm}$
c) $a = 25\,\text{cm}$; $b = 24\,\text{cm}$; $c = 7\,\text{cm}$

5 Übertrage in dein Heft. Ergänze zu einem rechtwinkligen Dreieck. Beschrifte es.

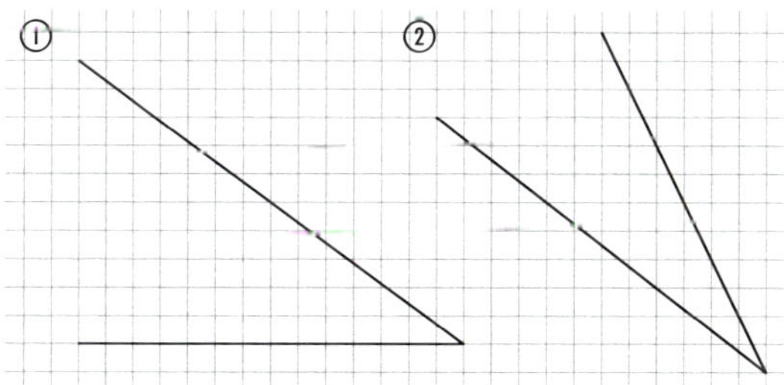

6 Zeichne die Dreiecke in ein Koordinatensystem (x von 0 bis 10; y von 0 bis 8).

① $A(1|5)$; $B(4|6)$; $C(1|6)$
② $D(0|1)$; $E(3|1)$; $F(0|3)$
③ $G(10|1)$; $H(10|5)$; $I(5|5)$

Prüfe, welche Dreiecke rechtwinklig sind.

7 Finde rechtwinklige Dreiecke. Gib die Länge der Hypotenusen und Katheten an.

a) Dach

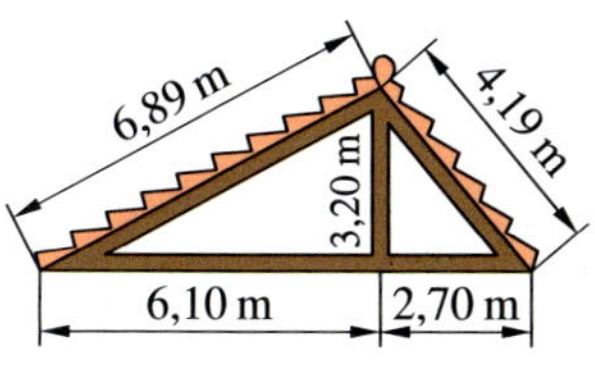

b) Dreieck

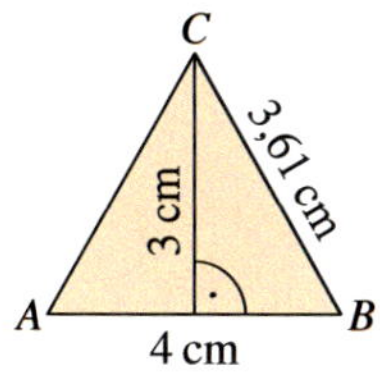

3 In welchen Dreiecken gibt es eine Hypotenuse und zwei Katheten? Zeichne diese Dreiecke ins Heft und markiere die Hypotenuse rot und die Katheten blau.

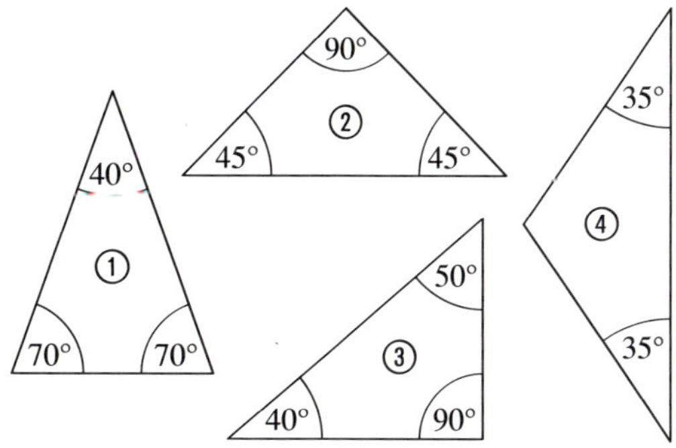

4 Die folgenden Dreiecke sind rechtwinklig. Gib Hypotenuse und Katheten an.

a) $a = 6{,}25\,\text{cm}$; $b = 3{,}75\,\text{cm}$; $c = 5\,\text{cm}$
b) $a = 5\,\text{cm}$; $b = 13\,\text{cm}$; $\gamma = 68°$
c) $\alpha = 16°$; $b = 5\,\text{cm}$; $c = 4{,}8\,\text{cm}$

5 Ergänze die Strecken im Heft zu einem rechtwinkligen Dreieck. Beschrifte es.

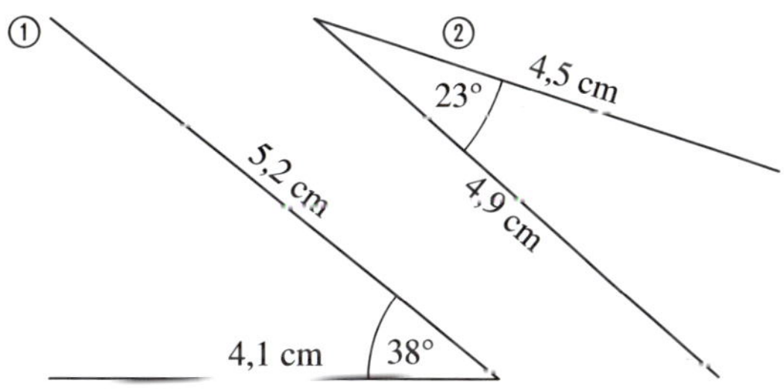

6 Zeichne jeweils ein Koordinatensystem mit A und B. Finde mögliche Koordinaten von C.

a) $A(3|1)$; $B(8|1)$; Seite b ist Hypotenuse.
b) $A(1|1)$; $B(1|6)$; b ist die kürzere Kathete.
c) $A(2|3)$; $B(3{,}5|5{,}5)$; b ist längere Kathete.

7 Finde rechtwinklige Dreiecke. Gib die Länge der Hypotenusen und Katheten an.

a) Quader

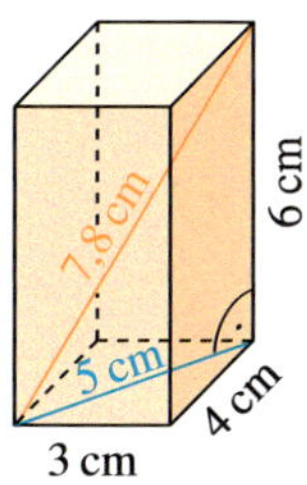

b) Kranleiter

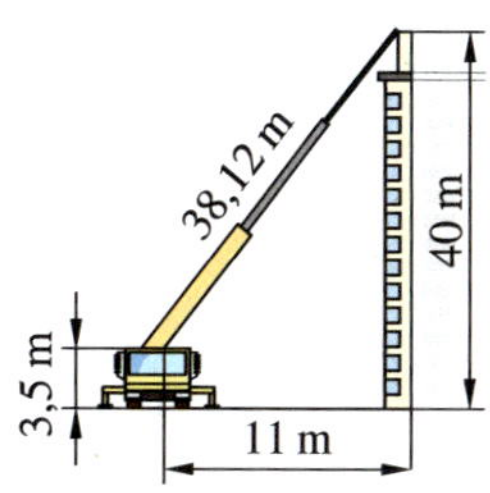

Thema: Pythagoreische Zahlentripel

Im alten Ägypten wurden regelmäßig die Felder vom Nil überschwemmt. Nach jeder Überschwemmung mussten die Felder neu eingeteilt werden.
Die Seilspanner sollen dazu die sogenannte Zwölfknotenschnur genutzt haben. Diese Schnur war in zwölf gleich lange Seilstücke unterteilt.

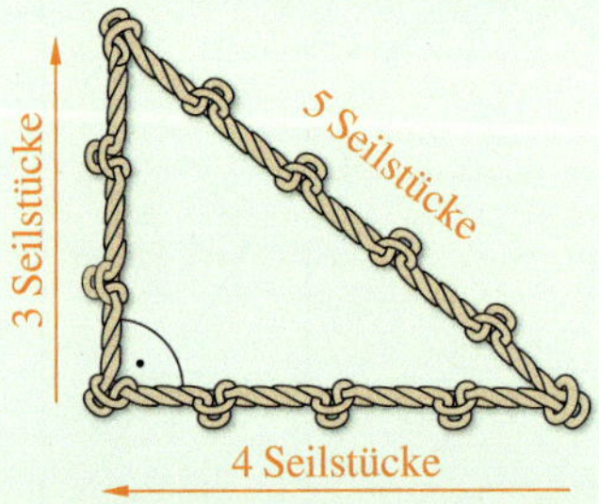

Sie schlugen einen Pflock am ersten Knoten in den Boden, zählten vier Seilstücke ab und schlugen den nächsten Pflock in den Boden. Nach weiteren drei Seilstücken schlugen sie den dritten Pflock in den Boden und erhielten ein rechtwinkliges Dreieck.

Es gibt weitere rechtwinklige Dreiecke, die man auf ähnliche Weise abstecken kann. Der griechische Philosoph und Mathematiker Pythagoras hat sich vor über 2 500 Jahren damit beschäftigt.

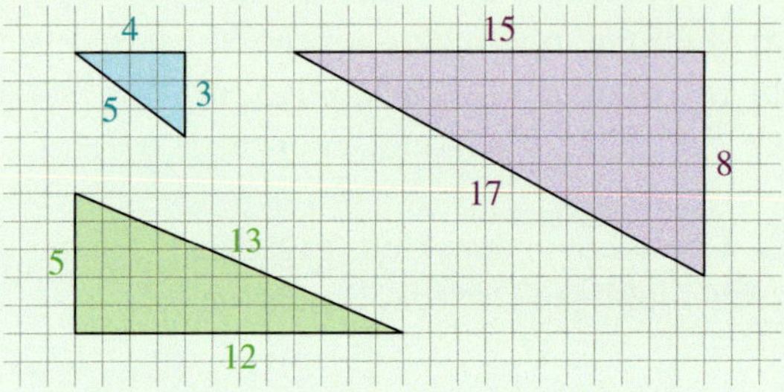

Merke Als **pythagoreisches Zahlentripel** $(a|b|c)$ werden drei natürliche Zahlen a, b und c bezeichnet, wenn sie als Seitenlängen ein rechtwinkliges Dreieck bilden.

Für jedes pythagoreisches Zahlentripel $(a|b|c)$ gilt: $a^2 + b^2 = c^2$

Dabei ist c die größte Zahl des Tripels.

Beispiel 1
Die Zahlentripel (3|4|5), (5|12|13) und (8|15|17) sind pythagoreische Tripel.

Sind die Tripel (5|12|13) und (5|11|12) pythagoreisch?

$5^2 + 12^2 = 13^2$	$5^2 + 11^2 = 12^2$
$25 + 144 = 169$	$25 + 121 = 144$
$169 = 169$ w	$146 = 144$ f

1 Handelt es sich um pythagoreische Tripel?
Konstruiere die Dreiecke aus den gegebenen Seitenlängen. Miss die Winkelgrößen und prüfe, ob die Dreiecke rechtwinklig sind.
a) (6 cm | 8 cm | 10 cm) b) (35 mm | 120 mm | 125 mm)
c) (50 mm | 70 mm | 85 mm) d) (25 mm | 60 mm | 65 mm)

2 Prüfe rechnerisch, ob es sich um pythagoreische Zahlentripel handelt.
a) (27|36|45) b) (29|37|45) c) (12|59|62)
d) (11|60|61) e) (24|69|74) f) (24|70|74)

3 Warum ist die rechnerische Überprüfung bei Aufgabe 2 besser geeignet als die zeichnerische Überprüfung mithilfe einer Konstruktion? Begründe.

Der Satz des Pythagoras

Entdecken

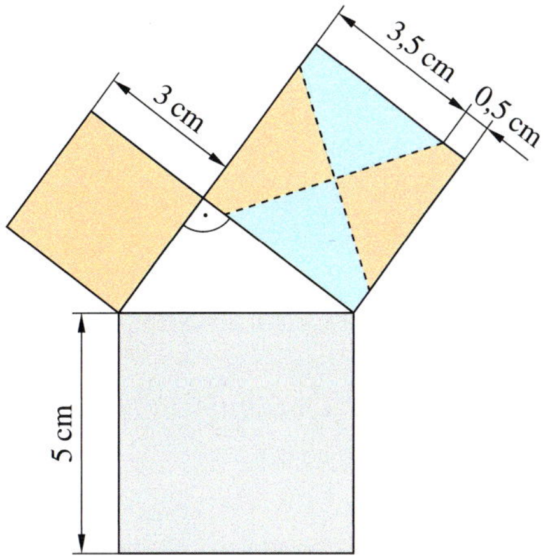

1 Beschreibt den Aufbau der Figur rechts.
a) Zeichnet die Figur sauber auf ein Blatt Papier.
b) Schneidet erst die Quadrate über den Katheten und dann die Teilflächen des rechten Quadrats entlang der Linien aus.
c) Versucht, mit den farbigen Figuren das graue Quadrat auszulegen. Was fällt euch auf?

2 Untersucht rechtwinklige Dreiecke mithilfe einer dynamischen Geometrie-Software.
a) Verändert das Dreieck, indem ihr Punkt *C* verschiebt. Beobachtet die Auswirkungen auf Seitenlängen und Flächeninhalte.
b) Übertragt die Tabelle ins Heft und füllt sie für vier Dreiecke aus.

	a	b	c	a^2	b^2	c^2	a^2+b^2
Dreieck ①							
...							

c) Was fällt euch auf?

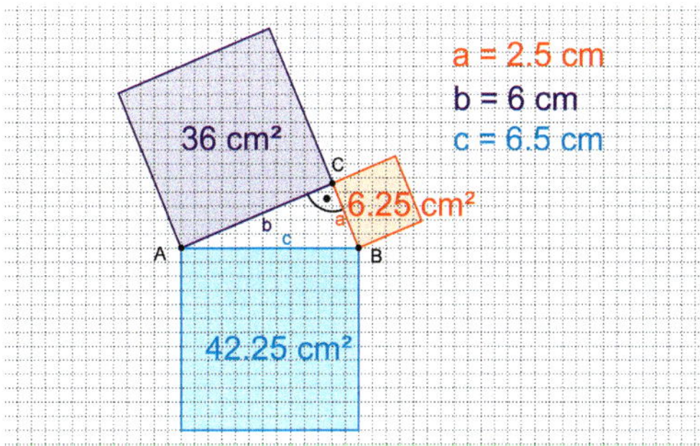

3 Betrachte die Dreiecke.

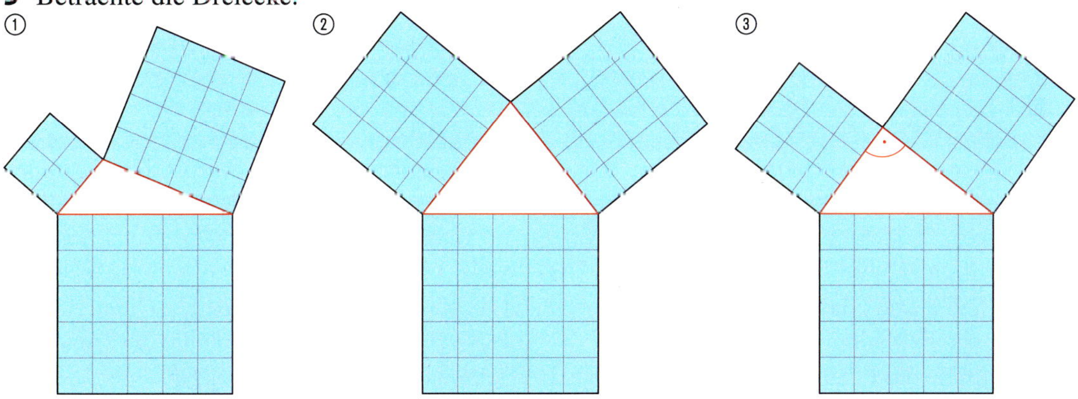

a) Ordne die Begriffe den Dreiecken zu: Ⓐ rechtwinklig – Ⓑ stumpfwinklig – Ⓒ spitzwinklig
b) Betrachte jede der drei Zeichnungen: Vergleiche den Flächeninhalt der beiden oberen Quadrate zusammen mit dem Flächeninhalt des unteren Quadrats. Was fällt dir auf?

4 Zeichne ein beliebiges rechtwinkliges Dreieck und miss alle Seitenlängen.
a) Trage die Seitenlängen in eine Tabelle ein.
b) Quadriere alle Seitenlängen. Immer zwei Quadrate zusammen ergeben das dritte. Welche sind das?
c) Löse die Aufgabe mit einer Tabellenkalkulation.
d) Vergleicht eure Ergebnisse in der Klasse.

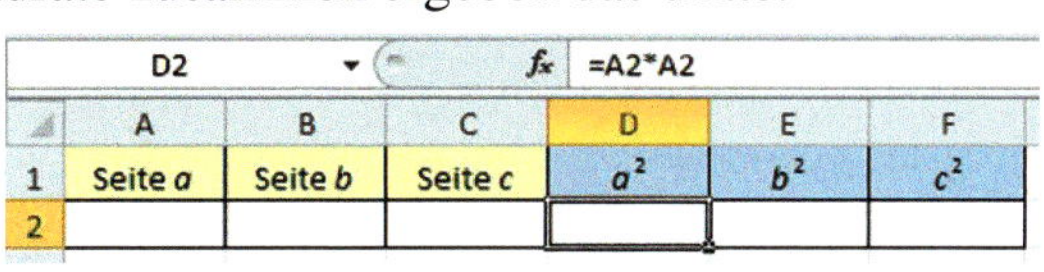

	A	B	C	D	E	F
1	Seite a	Seite b	Seite c	a^2	b^2	c^2
2						

Verstehen

Der Philosoph und Mathematiker Pythagoras wurde um etwa 570 v. Chr. geboren. Er soll diesen Satz über rechtwinklige Dreiecke als erster bewiesen haben.

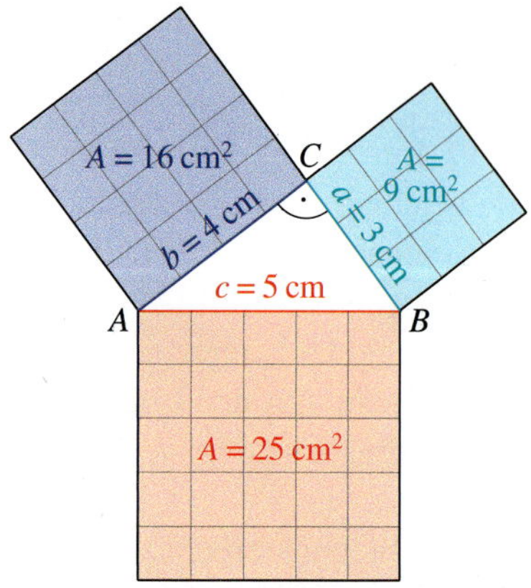

Beispiel 1

Flächeninhalt des Quadrats über der *ersten Kathete*:
$A = 3\,\text{cm} \cdot 3\,\text{cm} = 9\,\text{cm}^2$
Flächeninhalt des Quadrates über der *zweiten Kathete*:
$A = 4\,\text{cm} \cdot 4\,\text{cm} = 16\,\text{cm}^2$
Flächeninhalt des Quadrats über der *Hypotenuse*:
$A = 5\,\text{cm} \cdot 5\,\text{cm} = 25\,\text{cm}^2$

Es gilt: $9\,\text{cm}^2 + 16\,\text{cm}^2 = 25\,\text{cm}^2$

HINWEIS
Einen Beweis für den Satz des Pythagoras findest du auf *Seite 92.*

Merke Der Satz des Pythagoras
Im **rechtwinkligen Dreieck** mit dem rechten Winkel $\gamma = 90°$ gilt:
Die Quadrate über den Katheten a und b haben zusammen den gleichen Flächeninhalt wie das Quadrat über der Hypotenuse c: $\boldsymbol{a^2 + b^2 = c^2}$

Es gilt auch **umgekehrt**:
Wenn für die Seiten eines Dreiecks ABC die Gleichung $a^2 + b^2 = c^2$ stimmt, dann ist das Dreieck rechtwinklig. Es hat den rechten Winkel bei C, das heißt $\gamma = 90°$.

Üben und anwenden

1 Übertrage die Figuren ins Heft.

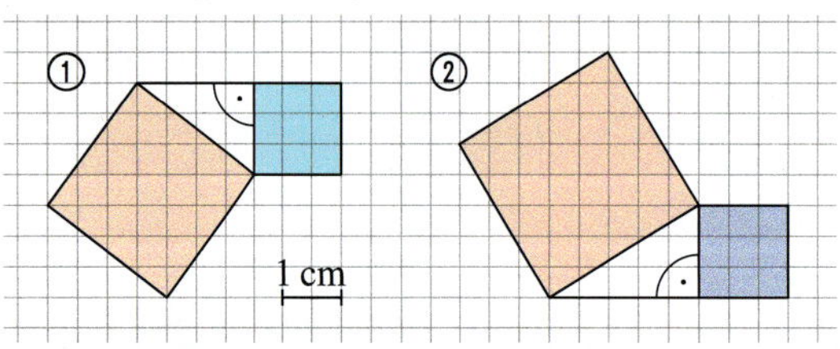

a) Ergänze jeweils das fehlende Quadrat.
b) Miss die Seitenlängen der Quadrate.
c) Bestimme die Flächeninhalte der Quadrate. Welcher Zusammenhang gilt?

2 Übertrage die Tabelle ins Heft. Ergänze die Lücken mit dem Satz des Pythagoras.

	Quadrat über 1. Kathete	Quadrat über 2. Kathete	Quadrat über Hypotenuse
a)	$A = 16\,\text{cm}^2$	$A = 9\,\text{cm}^2$	
b)	$A = 70\,\text{cm}^2$		$A = 120\,\text{cm}^2$
c)		$A = 9{,}5\,\text{cm}^2$	$A = 22\,\text{cm}^2$
d)	$A = 4{,}41\,\text{cm}^2$		$A = 12{,}25\,\text{cm}^2$
e)		$A = 36\,\text{cm}^2$	$A = 56{,}25\,\text{cm}^2$

1 Übertrage die Figuren ins Heft.

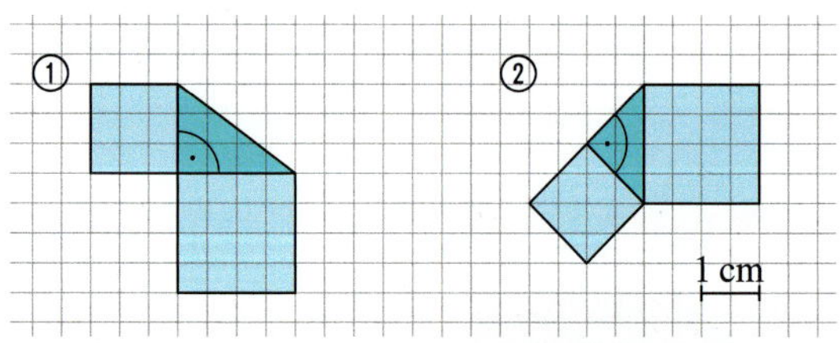

a) Ergänze jeweils das fehlende Quadrat.
b) Bestimme die Flächeninhalte der Quadrate. Welcher Zusammenhang gilt?

2 Finde drei Quadrate, aus denen sich eine Figur nach dem Satz des Pythagoras zusammensetzen lässt.

① $A = 360\,\text{m}^2$
② $A = 256\,\text{m}^2$
③ $A = 224\,\text{m}^2$
④ $A = 480\,\text{m}^2$
⑤ $A = 544\,\text{m}^2$
⑥ $A = 424\,\text{m}^2$

3 Gib die Katheten und die Hypotenuse an. Notiere die Gleichung, die sich nach dem Satz des Pythagoras ergibt.

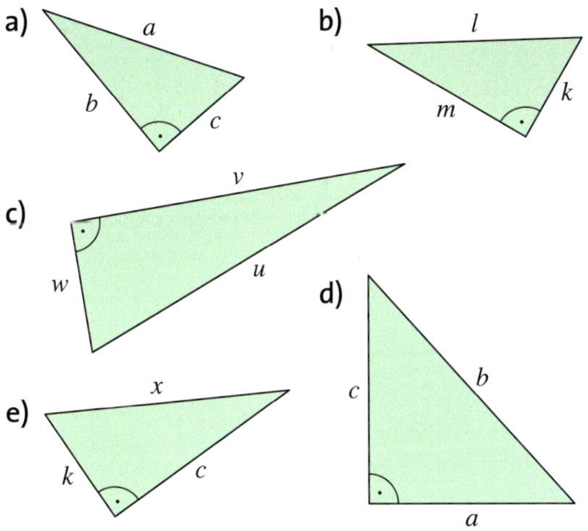

4 Finde das rechtwinklige Dreieck. Schreibe die Gleichung auf, die nach dem Satz von Pythagoras gilt.

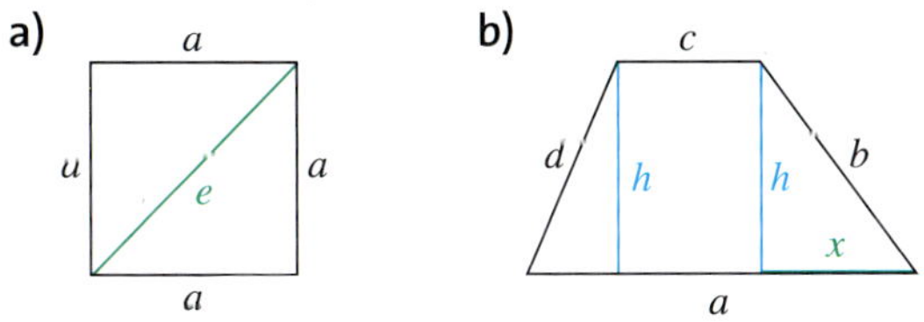

5 Prüfe, ob das Dreieck *ABC* rechtwinklig ist.

Beispiel *gegeben*:
$a = 12\,\text{cm}$; $b = 13\,\text{cm}$; $c = 3\,\text{cm}$
Die längste Seite ist b. Ist b die Hypotenuse?
$12^2 + 3^2 = 13^2$
$144 + 9 = 169$
$143 = 169$ falsch
Das Dreieck ist nicht rechtwinklig.

a) $a = 8\,\text{cm}$; $b = 10\,\text{cm}$; $c = 6\,\text{cm}$
b) $a = 5\,\text{cm}$; $b = 10\,\text{cm}$; $c = 12\,\text{cm}$
c) $a = 15\,\text{cm}$; $b = 12\,\text{cm}$; $c = 9\,\text{cm}$
d) $a = 7\,\text{cm}$; $b = 7\,\text{cm}$; $c = 5\,\text{cm}$

6 Begründe richtige Aussagen und widerlege falsche Aussagen durch ein Gegenbeispiel.
Für rechtwinklige Dreiecke *ABC* gilt:

a) Wenn $\beta = 90°$ der rechte Winkel ist, dann ist die Seite b die Hypotenuse.
b) Wenn die Seite c die Hypotenuse ist, dann gilt $a^2 = b^2 + c^2$.

3 Gib die Katheten und die Hypotenuse an. Notiere die Gleichung, die sich nach dem Satz des Pythagoras ergibt.

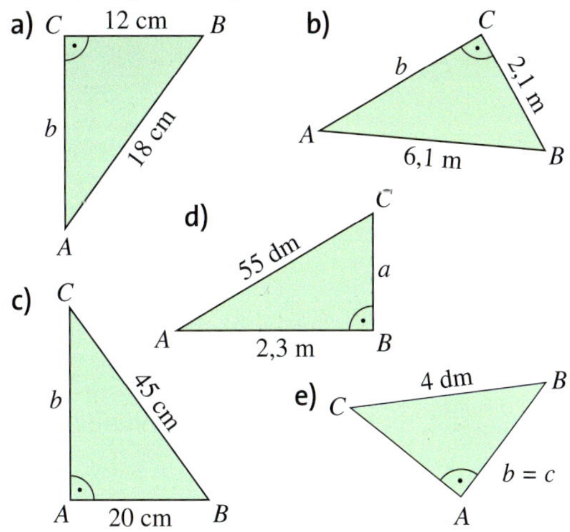

4 Suche rechtwinklige Dreiecke.
Schreibe alle Gleichungen auf, die sich nach dem Satz des Pythagoras ergeben.

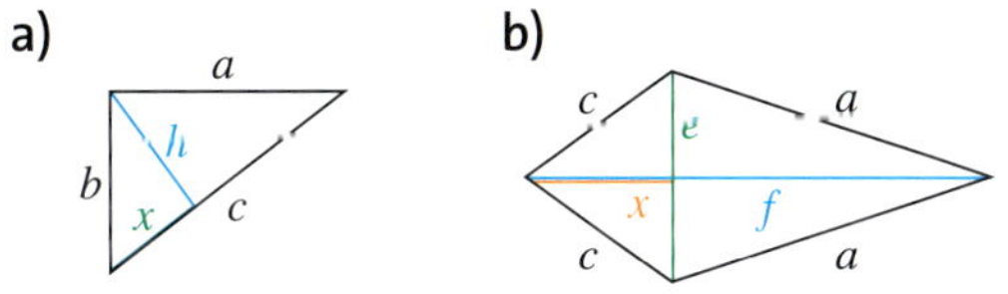

5 Mit dem Satz des Pythagoras kann man prüfen, ob ein Dreieck *ABC* rechtwinklig ist.

a) Finde und korrigiere den Fehler:
Ist das Dreieck ABC mit $a = 33$ cm, $b = 65$ cm, $c = 56$ cm rechtwinklig?
$33^2 + 65^2 = 56^2$
$1089 + 4225 = 3136$
$5314 = 3136$ *falsch, nicht rechtwinklig*

b) Sind die Dreiecke *ABC* rechtwinklig?
① $a = 60\,\text{cm}$; $b = 80\,\text{cm}$ und $c = 100\,\text{cm}$
② $a = 4\,\text{cm}$; $b = 32{,}5\,\text{mm}$ und $c = 12\,\text{mm}$
③ $a = 50\,\text{cm}$; $b = 1{,}2\,\text{m}$ und $c = 1{,}3\,\text{m}$

6 Begründe richtige Aussagen und widerlege falsche Aussagen durch ein Gegenbeispiel.
Für rechtwinklige Dreiecke *ABC* gilt:

a) Wenn $\gamma = 90°$ ist, dann gilt $a^2 = b^2 + c^2$.
b) Wenn a die Hypotenuse ist, so gilt $\alpha = 90°$.
c) Wenn b die Hypotenuse ist, dann gilt $c^2 > a^2$ und $c^2 > b^2$.

Methode Ein Beweis zum Satz des Pythagoras

Bisher wurde durch Nachmessen an einigen rechtwinkligen Dreiecken gezeigt, dass der Satz des Pythagoras für sie gilt.
In der Mathematik genügt das Nachmessen an einigen Beispielen aber nicht für einen Beweis. Man muss zeigen, dass der Satz für *alle* rechtwinkligen Dreiecke gilt.

Beweis
Zeichne ein beliebiges rechtwinkliges Dreieck viermal und schneide die vier Dreiecke aus.

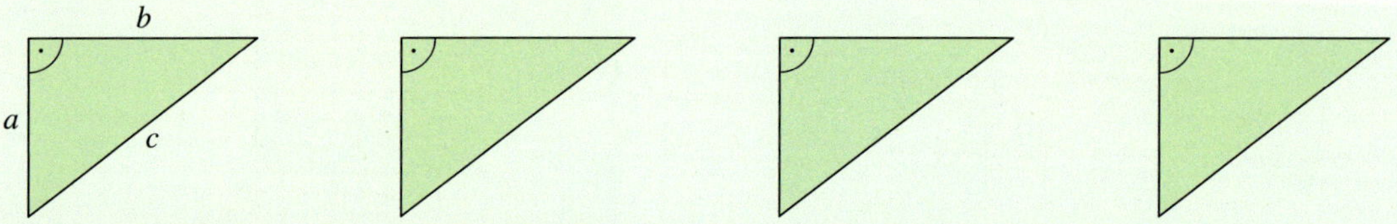

Zeichne ein Quadrat mit der Kantenlänge $a + b$. Lege die Dreiecke auf das Quadrat.
Zuerst so: Figur ①

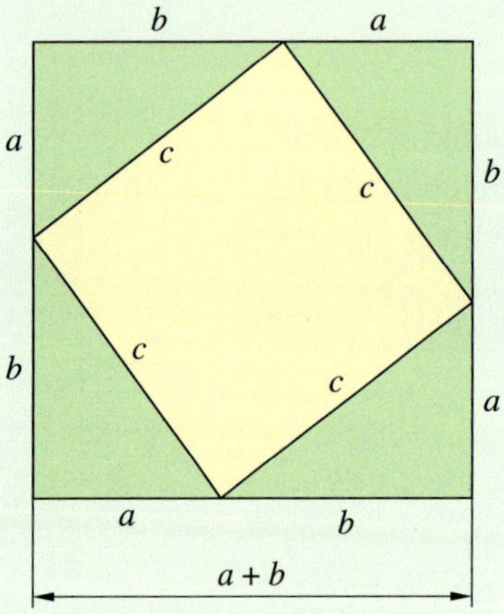

Dann so: Figur ②

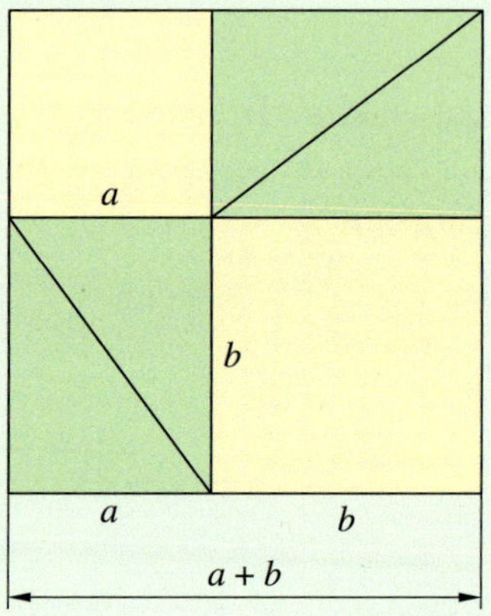

Das gezeichnete Quadrat ist in beiden Figuren gleich groß.
Legt man alle vier Dreiecke darauf, müssen also auch die gelben Restflächen gleich groß sein.

Die Restfläche von Figur ① ist das Quadrat über der Hypotenuse c, also c^2.

Die Restfläche von Figur ② sind die beiden Quadrate über den Katheten a und b, also zusammen $a^2 + b^2$.

Weil die gelbe Restfläche genauso groß ist wie die beiden gelben Restflächen in Figur ② zusammen, gilt $c^2 = a^2 + b^2$.
Also gilt auch für das rechtwinklige Ausgangsdreieck der Satz des Pythagoras: $a^2 + b^2 = c^2$.
Egal, wie das rechtwinklige Ausgangsdreieck aussieht, man kann mit ihm immer die Figuren ① und ② legen. Damit ist der Satz des Pythagoras bewiesen.

1 Vollziehe den Beweis zum Satz des Pythagoras Schritt für Schritt nach.

2 Arbeitet zu dritt oder zu viert.
a) Sucht nach weiteren Beweisen zum Satz des Pythagoras z. B. in Büchern oder im Internet.
b) Wählt einen Beweis aus und vollzieht ihn nach.
c) Präsentiert den Beweis in eurer Klasse.

Berechnung von Seitenlängen

Entdecken

1 In einem rechtwinkligen Dreieck ABC ist die Kathete $a = 6{,}4\,\text{cm}$ und die Hypotenuse $c = 8\,\text{cm}$ lang.

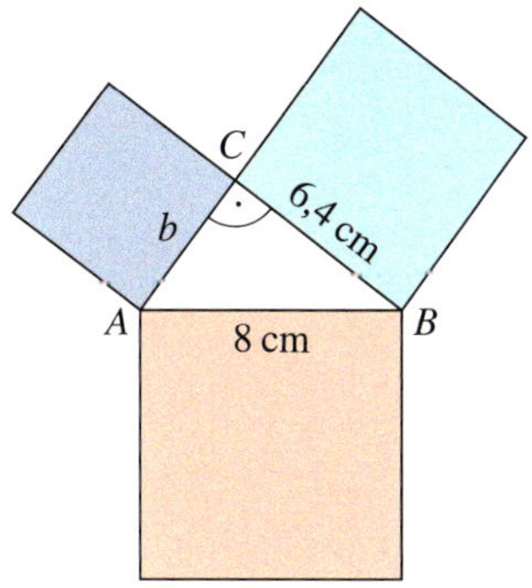

a) Berechne den Flächeninhalt des hellblauen Quadrats.
Berechne den Flächeninhalt des dunkelblauen Quadrats.

b) Welchen Flächeninhalt hat das rote Quadrat? Wende den Satz des Pythagoras an.

c) Berechne die Länge der Kathete b. Nutze dazu den Flächeninhalt des roten Quadrats.

2 Von A nach B gibt es zwei Wege.
Der eine Weg führt über die breite Straße. Er ist $2\,\text{km} + 4\,\text{km} = 6\,\text{km}$ lang.
Der andere Weg führt über die schmale Straße direkt von A nach B. Wie lang ist dieser Weg?

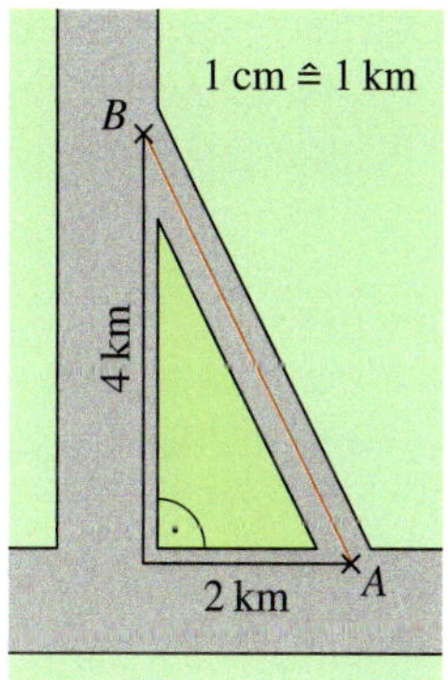

a) Beantworte die Frage durch Messen in der Zeichnung.

b) Erkläre diese Rechnung zu der Aufgabe:

$2^2 + 4^2 = c^2$

$4 + 16 = c^2$

$20 = c^2 \quad | \sqrt{\ }$

$c \approx 4{,}47$

Der Weg über die schmale Straße ist etwa 4,47 km lang.

c) Welche Methode ist genauer: Messen oder Rechnen?

3 Berechne die Länge der Diagonale im Rechteck.

a) Beantworte zur Vorbereitung die beiden Fragen: Wo liegt der rechte Winkel im Dreieck ABC? Welche Seite ist die Hypotenuse des Dreiecks ABC?

b) Berechne die Länge der Diagonale x im abgebildeten Rechteck.
Beachte dabei die Arbeitsschritte:

① Notiere eine Gleichung nach dem Satz des Pythagoras für das Dreieck ABC.

② Setze die gegebenen Seitenlängen in die Gleichung ein.

③ Berechne die Länge der Diagonale.

④ Überprüfe deine Rechnung.

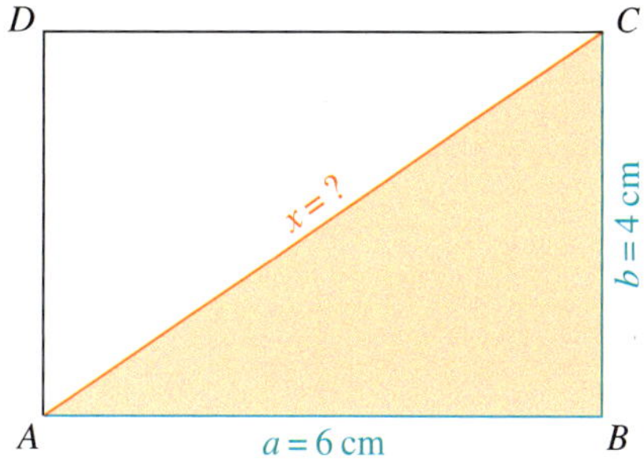

Verstehen

Mit dem Satz des Pythagoras kann man fehlende Seitenlängen in rechtwinkligen Dreiecken berechnen. Dazu müssen immer zwei von drei Seitenlängen gegeben sein.

Beispiel 1

gegeben: Katheten $c = 8\,\text{m}$; $h = 4{,}8\,\text{m}$
gesucht: Hypotenuse b
Gleichung: $c^2 + h^2 = b^2$
einsetzen: $8^2 + 4{,}8^2 = b^2$
lösen: $64 + 23{,}04 = b^2$
$87{,}04 = b^2 \quad | \sqrt{\ }$ $\qquad b \approx 9{,}33$
Antwort: Die Hypotenuse b ist etwa 9,33 m lang.

Planfigur

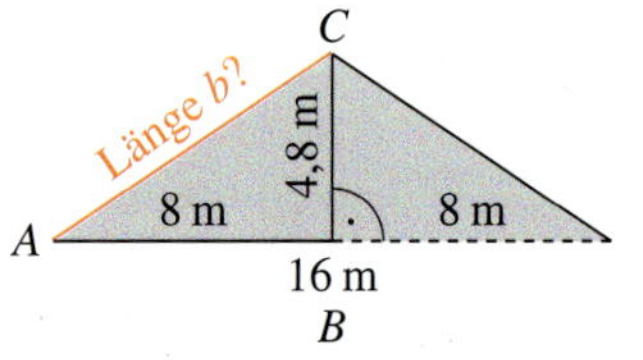

Merke So werden Seitenlängen mit dem Satz des Pythagoras berechnet:
① Zeichne eine Skizze oder Planfigur, falls nicht vorhanden. Trage alle Größen ein.
② Finde ein passendes rechtwinkliges Dreieck.
③ Notiere eine passende Gleichung nach dem Satz des Pythagoras.
④ Setze die gegebenen Größen in die Gleichung ein.
⑤ Berechne die gesuchte Größe durch Umformen und Lösen der Gleichung.
⑥ Formuliere einen Antwortsatz.

Beispiel 2

gegeben: Dreieck ABC mit Kathete $b = 4{,}5\,\text{m}$; Hypotenuse $c = 4{,}8\,\text{m}$; $\gamma = 90°$
gesucht: Kathete a
Gleichung: $a^2 + b^2 = c^2$
einsetzen: $a^2 + 4{,}5^2 = 7^2$
lösen: $a^2 + 20{,}25 = 49 \quad | - 20{,}25$
$a^2 = 28{,}75 \quad | \sqrt{\ }$
$a \approx 5{,}36$
Antwort: Die Kathete a ist etwa 5,36 m lang.

Planfigur

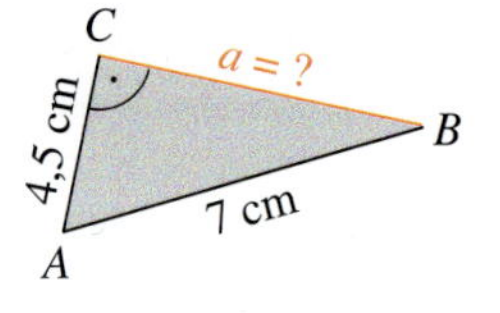

Üben und anwenden

1 Berechne die Länge der Hypotenuse mit dem Satz des Pythagoras.

a)

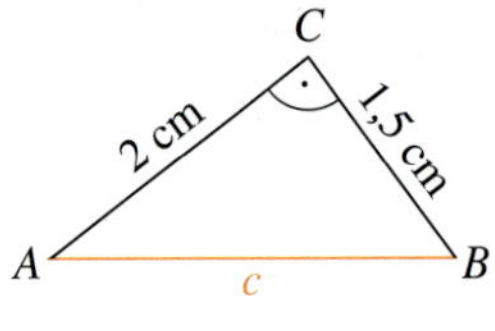

b)

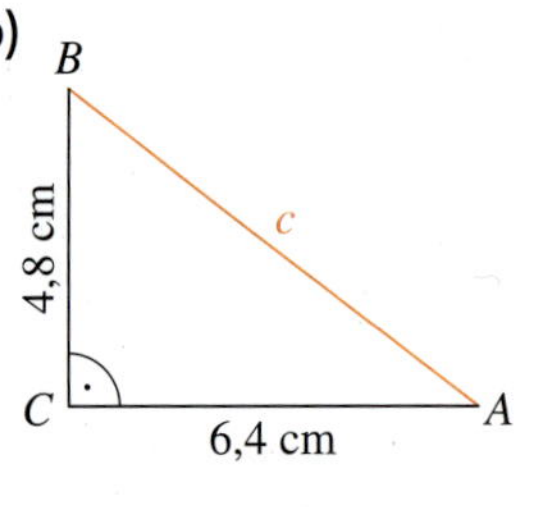

1 Berechne die Länge der Hypotenuse mit dem Satz des Pythagoras.

a)

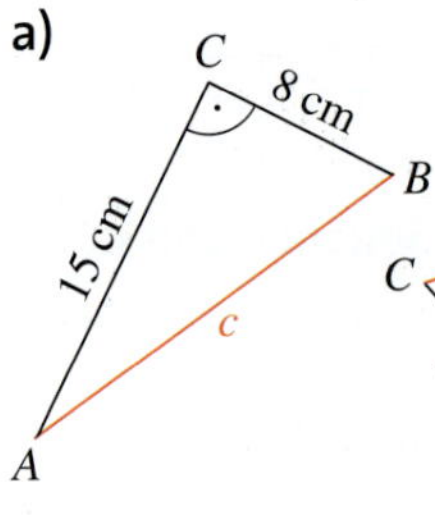

b)

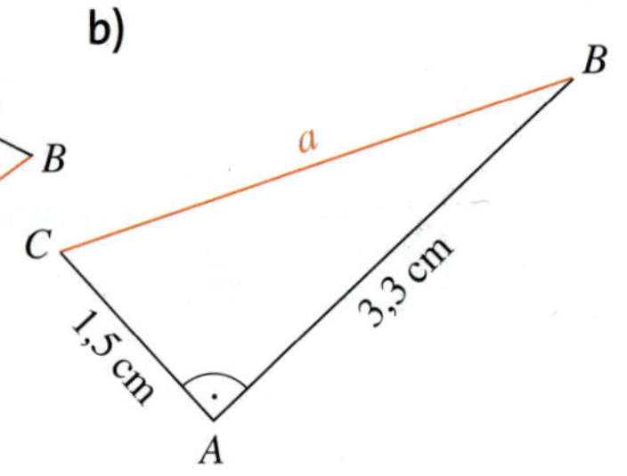

2 Jeder zeichnet ein rechtwinkliges Dreieck und misst die Längen der beiden Katheten. Nennt euch gegenseitig die Längen der Katheten und berechnet die Länge der Hypotenuse. Prüft gegenseitig eure Ergebnisse durch Messen an den Dreiecken.

3 Berechne die Länge der gesuchten Kathete.

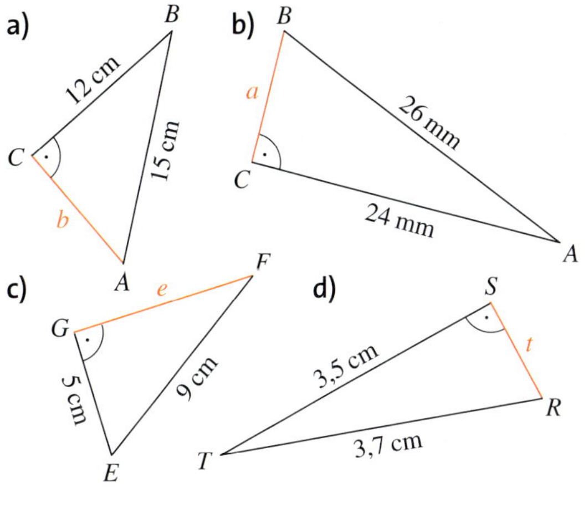

4 Gegeben sind rechtwinklige Dreiecke. Ergänze die Tabelle im Heft.
Runde jeweils auf zwei Stellen nach dem Komma.

	Hypotenuse *z*	Kathete *x*	Kathete *y*
a)	3,7 cm	2,4 cm	
b)	18,3 dm		10,0 dm
c)		120 m	80 m
d)	0,83 m	0,39 m	
e)	3,20 m		2,44 m

5 Wie lang ist jeweils die Diagonale *d* des Rechtecks?

a) $a = 5{,}6\,\text{cm}$ und $b = 9\,\text{cm}$

b) $a = 4{,}7\,\text{cm}$ und $b = 8{,}2\,\text{cm}$

c) $a = 23\,\text{mm}$ und $b = 4\,\text{cm}$

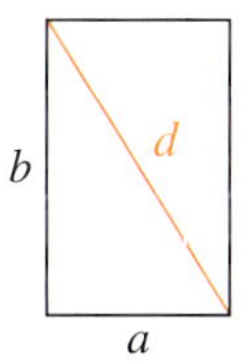

6 Berechne im rechtwinkligen Dreieck *ABC* mit $\gamma = 90°$…

a) die Hypotenuse: $a = 1{,}5\,\text{cm}$; $b = 2\,\text{cm}$

b) die fehlende Kathete: $a = 1{,}2\,\text{cm}$; $c = 2\,\text{cm}$

7 Berechne die Höhe *h* des Dachstuhls.
Entnimm alle Maße aus der Zeichnung.

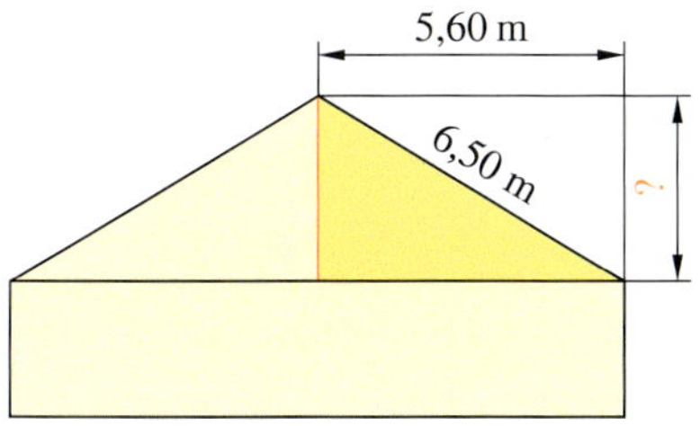

3 Berechne die gesuchten Seitenlängen.

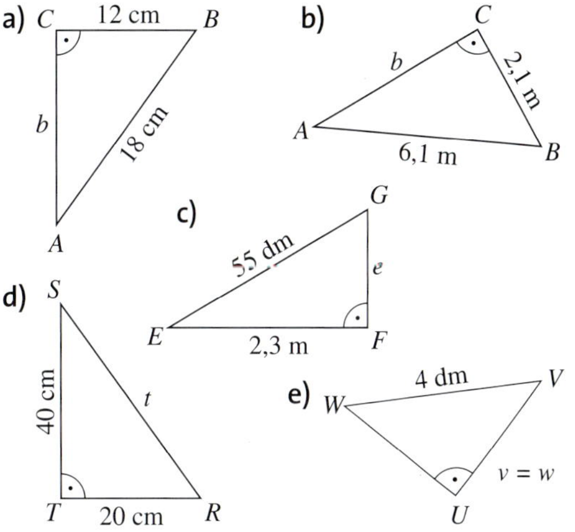

4 Berechne die fehlenden Größen der rechtwinkligen Dreiecke.
Beachte, dass der rechte Winkel nicht immer bei γ liegt.

	90° bei	Seite *a*	Seite *b*	Seite *c*
a)	α		3 cm	4 cm
b)	β	8 cm		18 cm
c)	γ		4,5 cm	8,5 cm
d)	α	1 dm	6 cm	
e)	β		15 cm	128 mm

5 Beginne jeweils mit einer Skizze.

a) Berechne, wie lang die Diagonalen in einem Quadrat mit $a = 7{,}2\,\text{cm}$ sind.

b) Gegeben ist ein gleichseitiges Dreieck mit $a = 8\,\text{cm}$. Berechne die Höhe *h*.

6 Berechne im rechtwinkligen Dreieck *ABC* mit $\gamma = 90°$…

a) die Hypotenuse: $a = 25\,\text{mm}$; $b = 6\,\text{cm}$

b) die fehlende Kathete: $a = 8\,\text{cm}$; $c = 0{,}17\,\text{m}$

7 Ein Grundstück hat diesen Grundriss.
Wie viele Meter Zaun sind für das Grundstück notwendig?
Übertrage die Zeichnung ins Heft.
Tipp: Eine Hilfslinie erleichtert die Lösung.

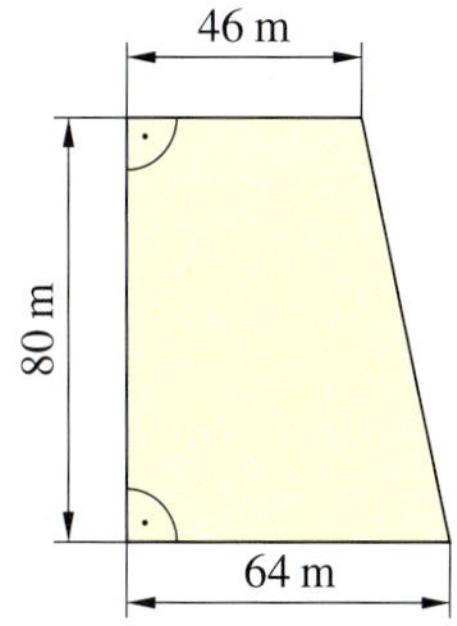

8 Ein Baum ist abgeknickt.
a) Wie lang ist das abgeknickte Stück?
b) Wie hoch war der Baum ursprünglich?

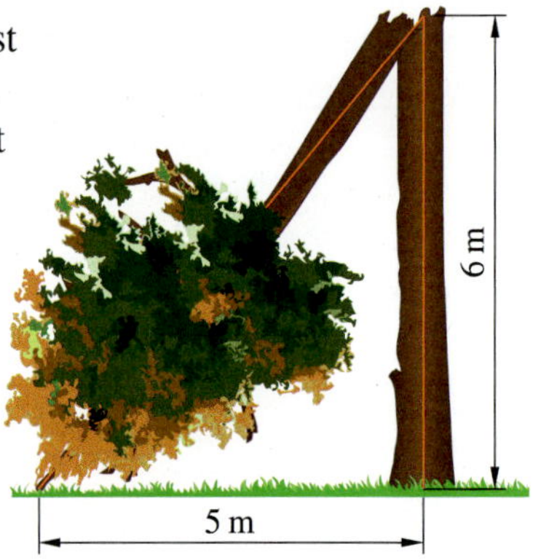

9 Fertige zunächst eine Skizze an. Berechne dann.
Ein Blatt DIN-A4-Papier ist 297 mm lang und 210 mm breit. Wie lang ist eine Diagonale?

10 Die Kantenlänge des Würfels beträgt $a = 9\,\text{cm}$.
a) Berechne die Länge der Flächendiagonale e.
b) Berechne die Länge der Raumdiagonale d.
c) Zeichne das Dreieck mit den Seiten a; d und e.

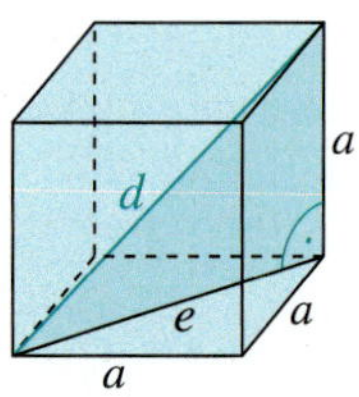

11 Ein Einfamilienhaus hat ein Satteldach.

a) Das Dach ist $h = 6\,\text{m}$ hoch und $b = 11\,\text{m}$ breit. Wie lang sind die Dachbalken?
b) Ein anderes Dach ist 9,4 m breit. Die Dachbalken sind 7,5 m lang. Wie hoch ist das Dach?
c) Wie breit ist ein Haus, wenn 6 m lange Dachbalken eine Höhe von 4,8 m ergeben?

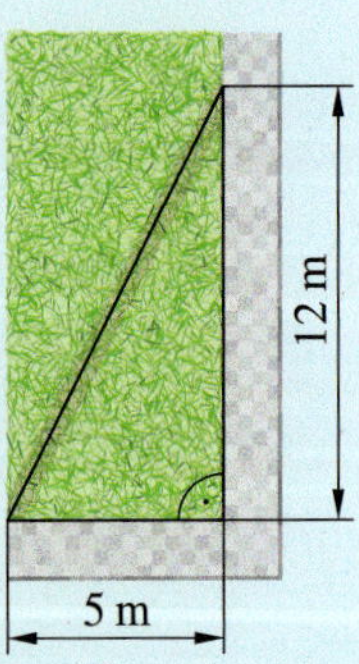

12 „Rasenlatscher" sind Fußgänger, die quer über den Rasen laufen, um Wege abkürzen. Wie viel Meter „spart" der Rasenlatscher, wenn er so läuft wie in der Randspalte?

8 Eine fünf Meter lange Leiter wird an eine Hauswand angelehnt. Fertige eine Skizze an.
a) Die Leiter ist 1 m von der Wand entfernt aufgestellt. In welcher Höhe erreicht ihr oberes Ende die Hauswand?
b) Das obere Ende der Leiter erreicht die Wand in 4,70 m Höhe. In welchem Abstand zur Hauswand ist die Leiter am Boden aufgestellt?

9 Ein Ballon ist an einem Seil befestigt. Der Wind treibt den Ballon 18 m weit zur Seite. Er hat dann eine Höhe von 80 m über dem Boden. Wie lang ist das straff gespannte Seil?

10 Der Kaffeelöffel ragt genau bis zum Rand einer Tasse. Die Tasse hat einen Durchmesser von 7,3 cm und ist 4,3 cm hoch. Wie lang ist der Löffel? Fertige eine Skizze an (Querschnitt von der Seite).

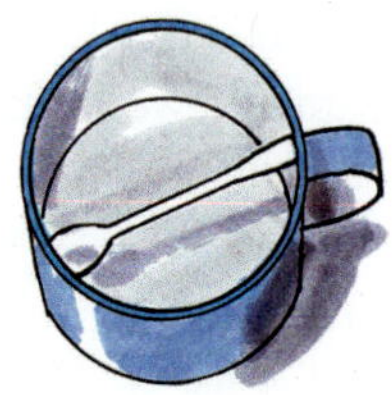

11 Bestimme für diesen „Pythagorasbaum" die Maßzahlen für die Flächeninhalte der grünen Quadrate und die Maßzahlen der Längen der blauen Strecken.

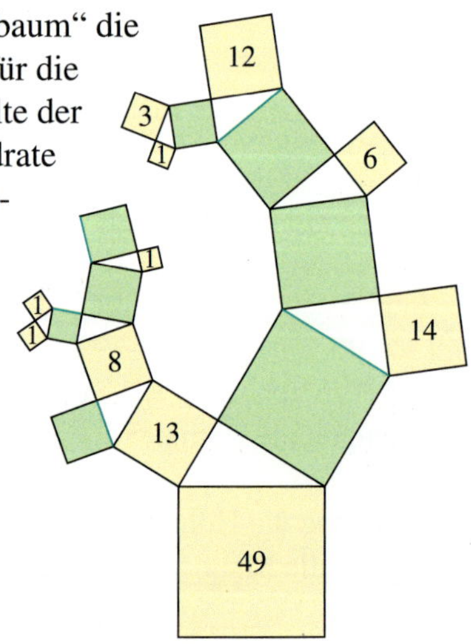

12 Drei Autos parken am Straßenrand hintereinander. Sie haben je 25 cm Abstand voneinander. Das mittlere Auto ist 4,5 m lang und 1,65 m breit. Kann es ausparken?

Methode Arbeiten mit einer Formelsammlung

Formelsammlungen dienen als Nachschlagewerk. Sie enthalten meist sehr kurz und ohne Beispiele oder erklärende Texte alle wichtigen mathematischen **Formeln**, mathematische **Symbole**, das **griechische Alphabet**, **Umrechnungen**, **Rechenregeln** usw.
Zum Nachschlagen kann man entweder das Inhaltsverzeichnis am Anfang oder das Stichwortverzeichnis am Ende der Formelsammlung verwenden.

Einzelne Begriffe können von den Begriffen aus dem Unterricht abweichen. Meist wird aber anhand einer Zeichnung klar, wofür eine Variable steht. Formelsammlungen können auch Inhalte enthalten, die (bisher) im Unterricht nicht behandelt wurden.
Beachte, dass die Formeln gegebenenfalls erst nach der gesuchten Größe umgestellt werden müssen.

Beispielseite aus einer Formelsammlung

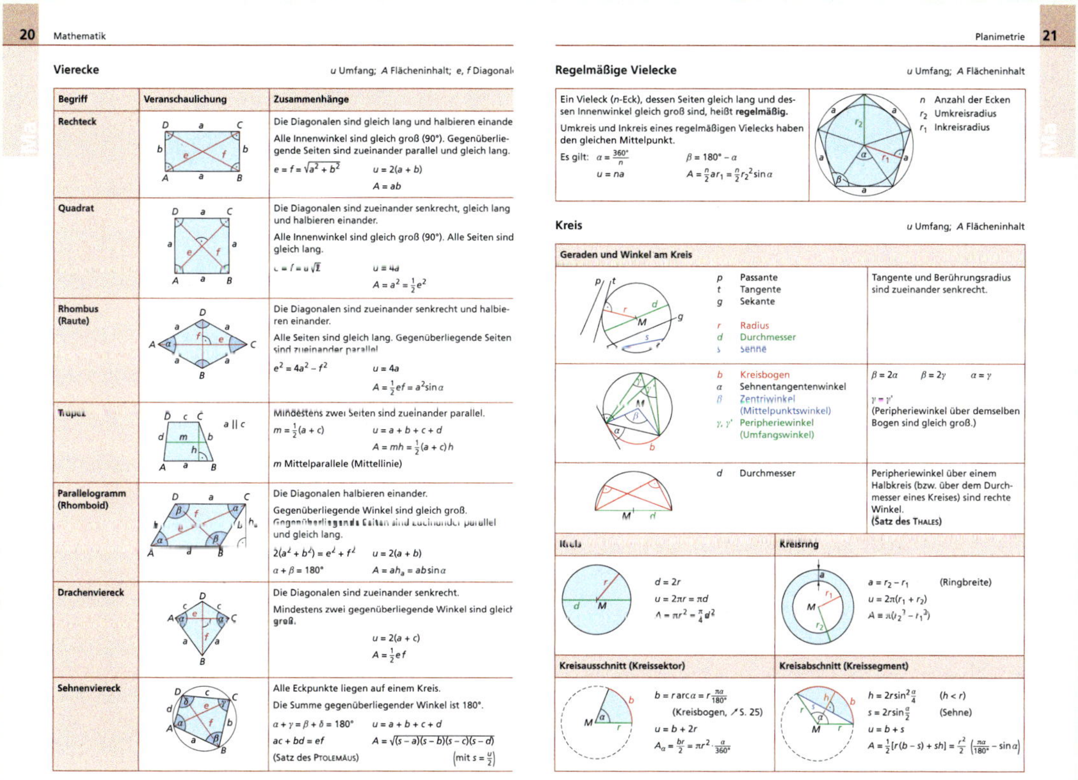

20 Mathematik

Vierecke — *u* Umfang; *A* Flächeninhalt; *e*, *f* Diagonal

Begriff	Veranschaulichung	Zusammenhänge
Rechteck		Die Diagonalen sind gleich lang und halbieren einande. Alle Innenwinkel sind gleich groß (90°). Gegenüberliegende Seiten sind zueinander parallel und gleich lang. $e = f = \sqrt{a^2 + b^2}$ $u = 2(a + b)$ $A = ab$
Quadrat		Die Diagonalen sind zueinander senkrecht, gleich lang und halbieren einander. Alle Innenwinkel sind gleich groß (90°). Alle Seiten sind gleich lang. $e = f = a\sqrt{2}$ $u = 4a$ $A = a^2 = \frac{1}{2}e^2$
Rhombus (Raute)		Die Diagonalen sind zueinander senkrecht und halbieren einander. Alle Seiten sind gleich lang. Gegenüberliegende Seiten sind zueinander parallel. $e^2 = 4a^2 - f^2$ $u = 4a$ $A = \frac{1}{2}ef = a^2 \sin\alpha$
Trapez	$a \parallel c$	Mindestens zwei Seiten sind zueinander parallel. $m = \frac{1}{2}(a + c)$ $u = a + b + c + d$ $A = mh = \frac{1}{2}(a + c)h$ *m* Mittelparallele (Mittellinie)
Parallelogramm (Rhomboid)		Die Diagonalen halbieren einander. Gegenüberliegende Winkel sind gleich groß. Gegenüberliegende Seiten sind zueinander parallel und gleich lang. $2(a^2 + b^2) = e^2 + f^2$ $u = 2(a + b)$ $\alpha + \beta = 180°$ $A = ah_a = ab\sin\alpha$
Drachenviereck		Die Diagonalen sind zueinander senkrecht. Mindestens zwei gegenüberliegende Winkel sind gleich groß. $u = 2(a + c)$ $A = \frac{1}{2}ef$
Sehnenviereck		Alle Eckpunkte liegen auf einem Kreis. Die Summe gegenüberliegender Winkel ist 180°. $\alpha + \gamma = \beta + \delta = 180°$ $u = a + b + c + d$ $ac + bd = ef$ $A = \sqrt{(s-a)(s-b)(s-c)(s-d)}$ (Satz des PTOLEMÄUS) $\left(\text{mit } s = \frac{u}{2}\right)$

Planimetrie 21

Regelmäßige Vielecke — *u* Umfang; *A* Flächeninhalt

Ein Vieleck (*n*-Eck), dessen Seiten gleich lang und dessen Innenwinkel gleich groß sind, heißt **regelmäßig**.
Umkreis und Inkreis eines regelmäßigen Vielecks haben den gleichen Mittelpunkt.
Es gilt: $\alpha = \frac{360°}{n}$ $\beta = 180° - \alpha$
$u = na$ $A = \frac{n}{2}ar_1 = \frac{n}{2}r_2^2\sin\alpha$

n Anzahl der Ecken
r_2 Umkreisradius
r_1 Inkreisradius

Kreis — *u* Umfang; *A* Flächeninhalt

Geraden und Winkel am Kreis

	p Passante, *t* Tangente, *g* Sekante, *r* Radius, *d* Durchmesser, *s* Sehne	Tangente und Berührungsradius sind zueinander senkrecht.
	b Kreisbogen, *α* Sehnentangentenwinkel, *β* Zentriwinkel (Mittelpunktswinkel), *γ, γ'* Peripheriewinkel (Umfangswinkel)	$\beta = 2\alpha$ $\beta = 2\gamma$ $\alpha = \gamma$ $\gamma = \gamma'$ (Peripheriewinkel über demselben Bogen sind gleich groß.)
	d Durchmesser	Peripheriewinkel über einem Halbkreis (bzw. über dem Durchmesser eines Kreises) sind rechte Winkel. (Satz des THALES)

Kreis	Kreisring
$d = 2r$ $u = 2\pi r = \pi d$ $A = \pi r^2 = \frac{\pi}{4}d^2$	$a = r_2 - r_1$ (Ringbreite) $u = 2\pi(r_1 + r_2)$ $A = \pi(r_2^2 - r_1^2)$

Kreisausschnitt (Kreissektor)	Kreisabschnitt (Kreissegment)
$b = r\,\text{arc}\,\alpha = r\frac{\pi\alpha}{180°}$ (Kreisbogen, ↗ S. 25) $u = b + 2r$ $A_\alpha = \frac{br}{2} = \pi r^2 \cdot \frac{\alpha}{360°}$	$h = 2r\sin^2\frac{\alpha}{4}$ $(h < r)$ $s = 2r\sin\frac{\alpha}{2}$ (Sehne) $u = b + s$ $A = \frac{1}{2}[r(b - s) + sh] = \frac{r^2}{2}\left(\frac{\pi\alpha}{180°} - \sin\alpha\right)$

1 Die Diagonale in einem Quadrat soll berechnet werden.
a) Suche die benötigte Formel in der Formelsammlung.
b) Berechne die Länge der Diagonale in einem Quadrat mit der Seitenlänge $a = 5\,\text{cm}$

2 Ein Kreisvektor soll berechnet werden.
a) Suche die benötigte Formel in der Formelsammlung.
b) Berechne den Flächeninhalt des Kreissektors für $\alpha = 90°$ (180°, 270°).
Überprüfe dein Ergebnis.

Klar so weit?

→ Seite 86

Rechtwinklige Dreiecke

1 Zeichne das Dreieck ab.
Markiere den rechten Winkel.
Beschrifte die Hypotenuse (rot) und die Katheten (blau).

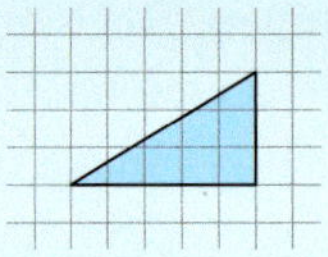

2 Welche der Dreiecke sind rechtwinklig?
Miss jeweils die Länge der Hypotenuse.

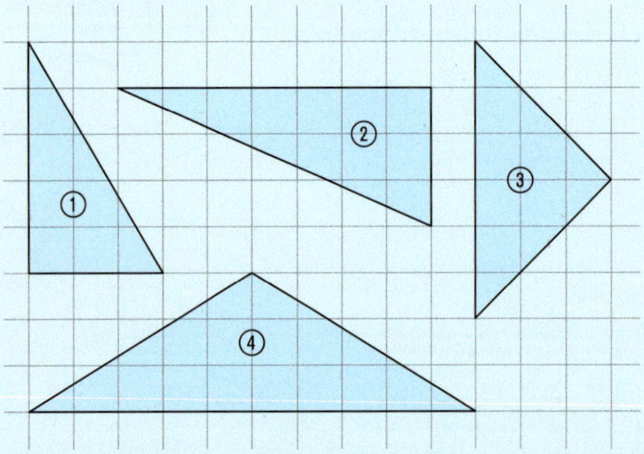

1 Zeichne ein rechtwinkliges Dreieck.
Markiere den rechten Winkel, die Hypotenuse (rot) und die Katheten (blau).

2 Welche der Dreiecke sind rechtwinklig?
Gib jeweils die Länge ihrer Hypotenuse an.

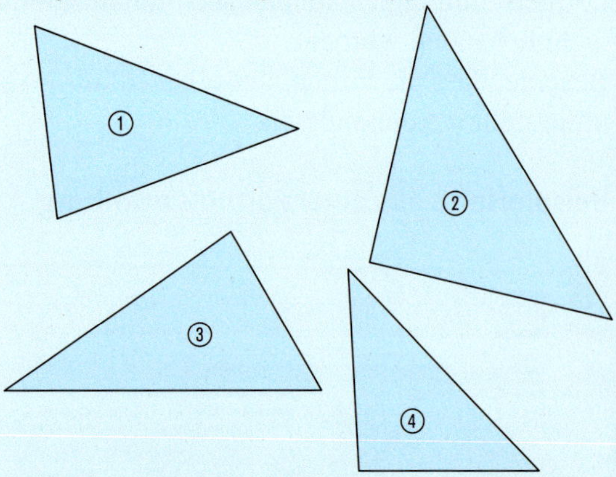

→ Seite 90

Der Satz des Pythagoras

3 Notiere zu den Dreiecken ABC jeweils eine Gleichung nach dem Satz des Pythagoras.

a)

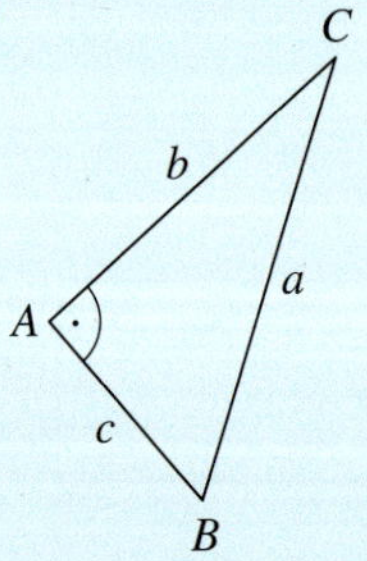

b)

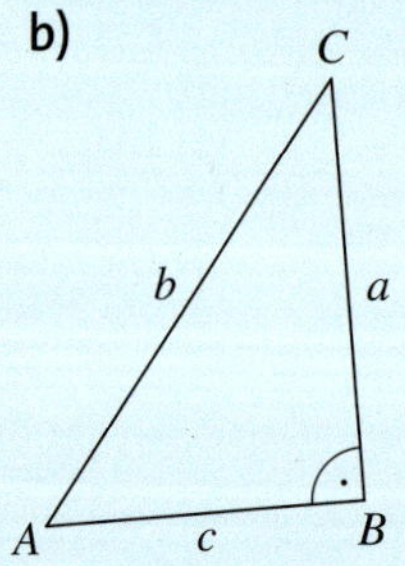

4 Übertrage und ergänze die Tabelle im Heft.

	Quadrat über 1. Kathete	Quadrat über 2. Kathete	Quadrat über Hypotenuse
a)	$A = 64\,cm^2$	$A = 225\,cm^2$	
b)	$A = 144\,cm^2$		$A = 169\,cm^2$
c)		$A = 68\,km^2$	$A = 85\,km^2$
d)	$A = 9{,}3\,dm^2$		$A = 15{,}5\,dm^2$

5 Prüfe, ob das Dreieck ABC mit den Maßen $a = 12\,cm$; $b = 16\,cm$; $c = 20\,cm$ rechtwinklig ist. Begründe.

3 Notiere zu den Dreiecken ABC jeweils eine Gleichung nach dem Satz des Pythagoras.

a)

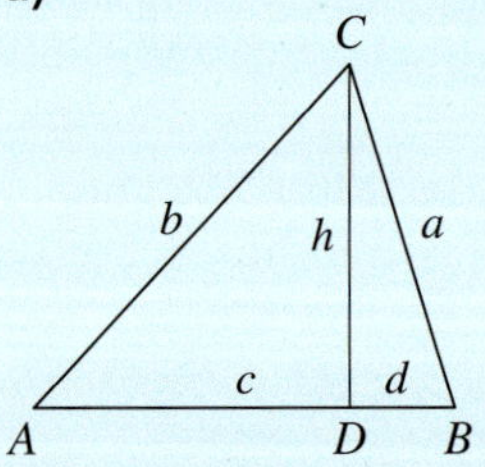

b)

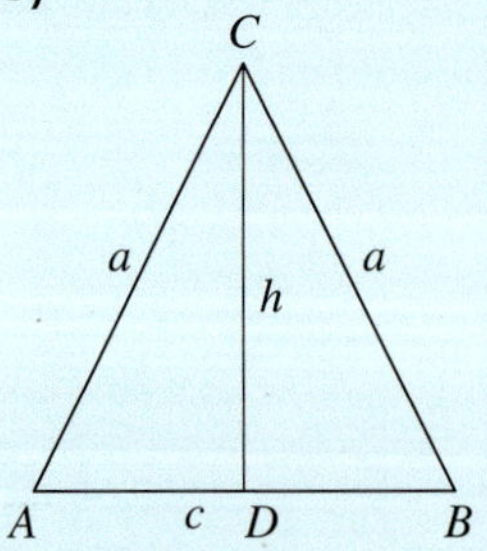

4 Übertrage und ergänze die Tabelle im Heft.

	Quadrat über 1. Kathete	Quadrat über 2. Kathete	Quadrat über Hypotenuse
a)	$A = 291\,cm^2$	$A = 388\,cm^2$	
b)	$A = 8{,}1\,km^2$		$A = 13{,}5\,km^2$
c)		$A = 1\,m^2$	$A = 20\,000\,cm^2$
d)	$A = 3{,}8\,cm^2$		$A = 600\,mm^2$

5 Prüfe, ob das Dreieck ABC mit den Maßen $a = 7\,mm$; $b = 2{,}5\,cm$; $c = 2{,}4\,cm$ rechtwinklig ist. Begründe.

Berechnungen von Seitenlängen

→ Seite 94

6 Berechne die Länge der Hypotenuse des Dreiecks.

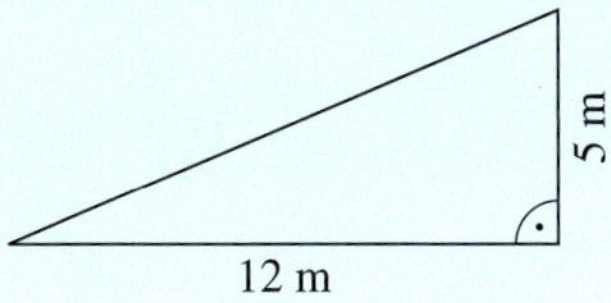

7 Berechne die fehlenden Seitenlängen der rechtwinkligen Dreiecke ($\gamma = 90°$).

	a	*b*	*c*
a)	5 dm	12 dm	
b)		40 cm	41 cm
c)	20 cm		3,5 dm

8 Gib an, welche Seiten des rechtwinkligen Dreiecks die Katheten und die Hypotenuse sind. Berechne die fehlende Seitenlänge.

a)

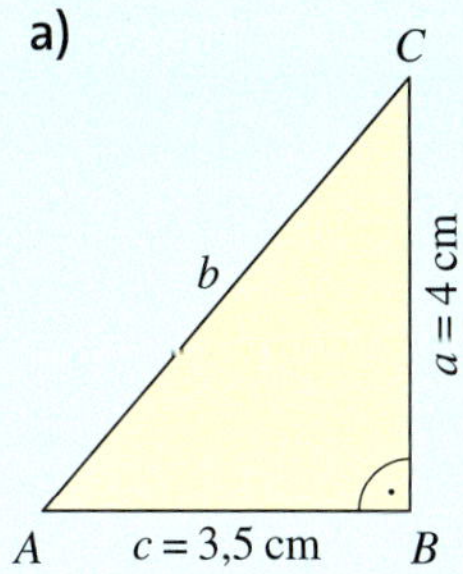

b)

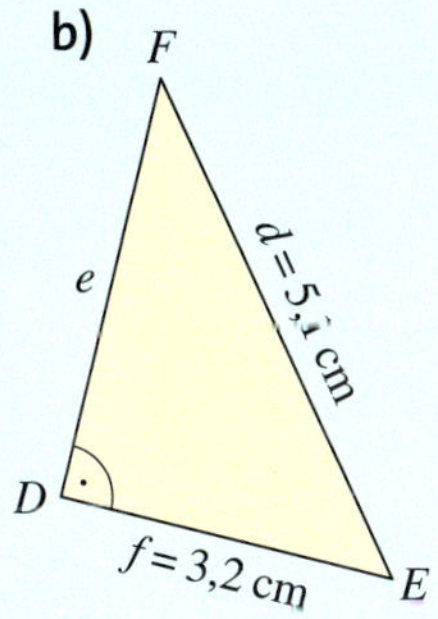

9 Ben und Ina lassen einen Drachen steigen. Ina hält die 100 m lange Drachenschnur, die vom Wind straff gespannt wird. Ben steht genau unter dem Drachen. Er ist 80 m von Ina entfernt.

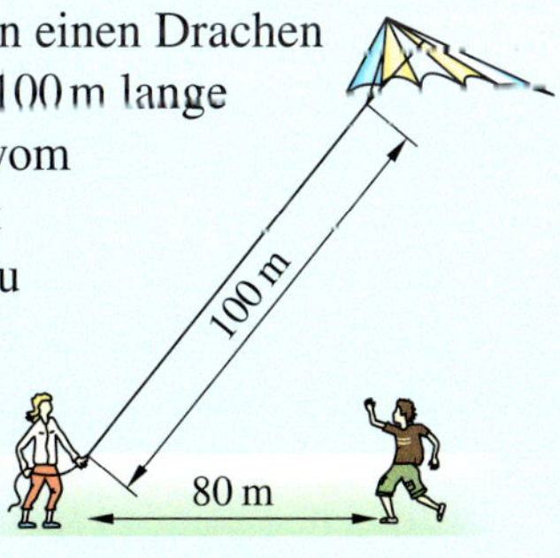

a) Wie hoch steht der Drachen?

b) Wie groß wäre die Höhe bei einer Drachenschnur, die 120 m lang ist?

10 Eine 6,5 m lange Leiter lehnt an einer Hauswand. Am Boden hat sie einen Abstand von 2,5 m von der Hauswand.

a) Fertige eine Skizze mit allen Größen an.

b) Berechne, wie hoch die Leiter reicht.

6 Gegeben ist ein rechtwinkliges Dreieck mit $b = 12\,\text{cm}$, $c = 8\,\text{cm}$ und $\beta = 90°$.

a) Fertige eine Skizze an.

b) Berechne die Länge der Kathete *a*.

7 Berechne die fehlende Seitenlänge. Achte auf die Lage des rechten Winkels.

	Winkel	Seite *a*	Seite *b*	Seite *c*
a)	$\gamma = 90°$	3,5 cm	5 cm	
b)	$\beta = 90°$	9 cm		1,5 cm
c)	$\gamma = 90°$	6 cm		8,5 cm

8 Berechne die Seitenlängen *b*, *c*, *e* und *f*.

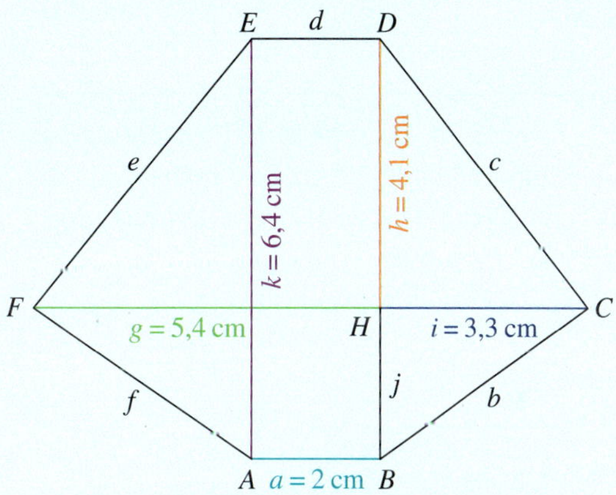

9 Die Gondel der Seilbahn hängt an einem Stahlseil, das 12,1 km lang ist.

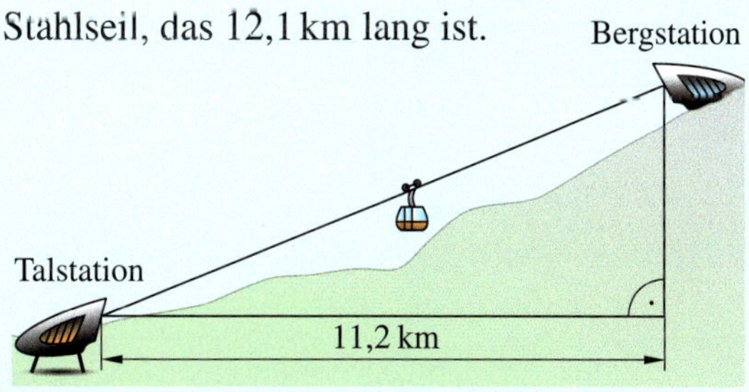

Wie groß ist der Höhenunterschied zwischen Talstation und Bergstation?

10 Ein Funkmast wird durch 82 m lange Spannseile gesichert. Die Seile sind 18 m vom Fußpunkt des Funkmastes im Erdboden verankert. In welcher Höhe sind die Seile am Funkmast befestigt?

Lösungen ab Seite 210

Vermischte Übungen

1 Kati hat in ihren Hausaufgaben noch einige Fehler gemacht. Erkläre und begründe, worin die Fehler liegen. Zeichne die Dreiecke mit den richtigen Bezeichnungen in dein Heft.

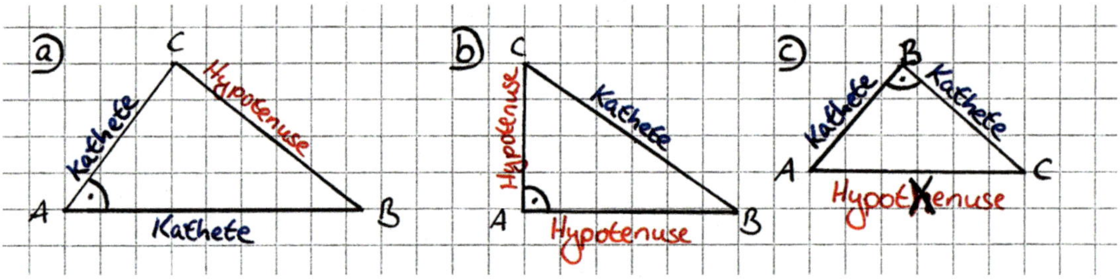

2 Bestimme die fehlenden Winkel im rechtwinkligen Dreieck.

a) $\alpha = 54°$; b ist Hypotenuse
b) $\beta = 12°$; c ist Hypotenuse
c) Das Dreieck ist gleichschenklig und c ist die Hypotenuse.

2 Konstruiere die Dreiecke.
Welche sind rechtwinklig? Miss nach.
Beschrifte sie mit *Kathete* und *Hypotenuse*.

a) $a = 3\,\text{cm}$, $b = 4\,\text{cm}$, $c = 5\,\text{cm}$
b) $a = 2{,}4\,\text{cm}$, $b = 4{,}5\,\text{cm}$, $c = 5{,}1\,\text{cm}$
c) $a = 4\,\text{cm}$, $b = 4{,}2\,\text{cm}$, $c = 5{,}8\,\text{cm}$

3 Schreibe für das rechtwinklige Dreieck die Gleichung nach dem Satz des Pythagoras auf. In Teilaufgabe d) sind es drei Gleichungen.

a)
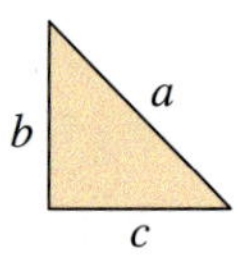

b)
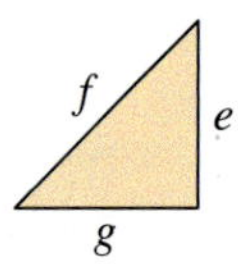

c)
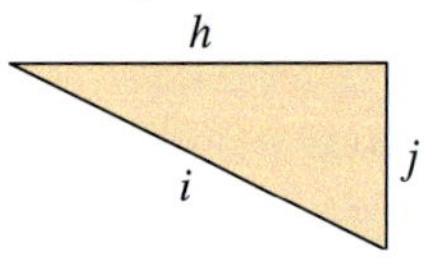

d)
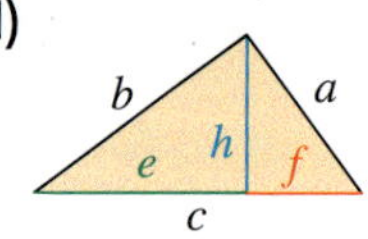

3 Suche in jeder Figur ein rechtwinkliges Dreieck. Schreibe dazu die Gleichung auf, die sich nach dem Satz des Pythagoras ergibt.

a)
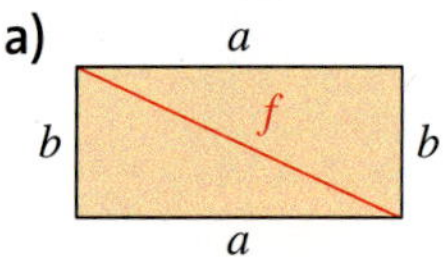

b)
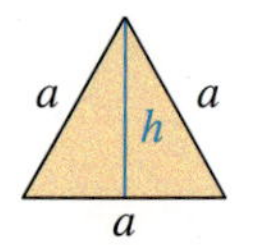

c)
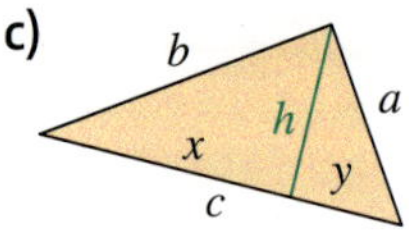

d)
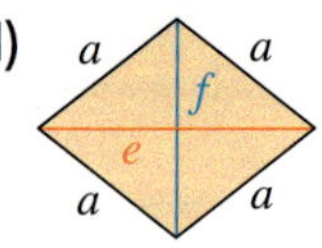

4 Berechne jeweils den Umfang und den Flächeninhalt.

a)
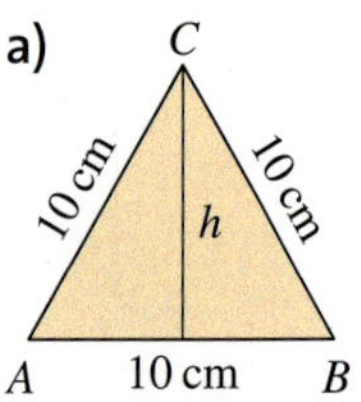

b)
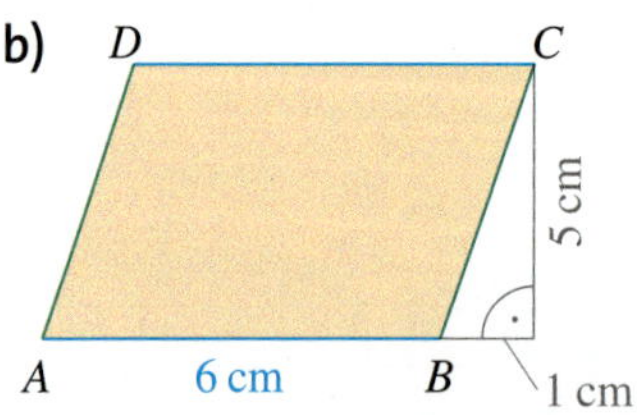

4 Berechne jeweils die gesuchten Größen.

a) Ein gleichseitiges Dreieck hat die Seiten $a = 8\,\text{cm}$.
Berechne den Flächeninhalt und den Umfang des Dreiecks.
b) Ein gleichschenkliges Dreieck ABC hat die Seitenlängen $a = b = 6\,\text{cm}$; $c = 4\,\text{cm}$.
Berechne seinen Flächeninhalt.

5 Christine steht auf dem Aussichtsturm. Wie weit ist sie von Daniel entfernt?

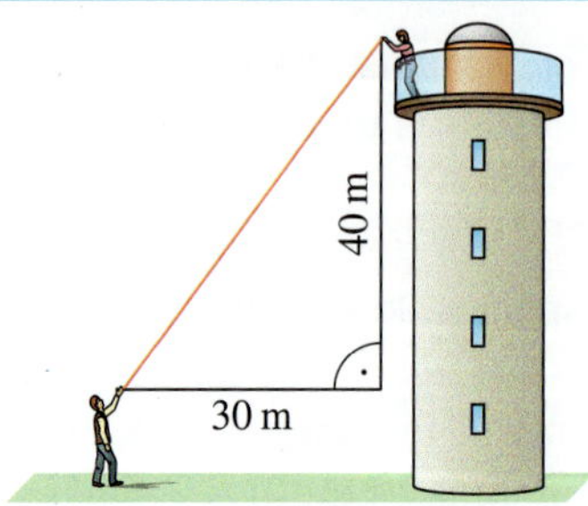

5 Die Drehleiter eines Feuerwehrautos wurde ausgefahren. In welche Höhe reicht sie?

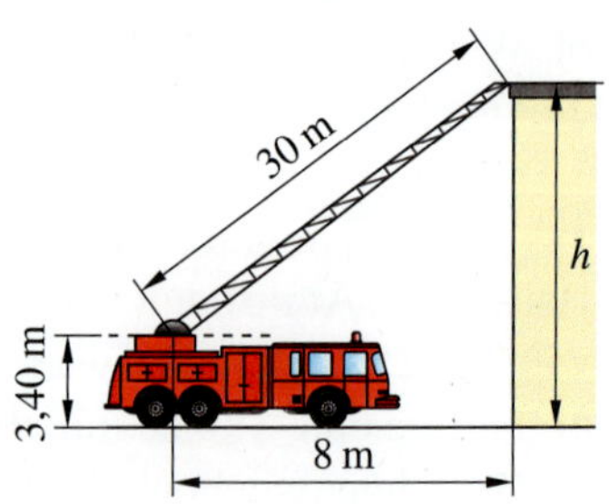

6 Die Zahlen 3, 4 und 5 sind ein „pythagoreisches Zahlentripel“.
Das bedeutet, dass gilt: $3^2 + 4^2 = 5^2$.

a) Prüfe durch Nachrechnen, ob hier pythagoreische Zahlentripel gegeben sind.
① 5; 12; 13 ② 12; 16; 20
③ 34; 288; 290 ④ 238; 240; 338

b) Funktioniert es auch, wenn man die Zahlen 3, 4 und 5 verdoppelt?
Gilt also $6^2 + 8^2 = 10^2$?

c) Kann man die Zahlen 3, 4 und 5 auch verdreifachen (vervierfachen, …), um weitere pythagoreische Zahlentripel zu finden?

d) Tina will rechtwinklige Dreiecke konstruieren. Sie sagt: „Ich nutze dafür pythagoreische Zahlentripel. Jede Zahl ist eine Seitenlänge.“ Hat Tina recht? Begründe.

7 Berechne schrittweise die Länge der Strecke AB:

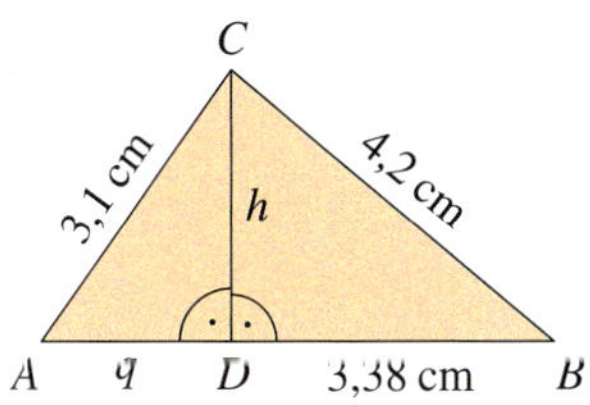

a) Berechne h.

b) Berechne q.

c) Berechne AB.

d) Das Dreieck hat bei C einen rechten Winkel. Prüfe dein Ergebnis mit dem Satz des Pythagoras.

8 Bei Bildschirmen wird die Diagonale als Größenangabe verwendet. Die Länge wird in Zoll angegeben (1 Zoll = 2,54 cm).
Beide Geräte haben eine Bildschirmbreite von 80 cm, aber unterschiedliche Bildformate.
Gib die Länge der Bildschirmdiagonale in Zoll an. Erkläre, wie du vorgegangen bist.

9 Berechne zuerst die Länge der blau markierten Strecke. Berechne dann die Länge der grün markierten Strecke.

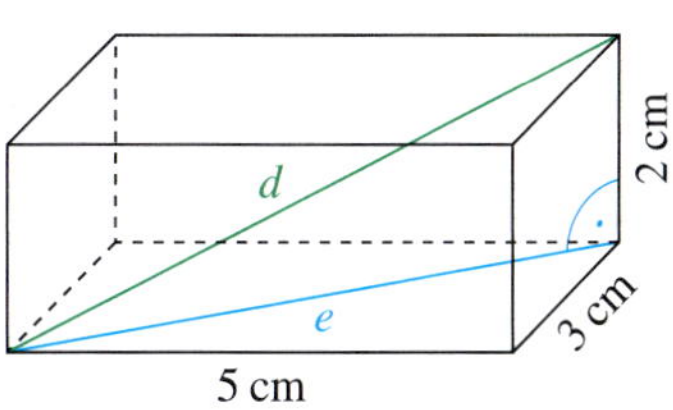

6 Die drei Fotos zeigen ein Experiment:
In der Mitte des Modells befindet sich ein rechtwinkliges Dreieck. Zuerst ist das größte Quadrat unten mit Sand gefüllt (Bild 1). Wenn man die Konstruktion um 180° dreht (Bild 2), dann rieselt der Sand in die beiden anderen Quadrate und füllt sie vollständig aus (Bild 3).
Erkläre den Satz des Pythagoras mithilfe des Experiments.

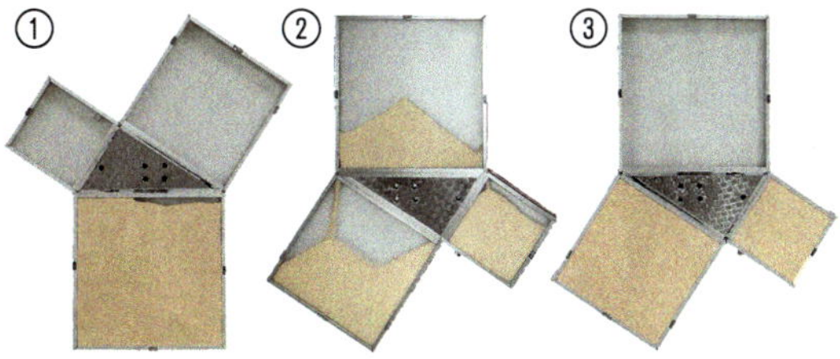

7 Beim Haus vom Nikolaus werden alle Linien genau einmal gezeichnet (ohne Absetzen).
Berechne die Länge dieses Streckenzugs.
Das blaue Rechteck ist 5 cm breit und 4 cm hoch.
Das Dach ist 2,5 cm hoch.

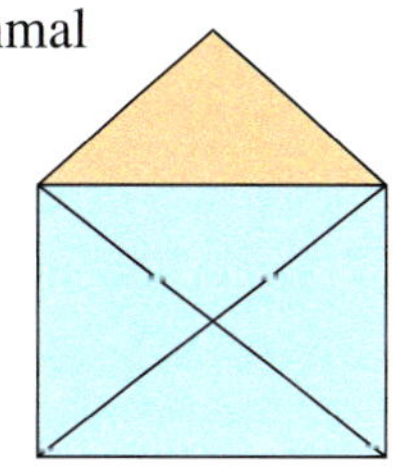

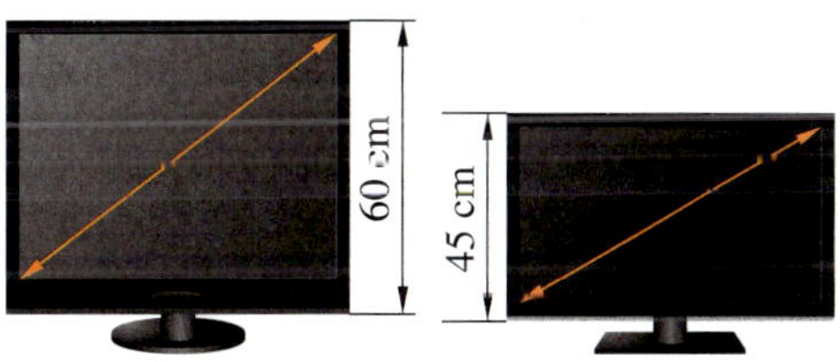

9 Berechne die Höhe der Pyramide.

a)

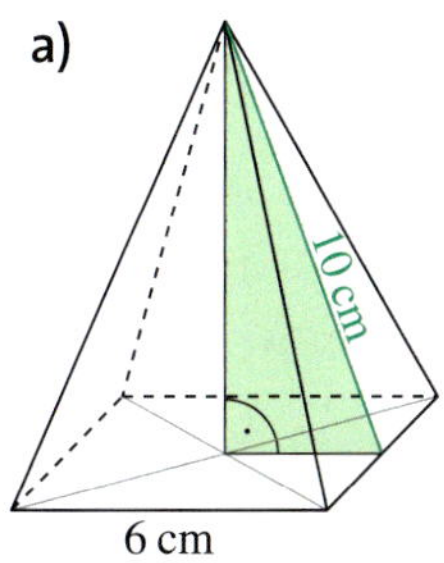

b)

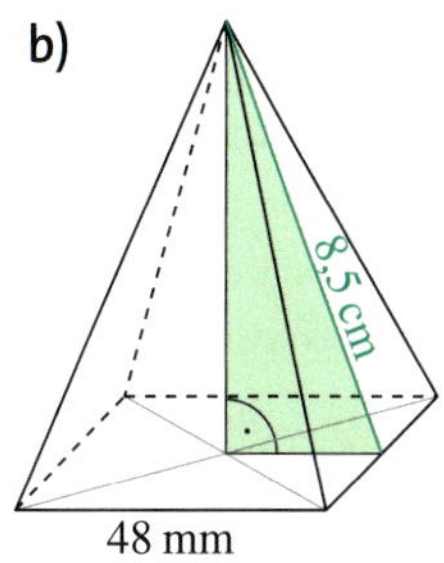

ZIMMERER/ ZIMMERIN
Die Ausbildung dauert 3 Jahre. Suche nach weiteren Informationen über den Beruf z. B. im Internet oder im BIZ.

Beruf Zimmerer/Zimmerin

Der Beruf umfasst Holzbauten aller Art. Fachwerk-Konstruktionen werden errichtet, vorgefertigte Fenster, Türen, Treppen und Holzdecken werden eingepasst. Auch das Anfertigen von Betonschalungen aus Holz, Wandverkleidungen und Trennwänden oder ganzen Fertighäusern gehört dazu. Gearbeitet wird in Abstimmung mit der Bauleitung nach Bauplänen und sonstigen technischen Vorgaben. Arbeitsplätze zu diesem Beruf gibt es in Zimmereibetrieben oder in Ingenieurholzbaubetrieben.

10 Mit einem Anlegewinkel arbeiten

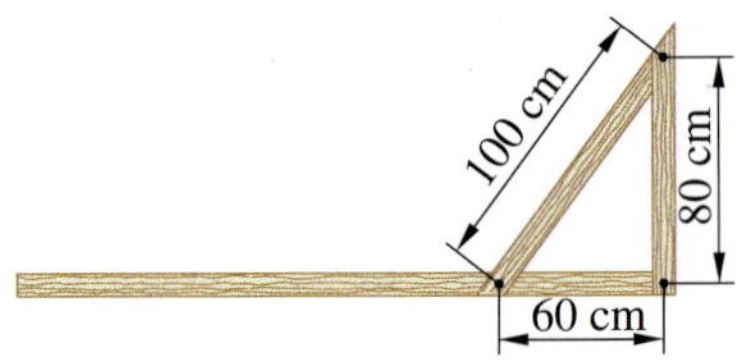

Mit einem Anlegewinkel kann man prüfen, ob die Konstruktionselemente eines Dachstuhls rechtwinklig verbaut wurden. Solche Winkel können aus Dachlatten vor Ort selbst hergestellt werden.

a) Welchen Abstand muss man auf der langen Dachlatte wählen, wenn die beiden kürzeren Dachlatten 90 cm und 50 cm lang sind?

b) Kann man einen Anlegewinkel aus Resthölzern mit den Längen 1,80 m, 0,75 m und 0,55 m herstellen? Fertige eine maßstäbliche Skizze an.

c) Silvia hat den abgebildeten Anlegewinkel hergestellt. Löse zeichnerisch:

① Wie lang ist die kürzeste Latte?

② Wie viel Prozent der 1,38 m langen Dachlatte braucht sie für die längere Kathete des rechtwinkligen Dreiecks?

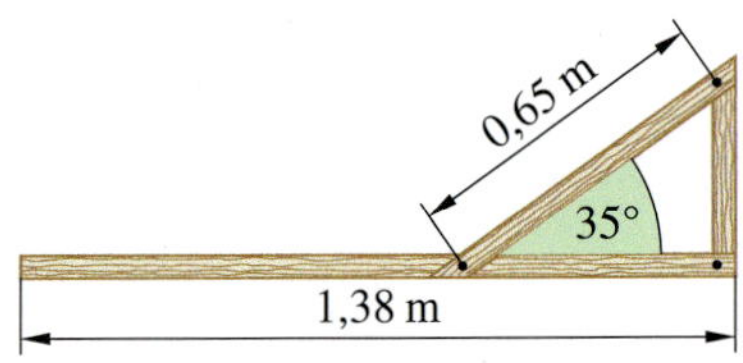

ERINNERE DICH
Aufgaben zur Prozentrechnung können mit dem Dreisatz gelöst werden.

Anz.	Anteil
145	100 %
1,45	1 %
11,6	8 %

11 Auftrag für einen Dachstuhl

Der Zimmereibetrieb Finker hat einen Auftrag für einen Pfettendachstuhl erhalten.

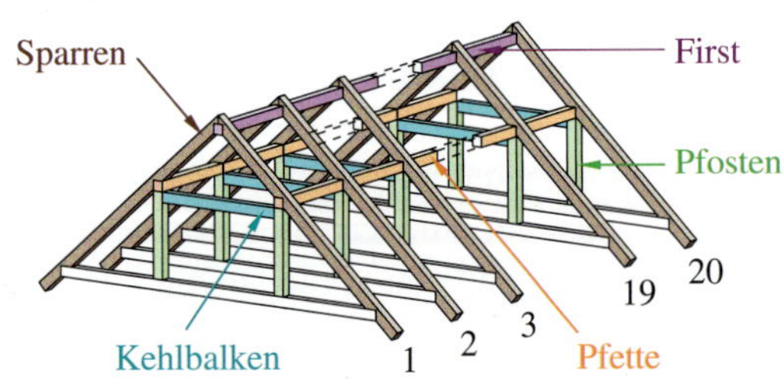

a) Berechne die Länge eines Kehlbalkens und die Länge eines Pfostens.

b) Wie viele Meter Balken werden insgesamt für alle Pfosten und Kehlbalken benötigt? Rechne ohne Verschnitt.

c) Die Sparren sind 80 mm breit und haben einen Abstand von 60 cm zueinander. Berechne die Länge einer Pfette.

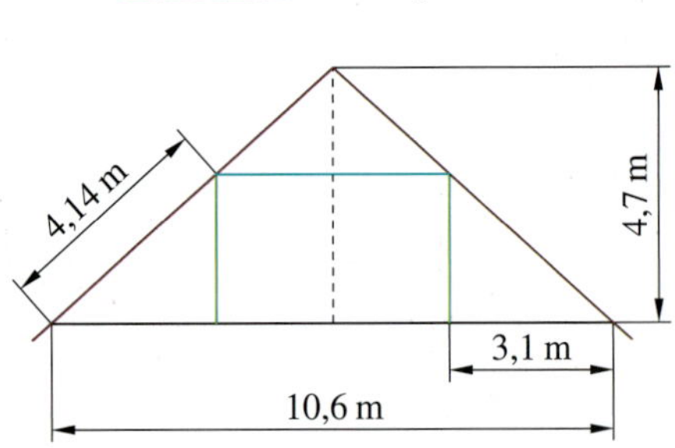

d) Berechne die Länge eines Sparrens. Beachte den Überstand von 40 cm.

e) Wie viele Meter Kantholz werden für die Sparren insgesamt benötigt? Plane mit 15 % für Verschnitt.

f) Firma Finker berechnet für den neuen Dachstuhl 62 € pro m^2 Dachfläche zuzüglich Mehrwertsteuer. Wie hoch ist die Rechnung?

Zusammenfassung

Rechtwinklige Dreiecke

→ Seite 86

In einem rechtwinkligen Dreieck liegt die längste Seite, die **Hypotenuse**, immer dem rechten Winkel gegenüber.

Die beiden **Katheten** schließen den rechten Winkel ein.

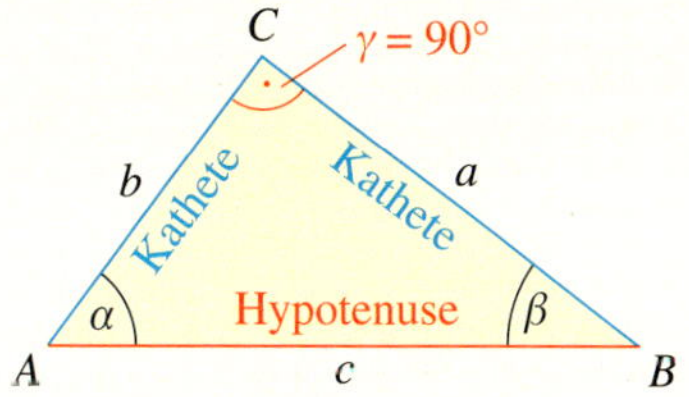

Der Satz des Pythagoras

→ Seite 90

Im rechtwinkligen Dreieck mit $\gamma = 90°$ gilt:
Die Quadrate über den Katheten a und b haben zusammen den gleichen Flächeninhalt wie das Quadrat über der Hypotenuse c:
$\boldsymbol{a^2 + b^2 = c^2}$

Es gilt auch **umgekehrt**:
Wenn für die Seiten eines Dreiecks ABC die Gleichung $a^2 + b^2 = c^2$ stimmt, dann ist das Dreieck rechtwinklig.
Es hat den rechten Winkel bei C.

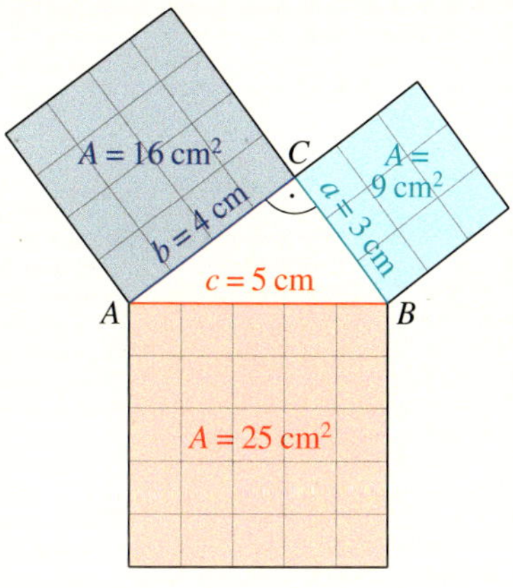

gegeben:	Dreieck ABC mit den Seiten $a = 4$ cm; $b = 7{,}5$ cm; $c = 8{,}5$ cm
Behauptung:	Das Dreieck ist rechtwinklig. (Dann müsste $c = 8{,}5$ cm die Hypotenuse sein.)
Rechnung:	$4^2 + 7{,}5^2 \stackrel{?}{=} 8{,}5^2$
	$16 + 56{,}25 \stackrel{?}{=} 72{,}25$
	$72{,}25 = 72{,}25$
Antwort:	Das Dreieck ABC ist rechtwinklig.

Berechnungen von Seitenlängen

→ Seite 94

Mit dem Satz von Pythagoras kann man Seitenlängen in rechtwinkligen Dreiecken berechnen. Dazu müssen zwei Seitenlängen gegeben sein.

gegeben:	rechtwinkliges Dreieck mit $a = 4$ cm; $b = 5{,}5$ cm; $\gamma = 90°$
gesucht:	Hypotenuse c
Gleichung:	$a^2 + b^2 = c^2$
einsetzen:	$4^2 + 5{,}5^2 = c^2$
lösen:	$16 + 30{,}25 = c^2$
	$46{,}25 = c^2 \quad \mid \sqrt{\ }$
	$c \approx 6{,}8$
Antwort:	Die Hypotenuse c ist etwa 6,8 cm lang.

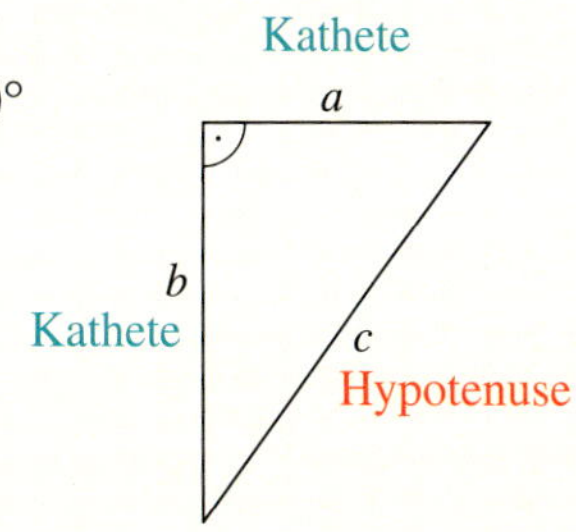

Teste dich!

4 Punkte | 5 Punkte

1 Die Dreiecke sind rechtwinklig.

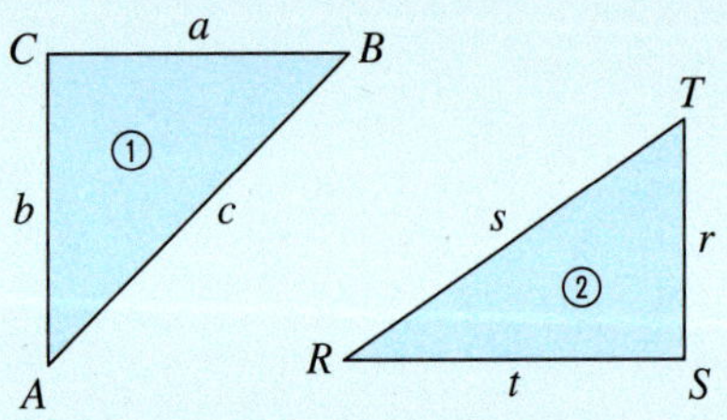

a) Nenne jeweils die beiden Katheten und die Hypotenuse.

b) Gib jeweils die Gleichung nach dem Satz des Pythagoras an.

4 Punkte | 4 Punkte

2 Bestimme die Hypotenuse und die beiden Katheten. Berechne dann die Länge der fehlenden Dreiecksseite.

a)

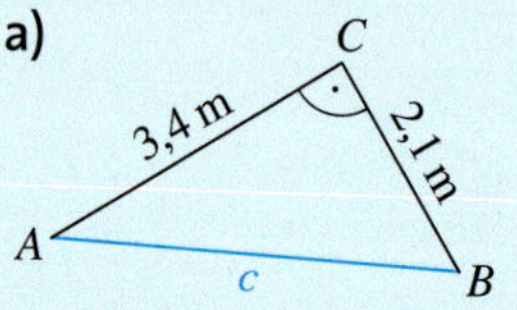

b)

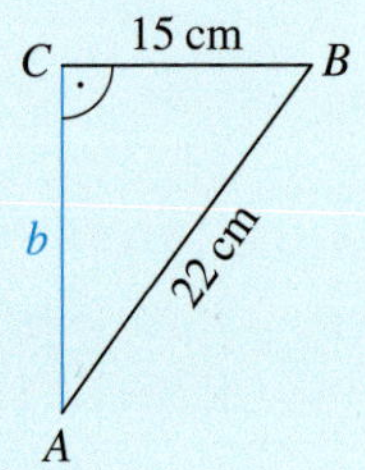

2 Punkte | 2 Punkte

3 Überprüfe mit einer Rechnung, ob die Dreiecke rechtwinklig sind.

a) $a = 2{,}4\,\text{cm}$; $b = 3{,}2\,\text{cm}$; $c = 4\,\text{cm}$

b) $k = 2\,\text{cm}$; $l = 5{,}2\,\text{cm}$; $m = 4{,}8\,\text{cm}$

6 Punkte | 8 Punkte

4 Berechne die fehlende Seitenlänge im rechtwinkligen Dreieck *ABC*.

	rechter Winkel	*a*	*b*	*c*
a)	γ	30 cm	16 cm	
b)	β	2,3 m		6,4 m
c)	α		54 mm	86 mm

3 Punkte | 6 Punkte

5 Wie hoch steht Tims Drachen? Schätze zuerst, auf welcher Höhe Tim seine Hand hält. Tim ist 1,70 m groß.

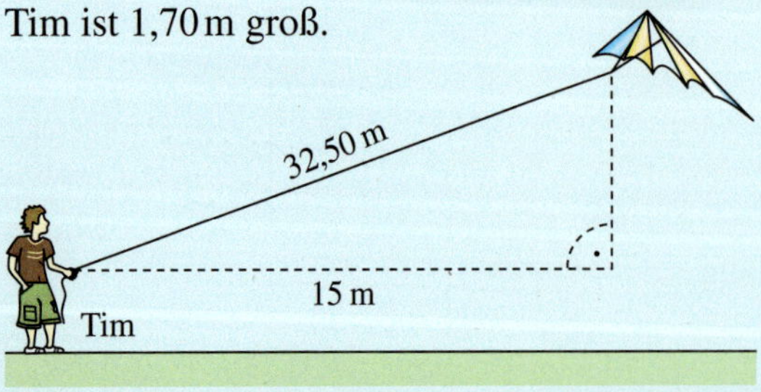

1 Prüfe mit dem Geodreieck, welche Dreiecke rechtwinklig sind.

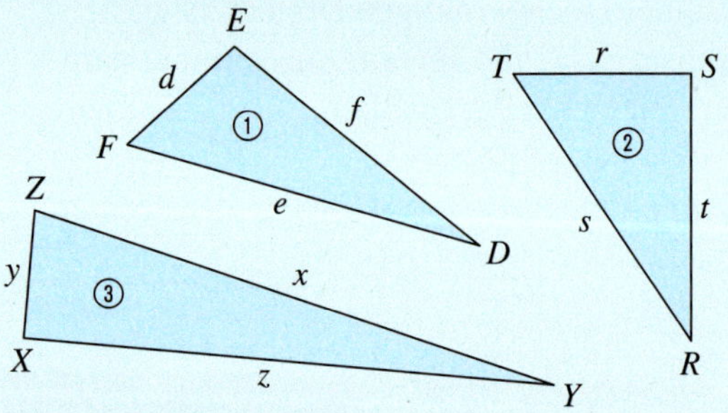

Gib für die rechtwinkligen Dreiecke die Hypotenuse und die Gleichung nach dem Satz des Pythagoras an.

2 Berechne die Länge der blauen Seite.

a)

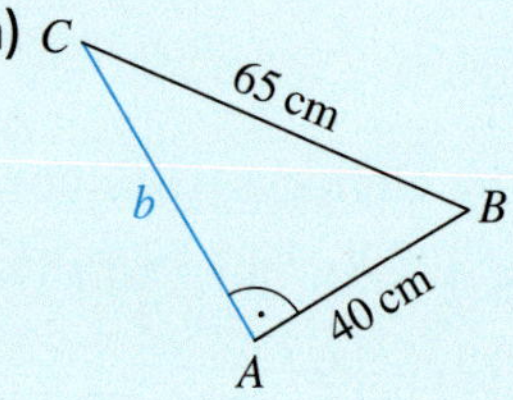

b)

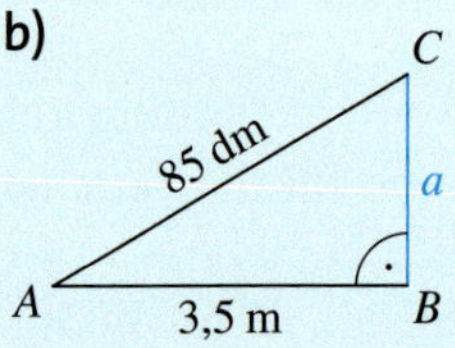

3 Überprüfe mit einer Rechnung, ob die Dreiecke rechtwinklig sind.

a) $x = 6{,}5\,\text{cm}$; $y = 2{,}5\,\text{cm}$; $z = 6\,\text{cm}$

b) $p = 75\,\text{mm}$; $q = 4{,}5\,\text{cm}$; $r = 0{,}085\,\text{m}$

4 Berechne die fehlende Seitenlänge im rechtwinkligen Dreieck *ABC*.

a) $a = 3{,}5\,\text{m}$; $c = 10{,}5\,\text{m}$; $\gamma = 90°$

b) $a = 4{,}7\,\text{cm}$; $b = 50\,\text{mm}$; $\gamma = 90°$

c) $b = 3{,}540\,\text{km}$; $c = 1\,200\,\text{m}$; $\alpha = 90°$

d) $b = 1\,200\,\text{cm}$; $c = 3\,\text{dm}$; $\beta = 90°$

5 Ein Geschenkkarton hat die Form eines Quaders und ist 18 cm lang, 14 cm breit und 6 cm hoch. Passt ein 23 cm langer Stift in den Karton hinein?
Beginne mit einer Skizze und überlege, wie der Stift am besten hineinpasst.
Tipp: Betrachte zuerst die rechteckige Fläche am Kartonboden und berechne die Länge der Diagonalen.

Gold: 23–25 Punkte, Silber: 19–22 Punkte, Bronze: 15–18 Punkte

Lösungen ab Seite 210

Mathematik und Berufe im Überblick

Viele von euch haben durch ihre Praktika bereits Einblicke in die Berufswelt erhalten. Bald werdet ihr euch um einen Ausbildungsplatz bewerben.
Dabei werdet ihr Einstellungstests oder Berufseignungstests machen. Die Tests sind je nach Beruf sehr unterschiedlich aufgebaut, aber ein Teil besteht immer aus Aufgaben aus dem Bereich Mathematik.

Berufsfelder

Die Mindmap gibt dir einen Überblick über die wichtigsten Berufsfelder mit Beispielen. Aktuelle Informationen zu diesen und vielen anderen Berufen bekommst du über die Arbeitsagentur z. B. im Internet und die Berufsberater deiner Schule.

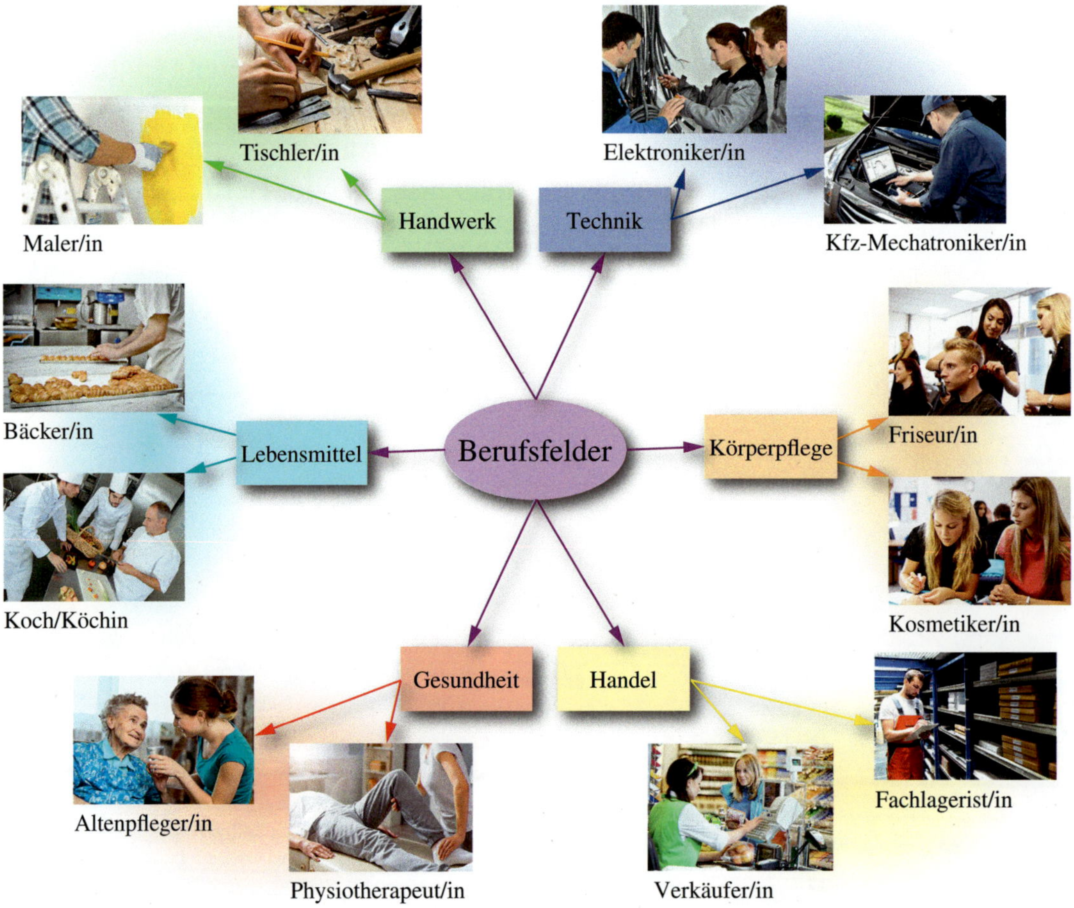

In den meisten Eignungstests und Einstellungstests wirst du mit „Sie" angeredet. Es werden Kenntnisse über die folgenden Bereiche der Mathematik vorausgesetzt:

A Grundrechenarten und Bruchrechnung
B Größen und Maße
C Dreisatz
D Prozent- und Zinsrechnung
E Zahlen- und Zeichenfolgen
F Flächen- und Körperberechnung
G Räumliches Vorstellungsvermögen
H Logisches Denken
I Mathematik im Alltag
J Informationen aus Diagrammen entnehmen

→ Seite 231

Im Anhang findest du eine Formelsammlung zum Nachschlagen.
Versuche zunächst die Aufgaben ohne die Formelsammlung zu bearbeiten. Schlage erst nach, wenn du nicht weiterkommst.

Beachte beim Bearbeiten der Aufgaben folgende **Tipps:**
- Meist ist **kein Taschenrechner** erlaubt und die Zeit ist knapp bemessen.
- Lies die Aufgabenstellung sehr **sorgfältig** durch.
- Löse zuerst die Aufgaben, die dir leicht fallen.
- Halte dich nicht zu lange mit der Lösung einer Aufgabe auf.
- **Bleibe ruhig!** Oft wollen Arbeitgeber testen, wie du in einer Stresssituation reagierst.

Trainingsaufgaben

A Grundrechenaufgaben und Bruchrechnung

1 a) $125 + 42$ b) $258 + 116$ c) $126 - 18$ d) $179 - 81$

2 a) $11 \cdot 13$ b) $12 \cdot 15$ c) $5 \cdot 31$ d) $16 \cdot 12$

3 a) $60 : 5$ b) $63 : 7$ c) $63 : 21$ d) $125 : 5$

4 a) $5 \cdot 7 + 3$ b) $24 - 3 \cdot 6$ c) $6 \cdot (2 + 7)$ d) $8 \cdot 9 + 4 \cdot 11$

5 Berechnen Sie. Kürzen Sie, wenn möglich.
a) $\frac{1}{2} + \frac{1}{4}$ b) $\frac{3}{4} - \frac{1}{2}$ c) $\frac{2}{3} \cdot \frac{1}{2}$ d) $\frac{7}{3} : \frac{2}{6}$

6 Berechnen Sie. Kürzen Sie, wenn möglich.
a) $2\frac{1}{2} + 3\frac{1}{4}$ b) $3\frac{1}{4} - 1\frac{1}{2}$ c) $5\frac{1}{2} \cdot 4$ d) $1\frac{3}{5} : \frac{2}{5}$

7 a) $8415 + 716 + 31$ b) $1204 + 305 + 89$ c) $512 - 128 - 64$ d) $831 - 131 - 252$

8 a) $621 \cdot 7$ b) $621 \cdot 13$ c) $214 \cdot 357$ d) $451 \cdot 191$

9 a) $336 : 7$ b) $6204 : 6$ c) $61{,}5 : 5$ d) $7{,}38 : 4$

10 a) $0{,}26 \cdot 3{,}4$ b) $0{,}02 \cdot 1{,}6$ c) $3{,}12 : 0{,}3$ d) $216{,}3 : 0{,}4$

11 a) $371 \cdot 12 + 175$ b) $36 \cdot 75 - 104$ c) $51 \cdot (631 - 254)$ d) $3286 : (81 - 19)$

B Größen und Maße

1 Welcher Teil eines Meters ist 1 cm, 1 dm, 1 mm?

2 a) Wie viel m^2 hat ein ha? b) Wie viel dm^3 hat ein m^3?

3 Wandeln Sie in die angegebene Maßeinheit um.
a) $2\,m^2$ (cm^2) b) 72 ml (cm^3) c) 13 ha (m^2) d) $1720\,m^2$ (ha)

4 Wandeln Sie in die angegebene Maßeinheit um.
a) 312 ml (l) b) $27\,cm^3$ (l) c) 513 ml (l) d) $814\,mm^3$ (cm^3)

5 Für ein Mixgetränk braucht man zehn Zentiliter (cl) Konzentrat.
Wie viele Getränke kann man aus einer Flasche mit 0,7 Liter (l) Fruchtkonzentrat mixen?

6 Ein Würfel hat eine Kantenlänge von 60 cm. Geben Sie seinen Oberflächeninhalt in m^2 an.

7 Welcher Teil einer Tonne (t) sind 500 g?

8 Geben Sie das Gewicht in kg an: 85 g + 320 g + 210 g + 115 g

9 Wie viel fehlt bis zu 3 kg, wenn eine Ware 1215 g wiegt?

10 Wandeln Sie in die in Klammern stehende Einheit um.
a) 600 g (kg) b) 600 kg (t) c) 3,2 t (kg) d) 17,45 kg (g)

11 Rechnen Sie um in Minuten.
a) 1800 s b) 3600 s c) 4 h 20 min d) 8 h

12 Welche Zeit ist vergangen von 6:35 Uhr bis 11:45 Uhr?

13 a) Wie viel Stunden sind 30 Tage? b) Wie viel Minuten haben 2 Tage?

C Dreisatz

HINWEIS
Überlege zuerst, ob eine proportionale oder antiproportionale Zuordnung vorliegt.

1 30 l Kraftstoff kosten 30,60 €.
Wie viel kosten 20 l?

2 Ein Bus soll gemietet werden. Bei 24 Teilnehmern muss jeder 12 € bezahlen.
Wie viel zahlt jeder bei 36 Teilnehmern?

3 3 Pumpen leeren ein Wasserbecken in 40 Minuten. Wie lange brauchen 4 Pumpen?

4 250 g Schnittkäse kosten 3,75 €.
Wie teuer sind 100 g?

5 Eine 480 m lange Strecke in der Natur ist in einer Maßstabszeichnung 64 mm lang.
Wie lang ist eine Strecke in Wirklichkeit, die in dieser Zeichnung 48 mm lang ist?

6 Einige Schüler wollen beim Sportfest Wassereis verkaufen. Aus einem Eisbehälter kann man 150 Portionen abfüllen.
Wie viele Behälter müssen angeschafft werden, wenn zugunsten der SV-Kasse mindestens 5000 Portionen verkauft werden sollen?

7 Ein Motorrad verbraucht fünf Liter Benzin auf 100 Kilometer.
Wie viel Benzin wird auf 200 km verbraucht? Wie viele Kilometer kann das Motorrad mit 24 Litern im Tank zurücklegen?

8 Zehn Pferde fressen 50 Kilogramm Heu.
Wie viel Heu fressen sieben Pferde?

9 Zwei Schüler brauchen vier Stunden Zeit, um eine Präsentation vorzubereiten.
Wie viel Zeit braucht ein Schüler, wenn er die Arbeit alleine erledigt?

10 Im Jugendheim soll der Tanzkeller einen neuen Boden bekommen. Die Jugendgruppe hat eine Fliese ausgesucht, die 20 cm × 45 cm groß ist, und berechnet, dass 210 Fliesen benötigt werden. Die Mehrheit entscheidet sich aber für eine andere Fliese, die 54 cm × 35 cm misst.
Wie viele Fliesen müssen besorgt werden?

D Prozent- und Zinsrechnung

1 Berechnen Sie den Prozentsatz. Runden Sie auf eine Stelle hinter dem Komma.
a) 250 km von 1000 km **b)** 200 l von 5000 l **c)** 120 km von 600 km
d) 34 € von 1700 € **e)** 25 l von 625 l **f)** 450 € von 3000 €

2 Berechnen Sie den Prozentwert.
a) 10 % von 200 € **b)** 22 % von 400 g **c)** 7 % von 5000 €
d) 5 % von 4 t **e)** 4 % von 250 m **f)** 40 % von 3 t

3 Berechnen Sie den Grundwert.
a) 56 kg sind 7 %. **b)** 3 % sind 12,60 €. **c)** 45 min sind 1,5 %.
d) 150 % sind 21 kg. **e)** 85 km sind 17 %. **f)** 110 % sind 352 €.

4 Heizöl wurde um 6 % teurer. 100 l kosteten vor der Preiserhöhung 75 €.
Wie viel kosten sie jetzt?

5 Von 30 Testaufgaben haben Sie 18 richtig gelöst.
Wie viel Prozent sind das?

6 Jan sagt nach dem Eignungstest, dass $\frac{1}{3}$ der Aufgaben schwierig, $\frac{1}{6}$ aber sehr einfach waren.
Wie viel Prozent der Aufgaben lagen demnach zwischen leicht und schwierig?

7 Julia hat 3000 € in einem Talentwettbewerb gewonnen. Ihren Eltern schenkt sie 17 % des Gewinns und sie selbst gibt 25 % für ein Party-Wochenende mit ihrer Freundin aus.
Den Rest möchte sie anlegen, um bald ein eigenes Auto zu kaufen.
Wie viel Geld kann Julia anlegen?

8 Von den 960 Schülerinnen und Schülern einer Schule sind 65 % Jungen. 25 % der Jungen spielen aktiv Fußball im Verein.
Wie viele aktive Fußballer hat die Schule?

9 Berechnen Sie das Endkapital nach einen Jahr bei gegebenem Anfangskapital K und gegebenem Zinssatz p.

a) $K = 2400\,€$; $p\,\% = 2\frac{1}{2}\,\%$

b) $K = 120\,000\,€$; $p\,\% = 4{,}5\,\%$

c) $K = 13\,000\,€$; $p\,\% = 3\,\%$

d) $K = 3750\,€$; $p\,\% = 6\,\%$

10 Berechnen Sie die Jahreszinsen Z aus dem Anfangskapital K und dem Zinssatz $p\,\%$.

a) $K = 730\,€$; $p\,\% = 4\,\%$

b) $K = 3850\,€$; $p\,\% = 3{,}5\,\%$

c) $K = 20\,000\,€$; $p\,\% = 4{,}3\,\%$

d) $K = 450\,000\,€$; $p\,\% = 4\frac{1}{2}\,\%$

11 Berechnen Sie den Zinssatz $p\,\%$ aus dem Anfangskapital K und den Jahreszinsen Z.

a) $K = 3800\,€$; $Z = 76\,€$

b) $K = 6324\,€$; $Z = 316{,}20\,€$

c) $K = 150\,000\,€$; $Z = 4500\,€$

12 Berechnen Sie das Anfangskapital K, wenn es bei 4 % Verzinsung in 240 Tagen 80 € Zinsen bringt.

13 Wie viele Zinsen bekommt man für 4000 € bei einer Verzinsung von 2,9 % in acht Monaten?

14 Justin leiht sich 500 € von seinen Eltern, um das neue Mountainbike zu finanzieren.
Er muss dafür einen Jahreszinssatz von 8 % bezahlen. Seine Großeltern schenken ihm das Geld nach 90 Tagen. Wie viel Zinsen hat Justin seinen Eltern bezahlt?

15 Mareike möchte so viel Geld im Lotto gewinnen, dass sie allein von den monatlichen Zinsen gut leben kann. Sie hat berechnet, dass sie dafür monatlich 2 500 € braucht.

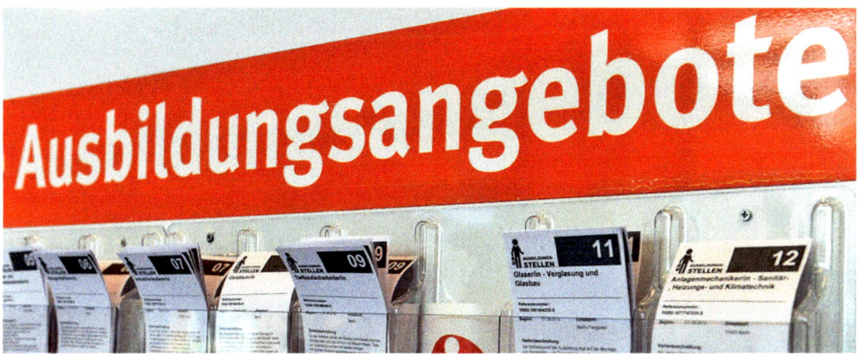

Im Augenblick liegt der Jahreszinssatz ihrer Bank bei 2,75 %.
Wie viel Geld muss Mareike gewinnen?

HINWEIS
In den Berufsinformationszentren (BIZ) der Bundesagentur für Arbeit kannst du dich über verschiedene Ausbildungsangebote informieren.

E Zahlen- und Zeichenfolgen

1 Setzen Sie die Zeichenfolgen an den freien Stellen sinngemäß fort.

a) ■; ■; 4; 6; 8; 10; 12; ■; ■; ■

b) 1; 2; 4; 7; 11; ■; ■; ■

c) $\frac{1}{2}$; 1; $1\frac{1}{2}$; 2; ■; ■; ■; ■

d) ■; 4; 9; 16; 25; ■; ■; ■

e) ■; ■; 0,5; 0,75; 1; ■; ■; ■

f) 5; 3; 6; 9; 5; 20; 23; 17; ■

F Flächen- und Körperberechnung

1 Wie lang ist der Umfang dieser Figuren? (π = 3,14)

a)

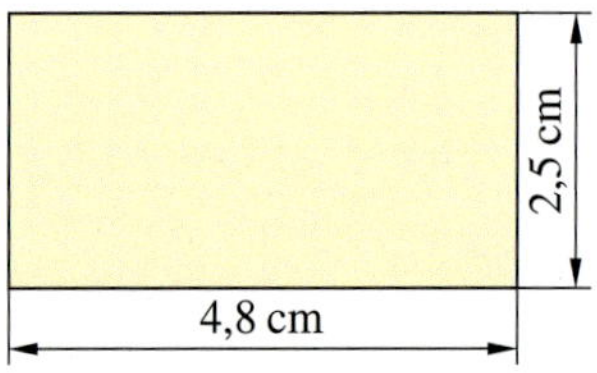

b)

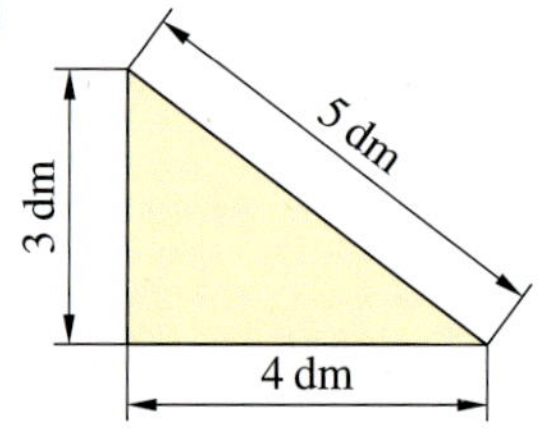

c)

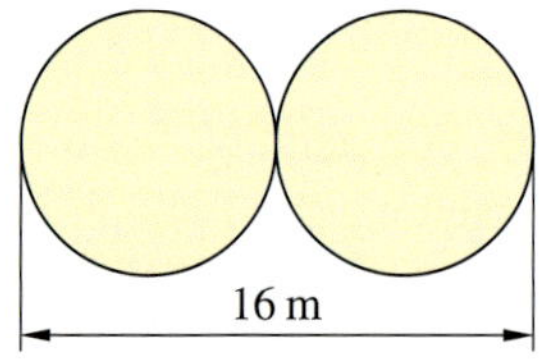

2 Berechnen Sie den Flächeninhalt der eingefärbten Flächen. (π = 3,14)

a)

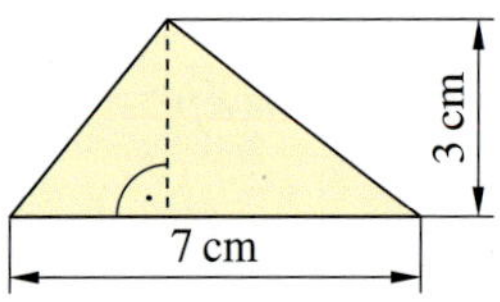

b)

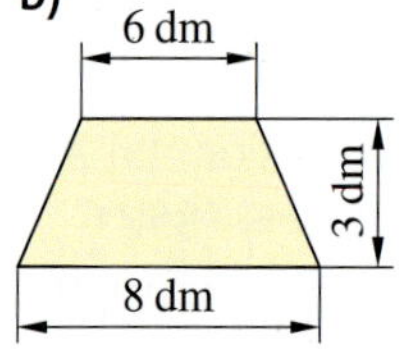

c)

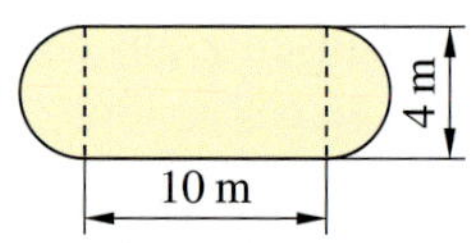

d)

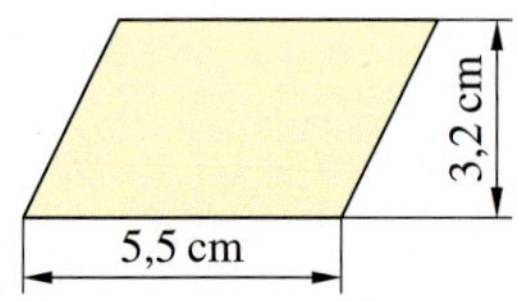

3 Berechnen Sie das Volumen. (π = 3,14)

a)

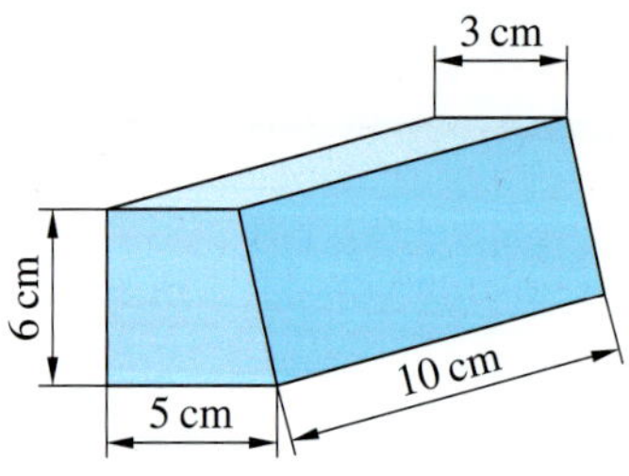

b)

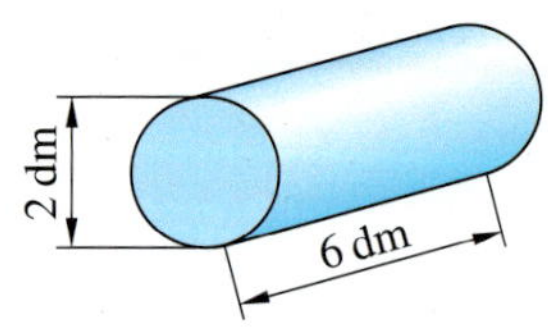

G Räumliches Vorstellungsvermögen

1 Wie viele Ecken, Kanten und Flächen haben die Körper?
Auch die nicht sichtbaren Ecken, Kanten, Flächen sind mitzuzählen.

a)

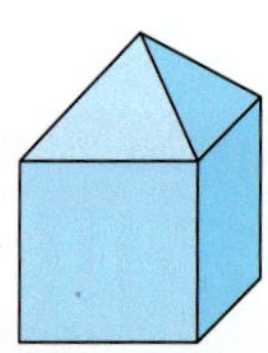

b)

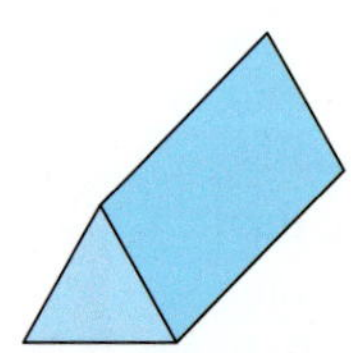

2 Welche Netze lassen sich zu einem Würfel falten?

a)

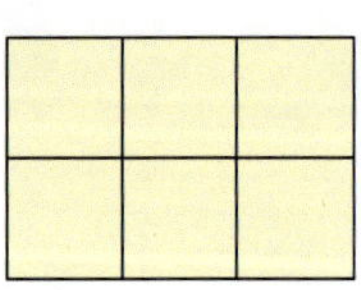

b)

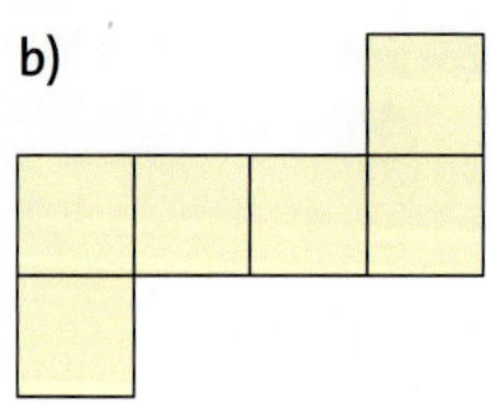

c)

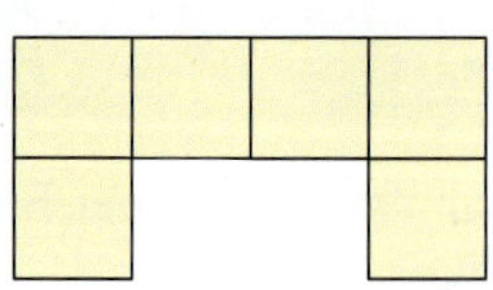

d)

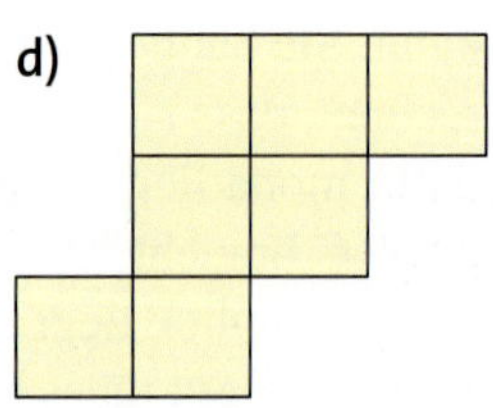

H Logisches Denken

1 Welcher Tag war gestern, wenn der Tag nach morgen zwei Tage vor Samstag ist?

2 Übermorgen ist der vierte Tag nach Sonntag.
Welcher Tag war gestern?

3 Für je 3 €, die Frieda hat, hat Greta 5 €. Zusammen haben sie 120 €.
Wie viele Euro hat dann Greta davon?

4 Luisa ist das einzige Kind, das kleiner als Dilan ist. Vicky ist nicht kleiner als Marc.
Jens und Marc sind gleich groß. Jens ist ein wenig kleiner als Vicky.
Wer ist der bzw. die größte?

5 Steven kauft für seine Freundin Marie einen Blumenstrauß. Es sind insgesamt 20 weiße und pinkfarbene Rosen. Für die weißen Rosen bezahlt er 1,50 €, für die pinkfarbenen 2,30 €.
Insgesamt bezahlt er 35,60 €.
Wie viele pinkfarbene Rosen sind in seinem Strauß?

I Mathematik im Alltag

1 Die durchschnittliche Reaktionszeit eines Menschen beträgt eine Sekunde.
Eine Autofahrerin fährt mit einer Geschwindigkeit von $48\,\frac{\text{km}}{\text{h}}$.
Plötzlich bemerkt sie, dass die Fahrzeuge auf ihrer Spur einen Stau bilden.
Wie viel Meter fährt das Auto weiter, bevor sie anfängt zu bremsen?

2 Zwei Geschwister sind zusammen 44 Jahre alt.
Wie alt ist der jüngere Bruder, wenn die Schwester sechs Jahre älter ist?

3 Die Aula der Schule soll mit quadratischen Fußbodenplatten ausgelegt werden.
Die Aula ist 50 Meter × 72 Meter groß.
Nennen Sie die größtmögliche Abmessung der Platten, die ohne Zuschnitt möglich ist.

4 Die BMX-Fans Lothar und Julian fahren zehn Kilometer um die Wette. Lothar kommt mit 100 Metern Vorsprung ins Ziel. Julian fordert Revanche. Dieses Mal startet Lothar 100 Meter hinter Julian, der wie zuvor an der Startlinie losfährt.
Wer gewinnt, wenn beide genauso schnell fahren wie vorher?

J Informationen aus Diagrammen entnehmen

1 Simon und Ahmet treffen sich im Café.
Das Diagramm stellt die Fahrradfahrten von ihren Wohnungen zum Café dar.

a) Wie viele Kilometer fährt Simon?
b) Wie viele Kilometer fährt Ahmet?
c) Wann kommt Simon im Café an?
d) Wer kommt zuerst im Café an?
e) Wie viele Minuten muss der erste im Café auf den anderen warten?
f) Wer hält unterwegs für kurze Zeit an?
g) Für wie viele Minuten hält er an?
h) Wer erreicht die höhere Geschwindigkeit?

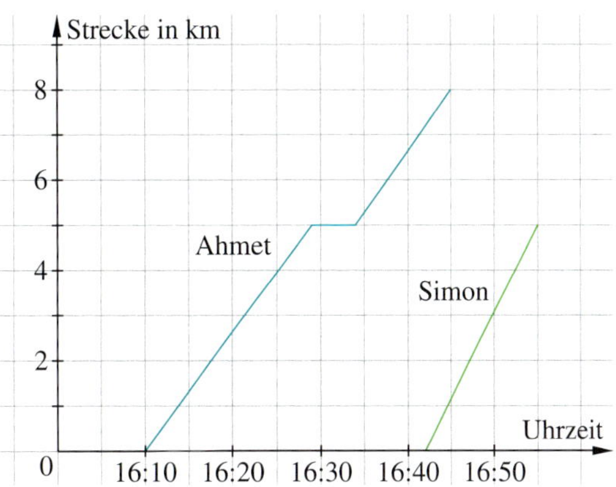

Beispiel für einen Test

1 Berechnen Sie.
a) $341 + 2169 + 4043$ **b)** $2190 - 632 - 976$
c) $6394 \cdot 92$ **d)** $13\,083 : 21$

2 **a)** $120 + 17 \cdot 3$ **b)** $(120 + 17) \cdot 3$
c) $13 + 5 \cdot 6 - 7 \cdot 6$ **d)** $(317 - 148) : 13$

3 **a)** $72{,}5 \cdot 4$ **b)** $0{,}02 \cdot 45{,}3$
c) $19{,}84 : 3{,}1$ **d)** $53{,}01 : 5{,}7$

4 **a)** $\frac{1}{2} + \frac{3}{4}$ **b)** $4\frac{1}{3} - 1\frac{1}{2}$
c) $2\frac{1}{2} \cdot 1\frac{8}{10}$ **d)** $4\frac{1}{4} \cdot 3{,}20$
e) $\frac{3}{8} : \frac{7}{4}$ **f)** $3\frac{2}{3} : 4\frac{8}{9}$

5 Wie viel Kilogramm sind 18,2 t?

6 Wandeln Sie in die in Klammern stehende Maßeinheit um.
a) 3,56 km (m) **b)** $15\,620\,cm^2\,(m^2)$
c) 2 h 37 min (s) **d)** $36{,}2\,dm^3\,(cm^3)$
e) $2\,250\,cm^3$ (l) **f)** 0,2 t (kg)

7 Ein rechteckiges Ackerstück ist 250 m lang und 160 m breit. Wie viel km^2 sind das?

8 Ein 28-Zoll-Rad dreht sich auf einer Strecke 130-mal. Wie oft dreht sich auf derselben Strecke ein 26-Zoll-Rad?

9 Ein Auto fährt mit einer Geschwindigkeit von $90\,\frac{km}{h}$. Wie weit fährt es in 36 Minuten?

10 Welches Zeichen ist falsch?

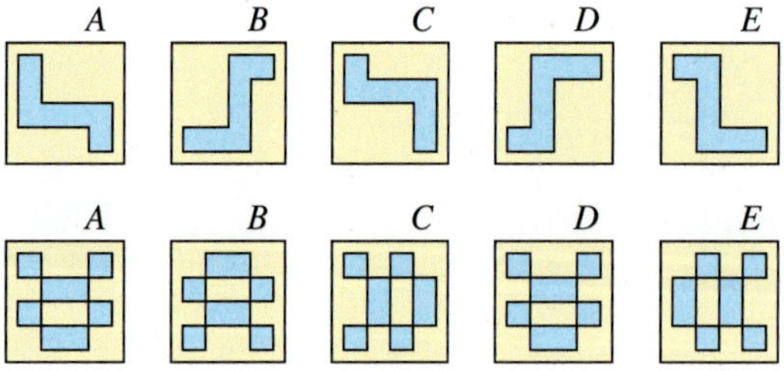

11 Setzen Sie die Folgen richtig fort:
a) 1; 1,2; 1,4; 1,6; □; □; □
b) 2; 3; 5; 8; 12; □; □; □
c) 13; 26; 39; 52; □; □; □

12 32 l Kraftstoff kosten 32,64 €. Wie viel kosten 50 l?

13 Berechnen Sie den Grundwert.
a) 720 kg sind 45 %
b) $8073\,m^3$ Sand sind 13 %

14 Wie viel Prozent sind 92,48 € von 544 €?

15 19 % Mehrwertsteuer kommen beim Kaufpreis einer Waschmaschine für 688 € hinzu. Wie hoch ist der Rechnungsbetrag?

16 Miriam bekommt für ihr Sparguthaben 105 € Zinsen. Der Zinssatz beträgt 3 %. Wie groß war das verzinste Guthaben?

17 In einem rechtwinkligen Dreieck ist ein weiterer Winkel 35° groß. Wie groß ist der dritte Winkel?

18 Wie groß ist das Volumen der ausgebohrten quadratischen Säule? ($\pi = 3{,}14$)

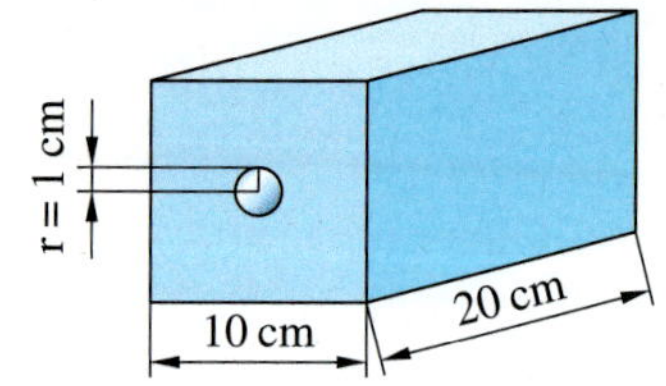

19 Welche Augensumme liegt unten?

20 Aus wie vielen Flächen besteht die Oberfläche des Körpers?

a)

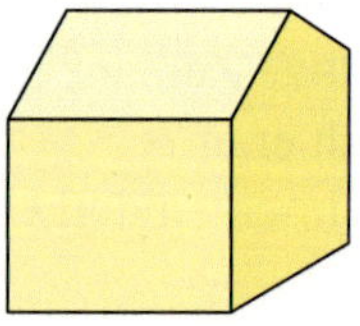

b)

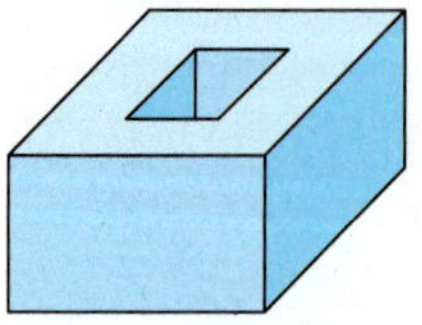

Pyramide, Kegel, Kugel

In deiner Umwelt findest du viele Gegenstände, die die Form von geometrischen Körpern haben. Der Nibelungenturm steht auf der Rheinbrücke in Worms. Die Dächer von beiden Türmen haben die Form einer Pyramide mit einer sechseckigen Grundfläche.

Wiederholung

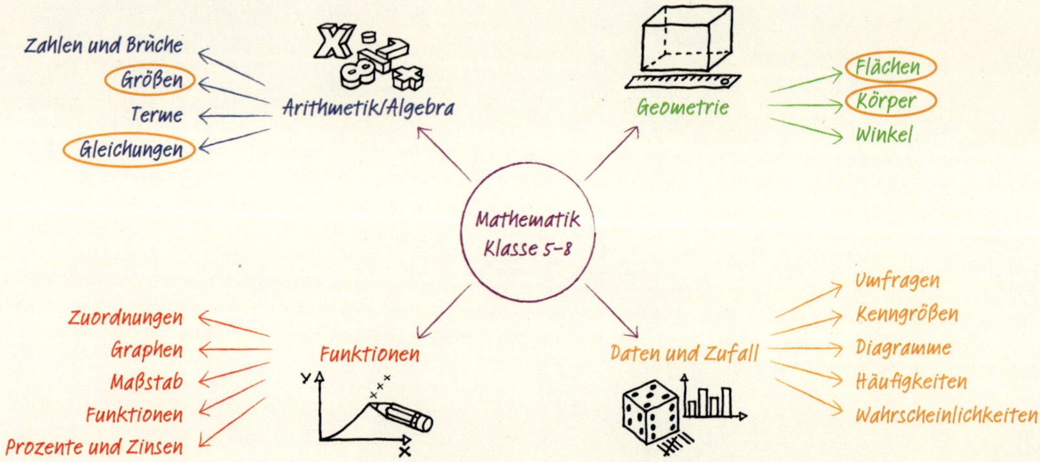

Erinnere dich So zeichnet man das Schrägbild eines Quaders:

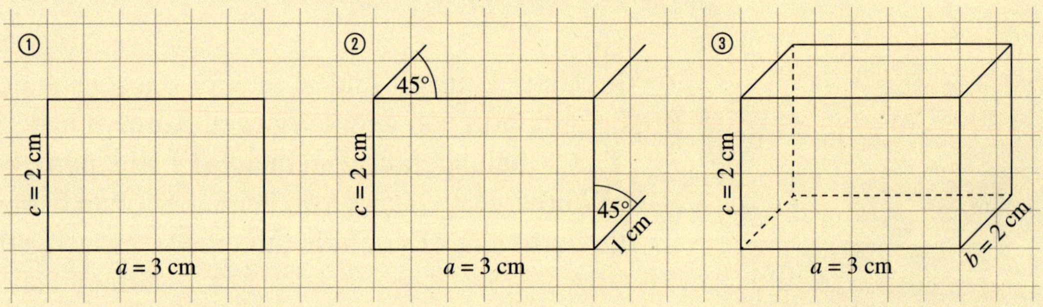

① Zeichne die Vorderfläche in Originalgröße.

② Zeichne nach hinten verlaufende Strecken in halber Länge und im 45°-Winkel.

③ Verbinde die Eckpunkte, zeichne nicht sichtbare Kanten gestrichelt.

Erinnere dich
Für den **Flächeninhalt eines Kreises** mit dem Radius r gilt:
$\boldsymbol{A = \pi \cdot r^2}$

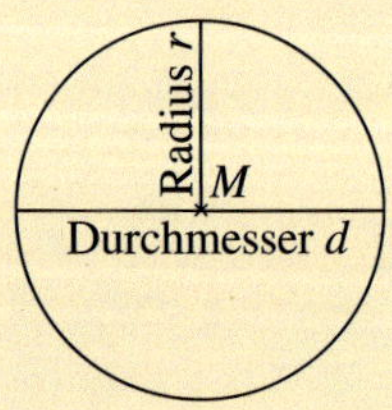

Beispiel
gegeben: $r = 2{,}5\,\text{cm}$
gesucht: A
Lösung: $A = \pi \cdot r^2$
$A = \pi \cdot (2{,}5\,\text{cm})^2$
$A \approx 19{,}63\,\text{cm}^2$

Erinnere dich **Gleichungen** kann man mit Äquivalenzumformungen lösen.
Dabei wird die Gleichung so lange umgeformt, bis man die Lösung ablesen kann.

Man darf auf beiden Seiten:
- den gleichen Term addieren,
- den gleichen Term subtrahieren,
- mit dem gleichen Term ($\neq 0$) multiplizieren,
- durch den gleichen Term ($\neq 0$) dividieren.

Beispiel

$$-(x+7) = 5-(3x+2) \quad \text{Klammern aufl.}$$
$$-x-7 = 5-3x-2 \quad \text{zusammenfassen}$$
$$-x-7 = 3-3x \quad |+7$$
$$-x = 10-3x \quad |+3x$$
$$2x = 10 \quad |:2$$
$$x = 5$$

Probe $-(5+7) = 5-(3 \cdot 5+2)$
$-12 = 5-17$
$-12 = -12$ w

1 Schrägbilder von Quadern zeichnen

Zeichne das Schrägbild des Quaders.

a) $a = 5\,\text{cm}$; $b = 4\,\text{cm}$; $c = 6\,\text{cm}$
b) $a = 3{,}5\,\text{cm}$; $b = 5{,}5\,\text{cm}$; $c = 5{,}0\,\text{cm}$
c) $a = 4{,}2\,\text{cm}$; $b = 78\,\text{mm}$; $c = 8{,}2\,\text{cm}$

2 Schrägbilder von Würfeln zeichnen

Zeichne das Schrägbild des Würfels.

a) $a = 6\,\text{cm}$
b) $a = 4{,}5\,\text{cm}$

3 Fehler in Schrägbildern finden

Warum sind das keine Schrägbilder von Quadern? Begründe.

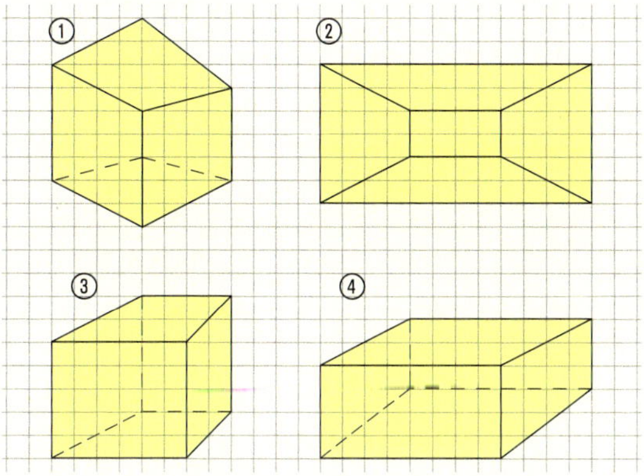

4 Schrägbilder im Koordinatensystem

Zeichne ein Koordinatensystem mit x-Achse von -3 bis 6 und y-Achse von -1 bis 5.

a) Trage die Punkte $A(-2|1)$, $B(3|1)$, $C(3|4)$ und $F(4|3)$ ein.
b) Ergänze die Punkte D, E, G und H so, dass das Schrägbild eines Quaders entsteht. Gib die Koordinaten der Punkte an.
c) Gib die Kantenlängen des Quaders an.

5 Flächeninhalt von Kreisen berechnen

Berechne den Flächeninhalt des Kreises mit dem gegebenen Radius bzw. Durchmesser.

a) $r = 4\,\text{cm}$
b) $r = 2{,}5\,\text{cm}$
c) $r = 7{,}2\,\text{m}$
d) $r = 9{,}05\,\text{mm}$
e) $d = 36\,\text{dm}$
f) $d = 8{,}5\,\text{cm}$

6 Kreise zeichnen

Zeichne den Kreis mit dem Flächeninhalt.

a) $A = 50{,}26\,\text{cm}^2$
b) $A = 19{,}63\,\text{cm}^2$
c) $A = 40{,}72\,\text{cm}^2$
d) $A = 3\,217\,\text{mm}^2$

7 Flächeninhalt von Kreisen anwenden

Ein Rasensprenger hat eine Sprühweite von maximal 6 m. Welche Fläche wird damit bewässert?

8 Einfache Gleichungen lösen

Löse die Gleichung wie im Beispiel.

Beispiel
$6 = 2x + 4 \quad | -4$
$2 = 2x \quad | :2$
$1 = x$

a) $6 = x + 4$
b) $x - 5 = 9$
c) $4x = 24$
d) $0{,}5x = 7$
e) $x - 12 = 5x$
f) $5 - x = 9x$
g) $3x + 12 = 21$
h) $0{,}2x + 1 = 2$

9 Gleichungen lösen

Löse die Gleichung. Rechne die Probe.

a) $4 = 2x - 8$
b) $x + 7 = 23$
c) $5x + 10 = 25$
d) $3x + 9 = 18$
e) $7 = 24 + x$
f) $25 = 0{,}5x + 5$
g) $4(5 - x) = 6x$
h) $0{,}5(2 + x) = 5$

10 Mit Formeln rechnen

Ein Dreieck hat die Grundseite g und die Höhe h. Berechne die fehlenden Größen des Dreiecks.

	g	h	A
a)	4 cm	7 cm	
b)		12 cm	45 cm²
c)	4,6 m		8,05 m²

11 Formeln umstellen

a) Löse die Formeln nach a auf.

$A = a \cdot b$ $\quad$ $A = \frac{a \cdot h_a}{2}$ $\quad$ $V = a \cdot b \cdot c$

b) Löse die Formeln nach r auf.

$u = 2\pi r$ $\quad$ $A = \frac{\pi \cdot r^2}{4}$ $\quad$ $M = 2 \cdot \pi \cdot r \cdot h_K$

Noch fit?

Einstieg

1 Einheiten umrechnen
Rechne in die Einheit in Klammern um.
a) 5 cm (mm) b) 3 000 m (km)
c) 70 m (cm) d) 7,5 dm (cm)
e) 7 cm^2 (mm^2) f) 800 dm^2 (m^2)
g) 40 cm^3 (mm^3) h) 9 500 m^3 (dm^3)
i) 1 000 000 cm^3 (m^3) j) 0,02 m^3 (cm^3)

2 Runden
Runde auf die angegebene Stelle.
a) auf Hunderter: 356; 6 799; 1 932
b) auf Zehntausender: 59 270; 242 982
c) auf eine Nachkommastelle: 0,36; 4,009

3 Flächeninhalte berechnen
Berechne den Flächeninhalt der Figur.
a) Quadrat mit $a = 3$ cm
b) Rechteck mit $a = 4$ cm und $b = 7$ cm
c) Dreieck mit $g = 5$ cm und $h_g = 10$ cm

Aufstieg

1 Einheiten umrechnen
Rechne in die Einheit in Klammern um.
a) 50 cm (m) b) 67 mm (cm)
c) 5 dm^2 (m^2) d) 2,7 mm^2 (cm^2)
e) 6,4 m^2 (cm^2) f) 0,7 cm^2 (mm^2)
g) 120 mm^3 (cm^3) h) 3,6 cm^3 (mm^3)
i) 4,5 l (cm^3) j) 0,8 m^3 (l)

2 Runden
Runde auf die angegebene Stelle.
a) auf Tausender: 2 581; 39 721; 489
b) auf Zehntel: 0,46; 23,909; 6,300
c) auf Hundertstel: 0,028; 8,0019; 10,999

3 Flächeninhalte berechnen
Berechne den Flächeninhalt der Figur.
a) Quadrat mit $a = 2,5$ cm
b) Rechteck mit $a = 95$ mm und $b = 6$ cm
c) Dreieck mit $c = 4,5$ cm und $h_c = 5,2$ cm

4 Körper erkennen

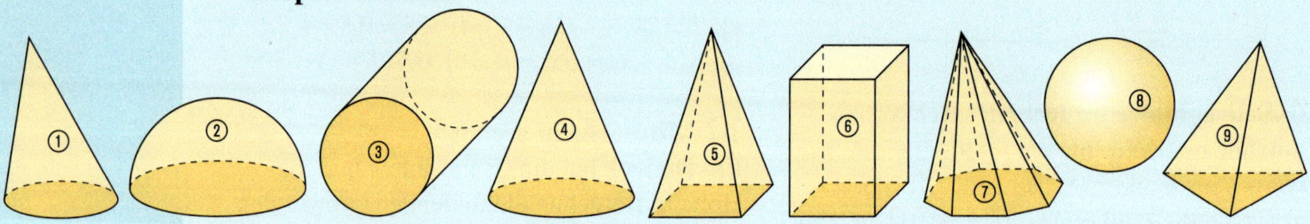

Benenne die Körper und sortiere sie …
a) nach der Art der Grundfläche (Vieleck, Kreis, keine Grundfläche).
b) nach gerade oder schief.
c) nach Spitze (Spitzkörper) oder keine.

Einstieg

5 Würfelnetz zeichnen und berechnen
Zeichne das Netz eines Würfels mit der Kantenlänge $a = 5$ cm.
a) Berechne den Oberflächeninhalt.
b) Berechne das Volumen.

6 Satz des Pythagoras nutzen
Gib die Gleichung nach dem Satz des Pythagoras an. Berechne die fehlende Seitenlänge.

a) b) c)

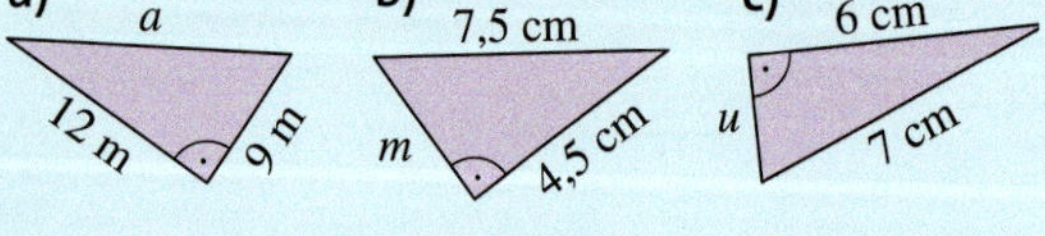

Aufstieg

5 Quadernetz zeichnen und berechnen
Zeichne das Netz eines Quaders mit den Längen $a = 5$ cm, $b = 4$ cm, $c = 8$ cm.
a) Berechne den Oberflächeninhalt.
b) Berechne das Volumen.

6 Satz des Pythagoras nutzen
Berechne die fehlende Seitenlänge des rechtwinkligen Dreiecks ABC mit $\gamma = 90°$. Konstruiere das Dreieck.
a) $a = 9$ cm; $b = 6,5$ cm
b) $b = 7$ dm; $c = 11,3$ dm
c) $a = 5,5$ m; $c = 9,3$ m

Lösungen ab Seite 210

Pyramiden und Kegel erkennen

Entdecken

1 Betrachte die Körper.

① 
② 
③ 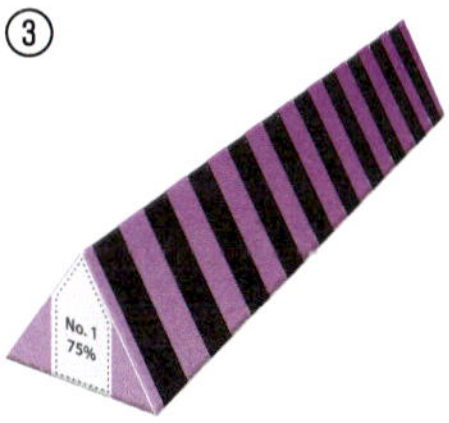

④ 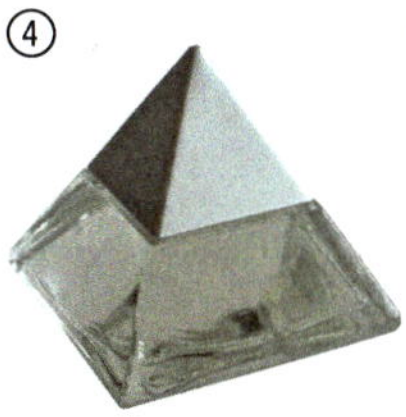
⑤ 

a) Welche Körper kennst du bereits? Nenne ihre Eigenschaften.
b) Fasse die Körper in Gruppen mit gleichen Eigenschaften zusammen. Findest du mehrere Einteilungsmöglichkeiten?
Vergleiche deine Lösung mit deinen Klassenkameraden.
c) Finde weitere Gegenstände, die die Form dieser Körper besitzen.

2 Welcher Körper passt nicht in die Reihe? Begründet eure Auswahl.

a)
① 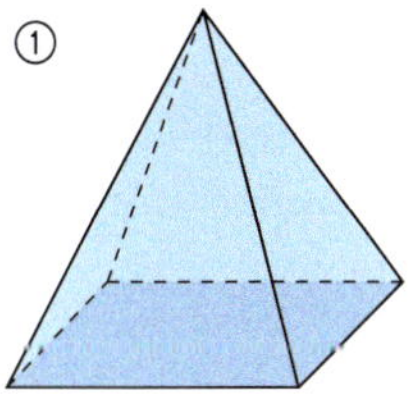
② 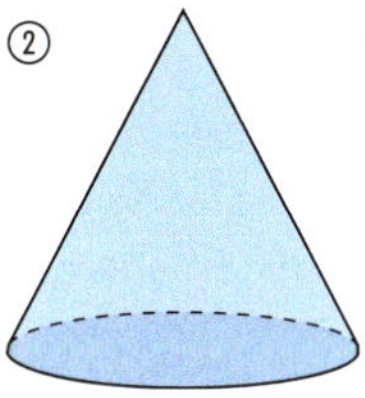
③ 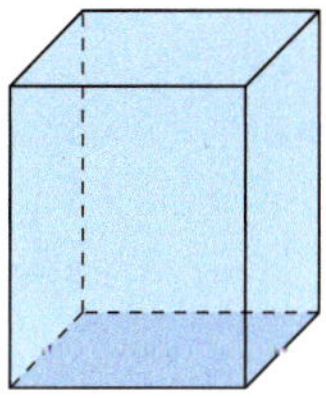
④ 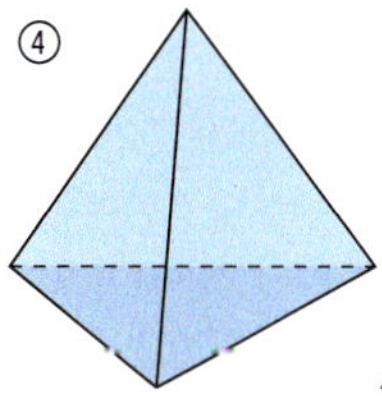
⑤ 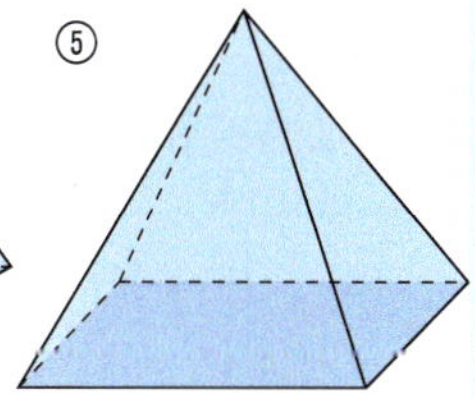

b)
① 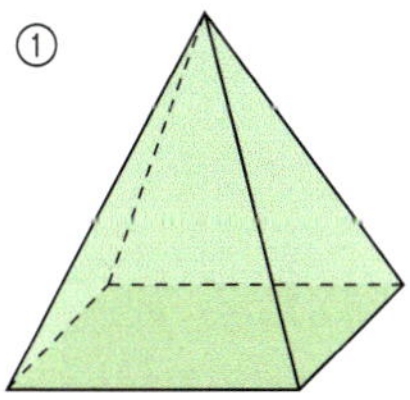
② 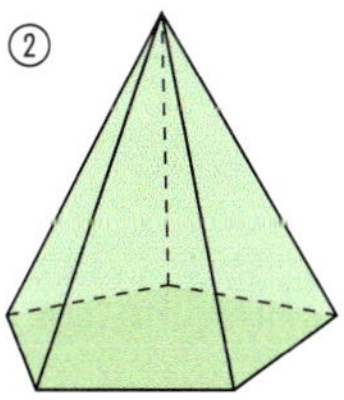
③ 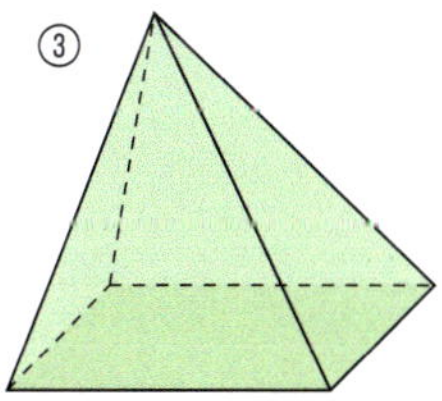
④ 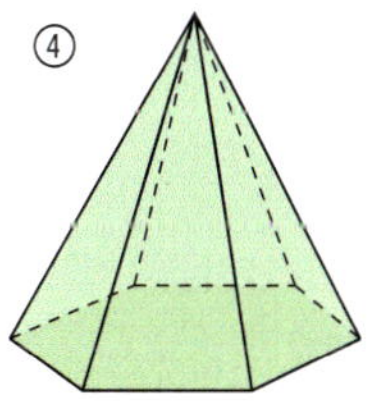
⑤ 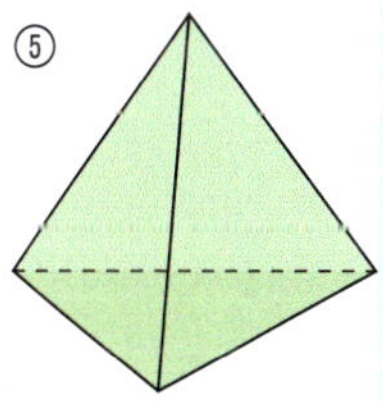

3 Prüfe, ob sich die Netze zu Körpern falten lassen.
a) Zu welchen Körpern passen diese Netze?
b) Welche Netze ergeben Prismen, welche gehören zu Körpern mit einer Spitze? Ordne zu.

① 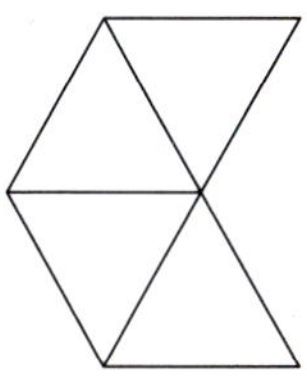
② 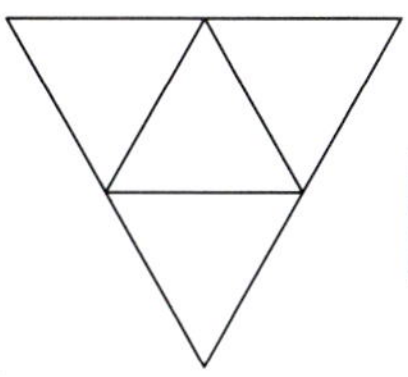
③ 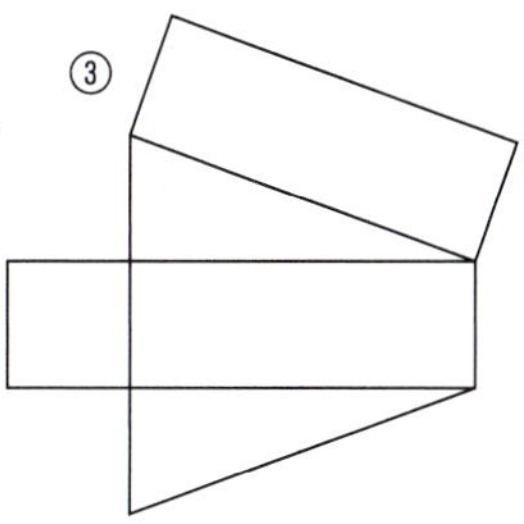
④ 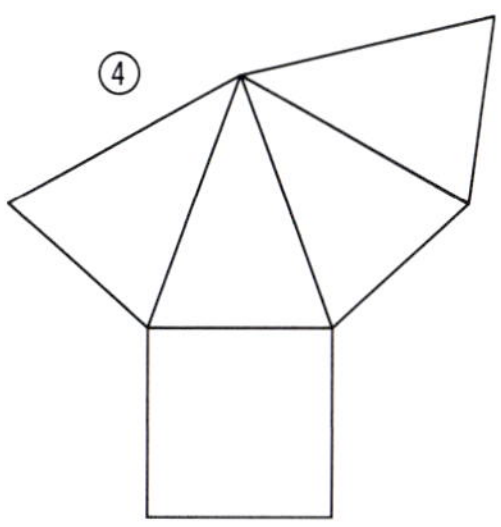
⑤ 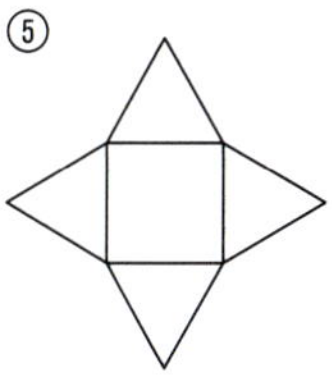
⑥ 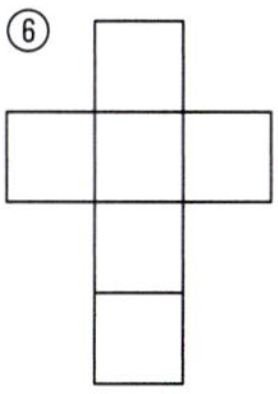
⑦ 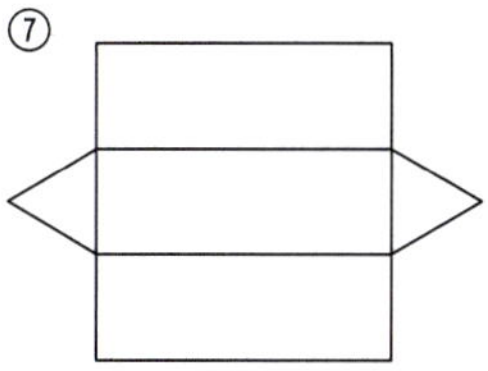
⑧ 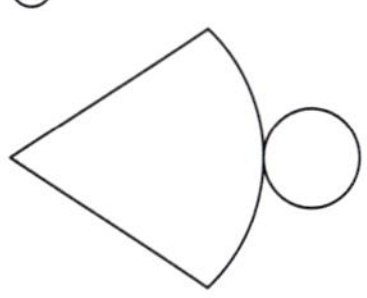

Verstehen

Jana soll die verschiedenen Körper in Gruppen einteilen
Sie unterscheidet zwischen Prismen und Spitzkörpern.
Zu den Spitzkörpern gehören die Pyramide und der Kegel, da sie von der Grundfläche aus nach oben spitz zulaufen und deshalb keine Deckfläche haben.

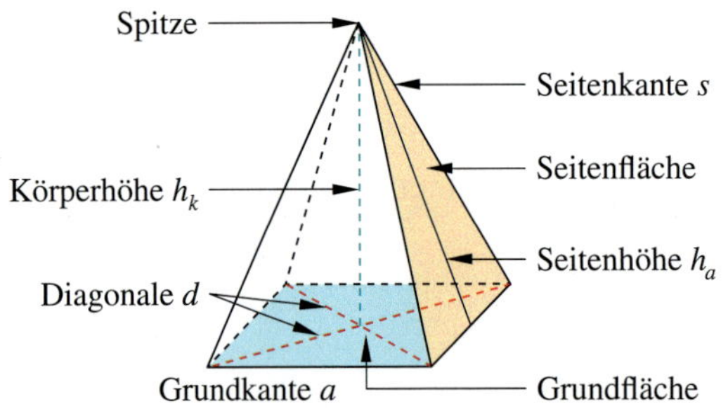

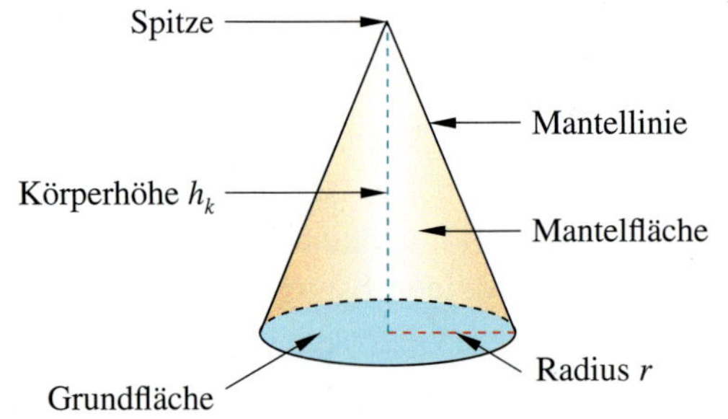

Merke Eine **Pyramide** ist ein Körper mit einem Vieleck (Dreieck, Viereck, …) als Grundfläche. Die Seitenflächen sind Dreiecke. Ihre oberen Eckpunkte bilden zusammen die Spitze.

Ein **Kegel** ist ein Körper mit einem Kreis als Grundfläche. Die Spitze des Kegels muss außerhalb der Ebene des Kreises liegen.

Pyramiden werden nach ihrer Grundfläche benannt. Die Königspyramiden in Ägypten sind **quadratische Pyramiden**. Sie haben Quadrate als Grundflächen.
Regelmäßige Pyramiden haben als Grundfläche ein regelmäßiges Vieleck.

Beispiel 1

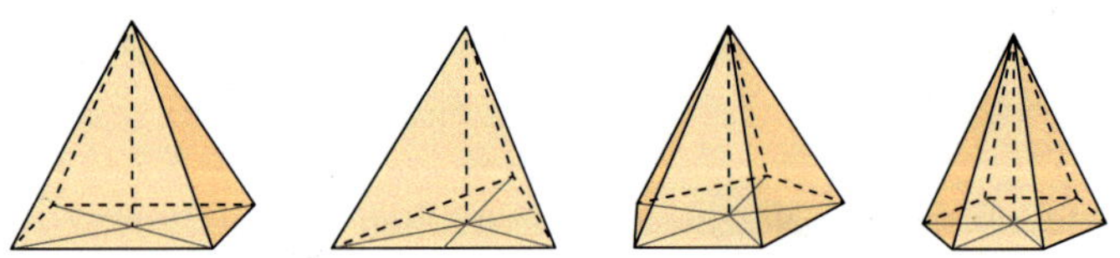

rechteckige Pyramide | dreieckige Pyramide | fünfeckige Pyramide | sechseckige Pyramide

Es gibt **gerade** und **schiefe** Spitzkörper. Wenn nichts anderes gesagt wird, dann sind gerade Spitzkörper gemeint.
Bei geraden Pyramiden und Kegeln verläuft die Körperhöhe von der Spitze zum Mittelpunkt der Grundfläche.

Beispiel 2

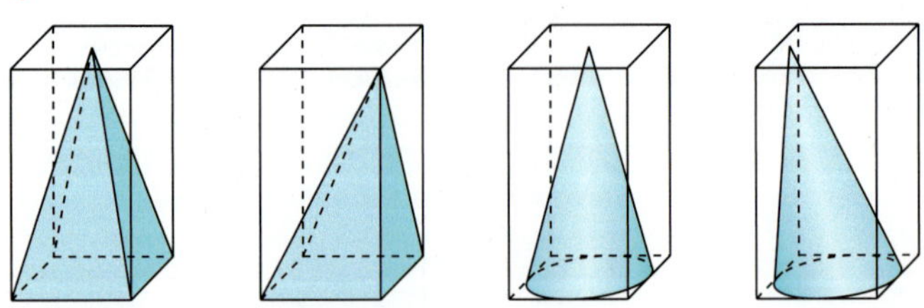

gerade, quadratische Pyramide | schiefe, quadratische Pyramide | gerader Kegel | schiefer Kegel

Üben und anwenden

1 Welche der Körper sind Pyramiden, welche sind Kegel? Sind sie gerade oder schief?

a) 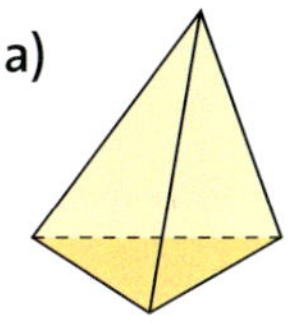
b) 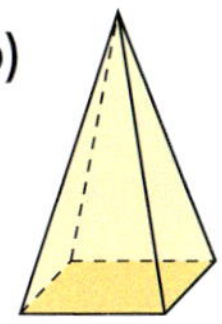
c) 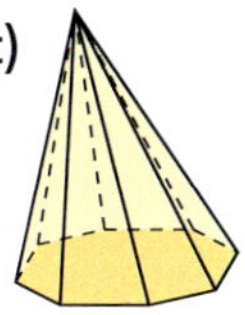
d) 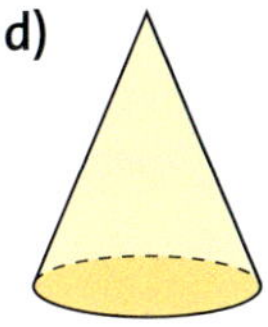
e) 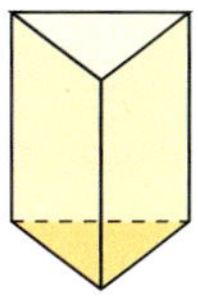
f) 

2 Entscheide, ob das ein Kegel ist: Eistüte, Indianerzelt, Spielfigur beim Mensch-Ärgere-Dich-Nicht, Schultüte, Trichter.

3 Welche Körper entdeckst du auf den Fotos? Beschreibe sie genau (Form, Anzahl der Ecken, Kanten, Seitenflächen, …).

①

②

③

④

⑤

4 Gib für jede Pyramide die Form der Grundfläche und die Anzahl der Seitenflächen an.

① 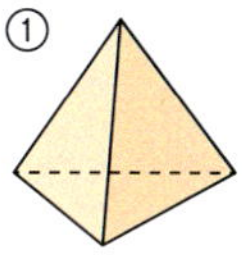
② 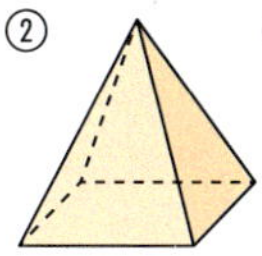
③ 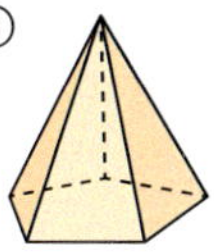
④ 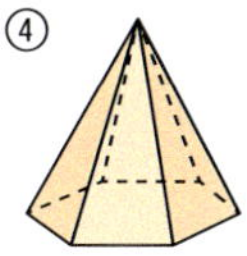

2 Nenne Gegenstände oder Gebäude, die die Form eines Kegels besitzen.

3 Beschreibe die Bildfolge:

① 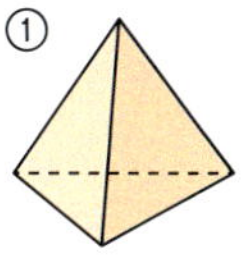
② 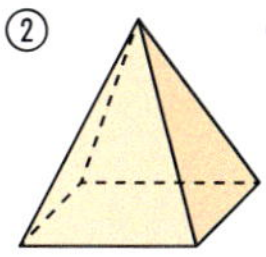
③ 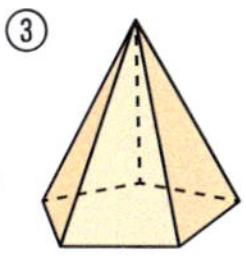
④ 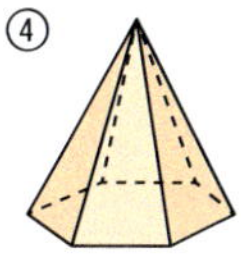

a) Übertrage die Tabelle ins Heft und vervollständige sie. Mit Flächen sind Grundflächen und Seitenflächen gemeint.

Grundfläche der Pyramide	Anzahl an der Pyramide		
	Ecken	Kanten	Flächen
Dreieck	4		
Viereck		8	
Fünfeck			6
Sechseck			
Siebeneck			
Achteck			
Neuneck			
Zehneck			

b) Beschreibe Regelmäßigkeiten in der Tabelle, z. B.: „Wenn die Grundfläche eine Ecke mehr hat, dann hat die Pyramide …“

c) Wie viele Ecken (Kanten; Flächen) besitzt eine Pyramide mit einem 17-Eck als Grundfläche? Begründe.

d) Gib für die Anzahl der Ecken, Kanten und Flächen einer Pyramide mit einem n-Eck als Grundfläche eine Formel an.

4 Beschreibe, was die beiden Körper gemeinsam haben und was sie unterscheidet.

a) Zylinder und Kegel
b) Kegel und quadratische Pyramide
c) quadratische Pyramide und Quader
d) Zylinder und Quader

Methode: Netze zeichnen und Körper herstellen

Wenn man einen Körper aus Pappe oder Papier nachbauen möchte, dann muss man ein Netz des Körpers zeichnen, ausschneiden und passend zusammenkleben.
Das **Netz einer quadratischen Pyramide** kann beispielsweise die Form eines „Sterns" (Beispiel 1) oder eines „Fächers" (Beispiel 2) haben. Man muss die Länge der Grundkante a und die Seitenhöhe h_a oder die Länge der Seitenkante s kennen.

Beispiel 1

gegeben: quadratische Pyramide mit $a = 1\,cm$; $h_a = 1{,}5\,cm$ Zeichne das Netz als „Stern".

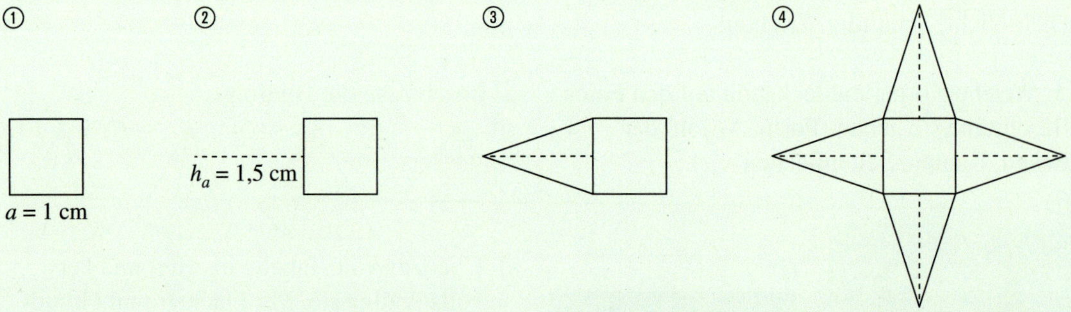

① Zeichne die Grundfläche, hier ein Quadrat mit $a = 1\,cm$.

② Zeichne vom Mittelpunkt einer Grundseite aus die Seitenhöhe h_a.

③ Verbinde das Ende der Seitenhöhe h_a mit den Eckpunkten der Grundseite.

④ Zeichne die anderen drei Dreiecke auf die gleiche Weise.

Beispiel 2

gegeben: quadratische Pyramide mit $a = 1{,}5\,cm$; $s = 2\,cm$ Zeichne das Netz als „Fächer".

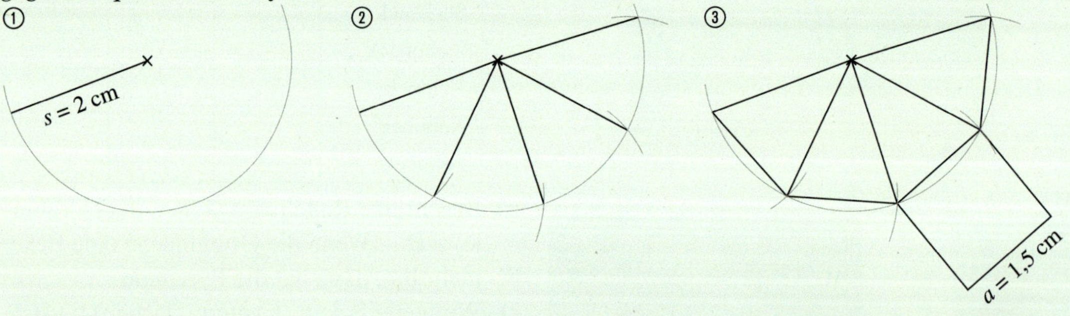

① Zeichne mit dem Zirkel einen Kreis mit dem Radius s. Hier ist $s = 2\,cm$. Trage einen Radius ein.

② Trage vom Radius aus auf der Kreislinie 4-mal eine Strecke der Länge a ab. Verbinde mit dem Mittelpunkt.

③ Vervollständige die vier Dreiecke. Zeichne über einer Strecke der Länge a ein Quadrat als Grundfläche.

1 Zeichne das Netz der quadratischen Pyramide als „Stern" oder als „Fächer".

a) $a = 4\,cm$; $h_a = 6\,cm$ **b)** $a = 5\,cm$; $h_a = 2\,cm$ **c)** $a = 3\,cm$; $s = 4{,}5\,cm$ **d)** $a = 5\,cm$; $s = 5\,cm$

2 Übertrage die Zeichnung mit viel Abstand ins Heft. Ergänze zum Netz einer quadratischen Pyramide.

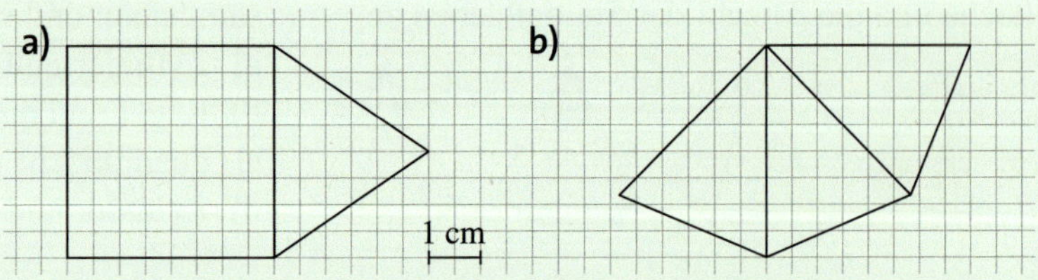

Das **Netz eines Kegels** besteht aus einem Kreis (Grundfläche) und einem Kreisausschnitt (Mantelfläche). Zum Zeichnen muss man den Radius r der Grundfläche und den Radius s des Kreisausschnitts kennen.
Der Radius s des Kreisausschnitts ist gleichzeitig die Länge der Mantellinie.
Der Mittelpunktswinkel α bestimmt, wie groß der Kreisausschnitt ist.
Vor dem Zeichnen muss man den Mittelpunktswinkel α berechnen.
Es gilt: $\frac{\alpha}{360°} = \frac{r}{s}$

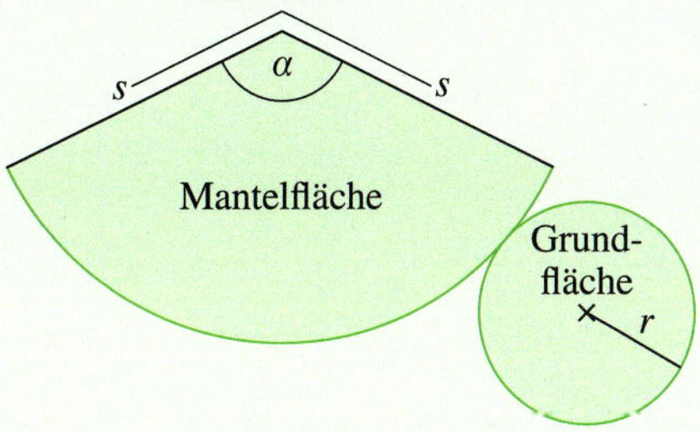

Beispiel

gegeben: Kegel mit $r = 1\,\text{cm}$; $s = 3\,\text{cm}$ Zeichne das Netz des Kegels.
Berechnung des Mittelpunktswinkels:

$$\frac{\alpha}{360°} = \frac{r}{s}$$
$$\frac{\alpha}{360°} = \frac{1}{3} \quad | \cdot 360°$$
$$\alpha = 120°$$

①

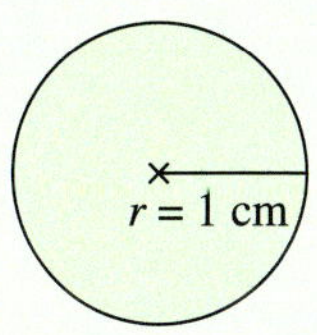

Zeichne einen Kreis mit dem Radius r, hier ist $r = 1\,\text{cm}$.

②

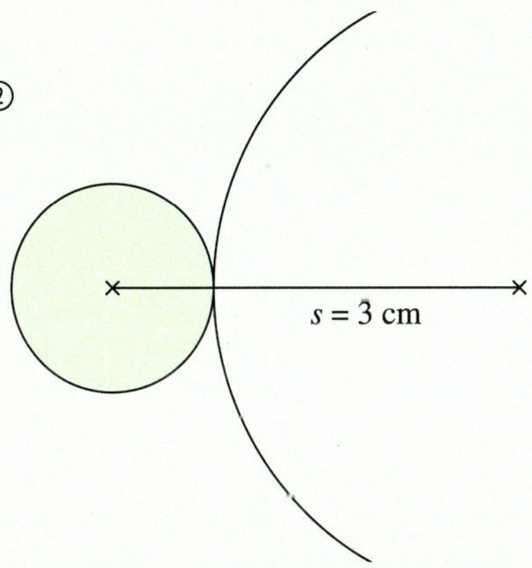

Verlängere den Radius, indem du s anfügst. Hier ist $s = 3\,\text{cm}$. Schlage vom Ende von s aus einen Kreisbogen mit Radius s.

③

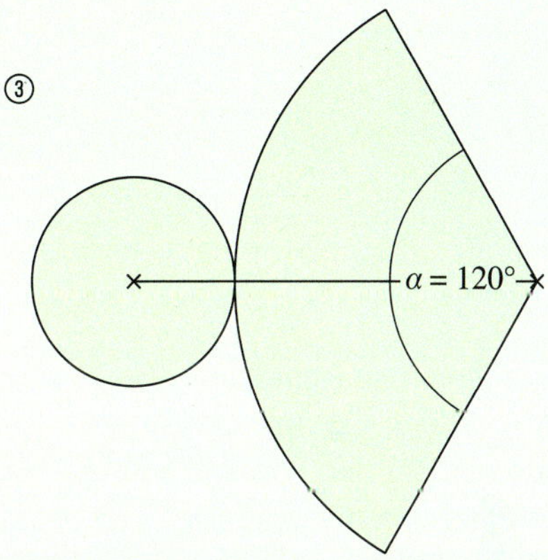

Verbinde einen Punkt auf dem Kreisbogen mit dem Ende von s. Trage den Mittelpunktswinkel α ab (hier $\alpha = 120°$).

3 Zeichne das Netz eines Kegels mit $r = 3\,\text{cm}$, $s = 9\,\text{cm}$ und $\alpha = 120°$ auf ein Blatt Papier. Schneide das Netz aus und baue daraus den Kegel. Nutze Klebeband.

4 Berechne den Mittelpunktswinkel α mit der Formel $\alpha = \frac{r}{s} \cdot 360°$.

a)

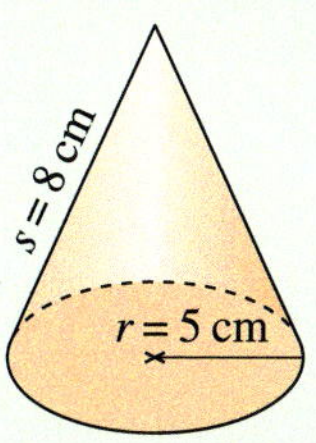

b)

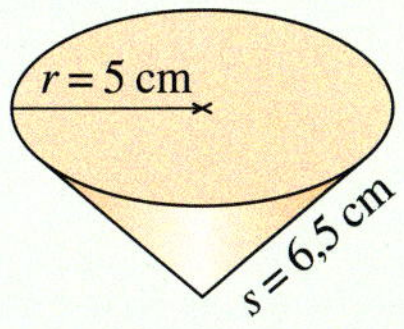

c)

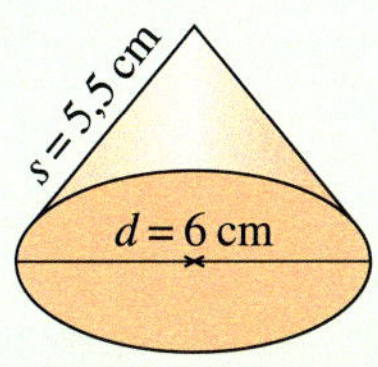

5 Zeichne das Netz des Kegels. Berechne zuerst den Mittelpunktswinkel α.

a) $r = 40\,\text{mm}$, $s = 88\,\text{mm}$ **b)** $r = 3{,}5\,\text{cm}$, $s = 9\,\text{cm}$ **c)** $r = 3{,}3\,\text{cm}$, $s = 4{,}4\,\text{cm}$

Methode: Schrägbilder zeichnen

Die Pyramiden von Gizeh in Kairo sind regelmäßige Pyramiden mit vier gleichen Seitenflächen auf einer quadratischen Grundfläche.
Mithilfe eines Schrägbilds kann man sich die Pyramide besser vorstellen.

Das **Schrägbild einer Pyramide** mit quadratischer oder rechteckiger Grundfläche kann nach den gleichen Regeln gezeichnet werden wie beim Quader.

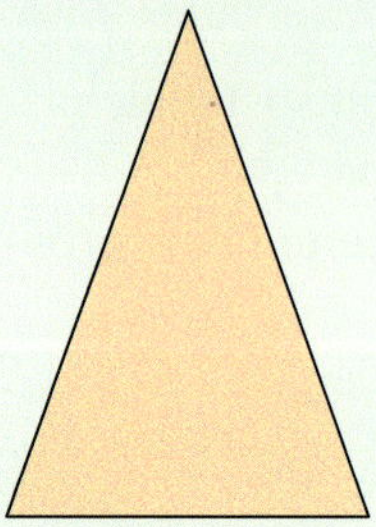

Vorderansicht und Seitenansicht

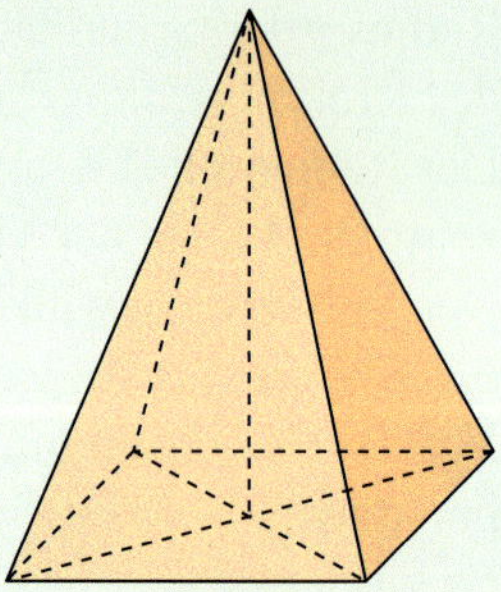

Schrägbild

Beispiel 1

gegeben: quadratische Pyramide mit der Grundkante $a = 2{,}2\,\text{cm}$ und der Höhe $h_k = 3\,\text{cm}$

① 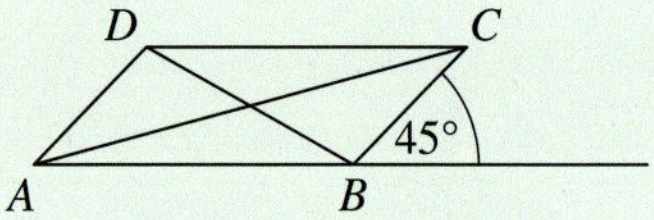

Zeichne die Grundkante $a = 2{,}2\,\text{cm}$. Zeichne die Kante, die nach hinten verläuft, im Winkel von 45° und mit halber Länge:
$2{,}2\,\text{cm} : 2 = 1{,}1\,\text{cm}$.

② 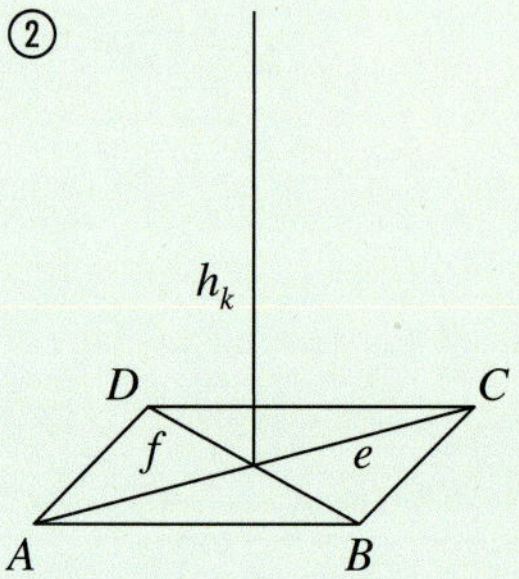

Trage die Diagonalen e und f ein.
Zeichne die Körperhöhe $h_k = 3\,\text{cm}$ im Schnittpunkt der beiden Diagonalen senkrecht zur Zeichenebene ein.

③ 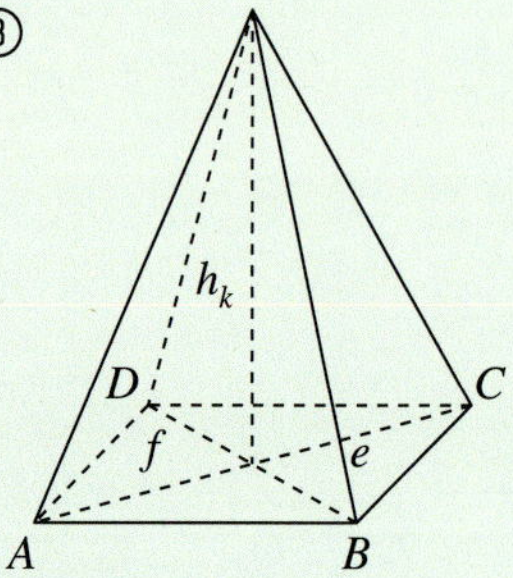

Verbinde die Spitze der Pyramide mit den vier Eckpunkten.
Nicht sichtbare Kanten werden gestrichelt gezeichnet.

Beim **Schrägbild eines Kegels** wird die kreisförmige Grundfläche als Ellipse gezeichnet.

Beispiel 2

gegeben: Kegel mit dem Durchmesser $d = 2\,\text{cm}$ und der Höhe $h_k = 3\,\text{cm}$

① 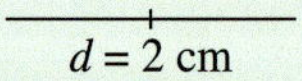

Zeichne den Durchmesser $d = 2\,\text{cm}$. Markiere den Mittelpunkt.

② 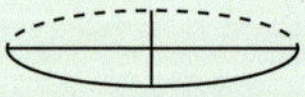

Zeichne dort eine Senkrechte mit der Länge $d : 4 = 0{,}5\,\text{cm}$. Skizziere die Grundfläche als Ellipse.

③ 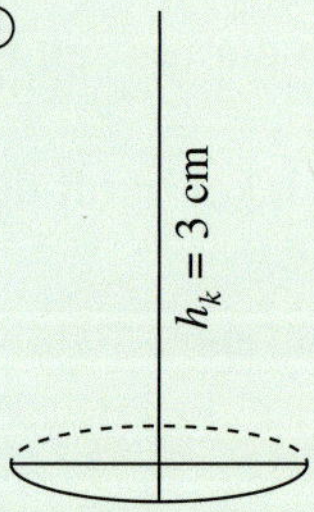

Zeichne die Körperhöhe $h_k = 3\,\text{cm}$ im Mittelpunkt senkrecht ein.

④ 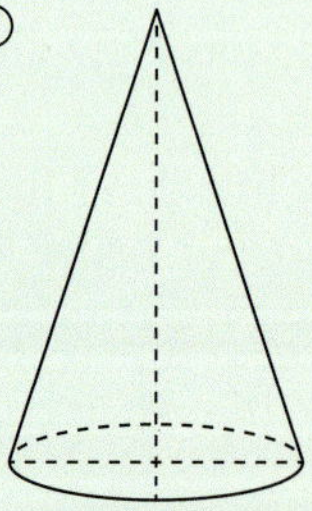

Verbinde die Spitze des Kegels mit den beiden Endpunkten des Durchmessers.

1 Hier entsteht das Schrägbild einer quadratischen Pyramide mit $a = 4\,\text{cm}$ und $h_k = 3\,\text{cm}$.

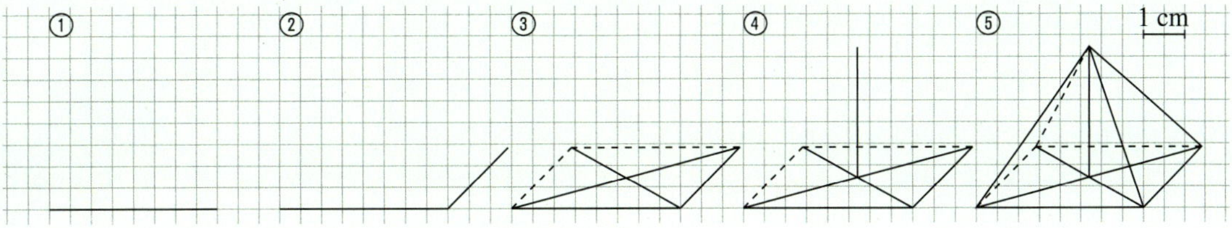

a) Beschreibe die einzelnen Arbeitsschritte.
b) Übertrage das Schrägbild in dein Heft.
c) Zeichne das Schrägbild einer Pyramide mit rechteckiger Grundfläche ($a = 3\,\text{cm}$; $b = 5\,\text{cm}$) und der Höhe $h_k = 6\,\text{cm}$. Beschreibe, was anders ist als bei der Zeichnung oben.

2 Zeichne das Schrägbild.
a) quadratische Pyramide mit der Grundkante $a = 3\,\text{cm}$ und der Höhe $h_k = 5\,\text{cm}$
b) Pyramide mit rechteckiger Grundfläche ($a = 2\,\text{cm}$; $b = 6\,\text{cm}$) und der Höhe $h_k = 5\,\text{cm}$

3 Übertrage das Schrägbild der Pyramide in dein Heft.
Entnimm alle Maße der verkleinerten Zeichnung rechts.
Beachte, dass dort gilt: zwei Kästchen stehen für 1 cm Länge.

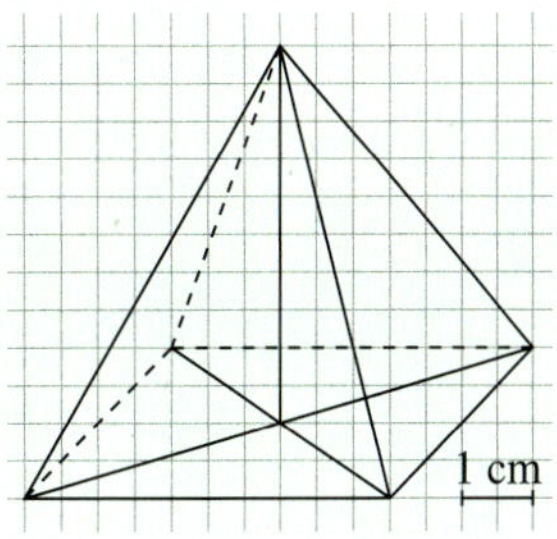

4 Zeichne das Schrägbild des Kegels in dein Heft.
Die gegebenen Zeichnungen sind nicht maßstabstreu.

a)

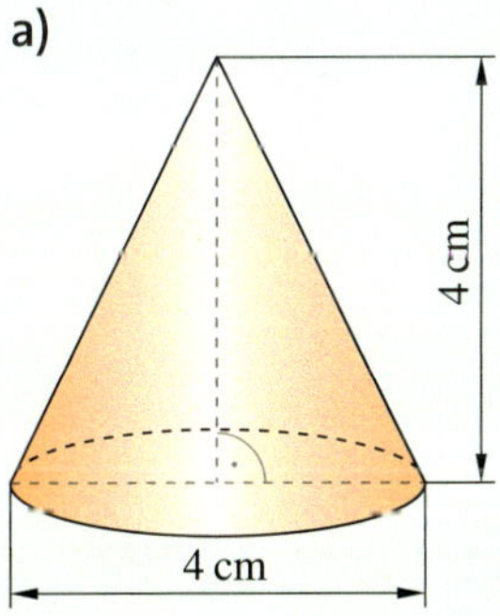

b)

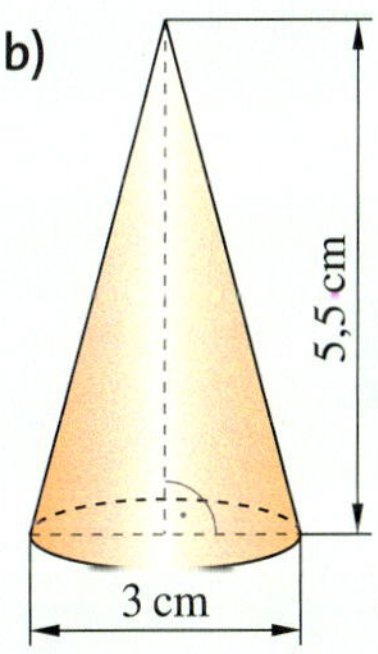

5 Warum können aus diesen Angaben keine Schrägbilder entstehen? Begründe.
a) quadratische Pyramide mit der Grundkante $a = 6\,\text{cm}$ und der Höhe $h_k = 2\,\text{cm}$
b) Pyramide mit rechteckiger Grundfläche ($a = 3{,}5\,\text{cm}$; $b = 5{,}5\,\text{cm}$) und $h_k = 2{,}5\,\text{cm}$
c) Kegel mit dem Durchmesser $d = 6{,}5\,\text{cm}$ und der Höhe $h_k = 3\,\text{cm}$

6 Wähle vier Angaben aus, die zu einer quadratischen Pyramide passen.
Zeichne damit ein Schrägbild.
Wähle noch einmal vier Angaben und zeichne ein zweites Schrägbild.
Wie viele verschiedene Schrägbilder könntest du mit diesen Angaben zeichnen?

4 cm | h_k | 7 cm | a | 2,5 cm | 5,5 cm

7 Zeichne das Schrägbild eines Würfels mit der Kantenlänge $a = 6\,\text{cm}$. Zeichne in dieses Schrägbild hinein das Schrägbild einer möglichst großen Pyramide.
Gib die Maße dieser Pyramide an (Grundkante und Höhe).

8 Leo hat als Hausaufgabe ein Schrägbild zu einer rechteckigen Pyramide gezeichnet.
Die Pyramide hat die Maße:
$a = 4\,\text{cm}$, $h_k = 4\,\text{cm}$ und $b = 3\,\text{cm}$.
Aber irgendetwas ist hier falsch gelaufen.
a) Beschreibe Leos Fehler.
b) Zeichne das Schrägbild richtig ins Heft.

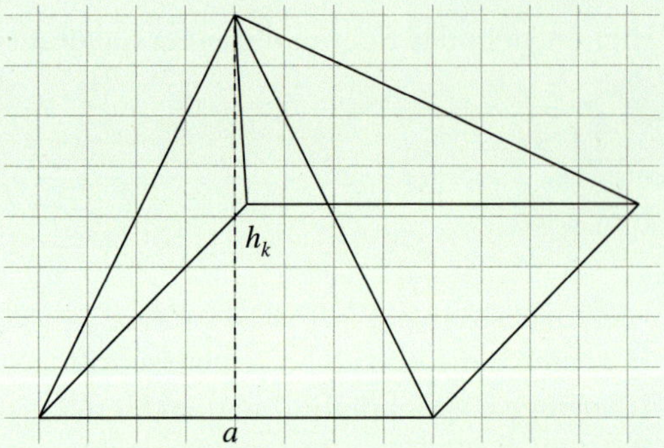

9 Gib an, aus welchen Teilkörpern der Körper zusammengesetzt ist.
Zeichne das Schrägbild.
Die Maße sind in Zentimeter (cm) angegeben.

a)
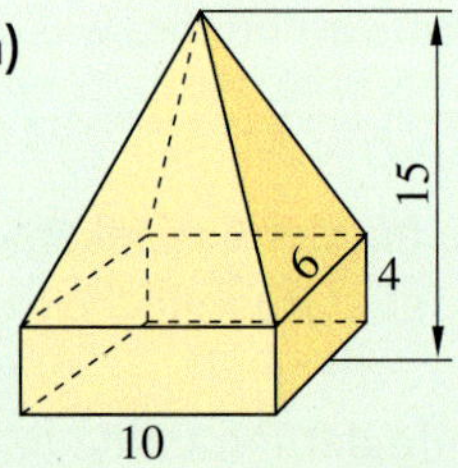

b)
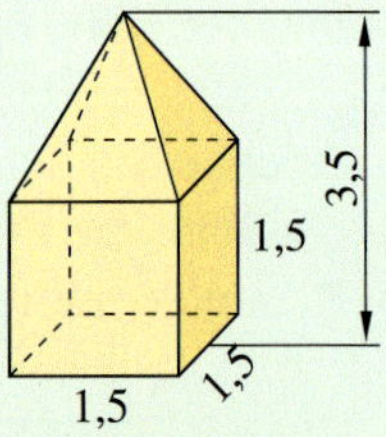

10 Zeichne das Schrägbild der Pyramide bzw. des Kegels mit der abgebildeten Grundfläche.
a) Höhe $h_k = 4{,}5\,\text{cm}$
b) Höhe $h_k = 4{,}2\,\text{cm}$
c) Höhe $h_k = 3{,}5$ cm

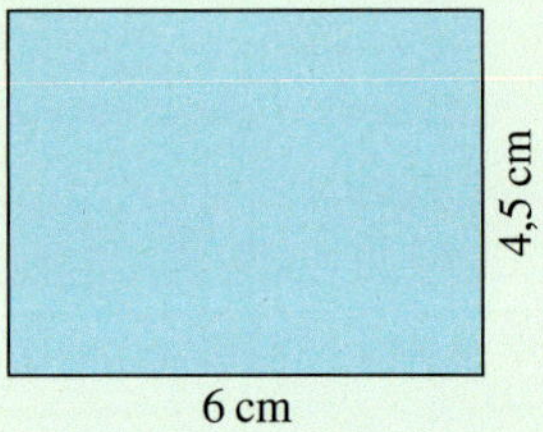

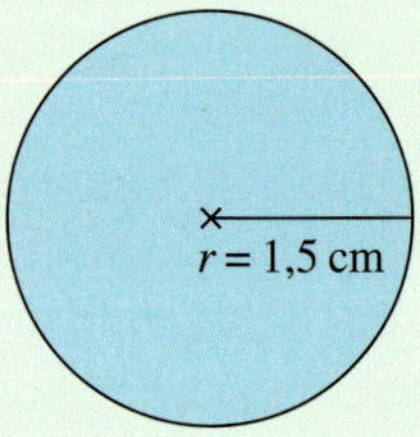

11 Die Rote Pyramide ist die dritthöchste der ägyptischen Pyramiden. Früher war sie 105 m hoch. Die Grundfläche war ein Quadrat mit einer Seitenlänge von 220 m.
Zeichne ein Schrägbild der ursprünglichen Pyramide im Maßstab 1 : 2 000.
Der Maßstab 1 : 2 000 bedeutet, dass man alle Maße der ursprünglichen Pyramide durch 2 000 teilen muss, um auf die Maße für das Schrägbild zu kommen.
Beispiel 105 m : 2 000 = 10 500 cm : 2 000 = 5,25 cm

12 Die Grundfläche einer Pyramide ist ein Quadrat mit der Seitenlänge mit $a = 5{,}5\,\text{m}$.
Die Pyramide ist 11 m hoch.
Zeichne ein Schrägbild der Pyramide in dein Heft. Wähle den Maßstab 1 : 100. Du musst also alle gegebenen Seitenlängen durch 100 teilen.

13 Die Cestius-Pyramide in Rom ist das Grabmal des römischen Amtsträgers Gaius Cestius Epulo.
Sie wurde zwischen 18 und 12 v. Chr. (vor Christus) erbaut.
Schätze die Maße der Pyramide und zeichne die Pyramide in einem geeigneten Maßstab in dein Heft.

Oberfläche von Pyramiden

Entdecken

1 Du siehst rechts das Netz einer quadratischen Pyramide.

a) Übertrage das Netz ohne die lila markierte Strecke auf ein kariertes Blatt Papier.

b) Färbe in dem Netz alle Seitenkanten s in grüner Farbe, alle Seitenhöhen h_a in blauer Farbe und alle Grundkanten a in roter Farbe.

c) Miss die folgenden Längen:
- Grundkante a
- Seitenhöhe h_a
- Seitenkante s

d) Bestimme den Flächeninhalt des Netzes:
- Gib den Flächeninhalt der Grundfläche an.
- Berechne den Flächeninhalt einer dreieckigen Seitenfläche mit der Formel $A = \frac{a \cdot h_a}{2}$.
- Berechne den gesamten Flächeninhalt des Netzes.

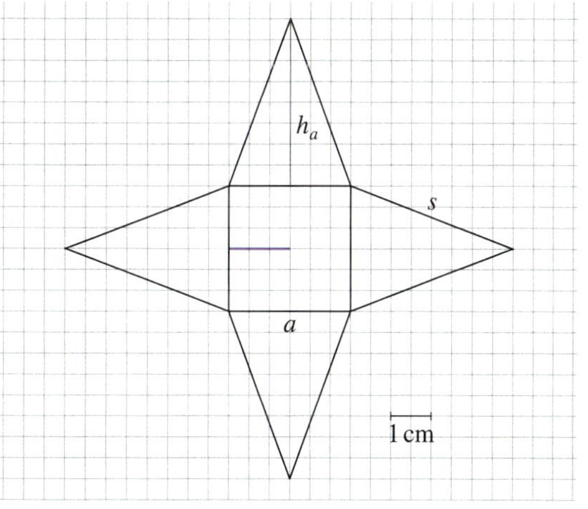

2 Hier kannst du das Modell einer Pyramide basteln. Das Modell hilft dir später bei der Berechnung von Längen mit dem Satz des Pythagoras.

a) Übertrage das Netz aus Aufgabe 1 auf ein kariertes Blatt Papier und schneide es aus. Zeichne in das Netz auch die lila markierte Strecke ein.

b) In das Netz sollen nun ein „Stützdreieck" eingebaut werden:
- Zeichne ein rechtwinkliges Dreieck mit den Seitenlängen 1,5 cm und 3,7 cm und einem eingeschlossenen rechten Winkel.
- Füge an der kürzeren Seite eine Klebefläche hinzu.
- Schneide das Dreieck aus.
- Knicke die Klebefläche um.
- Klebe das Dreieck auf die lila markierte Strecke im Netz.

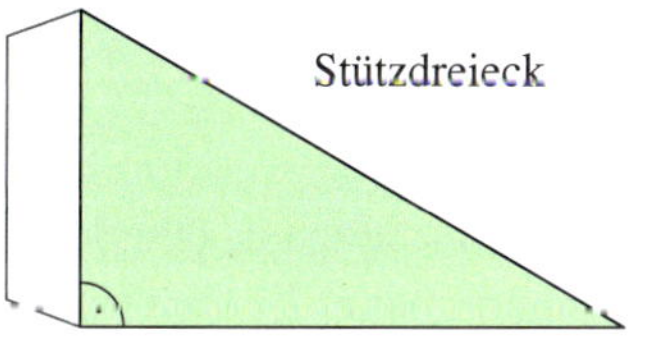

c) Klebe das Netz mit dem klappbaren Stützdreieck in dein Heft: Klebe nur die Grundfläche fest. Falze die Kanten, sodass sich das Netz zu einer Pyramide aufrichten lässt.

d) Der Mantel deiner Pyramide besteht aus vier Dreiecken. Wenn man solch ein Dreieck in der Mitte teilt, dann erhält man ein rechtwinkliges Dreieck mit der Hypotenuse s und den Katheten h_a und $\frac{a}{2}$.
Nach dem Satz des Pythagoras gilt $s^2 = \left(\frac{a}{2}\right)^2 + h_a^{\,2}$
Schreibe diese Formel neben dein Netz ins Heft.

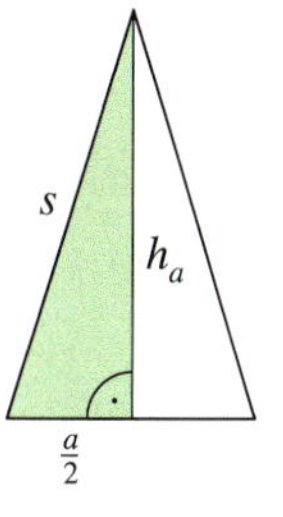

e) Nenne die Hypotenuse und die beiden Katheten im Stützdreieck.
Was gilt dort nach dem Satz des Pythagoras? Schreibe auch diese Formel auf.

Verstehen

In einem botanischen Garten in Kanada stehen verschieden große Pyramiden aus Glas. Die größte Pyramide hat eine 25 m lange Grundkante a. Für die dreieckigen Seitenflächen gilt: die Seitenhöhe h_a beträgt 20 m.

Merke Wenn man eine Pyramide „aufklappt", entsteht das Netz der Pyramide. Die dreieckigen Seitenflächen einer Pyramide bilden zusammen die **Mantelfläche A_M** der Pyramide. Wenn man die Grundfläche A_G zur Mantelfläche A_M hinzunimmt, so ergibt sich die **Oberfläche A_O**.

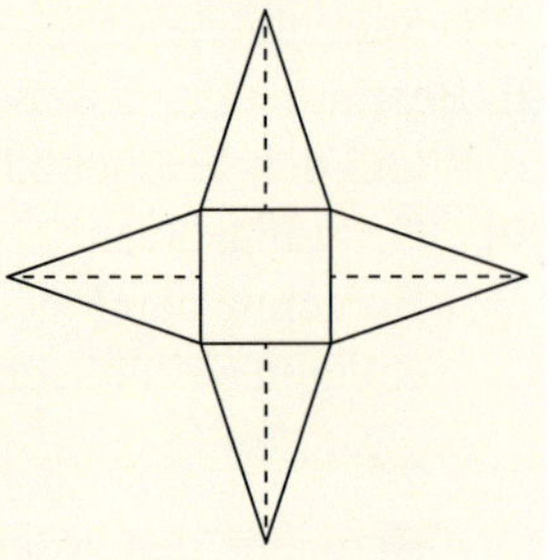

Merke

Für eine **quadratische Pyramide** gilt:

Inhalt der **Mantelfläche**

$A_M = 4 \cdot \left(\frac{1}{2} \cdot a \cdot h_a\right)$

$A_M = 2 \cdot a \cdot h_a$

Oberflächeninhalt

$A_O = A_M + A_G$

$A_O = 2 \cdot a \cdot h_a + a^2$

Beispiel 1

Aus wie viel m^2 Glas bestehen die vier dreieckigen Seitenflächen der größten Pyramide?

gegeben: $a = 25\,m$; $h_a = 20\,m$

gesucht: Inhalt der Mantelfläche A_M

Formel: $A_M = 2 \cdot a \cdot h_a$

einsetzen: $A_M = 2 \cdot 25\,m \cdot 20\,m$

lösen: $A_M = 100\,m^2$

Antwort: Sie bestehen aus $100\,m^2$ Glas.

Manchmal ist in einer Pyramide statt der Seitenhöhe h_a die Höhe h_k oder die Seitenkante s gegeben. Dann muss man zuerst die Seitenhöhe h_a mit dem Satz des Pythagoras berechnen.

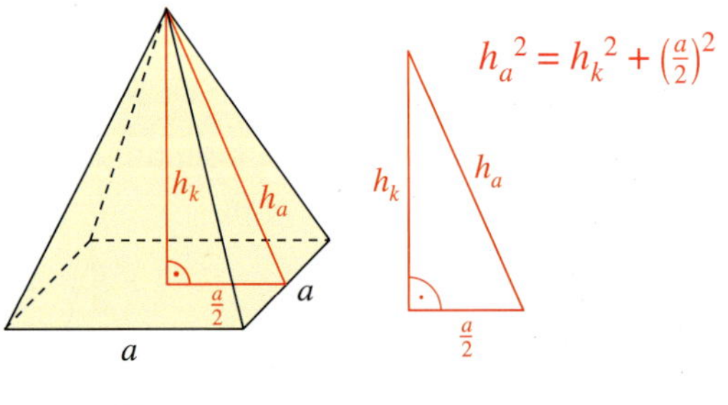

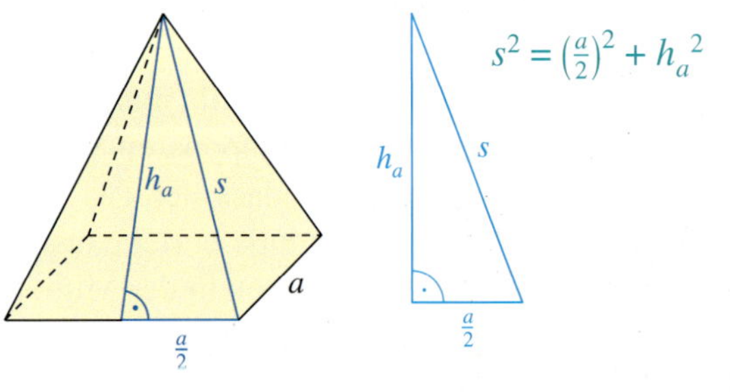

Beispiel 2

gegeben: quadratische Pyramide mit Grundkante $a = 35\,m$ und Höhe $h_k = 22\,m$

gesucht: Oberflächeninhalt A_O, dafür nötig: Seitenhöhe h_a

Berechnung der Seitenhöhe h_a

Formel: $h_a^2 = (h_k)^2 + \left(\frac{a}{2}\right)^2$

einsetzen: $h_a^2 = (22\,m)^2 + \left(\frac{35\,m}{2}\right)^2$

lösen: $h_a^2 = 484\,m^2 + 306{,}25\,m^2$

$h_a^2 = 790{,}25\,m^2$; $h_a \approx 28\,m$

Berechnung des Oberflächeninhalts

Formel: $A_O = 2 \cdot a \cdot h_a + a^2$

einsetzen: $A_M \approx 2 \cdot 35\,m \cdot 28\,m + (35\,m)^2$

lösen: $A_M \approx 1\,960\,m^2 + 1\,225\,m^2$

$A_M \approx 3\,185\,m^2$

Antwort: Der Oberflächeninhalt der Pyramide beträgt etwa $3\,185\,m^2$.

Üben und anwenden

1 Berechne den Oberflächeninhalt der quadratischen Pyramide. Gib zuerst die Längen von a und h_a an.

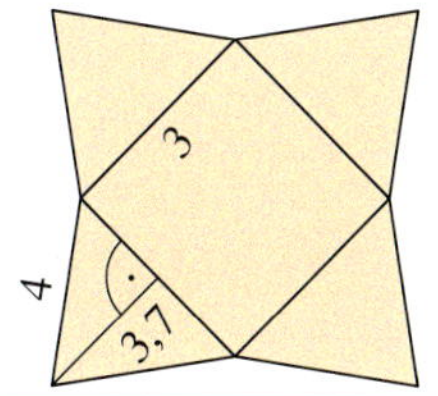

2 Berechne den Mantelflächeninhalt und den Oberflächeninhalt der Pyramide. Die Längen von a und h_a sind in cm angegeben.
Beachte: In Teilaufgabe b) ist der Inhalt der Grundfläche bereits angegeben. Wie viele dreieckige Seitenflächen gibt es dort?

a)

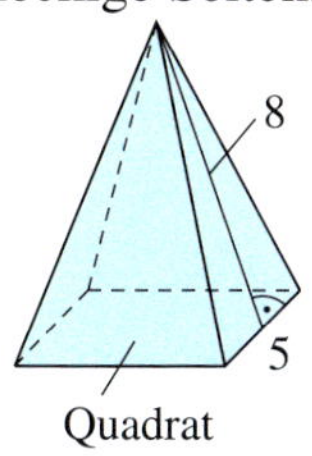

b)

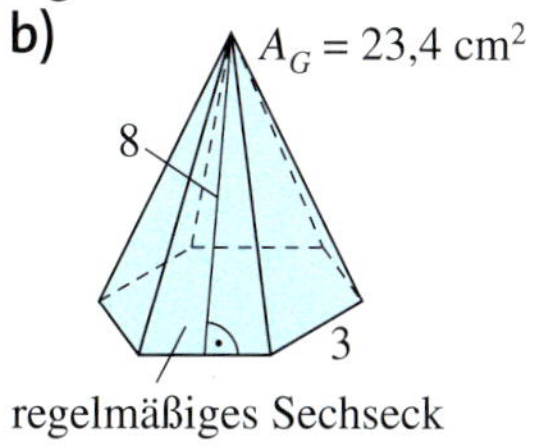

3 Das ist das Netz einer Pyramide.

a) Welches Dreieck ist die Grundfläche? Notiere die Seitenlänge und die Höhe.

b) Berechne den Flächeninhalt der Grundfläche.

c) Wie viele Seitenflächen hat die Pyramide? Notiere die Grundkante a und die Seitenhöhe h_a.

d) Berechne den Mantelflächeninhalt A_M.

e) Berechne den Oberflächeninhalt A_O.

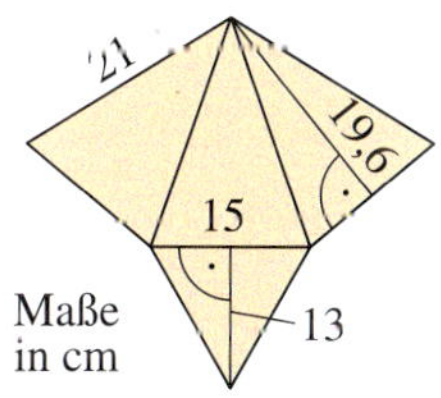

4 Berechne den Oberflächeninhalt der quadratischen Pyramide.

a) $a = 3\,\text{cm}$; $h_a = 12\,\text{cm}$

b) $a = 9\,\text{cm}$; $h_a = 20\,\text{cm}$

c) $a = 4{,}5\,\text{cm}$; $h_a = 9{,}5\,\text{cm}$

d) $a = 30{,}5\,\text{cm}$; $h_a = 100\,\text{cm}$

5 Ein Turmdach hat die Form einer quadratischen Pyramide mit $a = 3{,}2\,\text{m}$ und $h_a = 4{,}1\,\text{m}$. Wie viel Quadratmeter Kupferblech braucht man für eine neue Dachabdeckung?

1 Zeichne das Netz einer quadratischen Pyramide mit der Grundkante $a = 5{,}9\,\text{cm}$ und der Seitenhöhe $h_a = 4{,}2\,\text{cm}$.
Berechne den Mantelflächeninhalt und den Oberflächeninhalt.

2 Berechne den Mantelflächeninhalt und den Oberflächeninhalt der Pyramide.
Die Längen sind in cm angegeben.
Beachte, dass die dreieckigen Seitenflächen in Teilaufgabe b) unterschiedlich sind.

a)

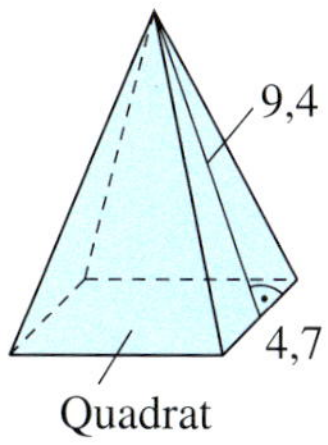

b)

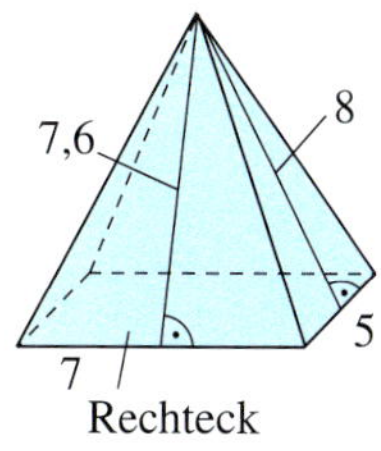

3 Berechne den Mantelflächeninhalt und den Oberflächeninhalt der Pyramide.
Überlege zuerst, welche Dreiecke zur Mantelfläche gehören und welches die Grundfläche ist.

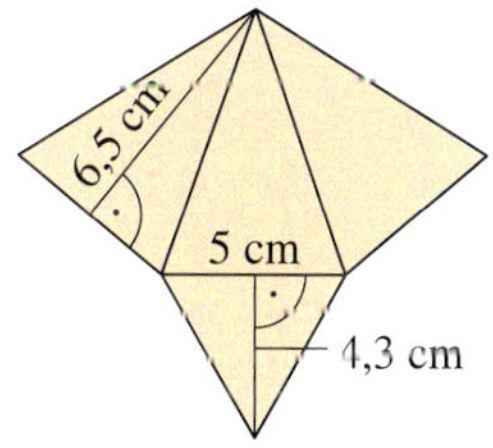

4 Ergänze für eine quadratische Pyramide.

	a	h_a	A_M	A_O
a)	4 cm	6 cm		
b)	3 cm		$30\,\text{cm}^2$	
c)	1,5 m		$6\,\text{m}^2$	
d)		7,5 cm	$60\,\text{cm}^2$	$76\,\text{cm}^2$

5 Ein Turmdach ist pyramidenförmig mit quadratischer Grundfläche. Das Dach soll mit Kupferplatten neu gedeckt werden. Die Grundkanten des Dachs sind 4,8 m lang. Die Höhe jedes Seitendreiecks beträgt 3,6 m. Wie viel Quadratmeter Kupferblech sind erforderlich, wenn mit 4 % Verschnitt gerechnet wird?

6 Wie lang ist die rot markierte Strecke? Berechne die Länge der blau markierten Strecke mit dem Satz des Pythagoras.

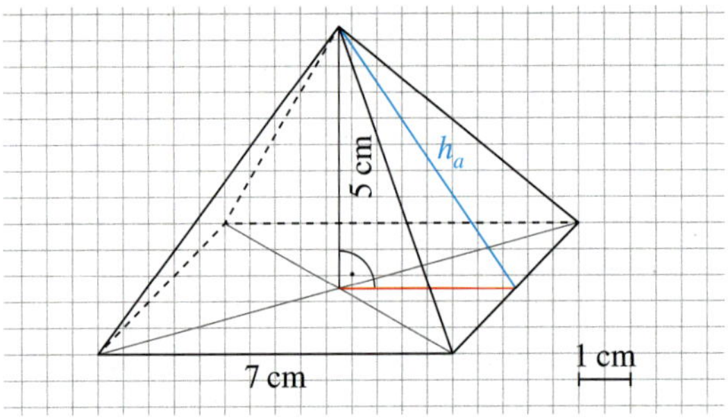

7 Berechne die Länge der Seitenhöhe h_a.

Beispiel $a = 4\,\text{cm}$; $h_k = 6\,\text{cm}$

$h_a^2 = h_k^2 + \left(\frac{a}{2}\right)^2$; hier also $h_a^2 = 6^2 + \left(\frac{4}{2}\right)^2$

$h_a^2 = 36 + 4 = 40$; d. h. $h_a \approx 6{,}3\,\text{cm}$

a) $a = 6\,\text{cm}$; $h_k = 9\,\text{cm}$
b) $a = 20\,\text{m}$; $h_k = 7\,\text{m}$
c) $a = 25\,\text{mm}$; $h_k = 30\,\text{mm}$
d) $a = 1\,\text{m}$; $h_k = 1{,}5\,\text{m}$

8 Das Dach eines Kirchturms hat die Form einer quadratischen Pyramide. Die Seiten der Grundfläche sind 5 m lang. Das Dach ist 6 m hoch. Berechne den Inhalt der Dachfläche. Bestimme zuerst die Seitenhöhe h_a.

9 Berechne die Länge der Seitenhöhe h_a.

Beispiel $s = 8\,\text{cm}$; $a = 6\,\text{cm}$

$s^2 = \left(\frac{a}{2}\right)^2 + h_a^2$; also hier $8^2 = \left(\frac{6}{2}\right)^2 + h_a^2$

$64 = 9 + h_a^2 \quad | -9$

$h_a^2 = 55 \qquad h_a$ ist ca. 7,4 cm lang.

a) $s = 10\,\text{cm}$; $a = 12\,\text{cm}$
b) $s = 9\,\text{m}$; $a = 6\,\text{m}$
c) $s = 18\,\text{mm}$; $a = 24\,\text{mm}$
d) $s = 2{,}5\,\text{cm}$; $a = 1{,}2\,\text{cm}$

10 Skizziere das Netz der quadratischen Pyramide im Heft. Trage die Seitenhöhe h_a ein. Berechne die Seitenhöhe h_a. Berechne den Oberflächeninhalt der Pyramide.

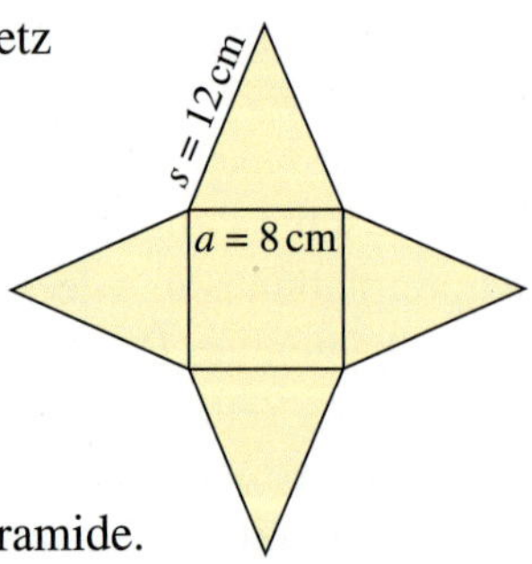

6 Eine Pyramide ist 7 m hoch. Die quadratische Grundfläche hat eine Seitenlänge von 4 m.

a) Clara stellt folgende Gleichung auf:
$7^2 + 4^2 = h_a^2$
Welchen Fehler hat Clara gemacht?
b) Zeige mit dem Satz des Pythagoras, dass h_a etwa 7,3 m lang ist.
Betrachte dazu das Dreieck mit den Seiten h_k, $\frac{a}{2}$ und h_a.
c) Berechne den Mantelflächeninhalt und den Oberflächeninhalt der Pyramide.

7 Berechne zunächst die Seitenhöhe h_a der quadratischen Pyramide mit dem Satz des Pythagoras.
Berechne dann den Mantelflächeninhalt und den Oberflächeninhalt.

a) $a = 6\,\text{cm}$; $h_k = 4\,\text{cm}$
b) $a = 16\,\text{cm}$; $h_k = 6\,\text{cm}$
c) $a = 4\,\text{m}$; $h_k = 5\,\text{m}$
d) $a = 10\,\text{m}$; $h_k = 7\,\text{m}$

8 Der Louvre in Paris beherbergt das größte Museum der Welt. Der Eingang ist durch eine Glaspyramide überdacht. Diese quadratische Pyramide ist 22 m hoch, die Grundkante a ist 35 m lang. Wie viel Glas wurde verbaut?

9 Dies ist die Seitenfläche einer quadratischen Pyramide.

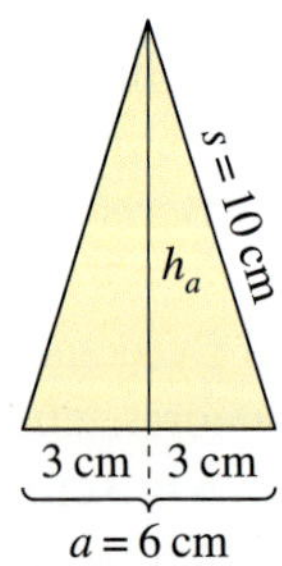

a) Was ist falsch an der Gleichung
$10^2 + 3^2 = h_a^2$?
b) Zeige, dass h_a etwa 9,5 m lang ist.
c) Berechne den Oberflächeninhalt der Pyramide.

10 Skizziere das Netz der dreieckigen Pyramide im Heft. Trage die Seitenhöhe h_a ein. Berechne die Seitenhöhe h_a. Berechne den Oberflächeninhalt der Pyramide.

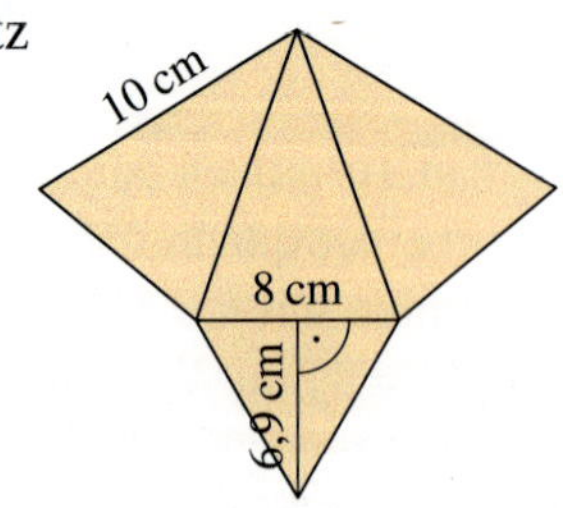

Volumen von Pyramiden

Entdecken

1 Für diesen Versuch benötigt ihr eine befüllbare Pyramide und einen befüllbaren Quader mit gleicher Grundfläche und gleich großer Höhe h_k.

Versuchsdurchführung:

Füllt die Pyramide mit Wasser. Schüttet es dann aus der Pyramide in den Quader.

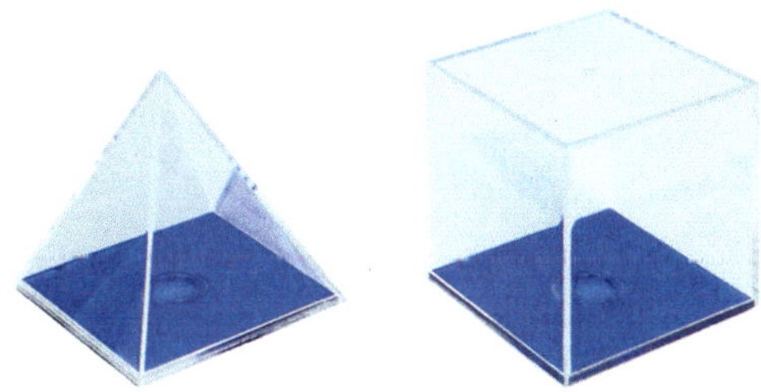

a) Wie oft muss der Vorgang wiederholt werden, bis der Quader vollständig gefüllt ist?

b) Was bedeutet das für das Volumen einer Pyramide? Vervollständigt die Formel im Heft:

■ $\cdot V_{\text{Pyramide}} = V_{\text{Quader}}$

Setzt für das Volumen des Quaders die passende Formel mit Grundkante a und Höhe h_k ein und findet so eine Formel für das Volumen der Pyramide.

2 Übertragt das Netz auf ein kariertes Blatt Papier. Schneidet es aus und bastelt daraus eine quadratische Pyramide. Nutzt Klebeband. Bastelt zusammen in eurer Gruppe sechs Pyramiden.

Setzt die sechs Pyramiden zu einem Würfel zusammen.

Mithilfe dieses Modells sollt ihr eine Formel für das Volumen V_P einer Pyramide finden.

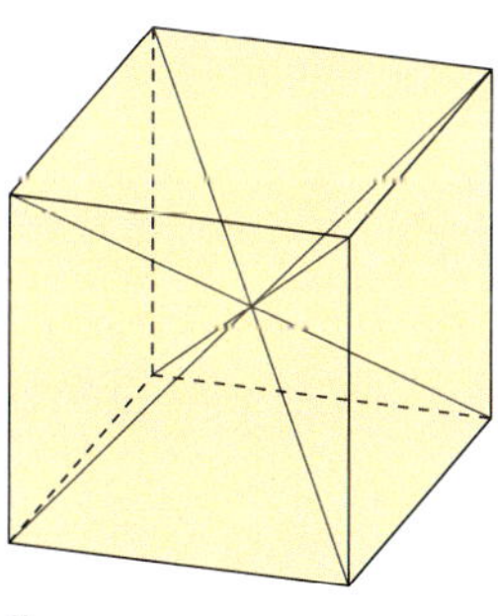

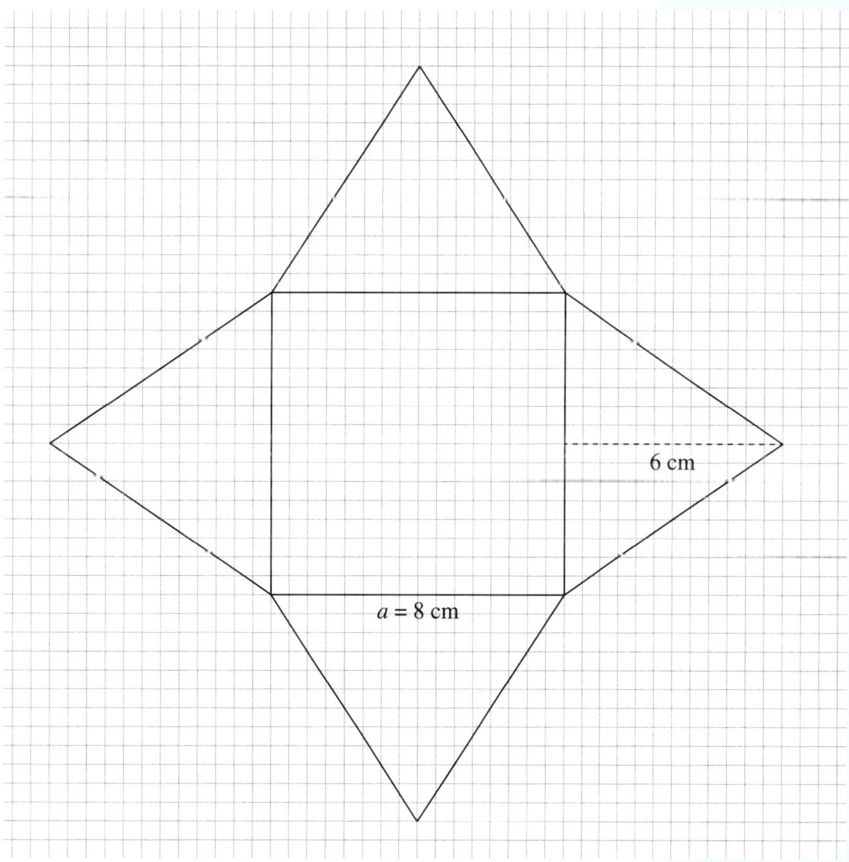

Übertragt die folgende Rechnung in euer Heft. Ergänzt die Lücken.

■ $\cdot V_P = V_W$	denn der Würfel besteht aus ■ Pyramiden
■ $\cdot V_P = a \cdot a \cdot a$	denn das Volumen V_W des Würfels berechnet man, indem man ▲-mal die Kantenlänge a mit sich selbst multipliziert
$3 \cdot V_P = \underbrace{\tfrac{1}{2}a} \cdot \underbrace{a \cdot a}$	Hier wurden beide Seiten der Gleichung durch ● geteilt.
$3 \cdot V_P = h_k \cdot A_G$	denn $\frac{1}{2}a$ entspricht der ▼ der Pyramide. $a \cdot a$ ergibt die Grundfläche.
$V_P = \frac{1}{3}A_G \cdot h_k$	Hier wurden beide Seiten durch ■ geteilt. A_G und h_k wurden vertauscht.

Verstehen

Diese stark verwitterte Pyramide hatte früher eine quadratische Grundfläche mit einer Seitenlänge von 105 m und war 58 m hoch. Sie heißt Hawara-Pyramide und steht in der Totenstadt eines ägyptischen Königs.

Merke Das Volumen einer Pyramide wird berechnet als $\frac{1}{3}$ mal Grundfläche mal Höhe:
$V = \frac{1}{3} \cdot A_G \cdot h_k$

Für Pyramiden mit quadratischer Grundfläche gilt:
$V = \frac{1}{3} \cdot a^2 \cdot h_k$

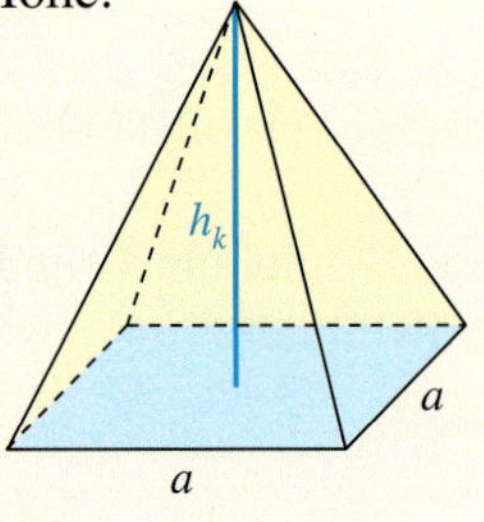

Beispiel
Welches Volumen hatte die Hawara-Pyramide beim Bau?

gegeben: $a = 105\,\text{m}$; $h_k = 58\,\text{m}$
gesucht: V
Formel: $V = \frac{1}{3} \cdot a^2 \cdot h_k$
einsetzen: $V = \frac{1}{3} \cdot (105\,\text{m})^2 \cdot 58\,\text{m}$
lösen: $V = 213\,150\,\text{m}^3$
Antwort: Beim Bau hatte die Pyramide ein Volumen von $213\,150\,\text{m}^3$.

Üben und anwenden

1 Berechne das Volumen der Pyramide. Die Höhe der Pyramide ist $h_k = 6{,}5\,\text{cm}$.

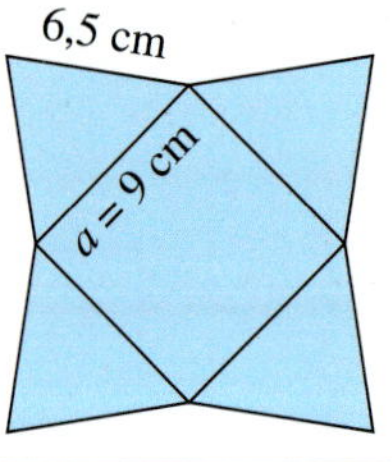

1 Berechne das Volumen der Pyramide. Sie ist 5,3 cm hoch.

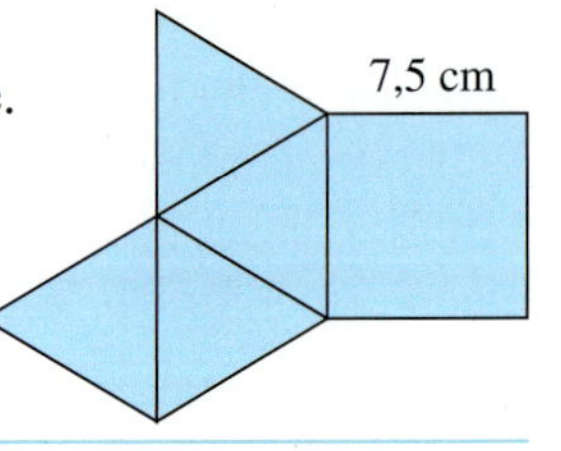

2 Berechne das Volumen der quadratischen Pyramide. Gib das Ergebnis auf zwei Nachkommastellen gerundet an.
a) $a = 2\,\text{cm}$; $h_k = 4\,\text{cm}$
b) $a = 5\,\text{cm}$; $h_k = 10\,\text{cm}$
c) $a = 8\,\text{cm}$; $h_k = 12\,\text{cm}$
d) $a = 2{,}5\,\text{cm}$; $h_k = 6\,\text{cm}$

2 Bestimme das Volumen der Pyramide. Runde auf zwei Nachkommastellen.
a) quadratisch: $a = 11\,\text{cm}$; $h_k = 9{,}5\,\text{cm}$
b) quadratisch: $a = 6{,}3\,\text{cm}$; $h_k = 10{,}7\,\text{cm}$
c) rechteckig: $a = 7\,\text{cm}$; $b = 9\,\text{cm}$; $h_k = 12\,\text{cm}$
d) rechteckig: $a = 5{,}8\,\text{cm}$; $b = 9{,}3\,\text{cm}$; $h_k = 10\,\text{cm}$

3 Der Blätterhaufen hat ein Volumen von $V = 4{,}25\,\text{m}^3$. Seine Grundkante ist $a = 2{,}5\,\text{m}$. Wie hoch ist er?

3 Wie hoch ist die Pyramide? Runde auf zwei Nachkommastellen.
a) quadratisch: $V = 100\,\text{cm}^3$; $a = 2\,\text{cm}$
b) quadratisch: $V = 36\,\text{cm}^3$; $a = 2{,}4\,\text{cm}$
c) rechteckig: $V = 24\,\text{m}^3$; $a = 2\,\text{m}$; $b = 4\,\text{m}$
d) rechteckig: $V = 660\,\text{cm}^3$; $a = 15\,\text{cm}$; $b = 6\,\text{cm}$

4 Für eine quadratische Pyramide ist $a = 9\,\text{cm}$ und $h_a = 12\,\text{cm}$. Wie groß ist ihr Volumen? Berechne zuerst h_k (Pythagoras).

4 Berechne für eine quadratische Pyramide.
a) $a = 18\,\text{cm}$; $h_a = 20\,\text{cm}$; $h_k = ?$; $V = ?$
b) $a = 0{,}6\,\text{m}$; $h_a = 1{,}3\,\text{m}$; $h_k = ?$; $V = ?$

Oberfläche und Volumen von Kegeln

Entdecken

1 Ihr benötigt ein verpacktes Waffeleis.

a) Messt den Radius des Grundkreises, die Seitenlänge vom Kreisrand bis zur Spitze sowie die Eishöhe.

b) Wickelt die Eisverpackung vorsichtig ab, sodass sie nicht zerreißt. Aus welchen Teilen besteht die Verpackung?

c) Das abgewickelte Papier hat die Form eines Kreisausschnitts. Warum ist er größer als notwendig? Schneidet die Teile ab, die nicht zum Kegelmantel gehören.

d) Die zugeschnittene Verpackung bildet zusammen mit dem Deckel die Oberfläche eines Kegels. Zeichnet sie in Originalgröße in euer Heft. Tragt auch die gemessenen Größen ein.

e) Versucht, den Oberflächeninhalt des Kegels zu berechnen. Wo trefft ihr auf Schwierigkeiten? Beschreibt die Schwierigkeiten möglichst genau.

2 Zeichne je einen Kreis mit dem Radius $r = 3\,\text{cm}$, $r = 4\,\text{cm}$ und $r = 5\,\text{cm}$ und schneide sie aus. Übertrage dann die folgenden Kreissektoren auf ein Blatt Papier, schneide sie aus und klebe sie mit Klebeband jeweils zum Mantel eines Kegels zusammen.

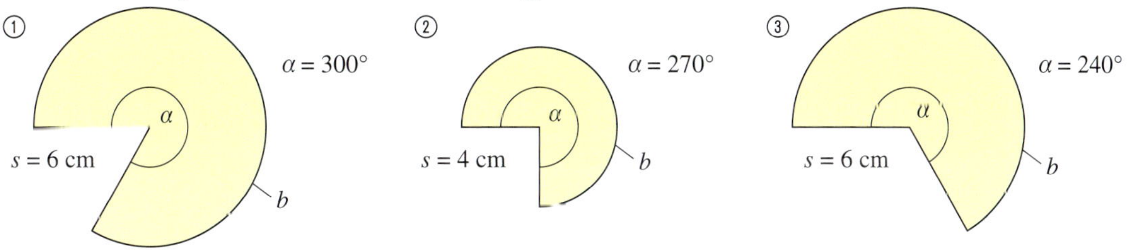

a) Ordne zu: Welches „Hütchen" bildet mit welchem Kreis einen Kegel?

b) Welche beiden Längen müssen gleich sein, damit „Hütchen" und Kreis zusammenpassen?

Kreisumfang $2\pi r$ | Radius s des Kreisausschnitts | Radius r | Kreislinie b des Kreisausschnitts

3 Für diesen Versuch benötigt ihr einen befüllbaren Kegel und einen befüllbaren Zylinder mit gleicher Grundfläche und gleich großer Höhe h_k.

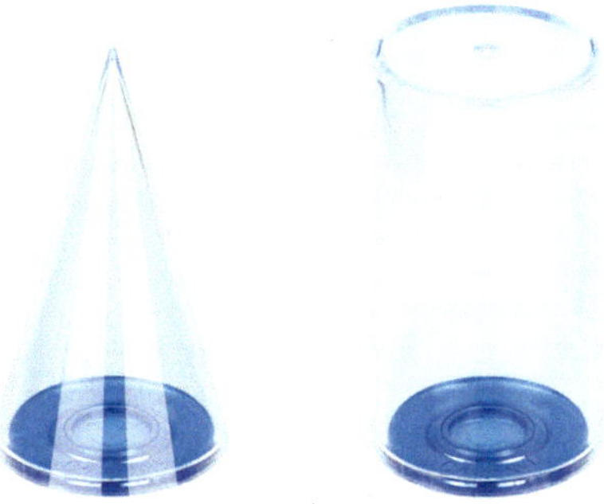

Versuchsdurchführung:
Füllt den Kegel mit Wasser. Schüttet das Wasser anschließend aus dem Kegel in den Zylinder.

a) Wie oft muss der Vorgang wiederholt werden, bis der Zylinder vollständig gefüllt ist?

b) Was bedeutet das für das Volumen einer Pyramide? Vervollständigt die Formel im Heft:
$\blacksquare \cdot V_{\text{Kegel}} = V_{\text{Zylinder}}$
Setzt für das Volumen des Zylinders die passende Formel mit π, Radius r und Höhe h_k ein. Findet so eine Formel für das Volumen des Kegels.

Verstehen

Zum Schulanfang möchte Lina ihrem kleinen Bruder eine Schultüte basteln.
Dazu hat sie eine Vorlage ausgeschnitten, die sie nun bekleben möchte.
Der Radius der Grundfläche beträgt 9 cm.
Die Mantellinie ist 71 cm lang.
Wie groß ist die Fläche zum Bekleben?

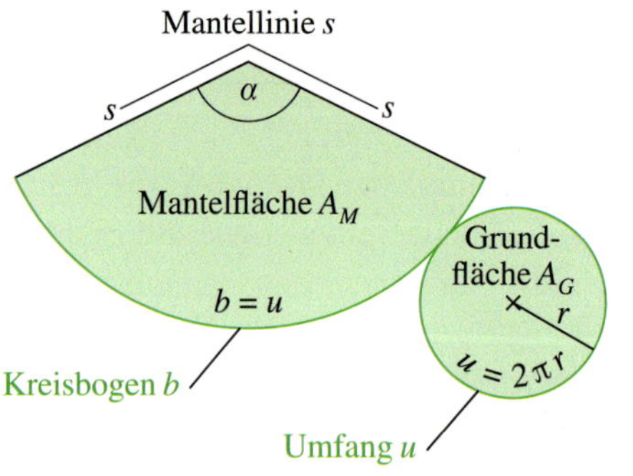

So kann man die Mantelfläche A_M bestimmen: Man zerlegt den Kegelmantel in kleine Teile. Diese Teile legt man annähernd zu einem Rechteck zusammen. Je kleiner die Teile sind, desto genauer wird die Berechnung.

Es gilt: $A_M = \frac{u}{2} \cdot s$

$A_M = \frac{2\pi r}{2} \cdot s$

$A_M = \pi \cdot r \cdot s$

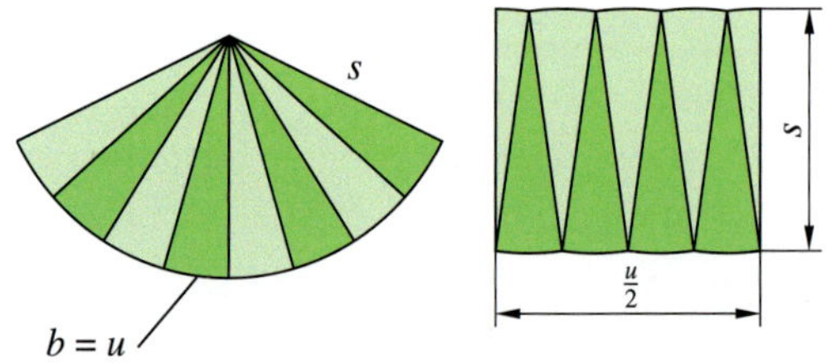

Merke

Für die **Mantelfläche A_M eines Kegels** gilt:

$A_M = \pi \cdot r \cdot s$

Die **Oberfläche A_O eines Kegels** besteht aus der Grundfläche A_G und der Mantelfläche A_M:

$A_O = A_G + A_M$

$A_O = \pi \cdot r^2 + \pi \cdot r \cdot s \quad | \, \pi \cdot r$ *ausklammern*

$A_O = \pi \cdot r \, (r + s)$

Beispiel 1

Wie groß ist die Mantelfläche der Schultüte?

gegeben: $r = 9\,\text{cm}$; $s = 71\,\text{cm}$
gesucht: A_M
Formel: $A_M = \pi \cdot r \cdot s$
einsetzen: $A_M = \pi \cdot 9\,\text{cm} \cdot 71\,\text{cm}$
lösen: $A_M \approx 2\,007{,}48\,\text{cm}^2$
Antwort: Der Mantelflächeninhalt ist etwa $2\,007{,}48\,\text{cm}^2$ groß.

Beispiel 2

gegeben: $r = 9\,\text{cm}$; $s = 71\,\text{cm}$
gesucht: Oberflächeninhalt A_O von Linas Schultüte
Formel: $A_O = \pi \cdot r \cdot (r + s)$
einsetzen: $A_O = \pi \cdot 9\,\text{cm} \cdot (9\,\text{cm} + 71\,\text{cm})$
lösen: $A_O \approx 2\,261{,}95\,\text{cm}^2$
Antwort: Der Oberflächeninhalt beträgt etwa $2\,261{,}95\,\text{cm}^2$.

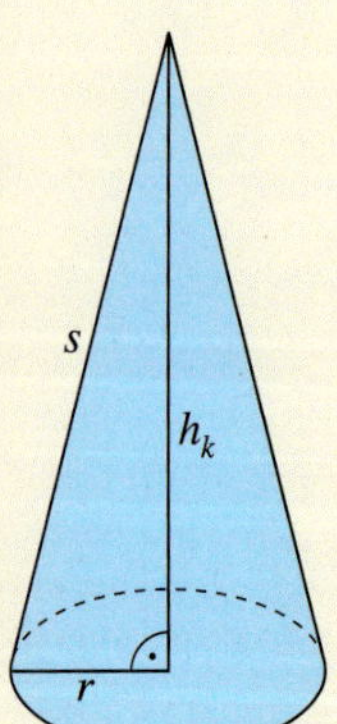

Merke Das **Volumen V eines Kegels** wird (wie bei einer Pyramide) berechnet als $\frac{1}{3}$ mal Grundfläche mal Höhe.
Weil die Grundfläche ein Kreis ist, gilt:

$V = \frac{1}{3} \cdot \pi \cdot r^2 \cdot h_k$

Nach dem Satz des Pythagoras gilt im Kegel:

$s^2 = r^2 + {h_k}^2$

Beispiel 3

gegeben: $r = 9\,\text{cm}$; $s = 71\,\text{cm}$
gesucht: Volumen V, dafür nötig: Höhe h_k
Formel: $s^2 = r^2 + {h_k}^2$
einsetzen: $(71\,\text{cm})^2 = (9\,\text{cm})^2 + {h_k}^2$
lösen: $5\,041\,\text{cm}^2 = 81\,\text{cm}^2 + {h_k}^2$
$h_k = \sqrt{4\,960\,\text{cm}^2} \approx 70{,}4\,\text{cm}$
Formel: $V = \frac{1}{3} \cdot \pi \cdot r^2 \cdot h_k$
einsetzen: $V = \frac{1}{3} \cdot \pi \cdot (9\,\text{cm})^2 \cdot 70{,}4\,\text{cm}$
lösen: $V = 5\,971{,}54\,\text{m}^3$
Antwort: Das Volumen beträgt $5\,971{,}54\,\text{m}^3$.

Üben und anwenden

1 Berechne den Mantelflächeninhalt des Kegels.

a)
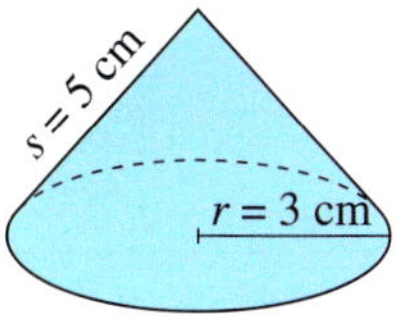

b)
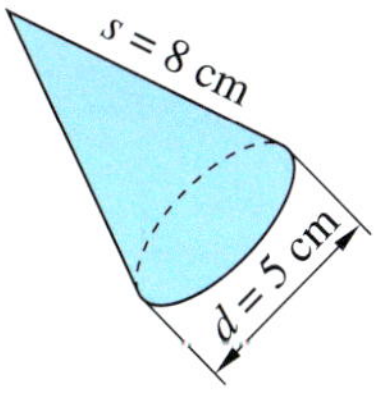

1 Berechne den Mantelflächeninhalt des Kegels.

a)
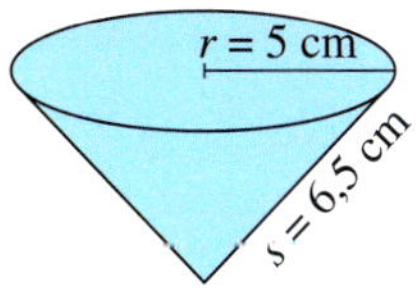

b)
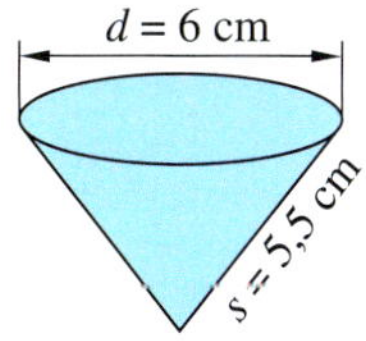

2 Berechne den Mantelflächeninhalt des Kegels.

a) $r = 4\,\text{cm}$; $s = 9\,\text{cm}$
b) $r = 15\,\text{mm}$; $s = 30\,\text{mm}$
c) $r = 80\,\text{cm}$; $s = 250\,\text{cm}$
d) $r = 4{,}5\,\text{cm}$; $s = 5\,\text{cm}$

2 Berechne den Mantelflächeninhalt des Kegels.

a) $r = 35\,\text{cm}$; $s = 20\,\text{cm}$
b) $r = 5{,}4\,\text{cm}$; $s = 7{,}2\,\text{cm}$
c) $r = 3{,}4\,\text{m}$; $s = 780\,\text{cm}$
d) $r = 39\,\text{mm}$; $s = 5{,}9\,\text{cm}$

3 Berechne den Oberflächeninhalt des Kegels.

a) $r = 5\,\text{cm}$; $s = 13\,\text{cm}$
b) $r = 34\,\text{mm}$; $s = 62\,\text{mm}$
c) $r = 7{,}1\,\text{dm}$; $s = 9{,}4\,\text{dm}$
d) $r = 0{,}5\,\text{m}$; $s = 1{,}2\,\text{m}$

3 Berechne den Oberflächeninhalt des Kegels.

a) $r = 2{,}5\,\text{cm}$; $s = 4\,\text{cm}$
b) $r = 2{,}3\,\text{m}$; $s = 47{,}5\,\text{dm}$
c) $d = 6\,\text{m}$; $s = 5{,}3\,\text{m}$
d) $d = 10{,}2\,\text{cm}$; $s = 125\,\text{mm}$

4 Aus einem Blatt Papier im DIN-A4-Format (297 mm × 210 mm) soll ein Kegel gebastelt werden. Dabei soll die Oberfläche möglichst groß werden, also möglichst wenig Verschnitt abfallen.

a) Zeichne auf das Blatt einen Kreis und eine passende Mantelfläche. Worauf musst du achten?
b) Vergleicht eure Kegel im Klassenverband. Wer hat die größte Kegeloberfläche?

5 Der Schaiblingsturm ist eines der Wahrzeichen von Passau.
Das Dach hat eine Mantellinie von $s = 12\,\text{m}$ und einen Radius von $r = 11\,\text{m}$. Welchen Mantelflächeninhalt hat das Dach des Turms?

5 Indianerzelte werden aus Stangen und Tierhäuten gebaut. Die Form entspricht in etwa einem Kegel.
Das Zelt ist 4,9 m hoch und der Bodendurchmesser beträgt 3,4 m. Berechne, wie viel m^2 Tierhäute benötigt werden.

6 Ein Kegel ist durch die Mantellinie $s = 4\,\text{cm}$ und den Radius $r = 3\,\text{cm}$ gegeben.

a) Berechne den Mantelflächeninhalt des Kegels.
b) Welche Mantellinie und welchen Radius könnte ein Kegel mit einer doppelt so großen Mantelfläche haben? Vergleicht eure Ergebnisse.

6 Ein Kegel ist gegeben durch die Mantellinie $s = 10\,\text{cm}$ und den Radius $r = 7\,\text{cm}$. Wie ändert sich der Mantelflächeninhalt bei diesen Änderungen?

a) r wird halbiert.
b) r wird verdoppelt.
c) r wird halbiert und s wird verdoppelt.
d) r und s werden verdoppelt.

7 Berechne die Mantellinie s und den Oberflächeninhalt des Kegels.

Beispiel $r = 4\,\text{cm};\ h_k = 7\,\text{cm}$

$$s^2 = r^2 + h_k^{\,2}$$
$$s^2 = (4\,\text{cm})^2 + (7\,\text{cm})^2$$
$$s^2 = 16\,\text{cm}^2 + 49\,\text{cm}^2$$
$$s = \sqrt{65\,\text{cm}^2} \approx 8{,}1\,\text{cm}$$
$$A_O = \ldots$$

a) $r = 4\,\text{cm};\ h_k = 5\,\text{cm}$
b) $r = 9\,\text{m};\ h_k = 17\,\text{m}$
c) $r = 3{,}5\,\text{cm};\ h_k = 8\,\text{cm}$

8 Ein Partyhut ist $h_k = 20\,\text{cm}$ hoch. Er hat einen Radius von $r = 6{,}5\,\text{cm}$. Aus wie viel Quadratzentimeter (cm^2) Pappe besteht er?

9 Berechne das Volumen des Kegels.

a)

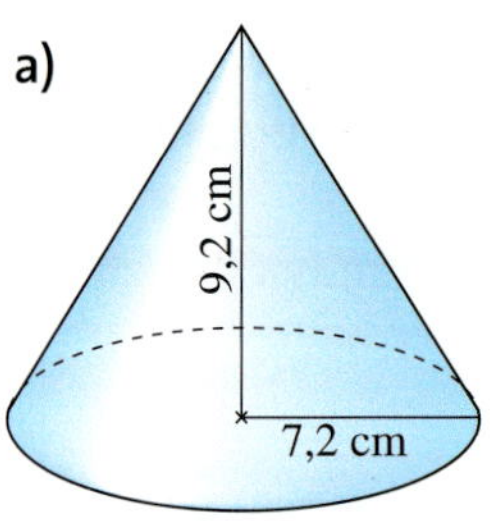

b)

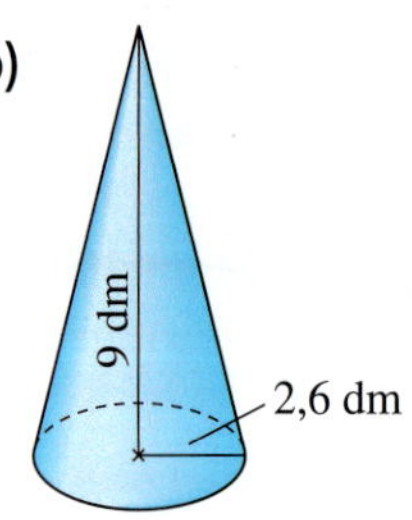

10 Berechne das Volumen des Kegels.

a) $r = 14\,\text{cm};\ h_k = 25\,\text{cm}$
b) $r = 5{,}4\,\text{dm};\ h_k = 8\,\text{dm}$
c) $r = 5{,}2\,\text{cm};\ h_k = 15\,\text{cm}$
d) $r = 3{,}8\,\text{cm};\ h_k = 10\,\text{cm}$
e) $r = 2{,}45\,\text{m};\ h_k = 7{,}8\,\text{m}$

11 In einem Geschäft gibt es zwei Sorten von Schultüten. Die eine ist 73 cm hoch und hat einen Radius von 8,5 cm. Die andere ist 53 cm hoch, hat aber einen Radius von 10 cm. Welche Schultüte hat das größere Volumen?

7 Ergänze die Tabelle für einen Kegel. Nutze den Satz des Pythagoras.

	r	s	h_k	A_O
a)	5 cm		9 cm	
b)	150 cm		4,2 m	
c)		18 cm	15 cm	
d)		0,96 m	33,4 cm	
e)	2,5 m		680 cm	
f)		4,4 cm	27 mm	

8 In einem Laden steht ein Wasserspender, an denen man sich selbst Wasser zapfen kann. Ein kegelförmiger Becher hat einen Radius von 35 mm und ist 80 mm hoch. Aus wie viel Papier besteht ein Becher?

9 Berechne das Volumen des Kegels.

a)

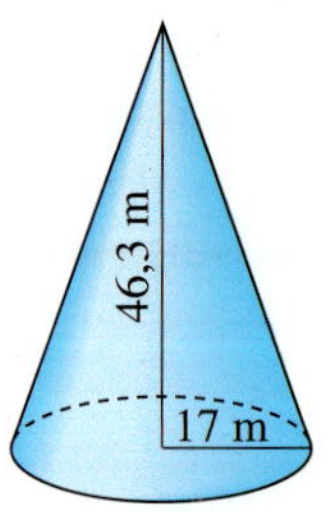

b)

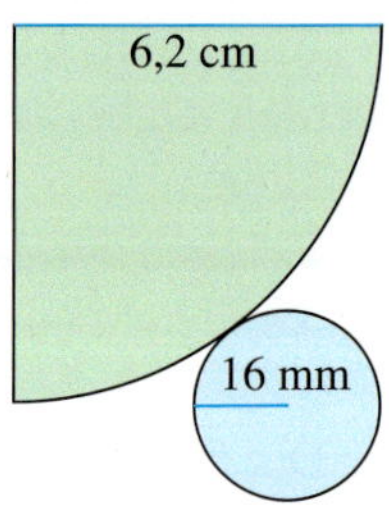

10 Vervollständige im Heft.

	r	h_k	V
a)	5 cm	12 cm	
b)		9,5 dm	$34{,}5\,\text{dm}^3$
c)	4,5 cm		$70{,}4\,\text{cm}^3$
d)	1,5 dm		$1767\,\text{cm}^3$

11 Wenn trockener Sand mit einem Förderband aufgeschüttet wird, so entsteht ein kegelförmiger Haufen. $400\,\text{m}^3$ Sand werden zu einer Höhe von 8 m aufgeschüttet. Welche Bodenfläche bedeckt der Sand?

12 Der Vulkan Mayon auf den Philippinen hat ungefähr die Form eines Kegels. Er ist ca. 2400 m hoch. Seine Grundfläche hat einen Durchmesser von etwa 7 km. Berechne sein Volumen.

13 Ein Briefbeschwerer hat die Form eines Kegels. Er ist 6 cm hoch und hat einen Durchmesser von 9 cm.

a) Welches Volumen hat der Briefbeschwerer?

b) Der Briefbeschwerer wird in einem quaderförmigen Karton verpackt. Welche Länge, Breite und Höhe muss der Karton mindestens haben?

14 Die Buchstützen sind Halbkegel. Sie sind 29 cm hoch, ihr Radius beträgt 6 cm.

a) Berechne das Volumen einer Buchstütze.

b) Wie schwer ist eine Buchstütze aus Messing? 1 cm^3 Messing wiegt 8,5 g.

15 Ein Kegel hat ein Volumen von 75,4 cm^3.

a) Bestimme seine Höhe, wenn $r = 3$ cm ist.

b) Bestimme den Radius, wenn $h_k = 3$ cm ist.

16 Berechne das Volumen des Kegels. Bestimme zuerst die Höhe h_k.

Beispiel $r = 10\,\text{m};\ s = 15\,\text{m}$

$s^2 = r^2 + h_k^2$

$(15\,\text{m})^2 = (10\,\text{m})^2 + h_k^2$

$225\,\text{m}^2 = 100\,\text{m}^2 + h_k^2$

$h_k = \sqrt{125\,\text{m}^2} \approx 11{,}2\,\text{m}$

$V = \dots$

a) $r = 5\,\text{cm};\ s = 10\,\text{cm}$

b) $r = 14\,\text{m};\ s = 35\,\text{m}$

c) $r = 7{,}5\,\text{cm};\ s = 12\,\text{cm}$

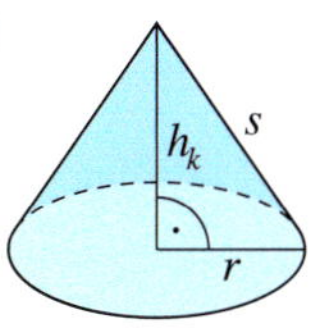

12 Ein kegelförmiges Kelchglas mit einem Durchmesser von 10,5 cm und einer Kelchhöhe von 5 cm wird bis zur halben Höhe gefüllt. Wie viel Kubikzentimeter (cm^3) sind im Glas?

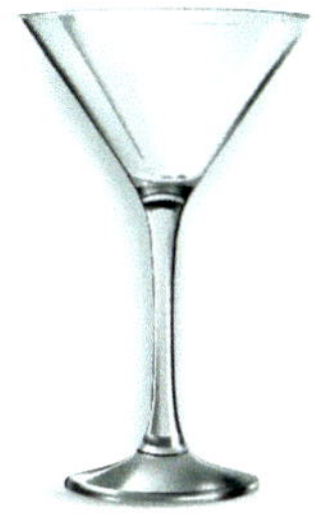

13 Wenn man das Dreieck um die Seite $\overline{MS}$ dreht, entsteht ein Kegel. Berechne das Volumen dieses Kegels.

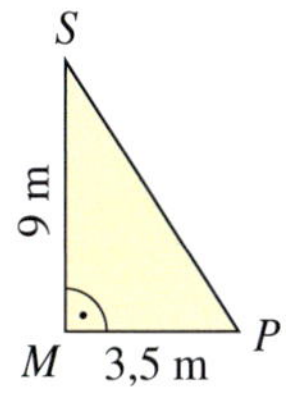

14 Aus einer quadratische Pyramide wird ein Kegel ausgefräst. Der Kegel ist 6 cm hoch.

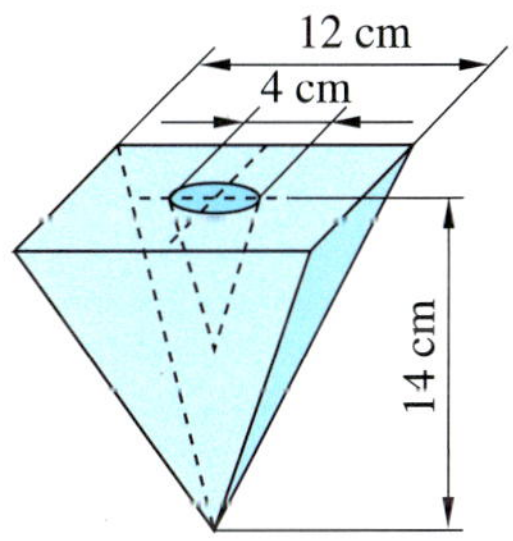

Wie schwer ist dieser Körper aus Aluminium? 1 cm^3 Aluminium wiegt 2,7 g.

15 Ein kegelförmiger Sandhaufen hat einen Umfang von 13,8 m. Er ist 2,1 m hoch. Wie groß ist sein Volumen?

16 Ergänze die Tabelle für einen Kegel. Nutze den Satz des Pythagoras.

	r	s	h_k	V
a)	9 cm	16 cm		
b)	4,3 mm	5,5 mm		
c)		150 m	120 m	
d)		0,49 cm	3,1 mm	
e)	23 mm	2,8 cm		
f)		0,05 m	39 mm	

Thema: Satz des Cavalieri

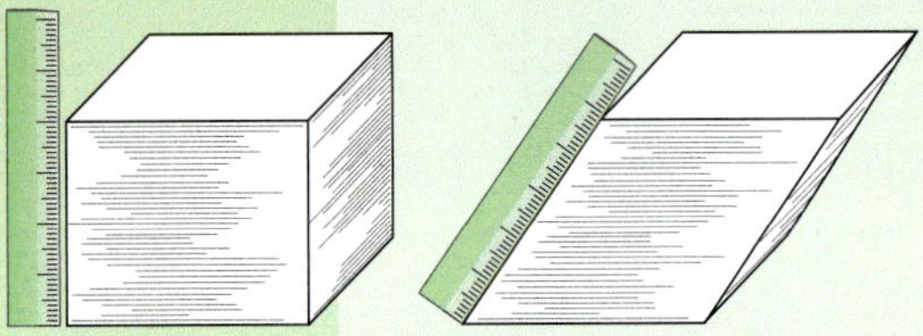

Stapelt man gleichförmige Papierbogen übereinander, so erhält man ein gerades Prisma. Wird dieser Stapel verschoben, ergibt sich ein schiefes Prisma.
Die Rechtecke in beliebiger Höhe haben die gleiche Form wie die Grundfläche. Daher haben das schiefe und das gerade Prisma das gleiche Volumen.

HINWEIS
*Bonaventura Cavalieri lebte 1598 bis 1647. Er war italienischer Mönch, Mathematiker und Astronom. Hauptsächlich forschte er auf dem Gebiet der Geometrie.
Er war an mehreren Universitäten als Professor für Mathematik angestellt.*

Satz des Cavalieri
Zwei Körper haben gleich große Höhen h_k und ihre Querschnittsflächen A_P und A_K haben in gleicher Höhe den gleichen Flächeninhalt. Dann haben die beiden Körper auch das gleiche Volumen.

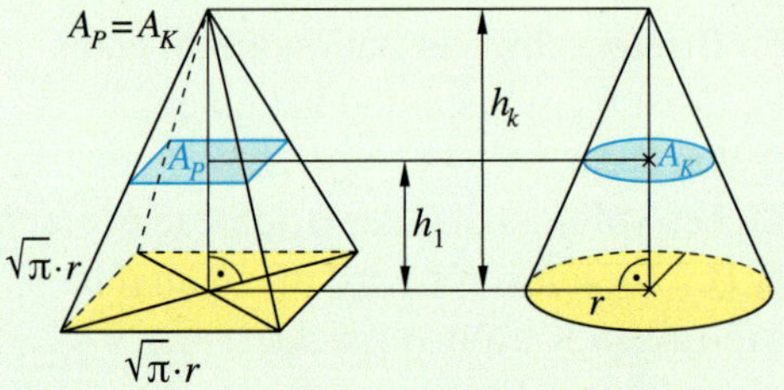

1 Berechne das Volumen der schiefen Körper.

a)
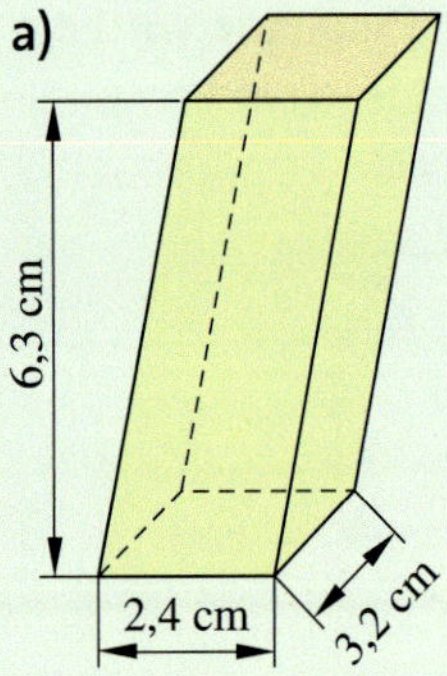

b)
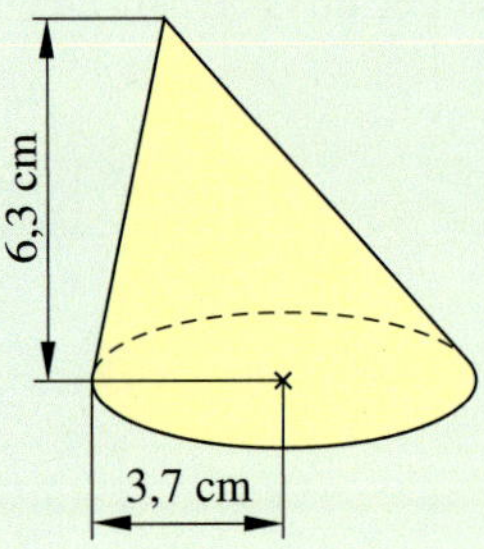

c)
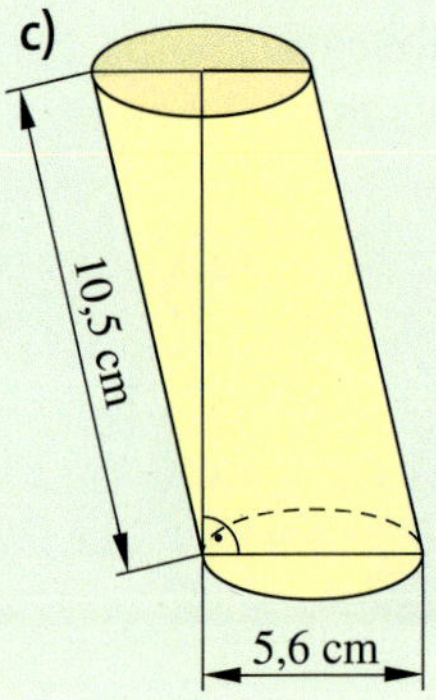

d)
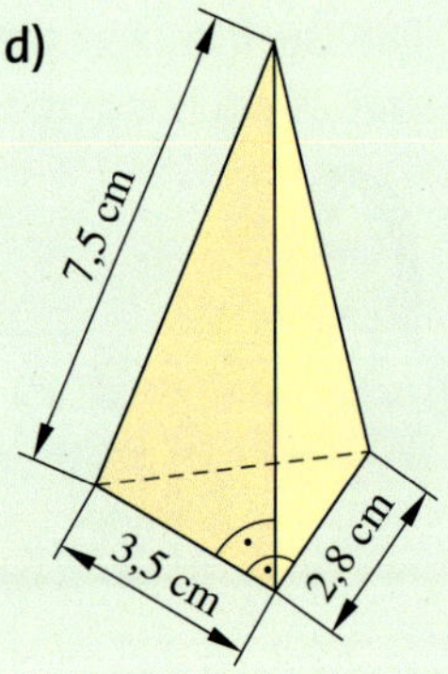

2 Ein schiefes Prisma mit rechteckiger Grundfläche hat ein Volumen von $122{,}5\,\text{cm}^3$.
Eine Seite der Grundfläche ist 3,5 cm lang. Das Prisma ist 7 cm hoch.
Welchen Inhalt hat die Schnittfläche, die in 4 cm Höhe parallel zur Grundfläche liegt?

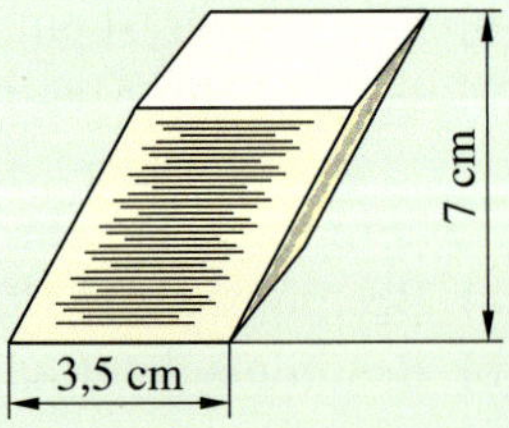

3 Aus einem Würfel mit der Kantenlänge $a = 6\,\text{cm}$ entsteht eine Pyramide.
Welches Volumen hat die Pyramide?

a)
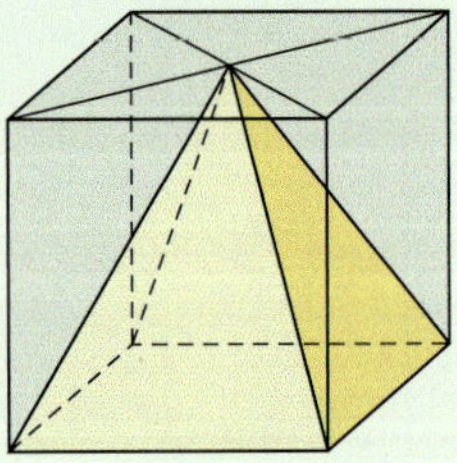

b)
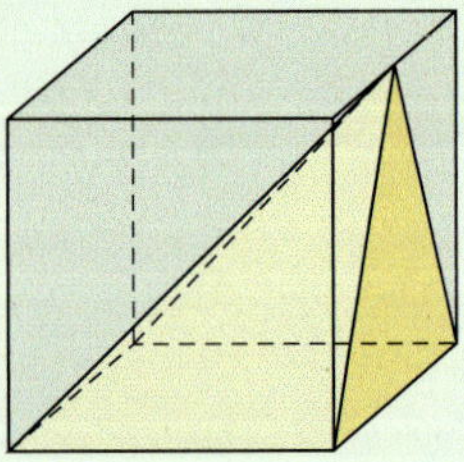

c)
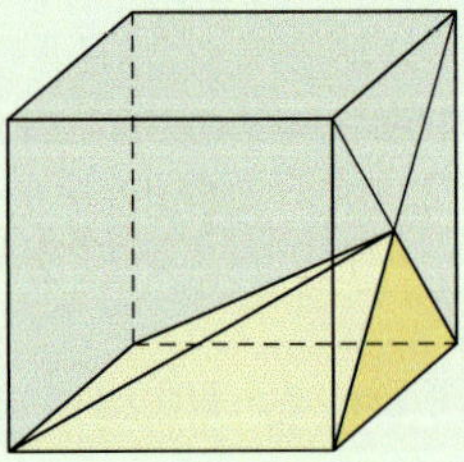

4 Berechne das Volumen des schiefen Kegels.
a) $r = 4{,}3\,\text{cm}$; $h_k = 8\,\text{cm}$ b) $r = 5{,}2\,\text{cm}$; $h_k = 15\,\text{cm}$ c) $d = 3\,\text{cm}$; $h_k = 9\,\text{cm}$

Volumen und Oberfläche von Kugeln

Entdecken

1 Betrachte die drei Körper.

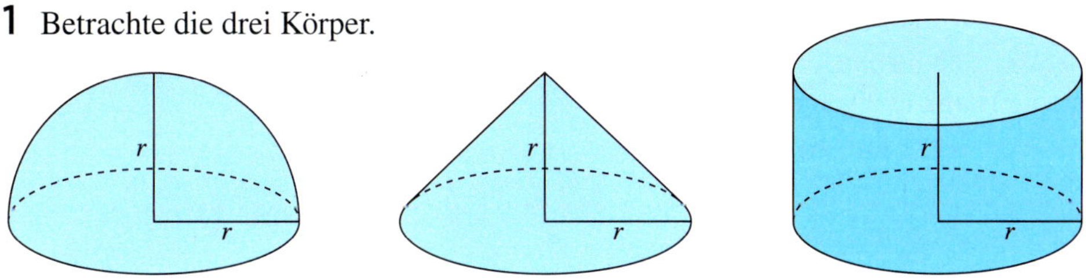

a) Um welche Körper handelt es sich?
b) Die Körper haben alle den gleichen Radius r. Sie sind auch alle gleich hoch, es ist $h_k = r$. Skizziere die drei Schrägbilder in deinem Heft. Beginne mit dem Körper, der das kleinste Volumen hat, dann kommt der zweitgrößte …
c) Schreibe die Formel für das Volumen unter die Körper. Setze $h_k = r$ ein. Für einen Körper kennst du die Formel noch nicht.
d) Versuche, eine Formel für das Volumen der Halbkugel und für eine Kugel aufzustellen.

2 Für den folgenden Versuch benötigt ihr:
- einen Messbecher mit Überlauf (z. B. aus der Chemie-Sammlung) oder ein großes Gefäß (Eimer, Wanne)
- verschieden große Kugeln (z. B. Murmeln, Bälle, die nicht schwimmen)
- ein Maßband und viel Wasser

Versuchsvorbereitung:
Messt mit dem Maßband den Umfang der Kugeln ($u = 2\pi r$) und berechnet ihren Radius r. Übertragt die Tabelle in euer Heft und ergänzt die Werte.

Kugel	Umfang u	Radius r	verdrängte Wassermenge
z. B. Golfball			

Versuchsdurchführung:
- Stellt euer Gefäß an einer Stelle auf, die nass werden darf. Füllt das Gefäß bis zum Rand.
- Legt eine Kugel vorsichtig ins Wasser und lasst sie versinken.
- Wie viel Wasser hat die Kugel verdrängt? Messt die übergelaufene Menge ab oder nehmt die Kugel heraus und füllt das übergelaufene Wasser mit einem Messbecher nach.
- Führt den Versuch mit allen Kugeln durch und tragt die Werte in die Tabelle ein.
- Überprüft mithilfe eurer Messwerte in der Tabelle die Formel aus Aufgabenteil 1 d).

3 Wenn man einen Globus baut, so wird er zum Schluss mit Flächen beklebt, die die Form von Stücken haben wie beim Schälen einer Apfelsine.
Nutzt das gezeichnete Netz, um die Oberfläche einer Kugel abzuschätzen.

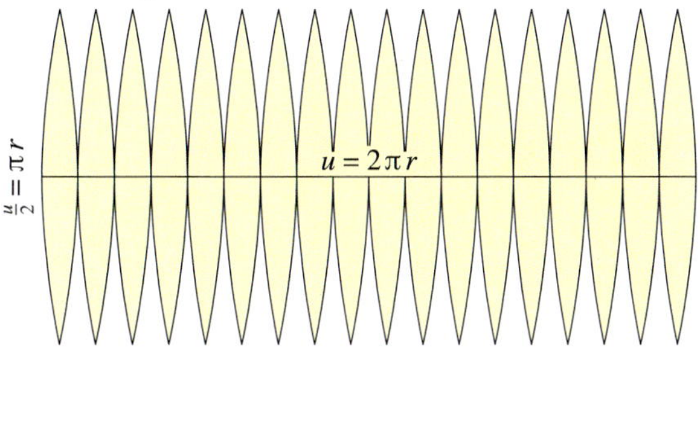

Berechnet dazu den Flächeninhalt eines Rechtecks. Wählt die Höhe wegen der „Lücken“ bei den Spitzen etwas kleiner als angegeben.

Verstehen

Lena und Max sollen eine Formel für das Volumen einer Kugel finden.
Dazu haben sie zwei Körper bekommen, die man mit Wasser füllen kann.
Der Kegel und die Halbkugel haben die gleiche Grundfläche. Der Kegel ist doppelt so hoch wie die Halbkugel. Er hat also die Höhe $h_k = 2r$.

Lena und Max füllen den Kegel mit Wasser und gießen das Wasser in die Halbkugel um.
Sie stellen fest: Das Wasser aus dem Kegel füllt die Halbkugel bis zum Rand. Also haben der Kegel und die Halbkugel das gleiche Volumen. Eine ganze Kugel (bestehend aus zwei Halbkugeln) hat dann das gleiche Volumen wie zwei Kegel.

$V_{\text{Kugel}} = 2 \cdot V_{\text{Kegel}}$	Setze die Formel für $V_{\text{Kegel}} = \frac{1}{3}\pi \cdot r^2 \cdot h_k$ ein, beachte $h_k = 2r$.
$V_{\text{Kugel}} = 2 \cdot \frac{1}{3}\pi \cdot r^2 \cdot 2r$	Sortiere die Faktoren.
$V_{\text{Kugel}} = 2 \cdot \frac{1}{3} \cdot 2\pi \cdot r^2 \cdot r$	Fasse die Faktoren zusammen: $2 \cdot \frac{1}{3} \cdot 2 = \frac{4}{3}$ und $r^2 \cdot r = r^3$
$V_{\text{Kugel}} = \frac{4}{3}\pi \cdot r^3$	

Merke
Für das Volumen einer Kugel gilt:
$V = \frac{4}{3}\pi \cdot r^3$

Beispiel 1

gegeben:	Kugel mit Radius $r = 4\,\text{cm}$
gesucht:	Volumen V
Formel:	$V = \frac{4}{3}\pi \cdot r^3$
einsetzen:	$V = \frac{4}{3}\pi \cdot (4\,\text{cm})^3$
lösen:	$V \approx 268{,}08\,\text{cm}^3$

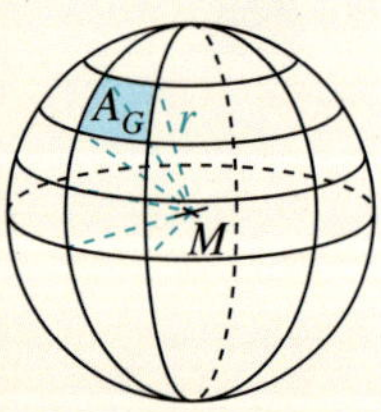

Um den Oberflächeninhalt einer Kugel zu berechnen, wendet man einen Trick an:
Man zerlegt eine Kugel in lauter Pyramiden mit quadratischer Grundfläche A_G (Randspalte).
Zuerst betrachtet man das bekannte Volumen. Das gesamte Volumen V der Kugel ergibt sich, wenn man die Volumina $V_1 + V_2 + \ldots + V_n$ der kleinen Pyramiden addiert.

$V = V_1 + V_2 + \ldots + V_n$	Setze für $V_1 = \frac{1}{3} \cdot A_G \cdot h_k$ ein usw., beachte $h_k = r$.
$V = \frac{1}{3} \cdot A_G \cdot r + \frac{1}{3} \cdot A_G \cdot r + \ldots + \frac{1}{3} \cdot A_G \cdot r$	Klammere $\frac{1}{3} \cdot r$ aus.
$V = \frac{1}{3} \cdot r\underbrace{(A_G + A_G + \ldots + A_G)}$	Alle Grundflächen A_G zusammen ergeben die Oberfläche A_O der Kugel.
$V = \frac{1}{3} \cdot r \cdot \quad A_O$	Setze für das Volumen $V = \frac{4}{3}\pi \cdot r^3$ ein.
$\frac{4}{3}\pi \cdot r^3 = \frac{1}{3} \cdot r \cdot A_O \quad \vert \cdot 3 \quad \vert : r$	Löse die Gleichung nach A_O auf.
$A_O = \frac{4}{3} \cdot 3 \cdot \pi \cdot (r^3 : r)$	Kürze und fasse zusammen.
$A_O = 4\pi \cdot r^2$	

Merke
Für den **Oberflächeninhalt A_O einer Kugel** gilt:
$A_O = 4\,\pi \cdot r^2$

Beispiel 2

gegeben:	Kugel mit Radius $r = 4\,\text{cm}$
gesucht:	Oberflächeninhalt A_O
Formel:	$A_O = 4\pi \cdot r^2$
einsetzen:	$A_O = 4\pi \cdot (4\,\text{cm})^2$
lösen:	$A_O \approx 201{,}06\,\text{cm}^2$

Üben und anwenden

1 Berechne das Volumen der Kugel.
Beachte, dass $d = 2r$ gilt.
Runde auf zwei Nachkommastellen.

a) $r = 8\,\text{cm}$ **b)** $r = 4\,\text{m}$
c) $r = 2{,}5\,\text{cm}$ **d)** $r = 15\,\text{mm}$
e) $d = 10\,\text{cm}$ **f)** $d = 48\,\text{mm}$
g) $d = 80\,\text{m}$ **h)** $d = 9\,\text{cm}$

2 Berechne das Volumen der Bälle.

a) Tennisball mit $r = 3{,}2\,\text{cm}$
b) Handball mit $r = 8{,}9\,\text{cm}$
c) Fußball mit $d = 23{,}5\,\text{cm}$

3 Eine Kugel hat den Radius $r = 5\,\text{cm}$.

a) Berechne das Volumen der Kugel.
b) Welches Volumen hat eine Kugel mit dem doppelten (dreifachen, vierfachen) Radius?

4 Ein Eisportionierer hat einen Durchmesser von 5 cm.
Wie viele Eiskugeln erhält man damit aus 15 l Eis?
Ein Liter hat ein Volumen von $1\,000\,\text{cm}^3$.

5 Berechne den Radius der Kugel.
Beachte den Hinweis in der Randspalte.

Beispiel *gegeben*: $V = 32\,\text{cm}^3$

Formel: $V = \frac{4}{3}\pi \cdot r^3$

einsetzen: $32\,\text{cm}^3 = \frac{4}{3}\pi \cdot r^3 \quad | : \frac{4}{3}\pi$

lösen: $7{,}64\,\text{cm}^3 \approx r^3 \quad | \sqrt[3]{}$

$r \approx 1{,}97\,\text{cm}$

a) $V = 13\,\text{cm}^3$ **b)** $V = 450\,\text{cm}^3$
c) $V = 9\,\text{m}^3$ **d)** $V = 50{,}5\,\text{m}^3$

6 Die Weihnachtsbaumkugel hat ein Volumen von etwa $7\,238{,}2\,\text{cm}^3$.
Berechne ihren Radius. Gib den Radius in Zentimetern und in Millimetern an.

1 Berechne das Volumen der Kugel und gib es immer in Kubikzentimetern (cm^3) an.
Runde auf zwei Nachkommastellen.

a) $r = 12\,\text{cm}$ **b)** $r = 1{,}5\,\text{cm}$
c) $d = 16\,\text{cm}$ **d)** $d = 15\,\text{cm}$
e) $r = 4{,}4\,\text{m}$ **f)** $d = 10{,}5\,\text{mm}$
g) $d = 7{,}3\,\text{dm}$ **h)** $r = 9{,}1\,\text{cm}$

2 Berechne das Volumen der Kugeln.
Runde das Ergebnis auf zwei Nachkommastellen.

a) Stecknadelkopf
b) Billardkugel mit $d = 5{,}7\,\text{cm}$

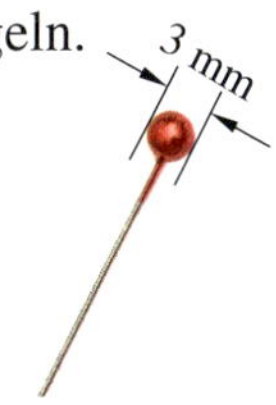

3 Annika meint, dass sich das Volumen einer Kugel verdoppelt, wenn der Radius der Kugel verdoppelt wird. Überprüfe Annikas Behauptung an einem Beispiel und korrigiere – falls notwendig – ihre Aussage.

4 In der Eisdiele von Luigi hat eine Eiskugel einen Durchmesser von 5 cm und wird für 0,60 € verkauft. Die Eiskugel in Paolos Eisdiele hat einen Radius von 3 cm. Paolo verkauft sie für 80 Cent.
Welche Eisdiele verkauft ihr Eis günstiger?

5 Berechne den Radius der Kugel.
Beachte den Hinweis in der Randspalte.
Runde auf zwei Nachkommastellen.

a) $V = 13{,}45\,\text{m}^3$
b) $V = 102{,}5\,\text{dm}^3$
c) $V = 345{,}046\,\text{cm}^3$
d) $V = 4\,200\,\text{mm}^3$
e) $V = 657{,}4\,\text{m}^3$
f) $V = 800{,}04\,\text{cm}^3$

6 Die drei Murmeln haben zusammen ein Volumen von etwa $100\,\text{cm}^3$.

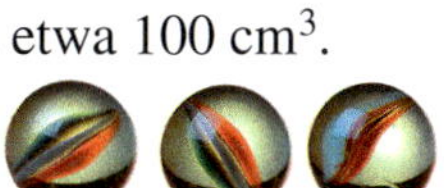

Bestimme den Durchmesser einer Murmel in Zentimetern und in Millimetern.

ERINNERE DICH
Wenn r^3 gegeben ist und r bestimmt werden soll, so muss die dritte Wurzel gezogen werden:
$\sqrt[3]{r^3} = r$.
Die dritte Wurzel aus 8, also $\sqrt[3]{8}$, lässt sich mit dem Taschenrechner z. B. so bestimmen:
8 2nd y^x 3 =
oder
8 SHIFT x^3 =
oder
$\sqrt[3]{}$ 8 =
Lies gegebenenfalls in der Anleitung deines Taschenrechners nach.

7 Der Golfball besteht aus einem Material, bei dem 1 cm^3 ein Gewicht von 1,15 g hat.

a) Berechne das Volumen in cm^3.
b) Wie schwer ist der Golfball?

8 Beim Kugelstoßen werden genormte Stahlkugeln benutzt. Die Kugeln sind unterschiedlich groß und schwer.
1 cm^3 Stahl wiegt 7,86 g.

Altersklasse	Radius
Frauen	4,9 cm
männliche Jugend B	5,3 cm
männliche Jugend A	5,8 cm
Männer	6,0 cm

a) Berechne jeweils das Volumen.
b) Wie schwer ist jede der Kugeln?

9 Berechne den Oberflächeninhalt der Kugel. Beachte, dass $d = 2r$ gilt.
Runde das Ergebnis auf zwei Nachkommastellen.

a) $r = 6$ cm
b) $r = 3$ m
c) $r = 1{,}5$ cm
d) $r = 35$ mm
e) $d = 50$ cm
f) $d = 92$ mm

10 Ein kugelförmiger Tank hat 9,44 m Durchmesser. Der Tank soll einen neuen Anstrich erhalten. Berechne die Größe der Fläche, die gestrichen wird.

11 Eine Kugel hat den Radius $r = 5$ cm.
a) Berechne den Oberflächeninhalt.
b) Welchen Oberflächeninhalt hat eine Kugel mit dem doppelten (dreifachen, vierfachen) Radius?

7 Eine Granitkugel dreht sich auf einem Wasserfilm. Sie hat einen Durchmesser von 1,1 m.
Granit wiegt 2,8 g pro 1 cm^3.

a) Welches Volumen hat die Kugel?
b) Berechne das Gewicht in Tonnen.

8 Nach internationalem Regelwerk muss ein Fußball einen Umfang von etwa 69 cm besitzen, ein Volleyball einen Umfang von etwa 66 cm und ein Basketball einen Umfang zwischen von etwa 77,5 cm.
Bestimme das Volumen der drei Ballarten.

9 Berechne den Oberflächeninhalt der Kugel. Gib das Ergebnis immer in Quadratzentimetern (cm^2) und auf zwei Nachkommastellen gerundet an.

a) $r = 15$ cm
b) $r = 7{,}5$ cm
c) $d = 18$ cm
d) $d = 65$ cm
e) $r = 8{,}3$ m
f) $d = 20{,}5$ mm

10 Ein Wasserball hat einen Durchmesser von 32,5 cm.

a) Bestimme den Oberflächeninhalt des Balls.
b) 15 % der Balloberfläche sind orange.
Wie viel Quadratzentimeter sind das?

11 Elias meint, dass sich der Oberflächeninhalt einer Kugel verdoppelt, wenn der Radius der Kugel verdoppelt wird. Überprüfe Elias' Behauptung an einem Beispiel und korrigiere – falls notwendig – seine Aussage.

12 Berechne den Radius der Kugel.

Beispiel *gegeben*: $A_O = 32\,\text{cm}^2$

Formel: $A_O = 4\pi \cdot r^2$

einsetzen: $32\,\text{cm}^2 = 4\pi \cdot r^2 \quad | : 4 \quad | : \pi$

lösen: $2{,}55\,\text{cm}^2 \approx r^2 \quad | \sqrt{\ }$

$r \approx 1{,}60\,\text{cm}$

a) $A_O = 25\,\text{cm}^2$ b) $A_O = 175\,\text{cm}^2$
c) $A_O = 12\,\text{m}^2$ d) $A_O = 2\,000\,\text{mm}^2$

13 Eine Kugel beim Sportkegeln hat einen Oberflächeninhalt von etwa $1\,005\,\text{cm}^2$. Welchen Radius hat die Kugel?

14 Der „HI-Flyer" in Berlin ist der weltgrößte Fesselballon. Die Heliumfüllung wird mit $5\,700\,\text{m}^3$ angegeben, der Durchmesser mit 22,5 m.

a) Können diese Angaben stimmen?
b) Berechne den Flächeninhalt der Hülle.

15 Eine Weihnachtsbaumkugel mit dem Durchmesser $d = 8\,\text{cm}$ passt genau in eine würfelförmige Schachtel.

Berechne den Oberflächeninhalt der Kugel und den Oberflächeninhalt der Schachtel.

16 Die Erde hat einen mittleren Radius von 6 371 km.

a) Berechne den Oberflächeninhalt.
b) $\frac{2}{3}$ der Erdoberfläche sind mit Wasser bedeckt. Wie viele km^2 sind das?

Erinnere dich: $\frac{2}{3}$ von 1 m sind $\frac{2}{3} \cdot 1\,\text{m}$

12 Berechne den Radius der Kugel. Gib ihn auf zwei Nachkommastellen gerundet an.

a) $A_O = 14{,}32\,\text{m}^2$
b) $A_O = 105{,}6\,\text{dm}^2$
c) $A_O = 244{,}075\,\text{cm}^2$
d) $A_O = 3\,400\,\text{mm}^2$
e) $A_O = 552{,}1\,\text{m}^2$
f) $A_O = 700{,}08\,\text{cm}^2$

13 Die „Haut" einer Seifenblase hat eine $78{,}5\,\text{cm}^2$ große Oberfläche. Kann die Seifenblase 6 cm Durchmesser haben?

14 Das Pantheon in Rom ist der größte Rundbau der antiken römischen Baukunst. Die Kuppel hat einen Durchmesser von 43,3 m. Bestimme Oberflächeninhalt und Volumen dieser Halbkugel.

15 Ein Marmorwürfel hat eine Seitenlänge von 15 cm. Aus ihm soll eine möglichst große Kugel herausgearbeitet werden.

a) Wie groß ist der Radius der Kugel?
b) Berechne den Oberflächeninhalt des Würfels und der Kugel.

16 Die Abbildung zeigt den Mond.

a) Berechne den Oberflächeninhalt.
b) Bei Vollmond kann man 59 % der gesamten Mondoberfläche sehen. Wie viel km^2 sind das?

Methode: Zusammengesetzte Körper berechnen

Dies ist der Dom St. Peter und Paul in Worms. Der Dom besteht aus verschiedenen Körpern, z. B. Prisma, Zylinder, Pyramide und Kegel.

So berechnest du Volumen und Oberflächeninhalt von zusammengesetzten Körpern:
- Bestimme zuerst, aus welchen Teilkörpern der zusammengesetzte Körper besteht.
- Nutze dann die passenden Formeln für die einzelnen Teilkörper.

Beispiel 1

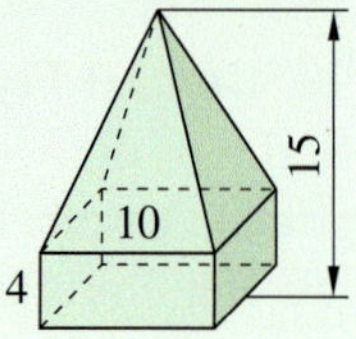

Maße in cm

gegeben: zusammengesetzter Körper aus
- einem Quader mit $a = b = 10\,\text{cm}$; $c = 4\,\text{cm}$ und
- einer quadratischen Pyramide mit $a = 10\,\text{cm}$; $h_k = 15\,\text{cm} - 4\,\text{cm} = 11\,\text{cm}$

gesucht: **Volumen V** des zusammengesetzten Körpers

Formeln: $V_{\text{Quader}} = a \cdot b \cdot c$ $\qquad V_{\text{Pyramide}} = \frac{1}{3} \cdot a^2 \cdot h_k$

einsetzen: $V_{\text{Quader}} = 10\,\text{cm} \cdot 10\,\text{cm} \cdot 4\,\text{cm}$ $\qquad V_{\text{Pyramide}} = \frac{1}{3} \cdot (10\,\text{cm})^2 \cdot 11\,\text{cm}$

$V_{\text{Quader}} = 400\,\text{cm}^3$ $\qquad V_{\text{Pyramide}} \approx 366{,}7\,\text{cm}^3$

$$V_{\text{gesamt}} = V_{\text{Quader}} + V_{\text{Pyramide}}$$
$$V_{\text{gesamt}} \approx 400\,\text{cm}^3 + 366{,}7\,\text{cm}^3$$
$$V_{\text{gesamt}} \approx 766{,}7\,\text{cm}^3$$

Antwort: Das Volumen des zusammengesetzten Körpers beträgt etwa $766{,}7\,\text{cm}^3$.

Beispiel 2

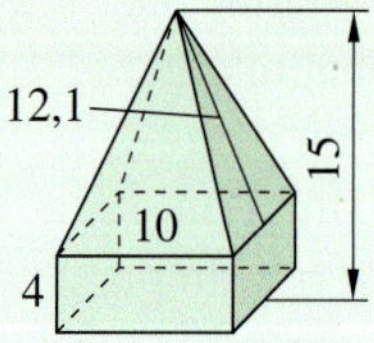

Maße in cm

gegeben: zusammengesetzter Körper aus
- einem Quader mit $a = b = 10\,\text{cm}$; $c = 4\,\text{cm}$ und
- einer quadratischen Pyramide mit $a = 10\,\text{cm}$; $h_a = 12{,}1\,\text{cm}$

gesucht: **Oberflächeninhalt A_O** des zusammengesetzten Körpers

Formeln: $A_{O\,\text{Quader}} = 2 \cdot (a \cdot b + a \cdot c + b \cdot c)$ $\qquad A_{O\,\text{Pyramide}} = 2 \cdot a \cdot h_a + a^2$

einsetzen: $A_{O\,\text{Quader}} = 2 \cdot (10\,\text{cm} \cdot 10\,\text{cm} + 10\,\text{cm} \cdot 4\,\text{cm} + 10\,\text{cm} \cdot 4\,\text{cm})$ $\qquad A_{O\,\text{Pyramide}} = 2 \cdot 10\,\text{cm} \cdot 12{,}1\,\text{cm} + (10\,\text{cm})^2$

$A_{O\,\text{Quader}} = 360\,\text{cm}^2$ $\qquad A_{O\,\text{Pyramide}} = 342\,\text{cm}^3$

Vom Oberflächeninhalt der beiden Teilkörper muss man den Inhalt der beiden nicht sichtbaren Flächen abziehen:

$$A_{O\,\text{gesamt}} = A_{O\,\text{Quader}} + A_{O\,\text{Pyramide}} - 2 \cdot a^2$$
$$A_{O\,\text{gesamt}} = 360\,\text{cm}^2 + 342\,\text{cm}^2 - 2 \cdot (10\,\text{cm})^2$$
$$A_{O\,\text{gesamt}} = 502\,\text{cm}^2$$

Antwort: Der Oberflächeninhalt des zusammengesetzten Körpers beträgt $502\,\text{cm}^2$.

Beispiel 3

Verschiedene Körper können durch handwerkliches Geschick aus anderen Körpern erstellt werden.
Ein Zerspanungsmechaniker ist beispielsweise in der Lage, aus einem Zylinder einen Kegel zu fräsen. Um den Materialabfall zu bestimmen, subtrahiert man das Volumen der Körper voneinander.

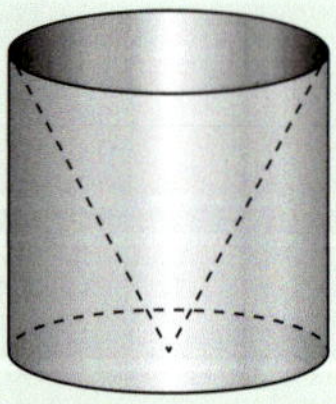

$V_{\text{Zylinder}} - V_{\text{Kegel}} = V_{\text{Rest}}$

1 Betrachte die zusammengesetzten Körper. Alle Längen sind in cm angegeben.

a) Beschreibe, aus welchen Teilkörpern der Körper zusammengesetzt ist.

b) Berechne das Volumen.

c) Berechne den Oberflächeninhalt.

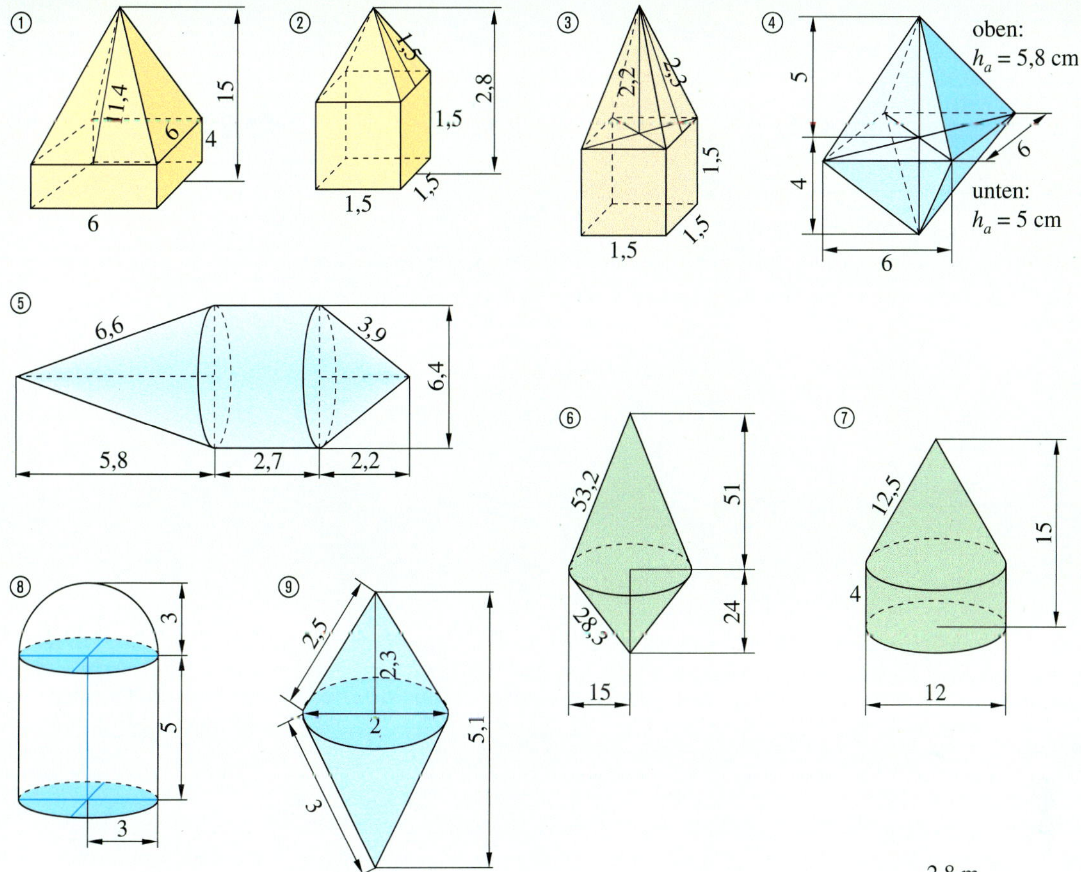

2 Betrachte das Silo.

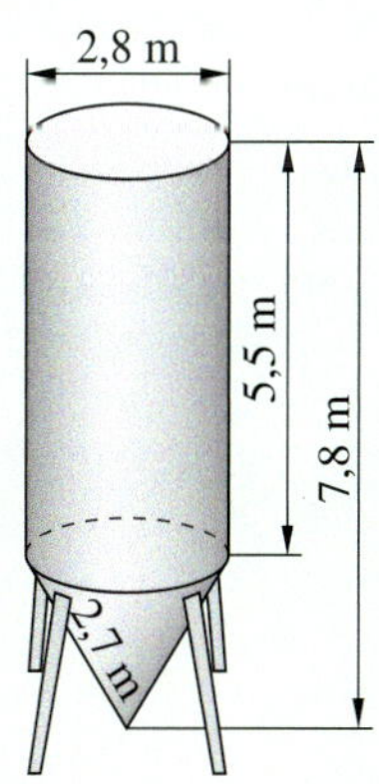

a) Aus welchen Körpern besteht das Silo?

b) Berechne den Oberflächeninhalt.

c) Das Silo soll gestrichen werden. Berechne die benötigte Farbmenge. Mit einem Liter Farbe können $5\,m^2$ gestrichen werden.

d) 750 ml Farbe kosten 21,95 €. Wie viel kostet die Farbe insgesamt?

3 Aus einem Holzwürfel soll ein möglichst großer Kegel gedreht werden. Der Holzwürfel hat die Kantenlänge $a = 15\,cm$.

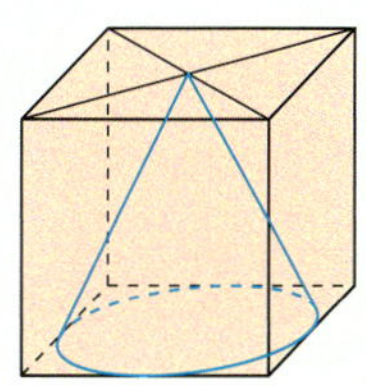

a) Welche Maße hat der Kegel?

b) Welches Volumen hat der Kegel?

c) Wie schwer ist der Kegel, wenn $1\,dm^3$ Holz 0,65 kg wiegt?

Klar so weit?

→ Seite 118, 120, 122

Pyramiden und Kegel erkennen

1 Betrachte die Körper.

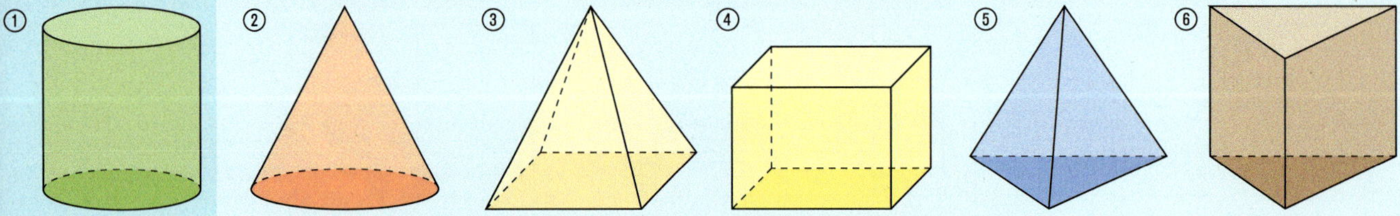

a) Benenne die Körper und zähle ihre Eigenschaften auf.
b) Fasse die Körper in Gruppen mit gleichen Eigenschaften zusammen.
c) Finde in deiner Umwelt Objekte, die die Form dieser Körper besitzen.

2 Beim Netz einer quadratischen Pyramide sind die Grundkanten und die Seitenkanten gleich lang.

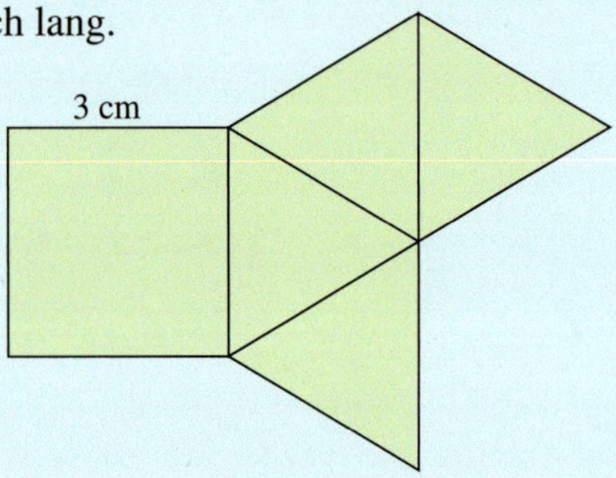

a) Zeichne dieses Netz. Markiere mit verschiedenen Farben die Grundkanten a und die Seitenkanten s der Pyramide. Zeichne auch die Seitenhöhen h_a ein.
b) Zeichne ein Schrägbild der Pyramide.

2 Dies ist das Netz einer Pyramide mit rechteckiger Grundfläche.

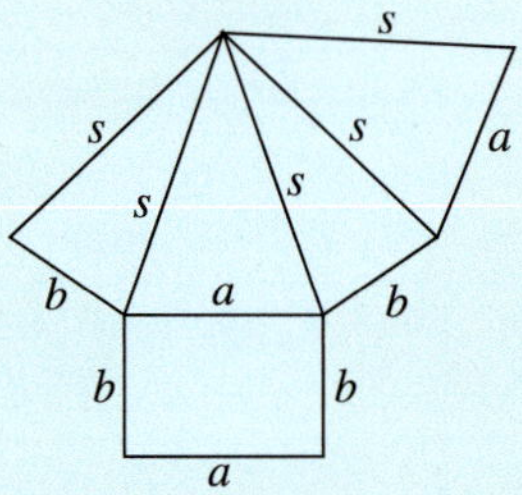

a) Zeichne nach der Skizze das Netz einer rechteckigen Pyramide. Ihre Grundfläche hat die Maße $a = 2{,}4\,\text{cm}$ und $b = 1{,}6\,\text{cm}$. Die Seitenkante ist $s = 3{,}5\,\text{cm}$.
b) Zeichne ein Schrägbild der Pyramide.

→ Seite 126

Oberfläche von Pyramiden

3 Berechne den Mantelflächeninhalt und den Oberflächeninhalt einer quadratischen Pyramide mit $a = 7\,\text{cm}$ und $h_a = 12\,\text{cm}$.

3 Berechne den Mantel- und den Oberflächeninhalt der quadratischen Pyramide.

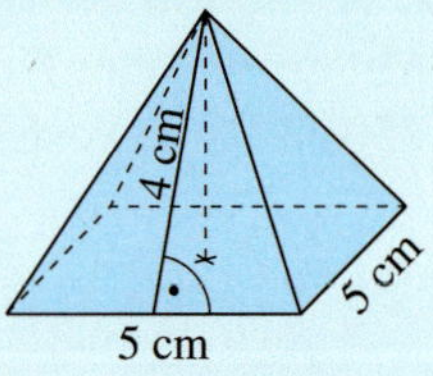

4 Berechne zunächst die Seitenhöhe h_a der quadratischen Pyramide mit dem Satz des Pythagoras.
Berechne dann den Mantelflächeninhalt.
a) $a = 12\,\text{cm}$ und $h_k = 8\,\text{cm}$
b) $a = 2{,}6\,\text{m}$ und $h_k = 3{,}8\,\text{m}$

4 Berechne zunächst die Seitenhöhe h_a der quadratischen Pyramide.
Berechne dann den Oberflächeninhalt.
a) $a = 8\,\text{cm}$; $h_k = 9\,\text{cm}$
b) $a = 76\,\text{mm}$; $h_k = 15\,\text{cm}$
c) $a = 0{,}65\,\text{m}$; $s = 0{,}8\,\text{m}$

Volumen von Pyramiden

→ Seite 130

5 Berechne das Volumen der quadratischen Pyramide mit $a = 6\,\text{cm}$ und $h_k = 7{,}5\,\text{cm}$.

6 Berechne zuerst die Körperhöhe h_k mit dem Satz des Pythagoras und dann das Volumen.

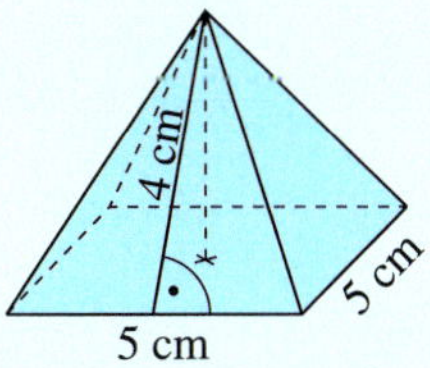

7 Eine quadratische Pyramide hat ein Volumen von $12{,}3\,\text{cm}^3$. Ihre Grundkante a misst 3 cm. Wie hoch ist sie?

5 Berechne das Volumen der rechteckigen Pyramide mit $a = 2{,}5\,\text{cm}$, $b = 4{,}2\,\text{cm}$ und $h_k = 6{,}5\,\text{cm}$.

6 Berechne das Volumen der quadratischen Pyramide mit $a = 9{,}2\,\text{cm}$ und $h_a = 11{,}8\,\text{cm}$. Bestimme dazu zuerst die Höhe h_k mit dem Satz des Pythagoras.

7 Die Grundfläche einer quadratischen Pyramide hat einen Umfang von 13,8 m. Es ist $h_k = 2{,}1\,\text{m}$. Berechne das Volumen.

Oberfläche und Volumen von Kegeln

→ Seite 132

8 Der Durchmesser des Kegels ist $d = 6{,}8\,\text{m}$, also ist $r = 3{,}4\,\text{m}$. Lies die Länge von s ab. Berechne den Oberflächeninhalt.

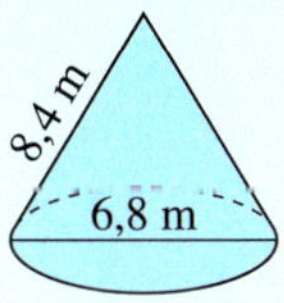

9 Berechne das Volumen des Kegels. Bestimme zuerst den Radius r.

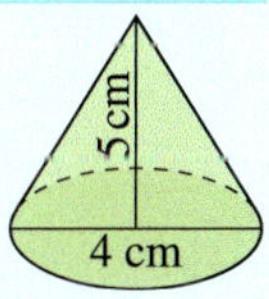

10 Ein Kegel hat eine Mantellinie $s = 10\,\text{m}$ und den Radius $r = 6\,\text{m}$. Berechne zuerst die Körperhöhe h_k mit dem Satz des Pythagoras und dann das Volumen.

8 Berechne den Oberflächeninhalt des Kegels.
a) $r = 0{,}7\,\text{m}$; $s = 1{,}3\,\text{m}$
b) $d = 105\,\text{mm}$; $s = 125\,\text{mm}$

9 Berechne das Volumen des Kegels.
a) $r = 12{,}7\,\text{cm}$; $h_k = 23{,}1\,\text{cm}$
b) $d = 63\,\text{m}$; $h_k = 99\,\text{m}$

10 Der Partyhut hat einen Radius von 4,2 cm und ist 12 cm hoch. Aus wie viel cm^2 Pappe besteht er?

Volumen und Oberfläche von Kugeln

→ Seite 138

11 Berechne die Größen für die Kugel.

	r	d	A_O
a)	1,8 m		
b)		3,1 cm	
c)			$232{,}5\,\text{cm}^2$

12 Gib die fehlenden Größen der Kugel an.
a) $r = 69\,\text{cm}$; $V = ?$
b) $d = 36\,\text{cm}$; $V = ?$
c) $r = ?$; $A = ?$; $V = 966\,\text{cm}^3$

11 Die Schüssel hat einen Durchmesser von 30 cm.

a) Berechne das Fassungsvermögen.
b) Berechne den Oberflächeninhalt.

12 Berechne den Radius der Kugel.
a) $A_O = 452{,}4\,\text{cm}^2$
b) $A_O = 1\,963{,}5\,\text{mm}^2$
c) $V = 33{,}5\,\text{m}^3$
d) $V = 3{,}05\,\text{cm}^3$

Lösungen ab Seite 210

Vermischte Übungen

1 Welcher Körper entsteht aus dem Netz?

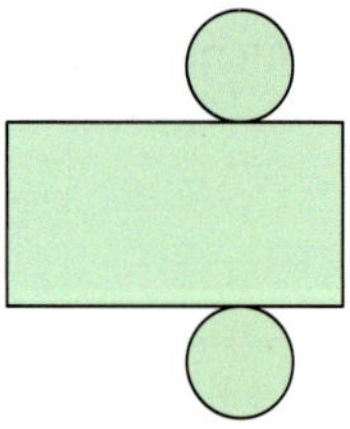

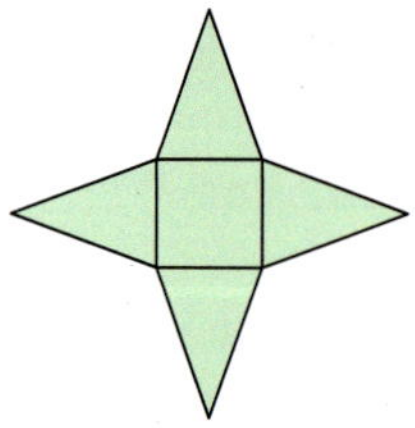

2 Skizziere das Schrägbild.
Trage alle Maße ein.
Berechne das Volumen.

a) quadratische Pyramide mit $a = 4\,\text{cm}$; $h_k = 7\,\text{cm}$ und $h_a = 7{,}3\,\text{cm}$
b) Kegel mit $r = 2\,\text{cm}$, $h_k = 9\,\text{cm}$ und $s = 9{,}2\,\text{cm}$
c) Kugel mit $r = 3{,}5\,\text{cm}$

2 Welche Maße passen zu welchem Körper? Zeichne jeweils ein Schrägbild. Berechne das Volumen.

Kugel | $r = 2{,}5\,\text{cm}$ | Kegel | $h_k = 4{,}5\,\text{cm}$ | quadratische Pyramide | $h_a = 4{,}7\,\text{cm}$ | $s = 5{,}1\,\text{cm}$ | $a = 3\,\text{cm}$

3 Berechne den Oberflächeninhalt der quadratischen Pyramide.

a) $a = 6{,}5\,\text{cm}$; $h_a = 10{,}5\,\text{cm}$
b) $a = 17{,}9\,\text{cm}$; $h_a = 33{,}2\,\text{cm}$
c) $a = 1{,}6\,\text{cm}$; $h_a = 99\,\text{mm}$
d) $a = 0{,}5\,\text{m}$; $h_a = 77\,\text{cm}$

3 Berechne für eine quadratische Pyramide.

	a	h_a	A_M	A_O
a)	4,1 cm	6,3 cm		
b)	2,3 m		29,44 m²	
c)		0,5 cm	0,3 cm²	

4 Berechne den Oberflächeninhalt einer quadratischen Pyramide. Die Grundfläche hat eine Seitenlänge von $a = 4{,}6\,\text{cm}$, die Seitenkante s ist 10 cm lang.
Tipp: Berechne zuerst die Seitenhöhe h_a mit dem Satz des Pythagoras.

4 Berechne den Oberflächeninhalt einer Pyramide, deren Seitenkante 15 cm lang ist. Die Grundfläche ist ein …

a) Quadrat mit $a = 6{,}4\,\text{cm}$.
b) Rechteck: 5,3 cm lang und 2,9 cm breit.
c) regelmäßiges Dreieck mit $a = 2{,}5\,\text{cm}$.

5 Dies ist das Netz einer quadratischen Pyramide mit $a = 3\,\text{cm}$ und $s = 5\,\text{cm}$.

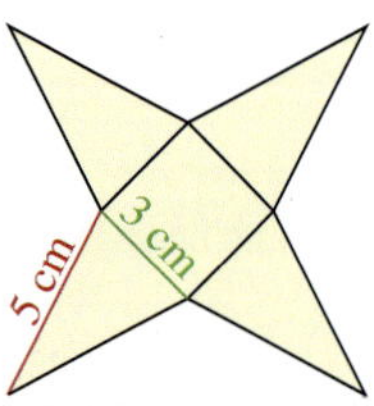

a) Berechne die Länge der Seitenhöhe h_a mit dem Satz des Pythagoras. Bestimme dann den Oberflächeninhalt A_O.
b) Nutze h_a und berechne die Körperhöhe h_k. Bestimme danach das Volumen V.

5 Berechne den Oberflächeninhalt und das Volumen der quadratischen Pyramide. Nutze den Satz des Pythagoras, um benötigte Längen zu bestimmen.

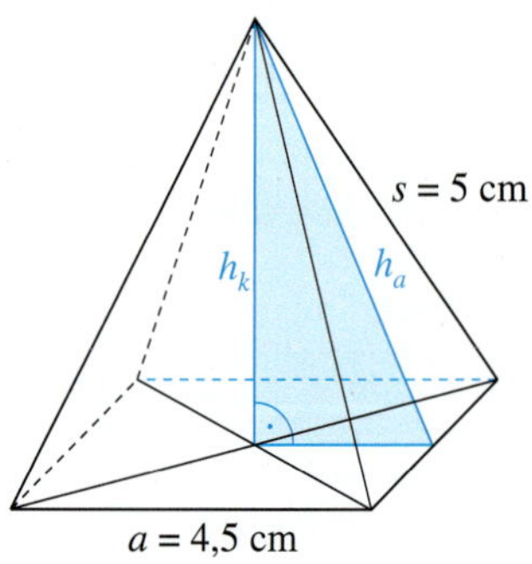

6 Berechne für eine quadratische Pyramide.

a) $a = 7\,\text{cm}$; $h_a = 10\,\text{cm}$; $h_k = ?$
b) $a = 12\,\text{cm}$; $h_a = 18{,}5\,\text{cm}$; $h_k = ?$
c) $h_a = 21\,\text{cm}$; $h_k = 14\,\text{cm}$; $a = ?$
d) $h_a = 3{,}4\,\text{cm}$; $h_k = 6{,}1\,\text{cm}$; $a = ?$

6 Berechne für eine quadratische Pyramide.

a) $a = 9{,}6\,\text{cm}$; $h_a = 14{,}5\,\text{cm}$; $h_k = ?$; $s = ?$
b) $h_a = 12{,}3\,\text{cm}$; $h_k = 9{,}8\,\text{cm}$; $a = ?$; $s = ?$
c) $s = 16{,}0\,\text{cm}$; $h_a = 11{,}5\,\text{cm}$; $a = ?$; $h_k = ?$
d) $a = 7{,}5\,\text{cm}$; $s = 12{,}8\,\text{cm}$; $h_a = ?$; $h_k = ?$

7 Aus wie viel Quadratmetern Stoff besteht dieses Moskitonetz ungefähr?
Schätze die benötigten Größen. Nutze dann die Formel für den Oberflächeninhalt einer quadratischen Pyramide.

8 Berechne das Volumen und den Oberflächeninhalt des Kegels.
a) $r = 2\,\text{cm}$; $h_k = 3\,\text{cm}$; $s = 3{,}6\,\text{cm}$
b) $r = 1{,}5\,\text{m}$; $h_k = 6\,\text{m}$; $s = 6{,}2\,\text{m}$
c) $r = 0{,}6\,\text{cm}$; $h_k = 0{,}8\,\text{cm}$; $s = 1\,\text{cm}$
d) $r = 19\,\text{mm}$; $h_k = 53\,\text{mm}$; $s = 56\,\text{mm}$

9 Die linke Kerze ist 10 cm hoch und hat einen Durchmesser von 7 cm. Die rechte Kerze ist 14 cm hoch und hat einen Durchmesser von 6 cm. Welche Kerze besteht aus mehr Wachs?

10 Berechne das Volumen und den Oberflächeninhalt der Kugel.
a) $r = 12\,\text{cm}$
b) $r = 1{,}4\,\text{m}$
c) $r = 5{,}2\,\text{mm}$
d) $r = 0{,}8\,\text{cm}$

11 In den zwei kugelförmigen Behältern wird Gas gespeichert. Dieses Gas wird bei plötzlich steigendem Bedarf an Verbraucher abgegeben.

Der Innendurchmesser jedes Behälters beträgt 27 m. Wie groß ist das Volumen der beiden Gasbehälter zusammen?

7 Die Pyramide aus Sandstein steht auf dem Marktplatz der Stadt Karlsruhe.

a) Welches Volumen und welche Mantelfläche hat die Pyramide ungefähr?
b) Wie schwer ist die Pyramide etwa? $1\,\text{m}^3$ Sandstein wiegt 2,6 t.

8 Berechne das Volumen und den Oberflächeninhalt des Kegels.
a) $r = 1{,}2\,\text{cm}$; $h_k = 4{,}7\,\text{cm}$; $s = 4{,}9\,\text{cm}$
b) $r = 3{,}5\,\text{cm}$; $h_k = 0{,}09\,\text{m}$; $s = 87\,\text{mm}$
c) $r = 0{,}5\,\text{cm}$; $h_k = 0{,}75\,\text{cm}$ (Pythagoras!)
d) $r = 22\,\text{cm}$; $s = 41\,\text{cm}$ (Pythagoras!)

9 Die Boje ist insgesamt 1,6 m lang, es ist $d = 0{,}7\,\text{m}$. Sie braucht einen neuen Schutzanstrich. Berechne den Inhalt der Fläche, die gestrichen wird.

10 Berechne das Volumen und den Oberflächeninhalt der Kugel.
a) $r = 11{,}5\,\text{cm}$
b) $r = 0{,}03\,\text{m}$
c) $d = 77\,\text{mm}$
d) $d = 5{,}04\,\text{cm}$

11 Die Inuit können aus Eisblöcken Iglus bauen, die die Form einer Halbkugel haben. Berechne das Volumen im Inneren des Iglus.

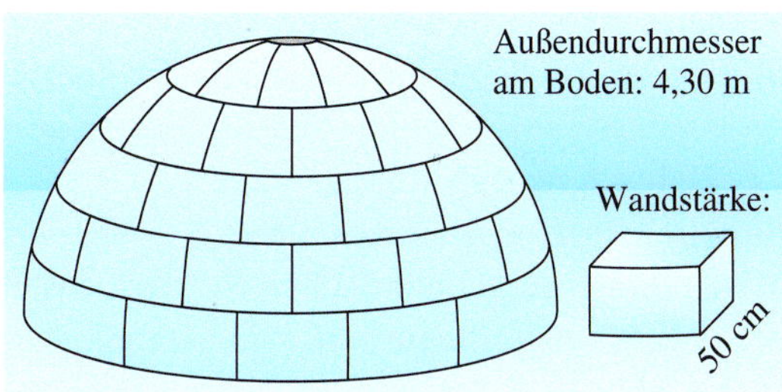

GOLDSCHMIED/IN
Die Ausbildung dauert $3\frac{1}{2}$ Jahre. Suche nach weiteren Informationen über den Beruf z. B. im Internet oder im BIZ.

Beruf Goldschmied/in

Goldschmiede entwerfen Schmuckstücke und andere Gegenstände aus Edelmetall und gestalten diese. Je nach Fachrichtung werden in die Verarbeitung und Gestaltung auch Juwelen einbezogen. Sie arbeiten nach Kundenwunsch, Vorlagen oder eigenen Entwürfen.
In größeren Betrieben überwachen sie die maschinelle Fertigung der Schmuckstücke. Goldschmiede arbeiten meist in Schmiedewerkstätten, bei Juwelieren oder in der Schmuckindustrie.

12 Aufgabe aus dem 1. Lehrjahr
Ein Auszubildender hat den Auftrag erhalten, nach einer vorgegebenen Zeichnung eine Brosche anzufertigen. Die Brosche hat in der Zeichnung eine Länge von 7,90 cm.
Wie lang wird die Brosche in Wirklichkeit? Die Zeichnung hat einen Maßstab von 5 : 1.
Das heißt, dass die Zeichnung fünfmal so groß ist wie die Brosche selbst.

13 Färbung eines Ringaufsatzes

Der Aufsatz eines Rings (Kugel: d = 12 mm, Würfel: a = 8 mm) soll mit einer Goldglasur gefärbt werden. Wie viel Quadratmillimeter werden gefärbt? Berechne den Oberflächeninhalt der beiden Aufsätze zusammen.

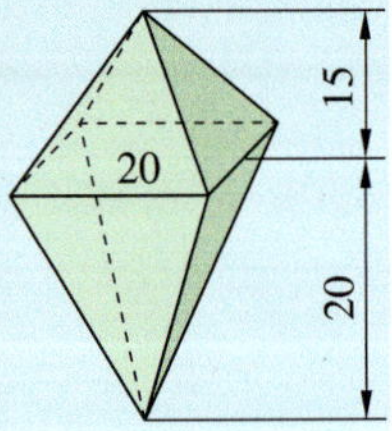

Angaben in mm

14 Gewicht eines Kettenanhängers
Entnimm die benötigten Werte dem Tabellenausschnitt.
a) Berechne das Volumen des Anhängers aus der Randspalte.
b) Der Anhänger besteht aus 333er Gold. Wie schwer ist dieser Anhänger?
c) Wie hoch sind die Materialkosten?

Bezeichnung	1 cm³ wiegt	1 g kostet
Gold 333	11 g	9,65 €
Gold 585	13,7 g	16,95 €
Gold 750	15,4 g	21,73 €
Platin 950	21,5 g	25,50 €

15 Preisvergleich

Ein 585er Goldring wiegt 16 g. Den gleichen Ring gibt es auch in Platin, er wiegt 25,1 g. Vergleiche die Kosten für die beiden Ringe.

16 Gold einschmelzen
Ein Kunde lässt 462 g 585er Altgold zu einem kugelförmigen Anhänger einschmelzen.
a) Berechne das Volumen des Altgolds. Nutze den Dreisatz: 13,7 g entsprechen 1 cm³ …
b) Hat der Anhänger einen Radius von 1 cm, 2 cm oder 3 cm?

17 Deine Kreativität ist gefragt.
Entwirf selbst ein Schmuckstück.
a) Aus welchen geometrischen Körpern besteht dein Schmuckstück?
b) Fertige einen Entwurf an, z. B. eine Skizze oder ein Netz. Berechne das benötigte Material.
c) Erstelle aus Pappe ein Modell deines Schmuckstücks und färbe es.

Zusammenfassung

Pyramiden und Kegel erkennen

→ Seite 118

Eine **Pyramide** ist ein Körper mit einem Vieleck (Dreieck, Viereck, …) als Grundfläche. Die Seitenflächen sind Dreiecke. Die Dreiecke bilden oben zusammen die Spitze.

Ein **Kegel** ist ein Körper mit einem Kreis als Grundfläche. Die Spitze muss außerhalb der Ebene des Kreises liegen.

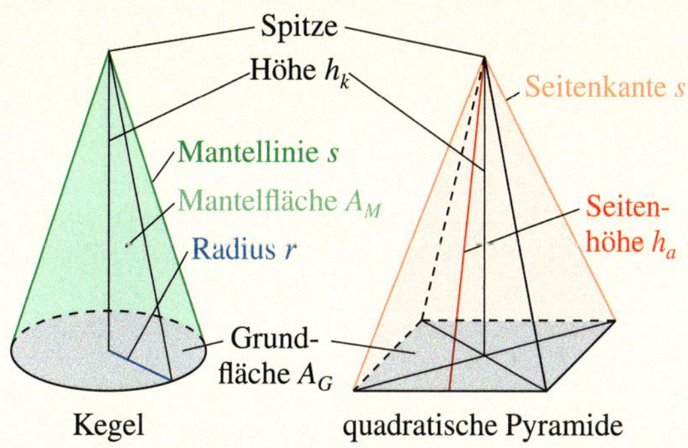

Berechnungen an Pyramiden, Kegeln und Kugeln

→ Seiten 126, 132

Mit dem **Satz des Pythagoras** kann man Längen in Pyramiden und Kegeln berechnen.

In Pyramiden gilt:
$h_a^2 = h_k^2 + \left(\frac{a}{2}\right)^2$ und $s^2 = \left(\frac{a}{2}\right)^2 + h_a^2$

In Kegeln gilt:
$s^2 = r^2 + h_k^2$

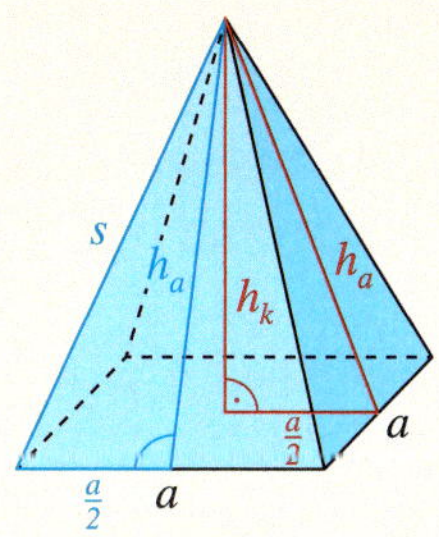

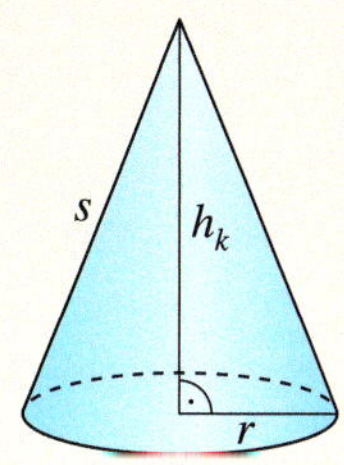

Die dreieckigen Seitenflächen einer Pyramide bilden die **Mantelfläche A_M**. Zusammen mit der **Grundfläche A_G** ergibt sich die **Oberfläche A_O**.
Das **Volumen V** einer Pyramide bestimmt man, indem man den Grundflächeninhalt A_G mit der Höhe h und $\frac{1}{3}$ multipliziert.
Für **Pyramiden mit quadratischer Grundfläche** gilt:
$A_M = 4 \cdot \left(\frac{1}{2} \cdot a \cdot h_a\right)$
$A_O = 2 \cdot a \cdot h_a + a^2$
$V = \frac{1}{3} \cdot a^2 \cdot h$

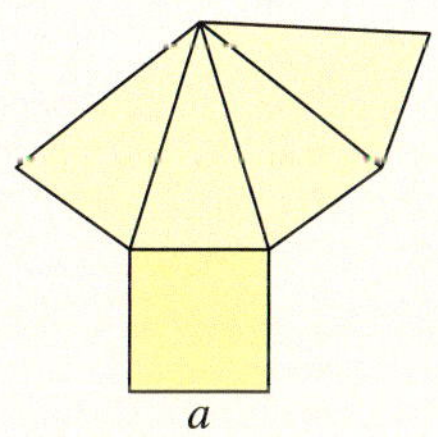

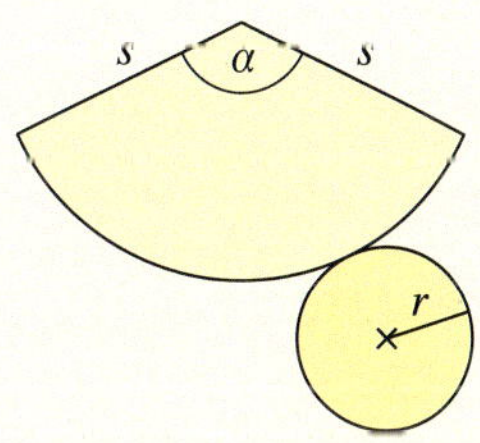

→ Seiten 126, 130

Gegeben: quadratische Pyramide mit
$a = 4\,\text{cm}$, $h_a = 5{,}4\,\text{cm}$ und $h = 5\,\text{cm}$
Gesucht: A_M, A_O und V
$A_M = 4 \cdot \frac{1}{2} \cdot a \cdot h_a = 2 \cdot 4\,\text{cm} \cdot 5{,}4\,\text{cm} = 43{,}2\,\text{cm}^2$
$A_O = 2 \cdot 4\,\text{cm} \cdot 5{,}4\,\text{cm} + 16\,\text{cm}^2 = 59{,}2\,\text{cm}^2$
$V = \frac{1}{3} \cdot 16\,\text{cm}^2 \cdot 5\,\text{cm} \approx 26{,}67\,\text{cm}^3$

→ Seite 132

Für einen Kegel mit Radius r, Mantellinie s und Höhe h gilt:
$A_M = \pi \cdot r \cdot s$
$A_O = \pi \cdot r \cdot (r + s)$
$V = \frac{1}{3} \cdot \pi \cdot r^2 \cdot h$

Gegeben: Kegel mit $r = 4\,\text{cm}$, $s = 5\,\text{cm}$ und $h = 3\,\text{cm}$
Gesucht: A_M, A_O und V
$A_M = \pi \cdot 4\,\text{cm} \cdot 5\,\text{cm} \approx 62{,}83\,\text{cm}^2$
$A_O = \pi \cdot 4\,\text{cm} \cdot 9\,\text{cm} \approx 113{,}10\,\text{cm}^2$
$V = \frac{1}{3}\pi \cdot 16\,\text{cm}^2 \cdot 3\,\text{cm} \approx 50{,}27\,\text{cm}^3$

→ Seite 138

Für eine Kugel mit dem Radius r gilt:
$A_O = 4\pi \cdot r^2$
$V = \frac{4}{3} \cdot \pi \cdot r^3$

Gegeben: Kugel mit $r = 4\,\text{cm}$
Gesucht: A_O und V
$A_O = 4\pi \cdot 16\,\text{cm}^2 \approx 201{,}06\,\text{cm}^2$
$V = \frac{4}{3}\pi \cdot 64\,\text{cm}^3 \approx 268{,}08\,\text{cm}^3$

Teste dich!

4 Punkte | 5 Punkte

1 Berechne den Oberflächeninhalt der quadratischen Pyramide.
a) $a = 6\,\text{cm}$; $h_a = 6\,\text{cm}$
b) $a = 2{,}0\,\text{m}$; $h_a = 3{,}5\,\text{m}$
c) $a = 18\,\text{cm}$; $h_k = 12\,\text{cm}$ (Pythagoras!)

1 Berechne den Oberflächeninhalt der quadratischen Pyramide.
a) $a = 6{,}4\,\text{cm}$; $h_a = 19{,}5\,\text{cm}$
b) $a = 2{,}6\,\text{m}$; $s = 200\,\text{cm}$
c) $a = 10\,\text{cm}$; $h_k = 9\,\text{cm}$

3 Punkte | 3 Punkte

2 Berechne das Volumen der quadratischen Pyramide.
a) $a = 6\,\text{cm}$; $h_k = 10\,\text{cm}$
b) $a = 18\,\text{cm}$; $h_a = 15\,\text{cm}$ (Pythagoras!)

2 Berechne das Volumen der quadratischen Pyramide.
a) $a = 8{,}0\,\text{cm}$; $h_k = 11{,}5\,\text{cm}$
b) $h_a = 20\,\text{cm}$; $h_k = 12{,}5\,\text{cm}$

3 Punkte | 3 Punkte

3 Das Dach des Messeturms in Frankfurt hat die Form einer quadratischen Pyramide. Die Grundkanten sind 26 m lang. Die Höhe beträgt 37 m.

a) Berechne das Volumen im Inneren.
b) Berechne den Mantelflächeninhalt A_M.

3 Die Grundkante dieser Pyramide im australischen Perth misst 18,25 m, die Seitenkanten sind ebenfalls 18,25 m lang.

a) Wie viel Quadratmeter müssen die Fensterputzer reinigen?
b) Wie groß ist der Raum im Inneren?

4 Punkte | 7 Punkte

4 Ergänze die Tabelle für einen Kegel.

	r	h_k	s	V
a)	2 cm	2 cm	xxx	
b)	7,5 cm	5 cm	xxx	
c)	1,5 cm		2,5 cm	

4 Berechne die Größen für einen Kegel.
a) $r = 36{,}5\,\text{m}$; $h_k = 78{,}2\,\text{m}$; $V = ■$
b) $r = 0{,}4\,\text{km}$; $h_k = ■$; $s = 0{,}81\,\text{km}$; $V = ■$
c) $r = ■$; $h_k = 10{,}6\,\text{mm}$; $s = 23\,\text{mm}$; $V = ■$
d) $r = 2{,}1\,\text{cm}$; $h_k = ■$; $s = ■$; $V = 21{,}3\,\text{cm}^3$

3 Punkte | 4 Punkte

5 Passen 0,2 l Wasser in das kegelförmige Glas? 0,1 l sind $100\,\text{cm}^3$. Bestimme zuerst den Radius r und die Höhe h_k (Pythagoras).

5 Bestimme für den Kegel das Volumen, den Inhalt der Grundfläche, den Mantelflächeninhalt und den Oberflächeninhalt. (Maße in cm)

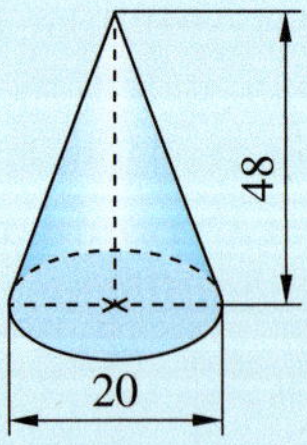

4 Punkte | 6 Punkte

6 Bestimme Volumen und Oberflächeninhalt der Kugel.
a) $r = 1\,\text{cm}$
b) $r = 7{,}5\,\text{m}$

6 Ergänze die Tabelle für eine Kugel.

	r	d	V	A_O
a)		4 cm		
b)	12 cm			
c)				$12{,}57\,\text{cm}^2$

2 Punkte | 5 Punkte

7 Kannst du eine Stahlkugel mit einem Radius von $r = 15\,\text{cm}$ hochheben? $1\,\text{cm}^3$ Stahl wiegt 7,85 g.

8 Aus welchen Formen besteht der Körper?
a) Berechne das Volumen.
b) Berechne den Oberflächeninhalt.

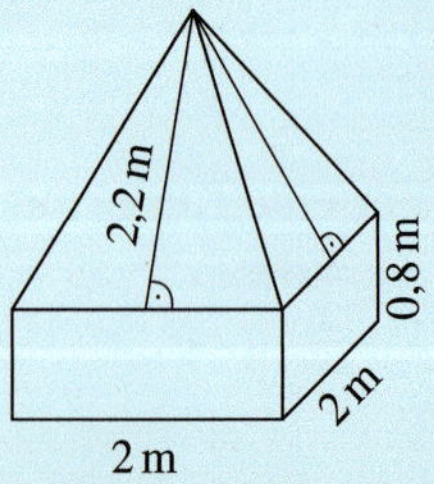

Gold: 30–33 Punkte, Silber: 25–29 Punkte, Bronze: 20–24 Punkte

Lösungen ab Seite 210

Themenfeld: Das Leben nach der Schule

Cheyenne macht eine Berufsausbildung zur Fachkraft im Gastgewerbe und arbeitet in einem Restaurant. Maik hat gerade eine Ausbildung zur Servicekraft für Schutz und Sicherheit begonnen. Sie sind ein Paar und wohnen seit einem knappen Jahr zusammen.

Hier lernst du die Beiden und ihren Alltag kennen und erfährst Interessantes über ihre Ausbildungsberufe.

Geldanlage
…

50 verbotene Gegenstände bei Fußballspiel sichergestellt
…

Abbau von Blutalkohol
…

Zunahme der Restaurantbesuche
…

Firmenjubiläum – Sicherheitsfirma mit Gewinnspielen
…

Beruf **Servicekraft für Schutz und Sicherheit**

Maik ist 17 Jahre alt und hat gerade seine zweijährige Ausbildung zur Servicekraft für Schutz und Sicherheit begonnen.
Er hat bereits mehrere Einlasskontrollen bei Konzerten, Festivals und Fußballspielen durchgeführt. Außerdem hat er gelernt, Karten zu Einbruchsschwerpunkten auszuwerten.
Später möchte er sich im Betrieb zum Gruppenleiter weiterqualifizieren.

1 Maik und seine Kollegen kontrollieren die Zuschauer am Eingang zu einem Stadion. Folgende Dinge dürfen nicht mit hinein genommen werden: Glasflaschen, Feuerwerkskörper, Trillerpfeifen und Gegenstände, die als Wurfgeschosse benutzt werden können.
Maik hat eine Tabelle zu den sichergestellten Gegenständen erstellt.

sichergestellte Gegenstände	Strichliste	absolute Häufigkeit	relative Häufigkeit
Glasflaschen	𝍸 𝍸 ||		
Feuerwerkskörper		7	$\frac{7}{50}$
Trillerpfeifen	𝍸 ||||		
Wurfgeschosse		22	

a) Übertrage die Tabelle in dein Heft und ergänze die Lücken.
b) Wie viele Gegenstände wurden insgesamt sichergestellt?
c) Erstelle ein passendes Balkendiagramm.
d) Recherchiere z. B. im Internet, welche Dinge bei dir im Stadion verboten sind.

Erinnere dich

Zum einfachen Zählen von Ergebnissen verwendet man eine **Strichliste.**

Die Anzahl der Striche gibt die **absolute Häufigkeit** an.

Die **relative Häufigkeit** ist ein Anteil:
$$\text{relative Häufigkeit} = \frac{\text{absolute Häufigkeit}}{\text{Gesamtzahl}}$$

Daten werden oft in einem Säulendiagramm oder Kreisdiagramm dargestellt. Weitere Diagramme findest du in der Formelsammlung.

Beispiel

	Kinder	Jugendliche	Erwachsene
Strichliste	|||	𝍸	||||
absolute Häufigkeit	3	5	4
relative Häufigkeit	$\frac{3}{12}$	$\frac{5}{12}$	$\frac{4}{12}$

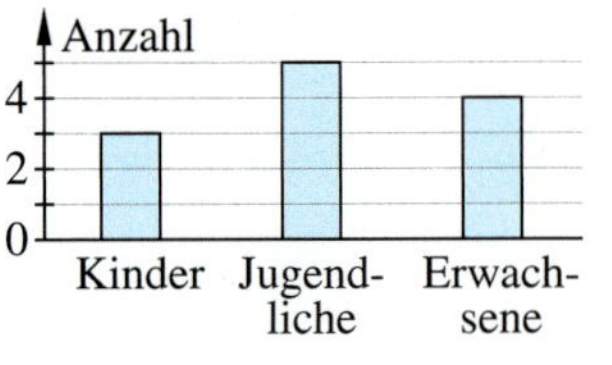

Darstellung in einem Säulendiagramm

2 Am Flughafen werden am Check-in-Schalter 25 Passagiere eines Kleinflugzeugs kontrolliert. Es sind acht Deutsche, fünf Franzosen, drei Chinesen und neun Inder.
a) Übertrage die Daten in eine Tabelle.
b) Erstelle ein Säulendiagramm.
c) Aus Brüchen mit dem Nenner 100 kann man den Prozentsatz ablesen. Erweitere die Brüche auf 100 und lies ab.
d) Erstelle ein Kreisdiagramm. Dabei entspricht 1 % einem Winkel von 3,6°.

3 Der Chef von Maiks Sicherheitsfirma fragt die Zufriedenheit seiner Kunden in einem Fragebogen ab.
Insgesamt haben 25 Kunden den Fragebogen ausgefüllt.

Bitte bewerten Sie die Firma Event Saver.	trifft zu	trifft nicht zu
Die Firma ist pünktlich am Einsatzort.	☐	☐
Die Firma arbeitet zuverlässig.	☐	☐
Die Firma führte zu einem Rückgang der Kriminalität.	☐	☐
Die Firma steigert das Sicherheitsgefühl auf meiner Veranstaltung.	☐	☐

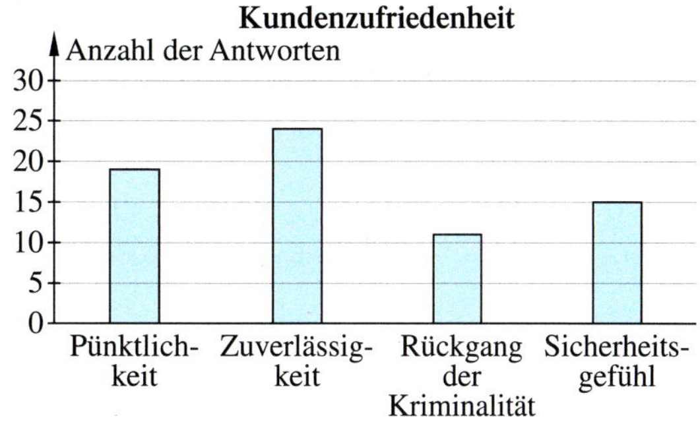

a) Formuliert die Ergebnisse der Umfrage in Sätzen.
Beispiel Da 19 der 25 Befragten die Pünktlichkeit des Unternehmens als gut einschätzen, besteht in dieser Kategorie nur geringes Verbesserungspotential.

b) Maik soll seinem Chef einen Kurzbericht über Verbesserungsvorschläge vorlegen. Formuliert diesen.

c) Sind die Kunden mit der Firma zufrieden? Begründet.

4 Viele Einlasskontrollen werden nur stichprobenhaft durchgeführt.
Maiks Chef möchte wissen, wie oft die Besucher eines Fußballspiels schon kontrolliert wurden. Dazu befragt er 25 Besucher und notiert ihre Anworten in einer Urliste:
0; 3; 1; 10; 4; 5; 2; 3; 6; 7; 1; 2; 4; 5; 6; 0; 8; 3; 6; 5; 4; 5; 3; 2; 1

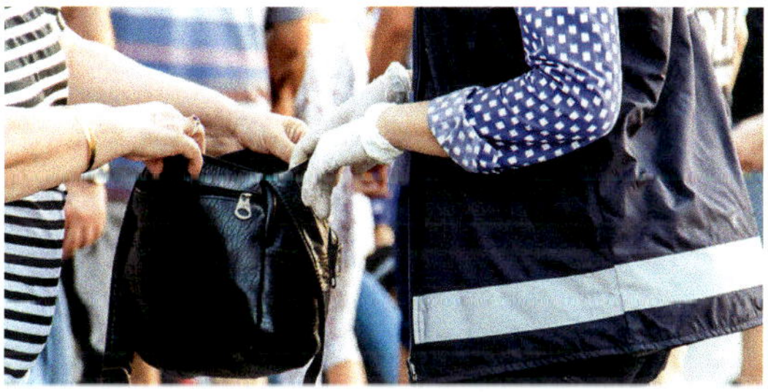

a) Was könnten Gründe für eine Kontrolle gewesen sein? Vermute.

b) Bestimme den größten und den kleinsten Wert der Datenreihe.

c) Berechne die Spannweite und den Durchschnitt der Datenreihe.

Erinnere dich

Der größte Wert einer Datenreihe heißt **Maximum**, der kleinste Wert heißt **Minimum**.

Die Differenz aus dem Maximum und dem Minimum heißt **Spannweite**.

Der **Durchschnitt (arithmetisches Mittel)** gibt einen Mittelwert einer Datenreihe an:

$$\textbf{Durchschnitt} = \frac{\text{Summe aller Werte}}{\text{Anzahl der Werte}}$$

Beispiel

An einem Tag wurde 4-mal die Temperatur gemessen:
11 °C; 7 °C; 14 °C und 19 °C
Das Maximum liegt bei 19 °C, das Minimum bei 7 °C.
Die Spannweite beträgt 12 °C:
19 °C – 7 °C = 12 °C
Der Durchschnitt beträgt 12,75 °C:

$$\frac{11\,°C + 7\,°C + 14\,°C + 19\,°C}{4} = 12{,}75\,°C$$

5 Gib das Maximum und das Minimum der Datenreihe an.
Berechne dann die Spannweite und den Durchschnitt.

a) 51 kg; 65 kg; 85 kg; 105 kg; 79 kg; 87 kg; 48 kg; 63 kg

b) 1 950 €; 2 174 €; 3 074 €; 1 487 €; 3 790 €; 4 879 €

Beruf **Fachkraft im Gastgewerbe**

Cheyenne ist 17 Jahre alt und hat gerade ihre zweijährige Ausbildung zur Fachkraft im Gastgewerbe begonnen.
Ihr Ausbildungsbetrieb ist ein Restaurant. Dort hat sie bereits die Grundlagen beim Servieren, im Umgang mit Gästen und beim Kassieren erlernt.
Das Team in dem Cheyenne arbeitet, ist hochmotiviert und möchte sich stetig verbessern.

1 Der Küchenchef hat ein 2-Gänge-Menü geplant und erklärt Cheyenne die Gänge. Der erste Gang ist eine Suppe oder ein Salat und der zweite Gang wird ein Hamburger mit Pommes oder ein Schnitzel mit Pommes oder eine Lasagne sein.

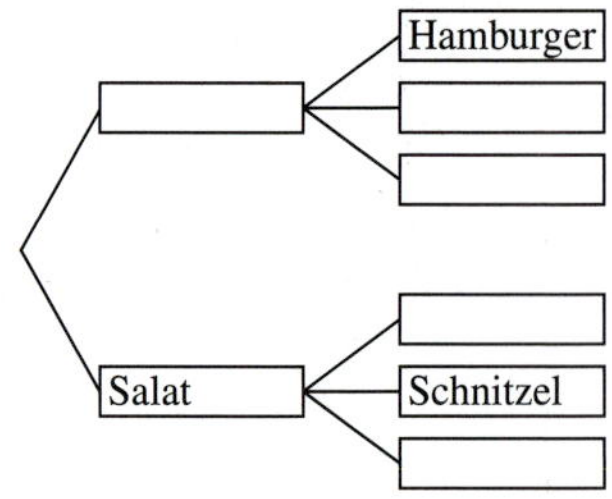

a) Zeichne das Baumdiagramm in dein Heft und fülle die Lücken.
b) Wie viele unterschiedliche Menüs sind möglich?
c) Ergänze in dem Baumdiagramm einen 3. Gang: Eis oder Obst. Wie viele unterschiedliche Menüs sind jetzt möglich?

Erinnere dich

Mit einem **Baumdiagramm** werden mögliche Ergebnisse in einer Situation schrittweise dargestellt. Ein Baumdiagramm beginnt mit einem Ausgangspunkt und verzweigt sich dann.
Dadurch lässt sich leicht ablesen, welche und wie viele Möglichkeiten es gibt.

Beispiel

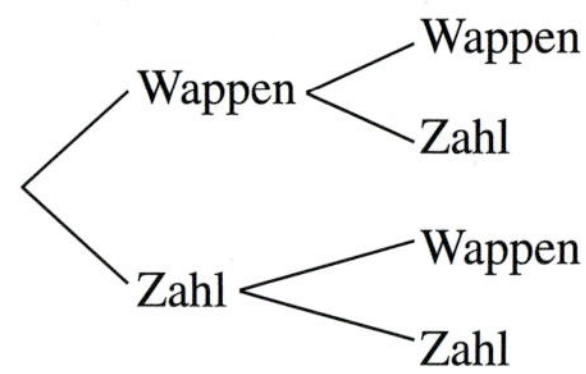

2 Heute findet in Cheyennes Restaurant ein Gewinnspiel statt. Ihre Chefin hat ein Glücksrad am Eingang aufgestellt. Jeder Gast darf daran einmal drehen. Ist die Zahl gerade, dann bekommt er ein Freigetränk.

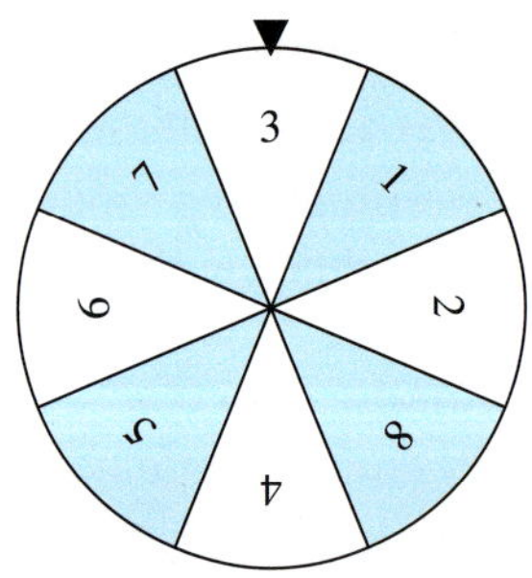

a) Gib alle möglichen Ergebnisse an.
b) Bestimme die Wahrscheinlichkeit, dass eine 2 gedreht wird.
c) Bestimme die Wahrscheinlichkeit, dass eine gerade Zahl gedreht wird. Begründe.

HINWEIS
Die Wahrscheinlichkeit nimmt Werte zwischen 0 (0 %) und 1 (100 %) an.

Erinnere dich

Zufallsexperimente, bei denen alle **Ergebnisse gleich wahrscheinlich** sind, nennt man **Laplace-Experimente**. Für die **Wahrscheinlichkeit *P*** für das Eintreten eines Ergebnisses *e* gilt:

$$P(e) = \frac{1}{\text{Anzahl der möglichen Ergebnisse}}$$

Mehrere Ergebnisse eines Zufallsversuchs können zu einem **Ereignis *E*** zusammengefasst werden. Für die **Wahrscheinlichkeit *P*** für das Eintreten eines Ereignisses *E* gilt:

$$P(E) = \frac{\text{Anzahl der günstigen Ergebnisse}}{\text{Anzahl der möglichen Ergebnisse}}$$

Beispiel

Ein Würfel wird geworfen.

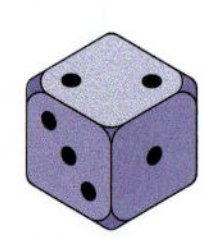

Wie hoch ist die Wahrscheinlichkeit, eine …
– zwei zu werfen?
$P(2) = \frac{1}{6}$
– gerade Zahl zu werfen?
$P(\text{gerade Zahl}) = \frac{3}{6}$

3 Die Gäste des Restaurants wurden nach ihrem Alter gefragt. So haben sie geantwortet:
12; 17; 19; 22; 11; 78; 87; 33; 34; 44; 46; 57; 88; 2; 12

a) Bestimme folgende Kennwerte der Datenreihe:
- Maximum, Minimum und berechnet daraus die Spannweite
- Median
- unteres und oberes Quartil

b) Stelle die Daten als Boxplot dar.

Erinnere dich

Der **Median** ist bei ungeraden Datenreihen der mittlere Wert, bei geraden Datenreihen das arithmetische Mittel der beiden mittleren Werte.

Das **untere** bzw. **obere Quartil** ist der Median der ersten bzw. zweiten Hälfte einer geordneten Datenreihe.

Ein **Boxplot** ist ein Diagramm mit einer Box, die die Hälfte aller Daten enthält. Die äußeren Kanten der Box kennzeichnen das **untere bzw. obere Quartil**. Eine Linie in der Box markiert den **Median**.

Mit Antennen werden das **Minimum** und das **Maximum** mit der Box verbunden.
Boxplots eignen sich besonders dazu, mehrere Datenreihen miteinander zu vergleichen.

Beispiel

Beim Kugelstoßen wurden folgende Ergebnisse erzielt:
8 m; 10 m; 6 m; 11 m; 7 m; 13 m; 3 m

Die Weiten (in m) werden geordnet:
3; 6; 7; 8; 10; 11; 13

Der Median ist der Wert in der Mitte: 8
Die Quartile sind Durchschnittswerte.
unteres Quartil: 6,5
oberes Quartil: 10,5

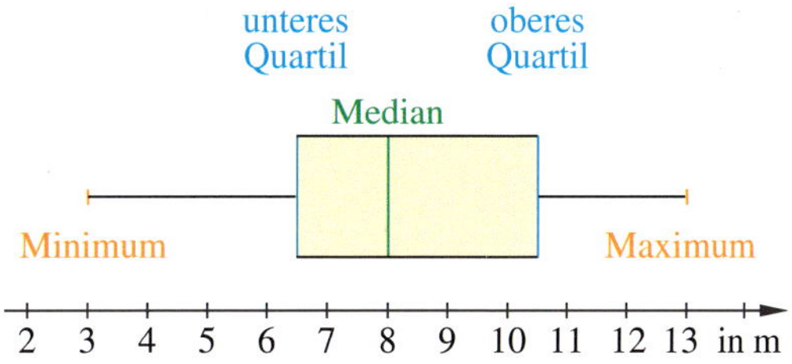

4 Sieh dir die Speisekarte an.

a) Stelle die Preise für die Speisen in einem Boxplot dar. Gemeint sind dabei alle Menüs und Büffets.

b) Stelle die Preise für die Getränke in einem Boxplot dar.

c) Dieser Boxplot wurde für eine Karte in Cheyennes Restaurant erstellt.
Entnimm dem Boxplot alle Kennwerte.

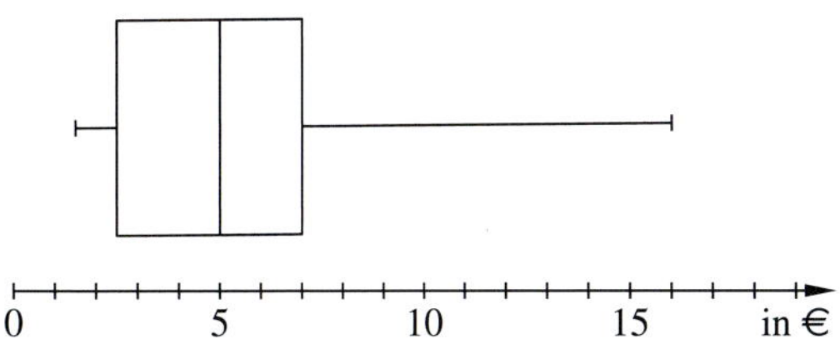

d) Wird mit dem Boxplot eine Getränkekarte oder eine Speisekarte dargestellt? Begründe.

Speisekarte

Menü 1:
kleiner Salat, Hamburger, Eisbecher 17,50 €

Menü 2:
Suppe, Spaghetti Bolognese, frisches Obst 14,50 €

Menü 3:
kleiner Salat, Rumpsteak mit Pommes frites,
Eisbecher .... 22,50 €

Büffet (kalt)......................... 16,50 €
Büffet (warm) .... 27,00 €

Alkoholfreie Getränke
Mineralwasser (0,75 l).................. 3,50 €
Cola (0,2 l)............................ 2,30 €
Limonade (0,2 l) .... 2,30 €
Apfelsaft (0,2 l) .... 2,50 €

Alkoholische Getränke
Bier (0,3 l) .... 3,30 €
Rotwein (0,2 l)......................... 6,50 €
Weißwein (0,2 l) .... 6,00 €
Champagner (0,2 l) .... 10,50 €

Thema Daten in Vierfeldertafeln darstellen

1 Der Geschäftsführer von Cheyennes Ausbildungsbetrieb möchte mehr junge Kunden gewinnen. Wo soll er Werbung machen?
Er schaut sich eine Umfrage zum Thema „Nutzen Sie soziale Netzwerke?“ unter 60 000 Teilnehmern an:

- 64 % der Befragten nutzen soziale Netzwerke.
- 20 % der Befragten sind jünger als 25 Jahre.
- 85 % der unter 25-Jährigen nutzen soziale Netzwerke.

Wie viel Prozent der Befragten ist jünger als 25 Jahre und nutzt keine sozialen Netzwerke?
Diese Frage kann man mithilfe einer Tabelle beantworten.
In die **erste Zeile** schreibt man das erste Merkmal: Nutzer/kein Nutzer.
In die **erste Spalte** schreibt man das zweite Merkmal: Alter.

	Nutzer	kein Nutzer	gesamt
jünger als 25 Jahre			
25 Jahre und älter			
gesamt			100 %

Danach trägt man alle bekannten Werte ein.
Der Anteil aller Befragten, die jünger als 25 Jahre sind und soziale Netzwerke nutzen, muss erst berechnet werden. 85 % von 20 % sind 17 %:
$0{,}85 \cdot 0{,}2 = 0{,}17$.

BEACHTE
Der letzte Wert einer Zeile bzw. Spalte ist die Summe der beiden Werte vorher.

	Nutzer	kein Nutzer	gesamt
jünger als 25 Jahre	17 %		20 %
25 Jahre und älter			
gesamt	64 %		100 %

Alle anderen Werte können nun berechnet werden, zum Beispiel: 64 % – 17 % = 47 %.

a) Übertrage die Tabelle in dein Heft und fülle sie aus.
b) Wie viel Prozent der Befragten ist jünger als 25 und nutzt keine sozialen Netzwerke?
c) Wie viel Prozent der über 25-Jährigen nutzt soziale Netzwerke?
d) Begründe, wo der Geschäftsführer Werbung machen soll.

Merke Werden bei einer Umfrage zwei verschiedene Merkmale betrachtet, so lassen sich die Häufigkeiten bezogen auf alle Befragten in einer **Vierfeldertafel** darstellen.

In einer Vierfeldertafel können absolute oder relative Häufigkeiten notiert werden.
Aus den Häufigkeiten kann man die Wahrscheinlichkeiten berechnen.

		Merkmal 1		
		Ereignis	Gegenereignis	gesamt
Merkmal 2	Ereignis	M1 und M2	nicht M1 und M2	M2
	Gegen-ereignis	M1 und nicht M2	nicht M1 und nicht M2	nicht M2
	gesamt	M1	nicht M1	Anzahl der Befragten bzw. 100 %

2 Der Geschäftsführer des Restaurants hat vor ein paar Wochen Werbung in den sozialen Netzwerken geschaltet.
Er möchte nun herausfinden, ob sein Restaurant bei jungen Leuten bekannt ist. Dazu befragen Cheyenne und ihre vier Kolleginnen in der Innenstadt 450 Personen.

Folgendes Ergebnis kam dabei heraus:
- 52 % der Befragten kennen das Restaurant.
- 18 % der Befragten sind jünger als 25 Jahre.
- 64 % der unter 25-Jährigen kennen das Restaurant.

a) Erstelle zu diesem Sachverhalt eine Vierfeldertafel.
b) Wie viel Prozent der Befragten ist jünger als 25 Jahre und kennt das Restaurant?
c) Wie viel Prozent der über 25-Jährigen kennt das Restaurant?

3 Für das Restaurant wurden neue Gläser bestellt. Bei allen 500 Gläsern wurde eine Qualitätskontrolle durchgeführt.

	Produktion in München	Produktion in Hamburg	gesamt
Qualitätskontrolle bestanden	42 %	25 %	67 %
Qualitätskontrolle nicht bestanden	28 %	5 %	33 %
gesamt	70 %	30 %	100 %

a) Beschreibe, was man aus der Vierfeldertafel ablesen kann.
b) Welche Aussagen passen zur Vierfeldertafel? Begründe.

① 210 Gläser der Münchner Produktion haben die Qualitätskontrolle bestanden.

② 140 Gläser der Hamburger Produktion haben die Qualitätskontrolle nicht bestanden.

③ Insgesamt haben 490 Gläser die Qualitätskontrolle bestanden.

④ Insgesamt haben 165 Gläser die Qualitätskontrolle nicht bestanden.

⑤ 90 Gläser wurden in Hamburg produziert.

c) Begründe, wo die Gläser in Zukunft bestellt werden sollten.

4 Führt eine Umfrage in eurer Klasse durch.
Fragt dabei zwei Merkmale ab:
Merkmal 1: Junge oder Mädchen
Merkmal 2: Freund von Fastfood oder nicht

a) Erstellt zu der Umfrage eine Vierfeldertafel.
b) Stellt euch gegenseitig Fragen, die ihr mithilfe der Vierfeldertafel beantworten könnt.
c) Welche Themen interessieren euch noch?
Fragt sie in weiteren Umfragen in eurer Klasse ab.
Erstellt zu den Umfragen Vierfeldertafeln und stellt sie in der Klasse vor.

Thema Maiks und Cheyennes Alltag

Mittlerweile habt ihr Maiks und Cheyennes Berufsalltag kennengelernt. Ihr begleitet nun die beiden während eines Tages.
Die folgenden Aufgaben stammen aus ihrem Arbeitsumfeld oder dem Privatleben von Cheyenne, einer Fachkraft im Gastgewerbe, und von Maik, einer Servicekraft für Schutz und Sicherheit.

1 Maik verdient in seinem ersten Lehrjahr 450 € netto. Cheyenne verdient im ersten Lehrjahr 490 €, dabei ist ihr Trinkgeld schon mit einberechnet.
Nachdem sie ihre Miete und alle anderen Kosten beglichen haben, waren monatlich noch 95 € übrig. Diesen Betrag haben sie 14 Monate lang gespart und wollen das Geld nun gewinnbringend anlegen.

a) Wie viel Geld können Maik und Cheyenne anlegen?
b) Drei Anlageformen stehen zur Verfügung.
Für welche Anlageform solltet sie sich entscheiden? Begründe mithilfe einer Rechnung.

① 1,2 % Zinsen bei 1 Jahr Laufzeit

② 1,15 % Zinsen bei 1 Jahr Laufzeit

③ 23 € Zinsen nach 1 Jahr Laufzeit

c) Am Ende haben sich Maik und Cheyenne für ein ganz anderes Angebot entschieden.
Sie bekommen 27 € Zinsen nach einem Jahr bei einem Zinssatz von 3 %.
Berechne, wie viel Geld sie angelegt haben. Schätze, bevor du rechnest.

Erinnere dich

Die Zinsrechnung ist eine Anwendung der Prozentrechnung.
Der Grundwert G ist das **Kapital K**, also das Geld, das angelegt oder geliehen wird.
Der Prozentwert W sind die **Zinsen Z**.
Der Prozentsatz $p\,\%$ ist der **Zinssatz $p\,\%$**.

Zinsen $Z = \frac{K \cdot p}{100}$

Zinssatz $p\,\% = \frac{Z}{K}$

Kapital $K = \frac{Z \cdot 100}{p}$

Beispiele

gegeben: $K = 750\,€$; $p\,\% = 5\,\%$
gesucht: Z

$$Z = 750 \cdot \frac{5}{100} = 37{,}50\,(€)$$

gegeben: $Z = 12\,€$; $K = 1\,200\,€$
gesucht: $p\,\%$

$$p\,\% = \frac{12}{1\,200} = 0{,}1 = 1\,\%$$

gegeben: $Z = 45\,€$; $p\,\% = 2\,\%$
gesucht: K

$$K = 45 \cdot \frac{100}{2} = 2\,250\,(€)$$

2 Cheyennes Eltern haben an ihrem Geburtstag für sie 757 € für ein Jahr bei einem Zinssatz von 1,75 % angelegt.

a) Berechne, wie viel Zinsen Cheyenne an ihrem Geburtstag im nächsten Jahr ausgezahlt bekommt.
b) Wie hoch ist das gesamte Kapital, das ihr ausgezahlt wird?
c) Berechne die Zinsen bei einem niedrigeren Zinssatz in Höhe von nur 0,75 %.

3 Früher hat man mehr Zinsen für sein Erspartes erhalten.
Sieh dir die Unterhaltung zwischen Maik und Cheyenne an und berechne.

4 Cheyennes Großmutter erinnert sich, dass sie früher nach einem Jahr 130 € Zinsen auf ihr Sparguthaben bekam. Der Zinssatz betrug 2,4 % p.a.

a) Berechne das Kapital.

b) Berechne das Kapital, wenn sie nur 13 € Zinsen bekommen hätte.

c) Berechne das Kapital, wenn sie 1 300 € Zinsen bekommen hätte.

5 Maiks Chef legt 200 000 € Firmenkapital für fünf Jahre und zu einem Zinssatz von 2,5 % an. Die Zinsen werden jeweils mit verzinst.

a) Übertrage die Tabelle in dein Heft und vervollständige sie.

Kapital zum Jahresbeginn	Jährlicher Zinssatz	Anzahl der Zinsjahre	Kapital zum Jahresende
200 000 €	2,5 %	1	205 000 €
200 000 €			
…			

b) Was ändert sich, wenn die Zinsen *nicht* mit verzinst werden?

HINWEIS
Werden Zinsen dem Kapital zugeschlagen und im nächsten Jahr mit verzinst, spricht man von ***Zinseszinsen****.*

6 Viele Banken und Sparkassen bieten das sogenannte Zuwachssparen an. Dabei kommt ein Stufenzins mit jährlich steigenden Zinssätzen zum Einsatz.

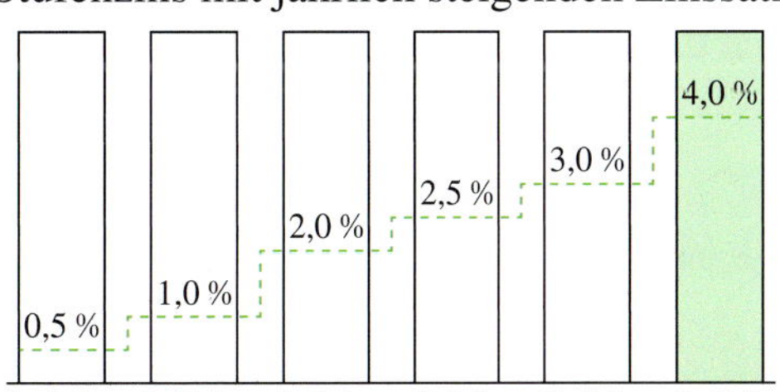

a) Sieh dir das Diagramm an und erkläre den Begriff Stufenzins.

b) Gib die Zinsfaktoren für jedes Jahr an.

Ein Sparer möchte 10 000 € anlegen. Er kann zwischen zwei Möglichkeiten wählen:
- Er kann die Zinsen jedes Jahr auszahlen lassen.
- Er kann die Zinsen bis zum Ende der Laufzeit mitverzinsen lassen.

c) Berechne den Zinsgewinn bei jährlicher Auszahlung.

d) Berechne, wie viel der Sparer zusätzlich erhält, wenn er die Zinsen auf dem Konto ansammelt.

e) Welche Möglichkeit würdest du dem Sparer empfehlen? Begründe.

Thema Maiks Firma feiert Jubiläum

Alle 10 Jahre feiert die Sicherheitsfirma ihr Firmenjubiläum. Traditionell wird im Sommer ein großes Familienfest auf dem Gelände der Firma veranstaltet.
Es wird gegrillt und die Geschäftsleitung hält eine Ansprache. Zur Unterhaltung gibt es Gewinnspiele, die die Azubis planen.

Dieses Jahr soll es insgesamt drei verschiedene Gewinnspiele geben:

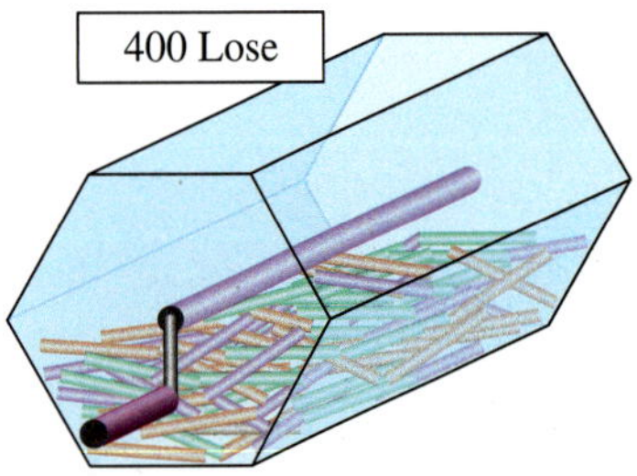

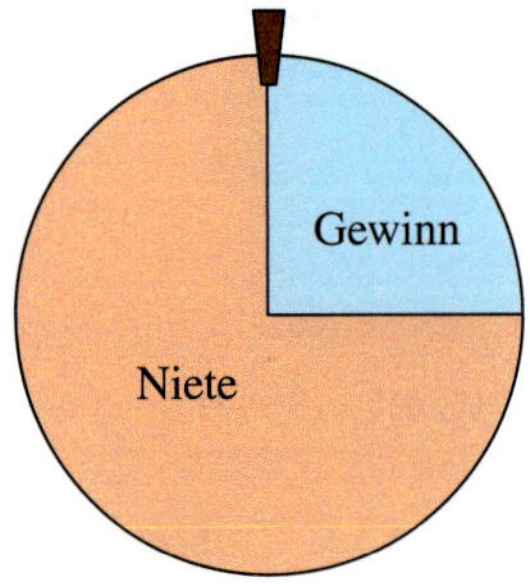

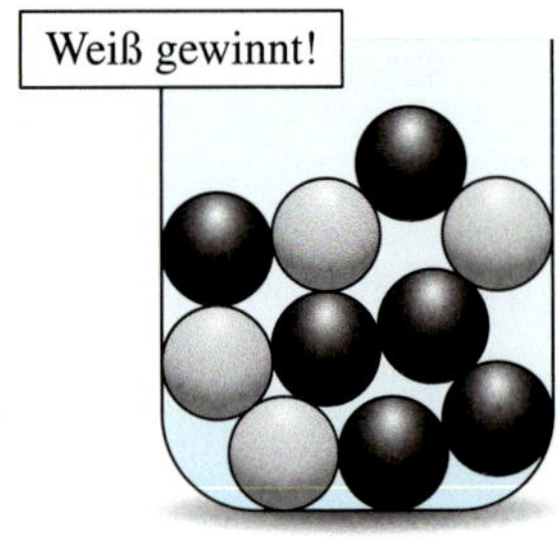

1 Der Firmenchef stellt für die Gewinne 1 000 € zur Verfügung. Inklusive der Einnahmen für die Teilnahme an den Spielen soll nichts mehr von diesem Geld übrig bleiben.

a) Die Azubis kalkulieren wie folgt:
Jedes Los kostet 1,50 €. Alle 400 Lose werden verkauft.
Drehen am Glücksrad kostet 0,75 €. Das Glücksrad wird 200-mal gedreht.
Das Ziehen einer Kugel kostet 1 €. Es wird 120-mal eine Kugel gezogen.
Wie viel Geld haben die Azubis zusammen mit dem Anfangsbudget eingenommen?

b) 45 % der Lose sind Nieten. Wie viele Gewinne müssen die Azubis für den Losstand kaufen?

c) Bestimme, wie oft am Glücksrad rechnerisch ein Gewinn erreicht wird.

d) Bestimme, wie oft rein rechnerisch durch Ziehen einer Kugel ein Gewinn erreicht wird.

e) Berechne, wie viel jeder Gewinn im Durchschnitt kosten darf.

2 Bei der letzten Jubiläumsfeier haben die Azubis nur zwei Attraktionen geplant. Für alle Gewinne standen ihnen 500 € zur Verfügung. Hinzu kamen die Einnahmen für die Spielteilnahme.

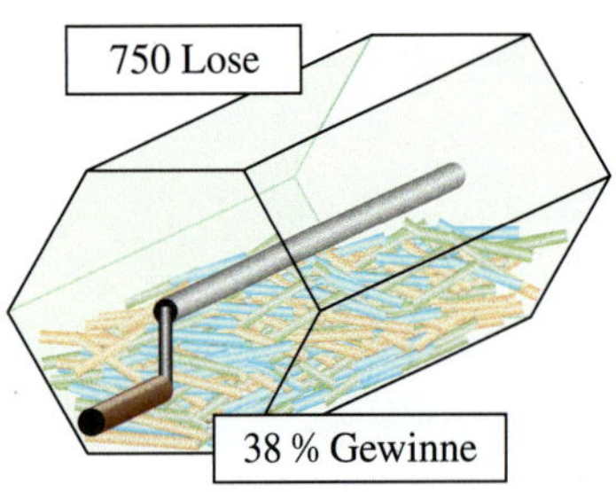

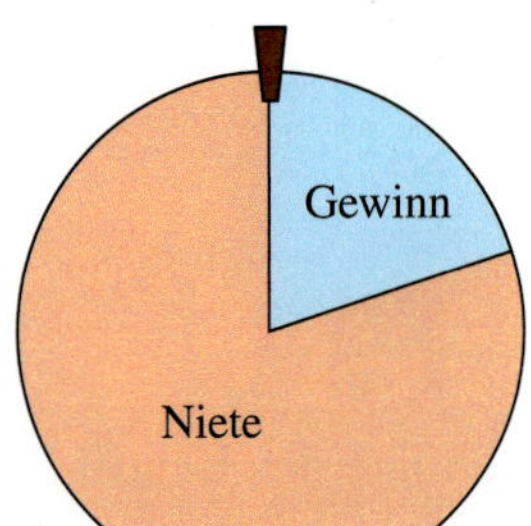

a) Wie lange liegt die letzte Jubiläumsfeier zurück?

b) Das Glücksrad wurde damals 267-mal gedreht. Jedes Drehen kostete 50 ct.
Es wurden 750 Lose verkauft zu 2 € je Los.
Die Azubis haben damals 6 € je Gewinn ausgegeben. Begründe, ob sie richtig geplant haben.

Maik erzählt Cheyenne von der anstehenden Jubiläumsfeier. Sie schlägt ihrem Chef für das 25-jährige Bestehen des Restaurants Gewinnspiele vor. Cheyenne meint nämlich, dass Gewinnspiele viele Kunden anlocken werden.
Cheyennes Chef lehnt ihre Idee ab. Der vorherige Besitzer hat damit viele Kunden verloren, weil die Gewinnspiele nicht fair waren.

Aber nicht nur bei Glücksspielen wird häufig manipuliert, sondern auch bei der Darstellung von Daten in Diagrammen.

3 Cheyennes Chef bekam von einem Kunden drei Grafiken über das Müllaufkommen in seinem Restaurant. Er musste sich dazu rechtfertigen.

a) Gib Erklärungen des Chefs zu jeder einzelnen Grafik an.

b) Begründe, ob alle Grafiken den gleichen Sachverhalt darstellen. Beschreibe dann die Unterschiede.

①
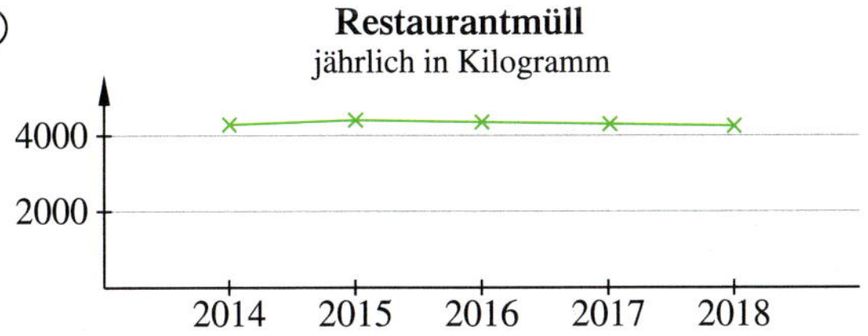

②
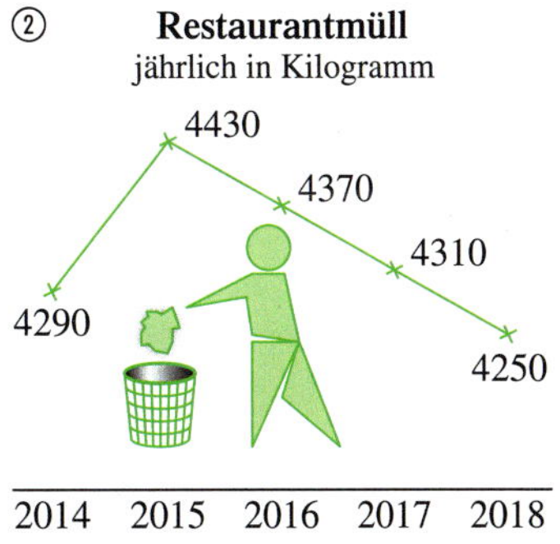

③
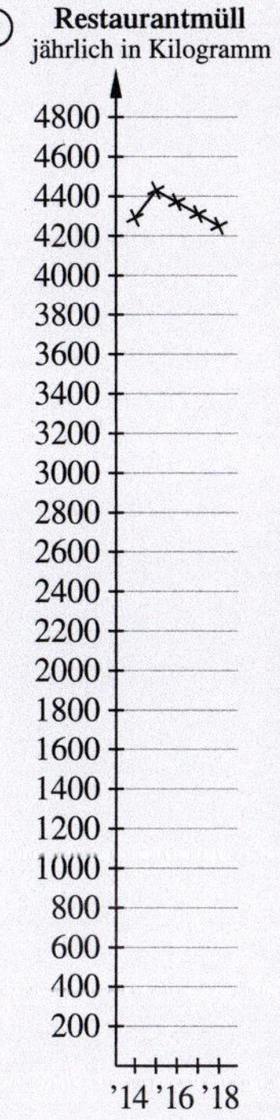

Merke Diagramme müssen oftmals kritisch hinterfragt werden.
Durch **Weglassen von Werten** oder **Verzerren von Achsen** kann eine Zu- oder Abnahme dramatisch verstärkt oder verschleiert werden.
Weitere beliebte Tricks sind **Falschdarstellungen von Längen, Flächen** oder **Volumina**.

4 Die Diagramme zeigen den Kursverlauf einer Aktie.

①
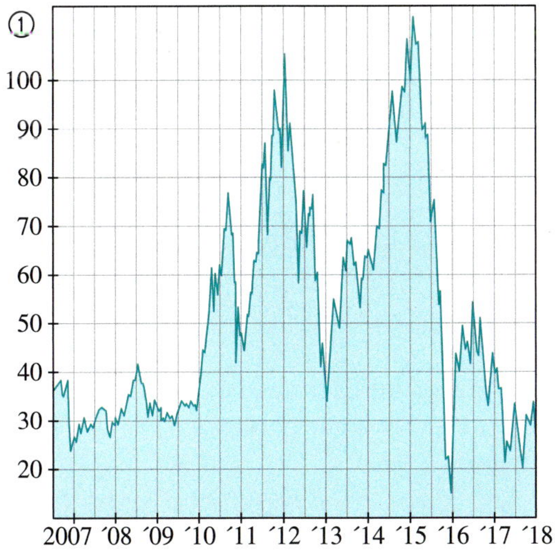

②
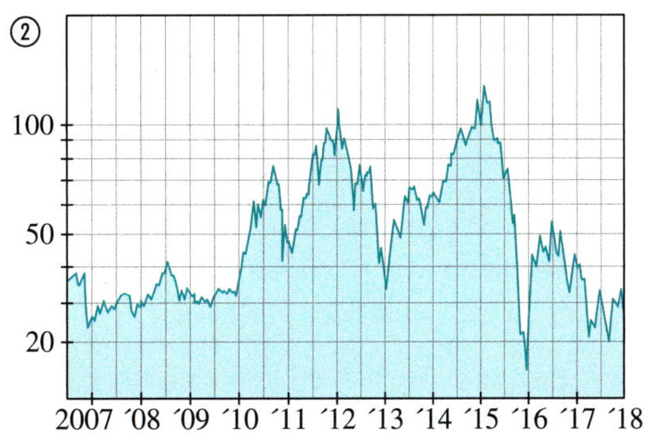

a) Beschreibe, woran man einen Manipulationsversuch erkennt.

b) Erkläre, welchen Zweck die manipulierte Darstellung erfüllen könnte.

Thema Lesen aus Statistiken – Wachstum

Als der Geschäftsführer sein Mittagessen im Restaurant einnimmt, kann Cheyenne einen Blick auf seine Unterlagen werfen. Dort sieht sie verschiedene Diagramme.

Gute Kritiken im Internet

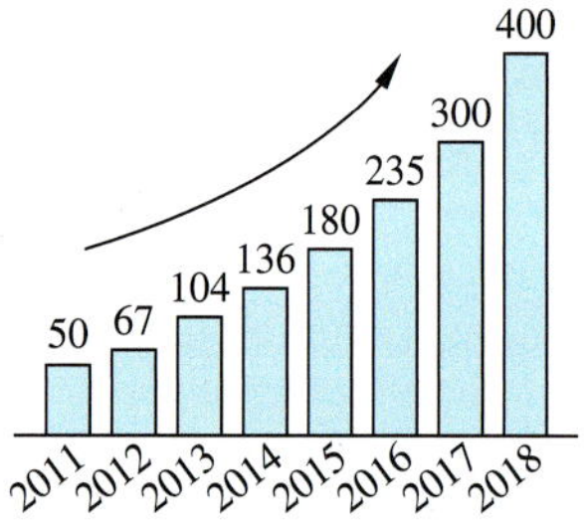

Anzahl an Essen bezogen auf 2014

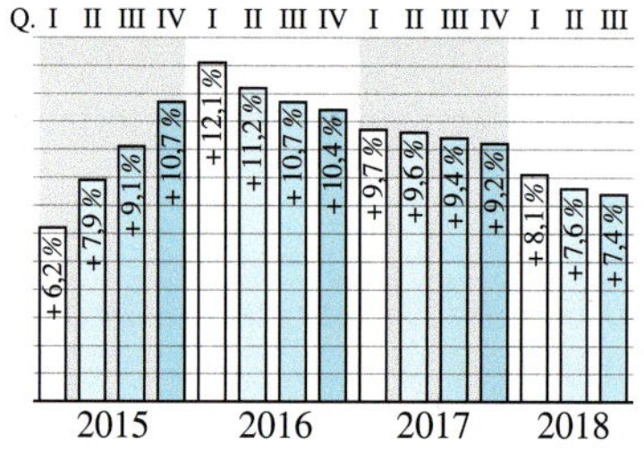

Wie oft kamen Gäste wieder?

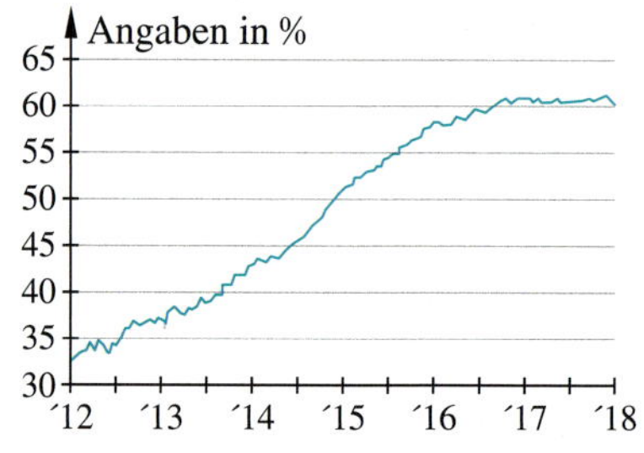

1 Betrachte die Diagramme. Sie stellen verschiedene Entwicklungen dar.

a) Beschreibe für jedes einzelne Diagramm die dargestellten Entwicklungen mit wenigen Worten. Benutze dabei die Begriffe Wachstum, Abnahme und Stagnation (= keine Veränderung).

b) Vergleiche die Grafiken miteinander. Was ist gleich, was unterscheidet sie?

c) Wie könnte die jeweilige Entwicklung in den nächsten drei Zeitabschnitten weitergehen? Erstelle eine Vorhersage und begründe deine Lösung.

d) Bei der linken Grafik gibt es eine Hervorhebung. Beschreibe die Wirkung beim Betrachter.

Mit den Fachworten hatte Cheyenne leider Probleme.

2 Informiert euch im Internet und im Lexikon über den Begriff „Wachstum“.

a) In welchen Bereichen trifft man auf diesen Begriff?

b) Beschreibt die unterschiedlichen Arten von Wachstum mit eigenen Worten.

c) Welche Wachstumsarten würdet ihr dem mathematischen Bereich zuordnen? Begründet eure Auswahl.

d) Beschreibt, welches Wachstum euch bereits aus dem vorangegangenen Mathematikunterricht, aber unter einem anderen Begriff, bekannt ist.

e) Tragt eure Ergebnisse aus dem mathematischen Bereich zusammen und erstellt eine Übersicht, z. B. ein Plakat. Notiert dazu jeweils eine Situation, zu der ihr einen zugehörigen Funktionsgraphen angebt.

Merke Man spricht von einer Zunahme einer Größe, auch **positives Wachstum** genannt, wenn der jeweils nachfolgende Wert immer größer ist als der vorherige.

Negatives Wachstum, also eine Abnahme, liegt vor, wenn der jeweils nachfolgende Wert immer kleiner ist als der vorherige.

Zunahme und Abnahme kann man in absoluten Zahlen oder prozentual ausdrücken.

Beispiel

Werte einer Aktie bei Börsenschluss

Montag	Dienstag	Mittwoch
45,21 €	46,78 €	44,54 €

Von Montag auf Dienstag ist das Wachstum positiv. Die Zunahme beträgt 1,57 €, das entspricht ca. 3,5 %.

Von Dienstag auf Mittwoch ist das Wachstum negativ. Die Abnahme beträgt 2,24 €, das entspricht ca. 4,8 %.

HINWEIS

1,57 : 45,21 ≈ 3,5 %

2,24 : 46,78 ≈ 4,8 %

3 Der Geschäftsführer bearbeitet gerade die Statistik zu den Jahreseinnahmen.

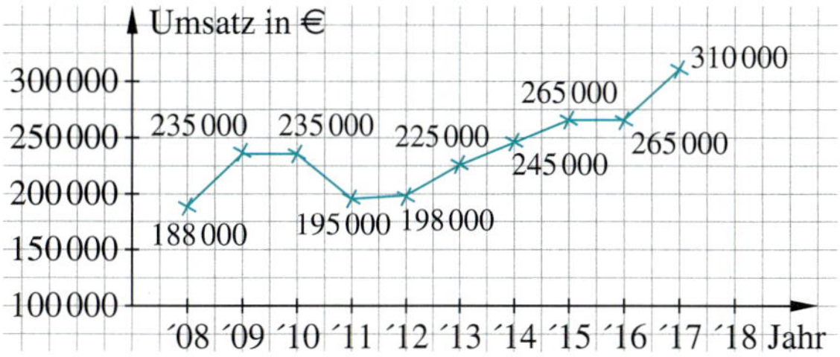

a) Beschreibe in eigenen Worten, was diese Grafik aussagt.
b) Stelle die Werte in einer Tabelle dar.
c) Berechne jeweils die prozentualen Veränderungen.

4 Betrachte den Graphen.

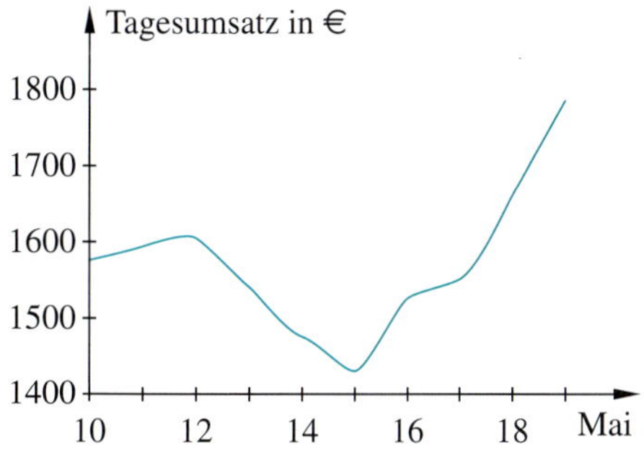

a) Beschreibe mit eigenen Worten den Verlauf des Graphen.
b) Finde Ursachen für den Rückgang und den späteren Anstieg beim Tagesumsatz.
c) In welchen Zeitabschnitten lag positives, in welchen negatives Wachstum vor?
d) Prüfe, ob Teile des Graphen zu linearen Funktionen passen.

Merke Nimmt in gleichen Zeitspannen der jeweils nachfolgende Wert G immer um den gleichen Betrag d zu oder ab, dann ist das **Wachstum linear**.

Auch hier unterscheidet man zwischen positivem linearen Wachstum ($d > 0$) und negativem linearen Wachstum ($d < 0$).

Den Wert nach n Zeitspannen berechnet man nach der Gleichung $\boldsymbol{G_n = G_0 + d \cdot n}$.

Beispiel
Maik spart jeden Monat 25 €.

Sein Guthaben beträgt zu Beginn $G_0 = 0$ €.
Nach 10 Monaten hat er bereits 250 € gespart: $G_n = G_0 + d \cdot n$,
also $G_{10} = 0\,€ + 25 \cdot 10 = 250\,€$
Maik leiht sich jeden Monat 50 €.
$G_3 = 0\,€ - 50\,€ \cdot 3 = -150\,€$

5 Die Tabelle zeigt die Besucherzahlen des Restaurants.

Jahr	2008	2009	2010	2011	2012	2013	2014	2015	2016	2017
Gäste	16 304	12 143	17 042	15 678	10 142	20 204	17 104	14 308	15 427	19 043

a) Stelle die Daten in einem Diagramm dar.
b) Für welche Zeitabschnitte liegt positives bzw. negatives Wachstum vor?
c) Gib Vermutungen an, warum die Besucherzahlen schwankten.
d) Berechne, wie viele Gäste das Restaurant durchschnittlich pro Jahr hatte.

6 Bei seiner Arbeit hat Maik oft Kontakt zu Personen, die unter Alkoholeinfluss stehen.
Zur Vorbereitung auf solche Situationen hat Maik an einem Lehrgang teilgenommen.
Dort hat er auch gelernt, wie schnell der Alkohol im Blut wieder abgebaut wird.
Dafür gibt es zwei Faustformeln:

① Pro Stunde bauen **Frauen** durchschnittlich 0,1 Promille Blutalkohol ab.

② Pro Stunde bauen **Männer** durchschnittlich 0,1 bis 0,2 Promille Blutalkohol ab.

a) Begründe, warum Maik alkoholisierte Personen bei der Einlasskontrolle abweisen muss.
b) Ein Mann und eine Frau haben so viel Alkohol getrunken, dass sie einen Vollrausch haben. Ihr Alkoholgehalt im Blut liegt jeweils bei 1,6 Promille.
Löse zeichnerisch, wann die beiden Personen wieder nüchtern sind.

7 Die Sicherheitsfirma wertet eine Statistik zu Verletzten im Stadion aus.

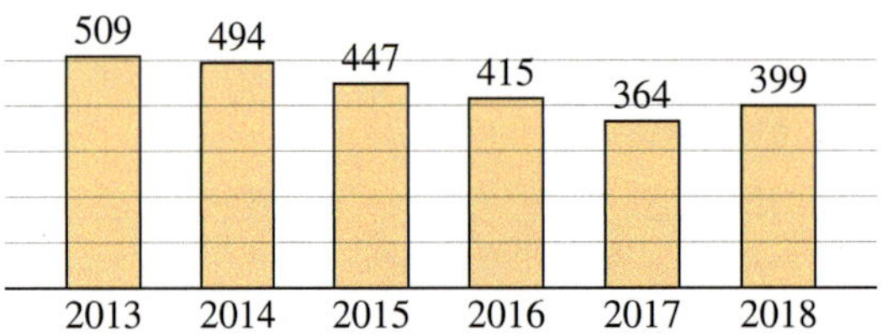

a) Wann ist die Abnahme gegenüber dem Vorjahr am höchsten?
Gib in absoluten Zahlen und prozentual an.
b) Bestimme die prozentuale Zunahme der Anzahl der Verletzten zwischen 2017 und 2018.
c) Berechne die prozentuale Abnahme zwischen 2013 und 2018 insgesamt.
Wie viel wäre das durchschnittlich pro Jahr?
d) Beurteile die Arbeit der Sicherheitsfirma.

Maik hat in der Zeitung gelesen, dass die Weltbevölkerung stetig wächst. Dieses Wachstum nennt man exponentiell.
Damit verbunden wächst auch der Bedarf an Fachkräften für Sicherheit. Maik erwartet, dass er gute Chancen hat, nach Abschluss seiner Ausbildung übernommen zu werden oder im Ausland eine Arbeit zu finden.

8 Lege in 10-Jahres-Schritten eine Tabelle zur Entwicklung der Weltbevölkerung von 1950 bis 2050 an.

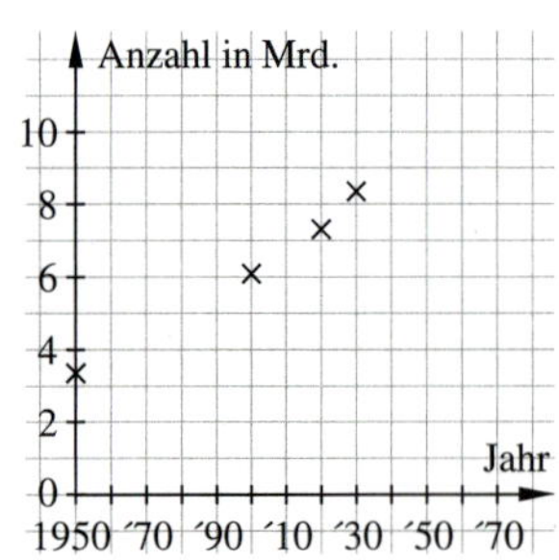

a) Nimm eine jährliche Wachstumsrate von 1,2% an und berechne die fehlenden Werte nach der Formel $y = G_0 \cdot q^x$.
Dabei ist G_0 der Anfangswert des Wachstumsprozesses und q der Wachstumsfaktor $1 + p\%$.
Beispiel $q = 1 + 1{,}2\% = 1{,}012$; $3{,}36 \cdot 1{,}012 = 3{,}40$

Jahr	1950	1960	1970	1980	1990	2000	…	2050
Anzahl in Mrd.	3,36	3,40				6,10		

b) Zeichne eine Grafik, trage die Werte dort ein und verbinde die Punkte miteinander.
c) Nenne die typischen Merkmale einer solchen exponentiellen Kurve.

Merke Bei **exponentiellem Wachstum** ändert sich eine Größe in gleichbleibenden Zeitspannen um einen konstanten Wachstumsfaktor q.

Bei einer prozentualen Änderung von $p\,\%$ ist $q = 1 + p\,\%$.

Die **Exponentialgleichung** $G_n = G_0 \cdot q^n$ gibt den Wert nach n Zeitabschnitten an.

Beim **Bakterienwachstum** verdoppelt sich die Anzahl der Bakterien immer in gleichen Zeitabständen: $G_n = G_0 \cdot 2^n$

Beim **radioaktiven Zerfall** halbiert sich die Masse des Stoffes immer in gleichen Zeitabständen: $G_n = G_0 \cdot 0{,}5^n$

Beispiele

Wenn Maik bei der Sicherheitsfirma eingestellt wird, erhält er am Anfang 1800 € brutto im Monat. Danach wird das Gehalt pro Jahr um 2,5 % erhöht.

nach 1 Jahr: $G_1 = 1800\,€ \cdot 1{,}025 = 1845\,€$
nach 2 Jahren: $G_2 = 1845\,€ \cdot 1{,}025 \approx 1891{,}13\,€$
$G_2 = 1800\,€ \cdot 1{,}025^2 \approx 1891{,}13\,€$
nach 5 Jahren: $G_5 = 1800\,€ \cdot 1{,}025^5 \approx 2036{,}53\,€$

Cheyennes Restaurant stellt auch eigenen Joghurt her. Darin befinden sich Milchsäurebakterien. Deren Anzahl verdoppelt sich alle 40 min. Gibt es am Anfang 100 Bakterien, dann gibt es
nach 40 min: $100 \cdot 2 = 200$ Bakterien,
nach 80 min: $100 \cdot 2^2 = 400$ Bakterien,
nach 120 min: $100 \cdot 2^3 = 800$ Bakterien.

9 Das Restaurant, in dem Cheyenne arbeitet, machte 2017 noch 90 000 € Gewinn. Dann gingen die Gewinne jedes Jahr um 15 % zurück.

a) Cheyenne meint, dass der Wachstumsfaktor $q = 0{,}85$ ist. Begründe, ob sie Recht hat.

b) Lege eine Tabelle an und berechne die Gewinne bis zum Jahr 2022.
Dabei soll jeweils $q = 0{,}85$ sein.

c) Stelle den Gewinn des Unternehmens grafisch dar.

d) Berechne den voraussichtlichen Gewinn für das Jahr 2027 falls q unverändert bleibt.

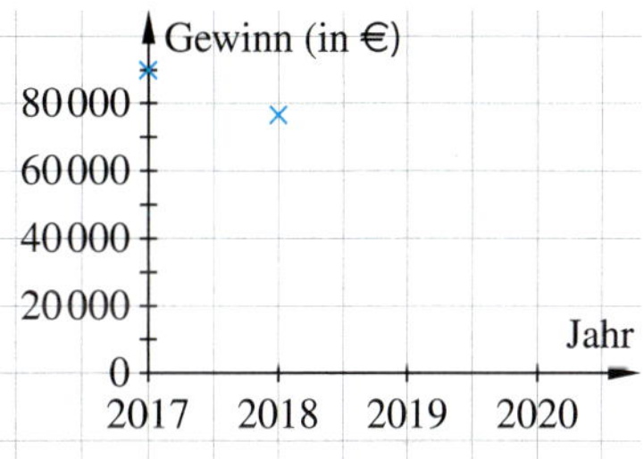

10 Cheyenne hat gelernt, dass die Hygiene im Restaurant sehr wichtig ist und sic ständig kontrolliert werden muss. Salmonellen im Essen (vor allem in Hühnchen oder Eiern) können Erkrankungen auslösen. Alle 20 Minuten verdoppelt sich die Anzahl der Salmonellen.

a) Schätze, wie viele Salmonellen nach 2 Stunden vorhanden sind, wenn es am Anfang nur 100 Stück sind.

b) Ergänze die Tabelle im Heft. Vergleiche dann mit deiner Schätzung aus a).

Zeitpunkt	0 min	20 min	40 min	60 min	80 min	100 min	120 min
Anzahl der Salmonellen	100	200					
Anzahl der Verdopplungen	0	1	2				

11 Maik und Cheyenne haben noch zwei weitere Statistiken gefunden.

a) Beschreibe die Sachverhalte, die dargestellt sind.

b) Begründe, warum die Funktionen nicht linear sind.

c) Beschreibe die Merkmale der beiden dargestellten Funktionen.

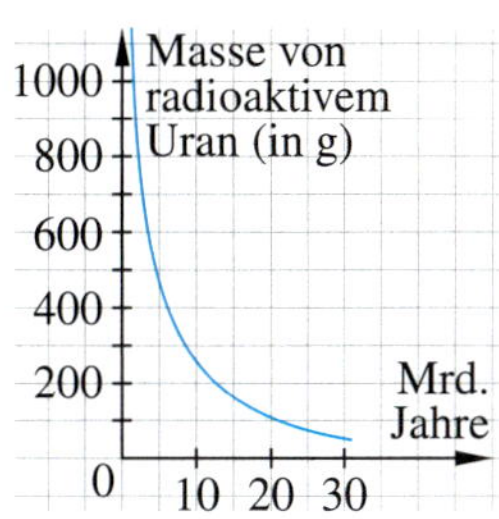

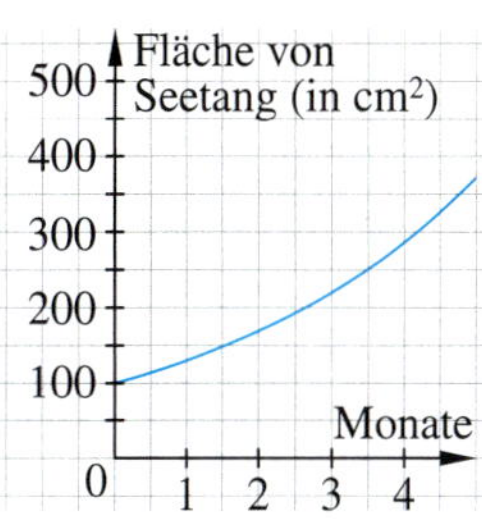

HINWEIS
Die Funktionen in Aufgabe 11 nennt man ***exponentielle Funktionen****.*

Thema Beim Einstellungstest – Quadratische Funktionen

Nach dem Abschluss der Ausbildung möchte Maik weiterhin für seine Firma arbeiten. Dafür muss er sich dem zweiteiligen Einstellungstest unterziehen. Es gibt einen sportlichen und eine schriftlichen Teil.

1 Beim Sporttest muss Maik zum Beispiel eine Kugel stoßen. Die Flugbahn der Kugel entspricht einer besonderen Kurve.

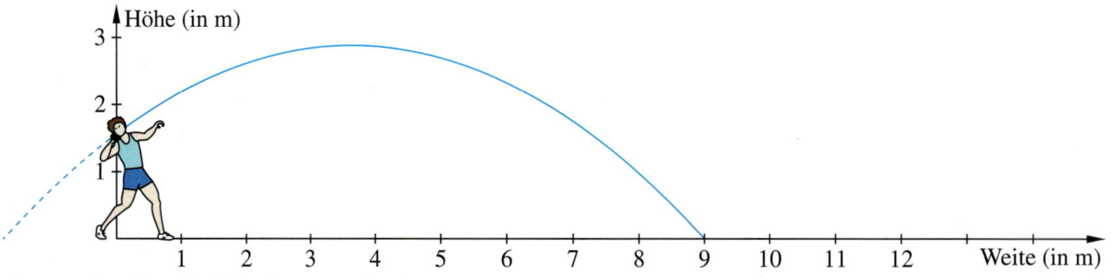

a) Beschreibe die Flugkurve mit eigenen Worten.
b) Wie weit hat Maik die Kugel gestoßen?
Beschreibe, woran man das an der Kurve ablesen kann.
c) Wie hoch fliegt die Kugel an ihrem höchsten Punkt?
d) Bestimme, in welcher Höhe Maik die Kugel ungefähr abgestoßen hat?

Merke Der Graph einer **quadratischen Funktion** mit der Funktionsgleichung $y = ax^2$ ist eine zur y-Achse symmetrische **Parabel**.

Den tiefsten beziehungsweise höchsten Punkt nennt man Scheitelpunkt.
Er liegt bei quadratischen Funktionen der Form $y = ax^2$ im Punkt $S(0|0)$.

Der Faktor a bestimmt die Öffnungsrichtung der Parabel:
- Für $a = 1$ und $a = -1$ entsteht eine **Normalparabel**.
- Für $a < 0$ ist die Parabel nach unten geöffnet.
- für $a > 0$ ist die Parabel nach oben geöffnet.

Beispiel

Aus der Wertetabelle können die Funktionsgraphen gezeichnet werden.
Beachte: Für Quadratzahlen gibt es auf dem Taschenrechner die Tasten x^2 oder ^ 2.

x	−2	−1	0	1	2	Öffnungsrichtung
$y_1 = x^2$	4	1	0	1	4	nach oben
$y_2 = -x^2$	−4	−1	0	−1	−4	nach unten

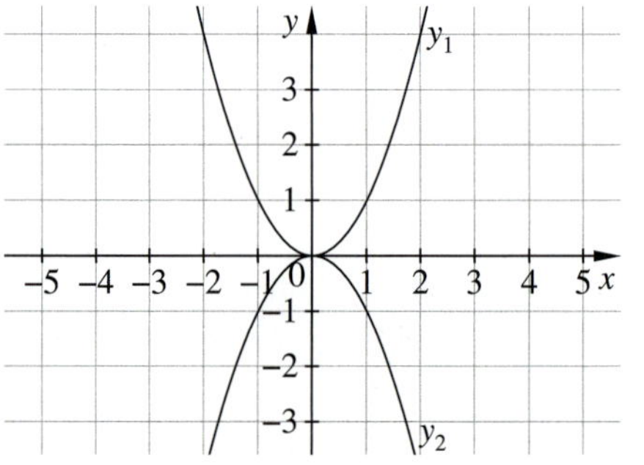

2 Handelt es sich um eine quadratische Funktion? Zeichne und begründe.

	x	−3	−2	−1	0	1	2	3
a)	y_1	18	8	2	0	2	8	18
b)	y_2	9	−4	−1	0	−1	−4	9
c)	y_3	−5	−3	−1	1	3	5	7
d)	y_4	4	3	2	0	2	3	4

3 Im schriftlichen Teil des Einstellungstests soll Maik folgende Aufgaben zur Sicherung eines Festivalgeländes lösen.

a) Auf dem Festival werden insgesamt 6 200 Besucher inklusive Personal erwartet.
Das Festival soll auf einem quadratischen Gelände stattfinden.
Wie groß muss die Seitenlänge des Geländes sein, wenn zwei Personen pro Quadratmeter zulässig sind?

b) Pro 500 Besucher muss ein 1,20 m breiter Rettungsweg bestehen. Gib an, wie breit der Rettungsweg insgesamt sein muss.

c) Beurteile, ob der Lkw das Gelände durch den Torbogen beliefern kann.
Der Torbogen hat die Form einer Parabel. Die Spannweite beträgt 4 m und die Höhe beträgt 3 m.
Entnimm die Maße des Lkw der Abbildung.

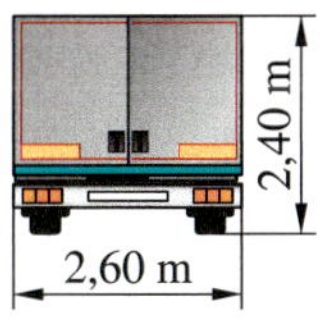

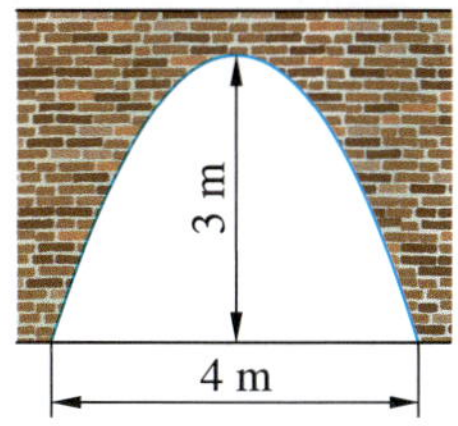

4 Die Entwicklung des Flächeninhalts von Quadraten kann man unterschiedlich darstellen.

a) Berechne den Flächeninhalt für Quadrate mit einer Seitenlänge von 0,5 m bis 5 m.

Seitenlänge in m	0,5	1	1,5	2	2,5	3	3,5	4	4,5	5
Flächeninhalt in m²										

b) Stelle deine Ergebnisse in einem Diagramm dar.

c) Warum erhältst du nur eine halbe Parabel? Begründe.

5 In der Fahrschule lernt Maik, dass sich der Anhalteweg aus dem Reaktionsweg und dem Bremsweg zusammensetzt.

a) Berechne die fehlenden Werte in der Tabelle.
Ordne anschließend die vorgegebenen Graphen den Funktionen zu.

Geschwindigkeit in $\frac{km}{h}$	x	10	20	30						
Reaktionsweg in m	$y_1 = 0{,}3x$				12	15	18			
Bremsweg in m	$y_2 = 0{,}01x^2$							49	64	81
Anhalteweg in m	$y_3 = 0{,}01x^2 + 0{,}3x$									

①
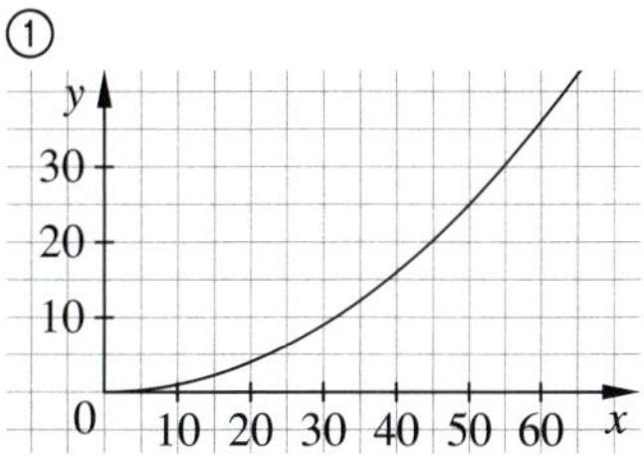

②
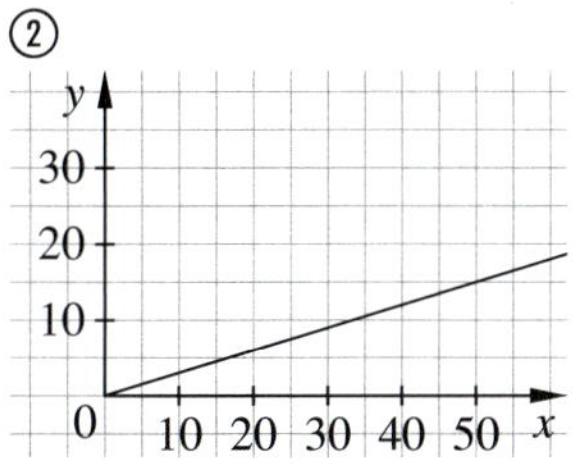

③
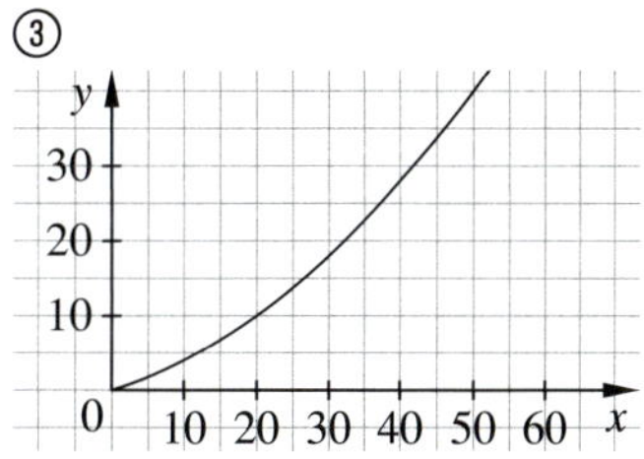

b) Schätze jeweils die gefahrene Geschwindigkeit zu dem gemessenen Anhalteweg.
① 18 m ② 33,75 m ③ 54 m ④ 108 m

Bei der Vorbereitung auf den Einstellungstest merkt Maik, dass er noch einmal die verschiedenen Funktionstypen und Wachstumsarten wiederholen muss. Cheyenne und er suchen daher nach Aufgaben zu linearen, quadratischen und exponentiellen Funktionen. Beim Lösen hält Maik fest, wie er die verschiedenen Funktionen auseinander halten kann.

6 Begründe, ob die Funktion linear, quadratisch oder exponentiell ist.

a)

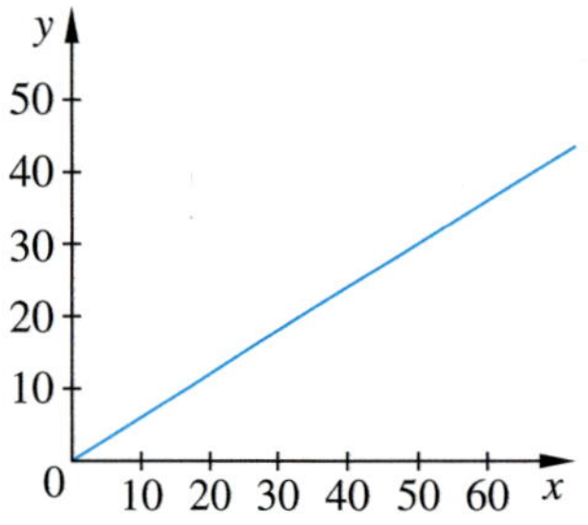

b)

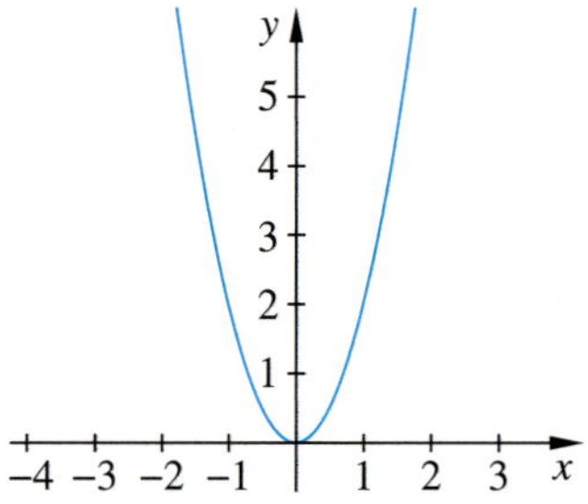

c)

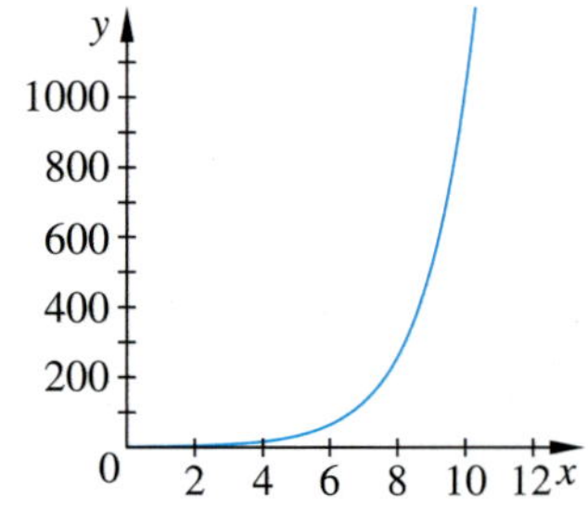

7 Ordnet den Beispielen den passenden Funktionstyp zu.

- Flugbahn eines Basketballs
- Beladen eines Lkw mit gleich schweren Kisten
- Algenwachstum in einem Teich
- Flächeninhalt einer quadratischen Fliese
- zurückgelegter Weg bei einer bestimmten Geschwindigkeit

8 Hier liegen verschiedene Funktionstypen vor. Ergänze die Tabelle in deinem Heft.

x	0	1	2	3	4	5	Funktionstyp
y	10	5	2,5	1,25			
y	200	150	100	50			
y	12 000	14 400	17 280	20 736			
y	0	3	12	27			
y	1,8	5,4	9	12,6			

9 Zeichne die Graphen und notiere, ob sie zu linearem, quadratischen oder exponentiellem Wachstum gehören.

a) $y = 2x + 4$ **b)** $y = 1{,}5 \cdot 2^x$ **c)** $y = 0{,}5x \cdot (x - 8)$ **d)** $y = 3 \cdot 0{,}5x$

10 Starte bei fünf und verdopple fünfmal hintereinander.

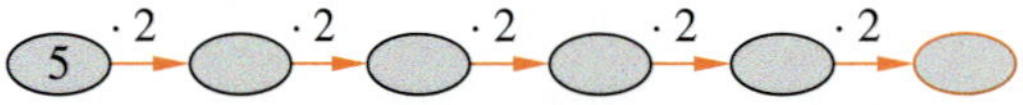

a) Zeichne den zugehörigen Funktionsgraphen in ein Koordinatensystem. Welche Art von Wachstum liegt vor?

b) Starte anschließend bei fünf und halbiere fünfmal hintereinander. Zeichne den Funktionsgraphen. Welche Art von Wachstum liegt vor?

Ähnlichkeit

Fische einer Art haben alle die gleiche Form und die gleiche Färbung.
Es gibt aber Unterschiede in der Größe.
Vergrößerungen und Verkleinerungen treten auf.
Die Fische sind ähnlich.
Sind sie auch ähnlich im Sinne der Geometrie?

Wiederholung

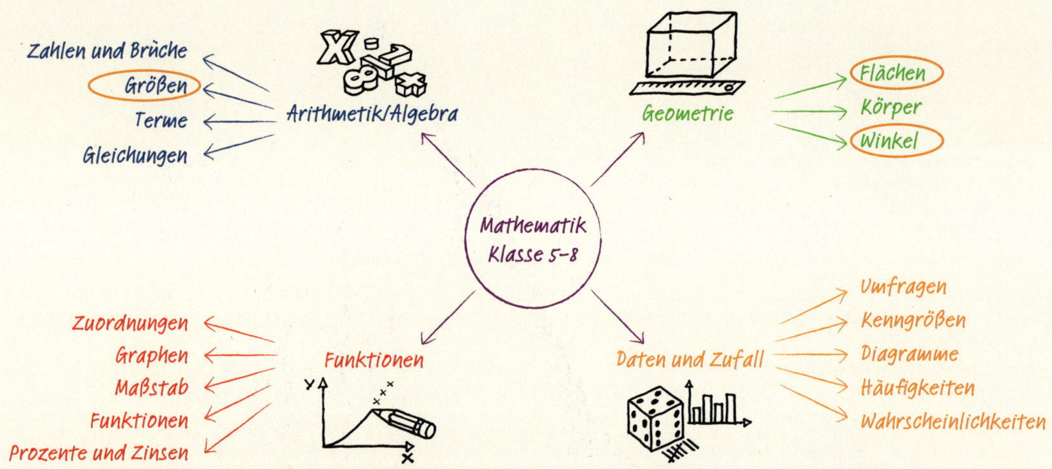

Erinnere dich **Längeneinheiten** kann man umwandeln:
1 km = 1 000 m
1 m = 10 dm = 100 cm = 1 000 mm

Beispiel
3 km = 3 000 m = 300 000 cm
50 000 cm = 500 m
1 000 000 cm = 10 000 m = 10 km

Erinnere dich Gerade Linien unterscheidet man nach ihrer Begrenzung.
- Eine **Strecke** hat einen Anfangspunkt und einen Endpunkt.
- Eine **Halbgerade** (Strahl) hat einen Anfangspunkt, aber keinen Endpunkt.
- Eine **Gerade** hat keinen Anfangspunkt und keinen Endpunkt.

Beispiel

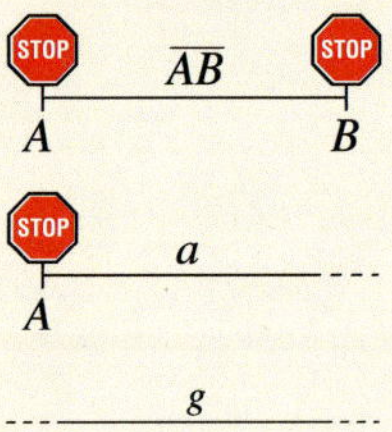

Bezeichnung der Strecke von A nach B: $\overline{AB}$

Halbgerade bei A beginnend

Gerade g, unendlich lang

Erinnere dich So werden Dreiecke benannt:
Nach Seiten:
Es gibt **gleichschenklige Dreiecke** (Schenkel gleich lang, Basiswinkel gleich groß) und **gleichseitige Dreiecke** (alle Seiten gleich lang, alle Winkel 60°).
Nach Winkeln:
Es gibt spitzwinklige **Dreiecke** (drei spitze Winkel), **rechtwinklige Dreiecke** (ein Winkel 90°) und **stumpfwinklige Dreiecke** (ein stumpfer Winkel).
Die **Winkelsumme im Dreieck** beträgt 180°.

Beispiel Dreiecksarten

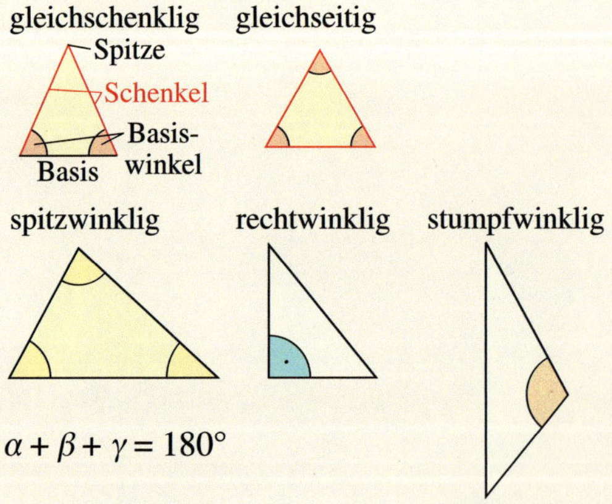

$\alpha + \beta + \gamma = 180°$

Erinnere dich Stimmen Figuren in Seitenlängen und Winkelgrößen überein, dann sind sie zueinander **kongruent** (deckungsgleich).

Beispiel
Alle Dreiecke sind zueinander kongruent.

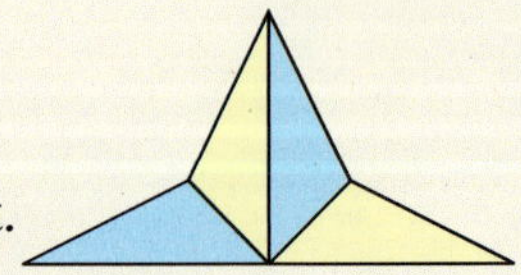

1 Längenangaben umrechnen
Rechne in die angegebene Einheit um.

a) 10 cm = ■ m b) 200 cm = ■ m
c) 1 000 cm = ■ m d) 100 000 cm = ■ km
e) 5 m = ■ cm f) 2 km = ■ m
g) 10 km = ■ cm h) 500 km = ■ cm
i) 120 cm = ■ m j) 1 050 cm = ■ m

2 Linien unterscheiden
Ordne die geraden Linien nach Strecke, Halbgerade und Gerade.
Welche Linien bleiben übrig?

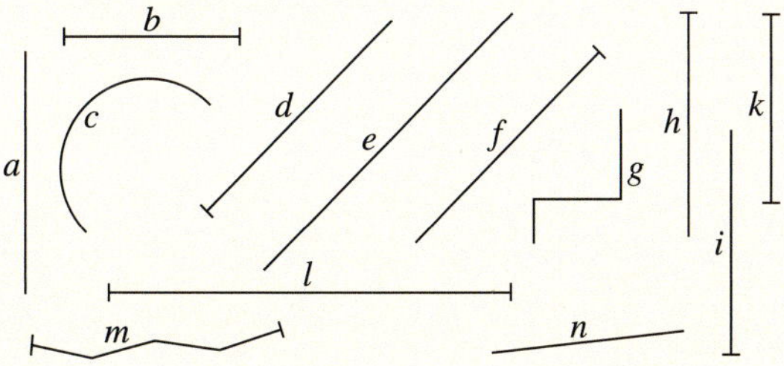

3 Strecken benennen
Findest du alle acht Strecken, die in der Figur vorkommen?
Beispiel $\overline{AB}$

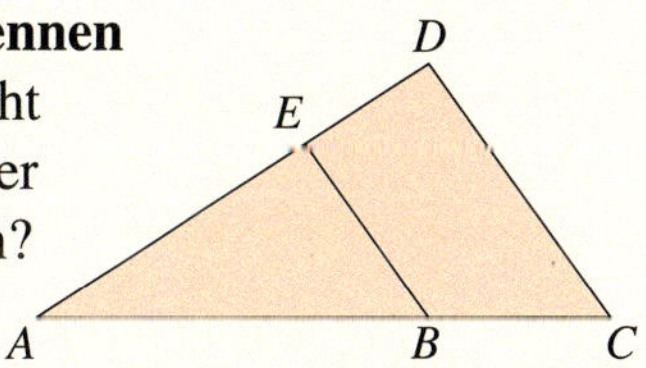

4 Strecken und Geraden erkennen
Gib an, …

a) wie viele Geraden und Strecken abgebildet sind.
b) welche Geraden parallel zueinander verlaufen.

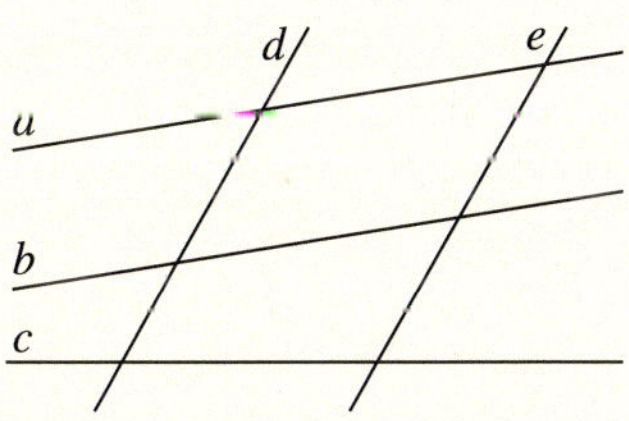

5 Winkel zeichnen
Zeichne die Winkel in dein Heft.

a) 17° b) 38° c) 90° d) 125°

6 Dreieck zeichnen
Ein Dreieck hat die Winkel $\alpha = 71°$ und $b = 45°$. Wie groß ist γ?
Zeichne das Dreieck und bestätige somit die Winkelgröße des Dreiecks.

7 Winkelgrößen berechnen
Berechne die fehlenden Winkel des Dreiecks.

	Dreiecksart	α	β	γ
a)	allgemein	83°		58°
b)	rechtwinklig	∟	72°	
c)	gleichseitig			
d)	gleichschenklig ($\alpha = \beta$)		50°	

8 Dreiecke beschriften
Übertrage die Dreiecke ins Heft und beschrifte sie vollständig.

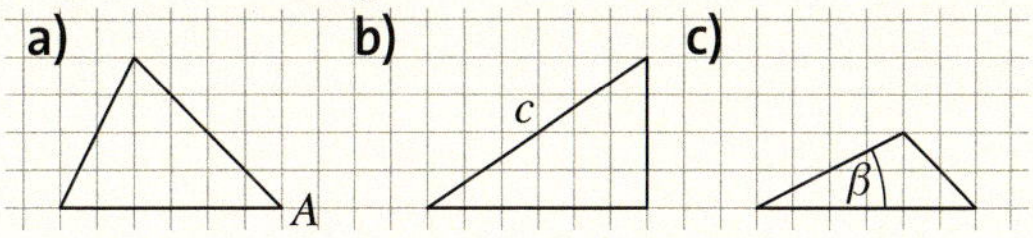

9 Dreiecksformen angeben
Zeichne die Dreiecke in ein Koordinatensystem. Benenne sie nach Seiten oder Winkeln.

a) ΔABC $A(-6|-2)$; $B(-2|5)$; $C(-10|5)$
b) ΔKLM $K(1|-3)$; $L(9|-1)$; $M(11|7)$
c) ΔRST $R(-7|-8)$; $S(6|-8)$; $T(-7|-4)$

10 Figuren auf Kongruenz überprüfen
Welche Dreiecke sind kongruent?

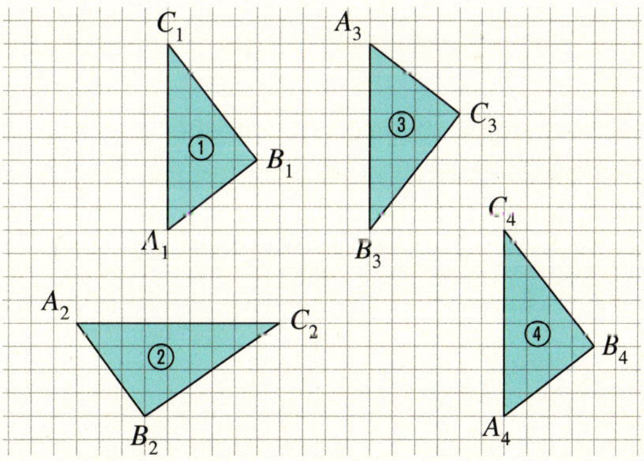

11 Dreiecke konstruieren
Konstruiere das Dreieck ABC wie folgt:

- Zeichne $c = 4{,}8$ cm mit den Eckpunkten A und B.
- Zeichne in A den Winkel $\alpha = 40°$.
- Zeichne in B den Winkel $\beta = 70°$.
- Schnittpunkt der beiden Schenkel von α und β ist C.

a) Wie groß ist der Winkel γ?
b) Benenne die Dreiecksart.

Lösungen ab Seite 210

Noch fit?

Einstieg

1 Maßangaben umwandeln
Wandle die Maßangaben um.

a) 300 cm = ■ m
b) 8 000 m = ■ km
c) 40 mm = ■ cm
d) 90 dm = ■ m
e) 7 m = ■ cm
f) 5 km = ■ m
g) 37 dm = ■ mm
h) 0,5 m = ■ cm

Aufstieg

1 Maßangaben umwandeln
Wandle in die angegebene Einheit um.

a) 700 cm = ■ m
b) 1 700 m = ■ km
c) 62 mm = ■ cm
d) 15 dm = ■ m
e) 9,3 m = ■ cm
f) 60 km = ■ m
g) 84 cm = ■ mm
h) 1 km = ■ cm

2 Eigenschaften von Flächen und Körpern
Benenne die Flächen und Körper. Finde zu jeder geometrischen Form mindestens eine Eigenschaft, die sich auf die Seitenlängen bzw. auf die Kantenlängen bezieht.

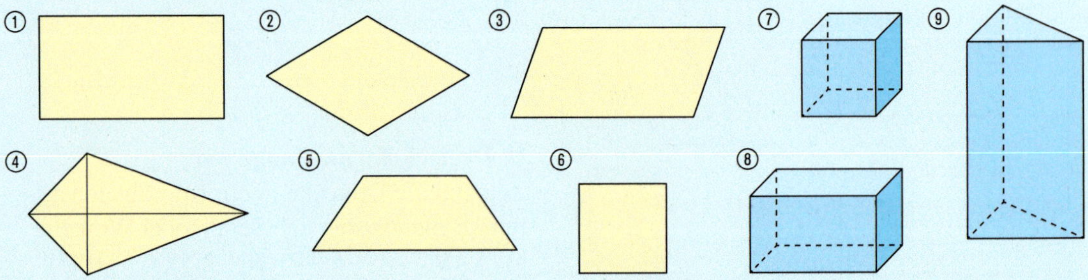

Einstieg

3 Viereck im Koordinatensystem zeichnen
Zeichne das Viereck *ABCD* mit den Eckpunkten $A(-3|-5)$; $B(6|-2)$; $C(8|4)$ und $D(-1|1)$ in ein Koordinatensystem.
Um welche Vierecksform handelt es sich?

4 Brüche erweitern und kürzen
Erweitere bzw. kürze die Brüche.

a) Erweitere mit 4: $\frac{1}{2}$; $\frac{3}{7}$; $\frac{4}{5}$; $\frac{2}{9}$

b) Kürze vollständig: $\frac{4}{6}$; $\frac{2}{8}$; $\frac{7}{14}$; $\frac{5}{15}$

5 Bruchgleichungen lösen
Bestimme x durch Probieren.

Beispiel $\frac{1}{2} = \frac{x}{4}$; $x = 2$, weil $\frac{1}{2} = \frac{2}{4}$ ist.

a) $\frac{2}{3} = \frac{x}{9}$
b) $\frac{3}{7} = \frac{x}{14}$

6 Quadratflächen vergleichen
Zeichne ein Quadrat mit $a = 5$ cm ins Heft und berechne den Flächeninhalt. Zeichne dann ein Quadrat mit $a = 10$ cm ins Heft.
Welche Aussage ist richtig?
Der Flächeninhalt des großen Quadrats …
① ist doppelt so groß.
② ist vierfach so groß.

Aufstieg

3 Viereck im Koordinatensystem zeichnen
Zeichne das Viereck *ABCD* mit den Eckpunkten $A(-7|-11)$; $B(8|-2)$; $C(2|4)$ und $D(-3|/1)$ in ein Koordinatensystem.
Um welche Vierecksform handelt es sich?

4 Brüche erweitern und kürzen
Erweitere bzw. kürze die Brüche.

a) Erweitere mit 8: $\frac{1}{3}$; $\frac{5}{9}$; $\frac{7}{12}$; $\frac{2}{15}$

b) Kürze vollständig: $\frac{8}{10}$; $\frac{12}{16}$; $\frac{42}{49}$; $\frac{24}{36}$

5 Bruchgleichungen lösen
Finde für x die richtige Lösung.

a) $\frac{1}{4} = \frac{x}{12}$
b) $\frac{x}{6} = \frac{10}{12}$
c) $\frac{5}{7} = \frac{25}{x}$
d) $\frac{9}{x} = \frac{27}{36}$

6 Verhältnisgleichungen lösen
Finde für x die richtige Lösung. Schreibe die Verhältnisse zunächst als Bruch.

Beispiel $2:3 = \frac{2}{3}$

a) $3:4 = 6:x$
b) $12:21 = 4:x$
c) $5:6 = x:12$
d) $9:12 = x:4$
e) $6:x = 18:15$
f) $x:24 = 3:8$

Lösungen ab Seite 210

Maßstab und Ähnlichkeit

Entdecken

1 Das links abgebildete Originalfoto hat das Format 4 cm × 6 cm. Alle anderen Fotos sind ihm in gewisser Weise ähnlich.
Aber nur eines davon stellt eine maßstabsgetreue Vergrößerung oder Verkleinerung dar.

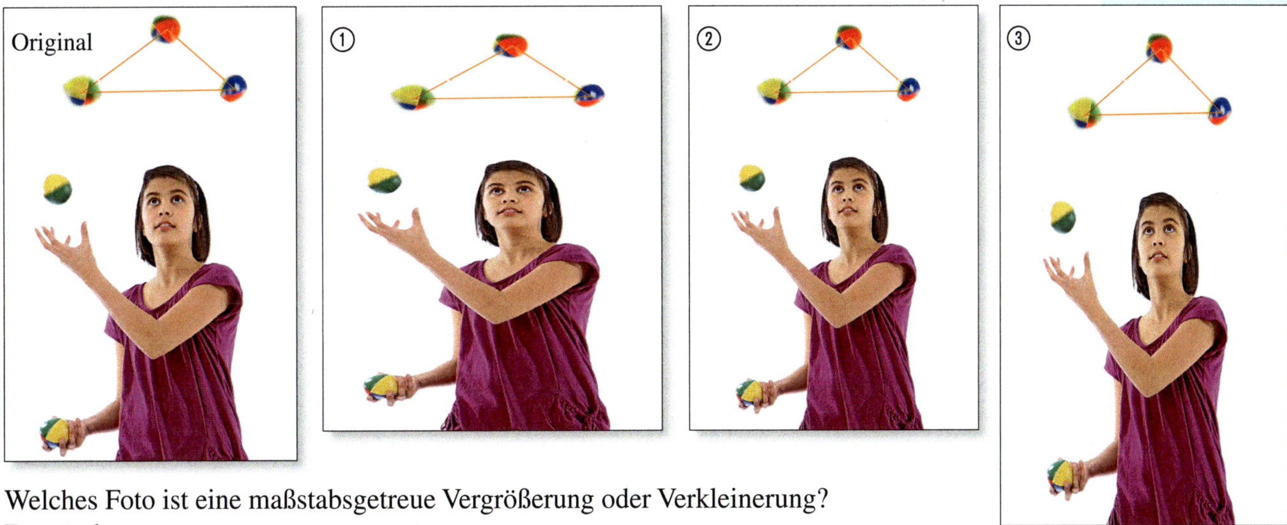

Welches Foto ist eine maßstabsgetreue Vergrößerung oder Verkleinerung? Begründe.

2 Konstruiere die angegebenen fünf Dreiecke auf einem extra Blatt Papier so, dass sie sich nicht überschneiden.
Nummeriere sie und schneide sie aus.

①	②	③	④	⑤
$a = 3\,\text{cm}$	$a = 5\,\text{cm}$	$a = 1{,}5\,\text{cm}$	$a = 6\,\text{cm}$	$a = 3\,\text{cm}$
$c = 5\,\text{cm}$	$b = 3\,\text{cm}$	$c = 2\,\text{cm}$	$c = 10\,\text{cm}$	$b = 5\,\text{cm}$
$\beta = 70°$	$c = 4\,\text{cm}$	$\beta = 90°$	$\beta = 70°$	$c = 4\,\text{cm}$

a) Welche Dreiecke sind ähnlich?
Vergleiche dein Ergebnis in der Klasse.
b) Worin besteht ihre Ähnlichkeit? Was ist gleich, was ist verschieden?
Beschreibe die einzelnen Merkmale.
c) Zeichne Dreiecke, die zu den ausgeschnittenen Dreiecken ähnlich sind.
Wie bist du vorgegangen?
d) Du möchtest ein Dreieck maßstäblich vergrößern. Welche Werte musst du verändern und welche Angaben bleiben gleich?

ERINNERE DICH
Die Standardbeschriftung beim Dreieck sieht so aus:

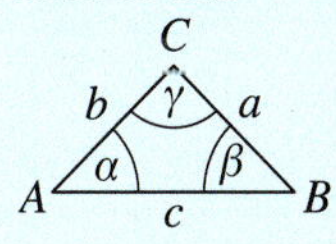

3 Versuche, die Bilder von den Eiswaffeln größer zu zeichnen. Achte darauf, dass kein verzerrtes Bild entsteht.
Wie gehst du dabei vor?

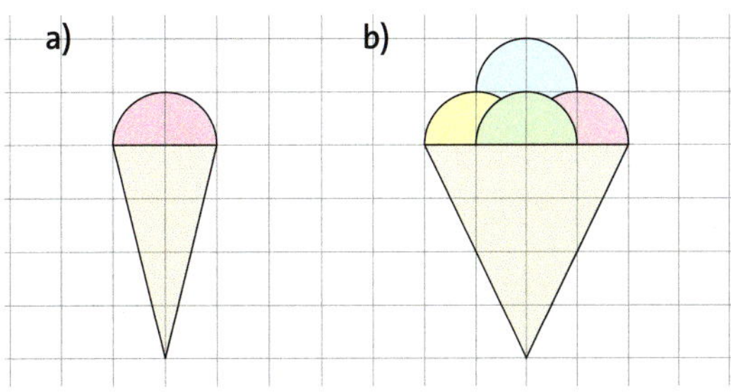

Verstehen

Lisa hat folgende Hausaufgabe bekommen: Finde zuhause Figuren, die geometrisch zueinander ähnlich sind. Zeichne sie ab.

Zuerst findet sie nur Dinge, die im allgemeinen Sprachgebrauch zueinander ähnlich sind wie z. B. Schlüssel oder Schuhe.

Schließlich entdeckt sie ein Holzpuzzle: Einzelne Teile sind auch im geometrischen Sinn zueinander ähnlich.

Das Puzzle ist 30 cm lang und 26 cm hoch. Lisa zeichnet es verkleinert in ihr Heft.

Merke In einer **Maßstabszeichnung** wird jede Strecke der Originalfigur im gleichen Maß vergrößert oder verkleinert, also mit demselben Faktor multipliziert.

Ein **Maßstab** gibt das Verhältnis der Streckenlänge im Bild zur entsprechenden Streckenlänge im Original an:
Bildlänge : Originallänge

So gibt man den Maßstab an:
$1 : x$ bei einer Verkleinerung oder
$x : 1$ bei einer Vergrößerung

HINWEIS
Bei einer Verkleinerung werden alle Längen des Originals durch x geteilt.
Bei einer Vergrößerung werden alle Längen des Originals mit dem Faktor x malgenommen.

Beispiel 1

Lisa zeichnet das Puzzle im Maßstab 1 : 5.

Beim maßstäblichen Vergrößern oder Verkleinern bleibt die Form des Originals erhalten. Die Größe, die Lage und die Farbe können im Bild verschieden sein.

Merke Zwei Figuren heißen **zueinander ähnlich**, wenn sie durch maßstäbliches Vergrößern oder Verkleinern auseinander hervorgehen.

Für zwei ähnliche Figuren gelten folgende **Eigenschaften**:
- Alle sich entsprechenden Winkel sind gleich groß.
- Alle sich entsprechenden Strecken sind im gleichen Maßstab vergrößert oder verkleinert.

Werden bei einer Figur die Streckenlängen verdoppelt, so bedeutet das *keine* Verdopplung des Flächeninhalts.

Beispiel 2

Die Trapeze sind ähnlich zueinander. Der Maßstab beträgt 1 : 2.

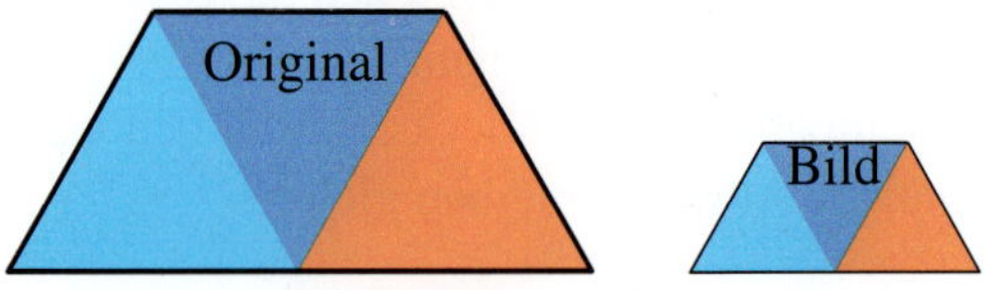

Im Puzzle finden sich unterschiedlich große Dreiecke. Alle sind ähnlich zueinander.

Hinweis: Für die Ähnlichkeit haben Farbe und Lage der Figuren keine Bedeutung.

Üben und anwenden

1 Die langen Seiten der Figur sind 2 cm lang, die kurzen sind 1 cm lang.

a) Zeichne die Figur in wahrer Größe in dein Heft.

b) Wie groß sind die wahren Seitenlängen?

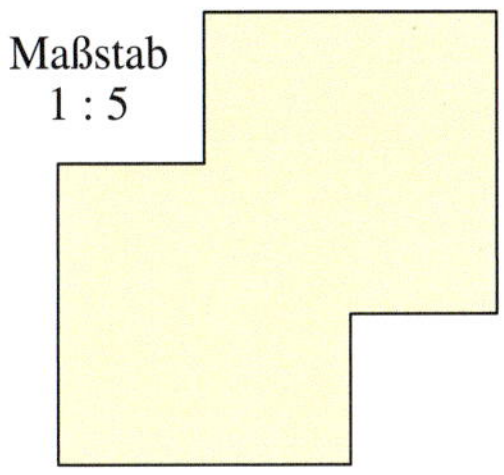

1 Miss die Seitenlängen der Figur und zeichne sie in wahrer Größe. Trage die wahren Seitenlängen in deine Zeichnung ein.

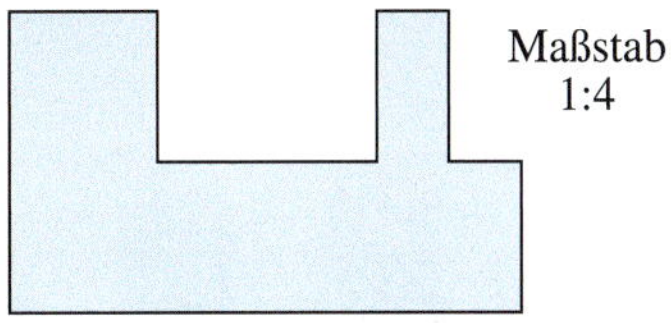

2 Zeichne den Würfel im Maßstab 4 : 1 in dein Heft.

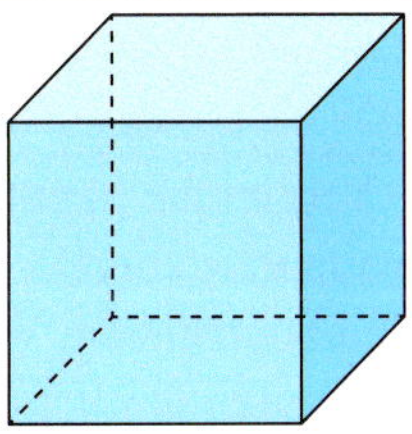

2 Zeichne den Quader im Maßstab 2 : 1 in dein Heft.

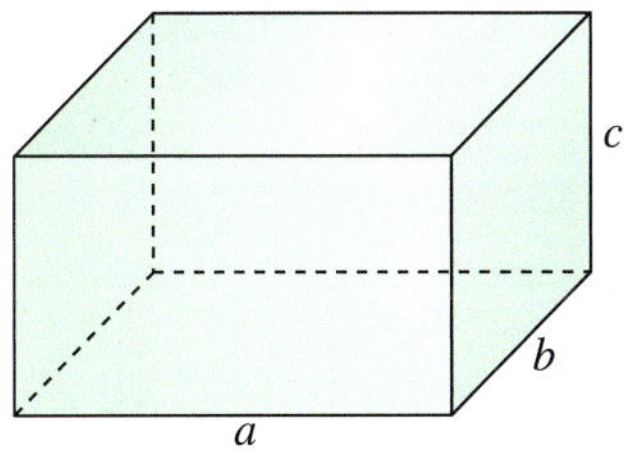

3 Was bedeutet der Maßstab 3 : 1? Erkläre. Erfinde eine Aufgabe zu diesem Maßstab.

3 Was bedeutet der Maßstab 2 : 5? Erkläre. Erfinde eine Aufgabe zu diesem Maßstab.

4 Die Wohnung von Familie Schwertz ist im Grundriss mit dem Maßstab 1 : 150 abgebildet. Miss die erforderlichen Längen und berechne die Originalmaße, das heißt Länge und Breite …

a) vom Schlafzimmer,

b) von der Küche,

c) vom Badezimmer und

d) von der gesamten Wohnung.

5 Zeichne den Grundriss für ein Jugendzimmer im Maßstab 1 : 50 in dein Heft. Das rechteckige Zimmer hat in Wirklichkeit eine Länge von 5 m und eine Breite von 3,50 m. Gestalte das Zimmer sinnvoll mit Bett, Schreibtisch und Schrank. Denke auch an Fenster und eine Tür.

5 Ein rechteckiges Zimmer hat eine Länge von 5,6 m und eine Breite von 4,8 m. In einer Grundrisszeichnung soll es 2,8 cm lang gezeichnet werden.

a) Bestimme den Maßstab der Zeichnung.

b) Wie breit muss das Zimmer im Grundriss gezeichnet werden?

c) Zeichne es in diesem und einem zweiten sinnvollen Maßstab.

6 Berechne den Maßstab. Beschreibe, wie du dabei vorgehst. Achte auf unterschiedliche Einheiten.

a) Bildlänge 4 cm; Originallänge 80 cm

b) Bildlänge 1 m; Originallänge 500 m

c) Bildlänge 12 cm; Originallänge 3 cm

d) Bildlänge 5 cm; Originallänge 10 m

6 Ergänze die Tabelle im Heft.

	Maßstab	Modell	Wirklichkeit
a)	■	4 cm	60 m
b)	■	25 cm	1 km
c)	■	7,5 cm	6 km
d)	■	38 cm	19 mm
e)	■	24 cm	0,04 m

7 Wie groß sind die Tiere in Wirklichkeit? Schätze zuerst und berechne dann.

a) 1 : 120

b) 1 : 22

8 Matrjoschka sind bunt bemalte Puppen aus Holz, die ineinander geschachtelt werden können.
Erklärt, worin ihre Ähnlichkeit besteht.
Was ist für die Ähnlichkeit von Figuren nicht wichtig? Findet weitere Beispiele.

9 Finde zueinander ähnliche Einsen.

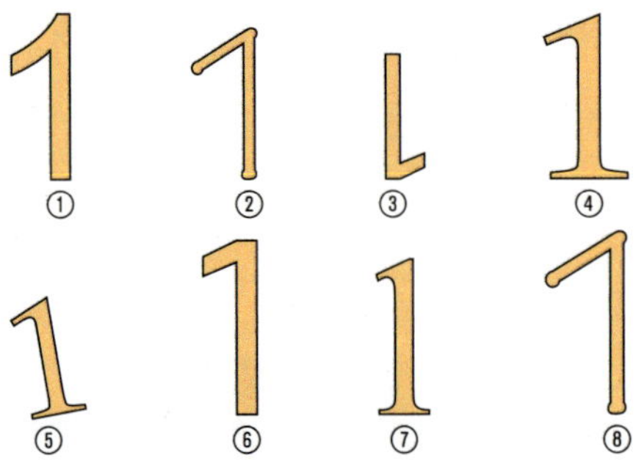

9 Vergleiche in einem gedruckten Text die Großbuchstaben in Druckschrift mit ihren Kleinbuchstaben. Welche Buchstaben sind zueinander ähnlich? Begründe.

10 Zeichne auf Karopapier ein Quadrat mit beliebiger Seitenlänge. Vergrößere und verkleinere es dann. Was fällt dir hinsichtlich der Ähnlichkeit auf?

10 Zeichne ein gleichseitiges Dreieck mit beliebiger Seitenlänge. Vergrößere und verkleinere es dann. Was fällt dir hinsichtlich der Ähnlichkeit auf?

11 Welche Figuren sind immer zueinander ähnlich?
Begründe z. B. mithilfe einer Skizze.
a) Rechtecke b) Parallelogramme
c) Kreise d) Dreiecke

11 Wahr oder falsch? Begründe.
Dreiecke mit dieser Eigenschaft sind immer zueinander ähnlich:
a) stumpfwinklig b) gleichschenklig
c) rechtwinklig d) gleichseitig

12 Finde zueinander ähnliche Figuren und übertrage sie nebeneinander in dein Heft.

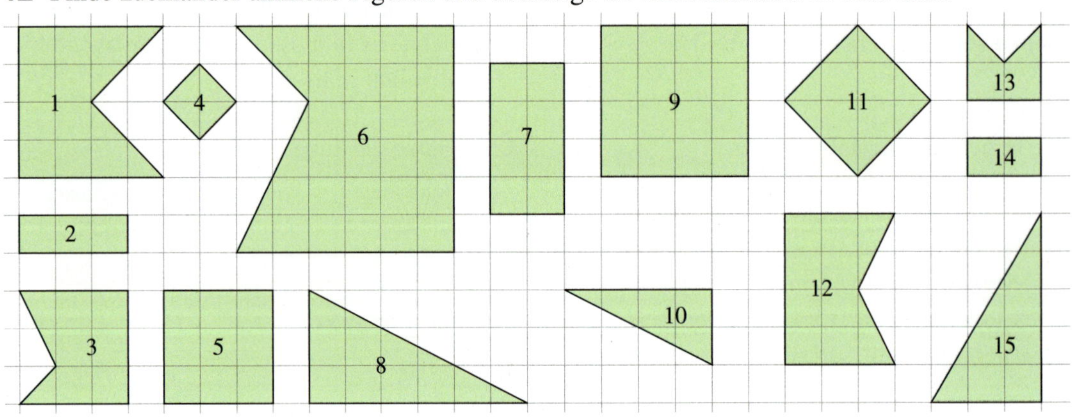

13 Zeichne die Buchstaben ab und vergrößere sie mithilfe der Kästchen auf doppelte Größe.

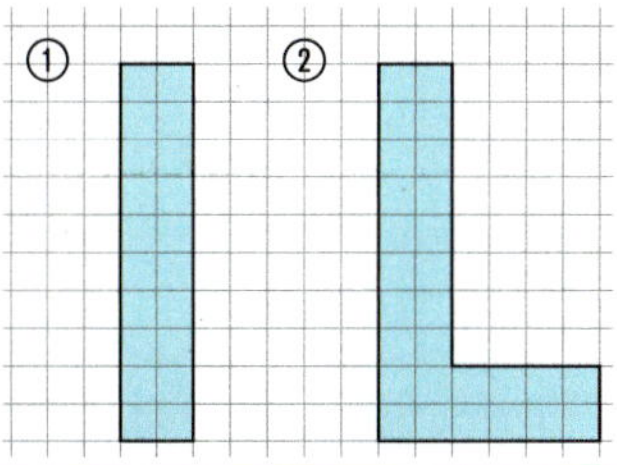

13 Zeichne die Buchstaben H, E, F und T auf Kästchenpapier und vergrößere sie. Orientiere dich dabei an der Zeichnung von Aufgabe 13.

14 Das Deutsche Institut für Normung legt die Standardgrößen für Papierformate fest. Die Formate DIN-A1 bis DIN-A7 sind hier dargestellt.

a) Welche Formate kennst du? Woher kennst du sie?
b) Erkläre, wie die Maße des nächstkleineren Formats jeweils entstehen.
c) Gib die Maße für ein Blatt DIN A0 an.
d) Gib jeweils die Maße für ein Blatt DIN A1, A2, A3 bis A7 an.
e) Gib die Maße für ein Blatt DIN A8 an.
f) Begründe, warum die Formate jeweils zueinander ähnlich sind.
g) Untersuche, wie sich jeweils der Flächeninhalt verändert.

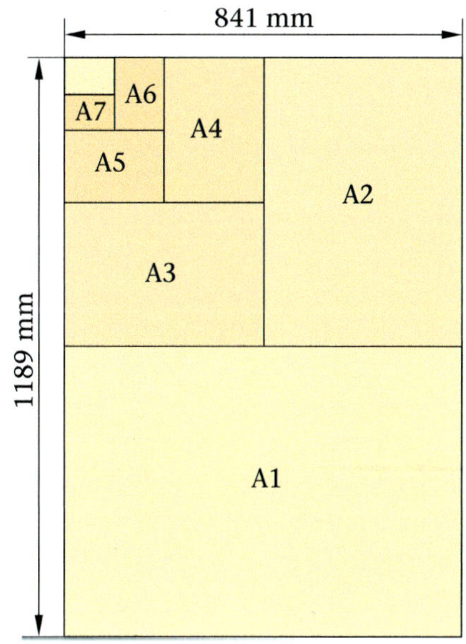

15 Von zwei Dreiecken ist jeweils die Größe von zwei Innenwinkeln bekannt. Sind die beiden Dreiecke zueinander ähnlich?

a) Dreieck ①: 50°; 70°; Dreieck ②: 60°; 50°
b) Dreieck ①: 35°; 80°; Dreieck ②: 80°; 75°
c) Dreieck ①: 27°; 55°; Dreieck ②: 98°; 55°

15 Von sechs Dreiecken ist jeweils die Größe von zwei Innenwinkeln bekannt. Welche der sechs Dreiecke sind zueinander ähnlich?

① 36°; 61° ② 50°; 36°
③ 72°; 58° ④ 72°; 50°
⑤ 50°; 94° ⑥ 94°; 36°

ERINNERE DICH
Die Summe der Innenwinkel im Dreieck ergibt 180°.

16 Das „Haus vom Nikolaus“ soll vergrößert werden. Im neuen Haus soll jede Seite 3-mal so groß sein. Zeichne das neue Haus vom Nikolaus.

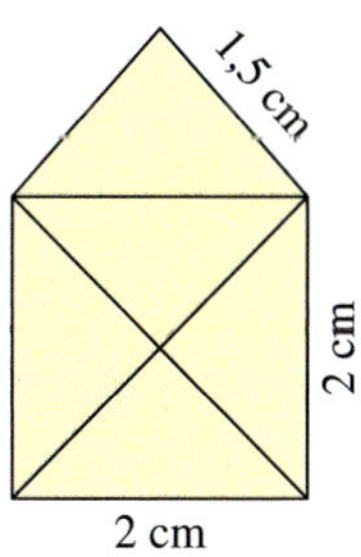

16 Zeichne das Legespiel „Tangram“ so ab, dass das Gesamtquadrat eine Seitenlänge von 8 cm hat.

17 Nimm Stellung zu folgenden Aussagen:

a) Wenn man bei einem Dreieck die Seitenlängen verdoppelt, dann werden auch die Winkel doppelt so groß.
b) Wenn man bei einem Rechteck die Seitenlängen verdoppelt, dann wird auch die Fläche doppelt so groß.

17 Zeichne ein Dreieck *ABC* mit den Seitenlängen $a = 2\,cm$; $b = 3\,cm$ und $c = 4\,cm$. Verlängere jede Seite um 2 cm und zeichne mit den neuen Längen ein zweites Dreieck. Sind die Dreiecke einander ähnlich? Begründe.

Methode: Hilfsmittel zum Vergrößern und Verkleinern

Der Storchschnabel (Pantograph)

Mit einem Storchschnabel kann man Zeichnungen im gleichen, im größeren oder im kleineren Maßstab präzise übertragen. Er wurde 1603 erfunden.

Der Storchschnabel besteht aus vier Leisten, die über Gelenke miteinander verbunden sind. Er wird an einem Fixpunkt an der Unterlage befestigt und kann um diesen Punkt gedreht werden.
An einer Stelle wird ein Stift eingesetzt. Wenn man die Linien im Original nachfährt, kopiert der Stift diese Linien. Die Einstellung am Storchschnabel bestimmt die Größe der Kopie. Im Bild wurde die fertige Zeichnung (rechts) links verkleinert kopiert.

1 Erkundigt euch z. B. im Internet, wozu ein Storchschnabel früher gebraucht wurde.

2 Bastelt selbst einen Storchschnabel. Im Internet findet ihr verschiedene Bauanleitungen dazu. Baut den Storchschnabel im Werkunterricht oder zu Hause nach.

Der Proportionalzirkel

Mit einem Proportionalzirkel kann man Strecken in einem bestimmten Verhältnis teilen, sie vergrößern oder verkleinern.
Er besteht aus zwei Schenkeln, die durch eine bewegliche Schraube miteinander verbunden sind. An jedem Ende hat er zwei Spitzen: Das eine Paar dient zum Abmessen der Originalgröße, das zweite zum Konstruieren der Bildgröße.

3 Wodurch erreicht man beim Proportionalzirkel verschiedene Maßstäbe?

Der Kopierer

Fotokopierer und viele Drucker mit einer Scan- und Kopierfunktion können Vorlagen bequem vergrößern und verkleinern. Dazu gibt man einen Zoom-Faktor k ein. Häufig sind bereits Standardfaktoren zum Vergrößern und Verkleinern in DIN-Formate vorgegeben.

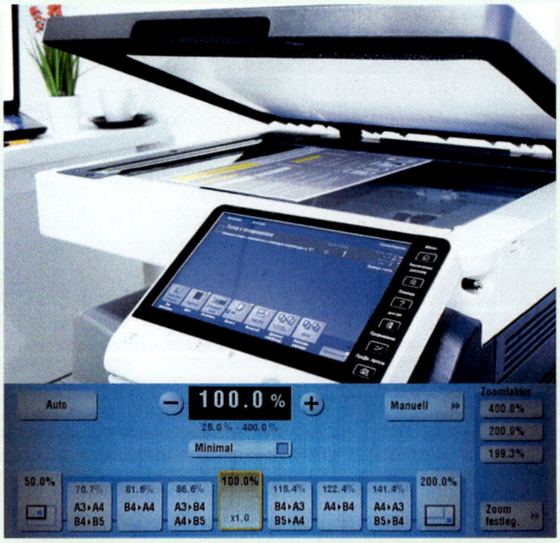

4 Welche Standardfaktoren kannst du am Display ablesen?

5 Zum Verkleinern von DIN A3 auf DIN A4 verwendet man den Zoom-Faktor 70,7 %.
Wie kann man diesen Faktor berechnen?

Zentrische Streckung

Entdecken

1 Beschreibt mit Worten den gezeigten Versuch und diskutiert die folgenden Fragen. Wie verändert sich der Schatten, …
a) wenn das Haus näher auf die Lichtquelle zu bewegt wird?
b) wenn das Haus weiter von der Lichtquelle weg wandert?
c) wenn du die Lichtquelle auf die Wand zu- bzw. sie von ihr wegbewegst?

2 Fertige eine Skizze zu Aufgabe 1 an. Zeichne die Lichtstrahlen von der Lampe zu den Ecken von der Schablone und zu den Ecken vom Schattenbild ein.
a) Wie verlaufen die Strahlen?
b) Betrachte Lenas Zeichnung. Sie hat die Strahlen verlängert, die von der Lichtquelle Z zu den Eckpunkten des Fünfecks führen und mit dem Zirkel noch einmal die gleiche Streckenlänge abgemessen.
Die neuen Punkte A', B', C', D', E' auf den Strahlen verbindet sie zu einem größeren Fünfeck.

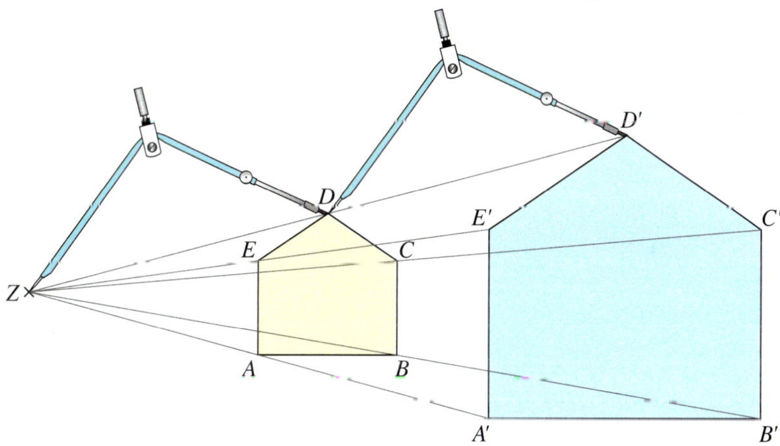

c) Zeichne eine solche Konstruktion mit einem Dreieck.
d) Miss die Seiten des Originaldreiecks und des neuen Dreiecks und vergleiche. Was fällt dir auf? Vergleiche mit deinen Nachbarn.
e) Prüfe die Winkelgrößen von Original- und neuem Dreieck, ebenso die Parallelität der einander entsprechenden Seiten. Fällt dir auch hier etwas auf?

3 Zeichne einen Punkt Z in dein Heft. Zeichne von Z ausgehend fünf Strahlen in unterschiedliche Richtungen. Markiere auf jedem Strahl hintereinander mehrere Punkte im Abstand von 0,5 cm. Verbinde jeweils die fünf Punkte, die den gleichen Abstand zu Z haben.
a) Beschreibe, was entsteht.
b) Was kannst du über die entstandenen Fünfecke sagen?

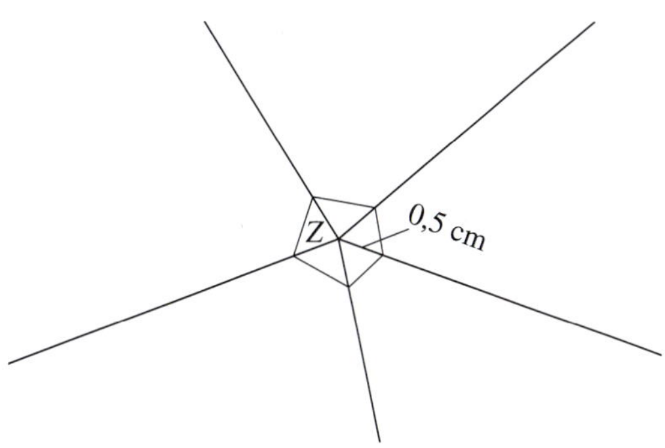

Verstehen

Marie möchte mit ihrer kleinen Schwester verschiedene Drachen basteln.
Sie hat eine Drachenschablone aus Papier, deren Form sie als Vorlage nimmt.
Sie möchte die Schablone vergrößern und verkleinern und so verschieden große Drachen herstellen.

Beispiel 1

Marie vergrößert ihre Schablone maßstäblich, indem sie alle Seitenlängen mit dem Faktor $k = 1{,}5$ multipliziert.

Marie verkleinert ihre Schablone maßstäblich, indem sie alle Seitenlängen mit dem Faktor $k = \frac{1}{3}$ multipliziert.

$c = 51\,\text{cm} \cdot \frac{1}{3}$
$c = 17\,\text{cm}$

$c = 51\,\text{cm} \cdot 1{,}5$
$c = 76{,}5\,\text{cm}$

Merke Figuren können auch mithilfe einer **zentrischen Streckung** maßstäblich vergrößert oder verkleinert werden.

Der **Streckfaktor** wird hierbei mit $\boldsymbol{k}$ bezeichnet, das **Streckzentrum** mit **Z**.

Ist $k > 1$, spricht man von einer maßstäblichen Vergrößerung.
Ist $k = 1$, sind Original und Bild identisch.
Ist $0 < k < 1$, handelt es sich um eine maßstäbliche Verkleinerung.

Aus den Längen von Bild- und Originalstrecke lässt sich der Streckfaktor k berechnen:

$$k = \frac{\text{Bildlänge}}{\text{Originallänge}}$$

BEACHTE
Im Bild wird der Originalpunkt A mit A', A" usw. bezeichnet.

Beispiel 2

Das Streckzentrum Z liegt außerhalb der Figur.

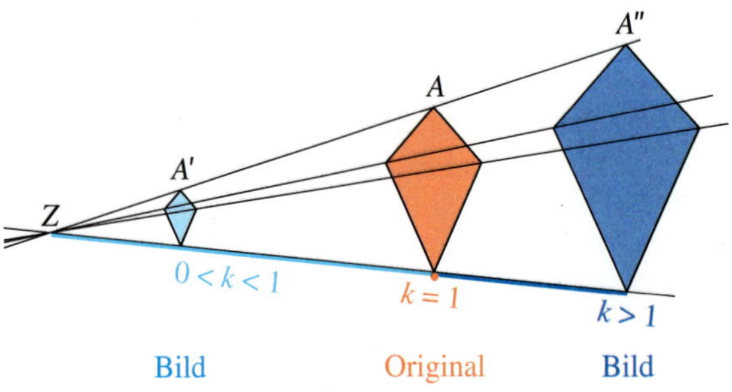

Beispiel 3

Z liegt innerhalb der Figur.

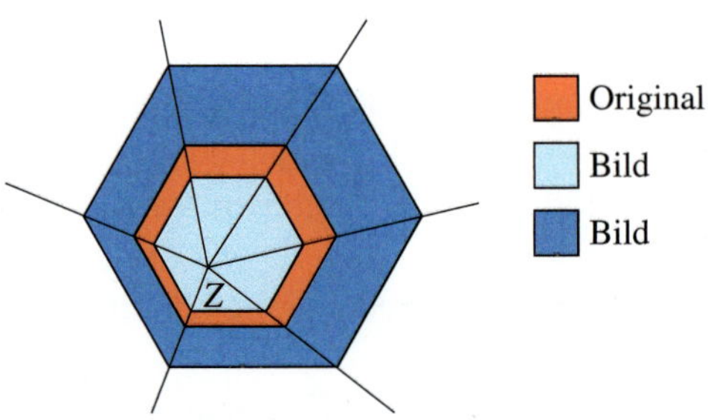

Bei jeder zentrischen Streckung sind Originalfigur und Bildfigur zueinander ähnlich, somit bleiben alle Winkelgrößen erhalten.

Originalfigur und Bildfigur befinden sich außerdem in einer speziellen Lage zueinander: Originalstrecke und Bildstrecke verlaufen immer parallel zueinander.

Beachte: Wenn die Streckenlänge verdoppelt wird, verdoppelt sich der Flächeninhalt *nicht*.

Üben und anwenden

1 Miss bei der zentrischen Streckung der Raute aus, wie groß der Streckfaktor ist.

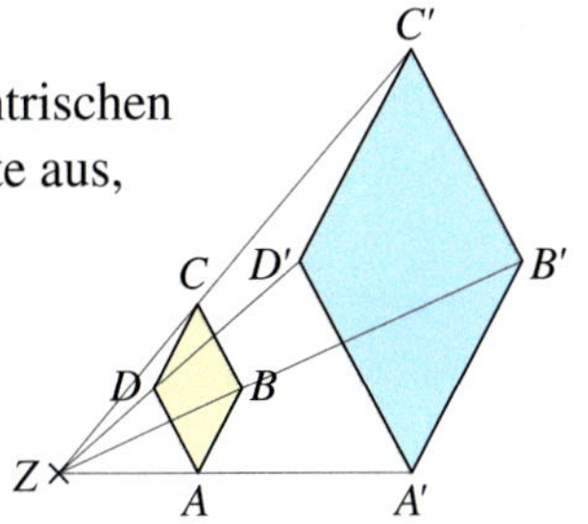

2 Zeichne ein Quadrat mit $a = 3\,\text{cm}$ ins Heft. Lege ein Streckzentrum Z außerhalb des Quadrats fest. Vergrößere und verkleinere mithilfe der zentrischen Streckung, sodass gilt …

a) $a' = 6\,\text{cm}$ **b)** $a' = 1{,}5\,\text{cm}$

Gib jeweils den Streckfaktor an.

3 Zeichne ein Dreieck mit den Seitenlängen $a = b = c = 5\,\text{cm}$ ins Heft.
Vergrößere bzw. verkleinere das Dreieck und gib die neuen Seitenlängen an.

a) $k = 3$ **b)** $k = 1{,}5$
c) $k = 0{,}8$ **d)** $k = \frac{1}{2}$

4 Übertrage die Figur in dein Heft.
Vergrößere sie so, wie es die orange Strecke vorgibt.
Gib den Streckfaktor an.

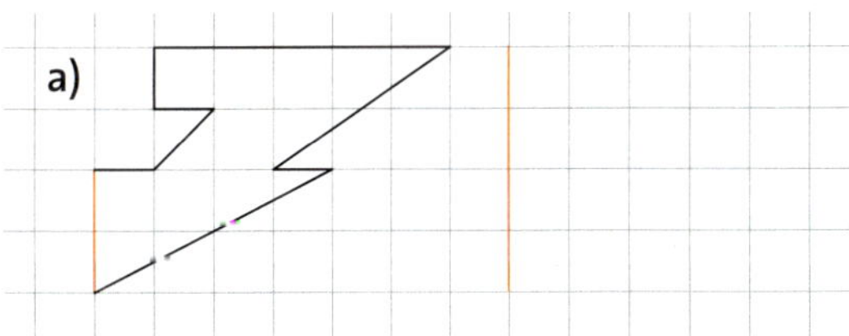

5 Das Rechteck wird maßstäblich vergrößert und verkleinert.
Ergänze die Tabelle im Heft.

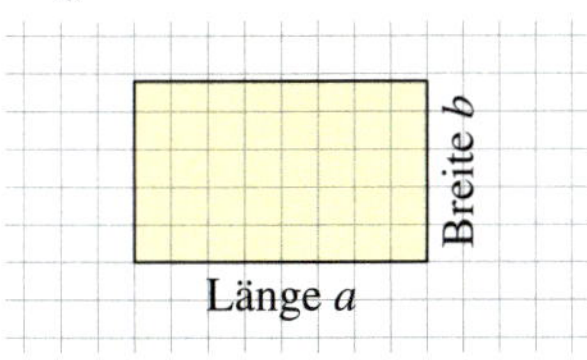

	Länge a	**Breite b**
Originalfigur	15 cm	9 cm
$k = 2{,}5$		
$k = 0{,}6$		

1 Bestimme den Streckfaktor der zentrischen Streckung.

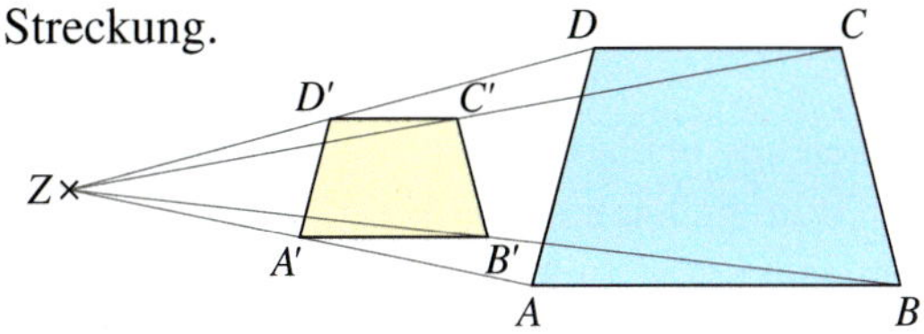

2 Zeichne ein Quadrat mit der Seitenlänge $a = 6\,\text{cm}$ ins Heft.
Führe mithilfe der zentrischen Streckung eine Vergrößerung und einen Verkleinerung aus.

a) Vergrößere mit $k = 1{,}5$
b) Verkleinere mit $k = \frac{1}{3}$

3 Zeichne ein Dreieck mit $a = 3\,\text{cm}$, $b = 4\,\text{cm}$ und $c = 5\,\text{cm}$ ins Heft. Welche Eigenschaft hat das Dreieck?

a) Vergrößere das Dreieck mit $k = 2$.
b) Verkleinere das Dreieck mit $k = 0{,}6$.
c) Zeichne die längste Seite $c = 7{,}5\,\text{cm}$ lang. Ergänze die übrigen Seiten und bestimme den Streckfaktor.

4 Bestimme in jeder Teilaufgabe zweimal den Streckfaktor k.
Wähle einmal die blaue Figur als Bild und einmal die rote.

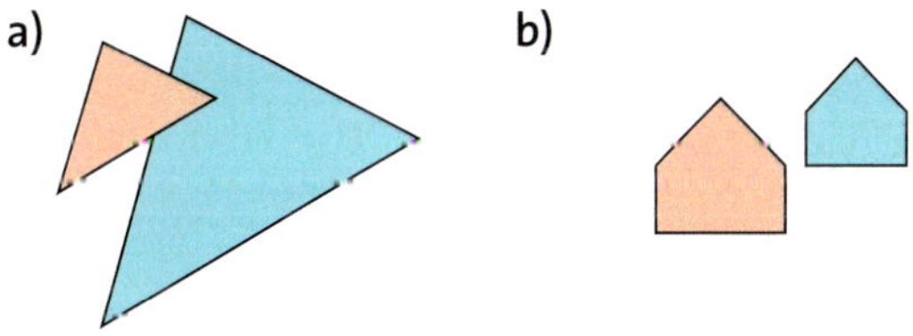

5 Das Parallelogramm wird maßstäblich vergrößert und verkleinert.
Ergänze die Tabelle im Heft.

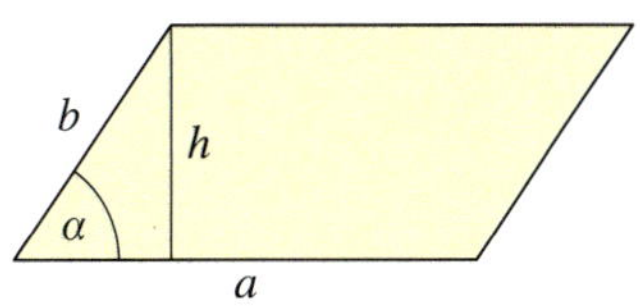

	a	**b**	**h**
Original	12 cm	5 cm	4 cm
$k = 6$			
$k = 0{,}7$			

6 Eine Firma stellt Fahnen mit den Maßen 56 cm × 40 cm her.

a) Welche Maße hat eine verkleinerte Fahne, wenn der Maßstab 1 : 4 beträgt?

b) Welche Maße hat eine vergößerte Fahne, wenn der Maßstab 3 : 2 beträgt?

7 Zeichne in ein Quadrat mit der Seitenlänge $a = 3\,\text{cm}$ die Diagonalen ein.
Führe drei zentrische Streckungen aus.
Wähle den Schnittpunkt der Diagonalen als Streckzentrum Z.

a) $k = 2$ b) $k = 3$ c) $k = \frac{1}{2}$

7 Zeichne in ein Rechteck mit $a = 4\,\text{cm}$ und $b = 2{,}5\,\text{cm}$ die Diagonalen ein.
Führe drei zentrische Streckungen aus.
Wähle den Schnittpunkt der Diagonalen als Streckzentrum Z.

a) $k = 1{,}5$ b) $k = 2$ c) $k = \frac{1}{2}$

8 Übertrage die Figur ins Heft und führe anschließend die zentrische Streckung aus.

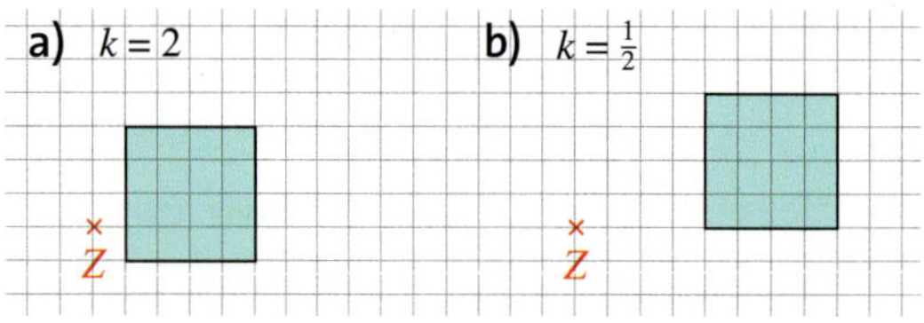

8 Übertrage die Figur ins Heft und führe anschließend die zentrische Streckung aus.

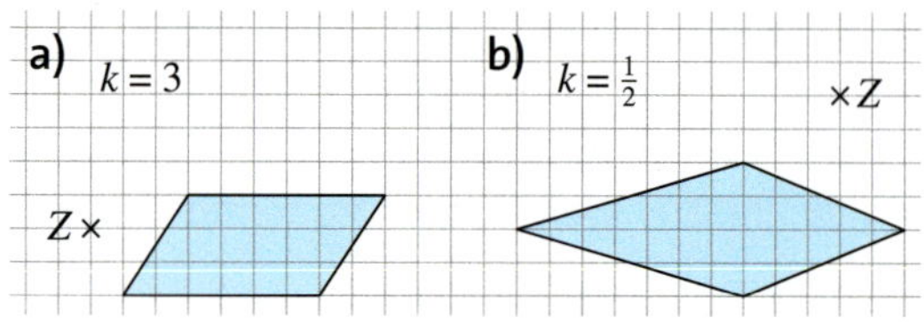

9 Übertrage die Figur ins Heft. Vergrößere sie mithilfe einer zentrischen Streckung mit $k = 2{,}5$.

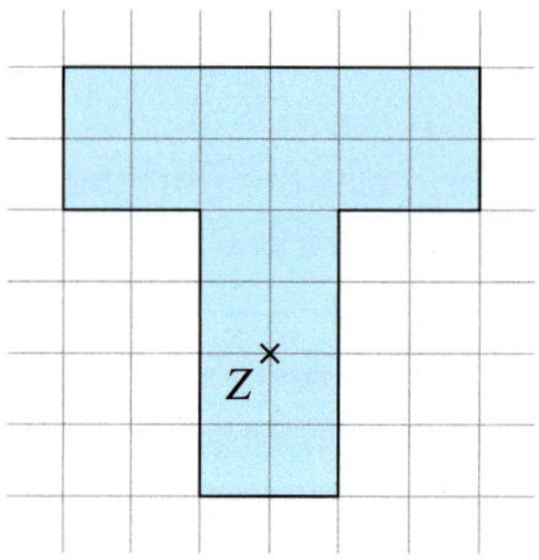

9 Übertrage die Figur in dein Heft und vergrößere sie mithilfe einer zentrischen Streckung mit $k = 2$.

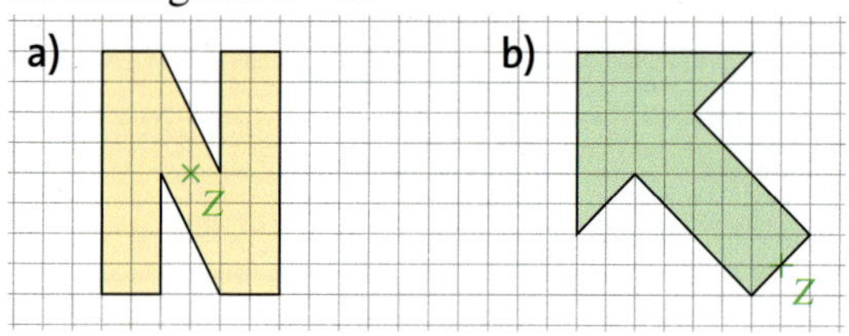

10 Die blaue Figur ist das Ergebnis einer zentrischen Streckung der lilafarbenen Figur. Übertrage ins Heft und bestimme das Streckzentrum Z und den Streckfaktor k.

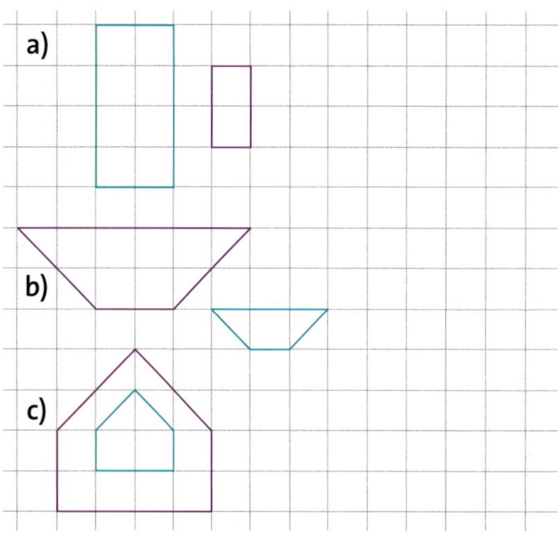

10 Übertrage das Figurenpaar in dein Heft. Achte auf die Lage zueinander. Wähle die grüne Figur als Original. Finde das Streckzentrum Z und bestimme den Streckfaktor k.

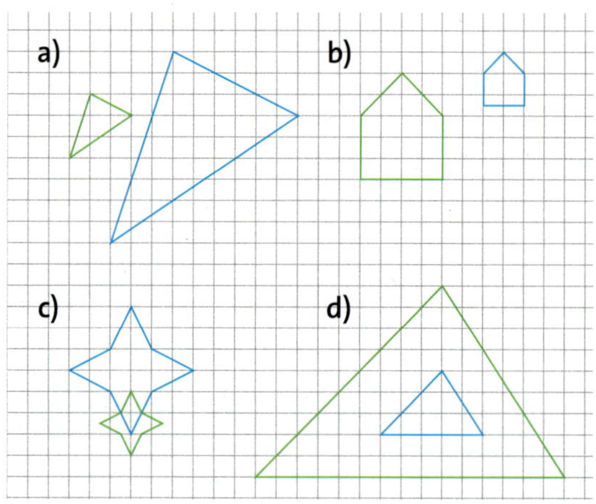

Thema: Die Strahlensätze

Im Gelände lassen sich Strecken oft nicht direkt messen, z. B. machen ein Gewässer oder ein Sumpf das Gelände unzugänglich.

Beispiel 1 Die Breite x des Sees kann ermittelt werden, indem man Vergleichsstrecken misst, eine Bruchgleichung aufstellt und daraus die gesuchte Größe berechnet.
Dabei müssen die von Z ausgehenden Strahlen von zwei zueinander parallelen Strecken geschnitten werden.

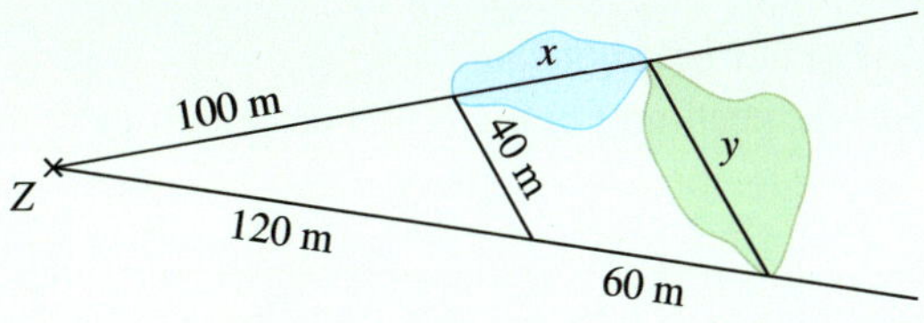

$\frac{60}{120} = \frac{x}{100}$ $\quad | \cdot 100$

$\frac{\cancel{60}^{1} \cdot 100}{\cancel{120}_{2}} = x$

$x = 50$ Der See ist also 50 m breit.

Merke In der **Strahlensatzfigur** schneiden sich die rote und blaue Gerade.
Beide Geraden werden von zwei parallelen grünen Geraden geschnitten.

Dabei entstehen zwei zueinander ähnliche Dreiecke ZAB und $ZA'B'$.

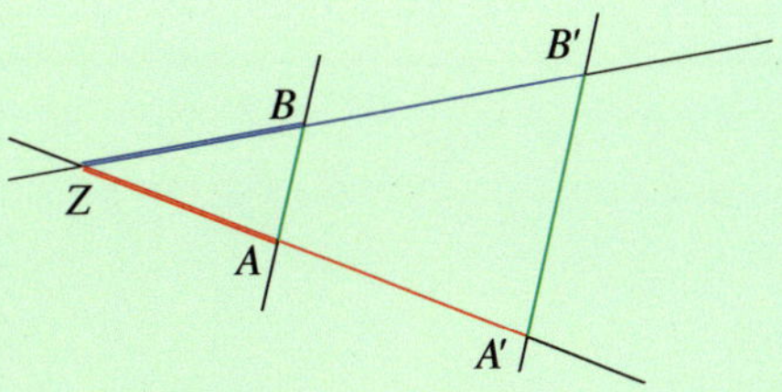

In den beiden Dreiecken stehen alle sich entsprechenden Seitenlängen im gleichen Verhältnis zueinander. Also haben die Strecken den gleichen Streckfaktor k.
Es gilt: $\frac{\overline{ZA'}}{\overline{ZA}} = \frac{\overline{ZB'}}{\overline{ZB}} = \frac{\overline{A'B'}}{\overline{AB}} = k$. Daraus ergeben sich zwei Strahlensätze:

1. Strahlensatz
$\frac{\overline{ZA'}}{\overline{ZA}} = \frac{\overline{ZB'}}{\overline{ZB}}$ und $\frac{\overline{ZA'}}{\overline{AA'}} = \frac{\overline{ZB'}}{\overline{BB'}}$

2. Strahlensatz
$\frac{\overline{ZA'}}{\overline{ZA}} = \frac{\overline{A'B'}}{\overline{AB}}$ und $\frac{\overline{ZB'}}{\overline{ZB}} = \frac{\overline{A'B'}}{\overline{AB}}$

HINWEIS
Da die Dreiecke ZAB und ZA'B' ähnlich zueinander sind, unterscheiden sich die entsprechenden Seiten um den Streckfaktor k und es gilt:
$\overline{ZA'} = k \cdot \overline{ZA}$
$\overline{ZB'} = k \cdot \overline{ZB}$
$\overline{A'B'} = k \cdot \overline{AB}$

Beispiel 2 Mithilfe des 2. Strahlensatzes kann die Länge y des Sumpfes berechnet werden.

$\frac{180}{120} = \frac{y}{40}$ $\quad | \cdot 40$

$\frac{\cancel{180}^{3} \cdot 40}{\cancel{120}_{2}} = y$

$y = 60$ Der Sumpf ist also 60 m breit.

Beispiel 3 Den Streckfaktor k kann man auf drei verschiedene Arten berechnen:

$\frac{180}{120} = \frac{150}{100} = \frac{60}{40} = 1{,}5$

Das große Dreieck hat verglichen mit dem kleinen Dreieck einen Streckfaktor von $k = 1{,}5$.

Die Strahlensätze gelten auch, wenn die Strahlen über Z hinausgehen und Z zwischen den beiden Parallelen liegt.

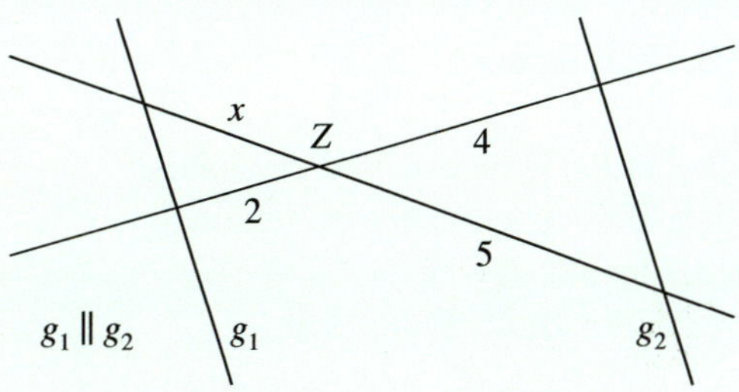

Beispiel 4 Die Verhältnisgleichung lautet:

$\frac{5}{4} = \frac{x}{2}$ $\quad | \cdot 2$

$\frac{5 \cdot 2}{4} = x$

$x = 2{,}5$

1 Ein Förster bestimmt die ungefähre Höhe des Baumes mithilfe eines Stabs. Schaut euch die Zeichnung genau an und überlegt gemeinsam.

a) Welche Streckenlängen müssen dem Förster bekannt sein?

b) Wie bestimmt er die Höhe des Baumes?

2 Berechne die Breite x der Bucht.
Alle Längen sind in Metern angegeben.
Notiere zuerst die gegebenen Streckenlängen und stelle eine Gleichung auf.
Löse dann nach der gesuchten Streckenlänge auf.

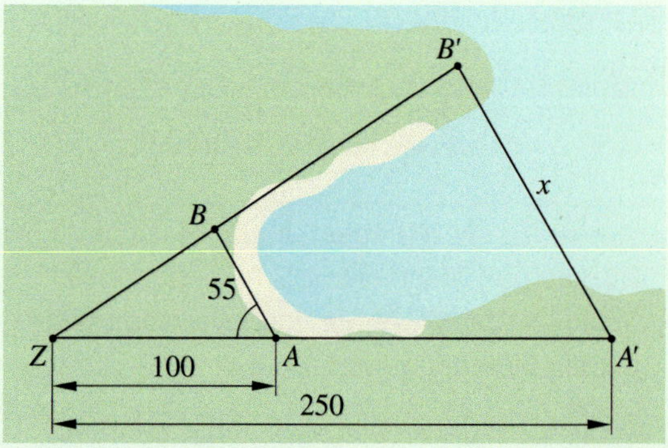

3 Berechne die Länge der Strecke x. Alle Maße sind in Zentimetern angeben.

a)

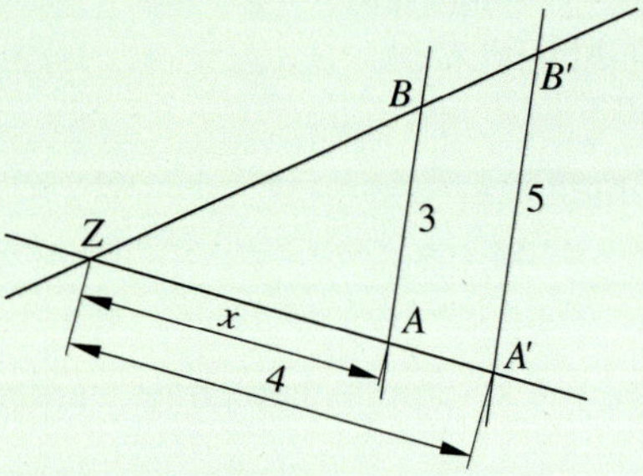

b)

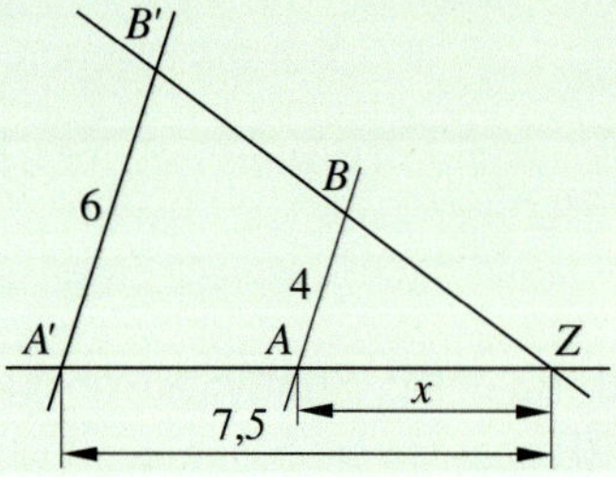

4 Die Dreiecke ZAB und $ZA'B'$ sind zueinander ähnlich (1 Kästchen = 1 cm).

a) Notiere alle Quotienten, mit denen man den Streckfaktor k ermitteln kann.

b) Teile $\overline{AB}$ durch $\overline{ZB}$ und anschließend $\overline{A'B'}$ durch $\overline{ZB'}$. Bilde genauso andere Streckenverhältnisse aus Original- und Bildstrecken. Was fällt dir auf?

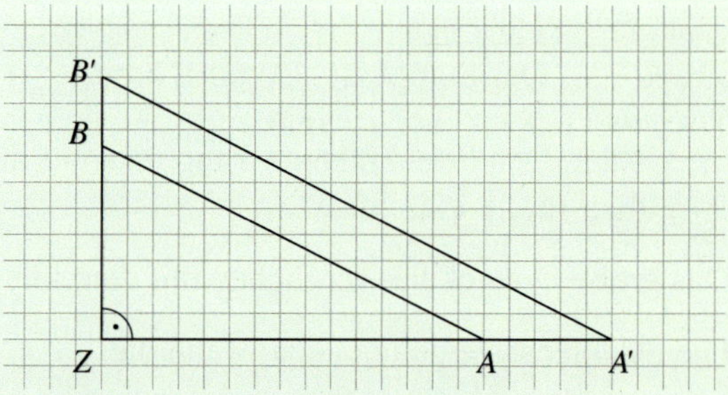

5 Die beiden Dreiecke sind zueinander ähnlich. Berechne die beiden fehlenden Seitenlängen.
Gib auch den Streckfaktor k an.

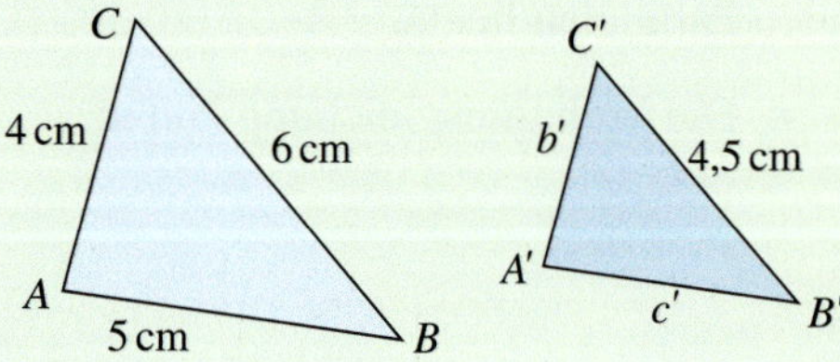

6 Bestimme die Länge der Strecke $\overline{QT}$ kurz vor der Mündung des Flusses.
Alle Maße sind in Metern gegeben.

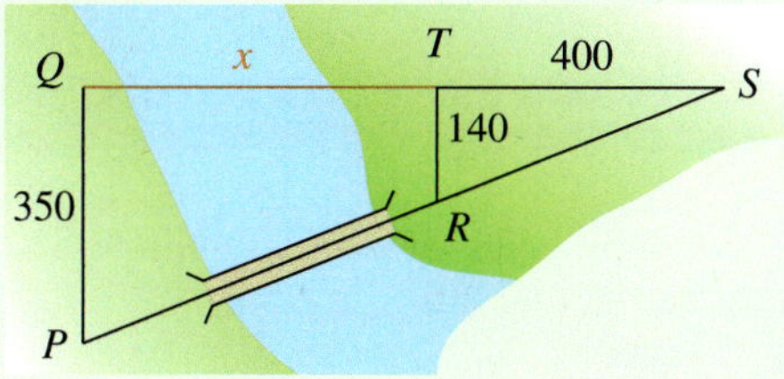

7 Ein Dachgeschoss wird ausgebaut. Der Raum unter einer Dachschräge soll genutzt werden. Deshalb beauftragt der Bauherr einen Schreiner, der ein passendes Regal anfertigen soll.
Der Schreiner macht an der Baustelle eine Skizze, nach der die vier Regalbretter zugeschnitten werden.
Berechne, wie lang jedes Brett an der Unterkante sein muss.

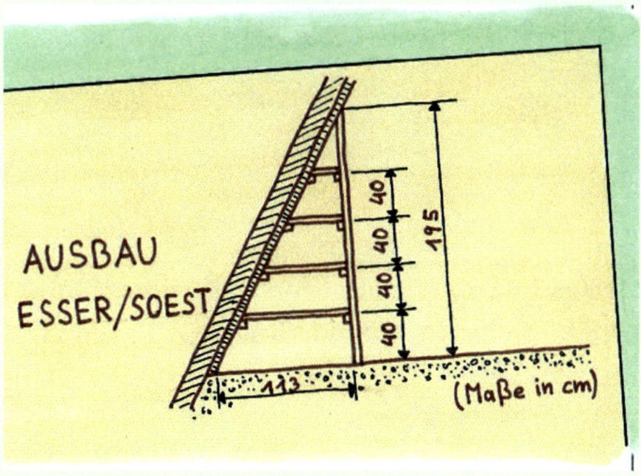

8 Ein Gebäude wurde mit einem Stab angepeilt und die Höhe mithilfe des Strahlensatzes berechnet. Die Höhe betrug nach den Berechnungen 10,80 m.
Die tatsächliche Höhe betrug 12,30 m.
Erklärt zusammen den möglichen Fehler.

9 Die Höhe eines Strommastes lässt sich bei Sonnenschein einfach ermitteln.
Dazu wird direkt neben den Mast ein Stab gesteckt, der auch einen Schatten wirft.
Zum gleichen Zeitpunkt gemessen hängt die Länge des jeweiligen Schattens nur von der Höhe des Gegenstandes ab.
Berechne die Höhe des Strommastes.

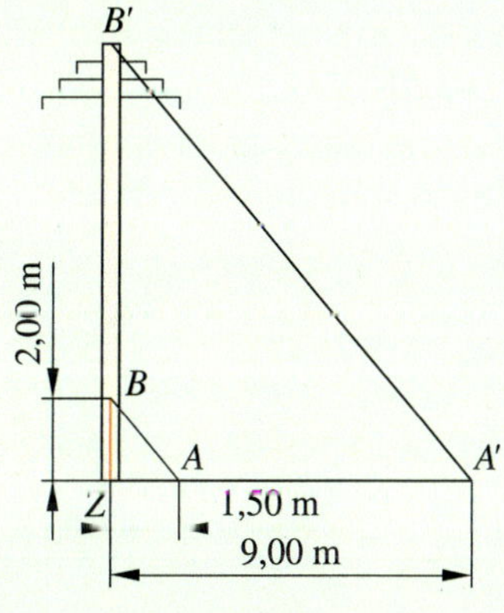

10 Ein Stab von 1,60 m Länge wirft einen Schatten von 2,15 m Länge.
Wie lang ist dann der Schatten eines 35,80 m hohen Windrades?

11 Leonardo da Vinci wollte die Breite eines Flusses bestimmen. Dazu stellte er eine Messlatte an das Flussufer.
Aus 1 m Entfernung peilte er einen Punkt am anderen Ufer an und markierte die Peilmarke auf der Messlatte. Ebenso markierte er seine Augenhöhe auf der Messlatte.
Wie breit ist der Fluss, wenn $\overline{AB} = 25\,cm$ und $\overline{AD} = 1{,}40\,m$?

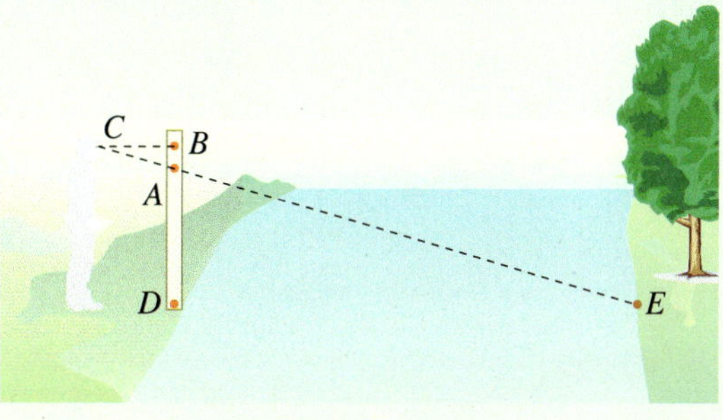

Klar so weit?

→ Seite 174

Maßstab und Ähnlichkeit

1 Finde die beiden zueinander ähnlichen Figuren. Schau genau hin.

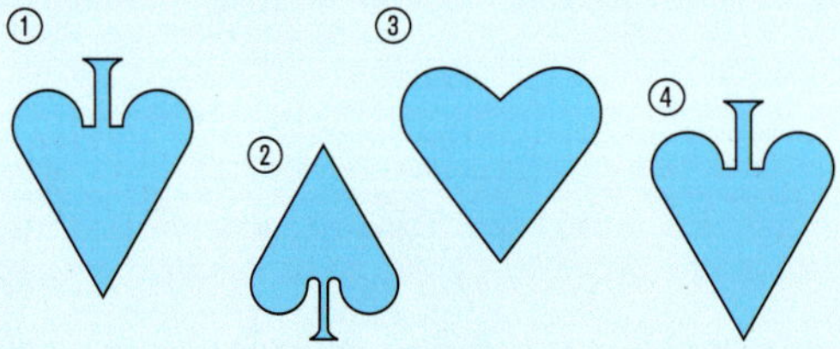

1 Welche Dreiecke sind zueinander ähnlich?

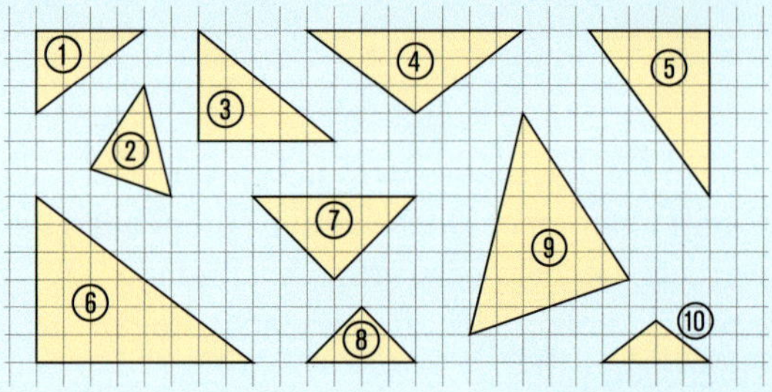

2 Zeichne ein Quadrat mit 6 cm Seitenlänge. Halbiere alle Seiten und verbinde die Halbierungspunkte.

a) Welche Figur entsteht?

b) Ist die innere Figur zur äußeren Figur ähnlich? Begründe.

2 Zeichne ein Rechteck mit den Seitenlängen $a = 4\,\text{cm}$ und $b = 9\,\text{cm}$ in dein Heft.

a) Zeichne drei dazu ähnliche Rechtecke.

b) Gib jeweils den Maßstab, also das Verhältnis von Bildstrecke zu Originalstrecke an.

3 Ein Dreieck hat einen rechten Winkel und einen Winkel von 35°.
Ein anderes Dreieck hat einen rechten Winkel und einen Winkel von 55°.
Sind die beiden Dreiecke zueinander ähnlich? Begründe durch eine Zeichnung oder durch Winkelberechnung.

3 Sind die beiden Dreiecke zueinander ähnlich?
Begründe deine Antworten.

a) $\alpha = 86°$; $\beta = 30°$ und $\alpha = 86°$; $\gamma = 64°$

b) $\alpha = 55°$; $\gamma = 78°$ und $\beta = 47°$; $\gamma = 55°$

c) $\beta = 32°$; $\gamma = 54°$ und $\alpha = 54°$; $\beta = 84°$

4 Welche Drachen sind zueinander ähnlich?

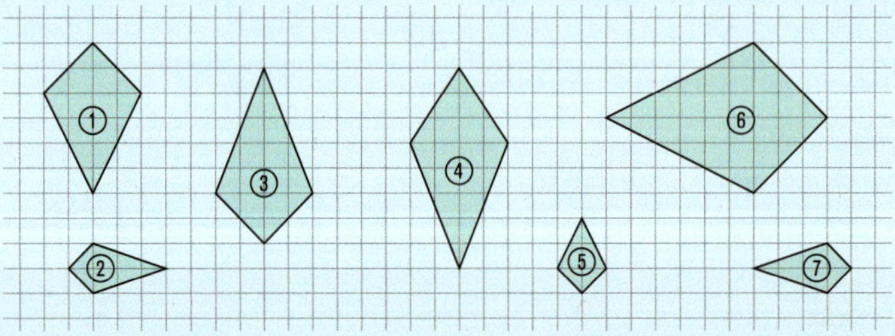

5 Modellautos werden oft im Maßstab 1 : 18 angefertigt. Wie lang ist dieser Oldtimer in Wirklichkeit, wenn die Länge des Modells 24 cm beträgt?

5 Bei Modelleisenbahnen wird häufig das Format „H null“ (H0) verwendet.
Dabei beträgt der Maßstab 1 : 87.
Der gelbe Modell-Güterwagen ist in Wirklichkeit 14 m lang.
Wie lang ist das Modell?

Lösungen ab Seite 210

6 Maßstäbe auf verschiedenen Karten

a) Die Entfernung von Trier nach Mainz beträgt Luftlinie 120 km. Auf einer Karte ist sie 8 cm lang. In welchem Maßstab ist die Karte gezeichnet?

b) In verschiedenen Karten gibt es häufig verwendete Maßstäbe. Fülle die fehlenden Größen in deinem Heft aus.

Karte	Kartenstrecke	Originalstrecke	Maßstab
Gebäudeplan	1 cm	10 m	1 : 1 000
Wanderkarte	1 cm		1 : 25 000
Autokarte	1 cm	1 km	
Weltkarte	1 cm		1 : 80 000 000

Zentrische Streckung

→ Seite 180

7 Vergrößere bzw. verkleinere das Rechteck zeichnerisch.

a) $a = 4\,\text{cm}$; $b = 3\,\text{cm}$; $k = 2$

b) $a = 12\,\text{cm}$; $b = 9\,\text{cm}$; $k = \frac{1}{3}$

7 Vergrößere bzw. verkleinere das Rechteck zeichnerisch.

a) $a = 3{,}5\,\text{cm}$; $b = 2\,\text{cm}$; $k = 3$

b) $a = 8{,}6\,\text{cm}$; $b = 5{,}2\,\text{cm}$; $k = \frac{1}{2}$

8 Übertrage die Figur in dein Heft. Gib jeweils den Streckfaktor k an.

a) Vergrößere die Strecken auf das Dreifache.

b) Verkleinere die Strecken auf die Hälfte.

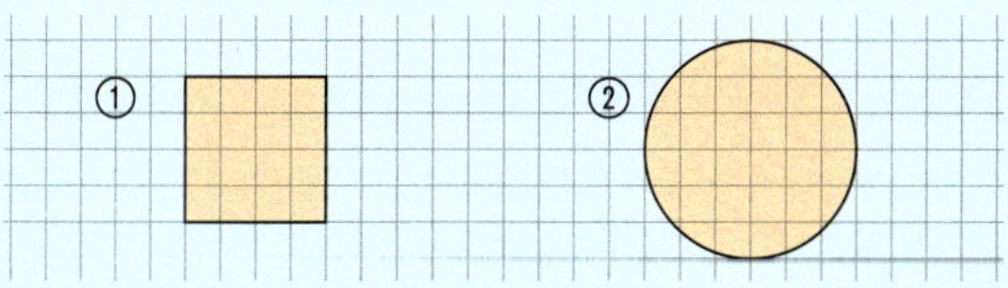

8 Übertrage die Figur in dein Heft. Gib jeweils den Streckfaktor k an.

a) Vergrößere die Strecken auf das Vierfache.

b) Verkleinere die Strecken auf die Hälfte.

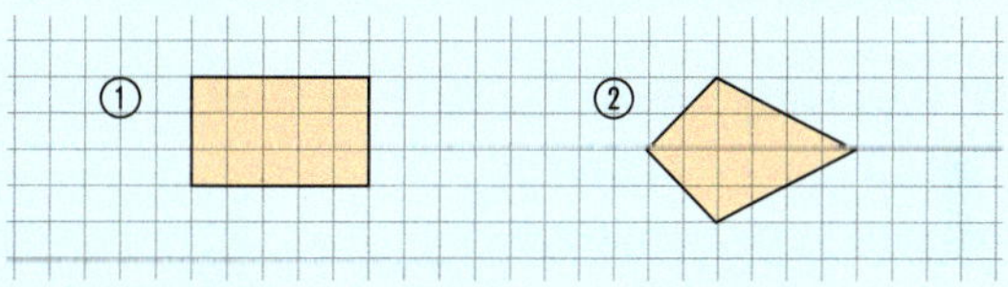

9 Zeichne zweimal ein Rechteck $ABCD$ mit den Seitenlängen $a = 5\,\text{cm}$ und $b = 4\,\text{cm}$. Das Rechteck soll mit dem Streckfaktor $k = 2$ vergrößert werden.

a) Das Streckzentrum Z liegt außerhalb des Rechtecks.

b) Das Streckzentrum Z liegt auf dem Schnittpunkt der beiden Diagonalen.

9 Zeichne ein beliebiges Dreieck ABC. Vergrößere und verkleinere es mithilfe einer zentrischen Streckung. Bestimme selbst einen Streckfaktor k. Für das Streckzentrum Z soll gelten:

a) Z liegt innerhalb des Dreiecks.

b) Z liegt außerhalb des Dreiecks.

c) Z liegt auf dem Eckpunkt A des Dreiecks.

10 Übertrage die Figurenpaare ins Heft. Bei welchen Paaren lässt sich die eine Figur durch eine zentrische Streckung aus der jeweils anderen Figur erzeugen? Bestimme, wenn möglich, das Streckzentrum Z und den Streckfaktor k.

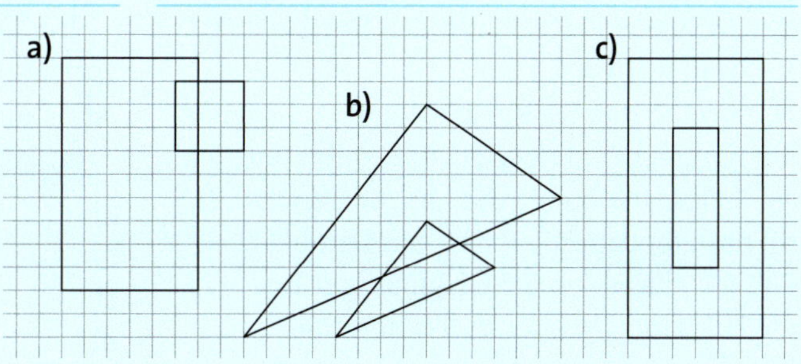

Vermischte Übungen

1 Erklärt euch gegenseitig anhand der Bilder, was man unter Ähnlichkeit im allgemeinen Sprachgebrauch und unter Ähnlichkeit im mathematischen Sinn versteht. Findet weitere Beispiele.

2 Prüfe die Figuren auf Ähnlichkeit.

a)

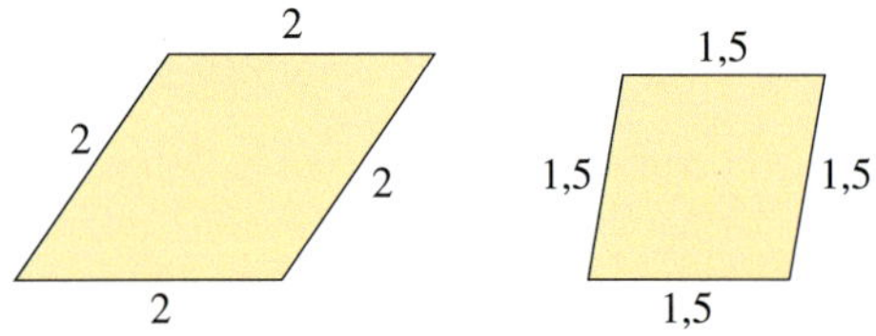

b)

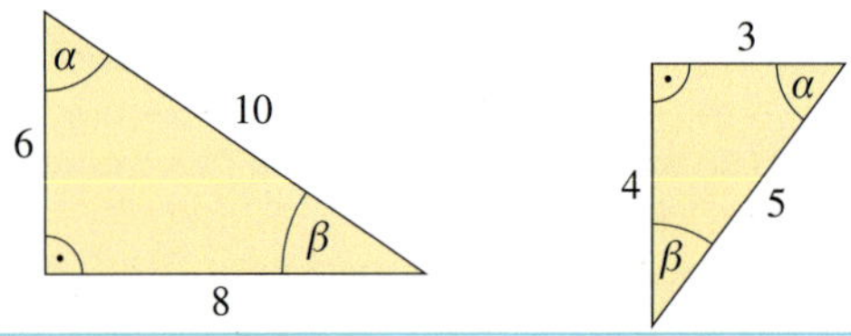

3 Zeichne ein Rechteck mit den Eckpunkten $A(-4|-2)$, $B(2|-2)$, $C(2|1)$ und $D(-4|2)$ in ein Koordinatensystem.
Lege das Streckzentrum $Z(-6|-1)$ fest.
Vergrößere nun das Rechteck mit $k = 2$.

4 Aus Paris hat sich Isabell ein 15 cm hohes Modell vom Eiffelturm mitgebracht.
In welchem Maßstab ist das Modell gefertigt, wenn das Originalbauwerk grob gerundet 300 m hoch ist?

5 Zeichne eine Raute mit den Diagonalen $e = 6\,\text{cm}$ und $f = 4{,}5\,\text{cm}$.
Hinweis: Bei einer Raute stehen die Diagonalen senkrecht aufeinander und halbieren sich.
Verändere die Länge der Diagonalen auf …

a) das Doppelte. **b)** ein Drittel.

Gib jeweils an, ob die Originalfigur und die Bildfigur zueinander ähnlich sind.

2 Welche Dreiecke sind zueinander ähnlich? Begründe.

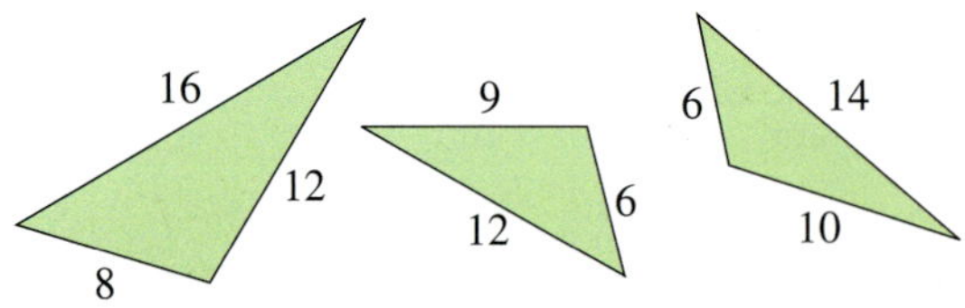

3 Das Dreieck mit den Eckpunkten $A(9|2)$, $B(9|10)$ und $C(5|6)$ wird auf ein ähnliches Dreieck $A'B'C'$ abgebildet.
Es hat folgende Eckpunkte:
$A'(1|4)$, $B'(-1|6)$ und $C'(1|4)$

a) Zeichne beide Dreiecke in ein Koordinatensystem.

b) Bestimme zeichnerisch das Streckzentrum und berechne den Streckfaktor.

4 Die Porta Nigra in Trier wurde als Modell im Maßstab 1 : 120 nachgebildet. Das Modell hat die Maße 30 cm × 24 cm × 21 cm.
Wie groß ist das Gebäude in Wirklichkeit?

5 Ein Dreieck *ABC* wurde vergrößert oder verkleinert. Ergänze die Tabelle im Heft.
Alle Längen sind in cm angegeben.

	Maßstab	a	a'	b	b'	c	c'
a)	5 : 1	4		3		5	
b)	1 : 7	21		28		42	
c)	1 : 4		9		8		4
d)		4,8		10	15		9

6 Die Abbildung zeigt, dass der Streckfaktor auch negative Werte annehmen kann. Dabei wird das Dreieck ABC über Z hinaus abgebildet. Bei $k = -1$ entsteht ein gedrehtes Bilddreieck.

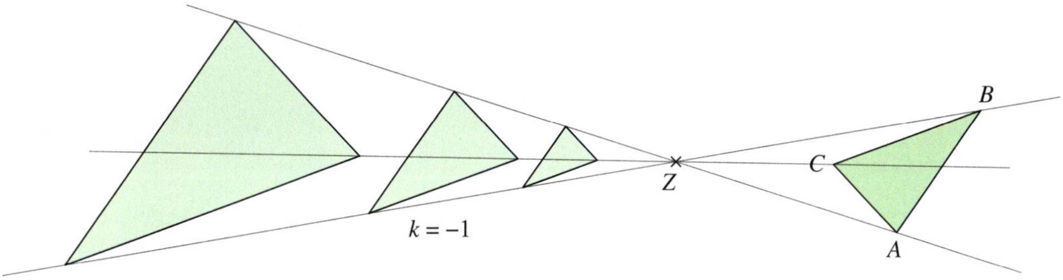

a) Berechne für die übrigen beiden Bilddreiecke den Streckfaktor.
b) Vergleiche jeweils das Originaldreieck und das Bilddreieck: Was hat sich durch den negativen Streckfaktor geändert, was ist gleich geblieben?
c) Führe eine zentrische Streckung bei einem Viereck mit den Streckfaktoren $k = -1$ und $k = -3$ durch.

7 Übertrage das blaue Dreieck und alle dazu ähnlichen Dreiecke in dein Heft. Gib für diese Dreiecke das Streckenverhältnis der Katheten an.

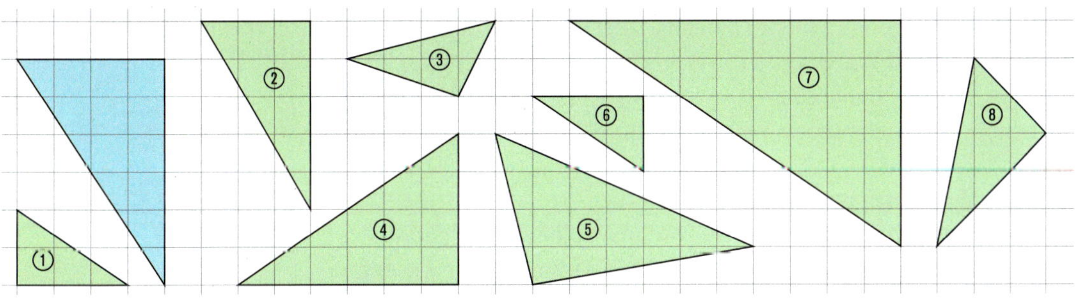

HINWEIS
Den Begriff „Kathete“ kannst du im Anhang nachschlagen.

8 Ergänze die passenden Seitenlängen.

	Originaldreieck ABC	Bilddreieck $A'B'C'$
a)	$a = 4\,cm$ $b = 7\,cm$ $c = 6\,cm$	$a' = 24\,cm$ $b' =$ ■ $c' =$ ■
b)	$a = 5\,cm$ $b = 18\,cm$ $c = 8\,cm$	$a' =$ ■ $b' = 9\,cm$ $c' =$ ■

8 Beantworte die Fragen.
a) Woran erkennst du zwei zueinander ähnliche Dreiecke?
b) Woran erkennst du zwei zueinander ähnliche Rechtecke?
c) Wann sind zwei Quadrate zueinander ähnlich?

Auszug aus einem Eignungstest

1 Wandeln Sie in Dezimalbrüche um.
a) $\frac{7}{10}$ b) $\frac{47}{100}$ c) $\frac{33}{1000}$
d) $\frac{3}{5}$ e) $\frac{1}{4}$ h) $3\frac{7}{50}$

2 Berechnen Sie.
a) $0{,}3 + 2{,}4$ b) $5{,}1 - 3{,}8$
c) $0{,}9 \cdot 6$ d) $21{,}44 : 8$

3 Kürzen Sie das Ergebnis, falls möglich.
a) $\frac{2}{7} + \frac{4}{7}$ b) $\frac{3}{4} + \frac{1}{5}$ c) $\frac{7}{8} - \frac{5}{8}$
d) $\frac{5}{12} - \frac{1}{4}$ e) $\frac{2}{7} \cdot \frac{3}{5}$ f) $1\frac{1}{4} \cdot 6$
g) $\frac{1}{3} : \frac{1}{6}$ h) $1\frac{2}{5} : \frac{3}{19}$ i) $\frac{15}{16} : 27$

4 Beachten Sie die Rechenregeln.
a) $\frac{3}{4} - \frac{1}{5} \cdot \frac{3}{4}$ b) $\left(2 + \frac{1}{5}\right) : \frac{10}{11}$

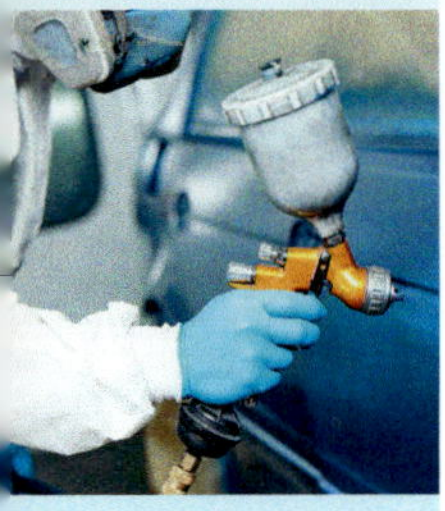

MALER/IN UND LACKIERER/IN

Die Ausbildung dauert 3 Jahre
Suche nach weiteren Informationen über den Beruf z. B. im Internet oder im BIZ.

Beruf Maler/in und Lackierer/in

Maler und Lackierer gestalten und behandeln Fassaden, Innenräume oder historische Gebäude. Dabei arbeiten sie im Außenbereich z. B. mit Putz, Lack und Korrosionsschutz, im Innenbereich mit Farben und Tapeten.
Oft müssen sie die Flächen erst vorbehandeln, bevor sie sie verschönern.
Sie erlernen auch historische Maltechniken und arbeiten nach alten Rezepturen.

9 Eine Arztpraxis renovieren

Zuerst werden die Behandlungsräume gestrichen.

a) Die Farben Weiß, Grün und Gelb werden im Verhältnis 12 : 5 : 3 gemischt. Welcher Farbton entsteht?
b) Insgesamt werden 15 l Farbe benötigt.
Wie viel wird von jeder Farbe benötigt? Gib in Litern an.
c) Pro Quadratmeter werden 150 ml Farbe benötigt. Wie groß ist die zu streichende Fläche? Schätze zuerst.
Empfang und Wartebereich werden terrakottafarben gestrichen.
d) Laut Farbtabelle werden 40 % Rot, 40 % Gelb und 20 % Weiß benötigt. Berechne den Verbrauch für 10 l der fertigen Farbe.

10 Ein Wandbild gestalten

In die Eingangshalle eines Kunstmuseums soll ein Ausschnitt eines Bildes im Stil des Künstlers Piet Mondrian gemalt werden. Dafür steht eine Fläche von 4 m × 4 m zur Verfügung.

a) Berechne die Maße der vier Teilflächen im richtigen Maßstab.
b) Zeichne das Mondrian-Bild maßstabsgetreu in dein Heft.
Gib deinen gewählten Maßstab an.
c) Suche im Internet weitere Mondrian-Bilder, die sich gut abmalen lassen.

HINWEIS

Eine „Eurorolle" muss der europäischen Norm entsprechen und hat die Abmessungen 10,05 m in der Länge und 0,53 in der Breite.

11 Eine Bestellliste ausfüllen

Ein Altbauzimmer soll tapeziert werden. Es ist 6 m lang, 4 m breit und 3 m hoch.
Trage alle benötigen Materialien und Mengen in eine Bestellliste ein:

a) Es werden Tapeten im Format „Eurorolle" verwendet. Beachte den Hinweis am Rand.
Für Klebefehler wird eine zusätzliche Rolle Tapete bestellt.
Einsparungen für Fenster und Türen werden nicht berücksichtigt.
b) Vor dem Tapezieren werden die Wänd mit Tiefengrund gestrichen.
1 l Tiefengrund reicht für ca. 12 m^2.
c) Eine Packung Tapetenkleister reicht für 50 m^2 Tapete.

Zusammenfassung

Maßstab

→ Seite 174

Ein **Maßstab** gibt das Verhältnis der Streckenlänge im Bild zur entsprechenden Streckenlänge im Original an:

Bildlänge : Originallänge

$1 : x$ bei einer Verkleinerung oder
$x : 1$ bei einer Vergrößerung

In einer **Maßstabszeichnung** wird jede Strecke der Originalfigur im gleichen Maß vergrößert (Originallänge $\cdot\, x$ = Bildlänge) oder
verkleinert (Originallänge $\cdot \frac{1}{x}$ = Bildlänge).

Eisenbahnmodell Format H0 Maßstab 1 : 87

Maßstab 4 : 1

Ähnlichkeit

→ Seite 174

Zwei Figuren sind zueinander **ähnlich**, wenn diese beiden Bedingungen erfüllt sind:
- Entsprechende Winkel sind gleich groß.
- Entsprechende Strecken sind im gleichen Maßstab vergrößert oder verkleinert.

Bei einer maßstäblichen Vergrößerung oder Verkleinerung entstehen zueinander ähnliche Figuren. Die Form bleibt dabei erhalten.

Die Trapeze sind ähnlich zueinander.
Der Maßstab beträgt 1 : 2.

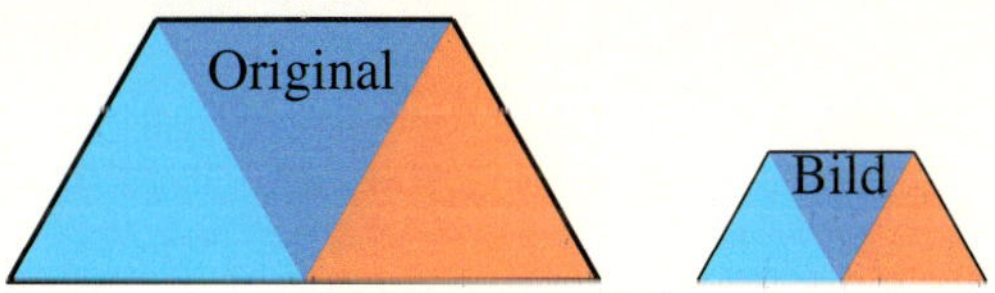

Zentrische Streckung

→ Seite 180

Um geometrische Figuren maßstäblich zu vergrößern oder zu verkleinern, multipliziert man die Seitenlängen mit dem **Streckfaktor** ***k*** und zeichnet das **Bild** mit den neuen Werten.
Es entstehen ähnliche Figuren. Die ursprüngliche Figur wird **Original** genannt.

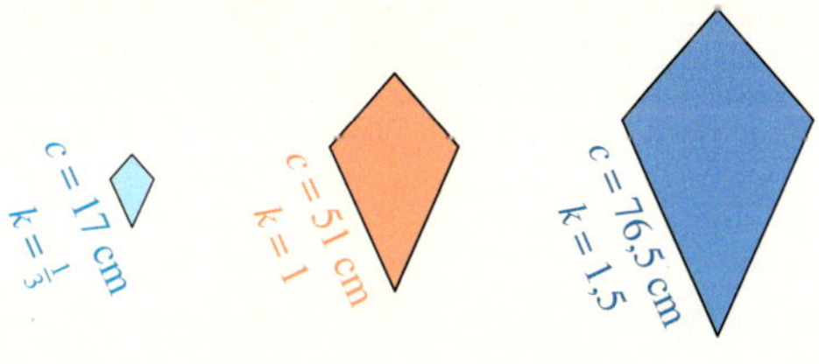

Bei einer Vergrößerung oder Verkleinerung mithilfe einer **zentrischen Streckung** mit dem **Streckzentrum** ***Z*** gilt:

$k > 1$: maßstäbliche Vergrößerung
$k = 1$: Original und Bild sind identisch.
$k < 1$: maßstäbliche Verkleinerung

Originalstrecke und Bildstrecke verlaufen immer parallel zueinander.

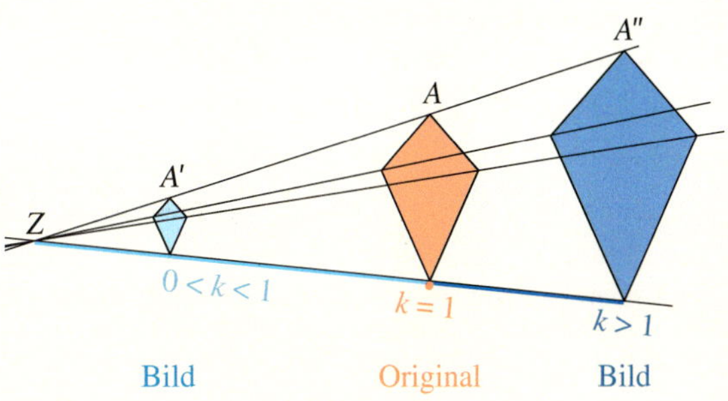

Teste dich!

5 Punkte | 7 Punkte

1 Zeichne die Figur im Maßstab 2 : 1 in dein Heft. Ein Kästchen ist 0,5 cm lang.

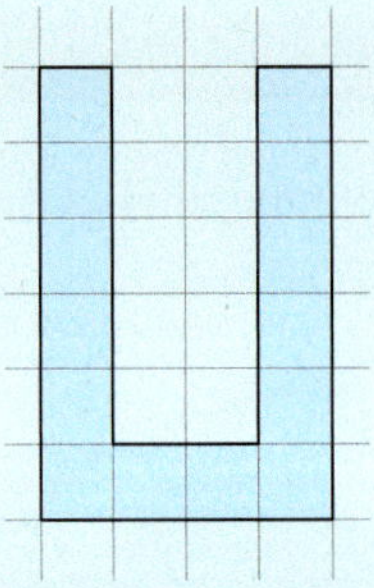

1 Miss die Seitenlängen der Figur und gib ihre wahren Längen an.

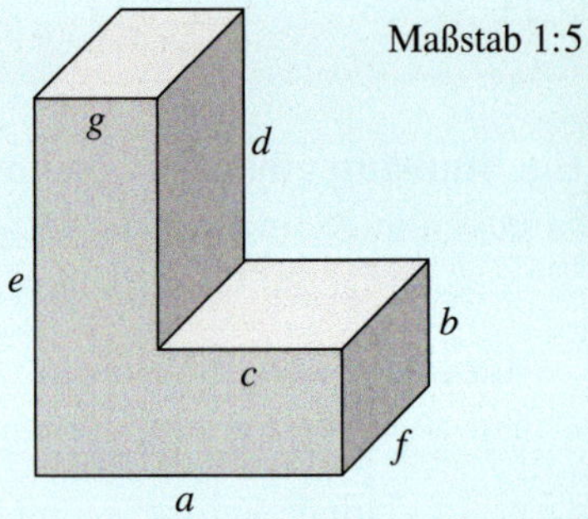

3 Punkte | 3 Punkte

2 Ergänze die Tabelle in deinem Heft.

	Maßstab	Modell	Wirklichkeit
a)	1 : 5	12 cm	
b)	20 : 1		3 cm
c)		4 cm	8 cm

2 Rechne die fehlenden Größen aus.

	Maßstab	Karte	Wirklichkeit
a)	1 : 20 000		500 m
b)		2 cm	1 km
c)	1 : 1 Mio.	7 cm	

4 Punkte

3 Gib alle zueinander ähnlichen Figuren an.

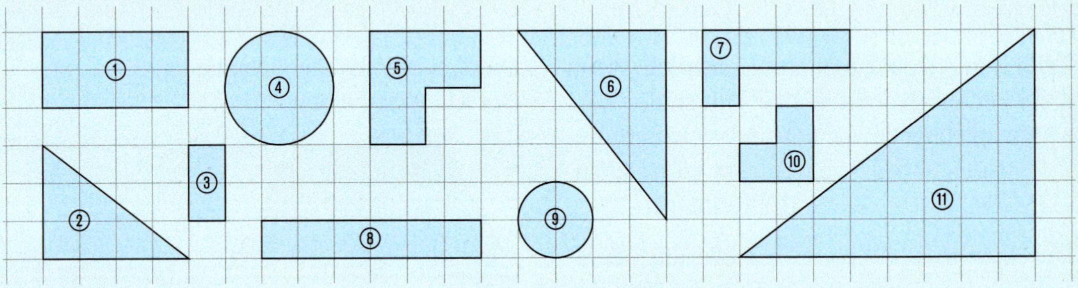

2 Punkte | 4 Punkte

4 Zeichne die Figur mit den beiden Streckfaktoren. Wie verändern sich dabei die Innenwinkel des Drachens?

a) $k = 2$

b) $k = \frac{1}{2}$

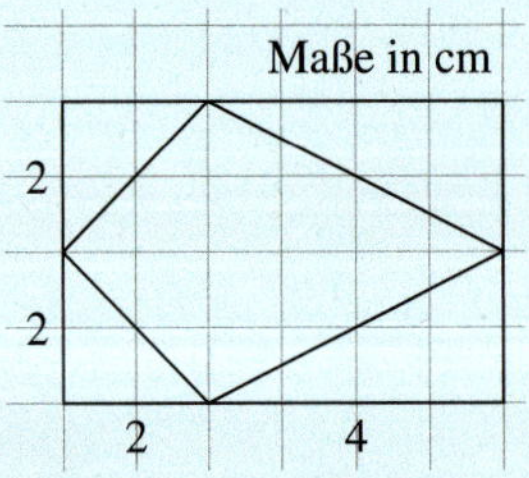

4 Zeichne die Figur in wahrer Größe auf ein weißes Blatt Papier.

a) Vergrößere mit dem Streckfaktor $k = 1{,}5$.

b) Verkleinere das Original mit dem Streckfaktor $k = 0{,}5$.

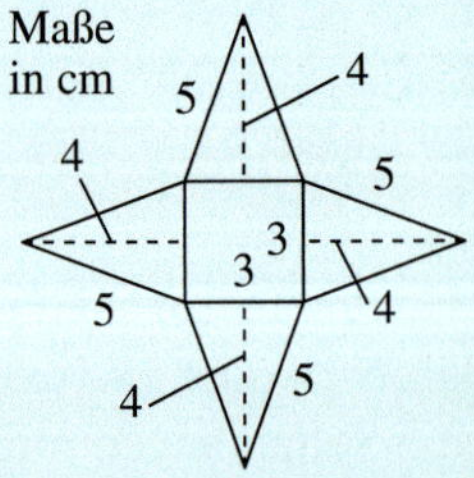

3 Punkte | 4 Punkte

5 Ein DIN-A4-Blatt hat die Maße 210 mm mal 297 mm. Durch Halbieren der längeren Seite erhält man das jeweils nächstkleinere Format.
Welche Maße haben DIN A5, DIN A6 und DIN A7?

5 Zeichne ein Quadrat mit $a = 8$ cm ins Heft.

a) Halbiere die Seiten und verbinde die Halbierungspunkte.

b) Wiederhole a) bei der neuen Figur.

c) Berechne den Faktor k für die gesamte Verkleinerung.

2 Punkte

Zeichne die Figur ab und strecke sie von Z aus mit dem Faktor $k = 2$.

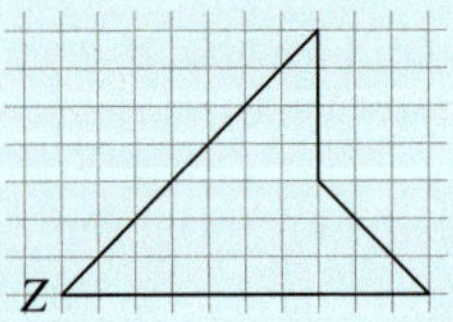

Gold: 23–24 Punkte, Silber: 19–22 Punkte, Bronze: 14–18 Punkte

Lösungen ab Seite 210

Kannst du das?

Auf den folgenden Seiten findest du Wiederholungsaufgaben zu vielen Bereichen in der Mathematik.
Wenn du bei einigen Aufgaben nicht weiter weißt, helfen dir die Tipps an den Aufgaben und auch die Formelsammlung im Anhang.

Jahrgangsstufentest

Mit dem Jahrgangsstufentest kannst du Aufgaben aus vielen Bereichen der Mathematik wiederholen. Zu jedem Bereich gibt es im Anschluss weitere Übungsaufgaben.

Versuche zuerst, die Aufgaben ohne Hilfestellung zu lösen. Falls du nicht weiterkommst, kannst du im Anhang in der Formelsammlung oder im Mathelexikon nachlesen.

Die Lösungen findest du im Anhang ab Seite 210.

→ Seite 197

Grundrechenarten und Rechengesetze

1 Berechne im Kopf.

a) $235 + 55 + 110$ b) $500 - 180 - 210$
c) $12 \cdot 23$ d) $1440 : 120$
e) $2 \cdot 2 \cdot 2 \cdot 2 \cdot 2$ f) $4 \cdot 15 : 3$

2 Berechne. Beachte die Rechenregeln.

a) $3 \cdot (8 + 9)$ b) $17 - 6 \cdot 3$
c) $4 + (99 : 11)$ d) $17 - 4^2$
e) $2 \cdot 3 - 7$ f) $36 : (63 : 7)$

→ Seite 197

Maßeinheiten

3 Wandle in die Einheit in Klammern um.

a) 31 m (cm) b) 50 g (kg)
c) 1 m^2 (cm^2) d) 1000 mm^3 (cm^3)
e) 54 200 l (m^3) f) 7200 s (min)

4 Ordne nach der Größe.

a) 5,4 kg; 550 g; 5600 mg
b) 63 m; 0,07 km; 852 dm; 7392 cm
c) 5 min; 270 s; $\frac{1}{20}$ h

→ Seite 198

Brüche und Dezimalzahlen

5 Berechne und kürze, wenn möglich.

a) $\frac{1}{2} + \frac{1}{3}$ b) $\frac{4}{5} - \frac{3}{4}$
c) $\frac{9}{10} \cdot \frac{15}{6}$ d) $\frac{8}{15} : 4$
e) $2\frac{1}{2} \cdot 5$ f) $3\frac{3}{8} \cdot 9$

6 Berechne.

a) $1{,}23 + 4{,}567$ b) $8{,}79 - 2{,}98$
c) $9{,}87 \cdot 3$ d) $2{,}5 \cdot 3{,}4$
e) $6{,}21 : 9$ f) $3{,}33 : 9$

→ Seite 199

Rationale Zahlen

7 Wie hoch ist der Kontostand jetzt?

Alter Kontostand: −450 €
Gehalt: +1980 € Miete: −620 €
Kindergeld: +194 € Strom: −75 €

8 Berechne.

a) $7 + (-20) - (-35)$
b) $-3{,}4 + 5{,}7 + (-2{,}9)$
c) $-2{,}8 : 4 + 3 \cdot (-11)$
d) $12{,}4 + 3 \cdot (-0{,}5) - 2{,}6$

→ Seite 199

Terme und Gleichungen

9 Fasse zusammen.

a) $4 \cdot 3a - 15 + 32b + 7a - 19b$
b) $8(5r - 6s) + 11(10r + 4s) - 11s$

10 Löse die Gleichungen.

a) $10a - 6 = 54$ b) $54 = 37b - 20$
c) $13c + 9 = 5c - 7$ d) $3 + 3{,}5d = 9{,}5d$

→ Seite 200

Potenzen und Wurzeln

11 Schreibe als Potenz.

a) $7 \cdot 7 \cdot 7 \cdot 7 \cdot 7 \cdot 7$
b) $x \cdot x \cdot y \cdot y \cdot z \cdot y$
c) $3c \cdot 3c \cdot 3c \cdot 3c$
d) $\frac{1}{2} \cdot \frac{1}{2} \cdot \frac{1}{2}$

12 Berechne.

a) x^2 für $x = 1; 4; \frac{1}{3}; 0{,}5$
b) x^3 für $x = 1; 3; \frac{1}{2}; 0{,}1$
c) $\sqrt{x}$ für $x = 36; 484; \frac{1}{4}; 0{,}49$
d) $\sqrt[3]{x}$ für $x = 1; 27; \frac{1}{8}; 1000$

Zeichnen mit Geodreieck und Zirkel

→ Seite 201

13 Zeichne die Punkte in ein Koordinatensystem. Welche Figur entsteht jeweils?

a) $A(-6|5)$; $B(-9|5)$; $C(-6|2)$; $D(-3|2)$

b) $E(2|-5)$; $F(5|-5)$; $G(5|-1)$; $H(2|-3)$

c) $I(-7|0)$; $J(-7|-3)$; $K(-2|-3)$

14 Zeichne folgende Figuren in dein Heft.

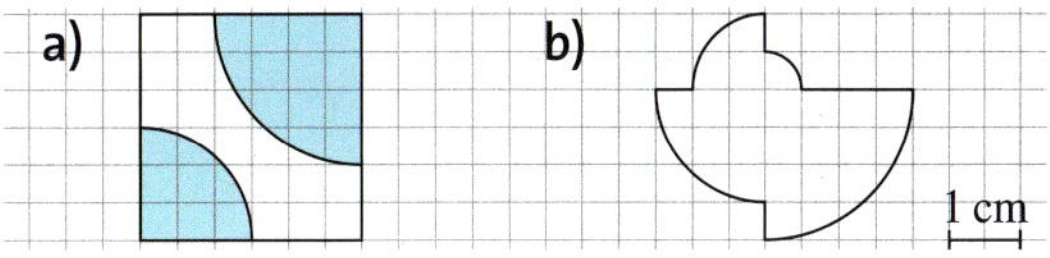

Ebene Geometrie

→ Seite 202

15 Welche Figuren können es sein?

a) Es gibt vier rechte Winkel.

b) Alle vier Seiten sind gleich lang.

c) Zwei von drei Seiten sind gleich lang.

d) Die Diagonalen verlaufen senkrecht zueinander.

16 Gib die Größe der markierten Winkel an.

a)

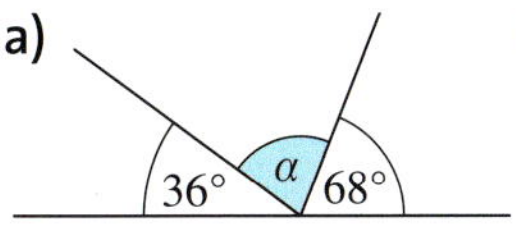

b)

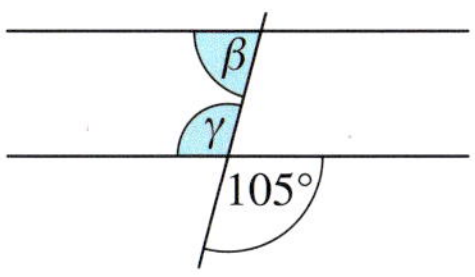

Umfang und Flächeninhalt

→ Seite 202

17 Bestimme den Umfang und den Flächeninhalt der Figur.
Alle Maße sind in Zentimetern (cm) angegeben.

a)

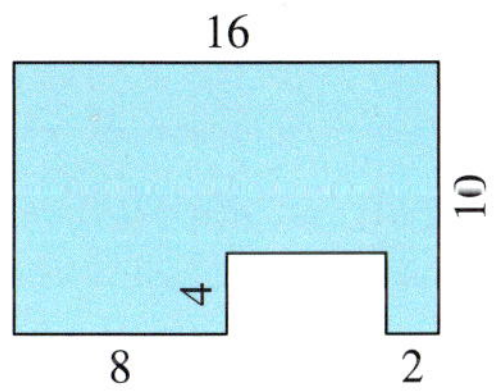

b)

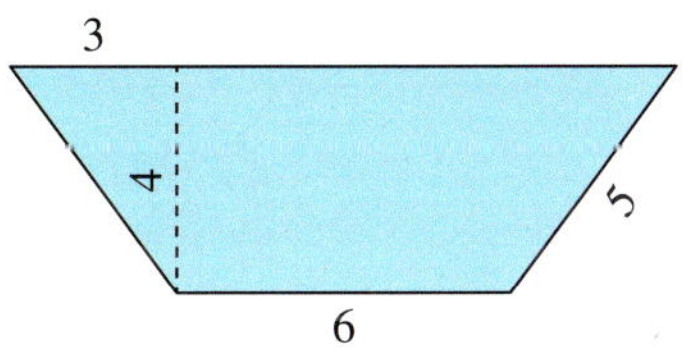

c)

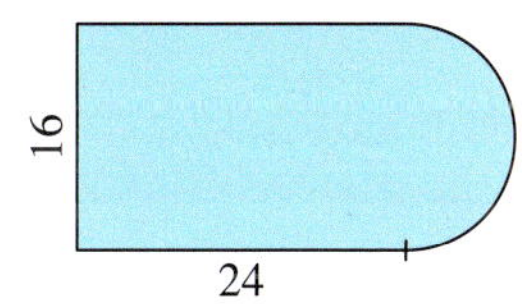

Der Satz des Pythagoras

→ Seite 203

18 Berechne die Länge der fehlenden Seite des rechtwinkligen Dreiecks ($\gamma = 90°$).

a) $a = 7\,\text{cm}$; $b = 12\,\text{cm}$; $c = ?$

b) $a = 91\,\text{m}$; $c = 156\,\text{m}$; $b = ?$

19 Sind folgende Dreiecke rechtwinklig? Wo liegt der rechte Winkel?

a) $a = 24\,\text{m}$; $b = 26\,\text{m}$; $c = 10\,\text{m}$

b) $a = 324\,\text{mm}$; $b = 212\,\text{mm}$; $c = 248\,\text{mm}$

Berechnungen an Körpern

→ Seite 204

20 Ein quaderförmiges Aquarium ist 80 cm lang und 30 cm breit.
Das Wasser steht 45 cm hoch.
Wie viele Liter sind das?

21 Berechne das Volumen der Körper.

a)

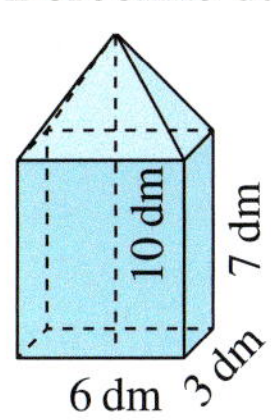

b)

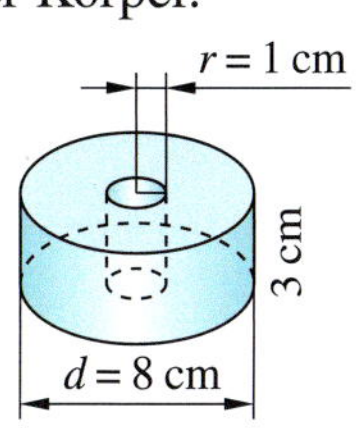

→ Seite 205

Proportionale und antiproportionale Zuordnungen

22 Vervollständige die Tabellen im Heft.

a) *Anzahl Brote → Preis in Euro*

Anzahl Brote	2	5	11
Preis (in €)		11,50	

b) *Anzahl Tiere → Futtervorrat in Tagen*

Anzahl Tiere	2	6	12
Vorrat (in d)			5

23 Berechne.

a) Ein Ausflug mit festem Gesamtpreis kostet bei 28 Schülern pro Person 15,00 €. Wie viel muss jeder bezahlen, wenn 3 Schüler fehlen?

b) Welches Angebot ist jeweils günstiger?
① Es gibt 175 g Chips für 2,24 € und 250 g für 3,25 €.
② Limonade kostet 1,25 € für 1,5 l und 0,69 € für 0,75 l.

→ Seite 205

Prozent- und Zinsrechnung

24 Stelle jeweils eine geeignete Frage und beantworte sie.

a) Bei einer Kontrolle war bei 36 von 250 Fahrrädern das Licht defekt.

b) Ein Preis von 89 € wird um 20% gesenkt.

c) 6 Schüler fehlen. Das sind 24%.

25 Herr Fuchs legt bei seiner Bank 3000 € zu 2,5% jährlich an.

a) Wie viel Geld hat er am Jahresende?

b) Er muss das Geld bereits nach 7 Monaten abheben. Wie viel Geld bekommt er dann?

c) Wie viel Zinsen erhält er pro Tag?

→ Seite 206

Funktionen darstellen

26 Gib jeweils die Geradengleichung an.

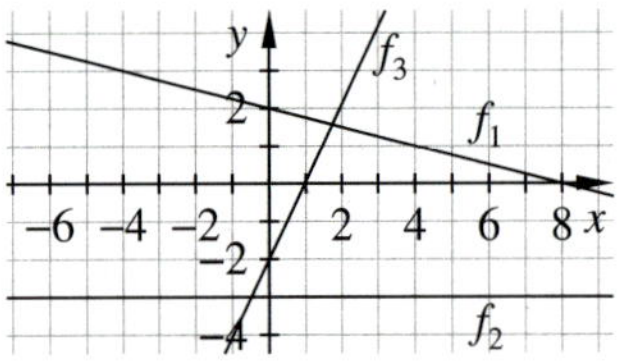

27 Zeichne die Graphen in dein Heft.

a) $y = 2x$

b) $y = x - 4$

c) $y = \frac{1}{3}x - 1$

d) Ein Liter Benzin kostet 1,40 Euro.

→ Seite 207

Daten

28 420 Schüler wurden gefragt, welche Sportart sie gerne ausprobieren würden. Rafting wählten 135 Schüler, Klettern 180. Der Rest entschied sich für Hockey. Bestimme für jede Sportart die relative Häufigkeit.

29 Das Diagramm zeigt die Auswahl von Kinofilmen bei 1800 Kinobesuchern. Berechne, wie viele Personen welche Filme sahen.

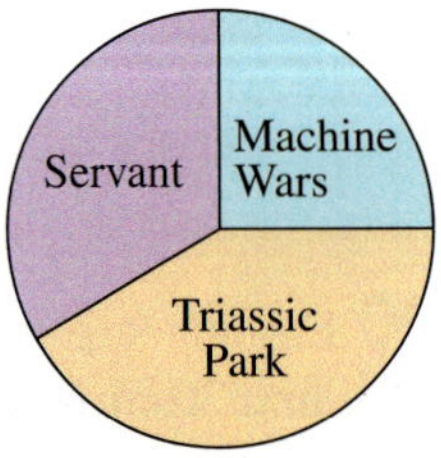

→ Seite 208

Zufall und Wahrscheinlichkeit

30 Ein Glücksrad hat 4 rote Felder, 3 blaue und ein gelbes. Wie hoch ist die Wahrscheinlichkeit, kein blaues Feld zu treffen?

31 Bei der Produktion von Handys sind erfahrungsgemäß 6% defekt. Wie viele defekte Handys kann man bei 4000 Stück erwarten?

Grundrechenarten und Rechengesetze

1 Wahr oder falsch? Korrigiere im Heft.
a) In einer Summe darf man die Reihenfolge der Summanden beliebig vertauschen.
b) Punktrechung geht vor Potenzrechnung und Potenzrechnung geht vor Strichrechnung.

2 Überschlage.
a) $317 + 206 + 173$
b) $1000 - 291 - 312 - 181$
c) $19 \cdot 206$ d) $1200 : 59$

3 Berechne im Kopf.
a) $33 + 188$ b) $203 - 151$
c) $99 : 11$ d) $12 \cdot 8$
e) 3^3 f) $25 + 67 + 75$

4 Berechne.
a) $23\,789 + 5999 - 16\,008$
b) $163 \cdot 18$ c) $1240 : 31$

5 Runde auf Hunderter.
a) 306 b) 451 c) 88
d) 1278 e) 23 456 f) 303 070

6 Berechne. Beachte die Rechenregeln.

> *TIPP Beachte die Vorrangregeln: Klammern zuerst, Punktrechnung vor Strichrechnung*

a) $9 \cdot (7 + 11)$ b) $22 - (15 : 5)$
c) $35 - 5^2$ d) $(39 : 13) - 5$
e) $9 - (7 - 6)$ f) $48 : (12 : 4)$

7 Löse die Klammer auf und berechne.

> *TIPP So löst man eine Klammer auf, vor der ein Minus steht: das Minus fällt weg und alle Vorzeichen in der Klammer kehren sich um.*

a) $23 - (5 + 8 - 2)$
b) $102 + (3 - 55 - 70)$
c) $144 - (4 + 4 + 16) : 3$

Maßeinheiten

1 Wahr oder falsch? Korrigiere im Heft.
a) Nicht alle Maßeinheiten haben 100 als Umwandlungszahl.
b) Den Inhalt von Flächen gibt man mit Kubikzahlen an.
c) Der Maßstab gibt das Verhältnis von Bildgröße zu Originalgröße an.

2 Wie viel Rückgeld gibt es bei 50 €?
a) 22,80 € b) 13,75 €
c) 9,95 € d) 28,32 €

3 Gib in der Einheit in Klammern an.

> *TIPP Wenn die Einheit kleiner wird, wird die Maßzahl größer.*

a) 22 m (cm) b) 4,3 dm (m)
c) 2 cm (mm) d) 200 m (km)
e) 4 mm (dm) f) 1,5 m (km)

4 Berechne in der kleinsten Einheit.
a) 3 km + 250 m + 17 dm + 20 cm
b) 21,5 km + 12,5 dm + 3,2 cm

5 Gib in der Einheit in Klammern an.
a) 5,5 kg (g) b) 2,7 t (kg)
c) 45 g (mg) d) 23 g (kg)

6 Berechne in der größten Einheit.
a) 30 mg + 250 g + 12 kg
b) 1,75 kg + 420,7 g + 9 mg

7 Gib in der Einheit in Klammern an.
a) 7 h (min) b) 9,5 h (min) c) 3 a (d)
d) 45 min (h) e) 777 s (min) f) 1 d (s)

8 Nach 4 h 13 min Fahrzeit erreicht der Bus um 0:23 Uhr das Ziel. Wann fuhr der Bus los?

9 Gib in der Einheit in Klammern an.
a) 4 dm^2 (cm^2) b) 1,2 km^2 (m^2)
c) 7 m^2 (dm^2) d) 5 mm^2 (cm^2)

10 Gib in der Einheit in Klammern an.
a) 31 m^3 (dm^3) b) 12 dm^3 (cm^3)
c) 10 l (dm^3) d) 1500 m^3 (l)
e) 1,75 m^3 (cm^3) f) 10 ml (l)

11 Im Einkauf kostet eine Jeans 18,75 €. Sie wird für 39,95 € verkauft. T-Shirts kosten 7,35 € und werden für 14,95 € verkauft. Einzelhandelskauffrau Sandra bestellt 50 Jeans und 80 T-Shirts für ihr Geschäft. Wie viel Gewinn kann Sandra erwarten?

12 Ina macht einen Obstsalat aus 800 g Äpfeln, 400 g Birnen, 600 g Erdbeeren, $\frac{1}{4}$ kg Himbeeren, 2 Kiwis à 70 g und 3 Bananen à 110 g. Mit Zucker wiegt der Salat 2,6 kg. Wie viel Zucker ist in dem Obstsalat?

Brüche und Dezimalzahlen

1 Wahr oder falsch? Korrigiere im Heft.

a) In einem Bruch steht der Nenner oben.

b) Man darf nur Brüche mit gleichem Nenner addieren und subtrahieren.

2 Lies die Zahlen am Zahlenstrahl ab. Gib sie als Bruch- und als Dezimalzahl an.

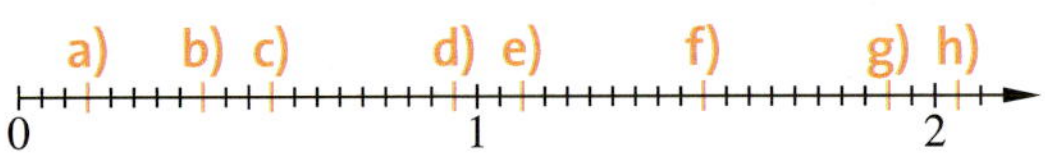

3 Ordne der Größe nach.

> *TIPP Vergleiche Brüche, indem du sie auf den gleichen Nenner bringst (Hauptnenner). Vergleiche Dezimalzahlen stellenweise.*

a) $\frac{3}{7}$; $\frac{1}{2}$; $\frac{15}{14}$; $1\frac{5}{14}$ b) $\frac{8}{9}$; $\frac{2}{3}$; $1\frac{1}{9}$; $1\frac{1}{3}$

c) 0,5; 0,55; 0,05; 5,5; 0,055

4 Setze das passende Zeichen ein (<, >, =).

a) $\frac{1}{4}$ ▢ $\frac{1}{3}$ b) $\frac{1}{3}$ ▢ 0,3 c) $\frac{2}{3}$ ▢ 0,6

d) $\frac{3}{4}$ ▢ 0,8 e) $\frac{2}{8}$ ▢ $\frac{3}{8}$ f) $\frac{7}{10}$ ▢ 0,7

5 Berechne die Anteile.

> *TIPP Berechne $\frac{2}{3}$ von 12 € so:*
> $12\,€ \xrightarrow{:3} 4\,€ \xrightarrow{\cdot 2} 8\,€$

a) $\frac{3}{7}$ von 28 Autos b) $\frac{4}{5}$ von 35 €

c) $\frac{11}{12}$ von 108 km d) $\frac{2}{9}$ von 630 l

6 Wer zahlt mehr? Überschlage und rechne.

Angelina:

```
    8,95€
    0,99€
    1,29€
    9,75€
    3,49€
    4,99€
+   1,59€
```

Jennifer:

```
    3,99€
    2,75€
   14,95€
    1,49€
    0,99€
    0,79€
+   4,95€
```

7 Wie viel muss gezahlt werden? Runde die Euro-Beträge sinnvoll.

Masse	Preis (pro kg)	Betrag
2,365 kg	1,85 €	
11,720 kg	0,73 €	
0,678 kg	4,35 €	

8 Welche Paare gehören jeweils zusammen? Ergänze das fehlende Kärtchen im Heft.

$\frac{7}{3}$ $\frac{21}{4}$ $\frac{10}{3}$ $\frac{19}{5}$ $\frac{37}{5}$

$7\frac{2}{5}$ $3\frac{4}{5}$ $2\frac{1}{3}$ $5\frac{1}{4}$?

9 Berechne und kürze, wenn möglich.

a) $\frac{1}{3}+\frac{1}{5}$ b) $\frac{3}{4}-\frac{5}{9}$

c) $4\frac{1}{7}+2\frac{1}{7}$ d) $3-\frac{2}{11}$

e) $\frac{7}{12}\cdot\frac{3}{14}$ f) $\frac{5}{7}:15$

g) $2\frac{3}{4}\cdot\frac{8}{9}$ h) $\frac{4}{5}\cdot\frac{5}{6}\cdot\frac{6}{7}$

i) $\frac{1}{3}\cdot\left(\frac{4}{5}+\frac{7}{10}\right)$

10 Schreibe das Ergebnis als Dezimalzahl.

> *TIPP Beachte die Vorrangregeln: Klammern zuerst, Punktrechnung vor Strichrechnung*

a) $1{,}75+\frac{3}{4}-\frac{1}{8}$

b) $1{,}4+8{,}6:2-5{,}7\cdot 3$

c) $\frac{4}{9}\cdot\frac{27}{10}-\frac{2}{5}\cdot\frac{13}{50}$ d) $\left(2\frac{1}{4}-\frac{3}{4}\right)\cdot\frac{3}{2}$

e) $0{,}34\cdot\left(13{,}5+\frac{3}{2}\right)$ f) $5{,}13+9{,}87\cdot 2$

11 Anna, Max und Tarik teilen ihren Gewinn vom Flohmarkt. Anna bekommt $\frac{3}{8}$ und Max $\frac{1}{4}$ davon.

a) Welchen Anteil erhält Tarik?

b) Wie viel bekommt jeder von den 120 €?

Rationale Zahlen

1 Wahr oder falsch? Korrigiere im Heft.
- a) Am Zahlenstrahl ist die links stehende Zahl größer als die rechts stehende.
- b) Jede Zahl hat eine Gegenzahl.
- c) Multipliziert man zwei Zahlen mit gleichen Vorzeichen, ist das Ergebnis positiv.

2 Finde Beispiele für die folgenden Aussagen.
- a) In den „roten Zahlen" stehen.
- b) Etwas befindet sich unter NN.
- c) Eine Temperatur unter dem Gefrierpunkt.

3 Lies die Zahlen am Zahlenstrahl ab.
Gib auch die Gegenzahl an.

TIPP (−5) und (+5) sind Gegenzahlen.

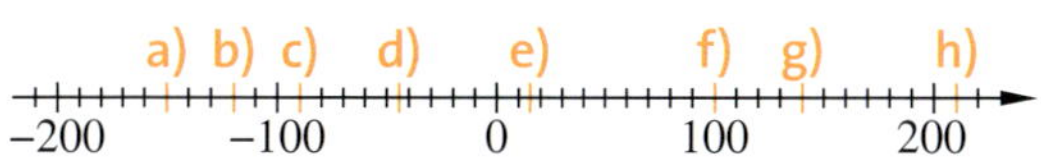

4 Setze das passende Zeichen ein (<, >).

TIPP Stelle dir die Lage der Zahlen auf der Zahlengeraden vor.

a) $3 \;\square\; 4$	b) $-3 \;\square\; -4$
c) $-31 \;\square\; -32$	d) $0{,}3 \;\square\; 0{,}4$
e) $-2{,}18 \;\square\; -2{,}19$	f) $-0{,}1 \;\square\; -0{,}01$

5 Ordne die Zahlen der Größe nach.
- a) $-4;\ 1{,}2;\ -3;\ -7;\ 1;\ 4$
- b) $0{,}7;\ -0{,}7;\ 0{,}35;\ -0{,}35;\ 0$
- c) $2{,}26;\ 2{,}22;\ -2{,}26;\ -2{,}2;\ -2$
- d) $-0{,}01;\ -0{,}001;\ 0{,}1;\ 1;\ -0{,}11$

6 Bestimme den Unterschied.
- a) Lisa fährt mit dem Fahrstuhl aus der Tiefgarage in Etage −2 in die 9. Etage.
- b) Selim hatte sein Konto um 85 € überzogen. Nach der Gehaltsüberweisung hat er wieder 392 €.

7 Berechne.

a) $-4 + 12$	b) $-6 - 7$
c) $-8 + (-3{,}4)$	d) $3{,}2 + (-0{,}8)$
e) $-17 + 9{,}5$	f) $1{,}5 - 2$

8 Berechne.

TIPP ① + · + = + ② + · − = −
③ − · + = − ④ − · − = +

a) $13 \cdot (-4)$	b) $(-36) : 3$
c) $-17 \cdot (-11)$	d) $-88 : 11$
e) $-2{,}5 \cdot (-10)$	f) $12 \cdot (-0{,}5) \cdot (-6)$
g) $-5{,}5 : 5 \cdot (-10)$	h) $-4 + 5 \cdot 6 - 7$

Terme und Gleichungen

1 Wahr oder falsch? Korrigiere im Heft.
- a) Variablen sind Platzhalter.
- b) Jede Gleichung hat eine Lösung.
- c) Gleichungen sind äquivalent, wenn man auf beiden Seiten dieselbe Zahl addiert.
- d) Äquivalente Gleichungen können verschiedene Lösungen haben.

2 Benenne gleich lange Strecken mit gleichen Buchstaben. Erstelle einen Term zur Umfangsberechnung.

a)

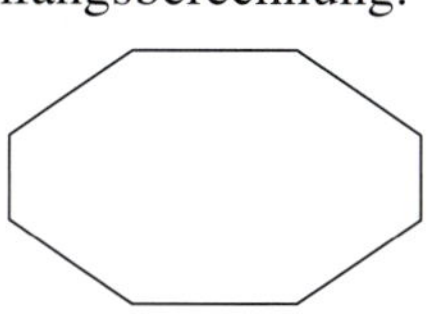

b)

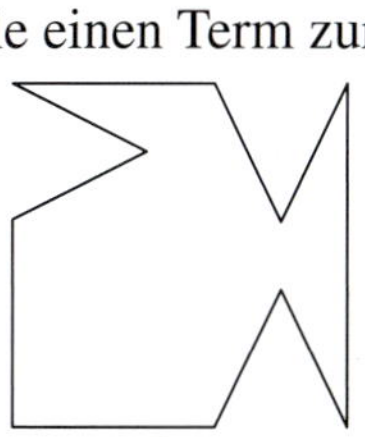

3 Fasse zusammen und ordne.

TIPP Gleiche Variablen mit gleichen Exponenten können addiert bzw. subtrahiert werden.

- a) $4x + 5 - 3x - 2 + 2x$
- b) $2x^2 + 4x^3 + 1{,}5x - 2{,}5x^3 - 0{,}5x^2$
- c) $\frac{2}{5}a - \frac{2}{3}b + \frac{3}{10}a + \frac{5}{6}b$

4 Fasse so weit wie möglich zusammen.

TIPP Löse zuerst die Klammern auf.

- a) $4a + (2a - 4) - 3 - a$
- b) $12b - (5b + 4) - (3 - 144b)$
- c) $5c - [3 + (3c + 2) - (4 + 5c)]$

5 Löse die Gleichung und mache die Probe.

> *TIPP Bringe die Variable auf die eine Seite und die Zahlen auf die andere.*

a) $16 + a = 61$ b) $4b + 21 = b$
c) $2c - 5 = 4c + 3$ d) $1{,}4d - 5{,}4 = 5 + d$

6 Forme die Gleichungen um und löse sie.
a) $9x - 7 = 14x + 8$
b) $21y + 15 = 33y - 9$
c) $-5{,}8x + 27 = 10{,}2x - 15$
d) $2{,}4z - 3{,}8 = 7{,}9z + 2{,}8$

7 Stelle die Formeln nach der gesuchten Variable um.
a) nach a: $u = 4a$ b) nach r: $A = \pi \cdot r^2$
c) nach h: $A = \frac{g \cdot h}{2}$ d) nach I: $R = \frac{U}{I}$

8 Stelle eine Gleichung auf und löse sie.
a) 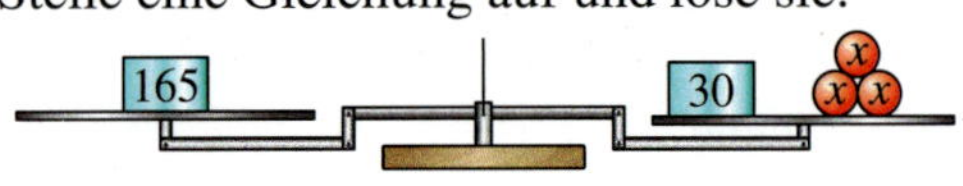

b) ✶ + ✶ + ✶ + ✶ − 15 = ✶ + ✶ + 47

9 Bestimme die Länge von x, wenn der Umfang des Dreiecks 70 cm beträgt.

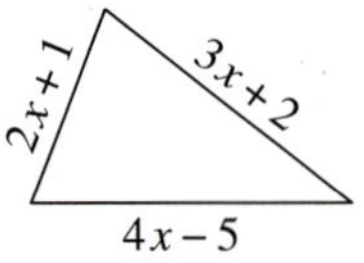

10 Vanessa macht eine Radtour. Am zweiten Tag fährt sie so weit wie am ersten Tag. Am dritten Tag fährt sie 10 km weniger als am ersten Tag. Insgesamt legt sie 65 km zurück.
Wie weit ist sie jeweils am Tag gefahren?

> *TIPP Löse im Sechs-Schritte-Verfahren:*
> *1. Variable festlegen*
> *2. Terme bilden*
> *3. Gleichung aufstellen*
> *4. Gleichung lösen*
> *5. Lösung prüfen*
> *6. Antwortsatz*

11 Wenn man die Summe aus einer Zahl und 6 mit 7 multipliziert, so ist das Ergebnis 91. Wie lautet die gesuchte Zahl?

Potenzen und Wurzeln

1 Wahr oder falsch? Korrigiere im Heft.
a) Potenzen sind eine Abkürzung für die Multiplikation von gleichen Faktoren.
b) In dem Term 6^2 ist 6 der Exponent und 2 die Basis.
c) Die Wurzel kann man nur aus positiven Zahlen ziehen.

2 Schreibe als Potenz bzw. als Produkt.

> *TIPP* $5 \cdot 5 \cdot 5 = 5^3$

a) $2 \cdot 2 \cdot 2$ b) $(-4) \cdot (-4) \cdot (-4)$
c) $\frac{6}{7} \cdot \frac{6}{7}$ d) $e \cdot e \cdot e \cdot e \cdot e$
e) $(-7)^5$ f) $\left(\frac{2}{5}\right)^4$

3 Übertrage und ergänze im Heft. Die Lösungen sind unter den Zahlen 2; 3; 4 oder 5.
a) $2^{\square} = 32$ b) $6^{\square} = 216$
c) $70^{\square} = 4900$ d) $25^{\square} = 15\,625$
e) $(-6)^{\square} = 36$ f) $(-10)^{\square} = -1000$

4 Schreibe ausführlich.

> *TIPP* $4{,}5 \cdot 10^3 = 4{,}5 \cdot 1000 = 4500$
> $4{,}5 \cdot 10^{-3} = 4{,}5 \cdot 0{,}001 = 0{,}0045$

a) $1{,}234 \cdot 10^5$ b) $5 \cdot 10^6$
c) $3 \cdot 10^{-4}$ d) $3{,}9 \cdot 10^{-3}$

5 Schreibe kurz mit Zehnerpotenzen.

> *TIPP* $57\,000 = 5{,}7 \cdot 10\,000 = 5{,}7 \cdot 10^4$
> $0{,}000\,57 = 5{,}7 \cdot 0{,}0001 = 5{,}7 \cdot 10^{-4}$

a) 8000 b) 12 300
c) 0,24 d) 0,0005

6 Kann das stimmen? Begründe.
a) $10^4 = 10 \cdot 4 = 40$
b) $10^{-3} = -10^3$

7 Berechne im Kopf.
a) 9^2 b) $0{,}2^2$
c) $\sqrt{36}$ d) $\sqrt{1{,}44}$

8 Berechne im Kopf.

a) 5^3 b) $(-2)^3$ c) 100^3
d) $\sqrt[3]{27}$ e) $\sqrt[3]{1000}$ f) $\sqrt[3]{0{,}008}$

9 Berechne schrittweise.

a) $18 + 9^2$ b) $(-12)^2 + 12^2$
c) $36 - \sqrt{36}$ d) $2{,}7 + \sqrt[3]{27}$

10 In 7 Schulen haben 7 Schüler 7 Schultüten mit jeweils 7 Süßigkeiten. Wie viele Süßigkeiten sind es dann insgesamt?

11 Berechne die gesuchten Größen.

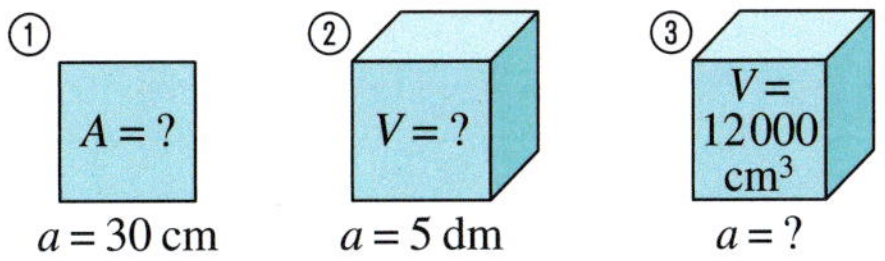

12 Eine quadratische Rasenfläche ist $961\,m^2$ groß. In der Mitte wird ein quadratisches Beet mit der Seitenlänge 7 m angelegt.

a) Fertige eine Skizze an.
b) Wie breit sind die Streifen um das Beet?
c) Wie viel Rasenfläche bleibt?

Zeichnen mit Geodreieck und Zirkel

1 Wahr oder falsch? Korrigiere im Heft.

a) Winkelgrößen werden in Grad angegeben.
b) Zueinander senkrechte Geraden schneiden sich im 45°-Winkel.
c) Parallele Geraden schneiden sich nie.

2 Gib zuerst an, um welche Winkelart es sich jeweils handelt. Miss dann die Winkelgröße.

TIPP Es gibt spitze, stumpfe, rechte, gestreckte, überstumpfe und volle Winkel.

a)

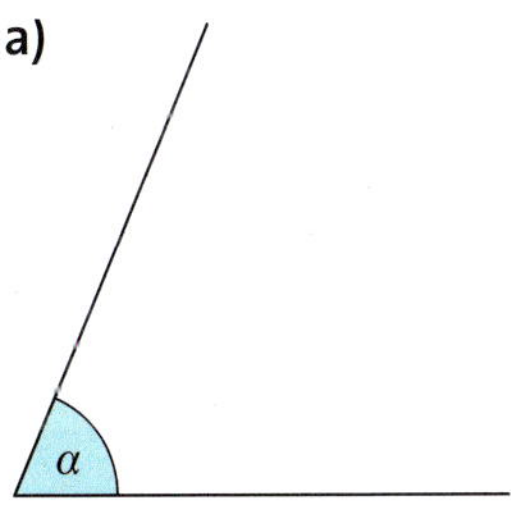

b)

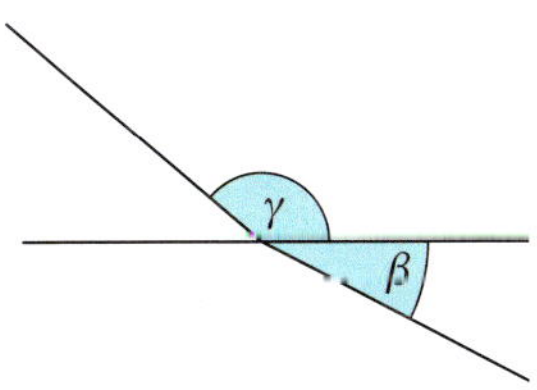

3 Zeichne folgende Winkel in dein Heft.

a) 42° b) 124° c) 241° d) 341°

4 Welche Geraden verlaufen zueinander parallel (senkrecht)?

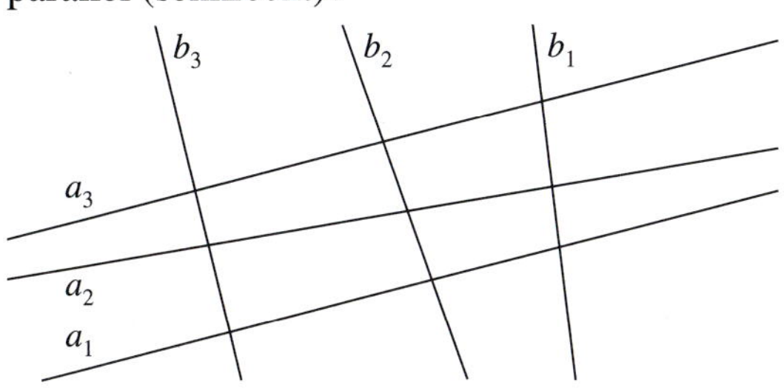

5 Folge den Anweisungen und zeichne in ein Koordinatensystem.

① Zeichne $A(2|3)$, $B(11|5)$, $C(8|10)$ und verbinde zu einem Dreieck.
② Miss alle Winkel innerhalb des Dreiecks.
③ Zeichne durch $D(4|9)$ eine senkrechte Gerade zur Strecke $\overline{AC}$ und nenne sie d.
④ Zeichne durch C eine Parallele zu d.

6 Zeichne jeweils drei unterschiedlich große Kreise, die folgende Bedingungen erfüllen:

a) Alle Kreise haben denselben Mittelpunkt.
b) Zwei Kreise schneiden sich. Der dritte Kreis liegt in dem gemeinsamen Gebiet.
c) Es entstehen sechs Schnittpunkte.

7 Konstruiere Dreiecke aus den gegebenen Stücken.

TIPP Fertige eine Planskizze an und markiere die gegebenen Stücke farbig.

a) $c = 5\,cm$; $b = 3\,cm$; $\alpha = 60°$
b) $a = 4{,}5\,cm$; $b = 3\,cm$; $c = 5{,}2\,cm$
c) $c = 8\,cm$; $\alpha = 80°$; $\beta = 24°$.
d) $a = 32\,mm$; $b = 4{,}8\,cm$; $\gamma = 115°$
e) $b = 0{,}7\,dm$; $\alpha = 55°$; $\gamma = 98°$

8 Überlege, aus welchen Stücken ein Dreieck entstehen kann, und begründe.

a) $c = 8\,cm$; $b = 3\,cm$; $a = 4\,cm$
b) $a = 7{,}5\,cm$; $b = 7{,}5\,cm$; $c = 7{,}5\,cm$
c) $b = 6{,}4\,cm$; $c = 14\,cm$; $a = 7{,}6\,cm$

Ebene Geometrie

1 Wahr oder falsch? Korrigiere im Heft.
a) Jedes Rechteck ist ein Quadrat.
b) Jedes Quadrat ist eine Raute.
c) In jedem gleichschenkligen Dreieck sind alle Seiten gleich lang.

2 Benenne und beschreibe alle Dreiecke.

> ***TIPP*** *Dreiecke können nach Winkeln und nach Seiten benannt werden.*

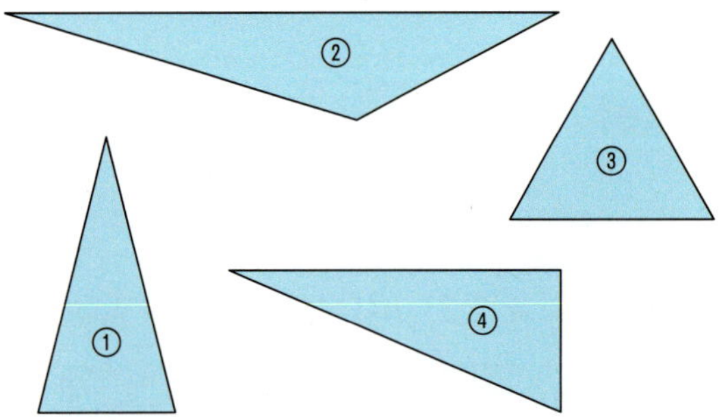

3 Die Winkelsumme im Dreieck beträgt 180°. Finde eine Begründung, warum sie im Viereck 360° beträgt.

4 Kann ein Dreieck mehr als einen rechten Winkel haben? Begründe deine Meinung.

5 Konstruiere das Dreieck ABC.
a) $b = 6\,\text{cm}$; $b = 8\,\text{cm}$; $\alpha = 90°$
b) $a = 5\,\text{cm}$; $b = 7\,\text{cm}$; $\gamma = 40°$
c) $a = 3\,\text{cm}$; $c = 9\,\text{cm}$; $\beta = 80°$
d) $a = b = 4\,\text{cm}$; $\gamma = 60°$

6 Benenne die Figuren.

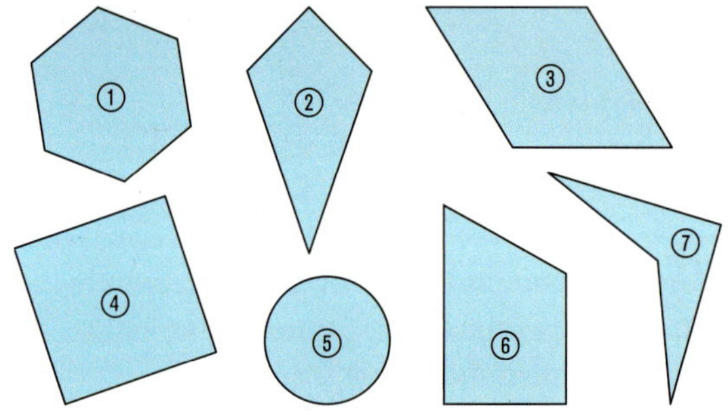

a) Wovon hängt der Name für ① ab?
b) Welche Figuren kann man als Viereck (Trapez; Parallelogramm) bezeichnen?

7 Gib die Größe der markierten Winkel an, ohne zu messen. Begründe jeweils.

a)
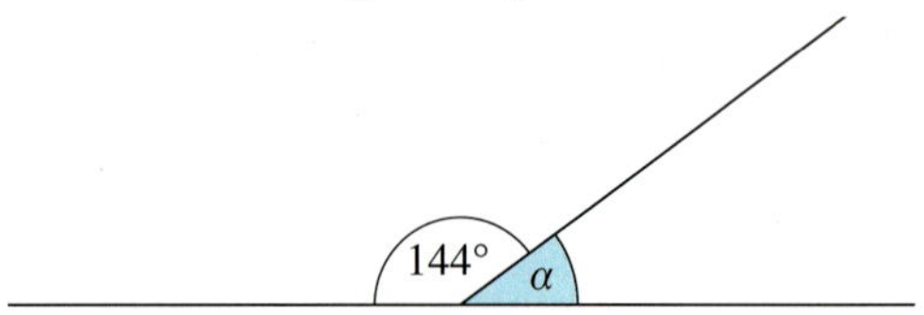

b)
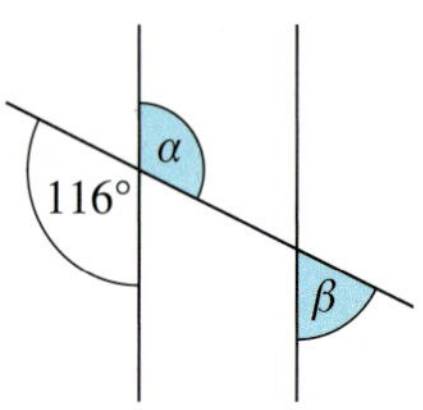

c)
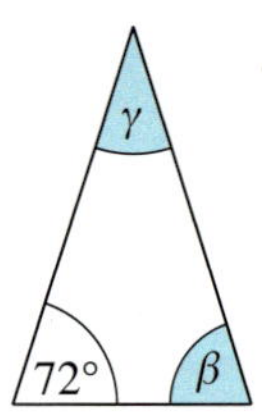

d)
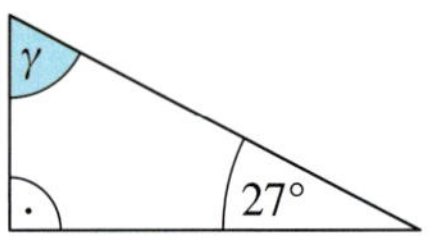

e)
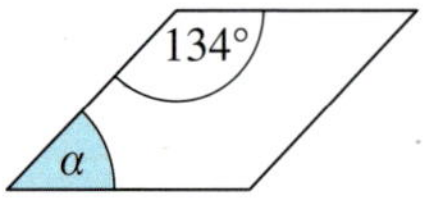

Umfang und Flächeninhalt

1 Wahr oder falsch? Korrigiere im Heft.
a) Der Umfang eines Quadrates ist $u = 4a$.
b) Eine Höhe steht senkrecht auf einer Seite.
c) Den Flächeninhalt eines Kreises berechnet man mit der Formel $A = 2\pi r$.

2 Berechne die Dreiecke im Heft.

	Grundseite g	Höhe h	Flächeninhalt A
a)	8 cm	14,5 cm	
b)	3,8 cm		4,75 cm²
c)		7,4 cm	36,26 cm²

3 Berechne die fehlenden Größen der Trapeze im Heft.

	a	c	h	A
a)	4,5 cm	2,9 cm	3,4 cm	
b)	3,6 m	12,8 m		45,1 m²
c)	72 cm		13,6 dm	82,96 dm²
d)		0,38 m	104 dm	67,86 m²

4 Ein Volleyballfeld besteht aus zwei nebeneinanderliegenden Quadraten und ist 162 m² groß. Wie groß ist der Umfang?

5 Berechne die Kreise im Heft.

	Radius *r*	Umfang *u*	Flächeninhalt *A*
a)	77 mm		
b)		56,55 km	
c)			28,27 cm^2
d)		16,34 dm	

6 Berechne den Flächeninhalt der blauen Fläche. Das Quadrat ist außen 8 cm lang.

TIPP Berechne zuerst die Flächeninhalte der Kreisteile und des Quadrats.

a)
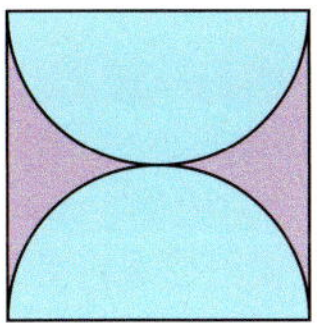

b)

7 Berechne den Flächeninhalt. (Maße in cm)

TIPP Zerlege oder ergänze die Figuren.

a)
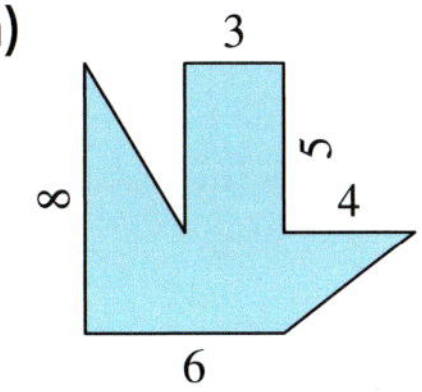

b)
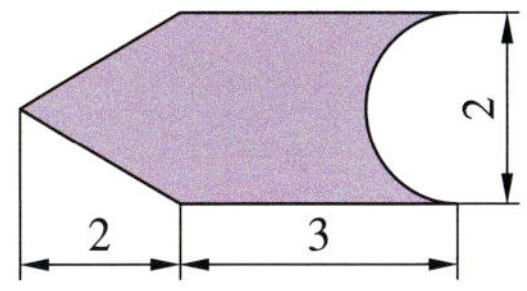

8 Berechne den Flächeninhalt der gefärbten Fläche. Es gilt $a = 6{,}2$ cm.

a)
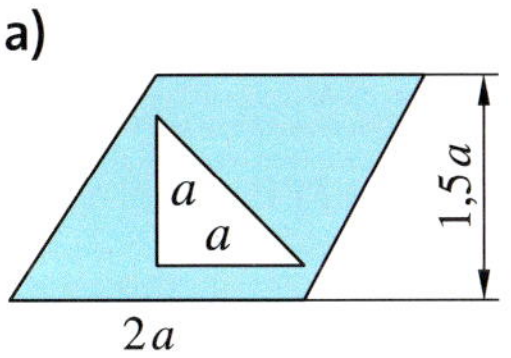

b)
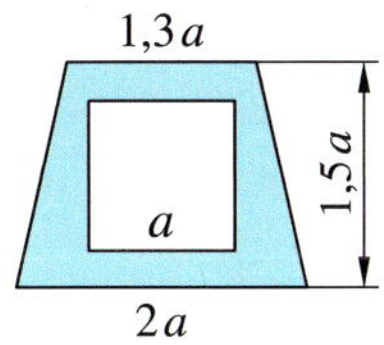

Der Satz des Pythagoras

1 Wahr oder falsch? Korrigiere im Heft.

a) Der Satz des Pythagoras gilt in jedem Dreieck.

b) In jedem rechtwinkligen Dreieck gibt es zwei Hypotenusen und eine Kathete.

c) Die Hypotenuse ist die längste Seite im rechtwinkligen Dreieck.

d) Die Kathete liegt dem rechten Winkel gegenüber.

e) Der Satz des Pythagoras lautet: Die Summe der Katheten ist gleich der Hypotenuse.

2 Stelle jeweils eine Gleichung nach dem Satz des Pythagoras auf.

TIPP Kathete² + Kathete² = Hypotenuse²

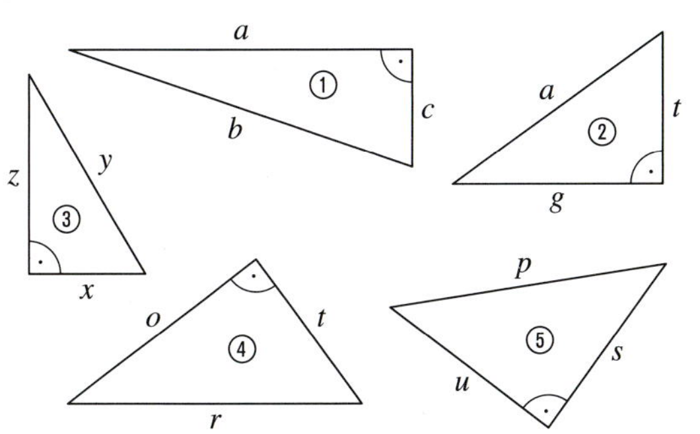

3 Steffi, Ulrike und Thomas überlegen, wie sie die Seite *x* des rechtwinkligen Dreiecks berechnen können.

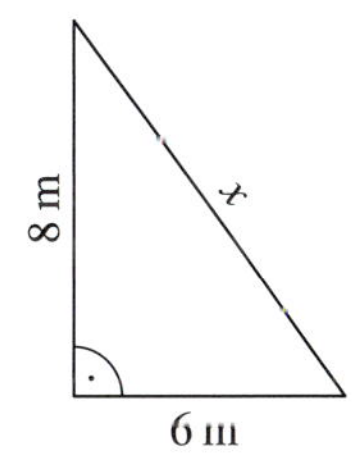

Thomas: $8 + 6 = x$

Ulrike: $8^2 + 6^2 = x$

Steffi: $6\,m^2 + 8\,m^2 = x^2$

a) Welche Fehler wurden gemacht?

b) Schreibe die richtige Gleichung in dein Heft und berechne.

4 Berechne die Dreiecke im Heft.

TIPP Fertige jeweils eine Skizze an, in der du den rechten Winkel und die gegebenen Seiten farbig markierst.

	Winkel	Seite *a*	Seite *b*	Seite *c*
a)	$\gamma = 90°$	3,5 cm	5 cm	
b)	$\gamma = 90°$	1,5 cm		9 cm
c)	$\alpha = 90°$	8,5 cm		6 cm

5 Ein Baum ist bei einem Sturm in 1,70 m Höhe eingeknickt.
Die Spitze stößt 23,50 m weit vom Stamm entfernt auf den Boden.
Wie hoch war der Baum ursprünglich?

6 Berechne die markierten Strecken.

a)

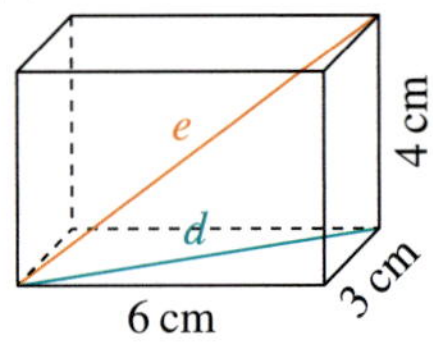

b)

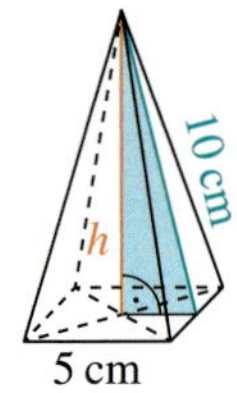

7 Berechne den Flächeninhalt des großen Quadrats mit der Seitenlänge a.
Die Seite b hat eine Länge von 240 mm.

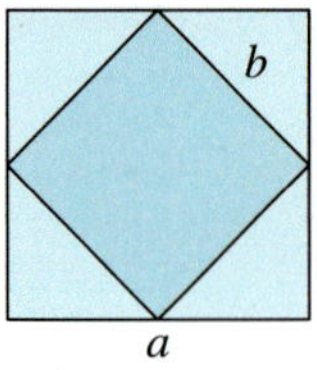

Berechnungen an Körpern

1 Wahr oder falsch? Korrigiere im Heft.

a) Ein Körper, dessen Kanten alle gleich lang sind, heißt Quader.

b) Pyramiden und Kegel haben keine Deckfläche.

c) Jeder Quader ist auch ein Prisma.

d) In einem Schrägbild wird die Tiefe mit halber Länge und im 45°-Winkel dargestellt.

2 Welche Körper können das sein?

TIPP Mehrere Antworten sind möglich.

a) Alle Flächen sind gleich.

b) Der Körper hat nur zwei Flächen.

c) Der Körper hat eine Spitze.

d) Die Grundfläche ist ein Dreieck.

3 Berechne jeweils den Oberflächeninhalt O, das Volumen V und die Seitenlänge a.

a)

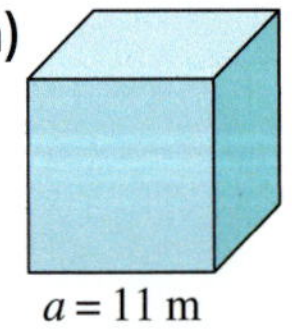

$a = 11$ m

b)

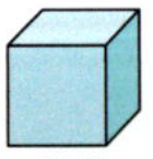

$V = 555$ cm³

c)

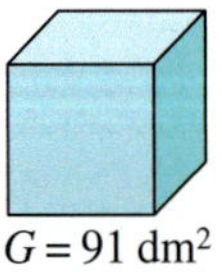

$G = 91$ dm²

4 Zeichne Schrägbild und Netz zum Quader mit $a = 7$ cm; $b = 6$ cm und $c = 2$ cm.

5 Eine Milchpackung ist 9,5 cm breit und 6,5 cm tief. Ihre Höhe beträgt 16,5 cm.
Wie viel Pappe braucht man für die Verpackung, wenn 10 % für Klebekanten eingerechnet werden?

6 Berechne Oberflächeninhalt und Volumen der Prismen.

*TIPP h_K steht für die Körperhöhe.
In c) hilft dir der Satz des Pythagoras.*

	Grundfläche A_G	h_k
a)	Quadrat mit $a = 2{,}5$ cm	10 cm
b)	Dreieck mit $a = 2{,}6$ m; $b = 3$ m; $c = 5{,}1$ m; $h_c = 1{,}2$ m	3,8 m
c)	gleichseitiges Dreieck mit $a = 9$ cm	12 cm

7 Vanessa liebt Vanilleeis. Sie kann zwischen zwei Packungen wählen, wobei der Preis der gleiche ist. Welches Eis sollte sie wählen, um so viel wie möglich zu erhalten?

a)

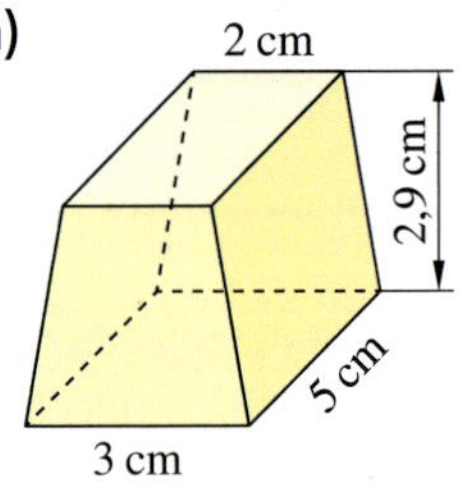

b)

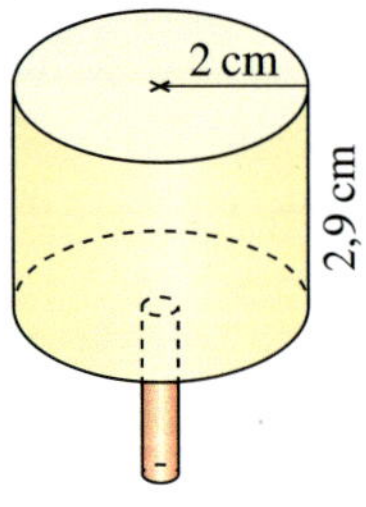

8 Für Zylinder ① ist $r = 6$ cm und $h_k = 4$ cm. Zylinder ② ist doppelt so hoch, aber der Radius ist nur halb so groß. Vergleiche das Volumen.

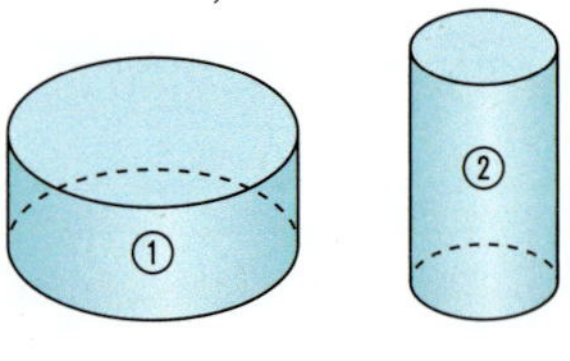

9 Jens meint, das Volumen des Zylinders nimmt drei Viertel des Volumens des Würfels ein. Hat er recht?

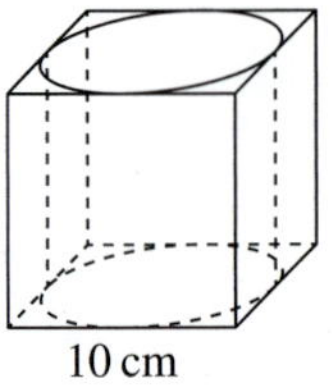

Proportionale und antiproportionale Zuordnungen

1 Wahr oder falsch? Korrigiere im Heft.
a) Bei proportionalen Zuordnungen gilt: je weniger, desto mehr.
b) Der Graph einer proportionalen Zuordnung geht immer durch den Punkt (0|0).
c) Der Graph einer antiproportionalen Zuordnung ist eine Gerade.

2 Ist die Zuordnung proportional, antiproportional oder keins von beiden? Begründe.

TIPP *Proportional: Zum Doppelten einer Größe gehört das Doppelte der anderen Größe. Antiproportional: Verdoppelt sich eine Größe, dann halbiert sich die andere Größe.*

a) *Arbeitszeit → Arbeitslohn*
b) *Alter eines Menschen → Körpergröße*
c) *Anzahl Arbeiter → Arbeitszeit*
d) *Fahrzeit → Fahrstrecke*

3 Folgende Zuordnung ist proportional.

Menge (g)	100	300	500	750	900
Preis (€)			12,00		

a) Berechne die fehlenden Werte.
b) Zeichne einen geeigneten Graphen.

4 Folgende Zuordnung ist antiproportional.

Pumpen	2	3	4	8	10
Zeit (h)			12		

a) Berechne die fehlenden Werte.
b) Zeichne einen geeigneten Graphen.

5 Welcher Graph gehört zu einer proportionalen Zuordnung, welcher zu einer antiproportionalen? Beschreibe, woran man das erkennt.

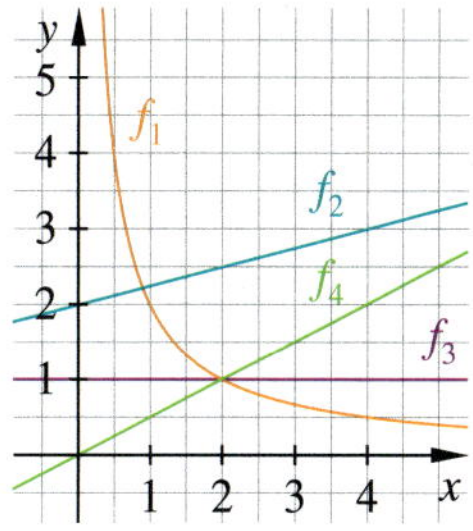

6 Beantworte die Fragen.

TIPP *Überlege, welche Zuordnung vorliegt. Nutze den Dreisatz zur Berechnung.*

a) Alina kauft 3 Rollen Tapete für 17,55 €. Wie viel zahlt ihre Freundin Milena für 4 gleiche Rollen Tapete?
b) Hannah überlegt: „Bei 21 Schülern reicht die Klassenkasse für einen 4-€-Eisbecher für jeden. Für welchen Eisbecher reicht die Klassenkasse bei 28 Schülern?"

7 Der Graph zeigt die Zuordnung *Benzinmenge im Tank → gefahrene Kilometer.*

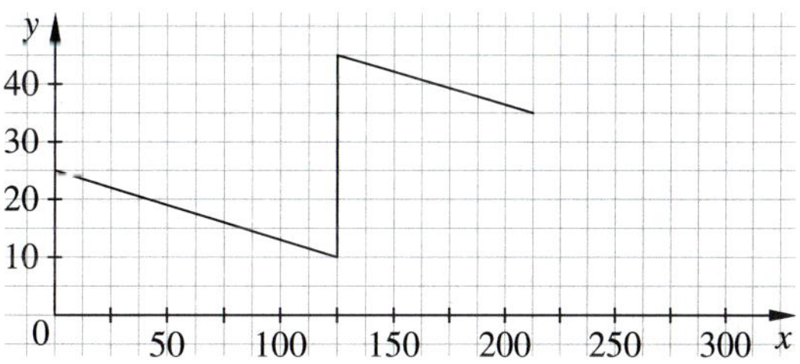

a) Wie viel Benzin war beim Start im Tank?
b) Wie weit ist das Auto gefahren?
c) Nach welcher Strecke wurde getankt?
d) Ist die Zuordnung proportional?

Prozent- und Zinsrechnung

1 Wahr oder falsch? Korrigiere im Heft.
a) Ein Prozent ist ein Tausendstel einer Zahl.
b) Man kann Anteile in Prozenten, Brüchen und Dezimalzahlen angeben.
c) In der Zinsrechnung entsprechen die Zinsen dem Prozentwert in der Prozentrechnung.

2 Zeichne auf kariertes Papier ein Quadrat mit einer Seitenlänge von 10 Kästchen.
a) Färbe 3 % der Gesamtfläche rot, 11 % blau und 42 % grün.
b) Wie viel Prozent sind ungefärbt?
c) Gib das Ergebnis als Bruch und als Dezimalzahl an.

3 Gib in den fehlenden Schreibweisen an.

Prozent	1 %			500 %	
Bruch		$\frac{7}{100}$			$\frac{3}{4}$
Dezimalzahl			0,2		

4 Berechne jeweils den Prozentsatz *p*.

TIPP Nutze die Formeln oder den Dreisatz.

a) 12 € von 240 €
b) 7 km von 20 km
c) 9 kg von 36 kg
d) 213 m^2 von 355 m^2

5 Berechne jeweils den Prozentwert *W*.

a) 10 % von 660 m
b) 32 % von 475 l
c) 200 % von 17 €
d) 0,5 % von 456 cm

6 Berechne jeweils den Grundwert *G*.

a) 15 % sind 300 kg
b) 84 % sind 210 €
c) 120 % sind 60 m
d) 0,5 % sind 9 l

7 Berechne.

TIPP Überlege zuerst, was gegeben und was gesucht ist (p %, W oder G).

a) Ein Waveboard kostete 149 €. Im Juli gibt es auf alle Preise 7 % Rabatt.
b) Anna verdient im zweiten Lehrjahr 12,5 % mehr als im ersten. Das sind 62 € mehr.
c) Paolo prüft Fahrräder. Von 312 Fahrrädern haben 17 % Mängel.

8 Der Preis einer Jeans ist zunächst um 10 % erhöht worden und nun im Angebot wieder um 10 % reduziert. Lina denkt: „Der Preisnachlass lohnt sich nicht!“ Was sagst du?

9 Übertrage die Tabelle zur Zinsrechnung ins Heft und ergänze sie.

TIPP Nutze die Zinsformel (Kip-Formel):
$Z = \frac{K \cdot i \cdot p}{100 \cdot 360}$ *(für Tageszinsen).*

	K	*Z*	*p* %	*i*
a)	478,34 €		3,1 %	218 Tage
b)		279,55 €	7,9 %	45 Tage
c)	2120,56 €	35,96 €	2,8 %	
d)	777,00 €	13,45 €		124 Tage

10 Malte bekommt zwei Angebote für einen Kredit über 12 000 €. Für welches Angebot sollte er sich entscheiden? Begründe.

Bank A
Grundgebühr: 0,00 %
Jahreszinssatz: 4,8 %
Laufzeit: 10 Monate

Bank B
Grundgebühr: 2,4 %
Jahreszinssatz: 2,4 %
Laufzeit: 10 Monate

11 Frau Marx lässt ihr Arbeitszimmer renovieren. Sie kauft Material für 357,97 €.
Die Rechnung der Handwerker beträgt ohne Mehrwertsteuer 428,00 €.
Wie viel muss sie insgesamt bezahlen?

TIPP Die Mehrwertsteuer beträgt 19 %.

12 Nach dem Abschluss der 10. Klasse, wollen 16 Personen weiter zur Schule gehen, 9 eine Ausbildung beginnen und 2 sind noch unentschlossen. Zeichne ein Kreisdiagramm.

TIPP Ein Kreis hat insgesamt 360°.
1 % entspricht also 3,6°, da 360° : 100 = 3,6°.

Funktionen darstellen

1 Wahr oder falsch? Korrigiere im Heft.

a) Die Zuordnung *Datum* → *Wochentag* ist eine Funktion.
b) Der Graph einer linearen Funktion ist eine Gerade.
c) Lineare Funktionen kann man als Geradengleichung darstellen mit $y = m \cdot x + b$. Dabei ist *b* die Steigung der Funktion.

2 Welcher Graph gehört zu einer Funktion?

TIPP Bei einer Funktion ist jedem x-Wert genau ein y-Wert zugeordnet.

a)
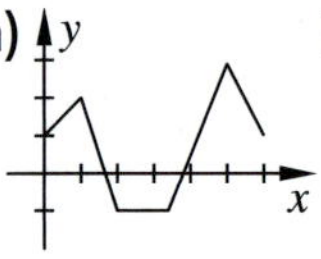

b)
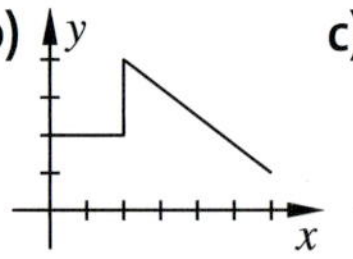

c)
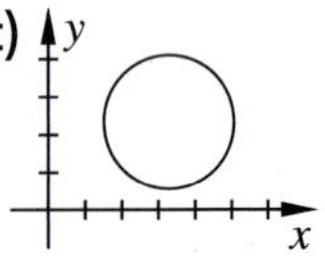

3 Liegt eine Funktion vor? Begründe.

a)

x	1	2	3	4	5	6
y	2	7	5	4	3	2

b)

x	23	44	56	71	87	98
y	10	25	14	30	50	19

4 Zeichne den Funktionsgraphen. Handelt es sich um eine lineare Funktion? Begründe.

x	−3	−2	−1	0	1	2
y	−6	−3	0	3	6	9

TIPP Überlege zuerst, wie groß das Koordinatensystem sein muss, indem du jeweils den kleinsten und größten x- und y-Wert suchst.

5 Ordne jeweils die richtige Steigung zu.

TIPP $\text{Steigung} = \frac{\text{Höhenunterschied (y-Achse)}}{\text{Horizontalunterschied (x-Achse)}}$

a) 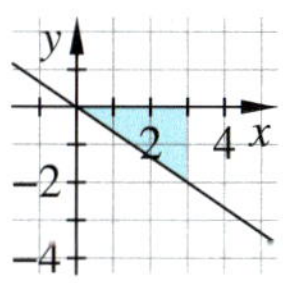

b) 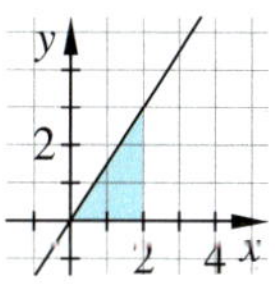

c) 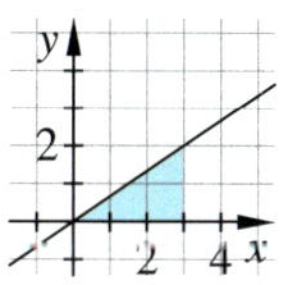

$m = \frac{2}{3}$ $m = \frac{3}{2}$ $m = -\frac{2}{3}$ $m = -\frac{3}{2}$

6 Gib jeweils die Steigung und den y-Achsenabschnitt an.
Bestimme dann die Funktionsgleichung.

a) 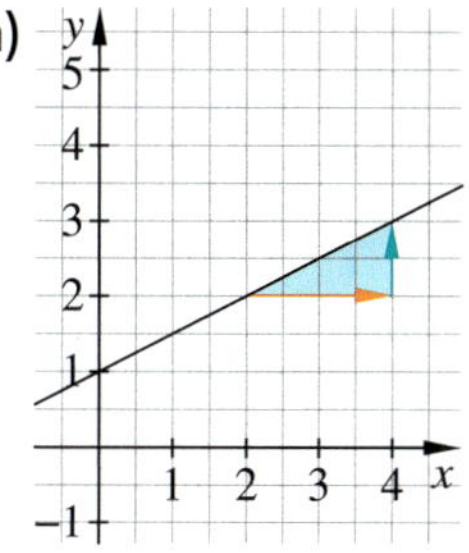

b) 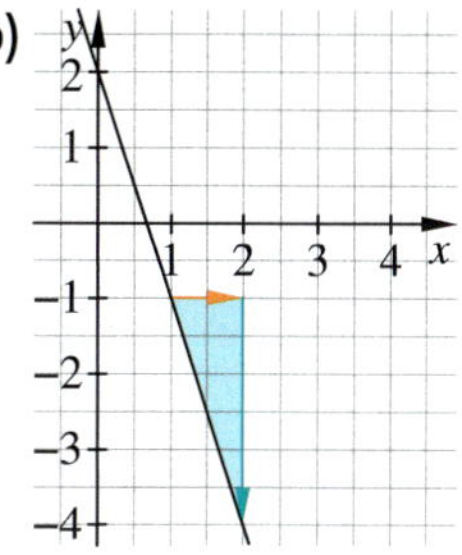

7 Beschreibe den Verlauf der Geraden und zeichne sie in ein Koordinatensystem.
a) $y = 2x - 3$ b) $y = -x + 1$ c) $y = \frac{1}{3}x$

8 In einer Fahrschule beträgt die Grundgebühr 80 €. Jede Fahrstunde kostet 27 €.
a) Stelle eine passende Gleichung auf.
b) Wie teuer sind 18 Fahrstunden?
c) Wie viele Stunden kann man für maximal 700 € nehmen?

9 Gib eine passende Funktionsgleichung an.
a) Jeder Zahl wird ihr Dreifaches zugeordnet.
b) Von jeder Zahl wird 7 subtrahiert.
c) Zum Doppelten jeder Zahl wird 5 addiert.

Daten

1 Wahr oder falsch? Korrigiere im Heft.
a) Der Durchschnitt heißt auch Zentralwert.
b) Um den Median zu bestimmen, müssen die Daten der Größe nach sortiert werden.
c) Die Darstellung in einem Kreisdiagramm basiert auf Prozentangaben.

2 Zwei Mannschaften spielen gegeneinander in einem Quiz. Die Punkte der Mitspieler werden einzeln gezählt.
Punkte A: 3; 7; 9; 0; 10
Punkte B: 5; 4; 8; 2; 9; 6
Gewonnen hat die Mannschaft mit dem besseren Durchschnitt. Wer hat gewonnen?

3 Die Niederschlagsmenge in einer Juniwoche in Köln wurde in mm gemessen.

MO	DI	MI	DO	FR	SA	SO
2	0	0	3	40	2	1

a) Berechne den Durchschnittswert.
b) Bestimme den Median.
c) Welcher Wert ist in diesem Fall besser geeignet, um die Situation zu beschreiben?

4 Gib drei verschiedene Beispiele für vier unterschiedliche Zahlen an, die 7 sowohl als Durchschnittswert als auch als Median haben.

5 Lea und Paul haben ein Diagramm für ihre Mathematiktests erstellt.

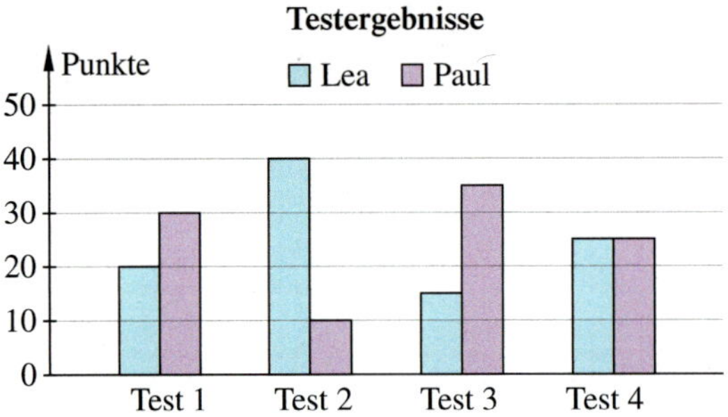

a) Beschreibe Leas und Pauls Ergebnisse.
b) Wer war insgesamt besser?
c) Berechne für beide die durchschnittliche Punktzahl.

6 Für ihre Klassenfahrt haben Julian und Maike Angebote von Busunternehmen eingeholt.
Maike sagt: „Günstig unterwegs" ist nur halb so teuer wie „Überall Reisen".
Julian meint, dass das nicht stimmt.

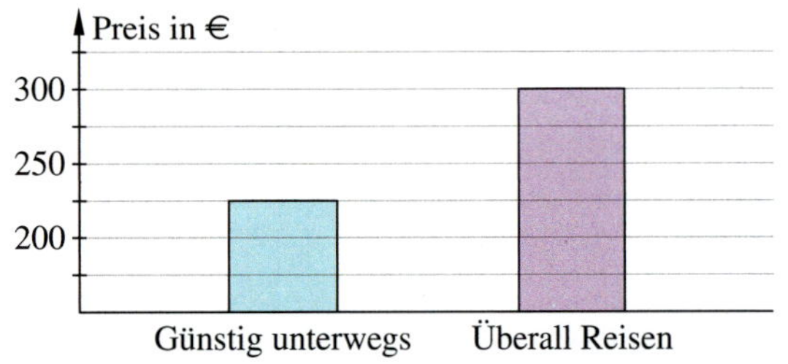

a) Wie ist Maikes Eindruck entstanden?
b) Wie groß ist der Preisunterschied wirklich?
c) Erstelle ein eigenes Diagramm, das die Preise realistisch darstellt.

Zufall und Wahrscheinlichkeit

1 Wahr oder falsch? Korrigiere im Heft.
a) Bei einem Laplace-Experiment hat jedes Ergebnis die Wahrscheinlichkeit $\frac{1}{6}$.
b) Mehrere Ergebnisse können zu einem Ereignis zusammengefasst werden.

2 250 Reisende werden nach ihrem Ziel befragt. Ergänze die Tabelle im Heft.

TIPP Relative Häufigkeit = $\frac{\text{absolute Häufigkeit}}{\text{Gesamtzahl}}$

Reiseziel	Deutschland	Europa	außerhalb Europas
absolute Häufigkeit	58	137	
relative Häufigkeit			

3 Bestimme die Wahrscheinlichkeiten.

TIPP Überlege, wie viele Ergebnisse möglich sind und wie viele günstig.

a) Mit einer Münze „Zahl" werfen.
b) Aus den Zahlen von 1 bis 10 zufällig eine durch drei teilbare Zahl ziehen.
c) Aus 7 gleichen Koffern den richtigen finden, ohne vorher hinein zu sehen.

4 Blau gewinnt. Welches Zufallsexperiment würdest du wählen, um zu gewinnen?

① 

② 

5 In einer Urne liegen 7 blaue, 3 rote, 3 gelbe, 5 grüne und eine schwarze Kugel. Bestimme jeweils die Wahrscheinlichkeit.
a) Eine blaue Kugel wird gezogen.
b) Eine rote oder gelbe Kugel wird gezogen.
c) Keine grüne Kugel wird gezogen.
d) Eine weiße Kugel wird gezogen.

6 Jana zieht zufällig eine Socke aus einem Beutel mit vier unterschiedlich farbigen Socken und legt sie zurück.

Anzahl der Versuche	10	25	50	100	300	500
rote Socke	6	10	18	23	72	121

a) Bestimme die relativen Häufigkeiten.
b) Vergleiche die einzelnen Werte mit der Wahrscheinlichkeit, die rote Socke zu ziehen. Was stellst du fest?

Anhang

Lineare Gleichungssysteme

Seite 9

Wiederholung

1 a) ja b) ja c) Nein, es ist eine Gleichung. d) Nein, es ist eine Ungleichung.

2 individuelle Lösungen

3 a) ② b) ③ c) ① d) ④

4 a) $3x$ b) $\frac{1}{5}x$ c) $2x + 17$

5 a) falsch, $x = 6$ oder $6 \cdot 5 = 30$ b) falsch, $x = 2$ oder $6 \cdot (-2) = -12$ c) falsch, $x = \frac{64}{6} = \frac{32}{3}$ oder $6 \cdot 8 = 48$
d) richtig e) falsch, $x = \frac{10}{6} = \frac{5}{3}$ oder $6 \cdot 1{,}5 = 9$

6

		$x = 2$	$x = 5$	$x = 10$
a)	$4x$	8	20	40
b)	$4x + 3$	11	23	43

7 a) 15 b) 1 c) −3

8 a) $4x$ b) $11x + 6y$ c) x^2y^4 d) $x^2 + y^2 + 5x$ e) $x + y - z$ f) $-x + y$

9 a) $x + 2y + 3x = 4x + 2y$
b) $x + 8y + 4x - 2y = 5x + 6y$
c) $x + y - x + y - x = -x + 2y$
d) $y - (2x - y) = 2y - 2x + 2y$
e) $x \cdot 2x + x = 2x^2 + x$

10 $16b + 28h$

11 a) $8x$; x steht für die Anzahl der Tage. b) $3x + 5$; x steht für die Anzahl der Stunden.

12 a) $m = 2$; $b = 2$ b) $m = 0{,}5$; $b = 2$

Seite 10

Noch fit?

1 $P(0; 2)$, $Q(4; 0)$, $R(-6; 5)$, $S(-2; 3)$, $T(10; -3)$

1 individuelle Lösungen zum Beispiel $(-4|-2)$, $(0|-1)$, $(4|0)$, $(8|1)$

2 a)

x	−2	−1	0	1	2	3
$y = 4x$	−8	**−4**	**0**	**4**	**8**	**12**

b) Zeichenübung, steigende Gerade durch $(0|0)$, Achseneinteilung zum Beispiel mit 1 Einheit = 1 cm für x-Achse und 4 Einheiten = 1 cm für y-Achse

2 Zeichenübung im Koordinatensystem
a)

x	−2	−1	0	1	2
$y = 0{,}5x + 1$	0	**0,5**	**1**	**1,5**	**2**

b)

x	−2	−1	0	1	2
$y = -x + 5$	7	6	5	4	3

3 a) $P(\mathbf{6}|-1)$ b) $P(\mathbf{-2}|0)$ c) $P(\mathbf{-1}|3)$ d) $P(\mathbf{28}|5)$

4 Der grüne und der blaue Graph gehören zu linearen Funktionen, denn beide Graphen sind Geraden.

4 a) Ja, denn alle Punkte liegen auf einer Geraden.
b) Nein, denn die Funktion $y = mx + b$ verläuft nur für $b = 0$ durch den Ursprung.
c) ja, im Punkt $(0|b)$
d) Das gilt nur für $m \neq 0$, der Schnittpunkt liegt dann bei $S(-\frac{b}{m}|0)$.
e) Nein, die y-Werte steigen um den Wert m.

5 a) $y = 0{,}4x + 35$ b) Für 500 km zahlt man 235 €. c) Frau Meyer ist 305 km gefahren.

Klar soweit?

Seite 30/31

1

5x − 7	−22	3	−9	1
x	−3	2	−0,4	1,6

5x − 7	16	−15	−12	28
x	4,6	−1,6	−1	7

1 **a)** $x = 4$ **b)** $y = \frac{12}{11}$ **c)** $x = -\frac{4}{3}$
d) $a = \frac{9}{13}$ **e)** $x = \frac{15}{14}$ **f)** $x = \frac{37}{39}$

2 **a)** $x = 7$ **b)** $x = 3$ **c)** $x = 7$

2 **a)** $x = 7{,}75$ **b)** $x = 1{,}5$ **c)** $x = -10{,}5$

3 c) und d) sind keine linearen Gleichungen, denn es gilt nicht $y = mx + b$.

3 individuell, z. B. $y = 2x - 8$.
Beim Kauf von zwei Artikeln erhalten Sie heute einen Rabatt von 8 €.

4

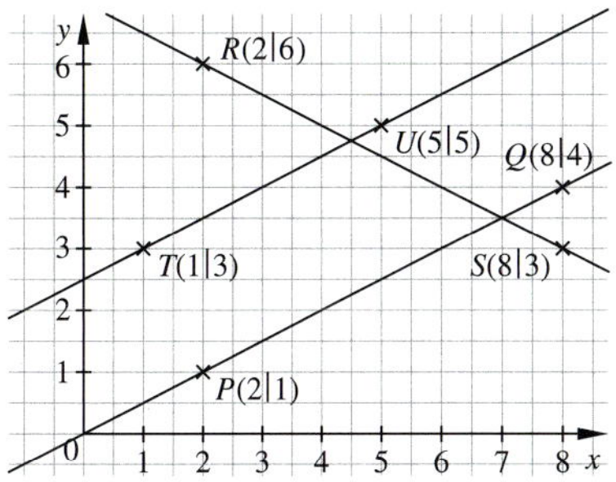

a) $y = \frac{1}{2}x$ **b)** $y = -\frac{1}{2}x + 7$ **c)** $y = \frac{1}{2}x + \frac{5}{2}$

5 **a)** Der Schnittpunkt kennzeichnet den Zeitpunkt und Ort, an dem der Fuchs den Hasen einholt.
b) Schnittpunkt: $S(6|30)$
Probe: I $30 = 5 \cdot 6$ (wahr)
II $30 = 2{,}5 \cdot 6 + 15$ (wahr)

6 $S(2|4)$
Probe: I $4 = 2 + x$ (wahr)
II $4 = -\frac{1}{2} \cdot 2 + 5$ (wahr)

6 Treffpunkt: $T(4{,}5|180)$; Sie treffen sich nach 4,5 h.
Rollerfahrer: I $y = 40x$
Motorradfahrer: II $y = 60x - 90$
Probe: I $180 = 40 \cdot 4{,}5$ (wahr)
II $180 = 60 \cdot 4{,}5 - 90$ (wahr)

7

x	−3	−2	−1	0	1	2	3
y = 2x − 1	**−7**	**−5**	**−3**	**−1**	**1**	**3**	**5**
y = 3x − 2,5	**−11,5**	**−8,5**	**−5,5**	**−2,5**	**0,5**	**3,5**	**6,5**

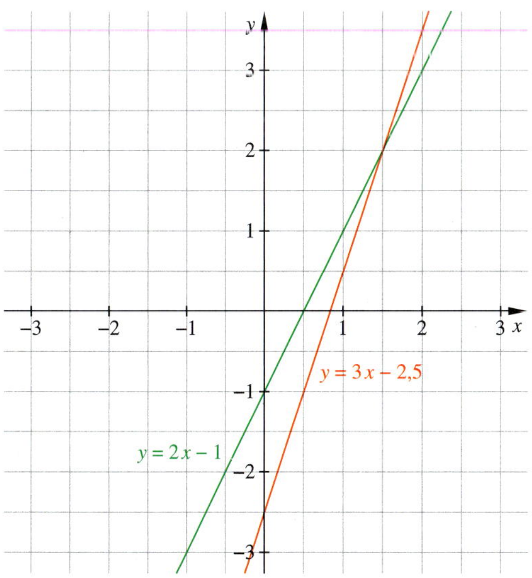

Lösung $S(1{,}5|2)$

7 **a)**

x	−4	−3	−2	−1	0	1	2	3	4
y = 1 − x	**5**	**4**	**3**	**2**	**1**	**0**	**−1**	**−2**	**−3**
y = 2x + 1	**−7**	**−5**	**−3**	**−1**	**1**	**3**	**5**	**7**	**9**

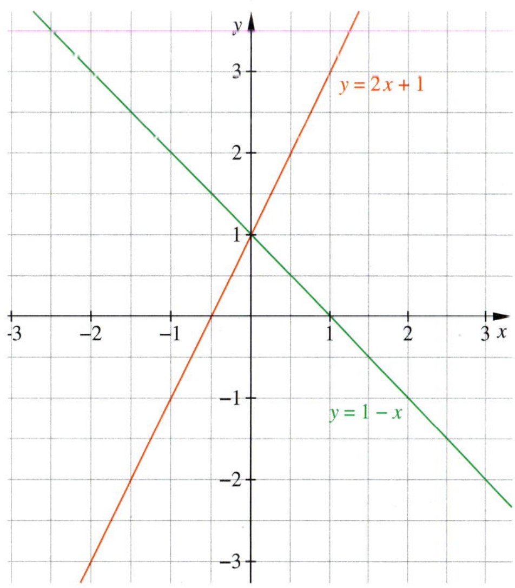

Lösung $S(0|1)$

Seite 30/31

b)

x	−4	−3	−2	−1	0	1	2	3	4
$y = x - 3$	**−7**	**−6**	**−5**	**−4**	**−3**	**−2**	**−1**	**0**	**1**
$y = 2x - 8$	**−16**	**−14**	**−12**	**−10**	**−8**	**−6**	**−4**	**−2**	**0**

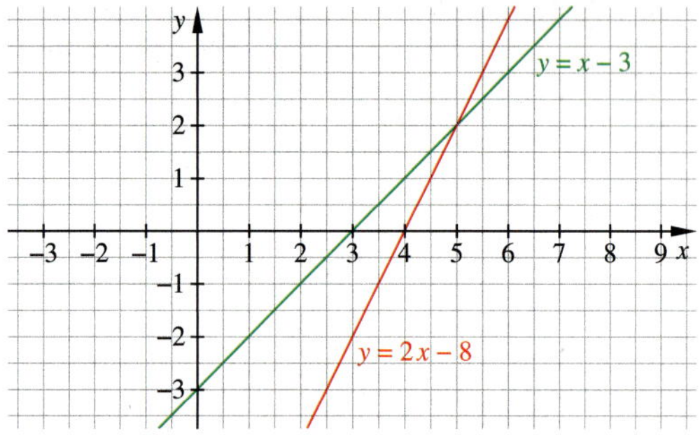

Lösung $S(5|2)$

8 **a)** ① $y = 0{,}24x + 12$
② $y = 0{,}26x + 7$
c) Bei 250 kWh unterscheiden sich die Tarife nicht. Man zahlt jeweils 72 €.

b)

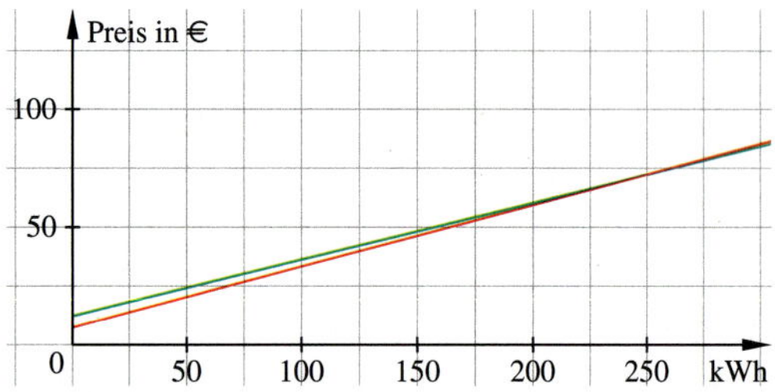

9 Lösung: $x = 75$ und $y = 150$; zum Beispiel

x	$y = 2x$	$x + y = 225$
60	120	180 < 225
80	160	240 > 225
70	**140**	**210 < 225**
75	**150**	**225 = 225**

9 Lösung: $x = 2$ und $y = 1$
zum Beispiel:

x	$y = 3 - x$	$x = 4 - 2y$
0	3	0 > −2
1	2	1 > 0
2	1	2 = 2

10 Lea ist 12 und Antonia ist 14 Jahre alt.

10 Ein Brötchen kostet 0,25 € und ein Croissant kostet 1 €.

Seite 36

Teste dich!

1 **a)** $a = 16$ **b)** $b = 49$ **c)** $c = 8$

1 **a)** $d = -3$ **e)** $x = 0{,}6$ **f)** $x = -27$

2 **a)** Thomas ist 25 Jahre alt, seine Mutter ist 50 Jahre alt.
b) Monika ist 49 Jahre alt und Jürgen ist 51 Jahre alt.

2 **a)** Sabine ist 25 Jahre alt und Tim ist 15 Jahre alt.
b) Der Opa ist jetzt 82 Jahre alt und die Enkelin ist 32 alt.

3

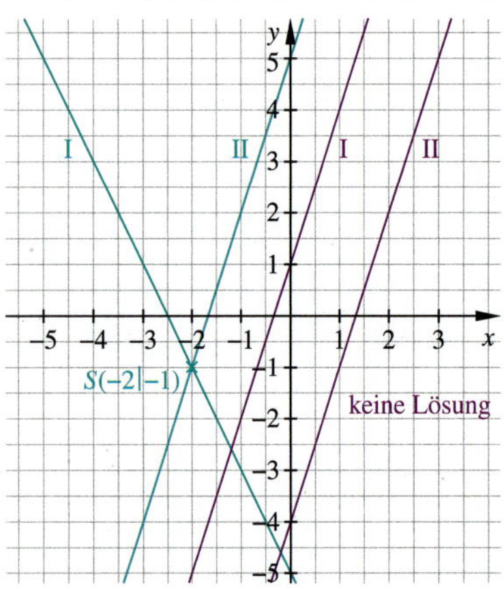

a) $S(-2|-1)$ **b)** keine Lösung

3

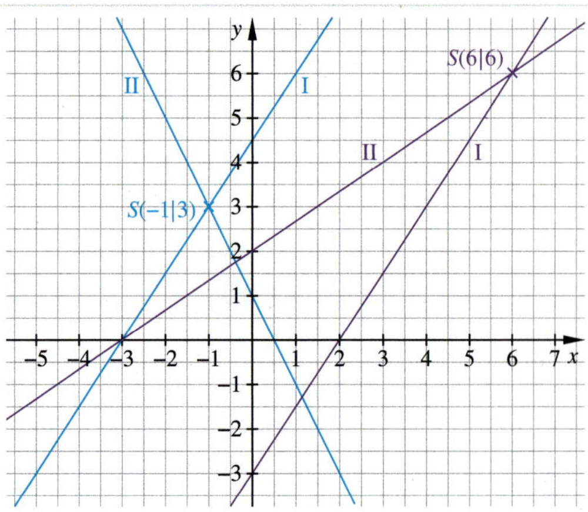

a) $S(-1|3)$ **b)** $S(6|6)$

Seite 36

4 Die Anschaffung des stromsparenden Kühlschranks lohnt sich ungefähr nach 3,5 Jahren.

5 Es sind 15 Kühe und 40 Gänse.

4 **a), b)**

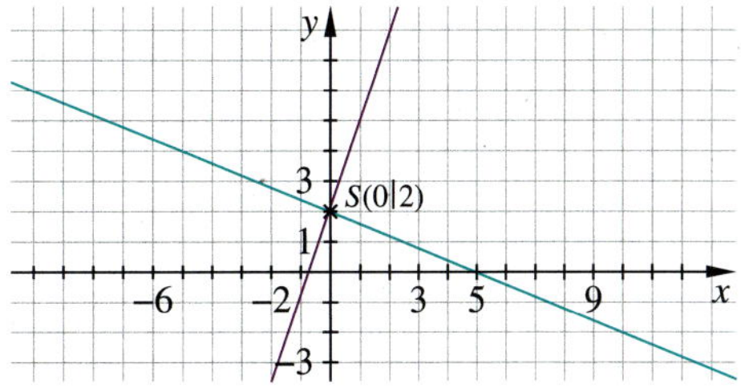

c) $S(0|2)$

d) $2 = -0{,}4 \cdot 0 + 2$ (wahr)

$2 = 3 \cdot 0 + 2$ (wahr)

5 Die Jugendherberge hat 60 Vierbettzimmer und 20 Sechsbettzimmer.

Potenzen und Wurzeln

Seite 55

Wiederholung

1 a) $6 \cdot 5 = 30$ b) $4 \cdot (-7) = -28$ c) $5 \cdot 0{,}8 = 4$ d) $6 \cdot \frac{1}{3} = 2$

2 a) $4^3 = 64$ b) $15^2 = 225$ c) $(-2)^3 = -8$ d) $10^5 = 100\,000$

3 a) 35 b) 56 c) 54 d) 72 e) 42 f) 63
g) 60 h) 96 i) 63

4 a) $64\,cm^2$ b) $17{,}64\,cm^2$ c) $156{,}25\,mm^2$ d) $0{,}1225\,m^2$

5 a) $24\,cm^2$ b) $7{,}5\,cm^2$ c) $180\,cm^2$ d) $100\,cm^2$

6 a) $100\,cm^3$ b) $614{,}125\,cm^3$ c) $0{,}343\,m^3$ d) $166\,375\,000\,mm^3$

7 a) 1; 8; 27; 64; 125; 216 b) 441

8 a) cm b) cm c) dm d) 1,23
e) 1000 mm = 100 cm = 10 dm = 1 m f) 0,7 m = 7 dm = 70 cm = 700 mm

9 a) 300 b) 4 c) 700 d) 20 e) 10 f) 50

10 a) 5000 b) 2 c) 3000 d) 90 e) 300 f) 0,001

11 a) > b) = c) > d) = e) < f) >

12 a) $50\,000\,mm^2 < 5{,}55\,m^2 < 5050\,m^2 < 0{,}555\,km^2$ b) $2000\,mm^3 < 50\,000\,cm^3 < 64\,dm^3 < 33{,}5\,m^3$

Seite 56

Noch fit?

1 elftausendachthundertneunundachtzig
neun Millionen neunhundertsiebenundachtzigtausenddrei-hundertsiebenundvierzig
einhundertelf Milliarden fünfhundertdrei Millionen zweitausenddreihundertsechsundachtzig

2 a) 1450 b) 3 200 000 c) 10 020 030 000

3 a) 1 000 000 (6 Nullen)
b) 100 000 000 (8 Nullen)
c) 5 000 000 (6 Nullen)
d) 0,00001 (5 Stellen nach dem Komma)
e) 0,000001 (6 Stellen nach dem Komma)
f) 0,0008 (4 Stellen nach dem Komma)

4 $3 \xrightarrow{\cdot 3} \mathbf{9} \xrightarrow{\cdot 3} 27 \xrightarrow{\cdot 3} \mathbf{81} \xrightarrow{\cdot 3} 243$

5 a) ≈ 265,2 b) ≈ 265,53 c) ≈ 265,528
d) ≈ 266 e) ≈ 270 f) ≈ 300

6 a) Ü: 850 + 150 = 1000, also **1020**
b) Ü: 6500 + 900 = 7400, also **7421**
c) Ü: 10 + 4 + 1 = 15, also **14,71**
d) Ü: 9500 − 5500 = 4000, also **4071**
e) Ü: 65 − 15 = 50, also **50,49**

1 vierhundertsechsundfünfzigtausenddreißig
achthundertneun Millionen dreißigtausendzweihundertfünf
dreihunderteins Milliarden siebenhundert Millionen vierhunderttausendsechzig

2 a) 82 700 b) 70 021 000 c) 400 533

3 a)

·	10	100	1000	10 000
3,2	32	320	3200	32 000

b)

:	10	100	1000	10 000
68	6,8	0,68	0,068	0,0068

c) individuelle Lösung, z. B.:
Das Komma verschiebt sich um genauso viele Stellen wie die Zehnerzahl Nullen hat.
– Bei der Multiplikation mit Zehnerzahlen verschiebt sich das Komma nach rechts bzw. es werden Nullen angehängt.
– Bei der Division durch Zehnerzahlen wird ein Komma gesetzt bzw. verschiebt sich das Komma nach links

4 $512 \xrightarrow{:2} \mathbf{256} \xrightarrow{:2} 128 \xrightarrow{:2} \mathbf{64} \xrightarrow{:2} 32 \xrightarrow{:2} \mathbf{16} \xrightarrow{:2} \mathbf{8} \xrightarrow{:2} \mathbf{4} \xrightarrow{:2} \mathbf{2} \xrightarrow{:2} \mathbf{1}$

5 a) **falsch**; richtig wäre ≈ 1,8 s
b) **falsch**; richtig wäre ≈ 4,0 s
c) **falsch**; richtig wäre ≈ 2,46 €
d) **falsch**; kein Runden nötig, da 0,770 = 0,77
e) **falsch**; richtig wäre ≈ 7,23 m
f) **richtig**

6 a) Ü: 5 + 4 + 2 = 11, also **10,95**
b) Ü: 0,5 + 2,5 + 4 = 7, also **6,81**
c) Ü: 19 − 4 = 15, also **14,85**
d) Ü: 6 + 7 + 5 = 18, also **17,961**
e) Ü: 4 − 2 = 2, also **1,55**

Klar soweit?

1 a) $7^5 = 16\,807$ b) $(-2)^6 = 64$
c) $10^7 = 10\,000\,000$ d) $(-1{,}5)^3 = -3{,}375$
e) $\left(\frac{1}{5}\right)^4 = \frac{1}{625}$

1 a) $11^3 = 1331$ b) $0{,}1^6 = 0{,}000\,001$
c) $(-2{,}5)^3 = 15{,}625$ d) $\left(\frac{4}{5}\right)^5 = \frac{1024}{3125}$
e) $\left(-\frac{12}{13}\right)^3 = -\frac{1728}{2197}$

2 a) 25 b) 64 c) 216
d) 16 e) 27 f) $\frac{1}{4}$

2 a) 3,24 b) 729 c) $-100\,000$
d) 1 296 e) 512 f) $\frac{9}{25}$

3 a) 1 b) 7 c) 0
d) 1 e) -1 f) 1
g) -7 h) 2

3 a) 1 b) 88 c) 0
d) 1 e) 1 f) -1
g) -1 h) 0

4 a) < b) <
c) > d) >

4 a) $(-4)^3 < 5^2 < 216^1 < 54^2 < 10^5$
b) $(-3)^3 < 0{,}3^2 < 0{,}5^2 < (-3)^2 = 3^2$

5 a) 208,513 6 b) 20 736 c) 10 077 696
d) $-23{,}639\,903$ e) 281,703 600 054 9 f) 9 299,207 769 76

5 a) 500 b) 6 739,2 c) 28,218 268
d) 262,4 e) 156,25 f) 61,087 5

6 a) 5 000 b) 1 700 000
c) 94 500 d) 0,08
e) 0,000 3 f) 0,000 075

6 a) 9 760 000 b) 832 100 000 000
c) 500 100 000 d) 0,000 154
e) 0,000 003 f) 0,000 000 210 45

7 a) $2{,}8 \cdot 10^9$ b) $8 \cdot 10^6$
c) $9{,}1 \cdot 10^{10}$ d) $4{,}3 \cdot 10^{-6}$
e) $1{,}12 \cdot 10^{-7}$ f) $5 \cdot 10^{-8}$

7 a) $6{,}34 \cdot 10^{10}$ b) $4 \cdot 10^{18}$
c) $5{,}8 \cdot 10^{15}$ d) $1{,}208 \cdot 10^{-2}$
e) $8{,}4 \cdot 10^{-8}$ f) $7{,}050 \cdot 10^{-5}$

8 a) $1{,}27 \cdot 10^7\,\text{m}$ b) $6{,}78 \cdot 10^6\,\text{m}$
c) $1 \cdot 10^{-2}\,\text{m}$ d) $1{,}9 \cdot 10^{-4}\,\text{m}$

8 a) $5{,}974 \cdot 10^{24}\,\text{kg}$ b) $6{,}419 \cdot 10^{20}\,\text{t}$
c) $1 \cdot 10^{-4}\,\text{m}$ d) $3 \cdot 10^{-5}\,\text{m}$

9

Quadratzahl	25	**1**	81	**121**	225	**441**	0,16	**0,001**	6,25	**2,25**	$\frac{1}{4}$	$\mathbf{\frac{49}{64}}$	10 000	**0**
Quadratwurzel	**5**	1	**9**	11	**15**	21	**0,4**	0,01	**2,5**	1,5	$\mathbf{\frac{1}{2}}$	$\frac{7}{8}$	**100**	0

10 a) 64 b) 100 c) 16
d) 4 e) 6 f) 10

10 a) 225 b) 0,36 c) 49
d) 50 e) 1,2 f) 0,9

11 a) 8 464 b) 23,04 c) 2,25
d) $\approx 8{,}72$ e) $\approx 9{,}08$ f) $\approx 25{,}20$

11 a) 8,1225 b) 82,81 c) 1,083 681
d) $\approx 66{,}66$ e) $\approx 9{,}08$ f) $\approx 0{,}22$

12 a) $\sqrt{140\,\text{m}^2} \approx 11{,}83\,\text{m}$
Die Seite ist ungefähr 11,83 m lang.
b) Nein, denn 12 m > 11,83 m; die Grundstücksseite ist ca. 17 cm zu kurz.

12 a) $10\,\text{m}^2 = 100\,000\,\text{cm}^2$
$100\,000\,\text{cm}^2 : 25 = 4\,000\,\text{cm}^2$ pro Platte
$\sqrt{4\,000\,\text{cm}^2} \approx 63{,}25\,\text{cm}$
Die Kantenlänge beträgt etwa 63,25 cm.
b) $72{,}75\,\text{m}^2 = 727\,500\,\text{cm}^2$
$727\,500 \cdot 4\,000 = 181{,}875$
Es werden etwa 182 Platten benötigt.

13 a) $\sqrt{2\,116} = 46$; In jeder Reihe sind 46 Pixel.
b) Das Foto ist $4\,\text{cm}^2$ groß. Somit ist ein Pixel $4\,\text{cm}^2 : 2\,116 \approx 0{,}001\,89\,\text{cm}^2$ groß.
Die Seitenlänge beträgt somit etwa 0,043 cm = 0,43 mm.

14 a) 64 b) 216 c) 0,001
d) 10 e) 3 f) 4

14 a) 729 b) -64 c) 0,064
d) 6 e) 100 f) 0,2

15 a) 13,824 b) 0,004 096 c) 195,112
d) $\approx 7{,}84$ e) $\approx 0{,}71$ f) $\approx 4{,}64$

15 a) 830,584 b) $-0{,}614\,125$ c) 4 524,874 264
d) $\approx 20{,}94$ e) $\approx 2{,}46$ f) $\approx 0{,}18$

16 a) $V = 1\,000\,\text{cm}^3$
b) $a = 20\,\text{cm}$

16 Der Quader hat ein Volumen von $180\,\text{cm}^3$.
$\sqrt[3]{180\,\text{cm}^3} \approx 5{,}65\,\text{cm}$; Der Würfel hat eine Kantenlänge von etwa 5,65 cm.

17 a) Die Kantenlänge beträgt ca. 5,4 cm.
b) Es sind 26 Einzelwürfel und ein Gelenkwürfel in der Mitte.
c) Das Volumen der Einzelwürfel beträgt $V = \frac{35}{6}\,\text{cm}^3 = 5{,}8\overline{3}\,\text{cm}^3$.
d) Der Oberflächeninhalt beträgt $174{,}96\,\text{cm}^2$.

Seite 80

Teste dich!

1 a) $7^3 = 343$ b) $19^2 = 361$
c) $(-2)^7 = -128$ d) $(-0{,}1)^5 = -0{,}00001$

2 individuelle Beispiele, z. B.:
a) 10^2 und 10^{11} (positiver Exponent)
b) 10^{-4} und 10^{-6} (negativer Exponent)

3 a) Sie hat 25 Enkel und 125 Urenkel.
c) $1 + 5 + 25 + 125 = 156$; Es treffen sich 156 Personen.

4 a) 20000
b) 3500000000
c) $17000000 = 1{,}7 \cdot 10^7$
d) $2{,}4 \cdot 10^9$

5

x	2	**9**	**5**	**10**
x^2	**4**	81	**25**	100
x^3	**8**	**729**	125	**1000**

6 a) 3,5 b) 100
c) ≈ 1,58 d) 0,1

7 a) $A = (26{,}5\,\text{m})^2 = 702{,}25\,\text{m}^2$
b) $702{,}25 \cdot 225 = 158006{,}25$
Das Grundstück kostet 158006,25 €.

1 a) $11^3 = 1331$ b) $1{,}5^4 = 5{,}0625$
c) $\left(-\frac{1}{2}\right)^6 = -\frac{1}{64}$ d) $(-0{,}4)^5 = -0{,}01024$

2 Bei 10^3 ist 10 die Basis und 3 der Exponent.
Somit gibt es dreimal den Faktor 10.
$10^3 = 10 \cdot 10 \cdot 10 = 1000$
Bei $10 \cdot 3$ gibt es dreimal den Summanden 10.
$10 \cdot 3 = 10 + 10 + 10 = 30$

b) 5^1 Kinder, 5^2 Enkel und 5^3 Urenkel

4 a) 700000000000
b) 0,00035
c) 0,0000005
d) $23000000000000 = 2{,}3 \cdot 10^{13}$
e) $5{,}07 \cdot 10^7$
f) $7{,}1 \cdot 10^{-5}$

5

x	64	**625**	**8**	**1**
$\sqrt{x}$	**8**	25	**≈ 2,83**	1
$\sqrt[3]{x}$	**4**	**≈ 8,55**	2	**1**

6 a) $x \approx 4{,}90$ b) $x = 3$ c) $x = 0{,}1$
d) $x = \frac{64}{125}$ e) $x = 4$ f) $x = 1000000$

7 a) $\sqrt{841\,\text{m}^2} = 29\,\text{m}$
b) $4 \cdot 29\,\text{m} - 2\,\text{m} = 114\,\text{m}$
Es werden 114 m Zaun benötigt.

Der Satz des Pythagoras

Wiederholung

Seite 83

1 Beispiele

drei spitze Winkel rechtwinklig

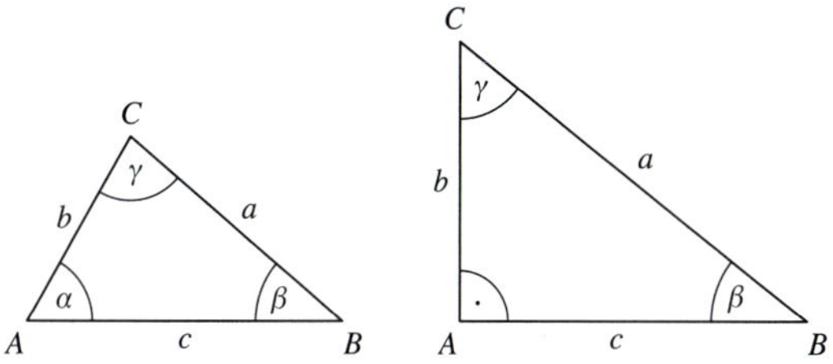

2 Die Zeichnungen wurden auf 50% verkleinert.

a)

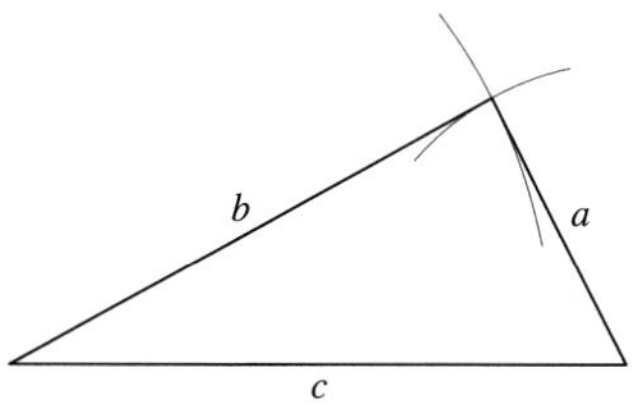

b)

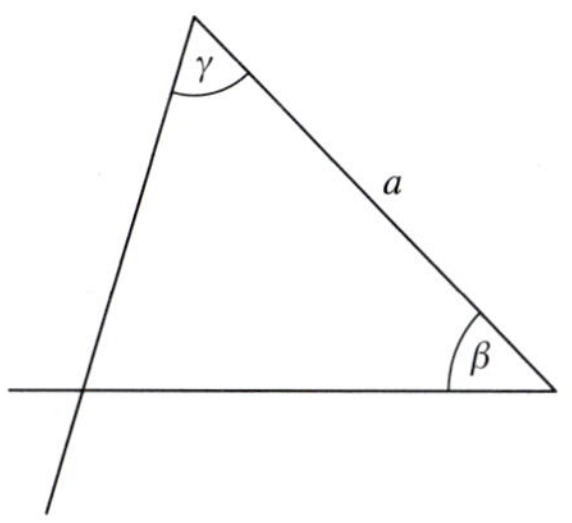

c)

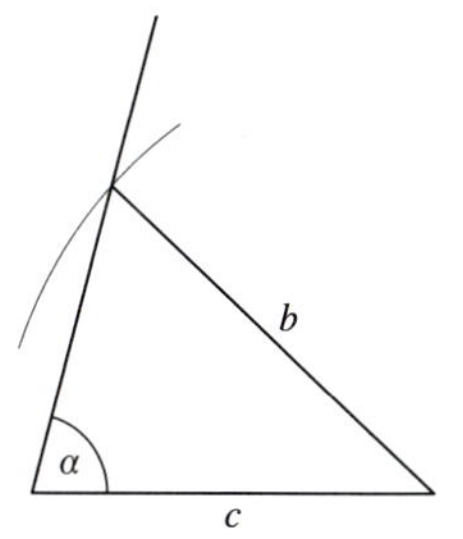

3 $\alpha = 50°$, spitzer Winkel; $\beta = 90°$, rechter Winkel; $\gamma = 120°$, stumpfer Winkel; $\delta = 325°$, überstumpfer Winkel; $\varepsilon = 180°$, gestreckter Winkel

4 Zeichenübung

a) spitzer Winkel **b)** stumpfer Winkel **c)** stumpfer Winkel **d)** rechter Winkel **e)** überstumpfer Winkel

5 ① Grundseite 3 cm; Höhe 3,5 cm; Flächeninhalt: 5,25 cm²; Umfang in etwa: 3 cm + 3,8 cm + 3,8 cm = 10,6 cm

② Grundseite 2,5 cm; Höhe 3 cm; Flächeninhalt: 3,75 cm²; Umfang in etwa: 2,5 cm + 3,6 cm + 3 cm = 9,1 cm

6 **a)** 6,75 cm² **b)** 10,08 cm² **c)** 8,75 m² = 87 500 cm² **d)** 14,045 cm² = 1 404,5 mm²

7 In der Zeichnung sind die Längen des Dreiecks auf die Hälfte verkleinert.

① $h_a \approx 5\,\text{cm}$, $A \approx 15\,\text{cm}^2$

② $h_b \approx 6\,\text{cm}$, $A \approx 15\,\text{cm}^2$

③ $h_c \approx 4\,\text{cm}$, $A \approx 15\,\text{cm}^2$

Die Flächeninhalte stimmen überein.

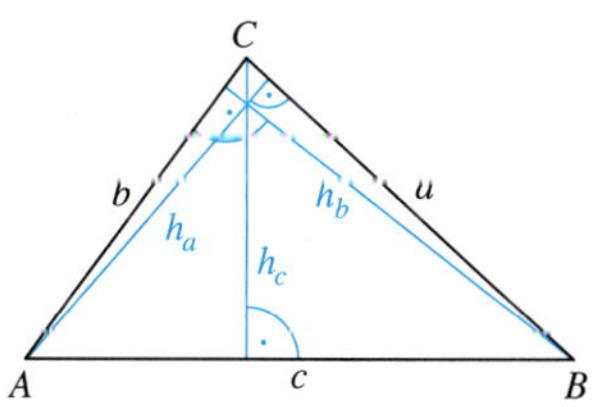

8 **a)** 3,5 cm

b) 20 cm

c) 12 cm

d) 9 cm

9 **a)** $A = 22{,}5\,\text{cm}^2$; $u = 23{,}4\,\text{cm}$ **b)** $A = 25\,\text{cm}^2$; $u = 20{,}4\,\text{cm}$

10 Zeichenübung

a) Grundseite 4,5 cm; Höhe 2 cm; Flächeninhalt 9 cm²

b) Grundseite 6 cm; Höhe 2,5 cm; Flächeninhalt 15 cm²

c) Grundseite 5 cm; Höhe 4 cm; Flächeninhalt 20 cm²

Seite 84

Noch fit?

1 a) 400 cm b) 5 cm c) 0,2 m d) 75 mm e) 2 500 mm f) 62 cm g) 8 cm^2 h) 40 mm^2 i) 1 m^2 j) 200 cm^2

1 a) 125 cm b) 5,5 cm c) 8 m d) 27,5 mm e) 250 mm f) 367 cm g) 6,4 cm^2 h) 70 mm^2 i) 0,45 m^2 j) 8 800 cm^2

2 a) $A = 6{,}25\,cm^2$ b) $a = 60\,m$ c) $A = 36\,cm^2$ d) $A = 22{,}8\,m^2$

2 a) $A = 12{,}96\,km^2$ b) $a = 38{,}8\,m$ c) $A = 36\,cm^2$ d) $b = 18\,m$

3 z. B. ① Fußballfeld: Begrenzungslinien am Strafraum; Torraum
② Brücke: Halteseile zur Fahrbahn; Brückenpfeiler
③ Fachwerkhaus: Fenster; Rechtecke im Fachwerk; Mittelbalken zu Basislinien

4 a) $x = \mathbf{6}$, denn $2 \cdot \mathbf{6} + 8 = 20$ (wahr)
b) $x = \mathbf{7}$, denn $25 = 5 \cdot \mathbf{7} - 10$ (wahr)
c) $a = \mathbf{13{,}5}$, denn $6 \cdot \mathbf{13{,}5} - \mathbf{2} \cdot \mathbf{13{,}5} = 54$ (wahr)
d) $y = \mathbf{4}$, denn $4 \cdot \mathbf{4} + 10 = 42 - 4 \cdot \mathbf{4}$ (wahr)

4 a) $x = \mathbf{33}$, denn $54 + 2 \cdot \mathbf{33} = 120$ (wahr)
b) $x = \mathbf{47}$, denn $225 - 5 \cdot \mathbf{47} = -10$ (wahr)
c) $y = \mathbf{-3}$, denn $6 \cdot (\mathbf{-3}) - 12 = -3 + 9 \cdot (\mathbf{-3})$ (wahr)
d) $a = \mathbf{2}$, denn $7 \cdot (\mathbf{2} + 10) = 84$ (wahr)

5 a) 36 b) 144 c) 5 776 d) 0,25 e) 1,96 f) 27,984 1

5 a) 625 b) 810 000 c) 2,56 d) 9 712,890 916 e) 0,64 f) 9 044,01

6 a) $\sqrt{16} = \mathbf{4}$, denn $\mathbf{4} \cdot \mathbf{4} = 16$
b) $\sqrt{100} = \mathbf{10}$, denn $\mathbf{10} \cdot \mathbf{10} = 100$
c) $\sqrt{900} = \mathbf{30}$, denn $\mathbf{30} \cdot \mathbf{30} = 900$
d) $\sqrt{0{,}64} = \mathbf{0{,}8}$, denn $\mathbf{0{,}8} \cdot \mathbf{0{,}8} = 0{,}64$
e) $\sqrt{1\,600} = \mathbf{40}$, denn $\mathbf{40} \cdot \mathbf{40} = 1\,600$
f) $\sqrt{0{,}09} = \mathbf{0{,}3}$, denn $\mathbf{0{,}3} \cdot \mathbf{0{,}3} = 0{,}09$

6 a) $\sqrt{81} = \mathbf{9}$, denn $\mathbf{9}^2 = 81$
b) $\sqrt{0} = \mathbf{0}$, denn $\mathbf{0}^2 = 0$
c) $\sqrt{6\,400} = \mathbf{80}$, denn $\mathbf{80}^2 = 6\,400$
d) $\sqrt{0{,}04} = \mathbf{0{,}2}$, denn $\mathbf{0{,}2}^2 = 0{,}04$
e) $\sqrt{62\,500} = \mathbf{250}$, denn $\mathbf{250}^2 = 62\,500$
f) $\sqrt{4{,}9729} = \mathbf{2{,}23}$, denn $\mathbf{2{,}23}^2 = 4{,}9729$

Seite 98/99

Klar soweit?

1

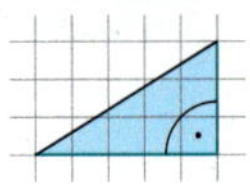

1 Ein Beispiel ist in der Lösung 1 links abgebildet.

2 ① rechtwinklig; Hypotenuse $h \approx 2{,}9\,cm$
② rechtwinklig; Hypotenuse $h \approx 3{,}8\,cm$
③ rechtwinklig; Hypotenuse $h = 3{,}0\,cm$
④ nicht rechtwinklig; keine Hypotenuse

2 ① nicht rechtwinklig; keine Hypotenuse
② rechtwinklig; Hypotenuse $h \approx 4{,}2\,cm$
③ nicht rechtwinklig; keine Hypotenuse
④ nicht rechtwinklig; keine Hypotenuse

3 a) $b^2 + c^2 = a^2$ b) $a^2 + c^2 = b^2$

3 a) $h^2 + c^2 = b^2$ und $h^2 + d^2 = a^2$ b) $\left(\frac{c}{2}\right)^2 + h^2 = a^2$

4

	Quadrat über 1. Kathete	Quadrat über 2. Kathete	Quadrat über Hypotenuse
a)	$A = 64\,cm^2$	$A = 225\,cm^2$	$\mathbf{A = 289\,cm^2}$
b)	$A = 144\,cm^2$	$\mathbf{A = 25\,cm^2}$	$A = 169\,cm^2$
c)	$\mathbf{A = 17\,km^2}$	$A = 68\,km^2$	$A = 85\,km^2$
d)	$A = 9{,}3\,dm^2$	$\mathbf{A = 6{,}2\,dm^2}$	$A = 15{,}5\,dm^2$

4

	Quadrat über 1. Kathete	Quadrat über 2. Kathete	Quadrat über Hypotenuse
a)	$A = 291\,cm^2$	$A = 388\,cm^2$	$\mathbf{A = 679\,cm^2}$
b)	$A = 8{,}1\,km^2$	$\mathbf{A = 5{,}4\,km^2}$	$A = 13{,}5\,km^2$
c)	$\mathbf{A = 1\,m^2}$	$A = 1\,m^2$	$A = 20\,000\,cm^2$
d)	$A = 3{,}8\,cm^2$	$\mathbf{A = 2{,}2\,cm^2}$	$A = 600\,mm^2$

5 c ist die längste Seite (Hypotenuse), daher ist zu prüfen, ob $a^2 + b^2 = c^2$.
$(12\,cm)^2 + (16\,cm)^2 = (20\,cm)^2$
$144\,cm^2 + 256\,cm^2 = 400\,cm^2$ (wahr)
Das Dreieck ist rechtwinklig.

5 b ist die längste Seite (Hypotenuse), daher ist zu prüfen, ob $a^2 + c^2 = b^2$.
$(7\,mm)^2 + (24\,mm)^2 = (25\,mm)^2$
$49\,mm^2 + 576\,mm^2 = 625\,mm^2$ (wahr)
Das Dreieck ist rechtwinklig.

6 Gesucht ist die Hypotenuse x;
$x^2 = (5\,m)^2 + (12\,m)^2 = 169\,m^2$; $x = 13\,m$

6 a)

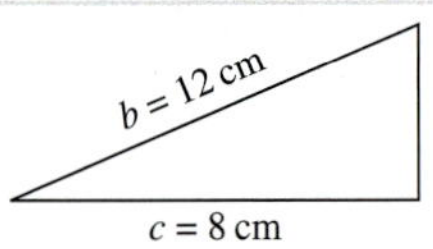

b) $a^2 = (12\,cm)^2 - (8\,cm)^2 = 80\,cm^2$; $a \approx 8{,}94\,cm$.

Seite 98/99

7

	a	*b*	*c*
a)	5 dm	12 dm	**13 dm**
b)	**9 cm**	40 cm	41 cm
c)	20 cm	**≈ 28,72 cm**	3,5 dm

7

	Winkel	Seite *a*	Seite *b*	Seite *c*
a)	$\gamma = 90°$	3,5 cm	5 cm	**≈ 6,10 cm**
b)	$\beta = 90°$	9 cm	**≈ 9,12 cm**	1,5 cm
c)	$\gamma = 90°$	6 cm	**≈ 6,02 cm**	8,5 cm

8 **a)** Katheten: a, c; Hypotenuse: $b \approx 5{,}32\,\text{cm}$
b) Katheten: f, $e \approx 3{,}97\,\text{cm}$; Hypotenuse: d

8 $b \approx 4{,}02\,\text{cm}$; $c \approx 5{,}26\,\text{cm}$; $d = 2\,\text{cm}$; $e \approx 5{,}33\,\text{cm}$; $f \approx 4{,}10\,\text{cm}$
(Hilfsrechnungen: $j = 6{,}4\,\text{cm} - 4{,}1\,\text{cm} = 2{,}3\,\text{cm}$; Abschnitt von $g = 5{,}4\,\text{cm} - 2\,\text{cm} = 3{,}4\,\text{cm}$)

9 **a)** Gesucht ist die Kathete h;
$h^2 = (100\,\text{m})^2 - (80\,\text{m})^2 = 3\,600\,\text{m}^2$; $h = 60\,\text{m}$
Der Drachen steht 60 m hoch.
b) Gesucht ist die Kathete h;
$h^2 = (120\,\text{m})^2 - (80\,\text{m})^2 = 8\,000\,\text{m}^2$; $h \approx 89{,}44\,\text{m}$
Der Drachen stünde 89,44 m hoch.

9 Gesucht ist die Kathete h;
$h^2 = (12{,}1\,\text{km})^2 - (11{,}2\,\text{km})^2 = 20{,}97\,\text{km}^2$;
$h = 4{,}58\,\text{km}$
Der Höhenunterschied beträgt etwa 4,58 km.

10 **a)**

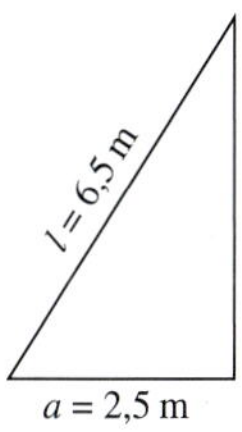

b) Gesucht ist die Kathete h;
$h^2 = (6{,}5\,\text{m})^2 - (2{,}5\,\text{m})^2 = 36\,\text{m}^2$; $h = 6\,\text{m}$
Die Leiter reicht 6 m hoch.

10 Skizze:

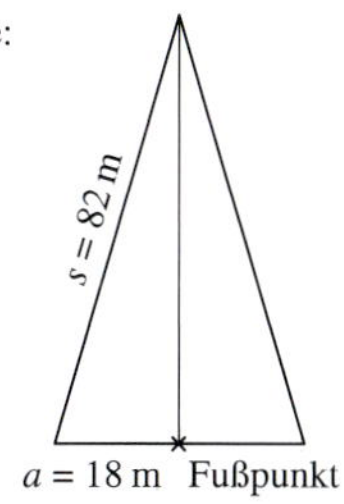

Gesucht ist die Kathete h;
$h^2 = (82\,\text{m})^2 - (18\,\text{m})^2 = 6\,400\,\text{m}^2$; $h = 80\,\text{m}$
Die Seile sind in 80 m Höhe befestigt.

Teste dich!

Seite 104

1 **a)** ① Katheten: a, b; Hypotenuse: c
② Katheten: r, t; Hypotenuse: s
b) ① $a^2 + b^2 = c^2$ und ② $r^2 + t^2 = s^2$

1 Die Dreiecke ② und ③ sind rechtwinklig.
② Hypotenuse s; $r^2 + t^2 = s^2$
③ Hypotenuse x; $y^2 + z^2 = x^2$

2 **a)** Katheten: 3,4 m, 2,1 m; Hypotenuse: c
$c^2 = (3{,}4\,\text{m})^2 + (2{,}1\,\text{m})^2 = 15{,}97\,\text{m}^2$
$c \approx 4{,}00\,\text{m}$
b) Katheten: 15 cm, b; Hypotenuse: 22 cm
$b^2 = (22\,\text{cm})^2 - (15\,\text{cm})^2 = 259\,\text{cm}^2$
$b \approx 16{,}09\,\text{cm}$

2 **a)** $b^2 = (65\,\text{cm})^2 - (40\,\text{cm})^2 = 2\,625\,\text{cm}^2$
$b \approx 51{,}23\,\text{cm}$
b) $a^2 = (8{,}5\,\text{m})^2 - (3{,}5\,\text{m})^2 = 60\,\text{m}^2$
$a \approx 7{,}75\,\text{m}$

3 **a)** $(2{,}4\,\text{cm})^2 + (3{,}2\,\text{cm})^2 = (4\,\text{cm})^2$
$5{,}76\,\text{cm}^2 + 10{,}24\,\text{cm}^2 = 16\,\text{cm}^2$ (wahr)
Das Dreieck ist rechtwinklig
b) $(2\,\text{cm})^2 + (4{,}8\,\text{cm})^2 = (5{,}2\,\text{cm})^2$
$4\,\text{cm}^2 + 23{,}04\,\text{cm}^2 = 27{,}04\,\text{cm}^2$ (wahr)
Das Dreieck ist rechtwinklig

3 **a)** $(2{,}5\,\text{cm})^2 + (6\,\text{cm})^2 = (6{,}5\,\text{cm})^2$
$6{,}25\,\text{cm}^2 + 36\,\text{cm}^2 = 42{,}25\,\text{cm}^2$ (wahr)
Das Dreieck ist rechtwinklig
b) $(4{,}5\,\text{cm})^2 + (7{,}5\,\text{cm})^2 = (8{,}5\,\text{cm})^2$
$20{,}25\,\text{cm}^2 + 56{,}25\,\text{cm}^2 = 72{,}25\,\text{cm}^2$ (falsch)
Das Dreieck ist nicht rechtwinklig

4 **a)** $c = 34\,\text{cm}$ **b)** $b \approx 6{,}80\,\text{m}$ **c)** $a \approx 101{,}55\,\text{mm}$

4 **a)** $b \approx 9{,}90\,\text{m}$ **b)** $c \approx 6{,}86\,\text{cm}$
c) $a \approx 3{,}74\,\text{km}$ **d)** $a \approx 119{,}96\,\text{dm}$

5 h Höhe über Tims Hand:
$h^2 = (32{,}5\,\text{m})^2 - (15\,\text{m})^2 = 831{,}25\,\text{m}^2$
$h \approx 28{,}83\,\text{m}$
Tim hält den Drachen ungefähr in der Körpermitte also bei etwa 0,85 m. Der Drachen steht also etwa 29,70 m hoch.

5

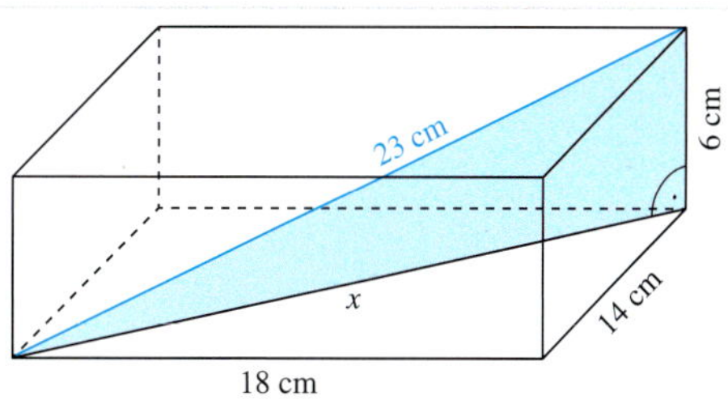

$x^2 = (14\,\text{cm})^2 + (18\,\text{cm})^2 = 520\,\text{cm}^2$
$x \approx 22{,}80\,\text{cm}$; So passt der Stift nicht.
$s^2 = (6\,\text{cm})^2 + 520\,\text{cm}^2 = 556\,\text{cm}^2$
$s \approx 23{,}58\,\text{cm}$; Schräg passt der Stift hinein.

Mathematik und Berufe im Überblick

Seite 107–111

Trainingsaufgaben

A Grundrechenaufgaben und Bruchrechnung

	a)	b)	c)	d)
1.	167	374	108	98
2.	143	180	155	192
3.	12	9	3	25
4.	38	6	54	116
5.	$\frac{3}{4}$	$\frac{1}{4}$	$\frac{1}{3}$	7
6.	$5\frac{3}{4}$	$1\frac{3}{4}$	22	4
7.	9 162	1 598	320	448
8.	4 347	8 073	76 398	86 141
9.	48	1 034	12,3	1,845
10.	0,884	0,032	10,4	540,75
11.	4627	2596	19 227	53

B Größen und Maße

1. $\frac{1}{100}$; $\frac{1}{10}$; $\frac{1}{1000}$
2. a) 1 ha = 10 000 m^2 b) 1 m^3 = 1 000 dm^3
3. a) 20 000 cm^2 b) 7,2 m^3 c) 130 000 m^2 d) 0,1720 ha
4. a) 0,312 l b) 0,027 l c) 0,513 l d) 0,814 cm^3
5. 7 Getränke
6. 2,16 m^2
7. der 2 000ste Teil
8. 0,730 kg
9. 1785 g = 1,785 kg
10. a) 0,6 kg b) 0,6 t c) 0,6 g d) 3 200 kg e) 17 450 g
11. a) 30 min b) 60 min c) 260 min d) 480 min
12. 310 min = 5 h 10 min
13. a) 720 h b) 2 880 min

C Dreisatz

1. 20,40 €
2. 8 €
3. 30 Minuten
4. 1,50 €
5. 360 m
6. 34 Behälter (Dann werden es 5 100 Portionen.)
7. Das Motorrad verbraucht 10 l Benzin auf 200 km. Mit 24 l kann das Motorrad 240 km zurücklegen.
8. 35 kg
9. keine proportionale oder antiproportionale Zuordnung
10. mindestens 100 Fliesen

D Prozent- und Zinsrechnung

1. a) 25 % b) 4 % c) 20 % d) 2 % e) 4 % f) 15 %
2. a) 20 € b) 88 g c) 350 € d) 0,2 t e) 10 m f) 1,2 t
3. a) 800 kg b) 420 € c) 300 min d) 14 kg e) 500 km f) 320 €
4. 79,50 €
5. 60 %
6. die Hälfte, also $\frac{1}{2}$
7. 1740 €
8. 156 aktive Fußballer
9. a) 2 460 € b) 125 400 € c) 13 390 € d) 3 975 €
10. a) 29,20 € b) 134,75 € c) 860 € d) 20 250 €
11. a) 2 % b) 5 % c) 3 %
12. 3 000 €
13. 77,33 €
14. 10 €
15. 1 090 909,09 €

E Zahlen- und Zeichenfolgen

1. a) 0; 2; 4; 6; 8; 10; 12; **14**; **16**; **18**
   b) 1; 2; 4; 7; 11; **16**; **22**; **29**
   c) $\frac{1}{2}$; 1; $1\frac{1}{2}$; 2; **$2\frac{1}{2}$**; **3**; **$3\frac{1}{2}$**; **4**
   d) 1; 4; 9; 16; 25; **36**; **49**; **64** (Quadratzahlen)
   e) **0**; **0,25**; 0,5; 0,75; 1; **1,25**; **1,5**; **1,75**
   f) 5; 3; 6; 9; 5; 20; 23; 17; **102** (−2; ·2; +3; −4; ·4; +3; −6; ·6; …)

Seite 107–111

F Flächen- und Körperberechnung

1. a) 14,6 cm b) 12 dm c) 50,24 m
2. a) 10,5 cm^2 b) 21 dm^2 c) 52,56 m^2 d) 17,6 cm^2
3. a) 240 cm^3 b) 18,84 dm^3

G Räumliches Vorstellungsvermögen

1.

	a)	b)
Ecken	9	6
Kanten	16	9
Flächen	9	5

2. nur b)

H Logisches Denken

1. Montag
2. Montag
3. Greta hat 75 €.
4. Vicky ist die größte.
5. 7 pinkfarbene Rosen

I Mathematik im Alltag

1. 13,33 m
2. Der jüngere Bruder ist 19 Jahre alt.
3. 2 m × 2 m
4. Lothar gewinnt (Gleichstand bei 9,9 km)

J Informationen aus Diagrammen entnehmen

1. a) Simon fährt 5 km.
   b) Ahmed fährt 8 km.
   c) Simon kommt um 16:55 Uhr.
   d) Ahmed kommt zuerst an.
   e) Ahmed wartet 10 min auf Simon.
   f) Ahmed hält unterwegs an.
   g) 5 min
   h) Simon

Beispiel für einen Test

Seite 112

1 a) 6553 b) 582 c) 588 248 d) 623
2 a) 171 b) 411 c) 1 d) 13
3 a) 290 b) 0,906 c) 6,4 d) 9,3
4 a) $1\frac{1}{4}$ b) $2\frac{5}{6}$ c) $4\frac{1}{2}$ d) $13\frac{3}{5} = 13,6$ e) $\frac{3}{14}$ f) $\frac{3}{4}$
5 18 200 kg
6 a) 3 560 m b) 1,562 m^2 c) 9 420 s d) 36 200 cm^3 e) 2,25 l f) 200 kg
7 0,04 km^2
8 140-mal
9 54 km
10 oben: E unten: A
11 a) 1; 1,2; 1,4; 1,6; **1,8; 2,0; 2,2** b) 2; 3; 5; 8; 13; **21; 34; 55** c) 13; 26; 39; 52; **65; 78; 91**
12 51 €
13 a) 1 600 kg b) 62 100 m^3
14 17 %
15 818,72 €
16 3 500 €
17 55°
18 1 937,2 cm^3
19 5; 3
20 a) 7 Flächen b) 10 Flächen

Pyramide, Kegel, Kugel

Seite 115

Wiederholung

1 Zeichenübung: Schrägbilder vom Quader wie in Zeichenanleitung im Schulbuch auf Seite 114

2 Zeichenübung: Schrägbilder vom Würfel

3 In ① ist die senkrechte Kante ganz rechts kürzer als die beiden anderen sichtbaren Kanten.
② ist ein Pyramidenstumpf (Pyramide mit abgeschnittener Spitze), auf die von oben geschaut wird.
③ und ④ sind Trapezprismen. Die hintere Fläche ist schmaler als die vordere Fläche.

4 a) Zeichenübung: Punkte im Koordinatensystem
b) $D(-2|4)$, $E(-1|3)$, $G(4|6)$ und $H(-1|6)$
c) Länge 5 cm, Breite ca. 2,2 cm; Höhe 3 cm

5 a) $A \approx 50{,}27\,\text{cm}^2$ b) $A \approx 19{,}63\,\text{cm}^2$ c) $A \approx 162{,}86\,\text{m}^2$
d) $A \approx 257{,}30\,\text{mm}^2$ e) $A \approx 1\,017{,}88\,\text{dm}^2$ f) $A \approx 56{,}75\,\text{cm}^2$

6 a) $r = 4\,\text{cm}$ b) $r = 2{,}5\,\text{cm}$ c) $r = 3{,}6\,\text{cm}$ d) $r = 32\,\text{mm}$

7 Die bewässerte Fläche ist $113{,}10\,\text{m}^2$ groß.

8 a) $x = 2$ b) $x = 14$ c) $x = 6$ d) $x = 14$
e) $x = -3$ f) $x = 0{,}5$ g) $x = 3$ h) $x = 5$

9 a) $x = 6$ b) $x = 16$ c) $x = 3$ d) $x = 3$
e) $x = -17$ f) $x = 40$ g) $x = 2$ h) $x = 8$

10 a) $A = 14\,\text{cm}^2$ b) $g = 7{,}5\,\text{cm}$ c) $h = 3{,}5\,\text{m}$

11 a) $a = \frac{A}{b}$; $a = \frac{V}{(b \cdot c)}$; $a = 2\frac{A}{h_a}$
b) $r = \frac{u}{2\pi}$; $r = \frac{M}{2\pi h_a}$; $r = \sqrt{\frac{4A}{\pi}}$

Seite 116

Noch fit?

1 a) 50 mm b) 3 km
c) 7 000 cm d) 75 cm
e) $700\,\text{mm}^2$ f) $8\,\text{m}^2$
g) $40\,000\,\text{mm}^3$ h) $9\,500\,000\,\text{dm}^3$
i) $1\,\text{m}^3$ j) $20\,000\,\text{cm}^3$

1 a) 0,5 m b) 6,7 cm
c) $0{,}05\,\text{m}^2$ d) $0{,}027\,\text{cm}^2$
e) $64\,000\,\text{cm}^2$ f) $70\,\text{mm}^2$
g) $0{,}12\,\text{cm}^3$ h) $3\,600\,\text{mm}^3$
i) $4\,500\,\text{cm}^3$ j) $800\,\text{m}^3$

2 a) 400; 6 800; 1 900
b) 60 000; 240 000
c) 0,4; 4,0

2 a) 3 000; 40 000; 0
b) 0,5; 23,9; 6,3
c) 0,03; 8,00; 11,00

3 a) $A = 9\,\text{cm}^2$ b) $A = 28\,\text{cm}^2$ c) $A = 25\,\text{cm}^2$

3 a) $A = 6{,}25\,\text{cm}^2$ b) $A = 57\,\text{cm}^2$ c) $A = 11{,}7\,\text{cm}^2$

4 ① schiefer Kegel; ② Halbkugel; ③ Zylinder; ④ Kegel; ⑤ quadratische Pyramide; ⑥ Quader; ⑦ schiefe achteckige Pyramide; ⑧ Kugel; ⑨ schiefe dreieckige Pyramide
a) Vieleck als Grundfläche: ⑤ quadratische Pyramide; ⑥ Quader; ⑦ schiefe achteckige Pyramide; ⑨ schiefe dreieckige Pyramide
Kreis als Grundfläche: ① schiefer Kegel; ② Halbkugel; ③ Zylinder; ④ Kegel
keine Grundfläche: ⑧ Kugel
b) schief: ①; ⑦; ⑨, alle anderen Körper sind gerade
c) mit Spitze: ①; ④; ⑤; ⑦; ⑨ ohne Spitze: ②; ③; ⑥; ⑧

5 Zeichenübung Würfelnetz
a) $A_O = 150\,\text{cm}^2$
b) $V = 125\,\text{cm}^3$

5 Zeichenübung Quadernetz
a) $A_O = 184\,\text{cm}^2$
b) $V = 160\,\text{cm}^3$

6 a) $(9\,\text{m})^2 + (12\,\text{m})^2 = a^2$; $a = 15\,\text{m}$
b) $m^2 + (4{,}5\,\text{cm})^2 = (7{,}5\,\text{cm})^2$; $m = 6\,\text{cm}$
c) $u^2 + (6\,\text{cm})^2 = (7\,\text{cm})^2$; $u \approx 3{,}6\,\text{cm}$

6 a) $c \approx 11{,}1\,\text{cm}$
b) $a \approx 8{,}9\,\text{dm}$
c) $b \approx 7{,}5\,\text{m}$
und Konstruktionsübung Dreiecke

Klar soweit?

Seite 144/145

1 **a)** ① Zylinder: kongruente, kreisförmige Grund- und Deckfläche, rechteckiger Mantel
② Kegel: kreisförmige Grundfläche, Kreissektor als Mantel, Spitze oben
③ quadratische Pyramide: 4 kongruente Dreiecke als Seitenflächen, Spitze oben, Quadrat als Grundfläche
④ Quader: je zwei gegenüberliegende, kongruente Seitenflächen (Rechtecke)
⑤ dreieckige Pyramide: dreieckige Grundfläche, 3 Dreiecke als Seitenflächen
⑥ dreieckiges Prisma: 2 kongruente Dreiecke als Grund- und Deckfläche, 3 Rechtecke als Seitenflächen

b) ①, ②: Kreis als Grundfläche
②, ③, ⑤: Spitzkörper
④, ⑥: Prismen
③, ⑤, ⑥: Dreiecke als Grundflächen
①, ④, ⑥: Rechteck(e) als Seitenflächen

c) individuell, z. B.: ① Konservendose
② Pylon
③ Dach eines Kirchturms
④ Schuhkarton
⑤ Kerze
⑥ Warentrenner (Supermarktkasse)

2 **a)**

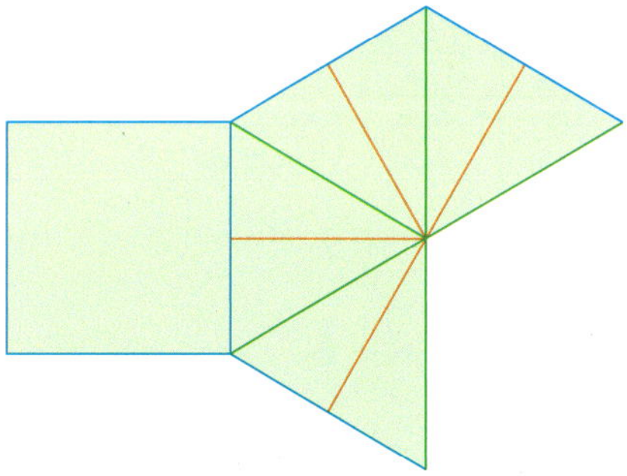

Grundkanten blau; Seitenkanten grün; Seitenhöhen orange

b) Zeichenübung Schrägbild einer Pyramide wie im Schulbuch Seite 122

3 $A_M = 168\,cm^2$; $A_O = 217\,cm^2$

4 **a)** $h_a = 10\,cm$; $A_M = 240\,cm^2$
b) $h_a \approx 4{,}02\,m$; $A_M \approx 20{,}90\,m^2$

5 $V = 90\,cm^3$

6 $h_k \approx 3{,}12\,cm$; $V \approx 26{,}0\,cm^3$

7 Die Pyramide ist 4,1 cm hoch.

8 $s = 8{,}4\,m$; $A_O \approx 126{,}04\,m^2$

9 $r = 2\,cm$; $V \approx 20{,}94\,cm^3$

10 $h_k = 8\,m$; $V \approx 301{,}59\,m^3$

11 **a)** $d = 3{,}6\,m$; $A_O \approx 40{,}72\,m^2$
b) $r = 1{,}55\,cm$; $A_O \approx 30{,}19\,cm^2$
c) $r = 4{,}30\,cm$; $d = 8{,}60\,cm$

12 **a)** $d = 138\,cm$; $V \approx 1\,376\,055{,}3\,cm^3$
b) $r = 18\,m$; $V \approx 24\,429{,}02\,m^3$
c) $r \approx 6{,}13\,cm$; $d \approx 12{,}26\,cm$

2 **a)**

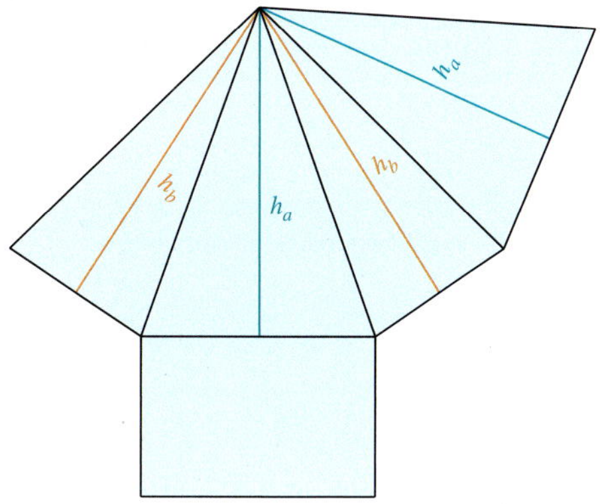

b) Zeichenübung Schrägbild einer Pyramide wie im Schulbuch Seite 122

3 $A_M = 40\,cm^2$; $A_O = 65\,cm^2$

4 **a)** $h_a \approx 9{,}85\,cm$; $A_O \approx 221{,}58\,cm^2$
b) $h_a \approx 15{,}47\,cm$; $A_O \approx 292{,}96\,cm^2$
c) $h_a \approx 0{,}73\,m$; $A_O \approx 1{,}37\,m^2$

5 $V = 22{,}75\,cm^3$

6 $h_k \approx 10{,}87\,cm$; $V \approx 306{,}68\,cm^3$

7 ($a = 3{,}45\,m$) Das Volumen beträgt $8{,}33\,m^3$.

8 **a)** $A_O \approx 4{,}40\,m^2$
b) $r = 52{,}5\,mm$; $A_O \approx 29\,275{,}72\,mm^2$

9 **a)** $V \approx 3\,901{,}65\,cm^3$
b) $r = 31{,}5\,m$; $V \approx 102\,869{,}09\,m^3$

10 $s \approx 12{,}71\,cm$; $A_M \approx 167{,}70\,cm^2$
Der Partyhut besteht aus $167{,}7\,cm^2$ Pappe.

11 **a)** Das Fassungsvermögen beträgt etwa $7\,068{,}58\,cm^3$, also gut 7 Liter.
b) Der Oberflächeninhalt der Innenseite beträgt etwa $1\,413{,}72\,cm^2$. (Die Glasdicke wurde vernachlässigt.)

12 **a)** $r \approx 6\,cm$ **b)** $r \approx 12{,}5\,mm$
c) $r \approx 2\,m$ **d)** $r \approx 0{,}9\,cm$

Seite 150

Teste dich!

1 a) $A_O = 108\,cm^2$ b) $A_O = 18\,m^2$
c) $h_a = 15\,cm$; $A_O = 864\,cm^2$

2 a) $V = 120\,cm^3$ b) $h_k = 12\,cm$; $V = 1\,296\,cm^3$

3 a) Das Volumen im Inneren beträgt etwa $8\,337{,}33\,m^3$.
b) Der Mantelflächeninhalt beträgt etwa $2\,039{,}44\,m^2$.

4 a) $V \approx 8{,}38\,cm^3$
b) $V \approx 294{,}52\,cm^3$
c) $h_k = 4\,cm$; $V \approx 9{,}42\,cm^3$

5 $h_k \approx 10{,}58\,cm$; $V \approx 250{,}05\,cm^3 \approx 0{,}25\,l$
In das Glas passen 0,2 l hinein.

6 a) $V \approx 4{,}19\,cm^3$; $A_O \approx 12{,}57\,cm^2$
b) $V \approx 1\,767{,}15\,m^3$; $A_O \approx 706{,}86\,m^2$

7 $V \approx 14\,137{,}17\,cm^3$; $m \approx 110\,976{,}75\,g \approx 110{,}977\,kg$
Die Kugel ist zu schwer, um sie allein zu heben.

1 a) $A_O = 290{,}26\,cm^2$ b) $h_a \approx 15{,}2\,dm$; $A_O \approx 1\,466{,}33\,dm^2$
c) $h_a \approx 10{,}30\,cm$; $A_O \approx 305{,}91\,cm^2$

2 a) $V \approx 245{,}33\,cm^3$ b) $a \approx 31{,}22\,cm$; $V \approx 4\,061{,}20\,cm^3$

3 a) $h_k \approx 12{,}90\,m$; Der Raum im Inneren ist etwa $1\,432{,}69\,m^3$ groß.
b) $h_a \approx 15{,}80\,m$; Die Fensterputzer müssen etwa $576{,}7\,m^2$ Glasfläche reinigen.

4 a) $V \approx 109\,099{,}08\,m^3$
b) $h_k \approx 0{,}704\,km$; $V \approx 0{,}118\,km^3$
c) $r = 20{,}41\,mm$; $V \approx 4\,624{,}83\,mm^3$
d) $h_k \approx 4{,}61\,cm$; $s \approx 5{,}07\,cm$

5 $s \approx 49{,}03\,cm$; $V \approx 7\,539{,}82\,cm^3$; $A_G \approx 314{,}16\,cm^2$;
$A_M \approx 1\,540{,}32\,cm^2$; $A_O \approx 1\,854{,}48\,cm^2$

6

	r	d	V	A_O
a)	**2 cm**	4 cm	**≈ 33,51 cm³**	**≈ 50,27 cm²**
b)	12 cm	**24 cm**	**≈ 7 238,23 cm³**	**≈ 1 809,56 cm²**
c)	**≈ 1 cm**	**≈ 2 cm**	**≈ 4,19 cm³**	12,57 cm²

7 quadratische Pyramide und Quader mit quadratischer Grundfläche
a) $h_k \approx 1{,}96\,m$; $V \approx 2{,}61\,m^3 + 3{,}2\,m^3 = 5{,}81\,m^3$
b) $A_O = 2 \cdot 2\,m \cdot 2{,}2\,m + 4 \cdot 2\,m \cdot 0{,}8\,m + 4\,m^2$
$A_O = 19{,}2\,m^2$

Ähnlichkeit

Wiederholung

Seite 171

1 **a)** 0,1 m **b)** 2 m **c)** 10 m **d)** 1 km **e)** 500 cm **f)** 2000 m
g) 1 000 000 cm **h)** 50 000 000 cm **i)** 1,2 m **j)** 10,5 m

2 Strecken: *b*, *k*, *l*; Halbgeraden: *d*, *f*, *h*, *i*; Geraden: *a*, *e*, *n*; übrig bleiben: *c* (Halbkreis), *g*, *m* (Streckenzüge)

3 $\overline{AB}$; $\overline{AC}$; $\overline{AE}$; $\overline{AD}$; $\overline{BE}$; $\overline{CD}$; $\overline{DE}$; $\overline{BC}$

4 **a)** 5 Geraden, 7 Strecken
b) *a* parallel zu *b*; *d* parallel zu *e*

5 Zeichenübung Winkel
Zur Kontrolle: **a)** spitzer Winkel **b)** spitzer Winkel **c)** rechter Winkel **d)** stumpfer Winkel

6 $\gamma = 64°$; Zeichenübung Dreieck zur Bestätigung

7

	Dreiecksart	α	β	γ
a)	allgemein	83°	**39°**	58°
b)	rechtwinklig	90°	72°	**18°**
c)	gleichseitig	**60°**	**60°**	**60°**
d)	gleichschenklig ($\alpha = \beta$)	**50°**	50°	**80°**

8

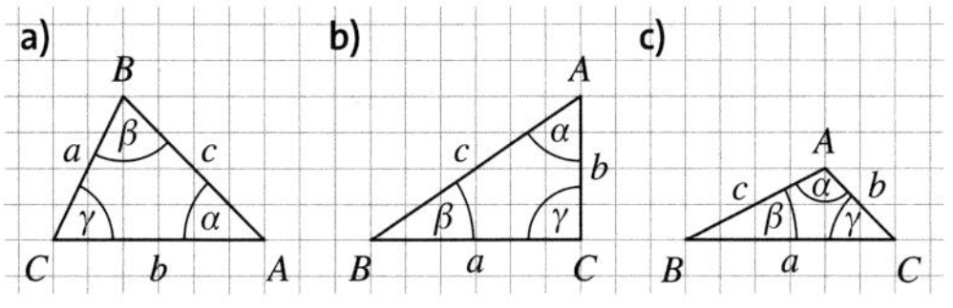

9

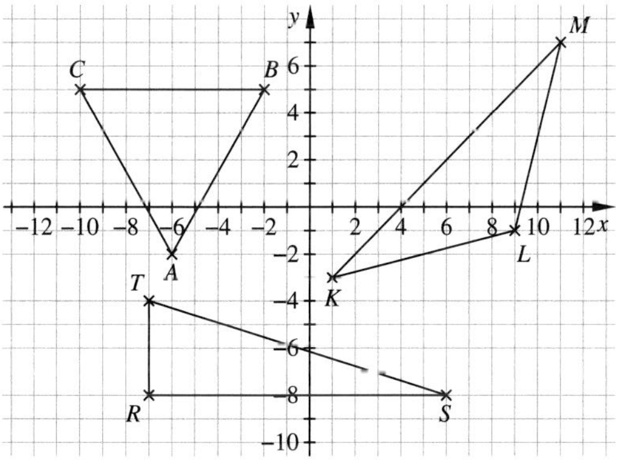

a) ΔABC: gleichseitig; spitzwinklig
b) ΔKLM: gleichschenklig; stumpfwinklig
c) ΔRST: unregelmäßig; rechtwinklig

10 Die Dreiecke ①, ③ und ④ sind zueinander kongruent.

11 Zeichenübung: Konstruktion nach Anleitung
Zur Kontrolle: $b = c = 4{,}8\,\text{cm}$; $a = 3{,}3\,\text{cm}$; $\alpha = 40°$; $\beta = \gamma = 70°$
a) $\gamma = 70°$ **b)** gleichschenkliges Dreieck ($b = c$)

Seite 172

Noch fit?

1 a) 3 m b) 8 km c) 4 cm
d) 9 m e) 700 cm f) 5 000 m
g) 3 700 mm h) 50 cm

1 a) 7 m b) 1,7 km c) 6,2 cm
d) 1,5 m e) 930 cm f) 60 000 m
g) 840 mm h) 100 000 cm

2 ① Rechteck; ② Raute (Rhombus); ③ Parallelogramm; ④ Drachen(viereck); ⑤ (gleichschenkliges) Trapez; ⑥ Quadrat; ⑦ Würfel; ⑧ Quader; ⑨ Prisma

3
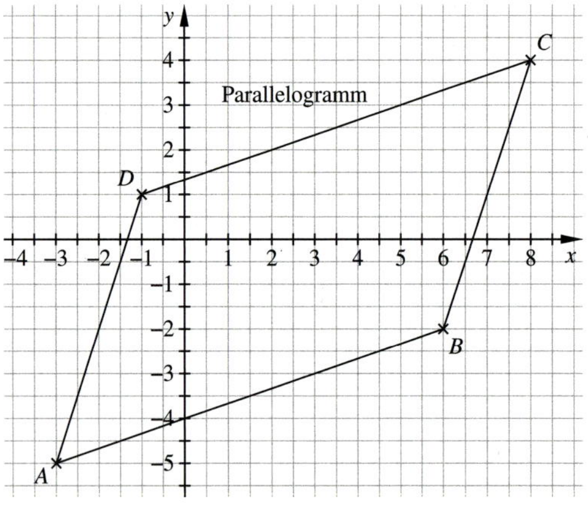

3
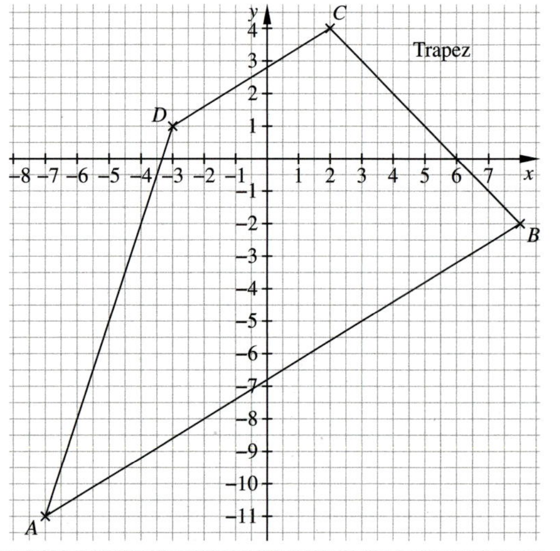

4 a) $\frac{4}{8}$; $\frac{12}{28}$; $\frac{16}{20}$; $\frac{8}{36}$ b) $\frac{2}{3}$; $\frac{1}{4}$; $\frac{1}{2}$; $\frac{1}{3}$

4 a) $\frac{8}{24}$; $\frac{40}{72}$; $\frac{56}{96}$; $\frac{16}{120}$ b) $\frac{4}{5}$; $\frac{3}{4}$; $\frac{6}{7}$; $\frac{2}{3}$

5 a) $x = 6$ b) $x = 6$

5 a) $x = 3$ b) $x = 5$
c) $x = 35$ d) $x = 12$

6 Zeichenübung zwei Quadrate
Richtig ist die Aussage ②.

6 a) $x = 8$ b) $x = 7$ c) $x = 10$
d) $x = 3$ e) $x = 5$ f) $x = 9$

Seite 186/187

Klar soweit?

1 ① und ④ sind ähnlich zueinander. Sie sind sogar kongruent zueinander.

1 ①, ⑤ und ⑥; ② und ⑨; ④ und ⑩; ⑦ und ⑧

2 a) Quadrat
b) Ja, denn alle Quadrate sind ähnlich zueinander.

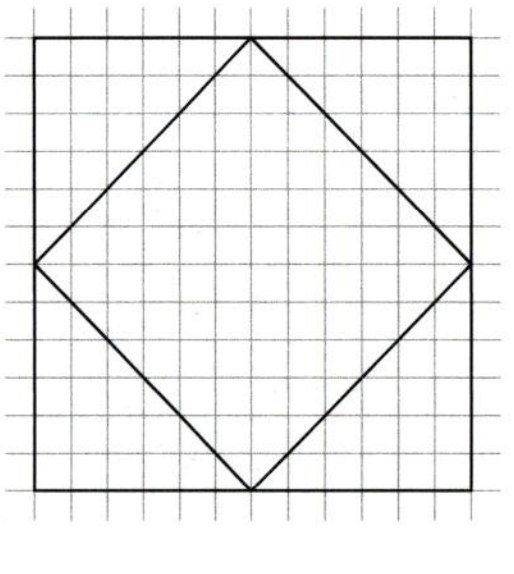

2 Originalrechteck mit $a = 4$ cm, $b = 9$ cm:
Abbildungen maßstäblich verkleinert.

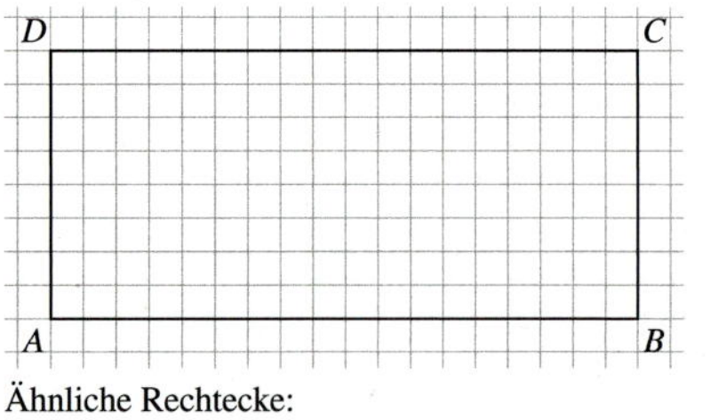

Ähnliche Rechtecke:

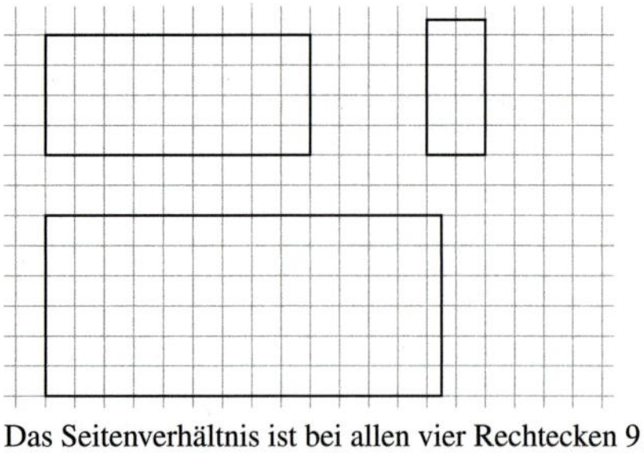

Das Seitenverhältnis ist bei allen vier Rechtecken 9 : 4.

3 rechnerische Lösung:
Winkelgrößen im ersten Dreieck:
90°; 35° und 180° – 90° – 35° = 55°
Winkelgrößen im zweiten Dreieck:
90°; 55° und 180° – 90° – 55° = 35°
Die beiden Dreiecke stimmen in allen drei Winkelgrößen überein, also sind sie ähnlich zueinander.
alternativ: zeichnerische Lösung

3 **a)** Ja, die Dreiecke sind ähnlich, denn die Winkelgrößen stimmen überein.
b) Ja, die Dreiecke sind ähnlich, denn die Winkelgrößen stimmen überein.
c) Nein, die Dreiecke sind nicht ähnlich, denn die Winkelgrößen stimmen nicht überein.

4 Die Drachen ①, ⑤ und ⑥ sind zueinander ähnlich. Die Drachen ② und ⑦ sind zueinander ähnlich.

5 24 cm · 18 = 432 cm = 4,32 m
Der Oldtimer ist 4,32 m lang.

5 14 m = 1400 cm; 1400 cm : 87 = 16,09 cm
Das Modell ist 16,09 cm lang.

6 **a)** 120 km = 12 000 m = 1 200 000 cm; 8 cm : 1 200 000 cm | 8 cm, also 1 : 150 000
Der Maßstab ist 1 : 150 000.
b) Wanderkarte: Originalstrecke 250 m
Autokarte: Maßstab 1 : 100 000
Weltkarte Originalstrecke 800 km

7 Zeichenübung Rechtecke; zur Kontrolle:
a) $a = 8$ cm, $b = 6$ cm
b) $a = 4$ cm, $b = 3$ cm

7 Zeichenübung Rechtecke; zur Kontrolle:
a) $a = 10{,}5$ cm, $b = 6$ cm
b) $a = 4{,}3$ cm, $b = 2{,}6$ cm

8 Zeichenübung
a) ① Quadrat mit einer Seitenlänge von 12 Kästchenlängen;
② Kreis mit einem Radius von 9 Kästchenlängen, $k = 3$
b) ① Quadrat mit einer Seitenlänge von 2 Kästchenlängen;
② Kreis mit einem Radius von 1,5 Kästchenlängen, $k = 0{,}5$

8 Zeichenübung
a) ① Rechteck mit Seitenlänge von 20 und 12 Kästchenlängen;
② Drachen mit Diagonalen von 24 und 16 Kästchenlängen, $k = 4$
b) ① Rechteck mit einer Seitenlänge von 2,5 und 1,5 Kästchenlängen;
② Drachen mit Diagonalen von 3 und 2 Kästchenlängen, $k = 0{,}5$

9 **a)** z. B.

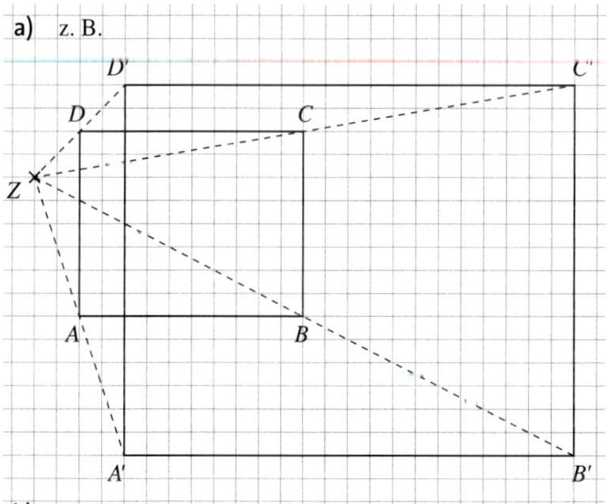

b)

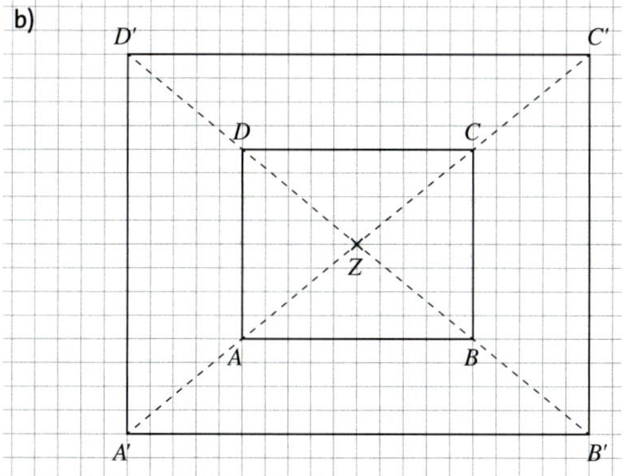

9 k ist bei allen drei Teilaufgaben gleich 1,5.

a)

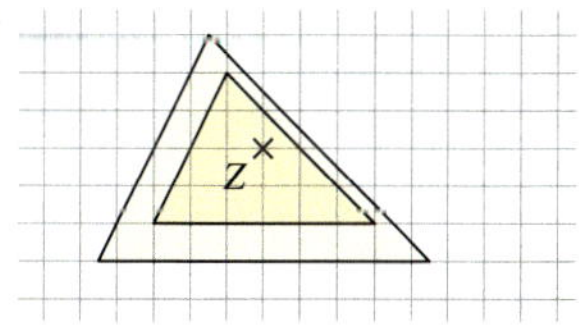

b)

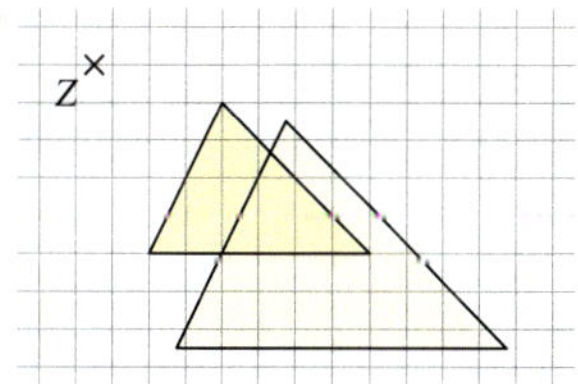

c)

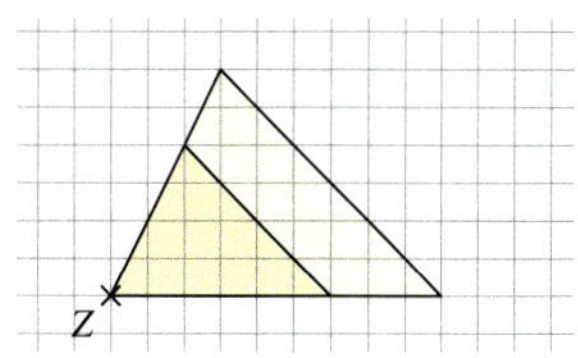

Seite 186/187

10 a) Die eine Figur ist ein Quadrat, die andere nicht, also können sie nicht aus einer zentrischen Streckung erzeugt worden sein.

b) Abbildung maßstäblich verkleinert.
Die beiden Dreiecke sind aus einer zentrischen Streckung mit $k = 2$ und dem eingezeichneten Zentrum Z hervorgegangen.

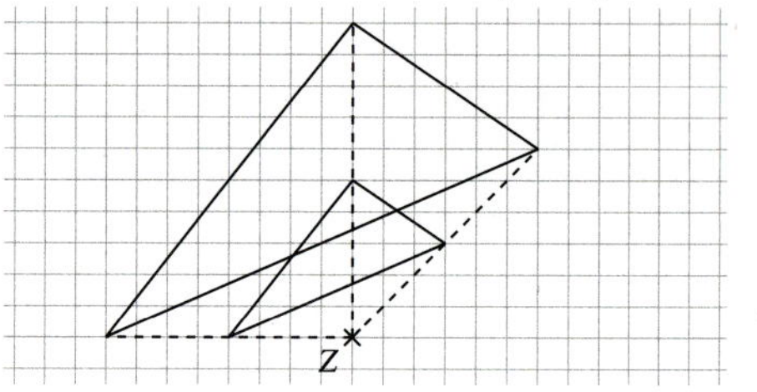

c) Die beiden Rechtecke haben verschiedene Seitenverhältnisse, sie können also aus keiner zentrischen Streckung entstanden sein.

Seite 192

Teste dich!

1 Zeichenübung; zur Kontrolle: die untere Seite des vergrößerten U wird 8 Kästchen lang (4 cm), die beiden äußeren Seiten werden je 12 Kästchen lang (6 cm).

1 wahre Längen:
$a = 12{,}5\,\text{cm}$; $b = 5{,}0\,\text{cm}$; $c = 7{,}5\,\text{cm}$; $d = 10{,}0\,\text{cm}$; $e = 15{,}0\,\text{cm}$; $f = 10{,}0\,\text{cm}$ (wegen Verlauf nach hinten); $g = 5{,}0\,\text{cm}$

2 a) Wirklichkeit 60 cm
b) Modell 60 cm
c) Maßstab 1 : 2

2 a) Karte 2,5 cm
b) Maßstab 1 : 50 000
c) Wirklichkeit 70 km

3 ① und ③ sind zueinander ähnlich, ② und ⑪ sind zueinander ähnlich, ④ und ⑨ sind zueinander ähnlich und ⑤ und ⑩ sind zueinander ähnlich.

4 Zeichenübung Drachenviereck im Rechteck
neue Längen zur Kontrolle:
a) Rechteck mit 8 und 12 Kästchenlängen
b) Rechteck mit 2 und 3 Kästchenlängen
Die Größen der Innenwinkel ändern sich nicht.

4 Zeichenübung Pyramidennetz
neue Längen zur Kontrolle:
a) Quadrat mit 4,5 cm Seitenlänge; vier Dreiecke mit Höhe 6 cm und Seitenlänge 7,5 cm
b) Quadrat mit 1,5 cm Seitenlänge; vier Dreiecke mit Höhe 2 cm und Seitenlänge 2,5 cm

5 DIN A5: 210 mm mal 148,5 mm
DIN A6: 148,5 mm mal 105 mm
DIN A7: 105 mm mal 74,25 mm

5 a), b)

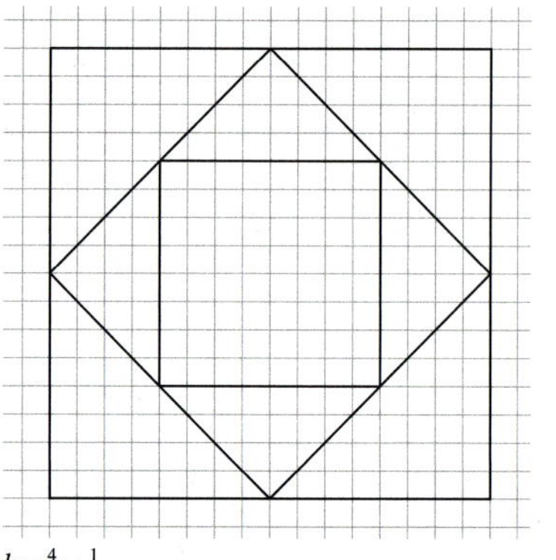

c) $k = \frac{4}{8} = \frac{1}{2}$

6

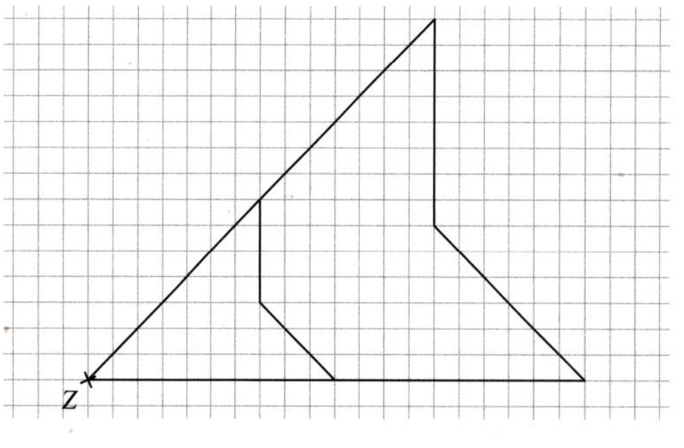

Jahrgangsstufentest

1 a) 400 b) 110 c) 276 d) 12 e) 32 f) 20

2 a) 51 b) -1 c) 13 d) 1 e) -1 f) 4

3 a) 3100 cm b) 0,05 kg c) 10000 cm² d) 1 cm³ e) 54,2 m³ f) 120 min

4 a) 5600 mg; 550 g; 5,4 kg b) 63 m; 0,07 km; 7392 cm; 852 dm c) $\frac{1}{20}$ h; 270 s; 5 min

5 a) $\frac{5}{6}$ b) $\frac{1}{20}$ c) $\frac{9}{4} = 2\frac{1}{4}$ d) $\frac{2}{15}$ e) $12\frac{1}{2}$ f) $30\frac{3}{8}$

6 a) 5,797 b) 5,81 c) 29,61 d) 8,5 e) 0,69 f) 0,37

7 Der Kontostand beträgt jetzt 1029 €.

8 a) 22 b) $-0{,}6$ c) $-33{,}7$ d) 8,3

9 a) $19a + 13b - 15$ b) $150r - 15s$

10 a) $a = 6$ b) $b = 2$ c) $c = -2$ d) $d = 0{,}5$

11 a) 7^6 b) $x^2 \cdot y^3 \cdot z$ c) $(3c)^4$ d) $\left(\frac{1}{2}\right)^3$

12 a) 1; 16; $\frac{1}{9}$; 0,25 b) 1; 27; $\frac{1}{8}$; 0,001 c) 6; 22; $\frac{1}{2}$; 0,7 d) 1; 3; $\frac{1}{2}$; 10

13

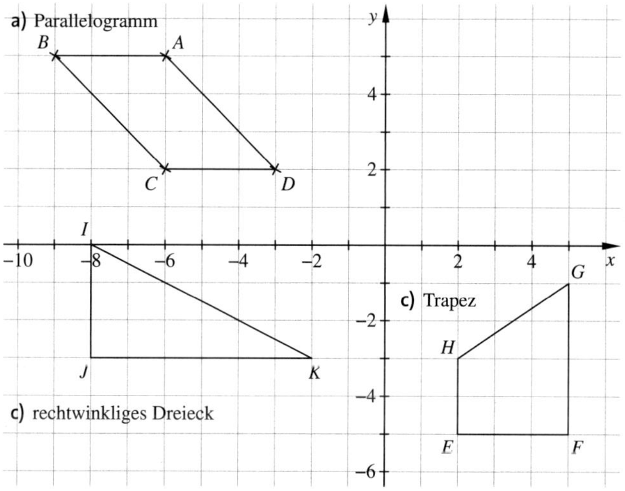

14 Zeichenubung

15 a) Rechteck oder Quadrat b) Raute oder Quadrat
c) gleichschenkliges Dreieck d) Drachenviereck, Raute oder Quadrat

16 a) $\alpha = 76°$ b) $\beta = 75°$; $\gamma = 105°$

17 a) $u = 60$ cm; $A = 136$ cm²
b) $u = 28$ cm; $A = 36$ cm²
c) $u \approx 89{,}13$ cm; $A \approx 484{,}5$ cm²

18 a) $c \approx 13{,}89$ cm b) $b \approx 126{,}7$ m

19 a) $a^2 + c^2 = 676\,\text{m}^2 = b^2$ Das Dreieck ist rechtwinklig; der rechte Winkel ist β.
b) $a^2 = 104976\,\text{mm}^2$ $b^2 + c^2 = 106448\,\text{mm}^2$ Das Dreieck ist nicht exakt rechtwinklig, aber näherungsweise: $\alpha \approx 89{,}2°$.

20 Das Aquarium enthält 108 Liter Wasser.

21 a) $V = 144\,\text{dm}^3$ b) $V \approx 141{,}4\,\text{cm}^3$

22 a)

Anzahl Brote	2	5	11
Preis (in €)	**4,60**	11,50	**25,30**

b)

Anzahl Tiere	2	6	12
Vorrat (in d)	**30**	**10**	5

23 a) Wenn drei Schüler fehlen, beträgt der Preis pro Person 16,80 €.
b) ① 25 g Chips kosten beim ersten Angebot 0,32 € und beim zweiten 0,325 €. Das erste Angebot ist also günstiger.
② 1,5 Liter Limonade kosten beim zweiten Angebot 1,38 €. Das erste Angebot ist günstiger.

24 Beispiele:
a) Bei wie viel Prozent der Fahrräder war das Licht defekt? Bei 14,4 % der Räder war das Licht defekt.
b) Wie hoch ist der neue Preis? Der neue Preis beträgt 71,20 €.
c) Wie viele Schüler sind in der Klasse? Es sind 25 Schülerinnen und Schüler.

25 a) Herr Fuchs hat am Jahresende 3075 €.
b) Nach sieben Monaten bekommt er nur 3043,75 €.
c) Pro Tag erhält er rund 0,21 € Zinsen.

Seite 194–196

26 f_1: $y = -0{,}25x + 2$ f_2: $y = -3$ f_3: $y = 2x - 2$

27

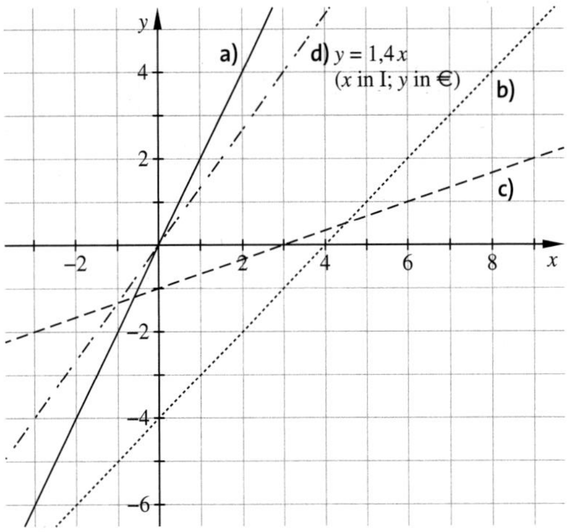

28 Rafting: 32,1 % Klettern: 42,9 % Hockey: 25,0 %

29 Machine Wars: 450 Personen
Triassic Park: 750 Personen
Servant: 600 Personen

30 Die Wahrscheinlichkeit beträgt $\frac{5}{8} = 0{,}625$.

31 Bei 4 000 Stück sind etwa 240 defekte Handys zu erwarten.

Formelsammlung

Arithmetik/ Algebra

Maße und Einheiten

Länge

1 km = 1 000 m
1 m = 10 dm
1 dm = 10 cm
1 cm = 10 mm

Fläche

$1\,m^2 = 100\,dm^2$
$1\,dm^2 = 100\,cm^2$
$1\,cm^2 = 100\,mm^2$

$1\,ha = 100\,a = 10\,000\,m^2$
$1\,a = 100\,m^2$

Volumen

$1\,m^3 = 1\,000\,dm^3$
$1\,dm^3 = 1\,000\,cm^3$
$1\,cm^3 = 1\,000\,mm^3$

Liter (l)

$1\,l = 1000\,ml = 1\,dm^3$
$1\,ml = 1\,cm^3$

Gewicht (Masse)

1 t = 1 000 kg
1 kg = 1 000 g
1 g = 1 000 mg

Bruchrechnung

Brüche kürzen und erweitern

Man **kürzt** einen Bruch, indem man Zähler und Nenner durch dieselbe natürliche Zahl **dividiert**.

$$\frac{100}{160} = \frac{100:20}{160:20} = \frac{5}{8}$$

Man **erweitert** einen Bruch, indem man Zähler und Nenner mit derselben natürlichen Zahl **multipliziert**.

$$\frac{2}{5} = \frac{2 \cdot 4}{5 \cdot 4} = \frac{8}{20}$$

Brüche multiplizieren

Brüche werden multipliziert, indem man Zähler mit Zähler und Nenner mit Nenner multipliziert.

$$\frac{5}{6} \cdot \frac{9}{10} = \frac{\cancel{5}^{1}}{\cancel{6}_{2}} \cdot \frac{\cancel{9}^{3}}{\cancel{10}_{2}} = \frac{3}{4}$$

Brüche dividieren

Man dividiert durch einen Bruch, indem man mit seinem Kehrbruch multipliziert.

$$\frac{7}{3} : \frac{3}{4} = \frac{7}{3} \cdot \frac{4}{3} = \frac{7 \cdot 4}{3 \cdot 3} = \frac{28}{9} = 3\frac{1}{9}$$

Brüche addieren und subtrahieren

Gleichnamige Brüche können addiert bzw. subtrahiert werden.

$$\frac{5}{6} - \frac{5}{9} = \frac{15}{18} - \frac{10}{18} = \frac{15-10}{18} = \frac{5}{18}$$

Brüche in anderen Schreibweisen

$\frac{3}{4}$	=	0,75	=	75 %
Bruch		Dezimalbruch		Prozentschreibweise

Rechenregeln und Rechengesetze

Zahlen abrunden

Folgt der Rundungsstelle eine **0**, **1**, **2**, **3** oder **4**, wird abgerundet: Die Rundungsstelle bleibt gleich.

auf Tausender gerundet: 6<u>3</u>**4**55 ≈ 63 000

Zahlen aufrunden

Folgt der Rundungsstelle eine **5**, **6**, **7**, **8** oder **9**, wird aufgerundet: Die Rundungsstelle wird um 1 erhöht.
auf Tausender gerundet: 6<u>3</u>**7**14 ≈ 64 000

Vertauschungsgesetz (Kommunikativgesetz)

$15 + 3 = 3 + 15$

$15 \cdot 3 = 3 \cdot 15$

Verbindungsgesetz (Assoziativgesetz)

$(15 + 3) + 4 = 15 + (3 + 4)$

$(15 \cdot 3) \cdot 4 = 15 \cdot (3 \cdot 4)$

Verteilungsgesetz (Distributivgesetz)

$(3 + 5) \cdot 2 = 3 \cdot 2 + 5 \cdot 2 = 6 + 10 = 16$

$(100 - 3) \cdot 7 = 100 \cdot 7 - 3 \cdot 7 = 700 - 21 = 679$

Klammerrechnung geht vor Punktrechnung

$5 \cdot (3a - 2a) = 5 \cdot a = 5a$

Punktrechnung geht vor Strichrechnung

$25 - 3 \cdot 7 = 25 - 21 = 4$

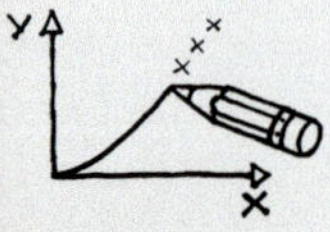

Auflösen von Klammern

$+(3+5-2) = 3+5-2$

$-(3+5-2) = -3-5+2$

Multiplikation von Summen

$(a+b)\cdot(c+d) = ac+ad+bc+bd$

Binomische Formeln

$(a+b)^2 = a^2+2\cdot a\cdot b+b^2$ $\quad (a-b)^2 = a^2-2\cdot a\cdot b+b^2$ $\quad (a+b)\cdot(a-b) = a^2-b^2$

Potenzen

$\underbrace{a\cdot a\cdot\ldots\cdot a}_{n\text{ Faktoren}} = a^n$

$a^0 = 1;\ a^1 = a;\ a^{-n} = \frac{1}{a^n}$ (mit $a \neq 0$ und n aus $\mathbb{Z}$)

Wurzeln

$\sqrt[n]{x} = a$, wenn $a^n = x$ (mit $x \geq 0$)

Schreibe für $\sqrt[2]{x}$ kurz $\sqrt{x}$.

Zuordnungen und lineare Funktionen

Proportionale Zuordnungen

Verdoppelt sich eine Größe, dann verdoppelt sich auch die andere Größe.
Verdreifacht sich eine Größe, dann verdreifacht sich auch die andere Größe.
Halbiert sich eine Größe, dann halbiert sich auch die andere Größe.

Beispiel Gewicht und Preis einer Ware
Wenn 4 kg Kartoffeln 8 € kosten, dann kosten 12 kg Kartoffeln 24 €

Quotientengleichheit:
$\frac{1}{2} = \frac{2}{4} = \frac{3}{6} = \frac{4}{8} = 0{,}5$

Wertetabelle

x	0	1	2
y	0	2	4

Gerade, durch den Nullpunkt (0|0)

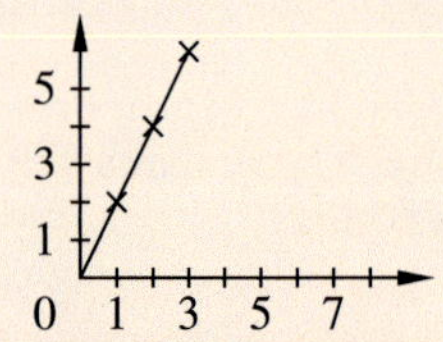

Antiproportionale Zuordnungen

Verdoppelt sich eine Größe, dann halbiert sich die andere Größe.
Verdreifacht sich eine Größe, dann drittelt sich auch die andere Größe.
Halbiert sich eine Größe, dann verdoppelt sich die andere Größe.

Beispiel Anzahl der Arbeiter und Arbeitsdauer
Bei einem Einsatz von 3 Arbeitern dauert eine Arbeit 10 Stunden.
Bei einem Einsatz von 6 Arbeitern dauert eine Arbeit 5 Stunden.

Produktgleichheit:
$1\cdot 6 = 2\cdot 3 = 3\cdot 2 = 1\cdot 6 = 6$

Wertetabelle

x	1	2	3
y	6	3	2

fallende Kurve im Koordinatensystem

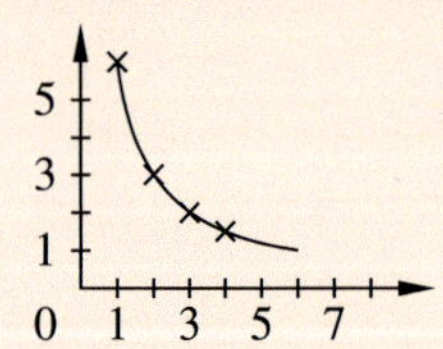

Lineare Funktionen

Bei linearen Funktionen liegen alle Punkte auf einer Geraden.

Geradengleichung
$y = 0{,}5x + 2$

Wertetabelle

x	0	2	4
y	2	3	4

Gerade im Koordinatensystem

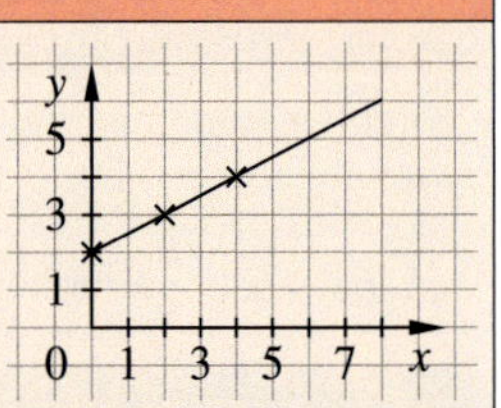

Prozentrechnung

G: Grundwert
W: Prozentwert
$p\%$: Prozentsatz

$W = G\cdot p\% = \frac{G\cdot p}{100}$

Zinsrechnung

K: Kapital
Z: Zinsen (pro Jahr) $\quad Z = K\cdot p\% = \frac{K\cdot p}{100}$
$p\%$: Zinssatz
Z: Zinsen (für t Tage) $\quad Z = K\cdot p\% = \frac{t}{100} = \frac{K\cdot p\cdot t}{100}$

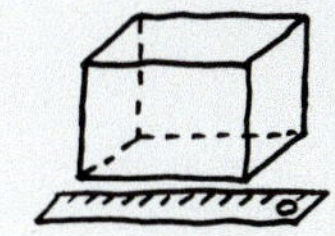

Geometrie

Winkel

Winkel benennen

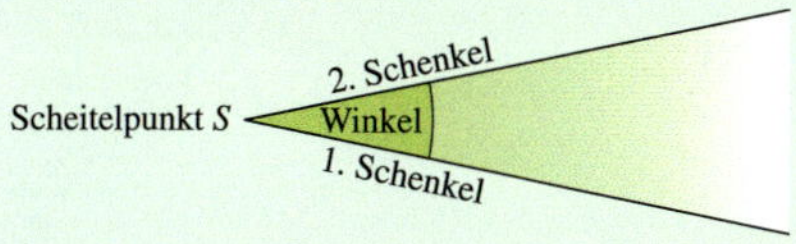

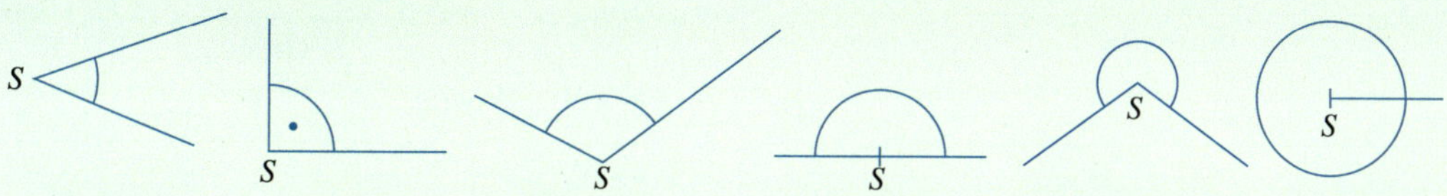

spitzer Winkel	rechter Winkel	stumpfer Winkel	gestreckter Winkel	überstumpfer Winkel	Vollwinkel
$0° < \alpha < 90°$	$\alpha = 90°$	$90° < \alpha < 180°$	$\alpha = 180°$	$180° < \alpha < 360°$	$\alpha = 360°$

Dreiecke

Dreiecke benennen

unregelmäßig **gleichschenklig** **gleichseitig** **spitzwinklig** **rechtwinklig** **stumpfwinklig**

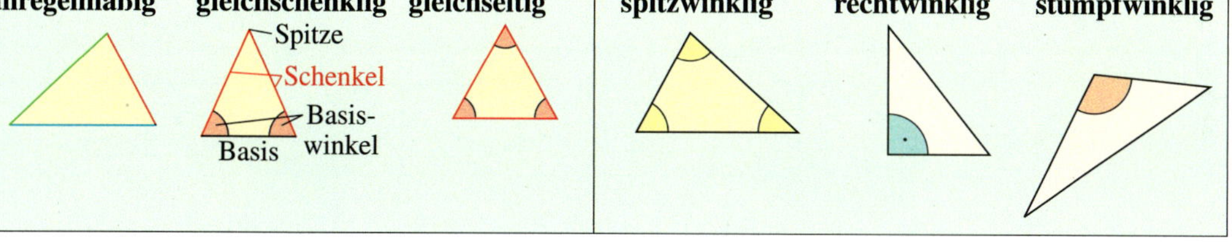

Figuren und Körper

Ebene Figuren (A: Flächeninhalt u: Umfang)

Quadrat
$A = a^2$
$u = 4 \cdot a$

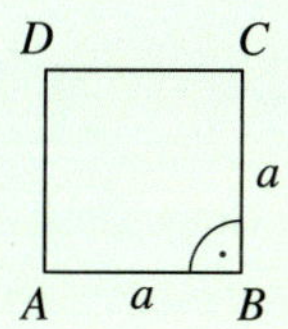

Rechteck
$A = a \cdot b$
$u = 2 \cdot a + 2 \cdot b$

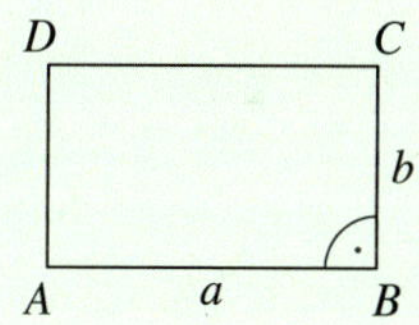

Dreieck
$A = \frac{g \cdot h}{2}$
$u = a + b + c$

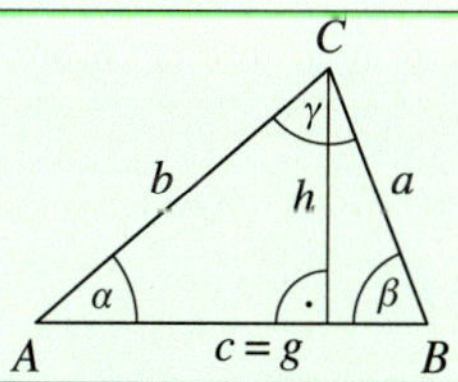

Parallelogramm
$A = g \cdot h$
$u = 2 \cdot a + 2 \cdot b$

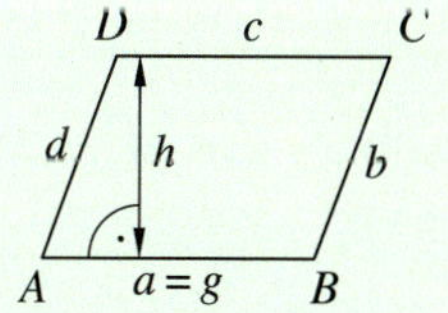

Raute
$A = \frac{1}{2} \cdot e \cdot f$
$u = 4 \cdot a$

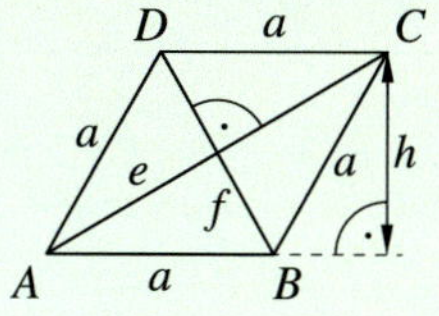

Drachenviereck
$A = \frac{1}{2} \cdot e \cdot f$
$u = 2 \cdot a + 2 \cdot b$

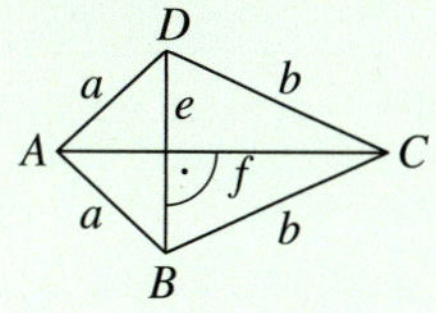

Trapez
$A = \frac{a+c}{2} \cdot h$
$u = a + b + c + d$

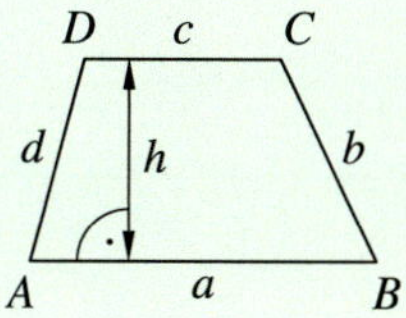

Kreis
$d = 2 \cdot r$
$A = \pi \cdot r^2 = \pi \cdot \frac{d^2}{4}$
$u = 2 \cdot \pi \cdot r = \pi \cdot d$

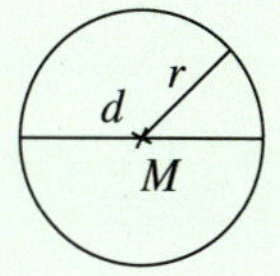

d: Durchmesser
M: Mittelpunkt
r: Radius

Sätze am rechtwinkligen Dreieck

Satz des Pythagoras
In einem rechtwinkligen Dreieck mit $\gamma = 90°$ gilt:
$a^2 + b^2 = c^2$

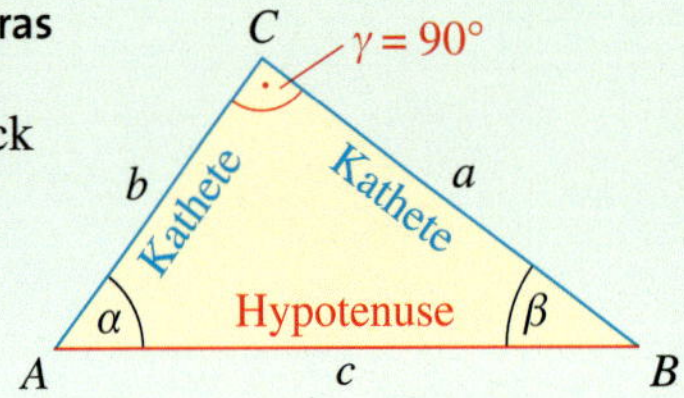

Satz des Thales
Wenn die dritte Ecke eines Dreiecks auf dem Halbkreis über der Grundseite (Thaleskreis) liegt, dann ist das Dreieck rechtwinklig.

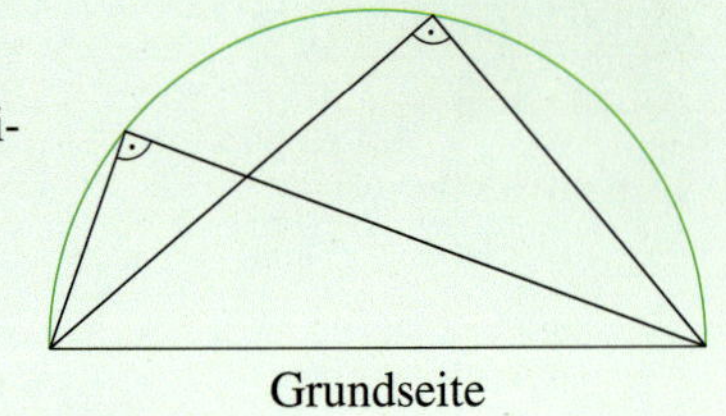

Körper (V: Volumen A_O: Oberfläche A_G: Grundfläche A_M: Mantelfläche)

Würfel
$V = a^3$
$A_O = 6 \cdot a^2$

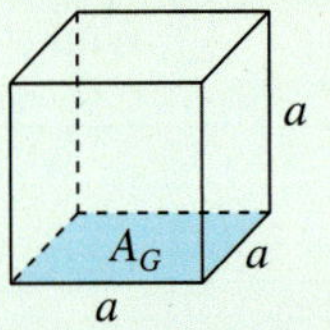

Quader
$V = a \cdot b \cdot c$

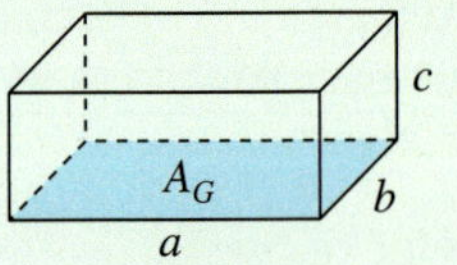

$A_O = 2 \cdot a \cdot b + 2 \cdot a \cdot c + 2 \cdot b \cdot c$

Prisma
$V = A_G \cdot h_k$
$A_O = 2 \cdot A_G + A_M$

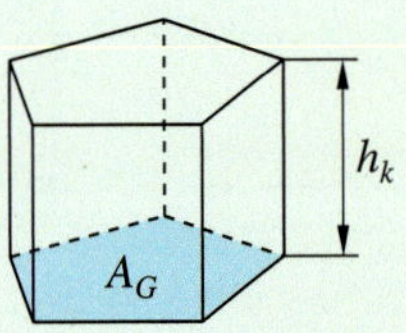

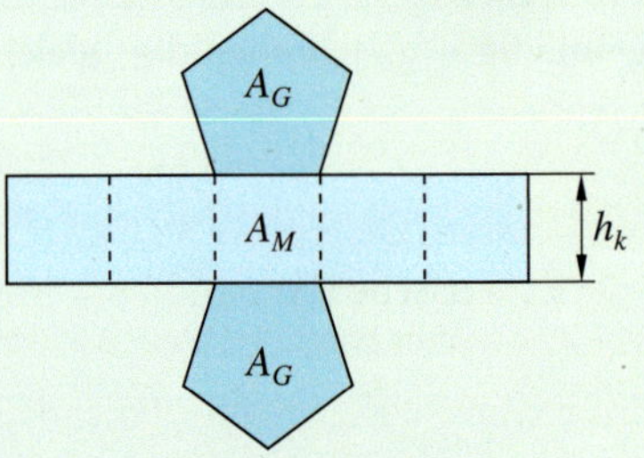

Zylinder
$V = \pi \cdot r^2 \cdot h_k$
$A_O = 2 \cdot \pi \cdot r^2 + 2 \cdot \pi \cdot r \cdot h_k$

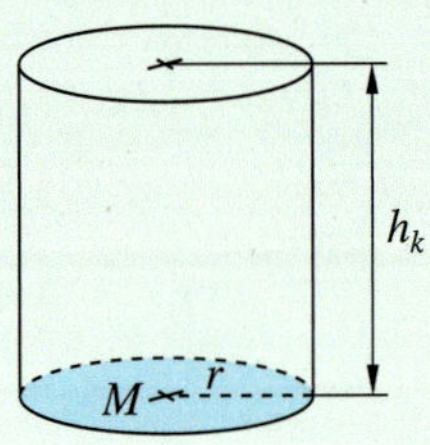

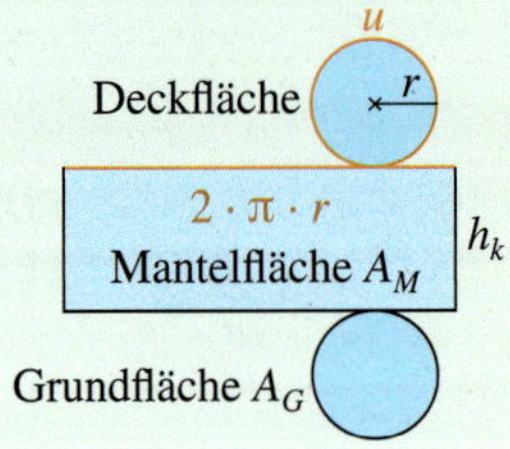

Quadratische Pyramide
$V = \frac{a^2 \cdot h}{3}$
$A_O = a^2 + 2 \cdot a \cdot h_a$
$h_a{}^2 = h_k{}^2 + \left(\frac{a}{2}\right)^2$
$s^2 = \left(\frac{a}{2}\right)^2 + h_a{}^2$

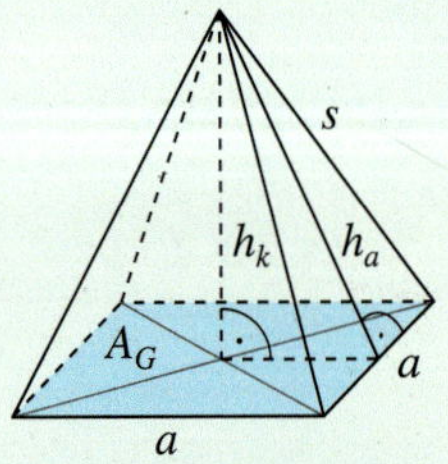

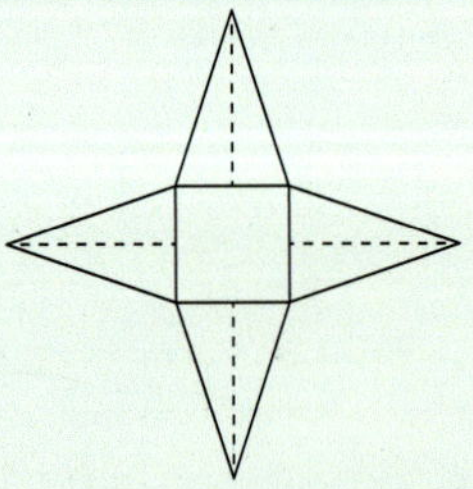

Kegel
$V = \frac{\pi \cdot r^2 \cdot h_k}{3}$
$A_O = \pi \cdot r^2 + \pi \cdot r \cdot s$
$s^2 = h_k{}^2 + r^2$

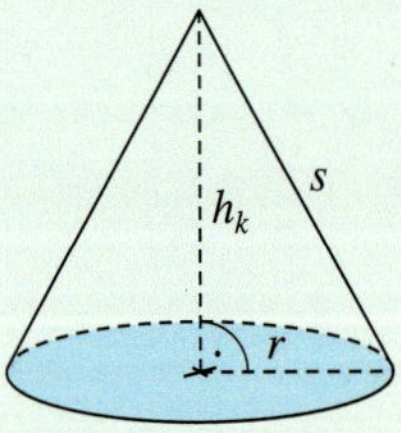

Kugel
$V = \frac{4 \cdot \pi \cdot r^3}{3}$
$A_O = 4 \cdot \pi \cdot r^2$

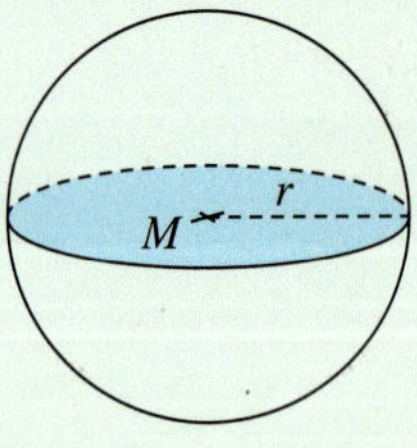

Maßstab

In einer Maßstabszeichnung wird jede Strecke der Originalfigur im gleichen Maß verkleinert oder vergrößert.
Der Maßstab gibt das Verhältnis der Bildlänge zur Originallänge an.

Verkleinerung Maßstab $1 : x$	**Vergrößerung** Maßstab $x : 1$
Alle Längen des Originals werden durch x geteilt.	Alle Längen des Originals werden mit x multipliziert.

Zentrische Streckung und Ähnlichkeitsbeziehungen

Wird das Viereck $ABCD$ (Original) bei einer zentrischen Streckung mit dem Streckzentrum Z und dem Streckfaktor $k\,(k \neq 0)$ auf das Viereck $A'B'C'D'$ (Bild) abgebildet, dann sind beide Vierecke zueinander ähnlich.

Bei einer zentrischen Streckung bleiben die Winkelgrößen erhalten.

Folgende Streckenverhältnisse gelten:

$\frac{\overline{AB}}{\overline{AD}} = \frac{\overline{A'B'}}{\overline{A'D'}}$ usw. $\frac{\overline{ZA}}{\overline{ZA'}} = \frac{\overline{AB}}{\overline{A'B'}} = \frac{1}{k}$

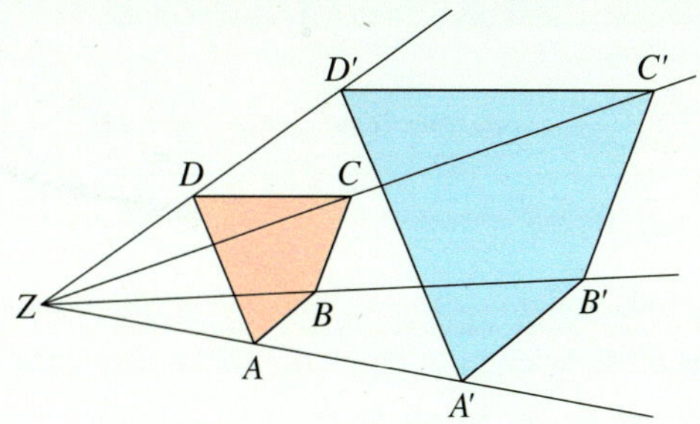

Symmetrie

Achsensymmetrie

Achsensymmetrische Figuren haben mindestens eine **Spiegelachse**.
Jeder Originalpunkt hat denselben Abstand zur Spiegelachse wie der Bildpunkt: $\overline{AS} = \overline{SA'}$
Die Verbindungsstrecke zwischen Original- und Bildpunkt steht senkrecht zur Spiegelachse: z. B. $\overline{AA'} \perp s$.

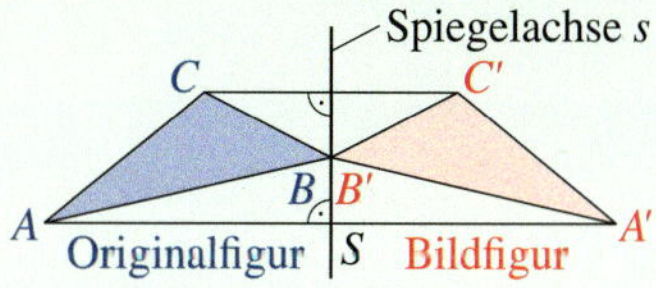

Drehsymmetrie

Kommt eine Figur bei einer Drehung um ein **Drehzentrum Z** zur Deckung, so nennt man die Figur **drehsymmetrisch**.
Dabei liegt der Drehwinkel α zwischen 0° und 360°.
Die Hilfslinien unterteilen die Figur in drei gleiche Teilbilder.

Der Drehwinkel kann berechnet werden: 360° : 3 = 120°.
Der *kleinste* Symmetriewinkel beträgt also 120°. Auch bei einer Drehung um Vielfache von 120° (240°, 360°) kommt die Figur zur Deckung.

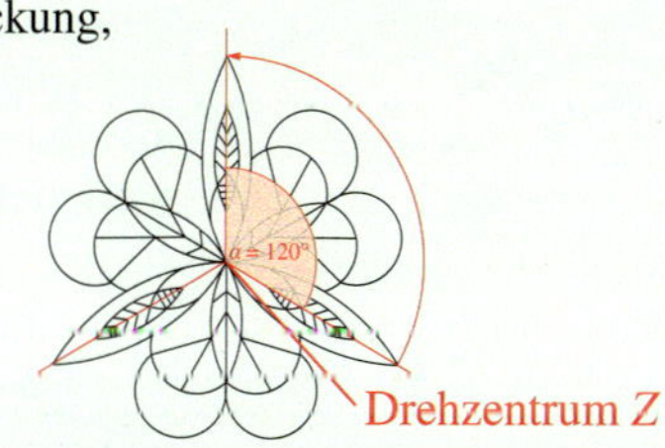

Punktsymmetrie

Figuren heißen **punktsymmetrisch**, wenn sie durch eine Drehung um 180° zur Deckung kommen.
Der Punkt, um den die Figur gedreht wird, heißt **Symmetriezentrum Z**.
Eine **Punktspiegelung** hat folgende Eigenschaften:
- Originalpunkt, Symmetriezentrum und Bildpunkt liegen auf einer Geraden.
- Originalpunkt und Bildpunkt haben denselben Abstand zum Symmetriezentrum.

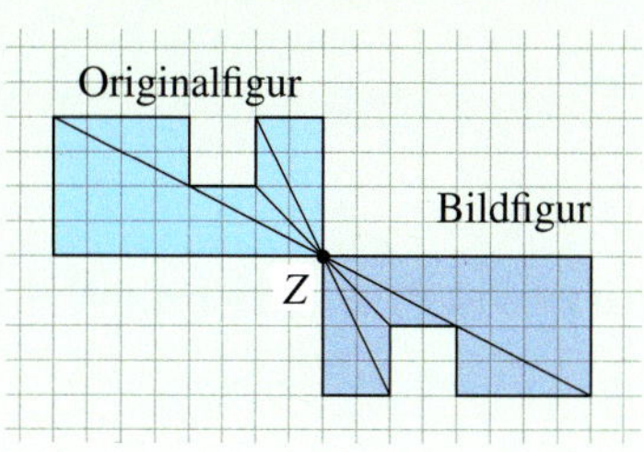

Daten und Zufall

Daten auswerten und darstellen

Absolute und relative Häufigkeiten

Die **absolute Häufigkeit** gibt eine Anzahl an. Die **relative Häufigkeit** ist ein Anteil.

relative Häufigkeit $= \frac{\text{absolute Häufigkeit}}{\text{Gesamtzahl}}$

Durchschnitt (arithmetisches Mittel)

Der Durchschnitt gibt einen Mittelwert einer Datenreihe an.

Durchschnitt $= \frac{\text{Summe aller Werte}}{\text{Anzahl der Werte}}$

Zentralwert (Median)

Sind alle Daten der Größe nach geordnet, heißt der in der Mitte stehende Wert **Zentralwert**.
Bei einer geraden Anzahl von Daten liegen zwei Werte in der Mitte. Dann ist der Zentralwert der Durchschnitt aus diesen beiden Werten.

Diagramme

Figurendiagramm

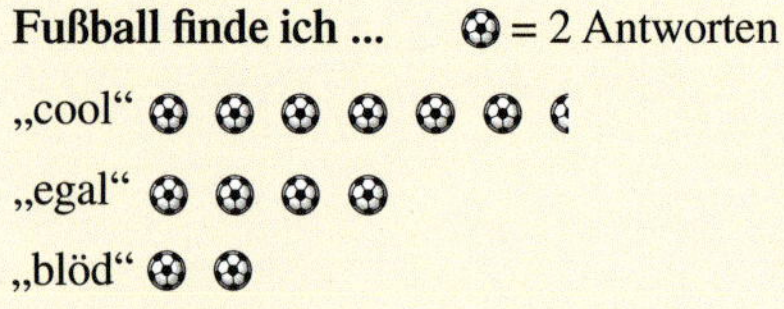

Balkendiagramm

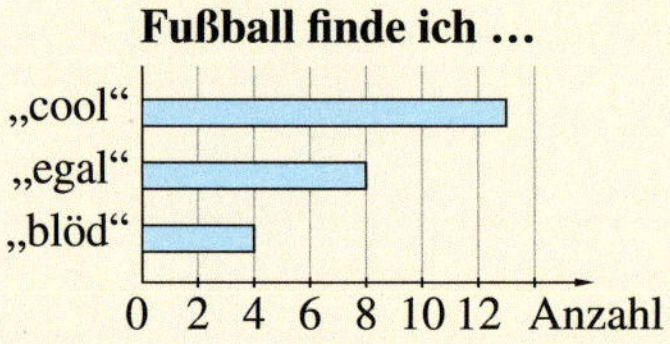

Säulendiagramm

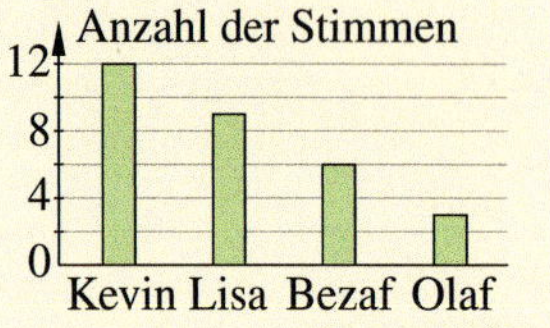

Streifendiagramm

Streifen ≙ 100 %

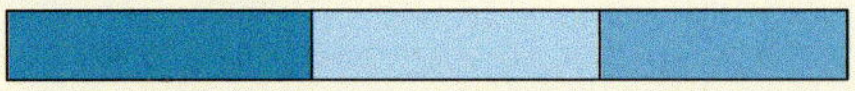

Kreisdiagramm

Vollkreis ≙ 100 %

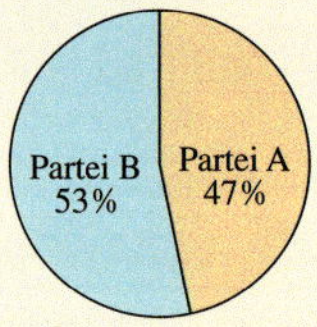

Liniendiagramm

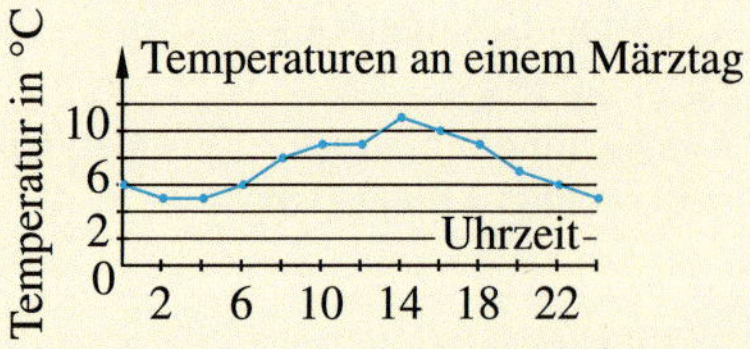

Baumdiagramm

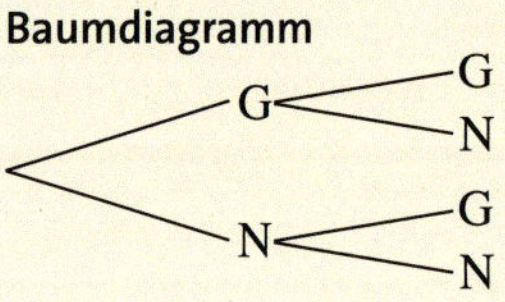

Zwei Lose werden nacheinander gezogen. Es gibt Gewinne (G) und Nieten (N).

Boxplot

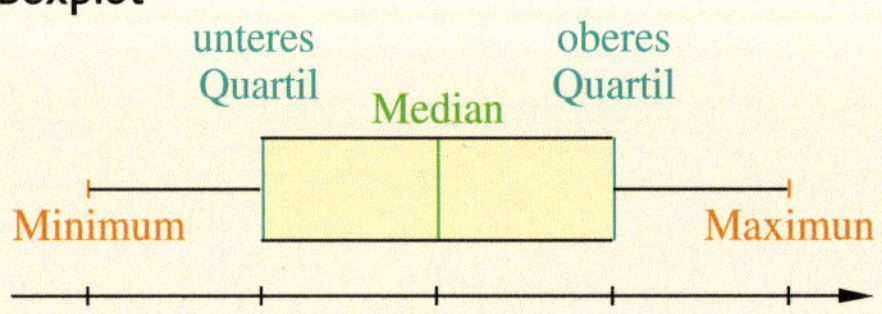

Stängel-Blätter-Diagramm

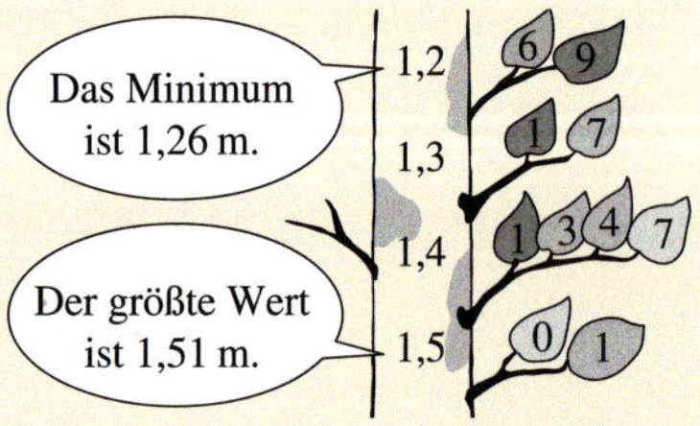

Zufallsexperimente und Wahrscheinlichkeit

Wahrscheinlichkeiten berechnen

Jedes Zufallsexperiment hat mögliche **Ergebnisse**.
Mehrere Ergebnisse können zu einem **Ereignis** zusammengefasst werden.

Sind alle Ergebnisse eines Zufallsexperiments gleich wahrscheinlich, so gilt für die **Wahrscheinlichkeit *P*** für das Eintreten eines Ereignisses:

Wahrscheinlichkeit P eines Ereignisses $= \frac{\text{Anzahl der Ergebnisse, die zum Ereignis gehören}}{\text{Anzahl aller möglichen Ergebnisse}}$

Mathelexikon und Stichwortverzeichnis

A

abrunden siehe Formelsammlung

absolute Häufigkeit [152] siehe Formelsammlung

Abstand kürzeste Verbindungsstrecke eines Punkts oder einer *Parallelen* zu einer *Geraden*

Achsenspiegelung, Achsensymmetrie siehe Formelsammlung

achsensymmetrisch Figur mit mindestens einer *Symmetrieachse*

Addition
Summand + Summand = Wert der Summe

Additionsverfahren [28] Rechenverfahren zum Lösen linearer Gleichungssysteme

ähnlich [174, 191] Zwei Figuren, die durch maßstäbliches Vergrößern oder Verkleinern auseinander hervorgehen, sind zueinander ähnlich.

Anteil Beim Vergleichen von Anteilen nutzt man Brüche mit dem Nenner 100.

Antenne in einem *Boxplot* die Verbindung zwischen Box und Minimum bzw. Maximum

antiproportional siehe Formelsammlung

Äquivalenzumformung [12, 35] Umformung einer *Gleichung*, die deren *Lösungen* nicht verändert. Erlaubte Umformungen:
- *Addition/Subtraktion* desselben *Terms* auf beiden Seiten
- *Multiplikation* mit demselben *Term* ($\neq 0$) auf beiden Seiten
- *Division* durch denselben *Term* ($\neq 0$) auf beiden Seiten

Ar (a) $1\,\text{a} = 10 \cdot 10\,\text{m}^2 = 100\,\text{m}^2$

arithmetisches Mittel [153] siehe Formelsammlung

Assoziativgesetz (Verbindungsgesetz)
- Addition: $(a + b) + c = a + (b + c)$
- Multiplikation: $(a \cdot b) \cdot c = a \cdot (b \cdot c)$

aufrunden siehe Formelsammlung

ausklammern siehe *Distributivgesetz* oder *faktorisieren*

Aussage *Gleichungen*, in denen keine *Variablen* vorkommen, sind entweder wahre oder falsche Aussagen.

B

Bakterienwachstum [165] Die Anzahl der Bakterien verdoppelt sich immer im gleichen Zeitabstand: $G_n = G_0 \cdot 2^n$.

Balkendiagramm Im Balkendiagramm werden absolute Häufigkeiten dargestellt; siehe Formelsammlung

Basis (Dreieck) siehe Formelsammlung

Basis siehe *Potenz*

Baumdiagramm [154] siehe Formelsammlung

Begrenzungsfläche siehe *Körpernetz*

Behauptung siehe *Beweis*

Berührungspunkt der Punkt, in dem eine *Tangente* einen *Kreis* berührt

Berührungsradius verbindet den *Mittelpunkt* eines *Kreises* mit dem *Berührungspunkt* einer *Tangente* an den *Kreis*, steht *senkrecht* zur *Tangente*

Bestimmungsstücke für eindeutige Konstruktion erforderliche Werte

Betrag der *Abstand* einer Zahl zur Null

Beweis Beim Beweis zeigt man, dass eine *Behauptung* aus bereits bekannten *Aussagen* (*Voraussetzungen*) abgeleitet werden kann.

Bild(figur) siehe *Drehung*, *Verschiebung*, *Maßstab*, *zentrische Streckung* und Formelsammlung

Binärsystem auch: Zweiersystem;
Alle *natürlichen Zahlen* werden mit den Ziffern 0 und 1 dargestellt.
Beispiel: $101_{(2)} = 5$ im *Dezimalsystem*

Binom *Summe* aus zwei *Summanden* (lateinisch binominis: „zweinamig")

binomische Formeln Sonderfälle bei der Multiplikation von Summen; kürzen die Berechnung ab;
- 1. binomische Formel:
  $(a + b)^2 = a^2 + 2ab + b^2$
- 2. binomische Formel:
  $(a - b)^2 = a^2 - 2ab + b^2$
- 3. binomische Formel:
  $(a + b) \cdot (a - b) = a^2 - b^2$

Blaise Pascal französischer Mathematiker (1623–1662)

Boxplot [155] grafische Darstellung der *Kennwerte* einer Datenreihe; siehe Formelsammlung

Bruch $\frac{\text{Zähler}}{\text{Nenner}}$, Teile vom Ganzen; Rechenregeln siehe Formelsammlung

Bruttopreis Preis inklusive *Mehrwertsteuer*

C

Cent (ct) $100\,\text{ct} = 1\,€$

D

Daten Ergebnisse von Umfragen, Experimenten, Beobachtungen, …

Deckfläche siehe *Körper*

deckungsgleich siehe *kongruent*

BEACHTE
Wichtige Formeln, Rechenregeln und Grundbegriffe findest du in der Formelsammlung ab S. 231.

Definitionsbereich siehe *Funktion*

Dezimalbruch Bruch in Dezimalschreibweise (Zahlen mit einem Komma) Beispiel: $\frac{7}{10} = 0{,}7$

Dezimalsystem siehe *Zehnersystem*

Dezimalzahl siehe *Dezimalbruch*

DGS siehe *dynamische Geometrie-Software*

Diagonale verbindet in *Vielecken* zwei nicht benachbarte Eckpunkte

Diagramm grafische Darstellung von *Daten*; siehe Formelsammlung

Differenz siehe *Subtraktion*

Distributivgesetz (Verteilungsgesetz)

$a \cdot (b + c) = a \cdot b + a \cdot c$

$a \cdot (b - c) = a \cdot b - a \cdot c$

$(a + b) : c = a : c + b : c$

$(a - b) : c = a : c - b : c$

Dividend siehe *Division*

Division

Dividend : Divisor = Wert des Quotienten

Divisor siehe *Division*

Drachen Kurzform für *Drachenviereck*

Drachenviereck siehe Formelsammlung

drehsymmetrisch siehe Formelsammlung

Drehung Bei einer Drehung wird ein Punkt um ein *Drehzentrum* Z mit dem *Drehwinkel* α gedreht.

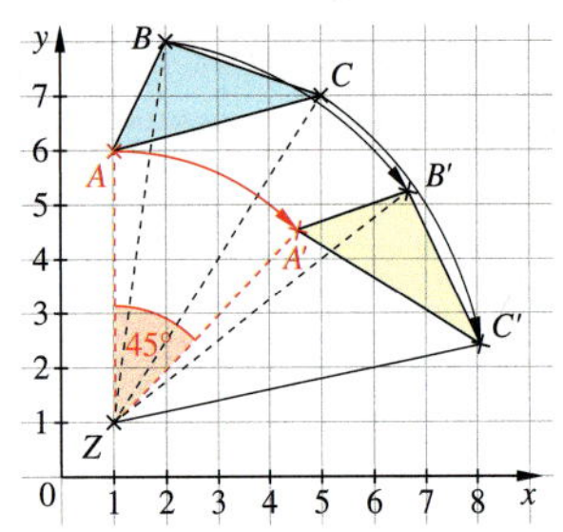

Drehwinkel siehe *Drehung*

Drehzentrum siehe *Drehung*

Dreiecksarten siehe Formelsammlung

Dreisatzschema Tabelle, mit deren Hilfe aus drei bekannten *Größen* eine unbekannte *Größe* berechnet werden kann.

Durchmesser siehe Formelsammlung

Durchschnitt [153] siehe Formelsammlung

Dynamische Geometrie-Software [40] Software zur Konstruktion, dynamischen Bewegung und Änderung von Figuren

E

Ecke siehe *Körper*

Einheit Um *Größen* wie *Länge*, *Fläche*, *Masse*, *Zeit*, *Geld* usw. anzugeben, benutzt man Einheiten wie cm, cm^2, kg, min, €.

Einheitsfläche, Einheitsquadrat Quadrate, mit z. B. 1 cm oder 1 dm Seitenlänge

Ereignis (*E*) Mehrere *Ergebnisse* eines *Zufallsexperiments* können zu einem Ereignis zusammengefasst werden; Beispiel: mit einem Würfel eine *gerade Zahl* werfen

Ergebnis (*e*) Ausgang eines *Zufallsexperiments*; Beispiel: mit einem Würfel eine 2 werfen

Ergebnismenge (*S*) alle möglichen *Ergebnisse* eines *Zufallsexperiments*

erweitern siehe Formelsammlung

Euro (€) 100 ct = 1 €

Excel siehe *Tabellenkalkulation*

Exponent siehe *Potenz*

exponentielle Funktion [165] Funktion mit einer Gleichung der Form $f(x) = a \cdot b^x$

exponentielles Wachstum siehe *Wachstum*

F

Faktor siehe *Multiplikation*

faktorisieren einen gemeinsamen Faktor aus einer Summe ausklammern; Beispiel: $a \cdot b + a \cdot c = a \cdot (b + c)$

Faustformel bzw. **Faustregel** vereinfachte Formel, mit der man Werte grob abschätzen kann

Figurendiagramm siehe Formelsammlung

Flächeninhalt (*A*) siehe Formelsammlung

Formel Gleichung mit mehreren Variablen

Formelsammlung [231 ff.]

Fragebogen Werkzeug zur Datenerhebung

Funktion *Zuordnung*, bei der jedem Wert *x* aus dem Definitionsbereich genau ein Wert *y* aus dem Wertebereich zugeordnet wird. Eine lineare Funktion hat die *Funktionsgleichung* $y = mx + b$.

Funktionenplotter [19, 40] Computerprogramm zum Zeichnen von *Funktionsgraphen*

Funktionsgleichung Übersetzung der *Wortvorschrift* in eine *Gleichung*

Funktionsgraph siehe *Graph*

G

ganze Zahlen *natürliche Zahlen* und ihre *Gegenzahlen* (zusammen mit der Null), $\mathbb{Z} = \{\ldots; -2; -1; 0; 1; 2; \ldots\}$

Gegenbeispiel Mithilfe eines Gegenbeispiels können Aussagen widerlegt werden; Beispiel: Aussage: Jede natürliche Zahl ist gerade. Gegenbeispiel: 3

Gegenzahl Gegenzahlen haben den gleichen Abstand zur Null. Beispiel: -3 ist die Gegenzahl von $+3$

Geld siehe *Euro* und *Cent*

gemischte Zahl Beispiel: $1\frac{1}{2}$, $3\frac{1}{4}$

Geodreieck [40] Werkzeug zum Messen und Zeichnen von *Winkeln*, *Parallelen* und *Senkrechten*

Gerade gerade Linie ohne Anfangspunkt und ohne Endpunkt

gerade Zahl alle *ganzen Zahlen*, die durch 2 teilbar sind; Beispiel: −2, 4, 6, −8, 10, 12, −12

Geradengleichung *Funktionsgleichung* einer *linearen Funktion*

gestreckter Winkel ein *Winkel* von 180°; siehe Formelsammlung

Gewicht (Masse) siehe Formelsammlung

ggT siehe *größter gemeinsamer Teiler*

gleichnamig *Brüche* mit gleichem Nenner nennt man gleichnamig; Beispiel: $\frac{3}{5}$ und $\frac{4}{5}$

Gleichung verbindet zwei *Terme* durch ein Gleichheitszeichen „="

Glücksspiele Bei Glückspielen wird ein Einsatz gezahlt. Das Ergebnis eines Glücksspiels hängt vom Zufall ab.

Grad (°) Die Größe eines *Winkels* wird in Grad gemessen.

Graph [18] Darstellung von *Wertepaaren* im *Koordinatensystem*

Größe besteht aus Maßzahl und *Maßeinheit*. Beispiel: 6 € (*Geld*), 30 min (*Zeit*), 3,26 kg (*Masse*), weitere Größen: *Länge*, *Fläche*, *Volumen*

größer als (>) Beispiel: 13 > 11 bedeutet: 13 ist größer als 11

größter gemeinsamer Teiler die größte Zahl, die in den Teilermengen zweier Zahlen vorkommt; Beispiel: $T_8 = \{1; 2; 4; 8\}$; $T_{12} = \{1; 2; 3; 4; 6; 12\}$; ggT (8; 12) = 4

Grundfläche [118, 149] siehe *Körper*

Grundmenge gibt an, aus welchem Zahlbereich die Lösungen für eine Gleichung kommen können

Grundseite Seite einer Figur, die z. B. zur Berechnung des Flächeninhalts gewählt wird

Grundwert [43] entspricht dem Ganzen, also 100 %
- **vermehrter** $G^+ = G \cdot (1 + \frac{p}{100})$
- **verminderter** $G^- = G \cdot (1 - \frac{p}{100})$

H **Halbgerade** gerade Linie mit einem Anfangspunkt, aber ohne Endpunkt

Häufigkeit [152] siehe Formelsammlung

Hauptnenner kleinster gemeinsamer Nenner zweier *Brüche*

Haus der Vierecke Übersicht über verschiedene *Vierecke*, ihre Beziehungen untereinander und ihre Eigenschaften (*Symmetrie*, Anzahl nötiger *Bestimmungsstücke* für *Konstruktion*)

Hektar (ha) $1\,\text{ha} = 100 \cdot 100\,\text{m}^2 = 10\,000\,\text{m}^2$

Höhe
- **von Dreieck und Viereck (*h*)** Lot vom Eckpunkt zur gegenüberliegenden Seite bzw. Abstand zwischen den parallelen Seiten
- **von Körpern (h_k) [118]** Abstand zwischen Grund- und Deckfläche

Hohlkörper entsteht, wenn aus einem geometrischen Körper ein kleinerer Körper herausgeschnitten wird

Hohlmaß Volumenmaß für Flüssigkeiten: Liter (l) und Milliliter (ml); siehe Formelsammlung

Hyperbel fallende Kurve, auf der alle Punkte einer *antiproportionalen Zuordnung* liegen; siehe Formelsammlung

Hypotenuse [86, 103] längste Seite im *rechtwinkligen Dreieck*, liegt dem *rechten Winkel* gegenüber

I **Innenwinkelsummensatz** siehe *Winkelsummensatz*

Innkreis *Kreis* im Inneren eines *Vielecks*, der jede *Seite* in genau einem Punkt berührt. Bei einem *Dreieck* ist der *Mittelpunkt* des Innkreises der Schnittpunkt der *Winkelhalbierenden* des Dreiecks.

J **Jahr (a)** 1 a = 365 d (Tage)

Jahreszinsen (Z) siehe *Zinsen*

K **Kante** siehe *Körper*

Kapital (*K*) [158] entspricht dem *Grundwert* (*G*) bezogen auf den Geldverkehr

Kathete [86, 103] eine der beiden Seiten eines *rechtwinkligen Dreiecks*, die den *rechten Winkel* einschließen

Kegel [118, 149] siehe Formelsammlung

Kehrbruch Beispiel: der Kehrbruch von $\frac{2}{5}$ ist $\frac{5}{2}$

Kehrwert siehe *Kehrbruch*

Kennwerte *Minimum*, *Maximum*, *Median*, *Quartile* und *Spannweite* sind Kennwerte von *Daten*.

kgV, kleinstes gemeinsames Vielfaches die kleinste Zahl, die in beiden *Vielfachen*mengen zweier Zahlen vorkommt; Beispiel: $V_8 = \{8; 16; 24; 32; \ldots\}$; $V_{12} = \{12; 24; 36; \ldots\}$; kgV (8; 12) = 24

Klammern auflösen siehe *Distributivgesetz*

kleiner als (<) Beispiel: $9 < 11$ bedeutet: 9 ist kleiner als 11

Koeffizient Zahl vor *Variable*; Beispiel: $3x$

Kommutativgesetz (Vertauschungsgesetz)
- Addition: $a + b = b + a$
- Multiplikation: $a \cdot b = b \cdot a$

kongruent (deckungsgleich) Zwei Dreiecke sind kongruent zueinander, wenn sie in den drei Seitenlängen und der Größe ihrer drei Winkel übereinstimmen.

Kongruenzabbildung Bewegung, bei der Seitenlängen und Winkelgrößen erhalten bleiben. *Achsenspiegelung*, *Drehung* und *Verschiebung* sind Kongruenzabbildungen.

Kongruenzsatz Dreiecke sind eindeutig konstruierbar, wenn folgende Bestimmungsstücke gegeben sind:
- **SSS**: drei Seiten
- **SsW**: zwei Seiten und der Winkel, der der längeren Seite gegenüberliegt
- **SWS**: zwei Seiten und der eingeschlossene Winkel
- **WSW**: eine Seite und die beiden anliegenden Winkel

konstruieren zeichnen mithilfe von *Zirkel* und *Geodreieck*; siehe auch *Kongruenzsatz*

Konstruktionsbeschreibung Auflistung der einzelnen Schritte einer Konstruktion

Koordinate gibt die Lage eines Punktes an

Koordinatensystem zwei zueinander senkrecht stehende Zahlengeraden, die sich im *Nullpunkt* (0|0) schneiden

Beispiel: Die Lage eines Punktes im Koordinatensystem wird durch seine Koordinaten angegeben: $A(2|1)$; $B(-2|3)$

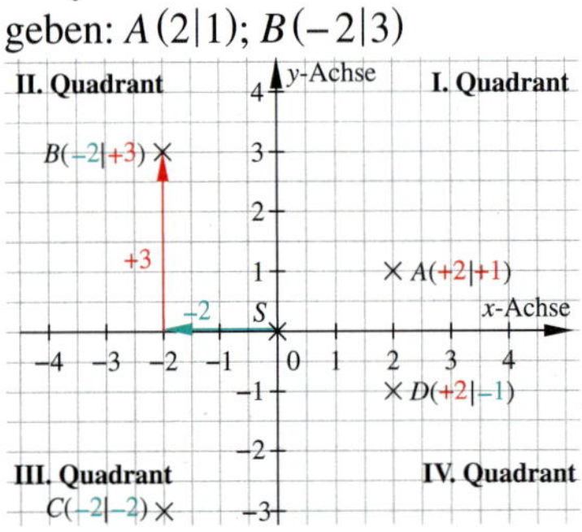

Koordinatenursprung Punkt (0|0) im Koordinatensystem; Schnittpunkt der beiden Zahlengeraden (*x*-Achse und *y*-Achse)

Körper Beispiel:

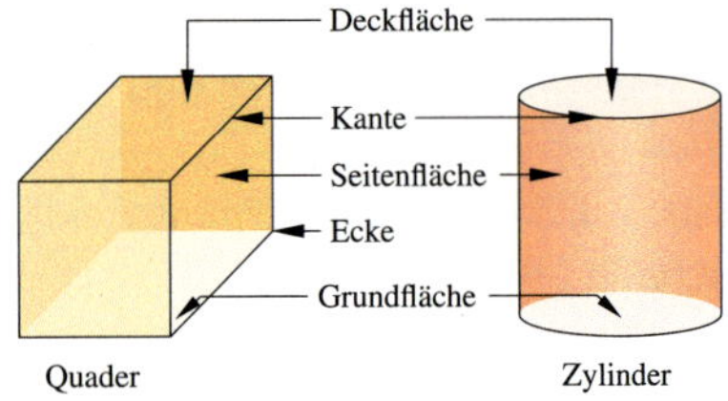

Dort, wo zwei Flächen zusammenstoßen, entstehen Kanten. Wenn mindestens drei Kanten aufeinander treffen, entstehen Ecken.

Körperhöhe (h_k) siehe *Höhe*

Körpernetz [120 f.] eine zusammenhängende Abwicklung aller Begrenzungsflächen eines *Körpers*; Beispiel:

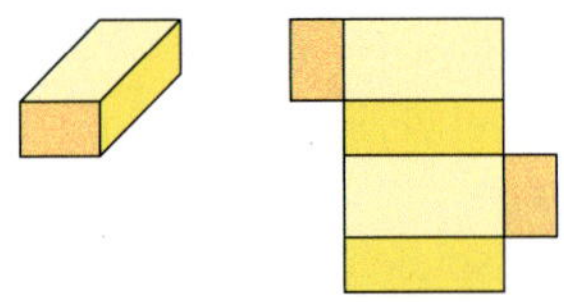

Kreis siehe Formelsammlung

Kreisdiagramm zeigt *relative Häufigkeiten* an (Vollkreis ≙ 100 %); siehe Formelsammlung

Kreisring Fläche zwischen zwei *Kreisen* mit demselben *Mittelpunkt M*

Kreistangente siehe *Tangente*

Kreiszahl (π) Verhältnis von *Umfang* zu *Durchmesser* beim *Kreis*; $\pi = \frac{u}{d} \approx 3{,}14$

Kubikwurzel [70, 79] Die Kubikwurzel aus x ist die positive Zahl, die dreimal mit sich selbst multipliziert x ergibt. Beispiel: $\sqrt[3]{125} = 5$

Kubikzahl [70, 79] Eine Zahl wird dreimal mit sich selbst malgenommen. Beispiel: $2^3 = 8$

Kugel [138] siehe Formelsammlung

kürzen siehe Formelsammlung

L

Länge siehe Formelsammlung

Laplace-Experiment [154] Zufallsexperiment, bei dem alle Ergebnisse gleich wahrscheinlich sind

LGS siehe *lineares Gleichungssystem*

Lichtjahr die Strecke, die das Licht innerhalb eines *Jahres* zurücklegt

lineare Gleichung [12, 35] Gleichung, die durch Umformen in die Form $a \cdot x + b = 0$ $(a \neq 0)$ gebracht werden kann

lineare Gleichung mit zwei Variablen [16, 35] Gleichung, die durch Umformen in die Form $a \cdot x + b \cdot y + c = 0$ $(a, b \neq 0)$ gebracht werden kann

lineares Gleichungssystem (LGS) [22, 35] zwei oder mehr *lineare Gleichungen*, die zu einem Sachverhalt gehören

lineares Wachstum siehe *Wachstum*

Liniendiagramm siehe Formelsammlung

Lösung Zahl bzw. *Größe*, die eine *Gleichung* bzw. *Ungleichung* mit *Variablen* zur wahren *Aussage* macht.
Beispiel: „6“ ist Lösung der Gleichung $5 \cdot x = 30$, denn $5 \cdot 6 = 30$.

Lösungsmenge (*L*) enthält alle *Lösungen* einer *Gleichung* bzw. *Ungleichung* aus dem *Grundbereich*

Lösungsvariable gesuchte *Größe* in einer *Formel*

M

Manipulation [161] undurchschaubare Einflussnahme auf eine Person

Mantelfläche (*M*) [118, 126, 132, 149] alle *Seitenflächen* eines *Körpers*; siehe Formelsammlung

Masse (Gewicht) wissenschaftliche Bezeichnung für die *Größe*, in der man in *Gramm* und *Kilogramm* misst; siehe Formelsammlung

Maßeinheit siehe *Einheit*

Maßstab [174, 191] Beispiel: Der Maßstab 1:10 bedeutet: 1 cm im Bild sind 10 cm in Wirklichkeit; siehe Formelsammlung

Maßzahl siehe *Größe*

Maximum [153] größter Wert einer Datenreihe

Median [155] auch: Zentralwert; der Wert, der genau in der Mitte aller der Größe nach geordneten Werte einer Datenreihe liegt. Beispiel: 8; 15; <u>17</u>; 35; 72; Median: 17

Mehrwertsteuer Anteil am Verkaufserlös einer Ware, den der Händler an den Staat abführen muss (zur Zeit 7 % bzw. 19 %)

Mindmap übersichtliche Darstellung von Notizen zu einem Thema

Minimum [153] kleinster Wert einer Datenreihe

Minuend siehe *Subtraktion*

Minute (min) 60 min = 1 h (*Stunde*)

Mittellinie siehe *Trapez*

Mittelpunkt siehe Formelsammlung

Mittelsenkrechte Gerade, die eine Strecke $\overline{AB}$ halbiert. Jeder Punkt auf der Strecke hat zu A und B denselben Abstand.

Mittelwert siehe Formelsammlung

Multiplikation
Faktor · Faktor = Wert des Produkts

N

$\mathbb{N}$ siehe *natürliche Zahlen*

Nachfolger Beispiel: Der Nachfolger von 7 ist 8.

natürliche Zahlen, $\mathbb{N} = \{0; 1; 2; \ldots\}$

Nebenwinkel ergänzen sich zu 180°.

negative Zahl Negative Zahlen sind kleiner als Null. Beispiel: −2; −15

negatives Wachstum siehe *Wachstum*

Nenner siehe *Bruch*

Nettopreis Preis ohne *Mehrwertsteuer*

Netz siehe *Körpernetz*

Normalparabel [166] Graph der Funktion mit der Gleichung $f(x) = x^2$ oder $f(x) = -x^2$

***n*-te Wurzel [70, 79]** Höhere Wurzeln bezeichnet man als $\sqrt[3]{x}$; $\sqrt[4]{x}$; $\sqrt[5]{x}$; …; $\sqrt[n]{x}$

Nullpunkt siehe *Koordinatenursprung*

Nullstelle Im Schnittpunkt eines Graphen mit der *x-Achse* nimmt die *Funktion* den Wert $y = 0$ an. Diese Stelle auf der *x-Achse* heißt Nullstelle.

O

Oberfläche [126, 132, 138, 142, 149] Alle Begrenzungsflächen eines *Körpers* ergeben zusammen die Oberfläche des Körpers; siehe Formelsammlung

Öffnungsrichtung einer Parabel [166] Der Graph der Funktion $f(x) = a \cdot x^2$ ist für $a > 0$ nach oben geöffnet und für $a < 0$ nach unten geöffnet.

Original siehe *Drehung* und *Verschiebung*

Originalfigur siehe Formelsammlung

Originalpunkt siehe Formelsammlung

P

% siehe Prozent

p % siehe *Prozentsatz*

p. a. bedeutet pro Jahr

Pantograph siehe *Storchschnabel*

Parabel [166] Graph einer *quadratischen Funktion*

parallel, Parallele $g \parallel h$ bedeutet: Die Geraden *g* und *h* sind zueinander parallel, *g* und *h* sind *Parallelen*, d. h. ihr *Abstand* zueinander ist überall gleich groß.

Parallelogramm siehe Formelsammlung

Passante Gerade, die keinen Punkt mit einem Kreis gemeinsam hat

Periode, periodischer Dezimalbruch Bei vielen *Brüchen* führt die *Division* dazu, dass sich im Ergebnis Ziffern unendlich oft wiederholen. Diese Brüche nennt man periodische Dezimalbrüche. Die Ziffer (oder die Ziffergruppe), die sich wiederholt, wird durch einen Strich darüber gekennzeichnet und Periode genannt. Beispiel: $\frac{1}{3} = 0{,}333\ldots = 0{,}\overline{3}$

pi (π) siehe *Kreiszahl*

Planskizze einfache, von Hand erstellte Übersichtszeichnung

positive Zahl Positive Zahlen sind größer als Null. Beispiel: 3; +5; 112

positives Wachstum siehe *Wachstum*

Potenz [58] *Produkte* aus gleichen Faktoren; Beispiel: $2 \cdot 2 \cdot 2 = 2^3$ (sprich „2 hoch 3“)
Basis ↗ ↖ Exponent (Hochzahl)

Primzahl eine *natürliche Zahl*, die nur durch 1 und sich selbst teilbar ist; Beispiel: 2; 3; 5; 7; 11; 13

Prisma siehe Formelsammlung

Probe Bei den Grundrechenarten rechnet man zur Probe die *Umkehraufgabe*. Bei *Gleichungen* setzt man zur Probe die *Lösung* ein.

Produkt siehe *Multiplikation*

produktgleich Alle *Wertepaare* einer *antiproportionalen Zuordnung* bilden das gleiche *Produkt*.

Promille (‰) $1‰ = 0{,}1\,\% = \frac{1}{1000}$

proportional siehe *Zuordnung*

Proportionalzirkel [178] Hilfsmittel zum Teilen von Strecken in bestimmtem Verhältnis, zum Vergrößern und Verkleinern

Prozent (%) Das %-Zeichen bedeutet „von Hundert“. Beispiel: $1\,\% = \frac{1}{100}$

Prozentsatz (*p* %) Anteil in Prozentschreibweise; Beispiel: 3 von 5 entspricht 60 %

Prozentschreibweise *Brüche* mit dem *Nenner* 100 kann man in der *Prozent*schreibweise angeben. Beispiel: $\frac{75}{100} = 75\,\%$

Prozentwert (*W*) [42] Wert, der einem Prozentsatz entspricht; Beispiel: 10 % von 50 Personen entspricht 5 Personen

Punktspiegelung siehe Formelsammlung

Punktsymmetrie siehe Formelsammlung

Pyramide [118, 149] siehe Formelsammlung

Pythagoras [90] griechischer Philosoph und Mathematiker

pythagoreisches Zahlentripel [88] drei natürliche Zahlen *a*, *b*, *c* für die $a^2 + b^2 = c^2$ gilt. Beispiel: (3|4|5), denn $3^2 + 4^2 = 5^2$

Q

ℚ siehe *rationale Zahlen*

Quader siehe Formelsammlung

Quadranten vier Bereiche, in die das *Koordinatensystem* die Zeichenebene teilt; Beispiel: Der Punkt $P(-2|1)$ liegt im II. Quadranten

Quadrat siehe Formelsammlung

quadratische Funktion [166] Zu einer rein quadratischen Funktion gehört eine Gleichung der Form $f(x) = a \cdot x^2$.

quadratische Pyramide [118, 149] Pyramiden mit einem *Quadrat* als Grundfläche

Quadratwurzel [66, 79] Die Quadratwurzel aus *x* ist die positive Zahl, die zweimal mit sich selbst multipliziert *x* ergibt. Beispiel: $\sqrt{144} = 12$

Quadratzahl [66, 79] Eine Zahl wird mit sich selbst malgenommen. Beispiel: $8^2 = 64$

Quartil [155] Kennwert einer Datenreihe, siehe *Boxplot*
- oberes Quartil: *Median* der zweiten Hälfte einer Datenreihe
- unteres Quartil: *Median* der ersten Hälfte einer Datenreihe

Quersumme die Summe aller Ziffern einer Zahl; Beispiel: Die Quersumme von 735 ist $7 + 3 + 5 = 15$

Quotient aus *a* und *b* $a : b$ bzw. $\frac{a}{b}$

quotientengleich Alle *Wertepaare* einer *proportionalen Zuordnung* bilden einen gleichwertigen *Bruch*.

R

Rabatt Preisnachlass vom Händler

radioaktiver Zerfall [165] Die Masse eines Stoffes halbiert sich immer im gleichen Zeitabstand: $G_n = G_0 \cdot 0{,}5^n$.

Radius siehe Kreis in der Formelsammlung

rationale Zahlen Die *ganzen Zahlen* und die *positiven* und *negativen Brüche* und *Dezimalbrüche* bilden zusammen die Menge der rationalen Zahlen, kurz ℚ.

Rauminhalt siehe *Volumen*

Raute siehe Formelsammlung

Rechenausdruck siehe *Term*

Rechteck siehe Formelsammlung

rechteckige Pyramide [118, 149] Pyramiden mit einem *Rechteck* als Grundfläche

rechter Winkel ein *Winkel* von 90°; siehe Formelsammlung

rechtwinkliges Dreieck Dreieck mit einem *rechten Winkel*, also einem Winkel von 90°

relative Häufigkeit [152] siehe Formelsammlung

römische Zahlen *Natürliche Zahlen* können mit römischen Zahlzeichen dargestellt werden. Dabei werden alle Zahlen durch Addition oder Subtraktion zusammengesetzt.
I (1), V (5), X (10), L (50), C (100), D (500), M (1000), Beispiel: MMXVI (2016), XC (90)

rückwärtsrechnen Ausgehend von einem Ergebnis schließt man auf den Ausgangswert.

runden siehe Formelsammlung

S

Satz des Cavalieri [136] Zwei Körper mit gleichen Höhen und gleich großen Querschnittsflächen in gleicher Höhe haben auch das gleiche Volumen.

Satz des Pythagoras [90, 103, 149] In einem rechtwinkligen Dreieck mit $\gamma = 90°$ gilt: $a^2 + b^2 = c^2$. Das heißt: Die Quadrate über den beiden Katheten haben zusammen den gleichen Flächeninhalt wie das Quadrat über der Hypotenuse.

Satz des Thales siehe Formelsammlung

Satz über die Innenwinkelsumme siehe *Innenwinkelsummensatz*

Säulendiagramm stellt absolute Häufigkeiten dar; siehe Formelsammlung

schätzen Beim Schätzen versucht man durch Überlegungen dem genauen Ergebnis möglichst nahe zu kommen.

Schätzwert für Wahrscheinlichkeit Bei einer großen Anzahl an Wiederholungen eines *Zufallsexperiments* ist die *relative Häufigkeit* eines *Ergebnisses* ein Schätzwert für die *Wahrscheinlichkeit* des *Ergebnisses*.

Scheitelpunkt siehe Formelsammlung

Scheitelwinkel gegenüberliegende *Winkel* an einer Geradenkreuzung; sind gleich groß

Schenkel siehe Formelsammlung

Schrägbild [122 f.] vermittelt einen räumlichen Eindruck eines Körpers; nach hinten verlaufende Kanten werden in halber Länge im Winkel von 45° angetragen; verdeckte Kanten werden gestrichelt; Beispiel:

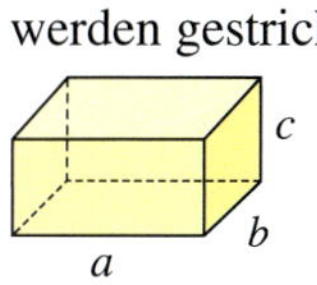

Sechs-Schritte-Verfahren Vorgehen beim Lösen von Sachproblemen

Sehne *Strecke* zwischen zwei Punkten auf einem *Kreis*

Seite *Strecke*, die eine *Fläche* begrenzt

Seitenfläche siehe *Körper*

Sekante *Gerade*, die mit einem *Kreis* zwei gemeinsame Punkte hat

senkrecht, Senkrechte $g \perp h$ bedeutet: Die Geraden g und h sind zueinander senkrecht, g und h sind Senkrechte, d. h. sie bilden einen rechten Winkel.

Sekunde (s) 60 s = 1 min (*Minute*)

Skala Maßeinteilung an Messinstrumenten, z. B. am Geodreieck oder am Thermometer

Skizze Zeichnung von Hand, die einen groben Überblick verschafft

Skonto Preisnachlass z. B. bei Barzahlung

Spannweite [153] Unterschied zwischen *Maximum* und *Minimum* einer *Datenreihe*

Spiegelachse siehe Formelsammlung

spitzer Winkel ein *Winkel*, der größer als 0° aber kleiner als 90° ist; siehe Formelsammlung

Stängel-Blätter-Diagramm siehe Formelsammlung

Steigung (*m*) bei einer linearen Funktion $y = mx + b$; Beispiel: für $m = \frac{3}{4}$ gilt: wenn x um 4 wächst, dann wächst y um 3

Steigungsdreieck rechtwinkliges Dreieck am Graphen einer linearen Funktion zum Bestimmen der *Steigung*

stellengleich, stellengerecht, stellenweise Zehner werden unter Zehner geschrieben, Einer unter Einer, Zehntel unter Zehntel, …
Dezimalbrüche werden stellenweise addiert und subtrahiert (Komma unter Komma).

Stellenwertsystem Beispiel: *Dezimalsystem* und *Binärsystem*

Storchschnabel [178] Hilfsmittel zum präzisen Abzeichnen, Vergrößern oder Verkleinern von Zeichnungen

Strahlensatz [183] In einer Strahlensatzfigur schneiden sich zwei Geraden, die wiederum von zwei Parallelen geschnitten werden. Dabei entstehen zwei zueinander ähnliche Dreiecke, in denen besondere Seitenverhältnisse gelten.

Strecke gerade Linie mit einem Anfangspunkt und einem Endpunkt

Streckfaktor *k* [180, 191] siehe *zentrische Streckung* und Formelsammlung

Streckzentrum *Z* [180, 191] siehe *zentrische Streckung* und Formelsammlung

Streifendiagramm zeigt relative Häufigkeiten an (Streifen ≙ 100 %); siehe Formelsammlung

Strichliste [152] *Häufigkeiten* einer *Datenerhebung* werden mit Strichen angegeben.

Stufenwinkel sind gleich groß

Stufenzahl Beispiel: im *Zehnersystem* nennt man 10, 100, 1000, … Stufenzahlen

stumpfer Winkel größer als 90° aber kleiner als 180° ist; siehe Formelsammlung

Stunde (h) 1 h = 60 min (Minuten)

Subtrahend siehe *Subtraktion*

Subtraktion
Minuend – Subtrahend = Wert der Differenz

Summand siehe *Addition*

Summe siehe *Addition*
– **Multiplikation von Summen** siehe Formelsammlung

Symmetrie siehe Formelsammlung

Symmetriezentrum siehe Formelsammlung

systematisches Probieren [26, 35] geschicktes Wählen von möglichen Lösungen und Überprüfung durch Einsetzen

T **Tabellenkalkulation [40, 47, 73]** Software zur Eingabe und Verarbeitung von Daten

Tag (d) 1 d = 24 h (*Stunden*)

Tageszinsen (Z) siehe Formelsammlung

Tangente *Gerade*, die mit einem *Kreis* genau einen Punkt gemeinsam hat. Die Tangente steht senkrecht zum *Berührungsradius*.

Taschenrechner [40, 58, 60, 62, 66, 70]

teilbar siehe *Teiler*

Teilbarkeitsregeln durch…
- **2**: die letzte *Ziffer* ist gerade
- **3**: die *Quersumme* ist durch 3 teilbar
- **4**: die letzten beiden *Ziffern* stellen eine durch 4 teilbare Zahl dar
- **5**: die letzte *Ziffer* ist eine 0 oder eine 5
- **8**: die letzten drei *Ziffern* stellen eine durch 8 teilbare Zahl dar
- **9**: die *Quersumme* ist durch 9 teilbar
- **10**: die letzte Ziffer ist eine 0

Teiler Eine Zahl ist ein Teiler einer anderen Zahl, wenn beim Dividieren kein Rest bleibt. Beispiel: 6 ist ein Teiler von 18, d. h. 18 ist durch 6 teilbar ($6 \mid 18$); 6 ist kein Teiler von 20 ($6 \nmid 20$)

teilerfremd Zahlen, die keinen gemeinsamen *Teiler* außer der 1 haben

Teilermenge alle *Teiler* einer Zahl; Beispiel: Teilermenge von 12: $T_{12} = \{1; 2; 3; 4; 6; 12\}$

Term (Rechenausdruck) sinnvolle Verbindung von Variablen, Zahlen und Rechenzeichen. Beispiel: 12; x; 12 – (6 + 1); x + 5 cm; $2 \cdot a$

Thales von Milet Mathematiker im antiken Griechenland

Thaleskreis siehe Formelsammlung

Trapez siehe Formelsammlung

Tripel [88] drei zusammengehörige Zahlen, Schreibweise (3|5|9)

U **Überschlag** Rechnen mit gerundeten Werten

überstumpfer Winkel ein *Winkel*, der größer als 180° aber kleiner als 360° ist; siehe Formelsammlung

Umfang (*u*) *Summe* aller *Seiten*längen eines *Vielecks*; siehe Formelsammlung

umformen siehe *Äquivalenzumformung*

Umkehraufgabe Beispiel: eine Umkehraufgabe von 5 + 6 = 11 ist 11 – 5 = 6

Umkehroperation siehe *Umkehrung*

Umkehrung Die *Subtraktion* ist die Umkehrung der *Addition*, die *Division* ist die Umkehrung der *Multiplikation*.

Umkreis Der Umkreis eines *Vielecks* verläuft durch alle Eckpunkte des *Vielecks*. Bei einem Dreieck schneiden sich die *Mittelsenkrechten* im *Mittelpunkt* des Umkreises.

Umrechnungszahl Beispiel: Wandelt man *Volumenmaße* in die benachbarte *Volumeneinheit* um, so ist die Umrechnungszahl 1000.

ungerade Zahl alle *ganzen Zahlen*, die nicht durch 2 teilbar sind; Beispiel: 1, –3, 3, 7, –9

ungleichnamig *Brüche* mit unterschiedlichem *Nenner* sind ungleichnamig; Beispiel: $\frac{3}{8}$ und $\frac{4}{5}$

Ungleichung zwei durch ein *Verhältniszeichen* (<; ≤; >; ≥) miteinander verbundene Terme

Urliste ungeordnete Übersicht der Ergebnisse einer *Daten*erhebung

V **Variable** Platzhalter für Zahlen oder Größen; Beispiel: a, b, c, x, y, z

Verbindungsgesetz siehe *Assoziativgesetz*

Verhältniszeichen < (kleiner); ≤ (kleiner oder gleich); > (größer) ; ≥ (größer oder gleich)

Verschiebung Beispiel:

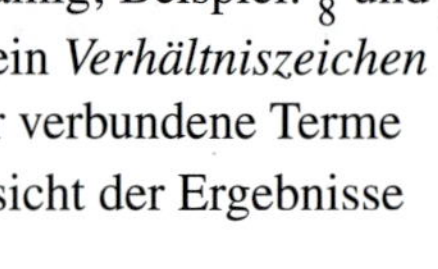

Verschiebungspfeil gibt Länge und Richtung einer *Verschiebung* an

Vertauschungsgesetz siehe *Kommutativgesetz*

Verteilungsgesetz siehe *Distributivgesetz*

Vieleck Beim Vieleck bestimmt die Anzahl der Eckpunkte den Namen der Fläche. Beispiel: Ein Fünfeck hat fünf Eckpunkte.

Vielfaches Wenn eine Zahl einmal, zweimal, dreimal, … so groß wie eine andere Zahl ist, so ist sie ein Vielfaches dieser Zahl.

Vierfeldertafel [155] Tabelle, in die man die Häufigkeiten von zwei verschiedenen Merkmalen eintragen kann

vollständig gekürzt Einen *Bruch*, der nicht mehr weiter ge*kürzt* werden kann, nennt man vollständig gekürzt.

Vollwinkel ein *Winkel* von 360°; siehe Formelsammlung

Volumen [130, 132, 138, 142] Rauminhalt eines Körpers; siehe Formelsammlung

Voraussetzung siehe *Beweis*

Vorgänger Beispiel: Der Vorgänger von 9 ist 8.

Vorhersage Aussage über den Ausgang eines zukünftigen *Zufallsexperiments* aufgrund von vorherigen Datenerhebungen

Vorrangregeln siehe Formelsammlung

W

Wachstum [162 f.]
- **exponentielles Wachstum [165]** Eine Größe ändert sich in gleichbleibenden *Zeitspannen* um den gleichen Wachstumsfaktor q. Der Wert nach n Zeitspannen ist $G_n = G_0 \cdot q^n$.
- **lineares Wachstum [163]** In gleichen Zeitspannen nimmt der jeweils nachfolgende Wert immer um den gleichen Betrag d zu oder ab. Der Wert nach n Zeitspannen ist $G_n = G_0 + d \cdot n$.
- **negatives Wachstum [162]** Abnahme einer Größe, der nachfolgende Wert ist kleiner als der vorherige
- **positives Wachstum [162]** Zunahme einer Größe, der nachfolgende Wert ist größer als der vorherige

Wahrscheinlichkeit (P) [154] Maß für das Eintreten eines *Ergebnisses* bei einem *Zufallsexperiment*. Die Wahrscheinlichkeit für das Eintreten eines *Ergebnisses* liegt zwischen 0 (unmögliches Ergebnis) und 1 (sicheres Ergebnis); siehe auch *Schätzwert für Wahrscheinlichkeit*

Wechselwinkel sind gleich groß

Wert des Terms Wenn man für die *Variablen* Zahlen einsetzt, kann man den Wert des Terms bestimmen.
Beispiel: Der Wert des Terms $10 \cdot x + 8$ für $x = 3$ ist 38, denn $10 \cdot 3 + 8 = 38$

Wertepaar zwei einander zugeordnete Werte; Beispiel: (2|3,5)

Wertetabelle *Wertepaare* können in einer Tabelle angegeben werden.

Winkel siehe Formelsammlung

Winkelhalbierende *Halbgerade*, die einen *Winkel* halbiert. Jeder Punkt auf der Winkelhalbierenden hat denselben *Abstand* zu den beiden *Schenkeln* des *Winkels*.

Winkelsummensatz
- Dreieck $\alpha + \beta + \gamma = 180°$
- Viereck $\alpha + \beta + \gamma + \delta = 360°$

Wortvorschrift Ein Text beschreibt, welche Werte einander zugeordnet werden sollen; Beispiel: „Jeder Zahl wird ihr Dreifaches zugeordnet.“ ergibt z.B. (1|3), (2|6), (– 1,5|– 4,5)

Würfel siehe Formelsammlung

Wurzel ziehen [70, 79] Umkehrung des *Potenz*ierens

X

***x*-Achse** siehe *Koordinatensystem*

***x*-Koordinate** siehe *Koordinatensystem*

Y

***y*-Achse** siehe *Koordinatensystem*

***y*-Koordinate** siehe *Koordinatensystem*

Z

ℤ siehe *ganze Zahlen*

Zahlbereiche *Natürliche Zahlen*, *ganze Zahlen* und *rationale Zahlen* sind Beispiele für Zahlbereiche.
Wenn eine Aufgabe in einem Zahlbereich nicht lösbar ist, dann muss der Bereich durch Hinzufügen von Elementen erweitert werden.
Beispiel: 3 – 7 ist in ℕ nicht lösbar, aber in ℤ.

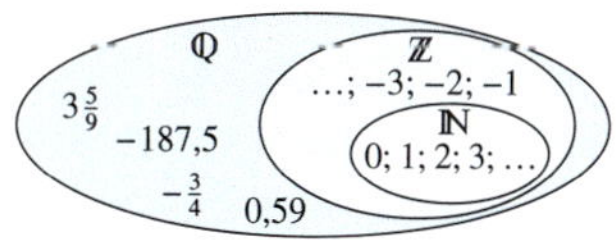

Zahlengerade bildet anders als der *Zahlenstrahl* auch die *negativen Zahlen* ab

Zahlenstrahl Beispiel:

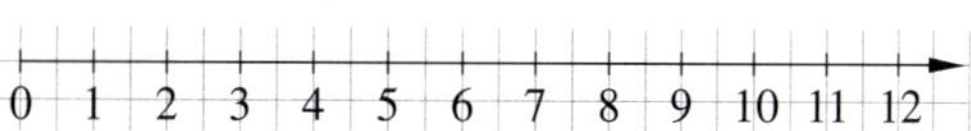

Zähler siehe *Bruch*

Zehnerbruch *Brüche* mit dem *Nenner* 10, 10, 1000, …

Zehnerpotenz [62, 79] Zehnerpotenzen sind $10^1 = 10$, $10^2 = 100$, $10^3 = 1000$, $10^4 = 10\,000$ usw.

Zehnerpotenzschreibweise [62, 79] Zahlen werden als Produkt aus einer Zahl zwischen 0 und 1 und einer Zehnerpotenz geschrieben.
Beispiele: $450\,000\,000 = 4{,}5 \cdot 10^8$;
$0{,}000\,06 = 6 \cdot 10^5$

Zehnersystem (Dezimalsystem) unser Zahlensystem; Beispiel: Stellenwerttafel im Zehnersystem:

$\cdot 10$ $\cdot 10$ $\cdot 10$ $\cdot 10$ $\cdot 10$

Tausender			Einer		
H	Z	E	H	Z	E
		3	0	6	1

zeichnerisches Lösen von linearen Gleichungssystemen [22, 35] Zeichnen der Graphen, die zu den gegebenen Gleichungen gehören und Ablesen des Schnittpunkts als Lösung

Zeit *Maßeinheiten* der Zeit sind z. B. a (*Jahre*), d (*Tage*), h (*Stunden*), min (*Minuten*), s (*Sekunden*)

Zeitfaktor Ein Zinsjahr wird mit 12 Monaten zu 30 Tagen angegeben. Bei einem Tag entspricht der Zeitfaktor $\frac{1}{360}$, bei einem Monat entspricht der Zeitfaktor $\frac{1}{12}$.

Zeitpunkt ein genau festgelegter Termin, z. B. 12:50 Uhr oder der 12. Januar

Zeitspanne die Dauer zwischen zwei Zeitpunkten, z. B. 15 Minuten, 2 Jahre oder von 8:00 Uhr bis 8:45 Uhr

Zentralwert siehe *Median*

zentrische Streckung [180, 191] Konstruktion zum maßstäblichen Vergrößern und Verkleinern von Figuren mit einem festen **Streckfaktor *k*** und von einem festen Punkt, dem **Streckzentrum Z**, aus, siehe Formelsammlung

Zinsen [158] entspricht dem *Prozentwert* (*W*) bezogen auf den Geldverkehr; Preis für die Überlassung von *Kapital*

Zinseszinsen entstehen, wenn auch die *Zinsen* angelegt werden und wieder *Zinsen* erbringen

Zinsformel [44, 158] siehe Formelsammlung

Zinssatz (*p* %) [158] entspricht dem *Prozentsatz* (*p* %) bezogen auf den Geldverkehr

Ziffer Alle Zahlen bestehen aus den Ziffern 1, 2, 3, 4, 5, 6, 7, 8, 9, 0.

Zirkel [40] Werkzeug zum Zeichnen von *Kreisen*

Zufallsexperiment Vorgang mit einem zufälligen Ergebnis; Beispiel: Münzwurf, Würfelwurf

Zufallsversuch siehe *Zufallsexperiment*

Zuordnung Zuordnungen weisen Werten aus einem vorgegebenen Bereich einen oder mehrere Werte aus einem anderen Bereich zu (*Wertepaar*). Zuordnungen können als *Wortvorschrift*, *Wertetabelle,* im *Koordinatensystem* oder im *Diagramm* dargestellt werden.

zusammengesetzte Körper [142 f.]

Zylinder siehe Formelsammlung

Bildverzeichnis

Titel mauritius Images/Radius images; **3 o.li.** Fotolia/Zoschy; **3 u.li.** Fotolia/lordn; **3 o.re. a** Fotolia/ac2000; **3 o.re. b** Fotolia/mizar_21984; **3 u.re.** Hartmut Skerbisch: Fraktal PYTHAGORASBAUM / © kunstGarten Graz, Irmi und Reinfrid Hor; **4 o.li.** mauritius Images/Alexander Kupka; **4 o.re.** Fotolia/Fiona; **4 Mi.li.** ddp images/H. E. Knab/Shotshop.com; **4 Mi.re.** Fotolia/Fotowerk; **4 u.li.** Fotolia/Sabphoto; **4 u.re.** mauritius Images/Radius images; **7** Fotolia/Zoschy; **9 Mi.re.** Shutterstock; **12 o.re.** Fotolia/Ljupco Smokovski; **14 u.re.** Fotolia/Picture-Design; **15 o.Mi.** Fotolia/Ruediger Rau; **15 o.re.** Shutterstock/auremar; **15 Mi.re.** Fotolia/Gina Sanders; **17 Mi.re. a** Shutterstock/Lerche&Johnson; **17 Mi.re. b** Shutterstock/MiVa; **20 u.re. a** Shutterstock/Irina Rogova; **20 u.re. b** Shutterstock/Givaga; **21 Mi.re. a** Fotolia/by-studio; **21 Mi.re. b** Fotolia/unpict; **21 u.re.** Shutterstock/iofoto; **22 o.li.** Shutterstock/Art Allianz; **22 o.re.** Deutsche Postbank AG; **24 u.li.** Fotolia/Syda Productions; **25 o.re.** Shutterstock/Monkey Business Images; **26 o.li.** Fotolia/twystydigi; **26 o.re.** Fotolia/Krawczyk-Foto; **28 o.re.** mauritius Images/Onoky; **30 u.re.** Shutterstock/Eric Isselee; **31 u.re. a** www.colourbox.de/Shullye Serhiy; **31 u.re. b** Fotolia/Hong; **34 o.li.** Fotolia/Kzenon; **34 o.re.** Fotolia/karepa; **36 u.li.** Fotolia/Tanja Tilch; **36 u.re.** Fotolia/Elnur; **37** Fotolia/lordn; **42 o.re.** fotogloria/Ahrens + Steinbach Projekte; **42 u.re.** fotogloria/Ahrens + Steinbach Projekte; **43 Mi.re.** Shutterstock/JGA; **44 Mi.re.** Fotolia/Sauerlandpics; **44 o.re.** Fotolia/Picture-Factory; **45 o.re.** Shutterstock/fiphoto; **45 Mi.re.** Fotolia/kk_images; **45 u.re.** Shutterstock/bogdanhoda; **46 o.re.** Shutterstock/Africa Studio; **47 Mi.re.** Fotolia/A_Bruno; **48 Mi.re.** Fotolia/Butch; **48 u.re.** Shutterstock/Evgeniya Yantseva; **49 Mi.re. a** Fotolia/Uladzimir Martyshkin; **49 u.re. c** www.colourbox.de/Colourbox. com; **49 u.re. d** Shutterstock/Sergey Eremin; **50 o.re.** Shutterstock/Pixeljoy; **50 Mi.li.** Fotolia/alphaspirit; **50 u.li.** Fotolia/Strassi; **51 Mi.re.** www.colourbox.de/Colourbox. com; **51 u.re. a** Fotolia/blende11.photo; **51 u.re. b** Fotolia/Stockfotos-MG; **52 o.re.** www.colourbox.de/Colourbox. com; **52 Mi.re.** Shutterstock/Africa Studio; **53** Fotolia/ac2000; **53 u.li.** Fotolia/mizar_21984; **57 Mi.re.** Fotolia/eurobanks; **57 u.re.** Fotolia/Ralf Geithe; **58 o.li.** Fotolia/mtkang; **60 Mi.li.** Fotolia/elena0800; **61 o.li.** Fotolia/janez volmajer; **61 u.re.** Fotolia/justyle; **62 o.li.** Fotolia/HP_Photo; **63 u.li. a** Shutterstock/Marcel Clemens; **63 u.li. b** OKAPIA KG/Friedrich Saurer; **63 u.re.** Bridgeman Images; **65 u.re.** Shutterstock/_LeS_; **67 u.re.** Fotolia/auremar; **68 Mi.re.** Fotolia/pegbes; **69 o.re.** Fotolia/JWS; **69 Mi.re.** mauritius Images/Julia Hiebaum; **72 u.re.** Mahler Boris, Fotograf, Berlin; **74 u.li. a** Fotolia/gertrudda; **74 u.li. b** Shutterstock/Christopher Meade; **74 u.re. a** mauritius Images/Roland Birke; **74 u.re. b** mauritius Images/Alamy; **75 Mi.re.** Shutterstock; **75 u.re.** Fotolia/Paylessimages; **77 Mi.** Fotolia/wasan; **77 Mi.re.** Fotolia/laguna35; **78 o.li.** Fotolia/Elnur; **78 o.re.** Shutterstock/ALPA PROD; **78 Mi.li.** Shutterstock/Kutcenko Dmitry; **78 u.re.** Fotolia/ingwio; **80 Mi.re.** Fotolia/blantiag; **80 u.Mi.** Fotolia/candy1812; **81** Hartmut Skerbisch: Fraktal PYTHAGORASBAUM / © kunstGarten Graz, Irmi und Reinfrid Hor; **84 Mi.li.** Fotolia/Bits and Splits; **84 Mi.** Shutterstock/Taras Vyshnya; **84 Mi.re.** Fotolia/laguna35; **85 u.li.** Diane, M., Berlin; **85 u.Mi.** Diane, M., Berlin; **85 u.re.** Diane, M., Berlin; **86 o.li.** F1online; **88 o.re.** akg images/James Morris; **96 Mi.li.** Fotolia/MaBiCeLeTa; **101 o.re. a** Ines Knospe, Goch; **101 o.re. b** Ines Knospe, Goch; **101 o.re. c** Ines Knospe, Goch; **102 o.li.** Fotolia/minicel73; **102 o.re.** Fotolia/Kara; **105** mauritius Images/Alexander Kupka; **106|1** Fotolia/goodluz; **106|2** Fotolia/Kurhan; **106|3** Fotolia/Monkey Business; **106|4** Fotolia/Monkey Business; **106|5** Fotolia/industrieblick; **106|6** Fotolia/Kadmy; **106|7** Fotolia/zinkevych; **106|8** Shutterstock/Alexander Raths; **106|9** Fotolia/auremar; **106|10** Fotolia/viappy; **106|11** Fotolia/Syda Productions; **106|12** Fotolia/kartos; **108 o.re.** mauritius Images/Alamy; **109 u.re.** Picture-Alliance/ZB; **113** ddp images/H. E. Knab/Shotshop.com; **115 o.re.** Shutterstock/ewapee; **117 o.li. a** action press/ADOLPH, CHRISTOPHER; **117 o.li. b** Shutterstock/3Dalia; **117 o.re. a** Shutterstock/Gordana Sermek; **117 o.re. b** Fotolia/Günter Menzl; **118 Mi.li.** Fotolia/Amy_fang; **119 Mi.li. a** Fotolia/kameraauge; **119 Mi.li. b** Fotolia/ErnstPieber; **119 Mi.li. c** Fotolia/GP; **119 Mi.li. d** Fotolia/helmutvogler; **119 Mi.li. e** Shutterstock/Pecold; **122 o.li.** Fotolia/donyanedomam; **124 u.re.** mauritius Images/Pixtal; **126 o.re.** Shutterstock/2009fotofriends; **127 u.li.** mauritius Images/Alamy; **129 o.re.** Wiemann Lehrmittel e. K., Günter Wiemann; **130 o.re.** Fotolia/PRILL Mediendesign; **130 u.li.** laif/Imaginechina/Zhang Wei; **131 o.re.** mauritius Images/Alamy; **131 u.re.** Wiemann Lehrmittel e. K., Günter Wiemann; **133 Mi.li.** Fotolia/kamillok; **133 Mi.re.** Fotolia/Thierry GUIMBERT; **134 Mi.li.** Fotolia/Lucky Dragon;

134 Mi. re. Shutterstock/Nadiia Korol; **134 u. li.** Fotolia/InPixKommunikation; **134 u. re.** Fotolia/Platti; **135 o. li.** Fotolia/simon gurney; **135 o. re.** Shutterstock/Natykach Nataliia; **136 o. li.** akg images/De Agostini Picture Lib.; **137 Mi. re.** Fotolia/logos2012; **137 u. re. a** F1online/Foodcollection; **137 u. re. b** Picture-Alliance/ZB; **138 o. re.** Matthias Hamel, Berlin; **139 o. li.** Fotolia/stockphoto-graf; **139 o. re.** Fotolia/olganik; **139 Mi. li.** Fotolia/Bjoern Wylezich; **139 u. li.** Fotolia/Smileus; **139 u. re.** Fotolia/taddle; **140 o. li.** Fotolia/rangizzz; **140 o. re.** mauritius Images/Alamy; **140 u. li.** Fotolia/embeki; **140 u. re.** Fotolia/artemoberland; **141 o. li.** Fotolia/DE Photography; **141 Mi. li.** Shutterstock/Maria Uspenskaya; **141 Mi. re.** Fotolia/ArTo; **141 u. re.** ClipDealer GmbH/Claudio Divizia; **141 o. re.** Shutterstock/Pavel Ilyukhin; **141 u. li.** Fotolia/iuliiawhite; **142 o. re.** Shutterstock/Pecold; **145 Mi. re.** Fotolia/pusteflower9024; **145 u. re.** Fotolia/Meike Netzbandt; **147 o. li.** Interfoto e.k./A R W; **147 o. re.** Shutterstock/Mikhail Markovskiy; **147 Mi. li. a** Shutterstock/exopixel; **147 Mi. li. b** Shutterstock/exopixel; **147 Mi. re.** Fotolia/oxie99; **147 u. li.** Shutterstock/martin33; **148 o. li.** Shutterstock/igor gratzer; **148 o. re.** Fotolia/MaxTiberio; **148 Mi. re.** Shutterstock/lsantilli; **150 Mi. li.** Fotolia/helmutvogler; **150 Mi. re.** Shutterstock/Ritu Manoj Jethani; **151** Fotolia/Sabphoto; **152 o. re.** Fotolia/Gooseman; **153 Mi. re.** Fotolia/Ä°dil Toffolo; **154 o. re.** Fotolia/nyul; **156 o. re.** Fotolia/Drebinger; **157 o. re.** Fotolia/*Sindy*; **157 u. re.** www.colourbox.de/Colourbox.com; **158 o. re.** www.colourbox.de/Olivier Le Moal; **158 u. re.** Shutterstock/karen roach; **159 Mi. re.** Fotolia/macgyverhh; **160 o. re.** Fotolia/ghazii; **164 o. re.** Fotolia/blende11.photo; **167 o. re.** Fotolia/Melinda Nagy; **169** Fotolia/Fiona; **173 o. a–d** Fotolia/Lucky Dragon; **175 Mi. re.** Fotolia/goanovi; **176 o. li.** Shutterstock/gualtiero boffi; **176 o. re.** Fotolia/chamnan phanthong; **176 Mi. li.** Fotolia/by-studio; **177 Mi. re.** Fotolia/bankrx; **178 o. re.** Interfoto e.k./Science & Society; **178 Mi. li.** bpk/Museumslandschaft Hessen Kassel; **178 u. re. a** Fotolia/kolosyuk; **178 u. re. b** Cornelsen/Kerstin Kälberer; **179 o. re.** Volker Döring, Hohen Neuendorf; **186 u. li.** Fotolia/playstuff; **186 u. re.** Shutterstock/Mauro Carli; **188 Mi. li.** Fotolia/Ivan; **188 Mi. re.** Fotolia/Sinuswelle; **190 o. li.** Shutterstock/Dmitry Kalinovsky; **190 o. re.** Fotolia/kasto; **190 Mi. re.** Fotolia/Elnur; **190 u. re.** Fotolia/Tom Bayer; **191 o. re.** www.colourbox.de/Colourbox.com; **193** Fotolia/Fotowerk; **204 u. li.** Fotolia/rdnzl; **209** mauritius Images/Radius images

Illustrationen und Zeichnungen:
Cornelsen/Roland Beier: *alle Vignetten*, Seiten 8, 16, 24, 25, 29, 32, 33, 40, 41, 46, 54, 57, 68, 82, 96 o. re., 96 Mi. re., 97, 114, 118, 132, 135, 137, 139, 140, 148, 159, 161 Mi. re. b, 170, 176, 180, 184 o. re., 185 Mi. re. a + b
Cornelsen/Christian Böhning: *alle technischen Zeichnungen und Diagramme*, Seiten 11, 13, 19, 36, 49, 51, 71, 87, 88, 96 o. li., 96 u. re., 99, 100, 102, 104, 112, 117, 136, 147, 150, 154, 160, 161 Mi. re. a, 166, 167, 174, 179, 183, 184 Mi. re., 185 o. re., 185 u. re., 187, 188, 200
Cornelsen/Kerstin Kälberer: Seiten 48, 66

Die Screenshots auf den Seiten 41, 47, 73, 89 wurden mit Microsoft® Excel® erstellt.
Microsoft® Excel® ist ein eingetragenes Warenzeichnen der Microsoft Corporation.